Philip Ball

Chemie der Zukunft – Magie oder Design?

© VCH Verlagsgesellschaft mbH, D-69451 Weinheim (Bundesrepublik Deutschland), 1996

Vertrieb:

VCH, Postfach 10 11 61, D-69451 Weinheim (Bundesrepublik Deutschland)

Schweiz: VCH, Postfach, CH-4020 Basel (Schweiz)

Großbritannien und Irland: VCH (UK) Ltd., 8 Wellington Court,
    Cambridge CB1 1HZ (England)

USA und Canada: VCH, 220 East 23rd Street, New York, NY 10010–4606 (USA)

Japan: VCH, Eikow Building, 10-9 Hongo 1-chome, Bunkyo-ku, Tokyo 113 (Japan)

ISBN 3-527-29387-6

Philip Ball

Chemie der Zukunft – Magie oder Design?

übersetzt von
Martin Reinecke, Annette Gabriel-Reinecke,
Michael Bär, Thomas Kellersohn
und Peter Ripplinger

Weinheim · New York · Basel · Cambridge · Tokyo

Philip Ball: Designing the Molecular World, Chemistry at the Frontier
German translation
Original English language edition
© Copyright 1994 by Princeton University Press

Lektorat: Eva Schweikart
Übersetzer: Dipl.-Chem. Martin Reinecke, Annette Gabriel-Reinecke, Dr. Michael Bär,
Dr. Thomas Kellersohn, Dr. Peter Ripplinger
Redaktion: Dr. Gisela Sauer
Herstellerische Betreuung: Dipl.-Wirt.-Ing. (FH) Hans-Jochen Schmitt

Die Deutsche Bibliothek – CIP-Einheitsaufnahme
Ball, Philip:
Chemie der Zukunft – Magie oder Design? / Philip Ball. Übers.
von Martin Reinecke ... – Weinheim ; New York ; Basel ;
Cambridge ; Tokyo : VCH, 1996
   ISBN 3-527-29387-6

© VCH Verlagsgesellschaft mbH, D-69451 Weinheim (Bundesrepublik Deutschland), 1996
Gedruckt auf säurefreiem und chlorfrei gebleichtem Papier

Umschlaggestaltung: Grafik-Design Schulz, D-67136 Fußgönheim
Satz: Graphik & Text Studio Dr. Wolfgang Zettlmeier – Hubert Kammerer, D-93164 Laaber-Waldetzenberg
Druck: strauss offsetdruck GmbH, D-69509 Mörlenbach
Bindung: Großbuchbinderei J. Schäffer, D-67269 Grünstadt
Printed in the Federal Republic of Germany

Geleitwort

Die Chemie wird heute von vielen Menschen als reife Wissenschaft angesehen, die ihren Zenit bereits überschritten hat und von der man keine neuen aufregenden Entdeckungen mehr erwarten kann. Im Gegensatz zu dieser Annahme zeigt Philip Ball in seinem herausragenden Buch, daß die Chemie in den letzten Jahren einen Quantensprung vollzogen hat. In drei faszinierenden Kapiteln wird der Übergang von Molekülen zu molekularen Systemen beschrieben, die heute im Zentrum des Interesses vieler Chemiker stehen und viele Anwendungsmöglichkeiten bieten. Folgt man Ball auf seiner Abenteuerreise durch die moderne Chemie, so wird einem z. B. in einmaliger Weise die Welt neuer Kohlenstoffmodifikationen, der „Bucky-Balls", vorgestellt. Bereits wenige Jahre nach Entdeckung dieser wissenschaftlich als Fullerene bezeichneten Moleküle weiß man, daß Ausschnitte aus Graphit sich zu vielen Formen falten lassen und die entstehenden Kugeln und Röhren zahlreiche Elemente einschließen können. Noch faszinierender ist die Forschung der „Molekül-Mechaniker", wie eine rasch größer werdende Gruppe von Chemikern genannt wird, die das Prinzip der Selbstorganisation nutzt, um fast jede gewünschte Form und Eigenschaft von Molekülensembles erreichen zu können – ein Traum der Chemiker scheint wahr geworden zu sein.

Philip Ball zeigt an vielen Beispielen, daß zur Bewältigung der großen gesellschaftlichen Herausforderungen – Bekämpfung von Krankheiten, Umweltschutz, weitere Verbesserung der Kommunikationsmöglichkeiten – die Chemie wesentliche Beiträge leisten kann. Als Wissenschaftler wird man von der Begeisterung des Autors für die Chemie angesteckt, so daß man mit aller Kraft und großem Engagement bei der Lösung dieser Aufgaben dabei sein möchte.

Philip Balls Buch macht Lust auf Chemie und macht zugleich die enorme Bedeutung dieser modernen Wissenschaft deutlich. Möge dieses Buch von vielen Schülern und Studenten sowie allen, die mehr über den Menschen, die Welt und unsere Zukunft wissen wollen, gelesen werden.

Herbert W. Roesky
Göttingen

Vorwort zur deutschen Ausgabe

Die Geschichte der modernen Chemie begann in England und Frankreich in den zwei Jahrhunderten nach Isaac Newton. Zu den großen Genies jener Zeit zählten die Engländer Robert Boyle, John Dalton und Joseph Priestley sowie die Franzosen Antoine Lavoisier, Claude Berthollet und Joseph Louis Proust. Sie entwickelten die Atomtheorie. Zielsicher identifizierten sie trotz des heillosen Durcheinanders in der praktischen Metallurgie die Elemente und befreiten sie von dem abstrusen Mystizismus, der ihnen noch aus der Zeit der Alchemisten anhaftete. Doch erst das gegen Ende des neunzehnten Jahrhunderts aufblühende Deutschland setzte diese Entdeckungen in praktische Anwendungen um, die für die Chemie des zwanzigsten Jahrhunderts prägend werden sollten. In der Zeit von der Niederwerfung Napoleons bis zum Ersten Weltkrieg brachten deutsche Wissenschaftler die Chemie entscheidend voran. Darunter waren Friedrich Wöhler, Justus Liebig, August Friedrich Kekulé, Emil Fischer und Adolf von Baeyer – um nur einige klangvolle Namen zu nennen. Wie konnte eine so junge Nation diese Vorrangstellung erobern?

Ich habe nicht die Absicht, diese Frage in einem kurzen Vorwort erschöpfend zu behandeln. Aber die Stärke der deutschen Chemie rührt wohl in nicht geringem Maße von einem Charakterzug her, der sie auch heute noch auszeichnet: Sie ist anwendungsorientiert. Dies spiegelt sich in dem Namen der führenden deutschen Chemiezeitschrift (die auch zu den ersten der Welt zählte) wider: *Angewandte Chemie*. Deutschland war in aller Welt berühmt für seine Organiker, die ihre Wissenschaft nicht als intellektuelle Übung betrieben, sondern vielmehr als Basis zum Aufbau einer eigenständigen Industrie ansahen. Diese Forscher brachten die mächtige deutsche Farbstoffindustrie hervor, angeführt von Unternehmen wie der BASF (*Badische Anilin- und Soda-Fabrik*) oder dem Zusammenschluß der I.G. Farben; schon die Namen verraten die Ursprünge der Unternehmen. Bald begnügten sich diese Firmen nicht mehr mit der Farbherstellung, sie wandten sich auch Arzneimitteln, Polymeren und der Agrochemie zu. Die BASF gewährte Fritz Haber bei seinen Untersuchungen zur Synthese von Ammoniak aus Stickstoff und Wasserstoff finanzielle Unterstützung und hob so die moderne Düngemittelindustrie aus der Taufe. Franz Fischer und Hans Tropsch suchten Deutschlands Mangel an natürlichen Treibstoffressourcen zu lindern. Sie entwickelten ein Verfahren zur Herstellung von Benzin aus Kohlenmonoxid und Wasserstoff, ein Prozeß, mit dem Südafrika heute einen Großteil seiner Benzinversorgung sicherstellt.

Die Entwicklung der industriellen Chemie ist eines der noch (weitestgehend) ungeschriebenen Kapitel der Wissenschaftsgeschichte des zwanzigsten Jahrhunderts. Deren Chronisten befassen sich lieber mit der unvollständigen und noch nicht schlüssigen Beschreibung des grundlegenden Aufbaus der Materie und mit dem Ursprung des Universums. Die Produkte der neuen Technologien sind uns so vertraut und allgegenwärtig, daß sie unserer Aufmerksamkeit wie ein eintöniges Hintergrundgeräusch entgehen und wir vergessen, nach ihrer Herkunft zu fragen. Und wenn diese Geschichte doch einmal erzählt wird, kommen meist nur ihre Schattenseiten übergebührlich zur Sprache – wie in Thomas Pynchons Buch *Die Enden der Parabel,* das die I.G. Farben als eine bedrohliche, finstere Kraft beschreibt, die den Verlauf des Zweiten Weltkriegs zugunsten ihrer niederträchtigen Ziele lenkt.

Der Historiker Eric Hobsbawn schreibt: „Keine Periode in der Geschichte war von den Naturwissenschaften so durchdrungen und abhängig wie das zwanzigste Jahrhundert. Keine Epoche seit Galileis Widerruf stand ihnen aber auch so reserviert gegenüber." Dieses Unbehagen hat seine Ursache in verschiedenen Entwicklungen, die wir zurückverfolgen können. So führte die vom Ehepaar Curie und von Rutherford entdeckte prekäre Stabilität des Atomkerns zum Manhattan-Projekt und zu Hiroshima und Nagasaki; die an Erbsen durchgeführten Kreuzungsexperimente des österreichischen Mönchs Gegor Mendel führten zum Modell der Doppelhelix von Watson und Crick und von da aus zur Gentechnik und der Patentierung menschlicher Gene; ausgehend von Habers Ammoniaksynthese kam es in den dreißiger Jahren zur Produktion von synthetischen Agrochemikalien und schließlich im Jahr 1962 zum Verbot des Pestizids DDT in der westlichen Welt – ausgelöst durch das Erscheinen von Rachel Carsons Buch *Der stumme Frühling.* Auf die eine oder andere Art schneidet die Chemie in diesen Geschichten immer sehr schlecht ab – wohl, weil sie stets eine zentrale Rolle spielt, und vielleicht auch wegen anderer Horrorereignisse, beispielsweise der Contergan-Tragödie oder des schrecklichen Unglücks, das sich 1984 im Werk der Union Carbide im indischen Bhopal ereignete.

Nirgendwo schlägt dieses Mißtrauen der Chemie schärfer entgegen als in Deutschland, das zugleich Herzland der grünen Bewegung und eines großen Teils der chemischen Industrie ist. Mein Buch zielt nicht darauf ab, für eine der beiden Seiten zu missionieren. Vielmehr möchte ich zu der wichtigen Diskussion zwischen beiden Lagern Fakten und Informationen beisteuern (hoffentlich gelingt es mir aber auch, den Leser zu unterhalten und sein Interesse zu wecken). Es fällt nicht schwer, die Chemie entweder als Heilsbringerin oder als Umweltverschmutzerin darzustellen. Wer sich genau das vorgenommen hat, dem kann ich nur nahelegen, Roald Hoffmanns Buch *The Same and Not the Same* (Columbia University Press, 1995) zur Hand zu nehmen und ihn auf seinem „Spaziergang" zu begleiten, auf dem er sich auf sehr menschliche und nachdenkliche Art mit den guten, schlechten und in jedem Falle faszinierenden Aspekten der modernen Chemie auseinandersetzt. Hoffmann flüchtete als Jude aus Polen. Seine Würdigung des bewegten Lebens von Fritz Haber liest sich wie eine besonders treffende Parabel auf die unvorhersehbaren Widrigkeiten der chemischen Forschung. Haber war Jude und deutscher Patriot. Er verstand es als seine vaterländische Pflicht, während des Ersten Weltkriegs chemische Kampfstoffe zu entwickeln. In den dreißiger Jahren fand er sich geächtet als Opfer des Antisemitismus wieder. Seine Lebensgeschichte mag uns, falls wir es verdrängt haben, daran erinnern, daß Wissenschaft nicht in einem Vakuum stattfindet und daß Wissenschaftler, vielleicht besonders Chemiker, soziale Entwicklungen und Verantwortlichkeiten nur auf eigene Gefahr hin ignorieren können.

Philip Ball
London, im Dezember 1995

Danksagung

Wenn dieses Buch seinen Zweck erfüllt, liegt das nicht zuletzt an der unentbehrlichen Hilfe, die mir während der Arbeiten zuteil wurde. Mein Dank für wertvolle Vorschläge, Hinweise und Hilfe gilt besonders Harry Kroto, Ahmed Zewail, Charles Knobler, Mark Davis, Toyoichi Tanaka, Julius Rebek, Stefan Muller, Fleming Crim, Stephen Scott, Norman Herron und Ilya Prigogine. Ohne die stetige Ermunterung durch meine Kollegen von *Nature* – allen voran Laura Garwin – hätte ich mich nie an dieses tollkühne Unternehmen herangewagt; meine Kollegen bei Princeton University Press – vor allem Emily Wilkinson und Malcolm Litchfield – haben mich immer wieder davon überzeugt, daß es der Mühe wirklich wert ist. Sue Fox und Steve Sullivan möchte ich von Herzen für ihre Hilfe bei den Illustrationen danken. Aus Gründen, die weit in die Vergangenheit zurückreichen, stehe ich tief in der Schuld von Colin McCarthy, Kit Heasman und Peter Walker. Und ich kann nicht umhin, Julia für ihre Geduld zu danken, die sie so oft bis in die späten Abend- und frühen Morgenstunden hinein aufgebracht hat.

Philip Ball
London, im September 1993

Inhalt

Einführung

Vom nutzbringenden Umgang mit den Elementen

Wer nichts als Chemie versteht, versteht auch die nicht recht.

Georg Christoph Lichtenberg

Wie du dir den Chemieunterricht ersparen kannst

Im Chemieunterricht mußt du bloß solange warten, bis eins von diesen altmodischen Giften auftaucht. Zum Beispiel Schwefelsäure. Vom Lehrer hört man dann immer den gleichen Spruch: „Daß ihr mir nur schön die Finger von dem Kolben laßt." Der gute Mann hat eben keine Ahnung, was ihn erwartet.

Besorg' dir einen Kolben, der genauso aussieht, füll' gefärbtes Wasser hinein und stell' ihn neben den mit der Säure. Der Lehrer fängt mit der Stunde an: Blah, blah, blah ... Plötzlich springst du auf und schreist ganz laut: „Oh, ich halt' das alles im Kopf nicht mehr aus!"

Dann kippst du das vorbereitete Wasser runter, gehst zu Boden und wirst wie ein Toter rausgetragen. Aber Vorsicht: Wenn du den falschen Kolben erwischst, klappt das natürlich auch. Nur: dann *bist* du tot.

Geoffrey Willans und Ronald Searle
Nieder mit der Schule.

Selbst Nigel Molesworth – der schrecklichste aller Schüler – müßte also zugeben, daß es sich gelegentlich auszahlt, ein wenig Ahnung von Chemie zu haben. Die Chemie ist eine der eher glanzlosen Naturwissenschaften. Physiker ergründen dagegen die tiefsten Geheimnisse des Universums. „Wo fing alles an?" lautet eine ihrer Fragen. Und: „Wie wird es sich weiterentwickeln?" „Was ist Materie?" „Was ist Zeit?" Die Physik stellt Naturwissenschaft auf dem denkbar abstraktesten Niveau dar. Sie bewegt sich in den großartigsten Dimensionen, die wir uns vorstellen können. Man denke nur an die gigantischen Teleskope, die im All dem Echo der Schöpfung nachspüren, an die Teilchenbeschleuniger, in deren kilometerlangen Röhren subatomare Partikel aufeinandergejagt werden, damit sie uns Auskunft über die Baumaterialien unserer Welt geben. Die Grundfragen der Biologie hingegen kreisen um das Problem von Leben und Tod. Diese Wissenschaft forscht nach geeigneten Waffen gegen Krankheiten und Seuchen, denen die Menschheit ansonsten schutzlos ausgeliefert wäre. Sie versucht zu begreifen, welche Schritte die Evolution machen mußte, damit wir uns aus den Schleimklumpen im Urmeer zu dem entwickeln konnten, was wir heute sind. Die Geologen treten mutig den unerhörten Kräften von Vulkanen und Erdbeben entgegen; die Ozeanographie sondiert die verborgensten Tiefen unseres Planeten. Und was haben die Chemiker dem entgegenzuhalten? Nun, unter anderem herrliche Farben.

Vielleicht interessiert Sie an Farben allenfalls, sie trocknen zu sehen. Doch ist die Farbherstellung eine Kunst, die große Geschicklichkeit und Cleverness erfordert – wovon ich Sie hoffentlich später überzeugen kann. Falls Sie dies alles nicht spannend genug finden, möchte ich Ihnen verraten, daß wir uns auch die Frage stellen werden, was schlichte Farbe mit lebenden Zellen und mit Seifenblasen, mit Muskelgewebe und Kunststoffen gemein hat. Die unscheinbare Nische der Chemie, in der die Farbstoffe beheimatet sind, hält ungeahnte Überraschungen bereit. Und sie steht keinem anderen Bereich der Chemie nach, wenn es darum geht, modellhaft zu erläutern, auf welche Weise die Kenntnis der chemischen Eigenschaften von Stoffen uns dabei hilft, Gestalt und Aussehen unserer Welt zu beeinflussen. Während viele andere Naturwissenschaften mit ehrfurchtgebietenden Geheimnissen in Zusammenhang gebracht werden, befaßt sich die Chemie mehr mit Erscheinungen unseres Alltags: Wie wächst eine Pflanze? Wie entsteht eine Schneeflocke? Was geschieht in einer Flamme?

Trotzdem hat die Chemie eher den Ruf, ein profanes Fach zu sein. Ohne Zweifel kommt hier ein Teil der Verantwortung den Chemikern selbst zu. Viele von ihnen beugen sich resigniert der Auffassung, daß ihre Forschung zwar nützlich, aber irgendwie banal sei. Und es ist nicht von der Hand zu weisen, daß ihnen diese geringe Achtung gründlich zu schaffen macht. (So witzelt man in Oxford seit undenklichen Zeiten, daß Chemiker – selbstverständlich durchweg Männer – allesamt mürrische Trottel mit ungepflegten Haaren und schmutzigen Fingern seien. Sie gelten zwar als außerordentlich trinkfest, in sozialer Hinsicht aber als die reinsten Gorillas.) Häufig treten Chemiker mit einer Unterwürfigkeit auf, die an Unsicherheit grenzt. So verkünden sie etwa auf Tagungen: „Ich behaupte nicht, diese Ergebnisse wirklich verstanden zu haben – das überlaß' ich den Physikern. Ich habe ihnen lediglich das Material geliefert."

Es liegt mir fern, zu einem Kreuzzug aufzurufen. Stattdessen möchte ich in diesem Buch einen Überblick über einige der Bereiche geben, mit denen sich Chemiker – und selbstverständlich auch Chemikerinnen – heutzutage beschäftigen. Wenn es mir dabei gelingt zu zeigen, daß die moderne Chemie nicht mehr viel mit Reagenzgläsern und üblen Gerüchen gemein hat (obwohl wir weder Reagenzgläsern noch gelegentlichem Gestank vollends aus dem Weg gehen können), habe ich schon viel erreicht. Damit dieses Experiment gelingen kann, werden wir uns nicht nur knapp mit einigen grundlegenden Prinzipien der Chemie befassen, sondern unser Augenmerk auch einem Potpourri aus

Ideen so unterschiedlicher Disziplinen wie der Genetik, der Klimatologie, der Elektronik und der Chaosforschung zuwenden. Aus diesem Grunde erhebt das vorliegende Buch nicht den Anspruch eines Handbuches: Es wird weder eine umfassende Einführung in alle Bereiche der Chemie liefern, noch wird es möglich sein, alle erwähnten Phänomene mit absoluter wissenschaftlicher Genauigkeit darzustellen. Ich möchte einfach aufzeigen, daß es nicht stets erforderlich ist, den Blick zu den Sternen zu erheben oder sich der Evolutionstheorie zu widmen, um ein Gespür für die Wunder unserer Welt zu entwik-keln. Genausogut können wir uns auch mit einem schlichten Spülmittel, den Blättern eines Baumes oder den Katalysatoren unserer Autos beschäftigen.

Im Jahr 1950 konstatierte der renommierte amerikanische Chemiker Linus Pauling: „Die Chemie ist eine junge Wissenschaft." Obgleich man schon im alten China, im babylonischen Reich und sogar zu weit früheren Zeiten über gewisse chemische Kenntnisse verfügte, ist klar, was Pauling ausdrücken wollte. Erst wenige Jahrzehnte zuvor war es gelungen, die Struktur der Atome – der wichtigsten chemischen Bausteine – zu enthüllen. Dmitri Mendelejews Periodensystem der chemischen Elemente war gerade 81 Jahre alt; einige der noch fehlenden Elemente waren erst kurz zuvor entdeckt und eingeordnet worden. Immerhin ist seit Paulings Äußerung fast ein halbes Jahrhundert vergangen. Konnte sich die Chemie bis heute etwas von ihrer damaligen Jugendfrische erhalten?

Ein Gutteil der heutigen Chemie beruht auf Prinzipien und Anstößen, die auf geradezu dramatische Weise von Paulings damaligen Grundlagen abweichen. Die moderne Chemie nimmt wenig Rücksicht auf die herkömmliche Unterteilung des Faches in die drei großen Disziplinen. Die strenge Unterscheidung von physikalischer, organischer und anorganischer Chemie wird höchstens noch im schulischen Chemieunterricht beachtet. In der Praxis finden wir kaum noch Chemiker, die sich mit Ausschließlichkeit einem dieser Forschungszweige fest verbunden fühlen. Wer heute in der Forschung tätig ist, wird seinen Standort viel eher anhand der neuartigen Klassifikationen und Konzepte bestimmen, die sich überall entwickeln. Von diesen möchte ich im folgenden eine unvollständige Aufstellung geben. Sie werden uns in den verschiedenen Kapiteln dieses Buches immer wieder begegnen. Sie stellen eine Art roten Faden dar, der auch solche Forschungsbereiche verknüpft, die auf den ersten Blick nichts gemein haben. Bei der weiteren Lektüre des vorliegenden Buches sollten Sie dies nach Möglichkeit stets im Auge behalten.

Werkstoffe: Viele beklagen vielleicht das Aufkommen des „Plastik-Zeitalters". Bei nüchterner Betrachtung läßt sich aber eines klar festhalten: Wir sind nicht mehr gezwungen, so gut es geht, mit den Materialien zurecht zu kommen, die uns die Natur bereitstellt. Statt dessen vermögen wir Materialien zu entwickeln, die ihrem jeweiligen Verwendungszweck besser angepaßt sind. Mittlerweile gibt es Kunststoffe mit einer schier unerschöpflichen Bandbreite von Eigenschaften: Sie erreichen die Zugfestigkeit von Stahl, sie können wasserlöslich oder bakteriell abbaubar sein, sie können elektrisch leitend sein, ihre Farbe verändern oder sich wie Muskeln zusammenziehen und entspannen. Im allgemeinen bestehen Kunststoffe aus kettenartigen Molekülen – sogenannten „Polymeren" – auf der Basis von Kohlenstoff. Mittlerweile gibt es allerdings auch Polymere auf Silicium- und Sauerstoffbasis, aus denen sich keramische Materialien entwickeln lassen, eine Art „künstliches Gestein". Sie werden wahrscheinlich völlig neue Standards setzen, was Härte und Belastbarkeit betrifft.

Das in jüngster Zeit geradezu explosionsartig gewachsene Interesse an den Material-wissenschaften rührt vor allem von der Einsicht her, daß genaue Kenntnisse der Strukturen auf molekularer Ebene extrem hilfreich sind, die Eigenschaften eines Mate-rials hinsichtlich seines jeweiligen Verwendungszweckes zu beeinflussen. So können wir inzwischen das Wachstum eines Materials Atom für Atom kontrollieren, was beispiels-weise der Halbleiter-Mikroelektronik neue Perspektiven eröffnet oder uns befähigt, die faszinierenden Strukturen nachzuahmen, die natürlichen Substanzen, etwa Knochen oder Muschelschalen, eigen sind. Und weil wir es inzwischen immer besser verstehen, die mikroskopische Struktur von Materialien zu steuern, stößt die chemische Forschung gelegentlich auf neue Materialien mit völlig überraschenden Eigenschaften. Ein Beispiel sind die als „Fullerene" bezeichneten Kohlenstoffkäfige oder die als „Quasikristalle" bekannten Metallegierungen.

Elektronik: Habe ich eben behauptet, es gäbe elektrisch leitfähige Kunststoffe? Es gibt sie in der Tat. Und damit nicht genug: Man findet sie bereits heute in elektronischen Geräten. Wir kennen mittlerweile eine ganze Reihe synthetischer Stoffe, die sich hinsichtlich ihrer elektrischen Leitfähigkeit ähnlich wie Metalle verhalten. Einige dieser Materialien zeichnen sich sogar durch „Supraleitfähigkeit" aus – sie setzen dem Strom-fluß keinerlei elektrischen Widerstand entgegen. Selbst Magnete können heute unter völligem Verzicht auf Metalle aus kohlenstoff- und stickstoffhaltigen Molekülen herge-stellt werden, die eher aus der organischen Welt stammen. Eine Elektronikindustrie, die in Zukunft gänzlich ohne Metalle und die konventionellen Halbleiter (wie etwa Silicium) auskommt, ist heute durchaus denkbar. In den kühnsten Träumen zeichnen sich sogar schon mikroelektronische Schaltungen ab, die aus einzelnen Molekülen aufgebaut werden; molekulare Drähte sollen dabei die einzelnen Komponenten verbinden, deren Größe auf atomare Dimensionen reduziert ist. Derartige „molekulare Geräte" würden kleiner sein als alles, was wir uns bisher vorstellen können.

Während diese Richtung der molekularen Elektronik sich mit der Entwicklung konventioneller mikroelektronischer Geräte aus unkonventionellen Werkstoffen befaßt, gibt es einen zweiten Forschungsansatz, der noch weit revolutionärer ist. Warum nicht vollends auf hergebrachte Bauteile wie Transistoren und Dioden verzichten und sich statt dessen von der Natur inspirieren lassen? Bei der Photosynthese fließen in den Zellen lebendiger Organismen winzige elektrische Ströme von Molekül zu Molekül. Und es gibt Biomoleküle, die derartige Ströme wie extrem miniaturisierte elektronische Schaltungen regulieren können. Eingehendere Kenntnisse über die Funktionsweisen solcher natürlichen Regelsysteme könnten zur Entwicklung einer „organischen" Elektronik führen.

Selbstorganisation: Wenn wir – wie oben angedeutet – molekulare Strukturen Molekül für Molekül aufbauen wollen, müssen wir wesentlich schneller und präziser sein, als es die heutigen Ingenieure der Mikrowelt sind. Aber es gibt auch eine Alternative zu dem mühevollen schrittweisen Aufbau eines Stoffes: Bringen wir die Moleküle doch dazu, sich selbst zu organisieren. Auf den ersten Blick mag das so klingen, als würden wir von einem Haufen Ziegelsteine erwarten, daß er sich ohne unser Zutun zu einem Haus zusammensetzt. Aber Moleküle sind eben vielseitiger als Ziegelsteine. So können sich beispielsweise Seifenmoleküle spontan zu einer Fülle komplexer Strukturen anordnen – unter anderem zu dünnen Filmen, zu gestapelten Schichten und zu künstlichen, zellartigen Membranen. Andere organische Moleküle finden sich von selbst zu regelmäßigen Anordnungen zusammen, die man als „Flüssigkristalle" bezeichnet.

Je besser wir begreifen, auf welche Weise diese Moleküle miteinander in Wechselwirkungen treten, desto eher werden wir Moleküle so konstruieren können, daß sie sich selbständig zu derart ausgeklügelten Strukturen anordnen. Auch hier können wir noch viel von der Natur lernen. Sie bringt im Überfluß Moleküle hervor, die andere Moleküle „erkennen" und sich mit ihnen auf spezifische und organisierte Weise zusammentun. Sowohl in der Natur wie auch im Labor führen die molekulare „Erkennung" und die Selbstorganisation dazu, daß bestimmte Moleküle aus ihren Bausteinen Kopien ihrer selbst herstellen. Mit anderen Worten: Diese Moleküle besitzen die Fähigkeit zur ...

Replikation: Zu den fundamentalen Eigenschaften lebender Organismen zählt, daß sie Kopien von sich selbst anfertigen, sich also vermehren können. Zu dieser Selbstreplikation bedarf es keiner eingreifenden Intelligenz; alles wird allein von der Chemie bewerkstelligt. Als im Jahre 1953 die Struktur der DNA aufgeklärt wurde, eröffnete sich damit auch ein Zugang zum Verständnis des Ablaufs der chemischen Replikation. Das replizierende Molekül hat dabei die Funktion einer Matrize, auf der die Grundbausteine zu einer Kopie angeordnet werden. Ein wichtiger Begriff, der diesen Aufbauprozeß kennzeichnet, ist die „Komplementarität". Dahinter verbirgt sich die Paarung von Strukturelementen.

Wir wissen mittlerweile, daß Moleküle bei weitem nicht die Komplexität der DNA haben müssen, um sich replizieren zu können. Es sind kleine Moleküle und molekulare Systeme entwickelt worden, bei denen dieser Prozeß auch im Reagenzglas abläuft. In gewisser Hinsicht stellen diese Moleküle einen ersten Schritt in Richtung auf die Erschaffung einer Art künstlichen Lebens dar. Doch ist der Unterschied zwischen Ausgangsstoffen und Endprodukten bei diesen synthetischen Replikatoren noch sehr gering. Es handelt sich weniger um den vollständigen Aufbau hochkomplexer Kopien von Grund auf. Vielmehr versucht man die Geschwindigkeit zu steigern, mit der die letzten Schritte eines Replikationsprozesses ablaufen. Von der Erschaffung echten synthetischen Lebens sind wir noch weit entfernt. Doch wurde 1982 beobachtet, daß die mit der DNA verwandte RNA in der Lage ist, sich völlig selbstständig (das heißt ohne die große, für die DNA typische Armee von Helfermolekülen) zu replizieren. Vielleicht liegt hier ein Schlüssel zur Beantwortung der Frage, wie sich das Leben allein aus der Chemie entwickelt hat.

Spezifität: Bei chemischen Reaktionen geht es häufig drunter und drüber. Man steht dann vor der unangenehmen Aufgabe, das eigentliche Zielprodukt aus der Fülle der durch Nebenreaktionen entstandenen Substanzen zu isolieren. Vergleichbares geschieht bei den biochemischen Abläufen im Körper nicht. Dort entsteht bei jeder Reaktion in der Regel nur das gewünschte Zielprodukt. Dies zeigt, daß wir nicht resignieren und uns mit unseren unbeholfenen Versuchen zur chemischen Synthese abfinden sollten. Wenn wir die in der Biologie beobachteten Prinzipien der molekularen Erkennung geschickt nutzen, werden wir bei unseren chemischen Versuchen mit der Zeit immer mehr Geschicklichkeit an den Tag legen. Wir werden lernen, wie wir die Chemie spezifischer gestalten können.

Hinter der bemerkenswerten Spezifität biochemischer Prozesse verbergen sich Moleküle besonderer Art: die Enzyme. Wir sind noch weit davon entfernt, umfassend zu verstehen, wie sie genau funktionieren. Doch ist es bereits gelungen, synthetische Moleküle zu entwickeln, die bestimmte Eigenschaften von Enzymen nachahmen können. Die chemische Industrie lernt immer besser, wie sie die exquisite Fähigkeit der Enzyme, Reaktionen kontrolliert ablaufen zu lassen, nutzen kann. Sie setzt sie in sogenannten „Bioreaktoren" ein. In diesen Produktionsanlagen auf biologischer Basis entstehen pharmazeutische Erzeugnisse hoher Komplexität, die wir anders gar nicht herzustellen wüßten. Petrochemische Unternehmen haben entdeckt, daß sich bestimmte Mineralien - die Zeolithe - wie „Festphasenenzyme" verhalten. Mit ihnen lassen sich nützliche Produkte aus Rohöl gewinnen.

Sehen auf atomarer Ebene: Chemische Prozesse laufen blitzschnell ab. Im Verlauf einer chemischen Reaktion kann die Wechselwirkung zwischen zwei Molekülen nur eine billionstel Sekunde dauern. In der Vergangenheit war es deshalb äußerst schwierig herauszufinden, was bei einer solchen Wechselwirkung im einzelnen geschieht. Mittlerweile ist es aber möglich, diese unvorstellbar kurzen Ereignisse „auf Film" festzuhalten. Mit Hilfe von Lasern, die selbst innerhalb so kurzer Reaktionszeiträume noch Tausende diskreter Lichtpulse abgeben, lassen sich Schnappschüsse von den Molekülbewegungen anfertigen und zu Bildfolgen zusammensetzen. Wir können heute beobachten, wie Moleküle tanzen, aufeinanderprallen und sich die Atome in ihnen neu anordnen.

Moderne Mikroskope gestatten uns einen Einblick in die Materie bis hin zur Dimension einzelner Atome. Diese Mikroskope arbeiten nicht mit Licht, sondern mit Elektronen. Sie können Objekte abbilden, die so winzig sind, daß viele Tausende von ihnen auf einem Stecknadelkopf Platz fänden. Die gleichmäßig gepackten Atomgitter in

Kristallen, die regelmäßige Anordnung der Moleküle in dünnen Flüssigkristallschichten, die Doppelhelix der DNA – all dies hat uns dieser neue Mikroskoptyp enthüllt.

Ungleichgewicht: Die höchst komplexen Formen der natürlichen Welt – von den Schneeflocken bis hin zu Wurzeln und Blättern von Pflanzen – haben Naturwissenschaftler seit jeher fasziniert und verwirrt. Eine der überraschendsten Entdeckungen der vergangenen Jahre war, daß derartig komplizierte Muster nicht notwendigerweise aus einem hochkomplizierten und -kontrollierten Bildungsprozeß hervorgehen müssen. Ganz im Gegenteil: Sie können gerade in solchen Systemen spontan entstehen, die allem Anschein nach weitgehend außer Kontrolle geraten sind. Systeme, die weit von einem wie auch immer gearteten Gleichgewichtszustand entfernt sind, enden nicht zwangsläufig in totaler Unordnung. Unter geeigneten Bedingungen können sie sich zu ausgedehnten Mustern anordnen, die zugleich höchst verwickelt und wunderbar symmetrisch sind. „Verbotene Kristalle", die als Quasikristalle bezeichnet werden, sind nur ein Beispiel für derartige Strukturen; andere wiederum zeigen sogenannte „fraktale" Eigenschaften: jeder noch so kleine Ausschnitt aus dem Gesamtbild scheint mit dem Gesamtbild identisch zu sein.

In weit vom Gleichgewichtszustand entfernten Systemen können wir häufig dynamische Muster beobachten, die auch dann fortbestehen, wenn sich das System ständig verändert. Chemische Reaktionen, die ein Ungleichgewicht auszeichnet, erzeugen sich ausbreitende chemische Wellen – ähnlich den Wellenmustern, die entstehen, wenn man einen Kieselstein in einen Teich wirft. Wenn Systeme, die im Ungleichgewicht sind, periodisch oszillieren, stehen sie unmittelbar davor, ihr Verhalten unvorhersehbar zu ändern, d. h. chaotisches Verhalten anzunehmen. Die besonderen Kennzeichen von Chaos konnten bei einigen Reaktionen nachgewiesen werden.

Zwischen mikroskopischer und makroskopischer Welt: Über chemische Abläufe wissen wir sowohl auf makroskopischer Ebene – gemeint ist die sichtbare und fühlbare Welt – als auch auf mikroskopischer oder molekularer Ebene bereits recht viel. Zwischen beiden Ebenen liegt ein als „mesoskopisch" bezeichneter Bereich, in dem es noch viel Neuland zu entdecken gibt. Er reicht typischerweise von Strukturen mit einer Größe von einigen tausend Atomen bis hin zu lebenden Zellen. Verhalten sich Gebilde aus rund tausend Molekülen wie massive Materiebrocken oder noch wie einzelne Moleküle? Oft lautet die Antwort „weder...noch". Denn Strukturen in dieser Größenordnung zeigen häufig völlig neue Eigenschaften.

Dieser Mittelbereich ist der Forschung zugänglich geworden, weil wir gelernt haben, mit Hilfe der Selbstorganisation von Molekülen größere Strukturen, etwa künstliche Membranen oder geordnete flüssigkristalline Anordnungen, aufzubauen. Mittlerweile sind wir in der Lage, Atome aus dem gasförmigen Zustand heraus zu Clustern jeder gewünschten Größe zu kondensieren – seien es nur drei oder vier oder sogar mehrere tausend Atome. Wir können dadurch verfolgen, wie sich Eigenschaften verändern, wenn ein System aus einem molekularen Gebilde zu einem Stück Feststoff heranwächst. So hat sich gezeigt, daß häufig bei bestimmten, immer wiederkehrenden „magischen Atomzahlen" Sprünge im Verhalten des beobachteten Systems auftreten. Die Ursache hierfür wird noch nicht vollständig verstanden. Besonderes Interesse haben beispielsweise Kohlenstoff-Cluster gefunden, in denen die Atome zu käfigförmigen Strukturen von jeweils genau festgelegter Größe angeordnet sind. Diese Kohlenstoffkäfige haben der Forschung in Chemie, Elektronik und Materialwissenschaften völlig neue Impulse gegeben.

Energieumwandlung: Bei vielen chemischen Reaktionen wird Energie frei, zumeist in Form von Wärme. Wir nutzen dies zu unserem Wohle, seitdem es der Menschheit gelang, das Feuer zu zähmen. Wenig rühmlich ist allerdings, daß unsere wichtigsten Verfahren zur Energiegewinnung auch weiterhin auf einem plumpen und ineffektiven chemischen Prozeß beruhen: der Verbrennung. Direkter läuft die Umwandlung von chemischer in elektrische Energie in Batterien ab; nur sind diese zu teuer und zu leistungsschwach, um eine maßgebliche Rolle bei der Versorgung des weltweiten Energiebedarfs zu spielen. Allerdings befinden sich derzeit neue Batterietypen in Entwicklung, die sich vielfältige Einsatzmöglichkeiten erschließen könnten – etwa als Energiequellen für Automobile oder Satelliten. Extrem kleine, kompakte und leichte Batterien gewährleisten überall dort eine wirksame, bequeme und sichere Stromversorgung, wo keine großen Energiemengen benötigt werden.

Die Sonne stellt uns Tag für Tag Millionen Megawatt Energie umsonst zur Verfügung. Doch gibt es bislang kaum wirkungsvolle Methoden, diese Energie zu speichern und in geeignetere Energieformen umzuwandeln. Die Chemie bietet hierbei mit Solarzellen eine mögliche Lösung an. Es finden Materialien Verwendung, die das Sonnenlicht absorbieren und in Form chemischer Energie speichern oder direkt in elektrische Energie umwandeln. Die neuesten Solarzellen lehnen sich in ihrer Funktionsweise an der Natur an. Sie fußen auf Reaktionen, die bei der Photosynthese in Pflanzen ablaufen.

Sensoren: Die Fähigkeit, bestimmte Chemikalien schnell und zuverlässig nachzuweisen, kann über Leben oder Tod entscheiden. Die Überwachung von Lecks, aus denen toxische Gase ausströmen, die Kontrolle der Glucose- oder Anästhetikakonzentration im Blut, die Überprüfung von Nahrungsmitteln auf schädliche Inhaltsstoffe – in allen diesen Situationen sind verläßliche und empfindliche Meßgeräte unerläßlich. Eine Vielzahl chemischer Sensoren arbeitet auf elektrochemischer Basis. Die nachzuweisende Substanz bewirkt eine Veränderung des Stromflusses oder der an einer Elektrode anliegenden Spannung. Zur Zeit werden Sensoren dieser Art entwickelt, die hochempfindlich auf bestimmte biochemische Substanzen reagieren. Man nutzt dabei die Fähigkeit natürlicher Enzyme zur molekularen Erkennung aus. Die Polymerchemie wiederum hat Kunststoffmembranen entwickelt, die für bestimmte Moleküle durchlässig sind, für andere aber nicht.

In einigen besonderen Fällen ist es inzwischen sogar möglich, die Empfindlichkeit von Sensoren bis zum Äußersten zu steigern, bis zum Nachweis einzelner Moleküle. Damit übertreffen wir selbst den wichtigsten chemischen Sensor unseres Körpers – das olfaktorische System der Nase. Spektroskopische Nachweisverfahren – sie basieren auf der Wechselwirkung von Licht mit Molekülen – bieten den Vorteil, daß das zu untersuchende Material nicht direkt in Kontakt mit den jeweiligen Meßgeräten kommen muß. Es kann sogar aus weiter Entfernung analysiert werden. Auf diesem Wege lassen sich nicht nur die chemischen Bestandteile der äußeren Schichten unserer Atmosphäre untersuchen, sondern auch die des interstellaren Raumes und die der Atmosphären weit entfernter Sterne.

Die Umwelt: Seit es auf unserem Planeten Menschen gibt, haben sie chemische Abfälle in Flüssen und Meeren, auf Äckern und in der Luft hinterlassen. Heute bekommt jeder die Auswirkungen dieses Verhaltens am eigenen Leibe zu spüren. Wir sind deshalb gezwungen, uns auf bislang beispiellose Weise mit der chemischen Zusammensetzung unserer Umwelt zu befassen. Schadstoffemissionen aus Zentraleuropa finden sich im arktischen Schnee wieder, die Abgase unserer Kraftwerke kehren als saurer Regen auf die Erde zurück. Gase, die wegen ihrer Reaktionsträgheit vor kurzem noch als harmlos galten, haben der Ozonschicht erheblichen Schaden zugefügt. Das bei der Verbrennung kohlenstoffhaltiger fossiler Energieträger entstehende Kohlendioxid droht unseren Planeten in ein schwüles Treibhaus zu verwandeln.

Wir wissen inzwischen recht gut, welche chemischen Prozesse unsere Umwelt bedrohen. Welche Auswirkungen sie aber auf Ökologie und Klima haben werden, können wir nur schwer vorhersagen. Hinweise geben Untersuchungen zu Klimaschwankungen in der Vergangenheit. Denn auch vollkommen natürliche Prozesse haben immer wieder Veränderungen in der Chemie der Atmosphäre bewirkt, die zur globalen Aufwärmung oder Abkühlung führten. Um die Zusammenhänge zwischen der Chemie der Atmosphäre und klimatischen Veränderungen besser zu verstehen, analysieren Wissenschaftler Luftbläschen, die seit Urzeiten im Gletschereis eingeschlossen sind, und untersuchen Proben von Sedimentgesteinen, die sich vor langer Zeit auf dem Meeresgrund ablagerten.

Um genauere Kenntnisse über den Transport von Schadstoffen zu erhalten, spüren andere Forscher den Kreisläufen nach, die Metalle in der Atmosphäre und in den Ozeanen durchlaufen. Außerdem suchen Wissenschaftler nach unbedenklichen Ersatzstoffen für die Substanzen, die unsere Umwelt bedrohen und unseren Planeten verschmutzen – beispielsweise nach Alternativen für die schädlichen FCKWs und nach bakteriell abbaubaren Kunststoffen.

Ich habe dieses Buch in drei Abschnitte gegliedert. Die ersten vier Kapitel befassen sich mit einigen althergebrachten Aspekten der chemischen Forschung – Struktur und Bindung, Thermodynamik und Kinetik, Spektroskopie und Kristallographie. In diesen Kapiteln hoffe ich zeigen zu können, daß die traditionelle Chemie im Wandel begriffen ist und ihre herkömmlichen Verfahren und Ansätze den neuen Schwerpunkten und Herausforderungen anzupassen weiß. Natürlich können Forschungsansätze veralten. Wenn sie ihren Zweck erfüllt haben, werden sie nicht weiter verfolgt. In den angesprochenen Bereichen haben allerdings neue Entdeckungen und der technologische Fortschritt dazu beigetragen, daß den „traditionellen" Ansätzen auch in den kommenden Jahrzehnten noch eine tragende Rolle sicher sein wird.

Von den Themen der drei Kapitel des zweiten Teils dürfte nur eines (Kapitel 7, Kolloidchemie) in den 50er Jahren Wissenschaftler beschäftigt haben – allerdings hat man diesem Fach damals eine unvergleichlich geringere Bedeutung beigemessen als heute. Wir werden in diesen Kapiteln sehen, daß ein tieferes Verständnis der Abläufe auf molekularer Ebene chemische Eigenschaften und Reaktionen in einem völlig anderen Licht erscheinen läßt und dazu beiträgt, daß die Kluft zwischen der Chemie und anderen Disziplinen (etwa der Molekularbiologie, der Elektronik und den Materialwissenschaften) überbrückt wird. Außerdem werden wir einen kurzen Blick auf einige der neuen *Aufgaben* chemischer Forschung werfen.

Im Schlußteil des Buches möchte ich drei Themen behandeln, die ich unter der Überschrift „Chemie als komplexes Geschehen" zusammengefaßt habe. Mir geht es in diesen Kapiteln weniger um die Produkte und Mechanismen chemischer Reaktionen und Wechselwirkungen als vielmehr um die Folgen und Auswirkungen chemischer Prozesse auf einer höheren Ebene. Das Leben selbst ist eine dieser Folgen, denn es ging aus chemischen Prozessen auf der urzeitlichen Erde hervor (siehe Kapitel 8). Die Komplexität von Wachstum und Form in der natürlichen Welt muß ebenfalls ihren Ursprung in einfachen chemischen Prozessen haben (siehe Kapitel 9). Auch viele der bedeutenden Veränderungen in unserer Atmosphäre, unserer Umwelt und unserem Klima (siehe Kapitel 10) rühren von chemischen Umwandlungen her.

Bei der Behandlung dieser Themen habe ich den Platz, der mir für dieses Buch zur Verfügung stand, voll ausgeschöpft. Einige Chemiker hätten es vielleicht lieber gesehen, wenn ich mich auch anderen Themen gewidmet hätte. Daß ich Fachgebiete wie die Polymerwissenschaft und die Elektrochemie nur recht oberflächlich streifen konnte, ist in der Tat kaum entschuldbar. In all diesen Fällen kann ich nur um Nachsicht bitten. Um dieses Manko einigermaßen auszugleichen, habe ich im Literaturverzeichnis auf verschiedene Arbeiten hingewiesen, mit deren Hilfe Sie diese Lücken vielleicht selbst schließen können.

Teil I

Tradition im Wandel

1
Wie alles zusammenpaßt

Die Architektur der Moleküle

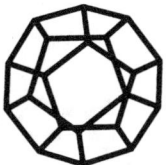

Das Reich, in dem die chemische Synthese ihre kreative Kraft entfaltet, ist grenzenloser als das der Natur.

Marcellin Berthelot

Im Jahre 1989 kochten Chemiker an der Harvard University in Massachusetts in ihren Laboratorien ein extrem tödliches Gebräu namens Palytoxin – eine der giftigsten natürlichen Chemikalien, die bisher bekannt ist, gleichzeitig die giftigste überhaupt, die auf künstlichem Wege jemals hergestellt wurde. Allerdings verbargen sich hinter dieser Tat keine finsteren Absichten. Die Harvard-Chemiker hatten sich nur deshalb dem Palytoxin gewidmet, weil sein Aufbau „vom Punkt Null an" eine ungewöhliche Herausforderung war.

Ein kurzer Blick auf Abbildung 1.1 führt Ihnen vielleicht vor Augen, welch schwierige Aufgabe sich die Chemiker gestellt hatten.

Die Zeichnung zeigt die Struktur des Palytoxin-Moleküls – die Kugeln stellen Atome dar, die sie verbindenden Stäbchen sind chemische Bindungen. (Verzweifeln Sie nicht, falls Ihnen die Begriffe Atom, Molekül oder chemische Bindung nicht vertraut sind oder Sie nur eine verschwommene Vorstellung davon haben; alles wird in Kürze erklärt. Aber selbst ohne größere Kenntnisse werden Sie erkennen, daß der Aufbau eines so komplexen Gebildes beileibe keine leichte Aufgabe ist.) Für Palytoxin gibt es noch keine Verwendung. Seine Synthese war nicht auf einen möglichen Nutzen hin ausgerichtet, ähnlich den Berechnungen der Zahl π auf Millionen von Stellen nach dem Komma. Vielmehr war sie eine pure Demonstration technischen Könnens. Doch hat es auch seine Vorteile, wenn Chemiker so schwierige Aufgaben wie diese in Angriff nehmen. Häufig finden sie neue

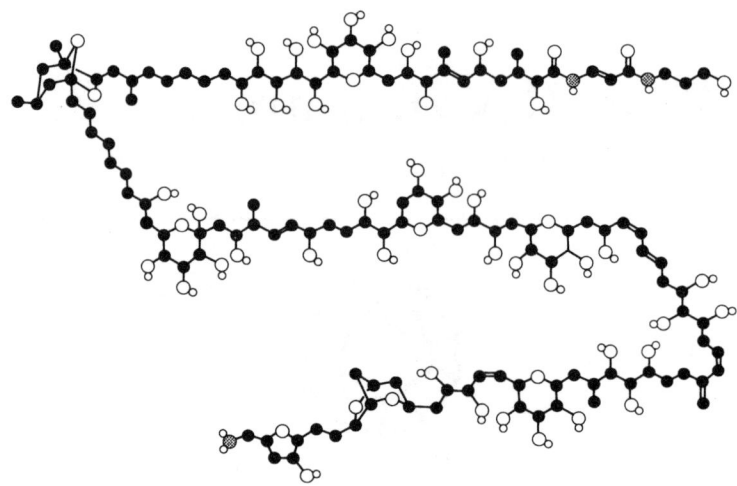

Abbildung 1.1   *Die molekulare Struktur des Palytoxins, das zugleich eine der kompliziertesten und giftigsten Verbindungen ist, die jemals synthetisiert wurde. Die schwarzen Kreise stellen Kohlenstoff, die großen weißen Sauerstoff, die grauen Stickstoff- und die kleinen weißen Kreise Wasserstoffatome dar. Der Übersichtlichkeit wegen sind die an Kohlenstoff gebundenen Wasserstoffatome weggelassen.*

Wege, wie sich Pynthese komplizierter Moleküle, die von der Industrie oder Medizin benötigt werden, lösen lassen.

Selbstverständlich ist die Herstellung von Molekülen ein großes Geschäft. Zwar stellt uns die Natur eine Unzahl verschiedenster Substanzen zur Verfügung, mit denen wir unsere Zivilisation weiterentwickeln und unsere Lebensqualität verbessern können. Doch sind sie oft unseren Bedürfnissen nicht angepaßt oder kommen nicht in ausreichenden Mengen vor. Die Vielzahl an komplizierten Verbindungen, die in der lebenden Welt, insbesondere in Pflanzen, zu finden ist, war für Ärzte schon immer von unschätzbarem Wert. Es existieren aber Gebrechen, gegen die es entweder keine, sehr wenige oder kaum wirksame Heilmittel gibt. Eine ganze Schar Chemiker befaßt sich deshalb mit der Herstellung rein künstlicher Substanzen, die entweder billiger oder leistungsfähiger sind oder die bestehenden Lücken abdecken. Die pharmazeutische Industrie ist das Beispiel *par ecxellence* für einen der Bereiche, der künstliche oder synthetische Substanzen einsetzt. Häufig sind die Verbindungen hochdifferenziert und dementsprechend schwer herzustellen.

In den folgendenen Kapiteln werden wir eher einfach gebauten synthetischen Molekülen begegnen, die mit den Techniken der modernen Chemie geschaffen wurden. Meist entstehen sie aus kleineren Molekülen, die in chemischen Reaktionen entweder verknüpft oder umgebaut werden. Ich beabsichtige nicht, die Synthesetechniken detailliert vorzustellen – sie sind zwar oft genial, doch, um ehrlich zu sein, ein Nichtchemiker würde kaum seine Freude daran haben. Mehr Spaß macht es dagegen, die Eigenschaften und das Verhalten der Moleküle zu betrachten, die diesen Synthesen entspringen. Allerdings werde ich in diesem Kapitel an einer Stelle ausnahmsweise genauer auf die Synthese eines außergewöhnlichen Moleküls eingehen, das sich des barocken Namens Buckminsterfulleren erfreut. Diese Verbindung ist in vielerlei Hinsicht hochinteressant. Doch die Geschichte ihrer Entdeckung und ihrer erstmaligen Synthese ist es wert, daß ich sie ausführlich erzähle. Die Geschichte verdeutlicht, wie unerwartet und überraschend sich wissenschaftlicher Fortschritt einstellen kann. Zudem zeigt sich an ihr geradezu beispielhaft, welch' fiebrige Aufregung von der meist eher nüchternen Aufgabe ausgehen kann, Moleküle zusammenzusetzen. Die Buckminsterfulleren-Story schildert die chemische Forschung von ihrer schillerndsten Seite.

Ich hoffe, Sie werden mir verzeihen, daß ich mir diese spannende Geschichte als Höhepunkt für den Schluß des Kapitels aufhebe. Um sie besser verstehen zu können, müssen wir uns zunächst näher damit befassen, was genau sich hinter der Aufgabe verbirgt, Moleküle zu synthetisieren. Nicht weniger wichtig ist auch die Frage, was ein Molekül eigentlich ist. Was wollen uns die Chemiker vermitteln, wenn sie ein Bild wie in Abbildung 1.1 zeichnen? Was sind diese Kugeln und Stäbchen wirklich?

Der Stoff, aus dem das Universum ist

Warum die Welt eigentlich eine Illusion ist

In letzter Zeit ist es recht populär geworden, Analogien zwischen der modernen Physik und fernöstlichen Philosophien, etwa dem Taoismus und Buddhismus, zu ziehen. Dieser Vergleich erscheint mir nicht ganz stimmig. Es ist so, als würde man zwei Bücher allein deshalb vergleichen, weil die Buchdeckel die gleiche Farbe haben. Doch in einem gewissen Sinn meint auch die moderne Wissenschaft – ebenso wie der Taoismus – daß die physische Welt nichts als eine Illusion ist: Das, was an Dingen dem äußeren Anschein nach fest ist, besteht fast nur aus leerem Raum. Wenn wir die Erde so weit zusammenpressen könnten, daß es diesen leeren Raum nicht mehr gäbe, würde sie bequem in ein (wahrscheinlich außerirdisches) Fußballstadion hineinpassen. Im Moment gehen Physiker sogar der Frage nach, wieviel von diesem Materieklumpen von Fußballfeld-Größe nicht auch noch leerer Raum ist. Aber auf dieser Stufe läßt sich das, was wir unter „Raum" und „Materie" verstehen, nicht mehr so eindeutig definieren.

Es handelt sich um eine höchst ungewöhliche Illusion. Wir sitzen oder stehen auf fast nichts als leerem Raum. Wir *sind* nur wenig mehr als leerer Raum. Dennoch fühlt sich dieses Buch fest an, unsere fast nur aus leerem Raum bestehenden Finger greifen nicht durch die fast nur aus leerem Raum bestehenden Seiten hindurch. In dieser, aber auch in anderer Hinsicht verträgt sich die moderne Physik nicht mit unserer Intuition. Wie ich schon in der Einleitung ausführte, spielt die Chemie die Rolle eines Vermittlers. Einerseits übernimmt sie die Erkenntnisse der Elementarphysik und wendet sie an, andererseits gibt sie uns eine rationale und in sich stimmige Beschreibung des Verhaltens von Materie, so wie wir sie wahrnehmen.

Die entscheidende Verknüpfung zwischen der Welt der Physik und der der Chemie findet auf der Ebene des Atoms statt. Meist betrachtet die Chemie die Atome so, als wären sie winzige, feste Materiekugeln, die auf unterschiedlichste Weise zu all den Substanzen verbunden sind, die uns überall umgeben. Die Phänomene, die wir im Großen beobachten – sei es das Leuchten eines Kerzenlichts, das Wachsen eines Kristalls, das Rösten von Brot im Toaster oder das Heranwachsen eines menschlichen Wesens aus einer einzigen Zelle – lassen sich weitestgehend als eine Neu- oder Umverknüpfung der Bindungen zwischen den Billardkugeln ähnelnden Atomen verstehen.

Wenn Atome fast nur aus leerem Raum bestehen, warum können Chemiker sie dann so betrachten, als wären sie feste Billardkugeln (genauer gesagt, als wären sie so fest, wie Billardkugeln zu sein *scheinen*)? Wie sieht ein Atom wirklich aus?

Die Ordnung unter den Elementen

Die griechischen Philosophen nahmen an, daß sich Materie nur aus wenigen, in unterschiedlichen Verhältnissen vermischten Bestandteilen zusammensetzt. Sie gingen von vier als Elemente bezeichneten Grundbausteinen der Materie aus: Erde, Luft, Wasser und Feuer. (Aristoteles fügte noch ein fünftes Element hinzu, den Äther, der die Himmelskörper ausfüllt; die chinesischen Alchimisten dagegen bauten Materie aus fünf Elementen auf: Erde, Feuer, Wasser, Holz und Metall.)

Im siebzehnten Jahrhundert erkannten die Naturphilosophen, daß die Vorstellung von den vier Elementen nicht der Wirklichkeit entsprach. Denn viele Substanzen ließen sich in offensichtlich einfachere Verbindungen spalten. Nicht nur, daß sich die elementaren, nicht weiter zerlegbaren Substanzen sehr von Erde, Luft, Feuer und Wasser unterschieden, vor allem gab es mit Sicherheit weit mehr als vier. Viele der Elemente waren Metalle wie Kupfer, Eisen, Zinn oder Blei. Bei anderen handelte es sich um Gase, so zum Beispiel um Wasserstoff, Stickstoff und Sauerstoff. Dann gab es noch nichtmetallische Festkörper wie Kohlenstoff (der als Graphit und Diamant vorkommt) und Silicium. Substanzen, die mehr als ein Element enthalten, wurden als Verbindungen bezeichnet.

Chemiker gebrauchen eine Kurzschreibweise zur Bezeichnung der Elemente, die jedem Element ein Symbol aus ein oder zwei Buchstaben zuordnet. Die meisten Kürzel sind leicht zu enträtseln (aus den englischen Bezeichnungen der Elemente) – so steht H für Wasserstoff, O für Sauerstoff, N für Stickstoff, Ni für Nickel und Al für Aluminium. Einige andere wiederum wirken geheimnisvoller, denn sie stammen aus einer Zeit, als die meisten Elemente noch andere Namen trugen. Fe bezeichnet beispielsweise Eisen, das Kürzel leitet sich vom lateinischen Wort *ferrum* ab.

Im neunzehnten Jahrhundert konnten der französische Chemiker Joseph Louis Proust und der Engländer John Dalton zeigen, daß die Elemente in Verbindungen in stets gleichbleibenden Massenverhältnissen vorliegen, gleichgültig wie die Verbindungen hergestellt werden. Proust formulierte aus der Beobachtung eine allgemeine Regel, die er als Gesetz der konstanten Proportionen bezeichnete. Das Gesetz leitet sich logisch her, wenn man davon ausgeht, daß eine Verbindung aus diskreten Atomen besteht, die zu Gebilden, den sogenannten Molekülen, verknüpft sind, wobei jedes Molekül eine feste Zahl von Atomen bestimmter Elemente enthält. Als erster postulierte der griechische Philosoph Leukipp im fünften Jahrhundert vor Christus, daß sich Materie aus unteilbaren kleinsten Einheiten aufbaut. Sein Schüler Demokrit bezeichnete diese Fragmente als *atomos*, was „unteilbar" bedeutet. Aber erst dank Proust und Dalton erhielt die atomistische Hypothese ihre wissenschaftliche Grundlage. Sie stellten nicht *a priori* ein Axiom auf, sondern rationalisierten durch logische Schlußfolgerungen Beobachtungen.

Es ist wichtig, den Unterschied zwischen einem Element, einem Atom und einem Molekül richtig zu verstehen. Wenn ich beispielsweise vom Element Sauerstoff, von Sauerstoffatomen oder von Sauerstoffmolekülen spreche, meine ich in jedem Fall etwas anderes. Mit dem Begriff „Element" bezeichne ich einfach nur die Substanz, ohne jeden Bezug auf ein atomistisches Modell. Ein Atom ist die kleinste unteilbare Einheit eines Elements. Ein Molekül wiederum ist eine Anordnung von Atomen, die durch chemische Bindungen verknüpft sind.

Unter normalen Bedingungen (womit Temperaturen im Bereich der Raumtemperatur gemeint sind) kommen die Atome nur selten einzeln vor: meist bilden sie mit anderen Atomen Moleküle einer wohldefinierten Zusammensetzung aus. Beispiele sind das Wassermolekül (in dem zwei Wasserstoffatome an ein Sauerstoffatom gebunden sind) oder die Gase Stickstoff und Sauerstoff (in denen Stickstoff- bzw. Sauerstoffatome jeweils Paare ausbilden) (siehe Abbildung 1.2a). Chemiker stellen die Zusammensetzung von Molekülen in „chemischen Formeln" dar, die die Atome (in abgekürzter Form) auflisten, aus denen sich die Moleküle aufbauen. Tiefgestellte Indices geben die Zahl der Atome eines bestimmten Elements an. Das Wassermolekül ist folglich H_2O und das Stickstoffmolekül N_2.

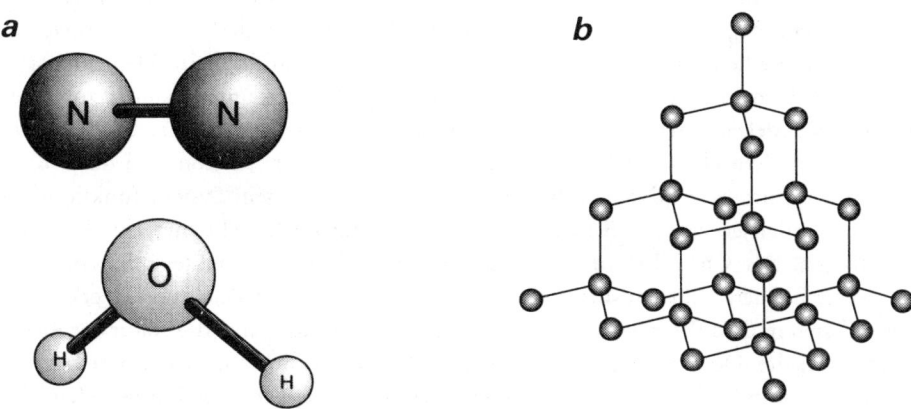

a **b**

Abbildung 1.2 *Das Stickstoffmolekül (N_2) und das Wassermolekül (H_2O) (a) und die Struktur von Diamant (b), in dem Kohlenstoffatome zu einem kontinuierlichen kristallinen Netzwerk miteinander verknüpft sind.*

In einigen Substanzen sind die Atome nicht zu kleinen Molekülen verknüpft, sondern bauen große kontinuierliche Netzwerke auf. Dies ist zum Beispiel in Feststoffen wie Diamant (siehe Abbildung 1.2*b*) oder den Metallen der Fall. Im Prinzip gibt es keinen Grund, warum wir ein Atomnetzwerk wie im Diamant nicht als ein einzelnes Riesenmolekül betrachten sollten, doch ist dies meist nicht sehr hilfreich. Wenn ich also den Begriff Molekül verwende, beziehe ich mich auf ein diskretes Gebilde aus Atomen in mikroskopischer Größe, das aus einer überschaubaren Zahl von Atomen besteht. Wir werden aber auch einige Moleküle kennenlernen, die eine Mittelstellung einnehmen. Sie bauen sich aus einigen tausend oder sogar einigen Millionen Atomen auf.

Mitte des neunzehnten Jahrhunderts waren bereits Dutzende verschiedener Elemente entdeckt. Auf Basis des atomistischen Modells konnte jedem dieser Elemente eine Atommasse zugeordnet werden, die relativ zu der Masse eines Wasserstoffatoms definiert war. Die wirkliche Masse eines Atoms ist winzig und war deshalb alles andere als leicht zu messen. Dagegen konnten die relativen Massen der Elemente leichter bestimmt werden. Der italienische Chemiker Amedeo Avogadro stellte im Jahre 1811 den Satz auf, daß gleiche Volumina von Gasen bei gleichem Druck und gleicher Temperatur gleich viele Atome (präziser gesagt gleich viele Moleküle) enthalten. Die Atommasse von Sauerstoff ergibt sich deshalb aus dem Massenverhältnis gleicher Volumina an Sauerstoff und Wasserstoff (sie beträgt fast genau 16).

Es zeigte sich auch, daß bestimmte Gruppen von Elementen ähnliche chemische Eigenschaften besitzen. Die Metalle Natrium, Kalium, Rubidium und Cäsium beispielsweise reagieren alle heftig mit Wasser, wobei Wasserstoff freigesetzt wird. Fluor und Chlor sind beide korrosive Gase. Helium, Neon und Argon hingegen sind extrem reaktionsträge. Der russische Chemiker Dmitri Ivanovich Mendelejew ordnete die bis dahin bekannten Elemente nach steigenden Atommassen und konnte zeigen, daß sich bestimmte chemische Eigenschaften in regelmäßigen Abständen wiederholen. Er listete die Elemente in Reihen auf und stellte diese untereinander. Es resultierte eine Elementtafel, in der die Elemente mit ähnlichen Eigenschaften in Spalten untereinander zu stehen kamen. Mendelejew stellte sein Periodensystem der Elemente im Jahre 1869 als eine spekulative Methode zur Klassifizierung der Elemente vor. Er konnte jedoch nicht erklären, warum es zu den Regelmäßigkeiten kam. Damit sein System funktionierte, mußte Mendelejew an verschiedenen Stellen Lücken für noch nicht entdeckte Elemente offenlassen. Als Chemiker in den folgenden Jahrzehnten feststellten, daß sich neu entdeckte Elemente anstandslos in die freien Stellen dieser Tabelle einfügten, erkannten sie, daß sich in dem Periodensystem etwas sehr Grundlegendes über die Natur der Atome widerspiegelte. Doch mußten noch viele Details über die Struktur der Atome bekannt werden, bevor man die Regelmäßigkeiten im Periodensystem erklären konnte. Heute hat das Periodensystem keine Lücken mehr (siehe Abbildung 1.3). Gelegentlich gelingt es Kernphysikern, ein neues, sehr schweres und instabiles Element zu erzeugen, das dann einen Platz am Ende der Tabelle einnimmt.

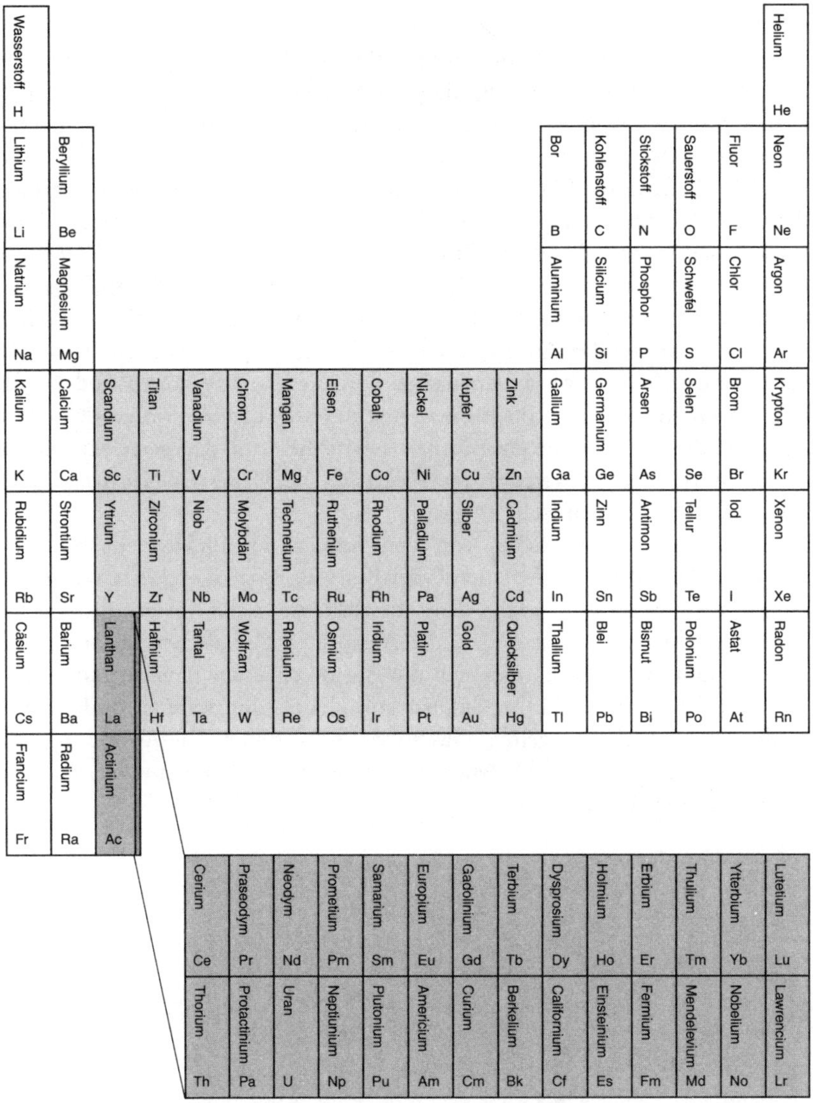

Wasserstoff H																	Helium He
Lithium Li	Beryllium Be											Bor B	Kohlenstoff C	Stickstoff N	Sauerstoff O	Fluor F	Neon Ne
Natrium Na	Magnesium Mg											Aluminium Al	Silicium Si	Phosphor P	Schwefel S	Chlor Cl	Argon Ar
Kalium K	Calcium Ca	Scandium Sc	Titan Ti	Vanadium V	Chrom Cr	Mangan Mg	Eisen Fe	Cobalt Co	Nickel Ni	Kupfer Cu	Zink Zn	Gallium Ga	Germanium Ge	Arsen As	Selen Se	Brom Br	Krypton Kr
Rubidium Rb	Strontium Sr	Yttrium Y	Zirconium Zr	Niob Nb	Molybdän Mo	Technetium Tc	Ruthenium Ru	Rhodium Rh	Palladium Pa	Silber Ag	Cadmium Cd	Indium In	Zinn Sn	Antimon Sb	Tellur Te	Iod I	Xenon Xe
Cäsium Cs	Barium Ba	Lanthan La	Hafnium Hf	Tantal Ta	Wolfram W	Rhenium Re	Osmium Os	Iridium Ir	Platin Pt	Gold Au	Quecksilber Hg	Thallium Tl	Blei Pb	Bismut Bi	Polonium Po	Astat At	Radon Rn
Francium Fr	Radium Ra	Actinium Ac															

Cerium Ce	Praseodym Pr	Neodym Nd	Promethium Pm	Samarium Sm	Europium Eu	Gadolinium Gd	Terbium Tb	Dysprosium Dy	Holmium Ho	Erbium Er	Thulium Tm	Ytterbium Yb	Lutetium Lu
Thorium Th	Protactinium Pa	Uran U	Neptunium Np	Plutonium Pu	Americium Am	Curium Cm	Berkelium Bk	Californium Cf	Einsteinium Es	Fermium Fm	Mendelevium Md	Nobelium No	Lawrencium Lr

Abbildung 1.3 *Das Periodensystem der Elemente, das erstmals im Jahre 1869 von Dmitri Mendelejew aufgestellt wurde, bringt Ordnung und System in die Fülle der natürlichen Elemente. Die Ordnungszahl (die Zahl der Protonen eines Elements) nimmt innerhalb einer Reihe von links nach rechts von Element zu Element jeweils um eins zu. Elemente, die in den Spalten untereinander stehen, zeigen ähnliche chemische Eigenschaften. Die Elemente im mittleren grauen Bereich sind die Übergangsmetalle. Zwischen Lanthan und Hafnium liegt eine Gruppe von Elementen, die als Lanthanoide bezeichnet werden. Auf Actinium folgen die Actinoide. Diese beiden Elementgruppen sind separat unterhalb der Haupttafel aufgeführt. Auf Lawrencium folgen noch einige schwere, instabile Elemente, die künstlich erzeugt wurden.*

Die Anatomie der Atome

Die großen Geheimnisse der Atomstruktur lüfteten sich zu Beginn des zwanzigsten Jahrhunderts. Aus der Beobachtung, daß Alphateilchen (die durch den radioaktiven Zerfall des Gases Radon entstanden) größtenteils durch eine dünne Goldfolie hindurchflogen, ohne auf Atome zu stoßen und abgelenkt zu werden, folgerte Ernest Rutherford im Jahre 1916, daß Atome fast nur aus leerem Raum bestehen. Rutherford ging davon aus, daß sich fast die gesamte Masse eines Atoms in einem winzigen Atomkern konzentriert, der positiv geladen ist. (Einige wenige Alphateilchen treffen allerdings doch auf die dichtgedrängten Atome in der Goldfolie und prallen in die Richtung zurück, aus der sie kamen.) In Rutherfords Modell umkreisen negativ geladene Teilchen, die Elektronen, auf Bahnen den Atomkern (siehe Abbildung 1.4). Später stellte sich heraus, daß sich Atomkerne aus zwei Teilchenarten aufbauen, aus Protonen und Neutronen. Protonen tragen eine positive, Elektronen eine negative Ladung, wobei sich die beiden Ladungen von ihrem Betrag her entsprechen. Neutronen sind dagegen elektrisch neutral. Ein Proton ist 1837mal schwerer als ein Elektron. Die Masse des Neutrons ist mit der des Protons annähernd identisch.

Die Größe eines Atoms hängt von den Radien der Elektronenbahnen ab, die typischerweise 100 000mal größer sind als der Kern. Es reizt zu erklären, warum Materie nicht einfach in sich zusammenfällt, denn die elektrostatische Abstoßung zwischen den Elektronen verschiedener Atome (d. h. die Abstoßung elektrischer Ladungen gleichen Vorzeichens) sollte verhindern, daß sich die Atome einander nähern und sich zusammenlagern. Doch ist die Erklärung äußerst kompliziert und wäre zu umfangreich, um hier ausführlich darauf einzugehen. Nur so viel sei verraten: Die Abstoßung zwischen den Elektronen, die die verschiedenen Kerne umkreisen, verleiht den Atomen den Charakter von Billardkugeln.

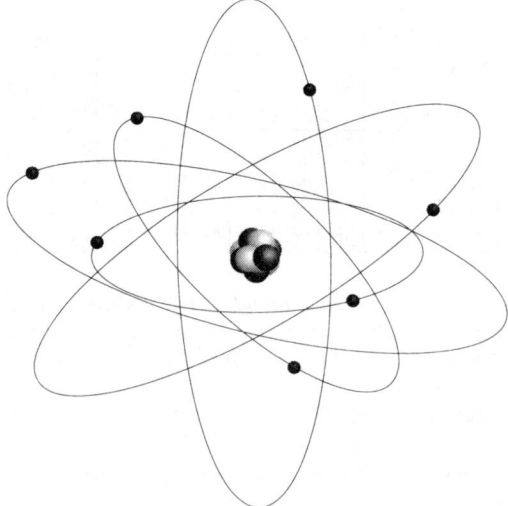

Abbildung 1.4   *Nach Ernest Rutherford besteht ein Atom aus einem winzigen, dichten, positiv geladenen Kern, der von negativ geladenen Elektronen umkreist wird.*

In einem neutralen Atom ist die Zahl der Elektronen und Protonen exakt gleich. Diese Zahl bezeichnet man als Ordnungszahl. Die Atome verschiedener Elemente haben unterschiedliche Ordnungszahlen, und im Mendelejewschen Periodensystem benachbarte Elemente unterscheiden sich in ihrer Ordnungszahl um eins. Kohlenstoffatome beispielsweise haben je sechs, Stickstoffatome je sieben, Sauerstoffatome je acht und Bleiatome insgesamt je 82 Elektronen und Protonen. Die Ordnungszahl sagt aber nichts über die Zahl der Neutronen in einem Kern aus. Bei kleinen Atomen deckt sich die Zahl der Neutronen ungefähr mit der der Protonen – die meisten Kohlenstoffatome haben sechs und die meisten Stickstoffatome sieben Neutronen. Bei schwereren Atomen liegt dagegen ein beträchtlicher Überschuß an Neutronen vor. In den meisten Atomkernen von Blei befinden sich 82 Protonen und 128 Neutronen.

Ich betone die „meisten", weil die Zahl der Neutronen bei einem Element variieren kann. So haben manche Kohlenstoffatome sieben, einige sogar acht Neutronen. Trotzdem handelt es sich bei ihnen eindeutig um Kohlenstoffatome, weil die Ordnungszahl unverändert bleibt. Die Atome eines Elements, die sich durch ihre Neutronenzahl (und damit auch durch ihre Gesamtmasse, die sogenannte Atommasse) unterscheiden, bezeichnet man als Isotope. Die Isotope des Wasserstoffs sind Deuterium und Tritium, gemeinhin als schwerer bzw. superschwerer Wasserstoff bezeichnet. Deuterium hat in seinem Kern ein Neutron und ein Proton, Tritium zwei Neutronen und ein Proton.

Das Quantenatom

Es wäre schon eine gehörige Frechheit, würde man Rutherfords „Sonnensystem"-Modell des Atoms belächeln oder gering schätzen – denn es vermittelt eine Vorstellung, in welcher Beziehung die verschiedenen subatomaren Teilchen zueinander stehen. Außerdem erklärt es, wieso ein Atom fast nur aus leerem Raum besteht. Doch sollte man es nicht zu wörtlich nehmen, weil derart kleine Objekte sich einfach nicht so verhalten wie Körper von der Größe der Erde oder von Billardkugeln. Dies ist vielleicht die zentrale Aussage der Quantenmechanik, einer Theorie, die entwickelt wurde, um das Verhalten von Teilchen in diesen mikroskopischen Größenordnungen zu beschreiben.

Zu Beginn des zwanzigsten Jahrhunderts – noch bevor Rutherford sein Atommodell zur Debatte stellte – deutete sich für die Physiker mehr und mehr an, daß mit ihrer „klassischen" Sicht der Welt etwas nicht in Ordnung war: Entnervt stellten sie fest, daß sich aus ihren Modellen zuweilen falsche oder sogar unsinnige Vorhersagen ergaben! Die Ende des neunzehnten Jahrhunderts von dem Schotten James Clerk Maxwell aufgestellte klassische Theorie des Elektromagnetismus stellte auf beeindruckende Weise verschiedene physikalische Erscheinungen auf eine einheitliche Grundlage. Bedauerlicherweise ließ sie auch den Schluß zu, daß ein heißer Körper eine unbegrenzte Wärmemenge abstrahlen sollte, was eindeutig absurd ist. Nach den bestehenden Theorien sollte auch die Geschwindigkeit von Elektronen, die mit einem Lichtstrahl aus Metalloberflächen herausgeschlagen werden (ein Phänomen, das man als photoelektrischen Effekt bezeichnet), von der Intensität, aber nicht von der Farbe des eingestrahlten Lichtes abhängen. Man beobachtete aber genau das Gegenteil.

Im Jahre 1902 schuf der deutsche Physiker Max Planck die Voraussetzungen für die neue *Weltanschauung* der Quantentheorie. Er stellte die Hypothese auf, daß ein heißer Körper Energie nur in bestimmten Portionen, Quanten genannt, abstrahlt, wobei jedes Energiepaket eine Energiemenge enthält, die von der Wellenlänge der Strahlung abhängt. Planck hatte keine expliziten Gründe für diese Annahme, außer daß sich die aus ihr ableitbaren Voraussagen mit Ergebnissen von Experimenten deckten. 1905 konnte Einstein aber mit diesem Ansatz den photoelektrischen Effekt erklären, was zeigte, daß die Energiequantelung nicht nur ein mathematischer Trick, sondern ein Charakteristikum der wirklichen Welt ist.

Die Idee, daß Energie gequantelt ist – d. h. in diskreten Energiepaketen übertragen wird – wurde 1913 von Niels Bohr aufgegriffen, um einen Widerspruch in Rutherfords Atommodell aufzulösen, das den damals geltenden Gesetzen der Physik widersprach. Vom Standpunkt der klassischen Physik aus gesehen, muß ein Elektron auf seiner Kreisbahn um den Kern fortwährend Energie abstrahlen, weshalb es die Bahn verlassen und auf immer engeren Spiralbahnen in den Kern stürzen sollte. Mit anderen Worten, das Atom müßte eigentlich instabil sein. Bohr nahm an, daß Elektronen nur auf ausgewählten Bahnen kreisen, die in definierten Abständen vom Kern liegen. Dies setzt voraus, daß die Elektronenenergien gequantelt sind und daß die Energie eines Elektrons auf seiner Bahn einen festen Wert hat. Elektronen strahlen nach diesem Modell also nicht ständig Energie ab, um schließlich in den Kern zu stürzen, weil sie ihre Energie nur in Portionen bestimmter Größen erhöhen oder erniedrigen können.

Im Bohrschen Atommodell ähneln die erlaubten Energiezustände der Elektronen den Sprossen einer Leiter; die Räume zwischen den Sprossen stellen die verbotenen Energien dar (siehe Abbildung 1.5). Jedes „Energieniveau" dieser Elektronen entspricht einer bestimmten Bahn um den Kern. Die Elektronen eines Energieniveaus kreisen also auf einer zugehörigen Flugbahn, die eines anderen Niveaus entsprechend auf einer anderen. Im Bohrschen Atommodell sind diese Flugbahnen noch als kreisförmige Bahnen dargestellt (der deutsche Physiker Arnold Sommerfeld zog später auch die Existenz elliptischer Bahnen in Betracht). In den zwanziger Jahren zeigte Werner Heisenberg, daß die Quantentheorie eine Beschreibung dieser winzigen Teilchen als harte, definierte Objekte, die einer festen Flugbahn folgen, nicht erlaubt. Statt dessen sind Teilchen in dieser Größe nicht mehr so eindeutig faßbar, sie wirken „verschmiert", weshalb man zu einem gegebenen Zeitpunkt sowohl ihre exakte Position als auch ihre exakte Geschwindigkeit (oder korrekter ihren Impuls, der das Produkt aus Masse und Geschwindigkeit ist) nicht gleichzeitig bestimmen kann. Wir können im Prinzip die eine oder die andere Eigenschaft so genau messen, wie wir wollen. Je genauer wir aber die eine Eigenschaft messen, desto größer wird unweigerlich auch die Unsicherheit bei der Bestimmung der anderen Eigenschaft. Dies ist eine Möglichkeit, Heisenbergs berühmte Unschärfebeziehung zu erklären, die einen der Eckpfeiler der Quantenmechanik darstellt. Wegen dieses

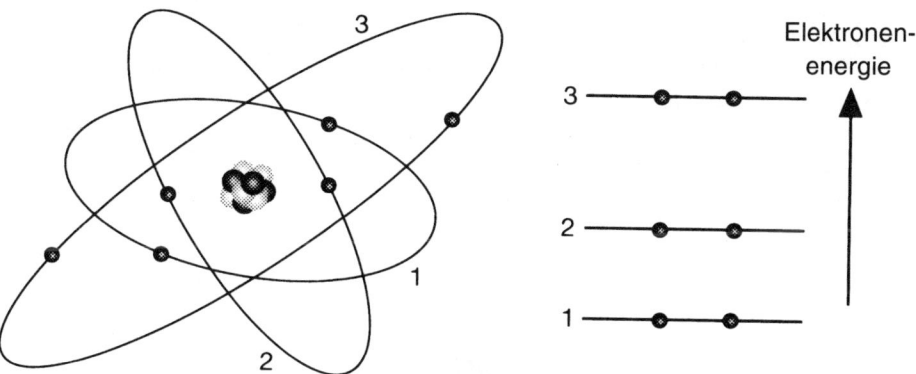

Abbildung 1.5   *Im Atommodell von Niels Bohr dürfen Elektronen nur bestimmte, diskrete Energiezustände besetzen. Sie können auf der Energieleiter von einer Sprosse zur nächsten springen, indem sie Licht emittieren oder absorbieren. Sie können aber nicht Energien annehmen, die zwischen den Sprossen liegen.*

„Verschmierens" ist es nicht möglich, die genauen Positionen von Quantenteilchen anzugeben. Man kann nur von der *Wahrscheinlichkeit* sprechen, mit der sich Teilchen an einem gegebenen Punkt im Raum aufhalten.

Wegen der Unschärfebeziehung ist es angebrachter, sich die Elektronenbahnen als Wolken verschmierter Ladung vorzustellen, die den Kern umgeben. Dort wo die Wolken dicht sind, ist die Wahrscheinlichkeit relativ hoch, ein Elektron anzutreffen. Um Verwechslungen mit klassischen Begriffen zu vermeiden, bezeichnen Chemiker diese Wolken als „Orbitale" und nicht als Bahnen. Die Orbitale der ersten beiden Energieniveaus eines jeden Atoms haben eine sphärische Form – die Elektronen halten sich mehr oder weniger in einem kugelförmigen Bereich auf, dessen Zentrum der Atomkern ist (siehe Abbildung 1.6). Diese sogenannten s-Orbitale kommen deshalb fast der Vorstellung von kreisförmigen Bahnen nahe, bis auf die Tatsache, daß die Elektronen nicht um den Kern kreisen, sondern statt dessen in dem gesamten Bereich als Elektronenwolke verteilt sind. Die Orbitale des dritten Energieniveaus, die sogenannten p-Orbitale, haben dagegen eine Hantelform. Um nochmals (allerdings nicht gefährlich) zu vereinfachen, kann man sich vorstellen, daß Elektronen in diesen Orbitalen Achten fliegen, deren Knoten im Kern liegen. Einige der Orbitale mit höheren Energien haben ebenfalls diese Formen, sind aber wesentlich größer. Andere wiederum zeigen kompliziertere Formen.

Die Elektronenorbitale folgen aufeinander in Familien oder „Schalen", ähnlich den ineinandergesteckten russischen Puppen. Die erste Schale enthält nur ein s-Orbital, das sogenannte 1s-Orbital. In der zweiten Schale treten ein sphärisches s-Orbital (2s) und drei p-Orbitale (2p) auf, die im rechten Winkel zueinander angeordnet sind (siehe Abbildung 1.6). Die dritte Schale baut sich aus einem s-Orbital (3s), drei p-Orbitalen (3p) und einer Gruppe aus fünf d-Orbitalen (3d) auf. Jede Schale enthält die Orbitaltypen der vorangegangenen Schale (allerdings in größerer Form) und zusätzlich eine Gruppe aus neuen Orbitalen. Die Energie eines Elektrons hängt sowohl von der Schale, in der sich sein Orbital befindet (aufeinanderfolgende Schalen entsprechen steigenden Energien), als auch von der Natur des Orbitals ab – d. h. davon, ob es ein s-, p- oder d-Orbital ist.

Ein anderes wichtiges Grundgesetz der Quantenmechanik, das sogenannte Pauli-Prinzip, das von dem österreichisch-schweizerischen Physiker Wolfgang Pauli abgeleitet

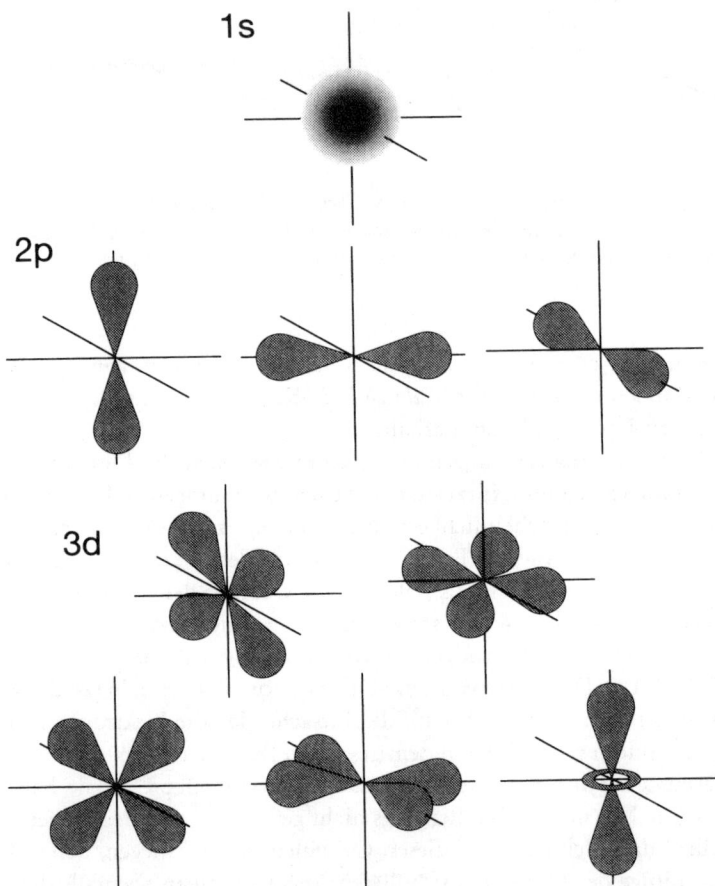

Abbildung 1.6   *Die „verschmierten" Elektronenorbitale im Quantenatom unterscheiden sich stark von den definierten Bahnen in Rutherfords „klassischem" Atom. Die schattierten Flächen geben die Bereiche wieder, in denen mit hoher Wahrscheinlichkeit Elektronen anzutreffen sind. Die beiden Orbitale niedrigster Energie (1s und 2s) sind sphärisch symmetrisch, die 2p-Orbitale dagegen hantelförmig. Vier der fünf Orbitale (3d) der dritten Elektronenschale haben die Form einer Doppelhantel, das fünfte Orbital ähnelt einer Hantel, auf die ein Ring aufgesteckt ist.*

wurde, schreibt vor, daß jedes Orbital nur von zwei Elektronen besetzt werden darf. Zusammen mit der Schalenstruktur der Orbitale liefert dieses Prinzip eine Erklärung für die Charakteristika des Periodensystems der Elemente. Das chemische Verhalten eines Atoms wird vor allem durch die Elektronen der Außenschicht bestimmt. Sie gehören meist, aber nicht immer, zu den Orbitalen der äußersten besetzten Schale (die Ausnahmen gehen auf solche Orbitale tiefer liegender Schalen zurück, die nach außen herausragen; sie müssen deshalb auch als Teil der äußeren Schicht behandelt werden). Man kann sich vorstellen, daß die Elektronen eines Atoms die Orbitale „auffüllen". Beginnend mit dem Orbital niedrigster Energie, besetzen jeweils immer zwei die aufeinanderfolgenden Orbitale. Das Elektron des Wasserstoffatoms geht in das 1s-Orbital, beim Helium gesellt sich diesem Elektron ein weiteres hinzu (siehe Abbildung 1.7). Das nächste Element im Periodensystem, das Lithium, besitzt drei Elektronen. Zwei besetzen das 1s-Orbital, das dritte muß ein Orbital der zweiten Schale besetzen. Dort hat es die Wahl zwischen dem 2s- und den 2p-Orbitalen. Beim Wasserstoffatom haben diese Orbitale die gleiche Energie, aber auf alle anderen Atome mit mehr als einem Elektron trifft dies nicht mehr zu: bei ihnen ist das 2s-Orbital energieärmer als die 2p-Orbitale. Deshalb besetzt das dritte Elektron des Lithiums das 2s-Orbital (siehe Abbildung 1.7). Wir können die Orbitale der zweiten Schale entsprechend den steigenden Ordnungszahlen weiter mit Elektronen auffüllen. Kohlenstoff beispielsweise hat jeweils zwei Elektronen im 1s- und 2s- sowie zwei in den 2p-Orbitalen. Wenn wir beim Neon angelangen, das zehn Elektronen besitzt, ist die zweite Schale voll – zwei Elektronen befinden sich im 2s- und sechs in den drei 2p-Orbitalen. Beim Natrium mit elf Elektronen muß das neunte Elektron in die dritte Schale gehen (es besetzt das 3s-Orbital). Es ergibt sich, daß das Lithium- und das Natriumatom jeweils eine äußere Schale haben, die aus einem mit

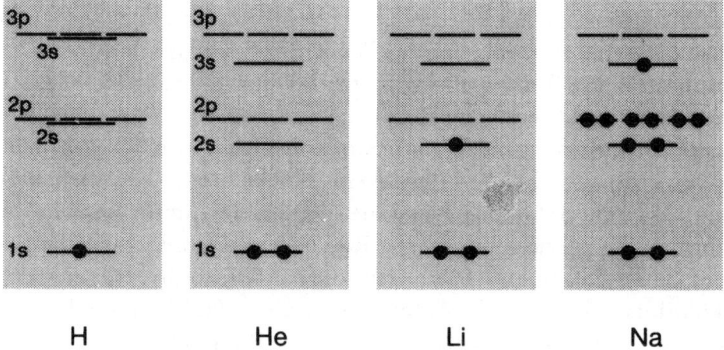

Abbildung 1.7 *Atomorbitale werden, beginnend mit denen niedrigster Energie, jeweils mit zwei Elektronen aufgefüllt. Wasserstoff hat folglich ein 1s-Elektron, Helium zwei 1s-Elektronen, Lithium zwei 1s- und ein 2s-Elektron und so weiter. Beim Wasserstoff hängt die Energie der Elektronenniveaus nur von der „Schale" ab, in der sie sich befinden: Das 2s- und die 2p-Orbitale besitzen die gleiche Energie, ebenso das 3s- und die 3p- und 3d-Orbitale. Auf alle anderen Atome trifft dies nicht mehr zu. Wasserstoff, Lithium und Natrium haben alle eine Außenschale, die ein einzelnes s-Elektron enthält.*

einem Elektron besetzten s-Orbital besteht (2s beim Lithium und 3s beim Natrium) (siehe Abbildung 1.7). So erklärt sich die Ähnlichkeit in ihrem chemischen Verhalten. Die äußere Schale des Chlors sieht wie eine größere Version von derjenigen des Fluors aus: Beide Atome verfügen über zwei s- und fünf p-Elektronen (die beim Fluor zur zweiten und beim Chlor zur dritten Schale gehören). Die Außenschale des Broms ist eine noch größere Version dieser beiden Schalen.

Immer wenn eine neue Reihe im Periodensystem beginnt, wird auch eine neue Schale aufgefüllt. Das plötzliche Erscheinen eines neuen Satzes von Elementgruppen nach Calcium, die den sogenannten Übergangsmetallen entsprechen (siehe Abbildung 1.3), bezeichnet den Punkt, an dem auch die d-Orbitale aufgefüllt werden. Ähnliche Unterbrechungen, die daraus resultieren, daß jeweils ein neuer Orbitaltyp aufgefüllt wird, treten auch nach den Elementen Lanthan und Actinium auf (die sich anschließenden Elemente, die Lanthanoide bzw. Actinoide, sind im Periodensystem getrennt von der Haupttafel aufgeführt, damit diese nicht unhandlich breit wird.)

Kunstfertigkeit im Atombau – die Struktur der Moleküle

Was die Atome zusammenhält

In Molekülen werden die Atome durch Bindungen zusammengehalten, die in Abbildung 1.1 vereinfacht durch Stäbchen dargestellt sind. Bindungen entstehen dadurch, daß sich die beteiligten Atome Elektronen teilen oder es zu einer Umverteilung von Elektronen kommt. Am häufigsten trifft man eine Art egalitäre Bindung an: Jedes Atom steuert ein Elektron zu der Vereinigung bei. Jedes Elektron in dem resultierenden Bindungselektronenpaar ist in seiner Bewegung nicht mehr auf ein Orbital des eigenen Kernes beschränkt, sondern hält sich auch im Bereich des Kernes vom anderen Atom auf. Die Bindungselektronen bilden also eine verschmierte Wolke, ein sogenanntes Molekülorbital, das beide Kerne umschließt. Bindungen, die zustande kommen, weil sich zwei oder mehrere Kerne Elektronen teilen, werden als kovalent bezeichnet.

Wenn sich beispielsweise zwei Wasserstoffatome zu einem H_2-Molekül vereinen, bilden die beiden sphärischen 1s-Orbitale ein Molekülorbital aus, das die Form eines Rugbyballes hat (siehe Abbildung 1.8). Eine streng quantenmechanische Beschreibung der Bindung im H_2-Molekül führt zu einer Regel, die sich intuitiv nicht direkt erschließt: Die Gesamtzahl der Orbitale muß „erhalten" bleiben. Dies bedeutet, daß die Gesamtzahl der Molekülorbitale der Zahl der Atomorbitale, die an der Bindungsbildung beteiligt sind, entsprechen muß. Weil zwei Atomorbitale die Bindung im H_2 aufbauen, müssen zwei Molekülorbitale entstehen. Das eine ist das bindende Orbital. In ihm hält sich das Bindungselektronenpaar auf. Die Energie der Elektronen in diesem Orbital ist verglichen mit derjenigen in den Atomorbitalen erniedrigt. Dies ist genau der Grund, warum die Atome gebunden zusammenbleiben und nicht sofort wieder auseinanderfliegen – um sie zu trennen, müssen wir die Energie zuführen, die die Elektronen bei der Bindungsbildung abgegeben haben.

Wo oder was ist das andere Orbital? Sicher, es existiert, doch können wir es nicht „sehen", weil es leer ist: Es enthält keine Elektronen. Es ist eine Art „potentielles" Orbital, ähnlich einem Bankkonto, auf dem sich kein Guthaben befindet. Ein Elektron in diesem Orbital würde eine höhere Energie besitzen als in einem Atomorbital (siehe Abbildung 1.8). Werden Elektronen in dieses Orbital gebracht, schwächt dies die Bindung, weil die elektronische Gesamtenergie höher ist als in dem Fall, daß die Elektronen das bindende Molekülorbital besetzen. Das Orbital wird deshalb als antibindendes Molekülorbital bezeichnet. Wenn wir dem H_2-Molekül ein weiteres Elektron aufzwingen und zum H_2^--Ion gelangen, muß das Elektron ein antibindendes Orbital besetzen, weil das bindende bereits voll ist (wie ein Atomorbital kann es nur zwei Elektronen aufnehmen). Die Bindung zwischen den beiden Wasserstoffkernen im H_2^- ist deshalb schwächer als im H_2. Elektronen können durch die Absorption von Licht in leere, bei höheren Energien liegende Orbitale angehoben werden. Dieses Phänomen diskutieren wir im dritten Kapitel.

Atome können auch auf eine andere Art fest aneinander gebunden werden. Es kommt dabei nicht zur Bildung gemeinsamer Elektronenpaare, sondern zu einem *Austausch* von Elektronen. Mit anderen Worten, ein Atom gibt ein Elektron vollständig an ein anderes ab. Das Elektron verläßt das Atomorbital des „Donors" und wird im Atomorbital des „Acceptors" festgehalten. Durch den Verlust des negativ geladenen Elektrons trägt das Donoratom eine positive Ladung, das Acceptoratom hingegen hat ein Elektron mehr als Protonen und ist deshalb negativ geladen. Diese elektrisch geladenen Atome bezeichnet man als Ionen. Wegen ihrer entgegengesetzten elektrischen Ladung ziehen sie sich

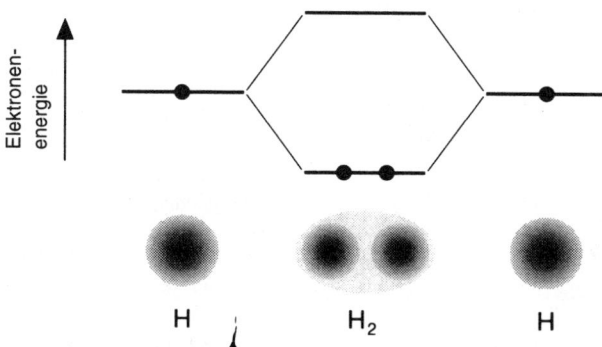

Abbildung 1.8   *Eine kovalente Bindung entsteht, wenn sich Atome Elektronen teilen. Die gemeinsamen Elektronen kreisen in Molekülorbitalen um beide Kerne. Präziser ausgedrückt, man trifft diese beiden Elektronen mit einer signifikanten Wahrscheinlichkeit im Bereich beider Kerne an. Beim Wasserstoffmolekül (H₂) überlappen die beiden 1s-Orbitale der einzelnen Atome zu einem länglichen Molekülorbital, das beide Kerne umschließt und dessen Energie niedriger ist als die der beteiligten Atomorbitale. Zugleich entsteht ein leeres „antibindendes" Molekülorbital, das bei höheren Energien liegt. Die Erniedrigung der elektronischen Gesamtenergie, die sich aus der Bildung eines Molekülorbitals ergibt, ist die Ursache dafür, daß sich das Molekül bildet und bestehen bleibt.*

gegenseitig an. Die sogenannte ionische Bindung tritt vor allem bei Verbindungen zwischen Metallen und den nichtmetallischen Elementen weit rechts im Periodensystem auf. Steinsalz beispielsweise (der Hauptbestandteil von Speisesalz) ist eine ionische Verbindung aus Natrium und Chlor. Jedes Natriumatom hat ein Elektron an ein Chloratom abgegeben, wodurch positive Natrium-Ionen (Na^+) und negativ geladene Chlorid-Ionen (Cl^-) entstehen. Ionische Substanzen sind in der Regel Feststoffe mit relativ hohen Schmelzpunkten.

Die Elektronen, die einem Atom zum Aufbau von (ionischen oder kovalenten) Bindungen zur Verfügung stehen, stellen gewöhnlich nur einen Bruchteil seiner Gesamtelektronenzahl dar. Meist sind es die Elektronen der Außenschale (gelegentlich auch die der beiden äußeren). Elektronen in „tieferen" Schalen werden vom Kern zu fest gehalten und spielen keine Rolle bei chemischen Wechselwirkungen. Jedes Element zeigt also definierte Charakteristika bei der Bindungsbildung. Kohlenstoff beispielsweise verfügt in seiner äußeren (zweiten) Schale über vier Elektronen und bildet deshalb in den meisten Verbindungen vier Bindungen aus. Die Zahl der Bindungen, die ein Atom ausbildet, entspricht aber nicht unbedingt immer der Zahl der in der Außenschale vorliegenden Elektronen. So hat Stickstoff fünf Außenelektronen und Sauerstoff sechs. Trotzdem bildet Stickstoff normalerweise nur drei und Sauerstoff zwei Bindungen aus. In diesen Atomen liegen Elekronenpaare in Orbitalen vor, die sich nicht an der Bindungsbildung beteiligen. Diese sogenannten freien oder einsamen Elektronenpaare halten sich in flügelförmigen Orbitalen auf, die vom Atom wegragen und entscheidend Einfluß auf die räumliche Gestalt von stickstoff- und sauerstoffhaltigen Verbindungen haben (Abbildung 1.9a). Freie Elektronenpaare *können* in bestimmten Fällen Bindungen eingehen: Sie ermöglichen es ihrem Atom, eine „Extra"bindung zu positiv geladenen Ionen aufzubauen, die selbst über keine freien Elektronen zur Bindungsbildung verfügen. In dieser Art

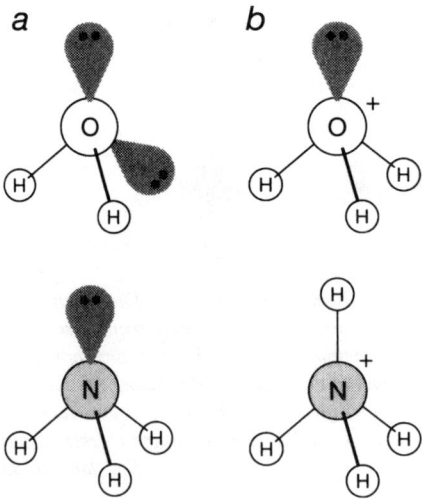

Abbildung 1.9   *Ein Elektronenpaar in einem Orbital der Außenschale, das nicht an der Ausbildung einer kovalenten Bindung beteiligt ist, wird als einsames oder freies Elektronenpaar bezeichnet. Das Sauerstoffatom im Wassermolekül besitzt zwei freie Elektronenpaare, während das Stickstoffatom im Ammoniak nur eines hat (a). Freie Elektronenpaare können mit positiv geladenen Ionen, die nicht in der Lage sind, Elektronen zur Bindung beizusteuern, Bindungen eingehen, beispielsweise mit Wasserstoff-Ionen. Wenn Wasser- oder Ammoniakmoleküle zusätzlich noch eine Bindung zu H^+-Ionen ausbilden, entstehen „protonierte" Molekül-Ionen (b).*

von Bindung, die als dative Bindung bezeichnet wird, stammen beide Bindungselektronen nur von einem Atom. Stickstoff- und Sauerstoffatome bilden oft dative Bindungen zu Wasserstoff-Ionen (die nichts weiter als nackte Protonen sind) aus, wodurch positiv geladene, „protonierte" Spezies entstehen (siehe Abbildung 1.9*b*).

Trotz der zuvor angesprochenen Neigung des Kohlenstoffs, vier Bindungen auszubilden, ist im Ethylen (C_2H_4) jedes Kohlenstoffatom nur mit *drei* Atomen verknüpft. Dieser scheinbare Mangel an Bindungen zum Kohlenstoff kommt jedoch dadurch zustande, daß zwei Kohlenstoffatome über zwei Bindungen miteinander verbunden sind, was gemeinhin als Doppelbindung bezeichnet wird. Diese Bindungen setzen sich aus zwei unterschiedlichen Komponenten zusammen: aus einer regulären „Einfach"bindung (bezeichnet als σ-Bindung), in der die Elektronenwolke ihre größte Dichte in der Mitte zwischen den beiden Kernen hat, und aus einer sogenannten π-Bindung, die aus zwei getrennten, würstchenförmigen Elektronenwolken ober- und unterhalb der Kerne besteht (siehe Abbildung 1.10). π-Bindungen gehen aus der Überlappung von hantelförmigen p-Orbitalen hervor, die in direkter Nachbarschaft zueinander stehen. Eine Folge dieser Struktur ist, daß die Orbitale der π-Bindung wie Streben wirken. Sie verhindern die Rotation der Atome an den Bindungsenden: Das Molekül ist dadurch mehr oder weniger flach.

Wie man erwarten würde, sind Doppelbindungen stärker als Einzelbindungen: Um die Kohlenstoff-Kohlenstoff-Verknüpfung im Ethylen aufzubrechen, benötigt man mehr Energie als im Falle des Ethans (C_2H_6), in dem zwei CH_3-Gruppen über eine Kohlenstoff-Einfachbindung miteinander verknüpft sind. Allerdings ist eine Doppelbindung weit weniger als doppelt so stark wie eine Einfachbindung, denn eine π-Bindung läßt sich leichter aufbrechen als eine Einfachbindung. Aus diesem Grund reagiert Ethylen mit vielen Verbindungen bereitwilliger als Ethan. Kohlenstoffverbindungen mit π-Bin-

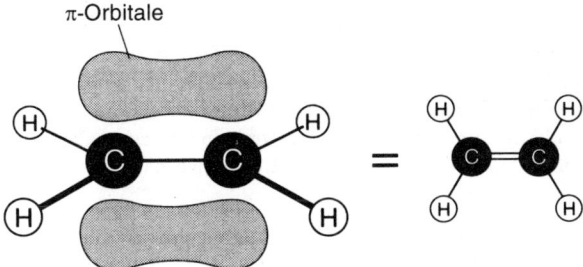

Abbildung 1.10   *Im Ethylen sind zwei Kohlenstoffatome durch eine Doppelbindung miteinander verbunden. Eine Bindung entsteht aus Atomorbitalen des Kohlenstoffs, die in der Mitte zwischen den Kernen überlappen. Man spricht in diesem Fall von einer σ-Bindung. Die andere Bindung kommt durch die Überlappung zweier hantelförmiger 2p-Orbitale ober- und unterhalb der Molekülebene zustande. Es entstehen zwei würstchenförmige Elektronenwolken. Diese Bindung wird als π-Bindung bezeichnet. In Kugel-Stab-Modellen wird eine Doppelbindung durch zwei „Stäbchen" dargestellt.*

Wie man Moleküle zeichnet

Chemiker benutzen verschiedene Darstellungsformen, um molekulare Strukturen wiederzugeben. Im Prinzip basieren sie alle darauf, daß die Symbole, die die verschiedenen Elemente repräsentieren, durch Striche oder Stäbchen, die wiederum die Bindungen darstellen, verbunden werden. Ein einzelner Strich entspricht einer Einfach- oder σ-Bindung, ein doppelter einer Doppel- und ein dreifacher einer Dreifachbindung:

$$H_2O: \quad H—O—H \qquad\qquad O_2: \quad O=O \qquad\qquad N_2: \quad N\equiv N$$

Manchmal ist es günstiger und sinnvoller, in der Zeichnung die Positionen der Atome im dreidimensionalen Raum wiederzugeben. Meist ist diese Information aber nicht von Belang. Beispielsweise sieht die dreidimensionale Struktur des Ethanmoleküls wie folgt aus:

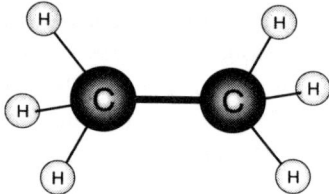

In der Regel kann man die tetraedrische Anordnung von Bindungen um ein Kohlenstoffatom vernachlässigen und die Struktur des Ethans folgendermaßen einfach veranschaulichen:

$$
\begin{array}{ccc}
H & H \\
| & | \\
H—C—C—H \\
| & | \\
H & H
\end{array}
$$

Weil sehr viele Moleküle aus einem großen Kohlenstoffskelett bestehen, benutzen Chemiker oft eine Kurzschreibweise, in der das Skelett nur noch durch Striche wiedergegeben wird. Die Atome sind nicht mehr explizit dargestellt. Die Kohlenstoffatome sitzen an den Eckpunkten des Gerüstskeletts. Weil die an Kohlenstoff gebundenen Wasserstoffatome sehr reaktionsträge sind, stellen sie meist einen eher unwichtigen Teil der Struktur dar. Sie werden deshalb in der schematischen Kurzschreibweise der besseren Übersicht wegen weggelassen (Dagegen haben Wasserstoffatome, die an Sauerstoff oder Stickstoff gebunden sind, oft entscheidend Einfluß auf die Chemie und Struktur einer Verbindung, weshalb sie *gezeigt* werden). Cyclohexan (siehe Abbildung 1.12) und Benzol (siehe Abbildung 1.13) sehen nach dieser Schreibweise dann so aus:

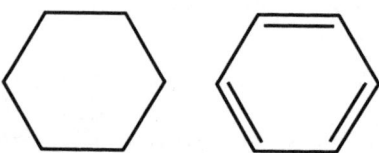

Der Cyclohexanring ist in Wirklichkeit gefaltet, was hier aber ignoriert wird.

Die Kugel-Stab- oder die Skelettdarstellung geben sehr gut wieder, wie die Atome in Molekülen verknüpft sind, doch sind sie der *wirklichen* Gestalt von Molekülen so fern wie ein Strichmännchen einem Menschen. Chemiker interessiert aber oft mehr die wirkliche dreidimensionale Größe und Form von Molekülen. Sie können dann besser verstehen, welchen räumlichen Zwängen Moleküle bei ihren Reaktionen unterliegen. Dies ist zum Beispiel sehr wichtig, wenn man bestimmen will, wie sich Moleküle im Kristall anordnen. In diesem Fall gebrauchen Chemiker „raumausfüllende Modelle", in denen die Bausteine die effektive Größe von Atomen wiedergeben. (An anderer Stelle hatten wir erfahren, daß Atome keine scharfen, definierten Ränder haben. Trotzdem läßt sich ihnen ein effektiver Radius zuschreiben, der auf dem Abstand basiert, auf den sich andere Atome leicht nähern können.) In raumausfüllenden Modellen sind Atome keine vollen Kugeln mehr, weil sich deren Elektronenorbitale in einem Molekül überlappen. Benzol sieht nach diesem Modell etwa so aus:

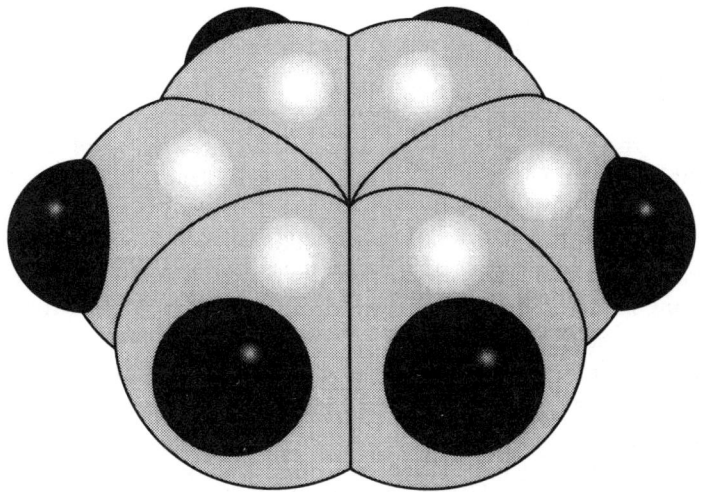

Die grauen Segmente stellen Kohlenstoff- und die kleinen schwarzen Halbkugeln Wasserstoffatome dar.

In diesem Buch habe ich in der Regel jedes Atom eines Moleküls als Kugel dargestellt. Bei besonders kompliziert gebauten Molekülen sind die an Kohlenstoff gebundenen Wasserstoffatome weggelassen, was aber jeweils angemerkt ist. Wo mir ausreichend Platz zur Verfügung stand, habe ich Atome über ihre chemischen Symbole wiedergegeben. Bei großen Molekülen habe ich allerdings auf den in Abbildung 1.1 verwendeten Code zurückgegriffen:

● Kohlenstoff   ○ Sauerstoff
◉ Stickstoff   ○ Wasserstoff

Wenn es überflüssig oder verwirrend war, die Gestalt von Molekülen bis ins letzte atomare Detail zu zeigen, habe ich deren Strukturen schematisch dargestellt - beispielsweise lineare Kohlenstoffketten als Skelettformeln, ringförmige Moleküle als einfache Bänder oder stäbchenförmige Moleküle als Zylinder.

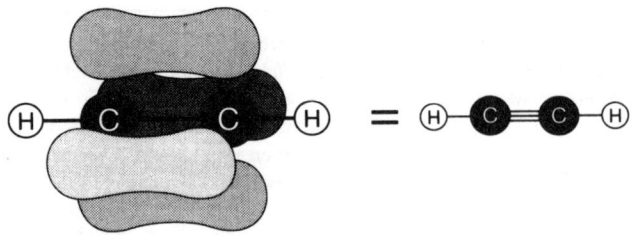

Abbildung 1.11   *Im Acetylen sind zwei Kohlenstoffatome über eine Dreifachbindung miteinander verknüpft. Sie besteht aus einer σ- und aus zwei π-Bindungen, wobei letztere im rechten Winkel zueinander stehen.*

dungen werden als ungesättigt bezeichnet, womit gemeint ist, daß die Kohlenstoffatome zwar die für die jeweilige Verbindung erforderliche Zahl von Bindungen eingegangen sind, sie aber noch nicht voll abgesättigt sind, was die höchstmögliche Zahl an Bindungspartnern betrifft. Im Gegensatz dazu enthalten gesättigte Kohlenstoffmoleküle nur Einfachbindungen. Die mehrfach ungesättigten Bestandteile ölhaltiger Nahrungsmittel sind lange Kohlenstoffketten mit vielen Kohlenstoff-Doppelbindungen. Das „Sättigen" der Doppelbindungen durch die Addition von Wasserstoff (Hydrierung) ergibt abgesättigte Verbindungen, die höhere Schmelzpunkte aufweisen. Über den Prozeß der Hydrierung stellt man beispielsweise aus flüssigen, mehrfach ungesättigten Pflanzenölen die wachsweiche Margarine her.

Doppelbindungen sind keineswegs das letzte Mittel, mit dem Atome ihren vollen Satz an Bindungen auszubilden vermögen: es gibt auch Dreifachbindungen. Ein Beispiel ist Acetylen (C_2H_2), in dem zwei Kohlenstoffe miteinander und jeweils mit einem Wasserstoffatom verknüpft sind. Eine Dreifachbindung setzt sich aus einer σ- und zwei π-Bindungen zusammen, wobei die würstchenförmigen π-Orbitale im rechten Winkel zueinander stehen (siehe Abbildung 1.11).

Dreifachbindungen sind sehr stark, in Kohlenstoffverbindungen zeigen sie allerdings eine beträchtliche Reaktivität. Die Explosivität von Acetylen deutet dies an – Sauerstoffmoleküle reagieren besonders leicht mit dem Gas. Sie brechen die Dreifachbindung auf, wobei die in ihr steckende Bindungsenergie freigesetzt wird. Genau dies geschieht in der Flamme des Oxy-Acetylen-Schweißbrenners. Eine vergleichbare Reaktivität trifft man bei anderen Molekülen mit Dreifachbindungen allerdings nicht unbedingt an. Das Stickstoffmolekül (N_2) beispielsweise ist hochstabil, weshalb das Gas extrem reaktionsträge ist.

In den letzten Jahren hat sich gezeigt, daß auch noch Mehrfachbindungen höherer Ordnung möglich sind. Das Extrembeispiel eines aus zwei Kohlenstoffatomen bestehenden Moleküls, das C_2, enthält eine Vierfachbindung, die aber äußerst instabil und hochreaktiv ist. Relativ stabile Vierfachbindungen sind dagegen zwischen Metallatomen beobachtet worden.

Geschlossene Kreise

Kohlenstoff ist der vielseitigste atomare Baustein. Er bildet mit anderen Kohlenstoffatomen (über Einfach-, Doppel- oder Dreifachbindungen) feste, stabile Bindungen aus, weshalb sich die unterschiedlichsten molekularen Gerüste aus ihm aufbauen. Einige von diesen sind die Skelette komplexer biochemischer Substanzklassen, beispielsweise der Fette und Steroide, die in lebenden Organismen vorkommen. Es überrascht deshalb nicht, daß Kohlenstoff für den synthetisch arbeitenden Chemiker, dem es darum geht, Moleküle mit neuen und ungewöhnlichen Formen und Eigenschaften herzustellen, ungeheuer wertvoll ist. Das Aussehen dieser Moleküle verrät (wie wir sehen werden) oft viel über die humorige Natur ihrer Schöpfer. Doch ist das eigentliche Motiv für ihre Synthese meist alles andere als ein spleeniger Einfall. An das Design von Molekülen mit ungewöhnlichen Geometrien ist häufig die Hoffnung geknüpft, daß sie nützliche chemische Eigenschaften zeigen. Es kann aber auch einen Sprung in unbekannte Gewässer bedeuten. Denn eine ungewöhliche Struktur verleiht einem Molekül zuweilen ungeahnte Eigenschaften oder eröffnet Einblicke in Gebiete der Chemie, die dem Anschein nach nicht zusammenhängen.

Der Ausgangspunkt fast aller Arbeiten zu außergewöhnlichen Kohlenstoffmolekülen ist der Kohlenstoffring. Kohlenwasserstoffe, die Ringe aus fünf, sechs und oder noch mehr Kohlenstoffatomen enthalten, kommen im Erdöl vor. Cyclohexan ist ein Ring aus sechs Kohlenstoffatomen, in dem jeder Kohlenstoff mit zwei weiteren Kohlenstoffatomen und mit zwei Wasserstoffatomen verknüpft ist. Eine günstige Anordnung der Bindungen resultiert dann, wenn der Ring geknickt oder gefaltet ist (siehe Abbildung 1.12).

In einem wichtigen modernen industriellen Verfahren wird von jedem Kohlenstoff im Cyclohexan ein Wasserstoff abgezwackt. Es entsteht Benzol (C_6H_6). Die Entdeckung, daß Benzol (das in Rohöl vorkommt) ein Kohlenstoffring ist, wird meist dem deutschen Chemiker Friedrich August Kekulé zugeschrieben, der dies 1865 veröffentlichte. Doch hat wohl ein anderer, nämlich der österreichische Chemiker Joseph Loschmidt, bereits vier Jahre früher die Ringstruktur beschrieben. Es geht die Legende, daß Kekulé die Idee in einem Traum kam. Ihm stand eine Schlange vor Augen, die sich in den eigenen Schwanz biß. Diese Geschichte kam aber erst 25 Jahre nach Kekulés „Entdeckung" auf, weshalb man ihr kaum Glauben schenken kann. Einige Kritiker behaupten sogar, daß

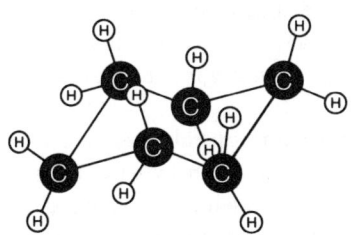

Abbildung 1.12 *Cyclohexan ist ein Kohlenwasserstoff, in dem sechs Kohlenstoffatome zu einem Ring angeordnet sind. Eine günstigste Anordnung der vier Bindungen an jedem Kohlenstoff ergibt sich dann, wenn der Ring gefaltet ist.*

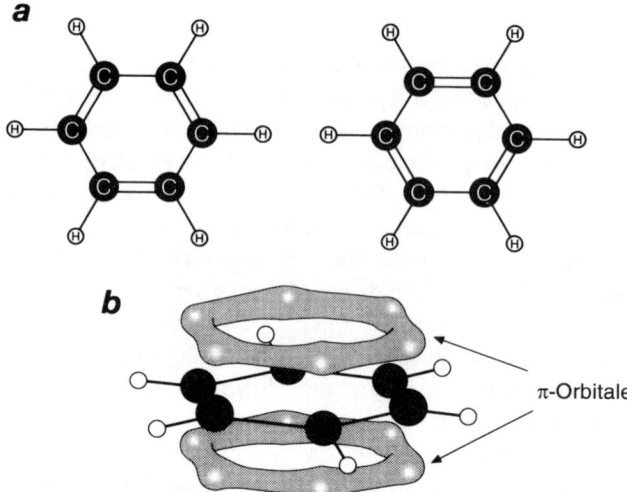

Abbildung 1.13   *August Kekulé leitete ab, daß das Benzolmolekül aus einem Ring aus sechs Kohlenstoff-atomen besteht, die durch alternierende Einfach- und Doppelbindungen verknüpft sind. Nach Kekulés Strukturvorschlag sind zwei Anordnungen der Bindungen möglich (a); dagegen gibt es nach der modernen Theorie der chemischen Bindung nur eine Bindungsanordnung. Die π-Elektronenwolken sind zu zwei „delokalisierten" ringförmigen Orbitalen ober- und unterhalb der Ebene des Moleküls verschmiert (b).*

Kekulés angebliche Idee in Wirklichkeit nach einem kurzen Blick in Loschmidts Buch Form annahm.

Trotzdem ist es sehr unwahrscheinlich, daß die alternierende Anordnung von Einfach-und Doppelbindungen in dem Ring aus sechs Kohlenstoffatomen jemals einen anderen Namen tragen wird als „Kekulé-Struktur". Es gibt zwei äquivalente Möglichkeiten, die Bindungen in den Ring zu legen (siehe Abbildung 1.13). Wird diese Äquivalenz beispielsweise dadurch aufgehoben, daß man zwei benachbarte Wasserstoffe durch Chlor ersetzt (was Dichlorbenzol ergibt), könnte man zwei unterschiedliche Strukturen für das Molekül erwarten: eine mit einer Doppelbindung zwischen zwei Chlor tragenden Kohlenstoffatomen und eine mit einer Einfachbindung an diesen Positionen. Experimente zeigen jedoch eindeutig, daß es nur eine Art von Dichlorbenzol gibt. Kekulé ging davon aus, daß die Bindungen im Benzolmolekül schnell zwischen zwei Anordnungen hin und her oszillieren. Nach heutigen Kenntnissen wechseln die π-Bindungen nicht auf diese Weise hin und her, sondern sind zu zwei durchgängigen ringförmigen Elektronen-wolken verschmiert, die ober- und unterhalb des Ringes verlaufen (siehe Abbildung 1.13). Die Elektronen in diesen Molekülorbitalen kreisen ungehindert von Atom zu Atom: man bezeichnet sie als delokalisiert.

Benzol ist der Baustein einer Vielzahl von Kohlenwasserstoffmolekülen. Zwei Seite an Seite aneinandergehängte Ringe ergeben Naphthalin, setzt man einen weiteren Ring zu einer linearen Dreiereinheit an, entsteht Anthracen. Fügt man diesen dritten Ring schräg an, liegt Phenanthren vor. Beide Moleküle sind wie Benzol völlig flach, und die

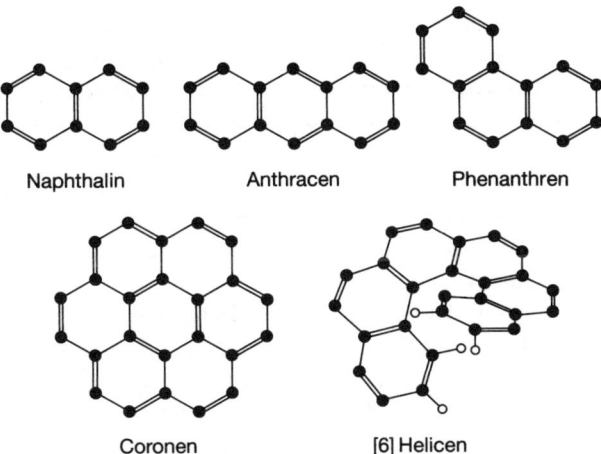

Naphthalin   Anthracen   Phenanthren

Coronen   [6] Helicen

Abbildung 1.14   *Benzolringe können Seite an Seite zu einer Vielzahl von Molekülen verknüpft werden, die man als polycyclische aromatische Kohlenwasserstoffe bezeichnet. Das einfachste Molekül ist Naphthalin. Bei drei Ringen gibt es zwei mögliche Anordnungen, die Anthracen und Phenanthren entsprechen. Exotischere Varianten sind Coronen und [6]Helicen. Man kann an den sechsten Benzolring vom [6]Helicen weitere Benzolringe anhängen, was zu den größeren, spiralförmigen Helicenen führt. In allen diesen Molekülen sind die π-Orbitale weit ausgedehnte delokalisierte Orbitale, die sich über alle Ringe erstrecken. Wasserstoffatome wurden weggelassen, abgesehen von denen an den Enden des [6]Helicens.*

Elektronen sind über π-Orbitale, die sich über alle aus sechs Kohlenstoffen bestehenden Ringe erstrecken, delokalisiert. Eine ganze Familie von Kohlenwasserstoffverbindungen baut sich aus Benzolringen auf, die wie hexagonale Ziegel zusammengesteckt sind. Einige dieser Substanzen kommen in Kohle vor, von anderen nimmt man an, daß sie in der

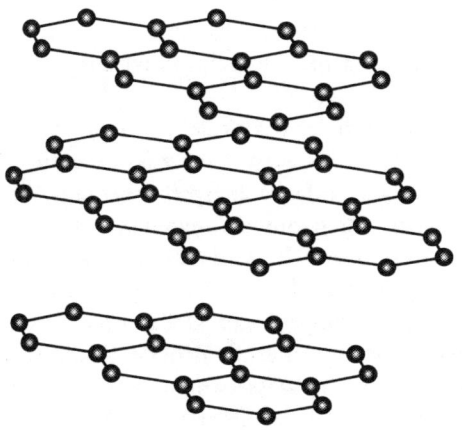

Abbildung 1.15   *Graphit besteht aus riesigen Schichten (hier sind nur kleine Ausschnitte gezeigt), in denen benzolartige Ringe ein hexagonales Netzwerk ausbilden, das Maschendraht ähnelt. Die Schichten liegen locker aufeinander und werden durch schwache Wechselwirkungen zwischen den delokalisierten Elektronenorbitalen benachbarter Schichten zusammengehalten.*

Atmosphäre von Sternen gebildet werden. Viele sind äußerst carcinogen. Ein interessantes Molekül entsteht, wenn man an Phenanthren weitere Ringe schräg ansetzt. Der sechste trifft dann wieder auf den ersten. Verknüpft man die beiden Ringe, entsteht ein größerer Ring, eine Art „Superbenzol", das als Coronen bezeichnet wird, weil es äußerlich eine gewisse Ähnlichkeit mit einer (allerdings flachen) Krone hat. Wenn aber der sechste Ring nicht mit dem ersten verbunden wird, sondern beide mit ihren Wasserstoffatomen aufeinanderstoßen, kann das Molekül nicht länger flach bleiben. Es ist gezwungen, sich zu einer Art Federscheibchen zu verbiegen. Diese helikale Struktur hat ihm den Namen Helicen eingebracht (siehe Abbildung 1.14).

Sind der Größe dieser Ziegelwerke aus Benzol Grenzen gesetzt? Offensichtlich nicht: man kann flache Schichten jeder Größe aufbauen, die von Rändern aus Wasserstoffatomen gesäumt sein müssen, damit jedes Kohlenstoffatom vier Bindungen ausbildet. Graphit besteht aus solchen riesigen Kohlenstoffschichten, die wie Papierblätter aufeinandergestapelt sind (siehe Abbildung 1.15). Wegen dieser Schichtstruktur ist Graphit ein gutes Schmiermittel, denn die Schichten können leicht aneinander vorbeigleiten. Viele interessante Eigenschaften des Graphits resultieren daraus, daß die π-Orbitale aller Ringe überlappen. Die Elektronen in diesen Orbitalen sind völlig frei und können auf der gesamten Schichtoberfläche umherstreifen. Graphit ist deshalb ein relativ guter elektrischer Leiter (eigentlich gehört er zu den sogenannten Halbleitern, auf die wir im sechsten Kapitel näher eingehen).

Bauwerke aus Kohlenstoff

Die Vielseitigkeit von Kohlenstoff als Strukturelement natürlicher Verbindungen hat Chemiker dazu angestiftet, die kühnsten molekularen Gebilde zu konstruieren. Manchmal drängt sich mir der Verdacht auf, daß es Chemikern mehr Vergnügen bereitet, sich Namen für die verrückten und wunderschönen Moleküle auszudenken, als sie entstehen zu lassen. Vielleicht bin ich unfair, aber gänzlich von der Hand zu weisen ist es nicht: Einige dieser mühevollen Syntheseprozeduren sind nur deshalb ersonnen worden, weil sich die Molekülarchitekten einen amüsanten Namen für ihr Zielprodukt ausgedacht hatten.

Kohlenstoffringe sind meist zentraler Bestandteil dieser Moleküle. Um eine interessante Gerüststruktur zu erhalten, muß man nur mehr als einen Ring zusammenfügen (d. h. das Molekül muß polycyclisch werden). Das einfache Beispiel eines aus vier Kohlenstoffatomen bestehenden Ringes, der an einen dreiatomigen angrenzt, gibt bereits einen Hinweis darauf, wie gern am Namenskarussell gedreht wird: Das Molekül trägt den Namen „Hausan", und Abbildung 1.16 zeigt, warum. Die Endung „an" deutet an, daß der Kohlenwasserstoff gesättigt ist (also keine Doppel- oder Dreifachbindungen enthält). Er zählt deshalb zu der Verbindungsklasse der Alkane. Die Zahl der Bindungen an jedem Kohlenstoffatom wird durch Bindungen zu Wasserstoffatomen auf vier „aufgefüllt". Man spricht davon, daß sowohl der Drei- als auch der Vierring gespannt

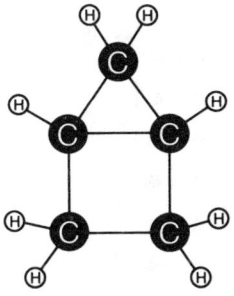

Abbildung 1.16   *Der Kohlenwasserstoff Hausan besteht aus einem vier- und einem dreigliedrigen Kohlenstoffring.*

sind, weil die Bindungen zwischen den Kohlenstoffatomen stark gekrümmt sein müssen, damit die Enden verknüpft sind.

Wenn drei Ringe über gemeinsame Kanten verbunden sind, entsteht eine Art molekularer Propeller, der zwangsläufig den Namen „Propellan" trägt. Als Jordan Bloomfield von der University of Oklahoma im Jahre 1966 das erste Propellan herstellte (siehe Abbildung 1.17a), zwangen ihn die Redakteure einer Fachzeitschrift (eine notorisch konservative Brut), seinen Phantasienamen (er hatte die Verbindung Propelleran genannt) als Fußnote an das Ende der Publikation zu verbannen. David Ginsberg vom Israel Institute of Technology war der erste, der sich bei seiner Variante (siehe Abbildung 1.17b) mit der Bezeichnung „Propellan" durchsetzte. Kenneth Wiberg und seine Mitarbeiter von der Yale University in Connecticut synthetisierten später ein höchst ungewöhnliches Propellan, in dem drei dreigliedrige Kohlenstoffringe über eine gemeinsame Kante verknüpft sind. Werden die Ringe statt über Kanten durch gemeinsame Ecken verbunden, gelangen wir von Propellern zu Schaufelrädern, die „Rotane" getauft wurden (siehe Abbildung 1.17c).

Der Benzolring stellt eine Art flache Scheibe dar, weshalb sich einige Forscher einen Spaß daraus machten, Benzolringe wie Teller aufeinanderzusetzen. Der Archetyp dieser

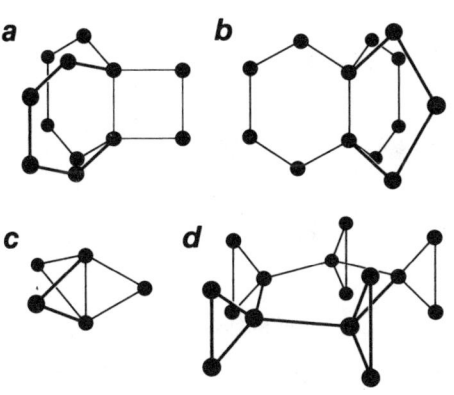

Abbildung 1.17   *Kante an Kante und über Ecken verknüpfte Kohlenstoffringe ergeben Propellane (a-c) bzw. Rotane (d). Wasserstoffatome sind nicht eingezeichnet.*

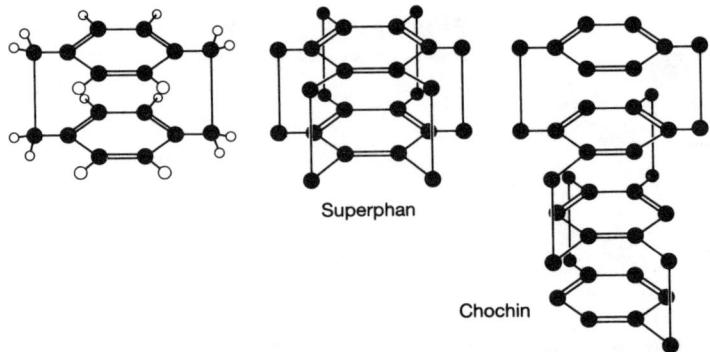

Superphan

Chochin

Abbildung 1.18   *Cyclophane stellen aufeinandergestapelte Benzolringe dar, die über kurze Kohlenwasserstoffketten verknüpft sind. Die Wasserstoffatome sind beim Superphan und Chochin weggelassen.*

gestapelten Moleküle ist Cyclophan, in dem zwei Ringe durch kurze Kohlenwasserstoffketten zusammengeklammert sind (siehe Abbildung 1.18). Es lassen sich auch zwei oder sogar drei Verbindungsstrebenpaare einbauen. Im letzten Fall entsteht ein Molekül, das vom Aussehen her zwei sich umarmenden Spinnen ähnelt. Es wurde erstmals von Virgil Boekelheide von der University of Oregon im Jahre 1979 synthetisiert und hört auf den Namen Superphan. Von asiatischer Schönheit ist das außergewöhnliche Cyclophan, das Masao Nakazaki und Mitarbeiter von der Osaka University herstellten (siehe Abbildung 1.18). Es erinnerte die Chemiker an einen traditionellen japanischen Laternentyp, der als *chochin* bezeichnet wird. Sie brachen mit der konventionellen Nomenklatur und übernahmen diesen Namen. Diese Cyclophane werden aber nicht allein wegen ihrer Schönheit aufgebaut – einige stellen die strukturelle Grundeinheit von Molekülen dar, die

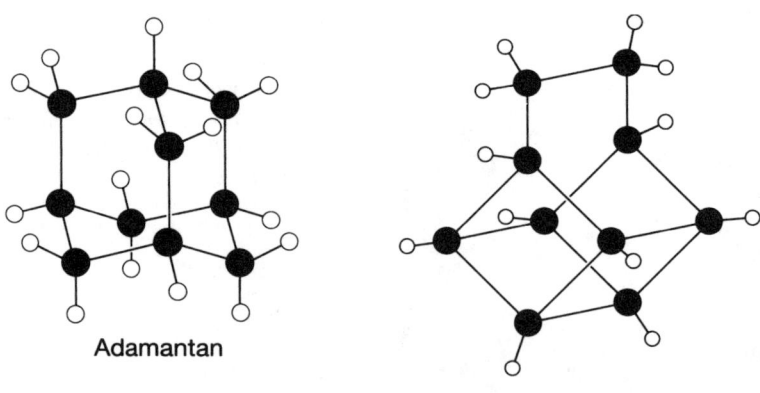

Adamantan

Basketan

Abbildung 1.19   *Adamantan und Basketan bestehen aus mehreren Kohlenstoffringen, die über ihre Ecken verknüpft sind.*

bestimmte Verhaltensweisen wichtiger natürlicher Verbindungen, den Enzymen, nach-ahmen.

Kompliziertere polycyclische Kohlenwasserstoffnetzwerke entstehen, wenn man Ringe über mehr als eine Ecke verknüpft.

Das in Abbildung 1.19 gezeigte Molekül Adamantan läßt sich als ein Ausschnitt aus dem Kohlenstoffnetzwerk des Diamants verstehen. Dieses bemerkenswerte Molekül wurde 1933 von den tschechoslowakischen Chemikern S. Landa und V. Machacek aus Erdöl isoliert. Der Name leitet sich von dem griechischen Wort *adamas*, das Diamant bedeutet, ab.

Wegen des Hohlraums im Inneren des Adamantan-Netzwerkes ist das Molekül eine Art molekularer Käfig. Ein viel auffälligeres Kohlenwasserstoffbehältnis ist eine Verbin-dung, die den passenden Namen Basketan trägt (siehe Abbildung 1.19). Basketan kommt einer Struktur sehr nah, die Chemiker schon lange fasziniert hat, nämlich der perfekte Kohlenwasserstoffkubus. Dieses als Cuban (wie sonst?) bezeichnete Molekül wurde erstmals 1964 von Philip Eaton und Mitarbeitern von der University of Chicago hergestellt. Es ist nur ein Mitglied einer ganzen Familie von prismenförmigen Kohlen-wasserstoffen, die als Prismane bezeichnet werden (siehe Abbildung 1.20). Das pentago-nale Prisma konkurriert mit dem einfacheren, bereits erwähnten Zwei-Ring-Molekül namens Hausan. Gerald Kent vom Rider College in New York konnte es sich nicht verkneifen, diesem molekularen Häuschen einen Kirchturm aufzusetzen. Es entstand Kirchan. Horst Prinzbach und seine Mitarbeiter von der Universität Freiburg syntheti-sierten 1983 aus zwei Kirchan-artigen Einheiten ein prunkvolles Bauwerk, für das sie den Namen Pagodan vorschlugen.

Wie sich unschwer erkennen läßt, können synthetisch arbeitende Chemiker keiner Herausforderung widerstehen. Eine hatte allerdings so niederschmetternde Erfolgsaus-sichten, daß sie über Jahrzehnte hinweg allen Angriffen trotzte. Sie stand in dem Ruf, der „Mount Everest der polycyclischen Chemie" zu sein. Dieses widerspenstige moleku-

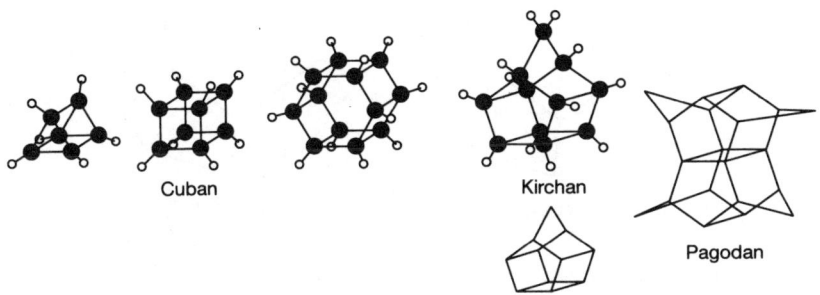

Cuban Kirchan

Pagodan

Abbildung 1.20 *Prismane sind Kohlenwasserstoffpolyeder. Das am gründlichsten untersuchte Prisman ist Cuban. Verspieltere Varianten sind Kirchan und Pagodan. Die Kohlenstoffgerüste der beiden zuletzt genannten Verbindungen gebe ich in der „Skelett"schreibweise wieder.*

lare Gebilde ist ein Dodecaeder aus Kohlenstoff – das Dodecahedran (siehe Abbildung 1.21). Zwei Arbeitsgruppen standen in den siebziger Jahren kurz davor, das Problem zu knacken, doch gelangen keiner von beiden die entscheidenden letzten Verknüpfungsschritte. Philip Eatons Team in Chicago hatte es 1977 geschafft, die Hälfte des Moleküls, ein schalenförmiges Fragment aus sechs Fünfecken, herzustellen. Es mußte nur noch ein Cyclopentan-Dach aufgesetzt werden, das mit den fünf Ecken des Schalenrandes verbunden war. Eaton nannte das Schalenmolekül Peristylan, nach dem griechischen Wort *peristelon*, das eine dachtragende Säulenreihe bezeichnet. Dem Team gelang es aber nicht, das Cyclopentan-Dach richtig zu verankern. Leo Paquette von der Ohio State University beschritt einen anderen Weg: Er synthetisierte zwei kleinere, aus drei Fünfecken bestehende Fragmente des Dodecahedrans, die an einer Stelle über zwei Ecken verknüpft waren

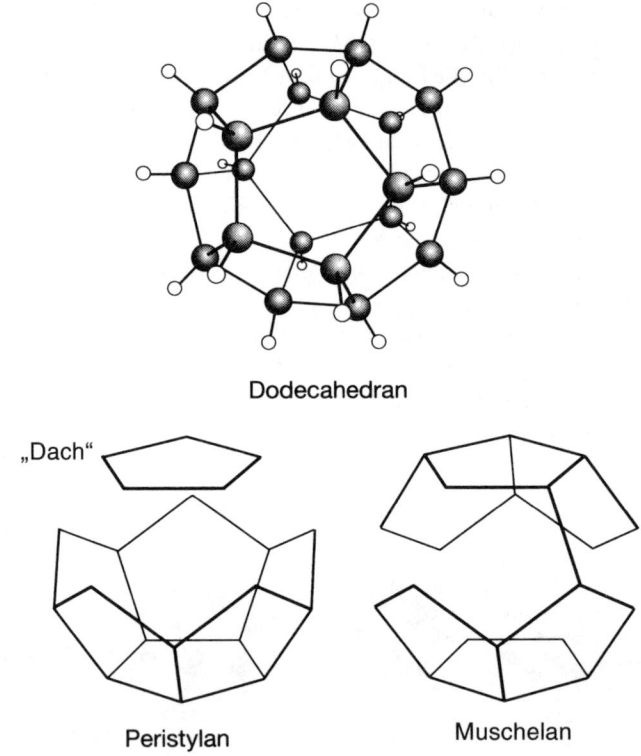

Dodecahedran

„Dach"

Peristylan   Muschelan

Abbildung 1.21   *Dodecahedran zählt zu den spektakulärsten Kohlenwasserstoffen, die bis heute synthetisiert wurden. Es ist ein perfektes Dodecaeder aus Kohlenstoffatomen, denen jeweils noch ein Wasserstoffatom aufgesetzt ist. Dem Team von Philip Eaton gelang es 1977 nicht, Peristylan mit einem Dach zu versehen und damit Dodecahedran herzustellen. Leo Paquette hatte 1981 mehr Erfolg. Sein Arbeitskreis schaffte es, die beiden Hälften von Muschelan fest zu schließen.*

(siehe Abbildung 1.21). Es entstand ein Molekül, das wie eine geöffnete, zweischalige Muschel aussieht, woraus sich der Name Muschelan ableitet.

Es sollte noch bis 1981 dauern, daß es Paquette und seinen Mitarbeitern gelang, die Muschel zu schließen. Ihre erste Version von Dodecahedran sah noch etwas unfertig aus, weil zwei Methylgruppen (CH_3) aus ihm herausragten. Dieser Feststoff zeigte den höchsten, jemals an einem Kohlenwasserstoff gemessenen Schmelzpunkt (höher als 450 Grad Celsius). Doch 1981 bekam Paquettes Gruppe die Schwierigkeiten der Synthese in den Griff und stellte das echte Produkt her – reines Dodecahedran.

Die Chemie wird rund

Es kam aus dem Weltraum

Der Aufbau von Dodecahedran stellt einen Höhepunkt chemischer Synthesekunst dar. Das Molekül ist das Produkt einer langen Abfolge komplizierter Einzelschritte, in denen das gesamte, in jahrzehntelanger Arbeit angehäufte Wissen über Kohlenstoffverbindungen zum Einsatz kam. Doch ist das elegante Molekül von einer noch viel ungewöhnlicheren Verbindung in den Schatten gestellt worden, die sich auf verschiedene Weise in so simplen Reaktionen herstellen läßt, daß es kaum gerechtfertigt erscheint, auf die Synthesen näher einzugehen.

Dodecahedran stellt eigentlich nur eine Laboratoriumskuriosität dar, deren Wert darin besteht, daß sie die Leistungsfähigkeit der modernen Chemie symbolhaft demonstriert. Dagegen könnte sich dieser neueste und sensationellste Vertreter exotischer Kohlenstoffstrukturen für viele praktische Anwendungen eignen. Er ist Gegenstand eines neuen, eigenständigen Forschungsfeldes geworden. Nicht nur Chemiker, auch Physiker, Astrophysiker, Materialwissenschaftler, Ingenieure und Biologen erkunden die Eigenschaften des Moleküls. Ganze Konferenzen sind ihm gewidmet, Zeitungsartikel und Fernsehsendungen haben sich mit seinen Fähigkeiten und Vorzügen befaßt.

Das Molekül ist eine neue, bisher unbekannte Form von elementarem Kohlenstoff. Seine Entdeckung hat die Chemiker Bescheidenheit gelehrt. Denn sie hatten angenommen, daß all jene Formen, in denen die reinen chemischen Elemente vorkommen, längst vollständig bekannt wären. Schon altehrwürdige chemische Abhandlungen, die sich ausführlichst mit der Herstellung von „Salmiak" befassen, stehen auf festem Boden, wenn sie die gelben Kristalle natürlichen Schwefels, das mattgraue Pulver reinen Siliciums oder das stechend grüne Gas Chlor beschreiben. Und was den Kohlenstoff betrifft – schon fast seit den frühesten Anfängen der menschlichen Zivilisation ist bekannt, daß er natürlich als Diamant und Graphit vorkommt. So sagte Joseph Conrad 1914: „Jeder Schuljunge weiß, [es gibt] eine enge chemische Beziehung zwischen Kohle [wofür man grob auch Graphit setzen kann] und Diamanten." Doch heute, in Zeiten, in denen mittlerweile auch Schulmädchen mit der Struktur der DNA vertraut sind, stellt sich heraus, daß wir nicht alles über reinen Kohlenstoff wußten. Wie kam es dazu, daß eine dritte Form dieses Elements so lange unentdeckt blieb?

Die Geschichte ihrer Entdeckung ist nicht weniger exotisch als das Molekül selbst. Sie begann eigentlich schon in den siebziger Jahren (obwohl, wie wir sehen werden, keiner der Beteiligten ahnte, worauf sie letztlich hinauslief), als die Chemiker Harry Kroto und David Walton von der University of Sussex über die Natur bestimmter Moleküle nachgrübelten, die im interstellaren Raum nachgewiesen worden waren. Wie wir im dritten Kapitel erfahren werden, ist es möglich, Moleküle über Tausende von Lichtjahren hinweg zu „sehen", indem man die Strahlung mißt, die sie absorbieren oder emittieren, insbesondere die Emission bei Radiofrequenzen. Das dritte Kapitel befaßt sich ausführlicher damit, wie Moleküle mit sichtbarem Licht, infraroter Strahlung, Radiowellen und anderer elektromagnetischer Strahlung in Wechselwirkung treten.

Die Arbeitsgruppe aus Sussex untersuchte lange, kettenartige Moleküle, die sogenannten Polyine. Sie enthalten größtenteils Kohlenstoff und bestehen aus langen Ketten, in denen Kohlenstoffatome durch alternierende Einfach- und Dreifachbindungen miteinander verknüpft sind, so daß jedes Atom über den vollen Satz aus vier Bindungen verfügt, ohne zusätzlich noch Bindungen zum Beispiel zu Wasserstoff ausbilden zu müssen. In Polyinen sitzen an den beiden Kettenenden Wasserstoffatome. Die Chemiker untersuchten aber auch Cyanopolyine, bei denen ein Kettenende mit einer Dreifachbindung zum Stickstoff, mit einer Cyanogruppe (CN) (siehe Abbildung 1.22), abschließt. Einem Studenten von Kroto und Walton, Anthony Alexander, gelang es 1974, ein fünf Kohlenstoffe enthaltendes Cyanopolyin, das HC_5N, herzustellen. Er konnte auch messen, wie die Verbindung Mikrowellenstrahlung absorbiert.

Der Gedanke, daß diese Moleküle im Weltraum gebildet werden könnten, fesselte Kroto. Eine Zusammenarbeit mit den kanadischen Astronomen Takeshi Oka, Lorne Avery, Norm Broten und John MacLeod führte dazu, daß ein „Fingerabdruck" des HC_5N in den Radiowellen einer Molekülwolke nachgewiesen wurde, die sich nahe dem Zentrum unserer Galaxis befindet. Diese Entdeckung löste unter den Wissenschaftlern Begeisterung aus, und sie suchten weiter. Etwas später konnten sie auch das sieben Kohlenstoffatome enthaltende HC_7N nachweisen.

Warum waren diese eigenartigen Moleküle, die sich im Labor nur mit beträchtlichem Aufwand und viel Mühe herstellen ließen, im Weltraum zu finden? Kroto glaubte, daß solche Moleküle in den Atmosphären bestimmter alter Sterne, den sogenannten roten Riesen, entstehen könnten. Das Leben dieser Sterne neigt sich dem Ende zu, sie blähen sich zu riesigen Körpern auf, die rot leuchten, weil ihre Energievorräte schwinden. Einige rote Riesensterne enthalten große Mengen an Kohlenstoffatomen in ihrer äußeren

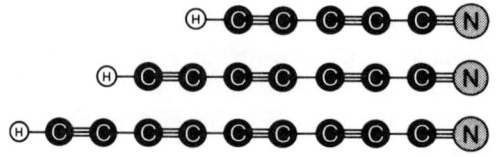

Abbildung 1.22 *Cyanopolyine, deren Ketten fünf, sieben und neun Kohlenstoffatome enthalten. Sie wurden von Harry Kroto in den Atmosphären kohlenstoffreicher Sterne nachgewiesen.*

Atmosphäre. Diese Atome können, wenn sie weit genug vom heißen Sterninneren entfernt sind, mit sich und anderen Atomen (beispielsweise Wasserstoff, Stickstoff und Sauerstoff) zu uns vertrauten Molekülen wie Formaldehyd, Methan und Methanol, aber auch zu exotischen Verbindungen reagieren. Es erschien wahrscheinlich, daß die hauptsächlich aus Kohlenstoff bestehenden Polyine in dieser kohlenstoffreichen Umgebung entstehen würden.

Als Kroto und die kanadischen Astronomen in den Radiowellen den Fingerabdruck eines Polyins aus nicht weniger als neun Kohlenstoffatomen entdeckten, kam Kroto nicht umhin anzunehmen, daß eventuell auch viel längere Ketten mit vielleicht dreißig Kohlenstoffatomen und mehr in interstellaren Molekülwolken vorkommen könnten. Ein Verwandter des aus 32 Kohlenstoffatomen bestehenden $HC_{32}H$ war schon 1972 von David Walton und seinen Studenten synthetisiert worden.

Im Jahre 1984 bekamen Krotos Überlegungen in diese Richtung neuen Schwung. Robert Curl hatte ihn eingeladen, das Laboratorium seines Kollegen Richard Smalley von der Rice University in Houston, Texas, zu besichtigen. Smalley hatte eine Methode zur Erzeugung kleiner Atomcluster entwickelt. Er benutzte einen Laserstrahl, um feste Targets zu verdampfen. Die Atome im Dampf rekombinieren zu kleinen Clustern, die aus ungefähr hundert Atomen bestehen. Man ging davon aus, daß diese Cluster interessante Eigenschaften aufweisen würden, die irgendwo zwischen denen von Molekülen und Festkörpern liegen. Mit dieser Methode zur Verdampfung von Festkörpern, der sogenannten Laserablation, können in dem kleinen Probenbereich, auf den der Laserstrahl gerichtet ist, Temperaturen von einigen zehntausend Grad erzeugt werden. Zur Identifizierung der Produkte setzten die Forscher eine Technik ein, die man als Flugzeitmassenspektrometrie bezeichnet. Die Cluster, die als positiv geladene Ionen entstehen, werden in einer Röhre durch ein elektrisches Feld beschleunigt. Weil schwerere Cluster langsamer fliegen als leichtere, ist die Zeit, die ein Cluster benötigt, um von einem Ende der Röhre zum Detektor am anderen Ende zu gelangen, ein Maß für seine Masse. Man erhält so ein „Massenspektrum" der Produkte – eine Aufschlüsselung der relativen Häufigkeiten, mit denen Cluster unterschiedlicher Atomzahl auftreten.

Smalley untersuchte zu der Zeit vor allem Cluster von Halbleitermaterialien, beispielsweise Silicium und Galliumarsenid, weil sie wichtige Materialien für die Mikroelektronik sind. Kroto erkannte, daß er mit den hohen Temperaturen, die sich mit der Laserablation erreichen lassen, vielleicht in der Lage war, die Art von Chemie zu simulieren, die in der Atmosphäre eines kohlenstoffreichen roten Riesensterns abläuft. Es mußte nur statt eines Siliciumtargets ein Kohlenstoff-, genauer gesagt ein Graphittarget, eingesetzt werden.

Kroto war von dieser Idee fasziniert. Doch das Rice-Team interessierte sich mehr für die Arbeiten zum Silicium, weshalb es die Untersuchungen zum Graphit zurückstellte, bis sich einmal Zeit dafür ergeben würde. Im selben Jahr führten aber Donald Cox, Andrew Kaldor und ihre Kollegen von der Exxon Company in Annandale, New Jersey, genau dieses Experiment durch und berichteten über das Massenspektrum, das sie aus der Laserablation von Graphit erhalten hatten. Im Bereich kleinerer Cluster sah das

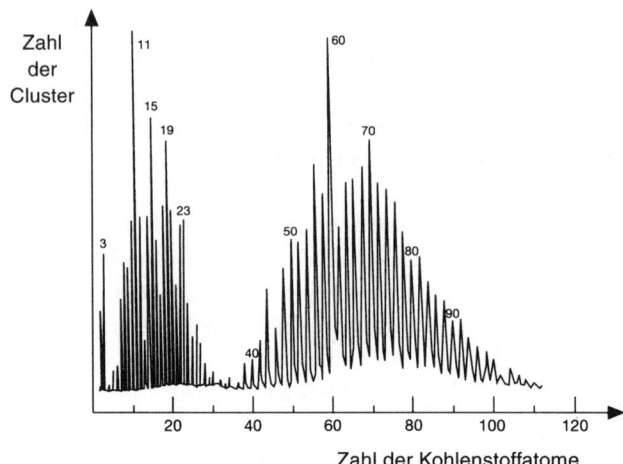

Abbildung 1.23   *Das Massenspektrum von Kohlenstoffclustern, die Forscher von Exxon im Jahre 1984 synthetisiert hatten. Bei Clustern mit mehr als vierzig Atomen bilden sich bevorzugt solche mit einer geraden Zahl von Atomen.*

Exxon-Team eine Serie von Massenpeaks im Abstand von zwölf Atommasseneinheiten (entsprechend der Masse des Kohlenstoffatoms), was andeutete, daß sich die Größe der Cluster jeweils immer um ein Kohlenstoffatom unterschied (siehe Abbildung 1.23). Dagegen betrug der Abstand zwischen den einzelnen Peaks bei Clustern mit mehr als vierzig Kohlenstoffatomen nicht mehr zwölf, sondern 24 Atommasseneinheiten, was darauf schließen ließ, daß in diesem Bereich nur Cluster mit einer geraden Zahl an Kohlenstoffatomen gebildet wurden. Das Exxon-Team konnte keine Erklärung für diese Bevorzugung gerader Kohlenstoffzahlen bei großen Clustern liefern, weil die massen-spektrometrische Methode keinen Aufschluß über die *Struktur* der Cluster gibt.

Erst Ende August 1985 begann die Zusammenarbeit von Smalley und Curl mit Kroto an Kohlenstoffclustern. An den Versuchen waren ebenfalls die Forschungsstudenten James Heath, Sean O'Brien und Yuan Liu beteiligt. Smalley und seine Mitarbeiter wollten sich „nicht mehr als rund eine Woche" mit der Untersuchung von Graphit befassen. Denn es war kaum einzusehen, daß diese Arbeiten auch nur ähnlich wichtig waren wie die an den Halbleiterclustern – trotz der faszinierenden Verflechtung mit astrophysika-lischen Prozessen, die Kroto erwartete.

Kroto und das Rice-Team untersuchten zunächst die Moleküle, die entstehen, wenn das verdampfte Graphit mit Gasen wie Wasserstoff, Sauerstoff und Ammoniak, die ebenfalls wahrscheinlich in den Atmosphären kohlenstoffreicher Sterne vorkommen, reagiert. Die Forscher fanden neben anderen kettenartigen Molekülen auch die Cyano-polyine, was Kroto erwartet hatte. Das Massenspektrum von Graphit sah dem sehr ähnlich, das die Exxon-Gruppe beschrieben hatte: Wiederum fiel bei Clustern über vierzig

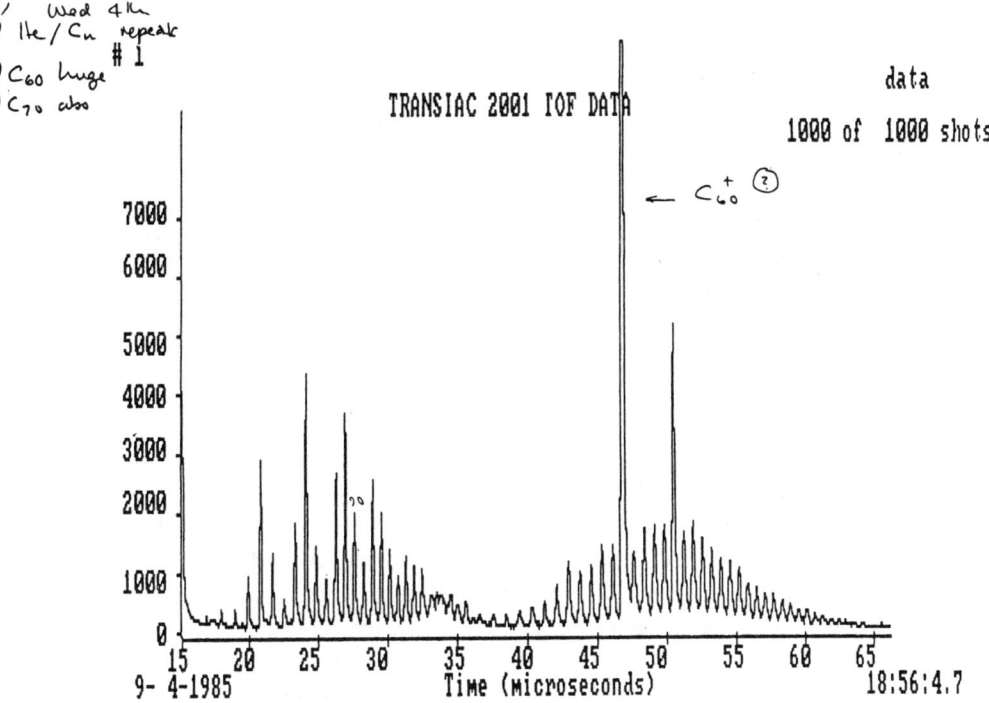

Abbildung 1.24 *Harry Kroto und die Gruppe um Richard Smalley von der Rice University verdampften Kohlenstoffproben mit Laserstrahlen und nahmen Massenspektren von den entstandenen Clustern auf. Klar und deutlich ragt in diesem Spektrum der Peak hervor, der dem aus 60 Kohlenstoffatomen bestehenden Cluster (C_{60}) entspricht. In dieser Auftragung - es handelt sich um Rohdaten aus einer der ersten Messungen - versah Kroto den auffälligsten Peak mit einem vorläufigen „C_{60}^+?". Am Rand des Spektrums vermerkten die Forscher, daß der vermutlich vom C_{70} herrührende Peak ebenfalls deutlich auf der rechten Seite zu sehen ist. (Mit freundlicher Genehmigung von Harry Kroto, University of Sussex)*

Atomen die ziemlich mysteriöse bevorzugte Bildung geradzahliger Cluster auf. Nach einer Reihe von Versuchen zeigte sich jedoch in den Spektren eine Besonderheit, die der Exxon-Bericht nicht erwähnt hatte: Das einem Cluster aus 60 Atomen entsprechende Signal war manchmal beträchtlich - nämlich rund dreimal - größer als die seitlichen Signale. Es schien, daß unter gewissen Bedingungen die Bildung des 60atomigen Clusters, bezeichnet als C_{60}, gegenüber anderen geradzahligen Clustern begünstigt war (siehe Abbildung 1.24). Die Exxon-Gruppe hatte dies ebenfalls festgestellt, doch nicht in der Publikation angesprochen, weil sie keine Erklärung dafür fand.

Am Nachmittag des sechsten September, einem Freitag, beschlossen Kroto und das Rice-Team die experimentellen Bedingungen zu bestimmen, unter denen der dem Cluster

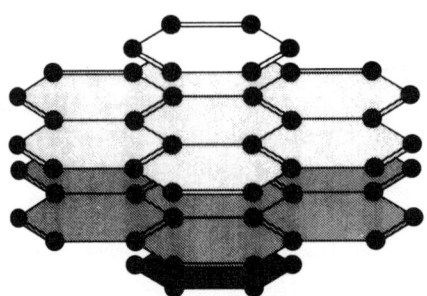

Abbildung 1.25　*Wenn man versucht, einen C$_{60}$-Cluster mit graphitartigen Schichten aus Kohlenstoff sechsecken aufzubauen, bleiben stets ungesättigte, „baumelnde" Bindungsstellen zurück. Derartige Cluster müßten deshalb hochreaktiv sein. Der hier abgebildete Strukturvorschlag von Harry Kroto war trotzdem interessant, weil er eine Möglichkeit darstellte, die bevorzugte Bildung des Clusters aus 60 Kohlenstoffatomen zu erklären: Kroto ging von einem vierlagigen Sandwich mit Schichten aus 6, 24, 24 und 6 Kohlenstoffatomen aus. Doch ersann er mit seinen Mitarbeitern eine noch viel ungewöhnlichere Strukturalternative für den 60-atomigen Cluster.*

mit 60 Kohlenstoffatomen zuzuschreibende Peak am stärksten hervorstach. Mit der Aussicht auf neue positive Ergebnisse opferten Heath und O′Brien gern ihr Wochenende. Sie boten an, an den folgenden beiden Tagen nach den experimentellen Bedingungen zu suchen, unter denen C$_{60}$ bevorzugt gebildet wurde. Am Morgen des folgenden Montags warteten sie mit den Früchten ihrer Bemühungen auf: Massenspektren, in denen der C$_{60}$-Peak wie ein riesiger Berg aus kleinen Hügelchen herausragte. Gleichzeitig stach auch ein Signal hervor, das einem aus siebzig Atomen bestehenden Cluster (C$_{70}$) zuzuschreiben war – es schien ein unzertrennlicher Gefährte des riesigen C$_{60}$-Signals zu sein.

Die Forscher gingen nun der Frage nach, wieso C$_{60}$ so viel stabiler als die anderen Cluster war. Seine Stabilität mußte, so schlossen sie, mit seiner Struktur zusammenhängen. Bei diesen großen Clustern konnte kaum eine Kettenstruktur vorliegen. Eine Alternative war eine graphitartige Struktur, in der Kohlenstoffatome zu kleinen schmalen Schichten verknüpft waren, die sich wiederum übereinanderstapelten. Kroto versuchte, die magische Zahl 60 mit einer symmetrischen Anordnung von C$_6$-, C$_{24}$-, C$_{24}$- und C$_6$-Schichten zu erklären (siehe Abbildung 1.25). Doch bei allen Strukturen dieser Art gehen von den Kohlenstoffatomen an den Schichtecken jeweils nur drei statt der erforderlichen vier Bindungen aus. Es bleiben ungesättigte, „herumbaumelnde" Bindungsstellen zurück. Die Cluster hätten dann äußerst reaktiv sein müssen.

Eine Möglichkeit, mit dem Problem der herumbaumelnden Bindungsstellen fertig zu werden, besteht darin, die Schichten in sich selbst zu geschlossenen Hüllen zusammenzurollen. Dies war zwar eine vielversprechende Idee, doch war nicht klar, wie eine graphitartige Schicht aus Kohlenstoffatomen, die perfekt flach ist, dazu gebracht werden kann, sich zu krümmen. Bei Kroto weckten diese gewölbten hexagonalen Schichten jedoch Erinnerungen. 1967 hatte er in Montreal die Weltausstellung besucht. Dort fesselte ihn der amerikanische Pavillon, den der amerikanische Architekt Richard Buckminster Fuller entworfen hatte. Es handelte sich um eine aus flachen Vielecken aufgebaute, geodätische Kuppel (siehe Abbildung 1.26).

Abbildung 1.26 *Die geodätische Kuppel von Richard Buckminster Fuller auf der Montreal Expo von 1967. Die Kuppel baut sich aus Vielecken auf, die über ihre Ecken verknüpft sind und sich aus Dreiecken zusammensetzen. (Photographie von Robin Whyman, freundlicherweise zur Verfügung gestellt von Harry Kroto)*

Buckminster Fuller war unter den Architekten eine Art Einzelgänger. Diese Kuppeln sind für sein Werk charakteristisch. Kroto erinnerte sich, daß die Kuppel in Montreal aus hexagonalen Einheiten geformt war. Konnte C_{60} eine Miniaturversion von Buckminster Fullers bizarren Entwürfen sein? Es war zwar einfach, Sechsecke zu flachen Schichten anzuordnen, doch wußten die Forscher nicht, wie sie daraus eine geschlossene Kuppel konstruieren sollten.

Ein Mathematiker hätte ihnen die Antwort sofort geben können: Es ist schlichtweg unmöglich, eine Kuppel aus Sechsecken aufzubauen. Dies hatte der schweizerische Mathematiker Leonhard Euler im achtzehnten Jahrhundert bewiesen. Diese Tatsache war zweifellos auch Buckminster Fuller bekannt. Dann kam Kroto jedoch in den Sinn, daß auch Körper mit fünf Seiten, nämlich Fünfecke, eine wichtige Rolle beim Aufbau der Kuppeln spielten. Außerdem dachte er an einen Pappbausatz, den er einmal erworben und für seine Kinder zusammengesetzt hatte. Es handelte sich um eine kugelförmige Himmelskarte, eine „Sternenkuppel". Er hatte sie aus Fünf- und aus Sechsecken zusammengebaut. Aber keiner der Forscher wußte genau, nach welchen Regeln solche Körper zusammengesetzt werden mußten. Weil Kroto am Dienstag nach England zurückkehren sollte, blieb nur noch wenig Zeit, das Rätsel zu lösen. In der Rice-Bücherei entdeckte Smalley ein Buch von Robert W. Marks mit dem Titel *The Dymaxion World of Buckminster Fuller*, das sich mit dem Werk Buckminster Fullers auseinandersetzte. Er nahm es am Montag abend mit nach Hause, um sich davon inspirieren zu lassen.

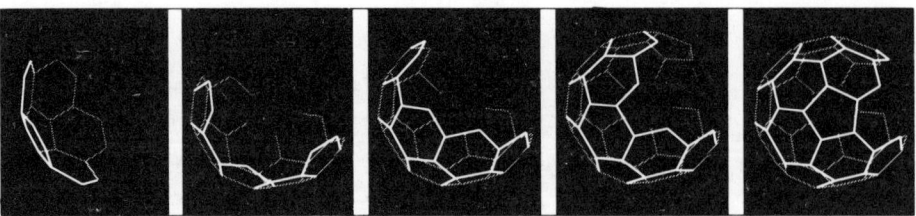

Abbildung 1.27   *Der Aufbau eines geschlossenen Käfigs aus Fünf- und Sechsecken. Entscheidend sind die Fünfecke. Sie sorgen dafür, daß sich die Schichten wölben und zu Käfigen schließen.*

Es ist schon eine Bemerkung wert, daß es trotz des gern von uns zitierten hohen Stands der modernen Wissenschaft immer noch möglich ist, zu höchst entscheidenden Einsichten und Ideen zu kommen, indem man sich mit einer Flasche Bier niederläßt und mit Papp- oder Kugel-Stab-Modellen herumspielt. Genau auf diesem Wege wurde die Struktur vom C_{60} abgeleitet. In jener Nacht besorgte sich James Heath 60 „Juicy Fruit"-Gummibälle und versuchte, sie mit Zahnstochern zu einem Modell des 60atomigen Clusters zusammenzustecken. Stunden später hatten er und seine Frau trotz ihrer Mühen wenig vorzuweisen, abgesehen von zerstochenen Fingern und der empirisch gewonnenen Erkenntnis, daß Eulers Diktum zutraf: Eine geschlossene Hülle läßt sich allein aus Sechsecken nicht herstellen. Währenddessen hatte Smalley es schon längst aufgegeben, das Problem mit seinem Home Computer zu knacken. Er probierte es nun mit Pappsechsecken und Klebeband. Als Mitternacht langsam verstrich, fiel ihm Krotos Bemerkung über Fünfecke ein. Als er mit ihnen seinen improvisierten Bausatz ergänzt hatte, fügte sich alles fast wie von selbst zusammen. Fünf über gemeinsame Kanten an ein Fünfeck angefügte Sechsecke wölbten sich automatisch zu einer Schale (siehe Abbildung 1.27). Als er weitere Fünf- und Sechsecke aneinandersetzte, hielt er eine Halbkugel in den Händen. Der Rest war einfach: Er fügte eine weitere Halbkugel an und erhielt einen ballartigen Polyeder, der aus zwölf Fünf- und zwanzig Sechsecken bestand. Als Smalley die Ecken zählte (an denen die Atome sitzen würden), entdeckte er zu seiner großen Freude, daß er einen Cluster aus 60 Atomen gebaut hatte.

Der Fußball aus Kohlenstoff

An der Kuppelstruktur (siehe Abbildung 1.28*a*) stimmte alles. Sie war wunderschön symmetrisch, robust und erklärte die „magische" Zahl 60. Ansprechend war auch, daß jede Ecke (d. h. jedes Atom) äquivalent war. Die Struktur mußte einfach richtig sein. So sah es jedenfalls Smalley, als er am folgenden Morgen seine Kollegen zusammenrief und ihnen das Modell vorstellte. Sie waren von dem ästhetischen Reiz der Lösung sofort gefesselt. Doch Bob Curl mahnte zur Vorsicht, als er fragte, ob das Modell auch in chemischer Hinsicht stimmig sei. Von jedem Kohlenstoffatom mußten vier Bindungen ausgehen, und weil jeder Kohlenstoff mit drei anderen verknüpft war, mußte eine der drei Bindungen eine Doppelbindung sein. Ließen sich die Doppelbindungen so auf dem

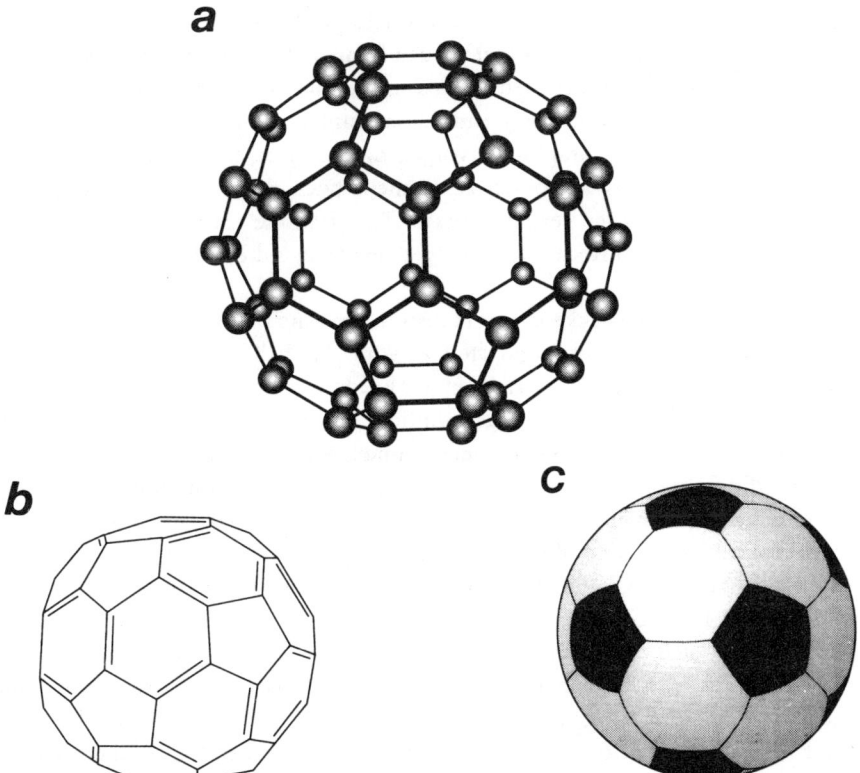

Abbildung 1.28   *Die Struktur des sogenannten Buckminsterfullerens, eines aus sechzig Kohlenstoffatomen bestehenden Clusters (a). Die Einfach- und Doppelbindungen sind so verteilt, daß jedes Kohlenstoffatom vier Bindungen ausbildet (b). Alle Kohlenstoffatome im Cluster sind äquivalent. Die Verteilung der Fünf- und Sechsecke auf dieser hochsymmetrischen Form entspricht derjenigen auf einem Fußball (c).*

Körper anordnen, daß diese Bedingung bei jedem Atom erfüllt war? Mit Klebezetteln wiesen Curl und Kroto schnell nach, daß es funktionierte (siehe Abbildung 1.28*b*).

Eine so harmonische und symmetrische Struktur wie diese mußte Mathematikern einfach bekannt sein, überlegte Smalley. Er telephonierte mit dem Chairman des Fachbereichs Mathematik von Rice, William Veech, und beschrieb ihm sein Modell. Trug es bereits einen Namen? Schon kurz darauf rief Veech ihn zurück, doch seine Antwort war nicht wissenschaftlich-theoretisch: was Smalley ihm beschrieben habe, sei ein „Fußball". Die Lederflicken eines Fußballs sind nach genau dem gleichen Muster zusammengenäht (siehe Abbildung 1.28*c*).

Doch hat diese Struktur auch einen technischen Namen: es handelt sich um einen abgestumpften Ikosaeder. Dieser Körper ist nur ein Mitglied einer unendlich großen Familie geschlossener Schalen aus Fünf- und Sechsecken. Wiederum Euler hatte gezeigt, daß zwölf Fünfecke mit einer beliebigen Zahl von Sechsecken (es gibt nur eine Ausnahme) zu geschlossenen Strukturen angeordnet werden können. Das abgestumpfte Ikosaeder ist ein besonders symmetrisches Mitglied dieser Familie, andere sind meist weniger regelmäßig gebaut. An den Vertretern dieser Familie erkannten die Forscher, warum sich die aus der Laserablation von Graphit hervorgegangenen großen Cluster stets aus einer geraden Zahl von Kohlenstoffatomen zusammensetzten. Jedesmal wenn ein Sechseck angefügt wird und ein neuer Vertreter dieser Clusterfamilie entsteht, liegen zwei neue Ecken in der gebildeten Struktur vor, entsprechend der Addition zweier Kohlenstoffatome.

Kroto verschob seine Rückkehr von Houston, um eine kurze Veröffentlichung über diese eindrucksvollen Ergebnisse und die Idee vom „Fußball" zu schreiben. Er schickte den Beitrag an die Zeitschrift *Nature*. Als er die Entdeckungen zu Papier brachte, war die Frage, welchen Namen dieses neue, ungewöhnliche Molekül aus 60 Atomen tragen sollte. Kroto schlug in der Publikation mehrere Namen vor, beispielsweise „Sphären" und „Socceren" (die Endung „-en" zeigt an, daß im Molekül Doppelbindungen vorhanden sind). Sein Lieblingsvorschlag gab einen deutlichen Hinweis darauf, was ihn zu der Käfigstruktur inspiriert hatte: Buckminsterfulleren. Dieser Name paßte und beflügelte sofort die Phantasie der Chemikergemeinde (die allerdings oft die weit weniger würdevolle Kurzform „Buckyball" verwendet).

Dann widmete sich das Team dem 70-Atom-Peak im Massenspektrum. Die Forscher gingen davon aus, daß es sich um einen anderen hochsymmetrischen und deshalb besonders stabilen, käfigartigen Cluster handeln mußte. Ein Molekül mit der Formel C_{70} läßt sich aus C_{60} aufbauen, indem man am Äquator der Kugel einen Ring aus Sechsecken einschiebt. Es entsteht ein verlängerter Hohlkörper, der mehr einem Rugbyball ähnelt (siehe Abbildung 1.29). Andere auffällig symmetrische Formen leiten sich aus C_{32}, C_{50} und C_{84} ab. Was die Größe der geschlossenen Schalen betrifft, scheint es keine Grenzen zu geben. Die ganze Familie der geschlossenen Kohlenstoffcluster bezeichnet man heute als „Fullerene".

Bald nach dem Erscheinen des *Nature*-Artikels stellte sich heraus, daß C_{60} schon eine längere Geschichte hat. Bereits 1966 hatte sich David Jones, ein Chemiker an der University of Newcastle in England, mit der Bildung käfigartiger Moleküle aus graphitartigen Schichten auseinandergesetzt. Seit Jahrzehnten verfaßt Jones unter dem Pseudonym Dädalus Wissenschaftskolumnen spekulativer Natur, in denen er die meist weit hergeholten, aber dennoch auf geniale Weise einleuchtenden Erfindungen beschreibt, die Dädalus' Phantasie aushecht. Kaum sind diese Ideen ausgebrütet, werden sie von Dädalus' Firma Dreadco aufgegriffen und zu marktreifen Produkten entwickelt. Jones' Scharfblick und Einfallsreichtum wird von seinen Wissenschaftskollegen sehr bewundert. Die Freude ist immer groß, wenn sich Dädalus' Spekulationen im nachhinein durch spätere Forschungen bestätigen. Buckminsterfulleren – eine rudimentäre Form dieses Moleküls spielte eine wichtige Rolle in einer Dädalus-Kolumne im *New Scientist* von 1966 – stellt keineswegs das einzige Beispiel für Jones' Weitblick dar.

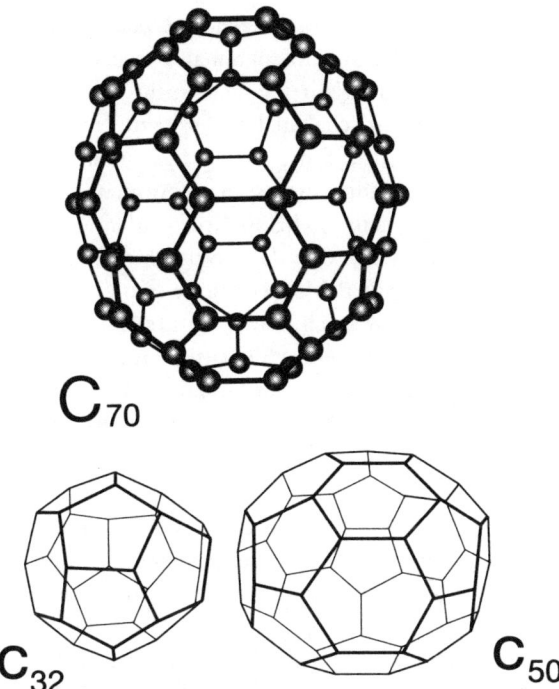

C₇₀

C₃₂   C₅₀

Abbildung 1.29 *Die Struktur des Fullerens C₇₀ wurde experimentell abgeleitet - das Molekül hat die Form eines Rugbyballs. Die Forscher aus Sussex und Rice postulierten auch für kleinere Cluster käfigartige Strukturen, beispielsweise für C₃₂ und C₅₀. Wie C₆₀ und C₇₀ enthalten diese kleineren Cluster zwölf Fünfecke.*

Während Jones die Idee vom „gekrümmten Graphit" auf einer allgemeineren, breiteren Ebene behandelte, gab es Forscher, die Buckminsterfulleren vorausgesehen haben. Der japanische Chemiker E. Osawa hatte 1970 die mögliche Existenz eines C_{60} in Betracht gezogen und über dessen Eigenschaften spekuliert. Russische Forscher hatten 1973 eine theoretische Studie über das damals noch hypothetische Molekül verfaßt. An der University of California in Los Angeles hatte Orville Chapman mehrmals versucht, das Molekül über organische Synthesetechniken - ähnlich denen, die Leo Paquette später bei der Synthese von Dodecahedran einsetzte - aufzubauen. Doch hat Chapman seine Arbeiten nie publiziert, während die Ergebnisse der japanischen und sowjetischen Wissenschaftler in obskuren Fachzeitschriften verschwanden und nicht zur Kenntnis genommen wurden.

Kroto und die Forscher aus Rice fragten sich 1986, ob Fullerene, wenn sie wirklich hohle Kohlenstoffkäfige mit einer Ähnlichkeit zu Graphit darstellten, nicht auch bei der Verbrennung kohlenstoffreicher Substanzen entstehen und dann im Ruß vorliegen. Ruß stellt nichts anderes dar als ein Durcheinander graphitartiger Schichtfragmente, und Fullerene schienen der ideale Weg zu sein, die Bildung freier, „herumbaumelnder"

Bindungsstellen an den Schichtecken zu umgehen. Doch die Verbrennungschemiker waren unwillens, die Herausforderung anzunehmen und nach C_{60} im Ruß zu suchen. Als Klaus Homann und seine Mitarbeiter vom Institut für physikalische Chemie in Darmstadt eine massenspektrometrische Analyse der in rußigen Flammen entstehenden Ionen vornahmen und entdeckten, daß das am häufigsten auftretende Kohlenstoff-Ion mit mehr als zehn Atomen dasjenige mit sechzig Atomen war, verfolgten sie diese Beobachtung nicht weiter. Auch dann nicht, als Kroto auf einen möglichen Zusammenhang mit den Experimenten an der Rice University hinwies. Entweder glaubte man damals an Fullerene oder eben nicht! Man erinnerte sich an Homanns Ergebnisse im Jahre 1991, als es Forschern vom Massachusetts Institute of Technology gelang, C_{60} und C_{70} in respektablen Ausbeuten herzustellen. Sie hatten Erdgas mit Luft unter sorgfältiger Kontrolle des Verbrennungsvorgangs und der Gasmischung verbrannt. Wahrscheinlich hat die Menschheit wohl schon seit Jahrtausenden unwissentlich C_{60} produziert.

Der Wirbel um Fulleren

Nach 1985 erreichte Buckminsterfulleren so etwas wie Kultstatus. Jeder hatte von der *Nature*-Veröffentlichung gehört, die meisten betrachteten das Molekül als eine wunderliche Kuriosität. Kroto war jedoch immer mehr davon überzeugt, daß das Molekül den Schlüssel zu einer völlig neuen Richtung der Kohlenstoffchemie darstellte. Vielleicht würde man mit ihm toxische oder radioaktive Metallatome in individuell zugeschnittenen Kohlenstoffüberzüge einpacken können. Vielleicht würde C_{60} ein exzellentes Schmiermittel sein, weil die Kohlenstoffbälle aneinander vorbeirollen können wie Kugeln in Metallagern. Die Mutmaßungen waren zahlreich und bunt zugleich. Doch blieb es bei Spekulationen. Denn man hatte den Stoff bisher nur in winzigen Mengen synthetisiert, die dazu noch mit anderen Produkten der Laserablation verschmutzt waren. Und weil es noch niemandem gelungen war, signifikante Mengen der reinen Verbindung herzustellen, war man auch weit davon entfernt, die Experimente durchzuführen, die die hypothetische Fußball-Struktur bewiesen. Das sollte sich 1990 ändern.

Wie Harry Kroto waren auch die Physiker Donald Huffman von der University of Arizona in Tucson und Wolfgang Krätschmer vom Max-Planck-Institut für Kernphysik in Heidelberg seit Anfang der achtziger Jahre der Frage nachgegangen, ob in stellaren Atmosphären oder im interstellaren Raum neuartige Kohlenstoffmoleküle gebildet werden. Zwischen beiden Physikern kam es 1982 zu einer Zusammenarbeit auf experimenteller Ebene. Sie verdampften Graphit auf elektrischem Wege und befaßten sich mit den Eigenschaften des entstandenen Rußes. Huffman und Krätschmer untersuchten, wie der Ruß ultraviolettes Licht absorbierte, um die Absorptionsspektren mit denen zu vergleichen, die Astronomen gemessen hatten. Sie stellten fest, daß sich ihr Ruß im großen und ganzen wie derjenige aus normalen Verbrennungsvorgängen verhielt, abgesehen von einigen Besonderheiten im ultravioletten Spektrum. Die beiden Forscher vermuteten damals, daß diese Auffälligkeiten von Verunreinigungen herrührten, die in die Verdampfungskammer eingedrungen waren. Sie dachten an Öl aus der Vakuumpumpe. Erst drei Jahre nach dem Erscheinen der *Nature*-Veröffentlichung kam Huffman der Gedanke, daß das, was ihm und Krätschmer 1982 aufgefallen war, vielleicht die Signatur vom C_{60} gewesen war.

Krätschmer nahm Huffmans Idee mit einiger Skepsis auf, doch vereinbarten beide, ihr weiter nachzugehen. Als Krätschmers Mitarbeiter in Heidelberg das Spektrum von Kohlenstoffruß aufnahmen, den sie durch das Erhitzen von Graphit durch eine elektrische Lichtbogenentladung erhalten hatten, sprang ihnen sofort der auffällige C_{60}-Peak ins Auge. Nachdem sie einige experimentelle Einstellungen nach der Trial-and-Error-Methode optimiert hatten, waren sie in der Lage, C_{60} in relativ hohen Ausbeuten – einige Milligramm – mit ihrer einfachen Bogenentladungsmethode herzustellen. Diese Mengen reichten mit Sicherheit aus, um die Struktur der Verbindung endgültig zu bestimmen. Doch blieb noch das Problem, das reine C_{60} aus dem Substanzgemisch zu extrahieren. Anfang 1990 erhitzten Krätschmer, Huffman und ihre Studenten Kostantino Fostiropoulos und Lowell Lamb den Ruß, woraufhin ein Teil sublimierte. Als sie den Dampf abkühlten, schied sich ein Feststoff ab. Ein Teil dieses Feststoffes löste sich in Benzol zu einer dunkelroten Lösung. Nach dem Verdampfen des Benzols blieben rötlich-braune Kristalle zurück (siehe Bild 1, Buchmitte). Die massenspektrometrische Analyse zeigte, daß die Kristalle zu 90 Prozent aus C_{60} bestanden. Der Rest war C_{70}. Nun bot sich endlich die Chance, die Fußballstruktur von C_{60} zu beweisen. Indem sie die Kristalle Röntgenstrahlen aussetzten und die Reflektionsmuster aufzeichneten (dieser Methode werde ich mich im vierten Kapitel widmen), konnten die Forscher zeigen, daß die Kristalle aus Stapeln von sphärischen Molekülen bestehen, deren Zentren rund einen Nanometer (ein milliardstel Meter) voneinander entfernt sind – dies entsprach dem, was man von einer regelmäßigen Anordnung von C_{60}-Bällen erwartet hatte. Im August 1990 beschrieben Krätschmer und Huffman ihre neue Methode zur Herstellung und Isolierung von C_{60} und den Beweis für die Fußballstruktur des Moleküls in einem Beitrag in *Nature*. Kroto freute sich über diese Erfolgsnachricht, zugleich war sie aber auch ein bitterer Schlag für ihn. Sie zeigte, daß er und die Rice-Gruppe 1985 richtig gelegen hatten. Er war aber, was seine Anstrengungen betraf, von Krätschmer und Huffman knapp geschlagen worden. Kroto hatte 1986 mit einer ähnlichen Bogenentladungstechnik experimentiert, doch war er mangels Fördermitteln mit seiner Arbeit nicht richtig vorangekommen. Er hatte von den Fortschritten, die Krätschmer und Huffman 1989 erzielt hatten, Wind bekommen, als sie auf einer Konferenz einen vorläufigen Bericht über ihre Arbeiten präsentierten. Schnell reaktivierte er noch einmal seine Bogenentladungsapparatur. Er und sein Mitarbeiter stießen aber ebenfalls auf das Problem, C_{60} aus dem Ruß zu extrahieren. Im August 1990 fand Krotos Mitarbeiter Jonathon Hare unabhängig von der Konkurrenzgruppe heraus, daß sich das Zielmolekül mit Benzol abtrennen ließ. Auch er erhielt eine rote Lösung. Doch da hatten sie das Rennen bereits verloren, denn Krätschmer und Huffman war der entscheidende letzte Schritt gelungen. Sie hatten es geschafft, Kristalle aus der roten Lösung zu isolieren. Als *Nature* Kroto bat, das von Krätschmer und Huffman eingesandte Paper zu begutachten, mußte er eingestehen, daß seine Gruppe kurz vor dem Ziel abgefangen worden war.

Immerhin war das Team aus Sussex aber anderen konkurrierenden Arbeitsgruppen voraus, denn es hielt die rote Lösung in den Händen. Diesen Vorsprung machte es sich zunutze. Ende August führte die Gruppe ein Experiment durch, das die vorausgesagte Struktur des C_{60}-Moleküls endgültig bewies – es handelte sich um einen Nachweis, der in der Publikation von Krätschmer und Huffman noch fehlte, auch wenn deren Schlußfolgerungen und Ergebnisse eigentlich nicht mehr bezweifelt werden konnten. Das Team wies mit einer Analysentechnik, die man als Kernresonanzspektroskopie (NMR) bezeichnet, nach, daß alle 60 Kohlenstoffatome äquivalent sind – wie es für die Fußballstruktur vorausgesagt worden war. NMR-Experimente bewiesen auch die Rugbyball-Struktur des C_{70}.

Der Beweis war erbracht: C_{60} ist ein molekularer Fußball. Nur wenige Monate, nachdem Krätschmer und Huffman beschrieben hatten, wie sich das Molekül in größeren Mengen herstellen läßt, konnte es jedermann in Händen halten. Schon bald war dank einer neuen Art von Mikroskop, dem Rastertunnelmikroskop, auf einem Bild zu sehen, wie sich die Moleküle fein säuberlich in Reih und Glied anordnen (siehe Bild 2). Organochemiker begannen zu erkunden, wie sich C_{60} in chemischen Reaktionen verhält. Die meisten theoretischen Berechnungen sagten voraus, daß es sich um ein relativ stabiles und wenig reaktives Molekül handeln würde, vergleichbar dem Benzol. Es stellte sich aber heraus, daß es nicht schwer war, die Doppelbindungen des Kohlenstoffkäfigs zu öffnen: so können beispielsweise Wasserstoff und Fluor an Kohlenstoffatome addiert werden. Außerdem sind Bälle an das Rückgrat langer Polymerketten angehängt worden, ähnlich Glücksbringern, die auf einer Kette aufgefädelt sind. Ebenso entdeckte man, daß C_{60} in einer elektrochemischen Zelle zusätzliche Elektronen aufnimmt und negativ geladene Ionen wie C_{60}^- und C_{60}^{2-} ausbildet. Daraus konnte man schließen, daß es mit Metallen „Salze" bildet, so als wäre es ein ungewöhnlich großes Atom mit einer Ähnlichkeit etwa zu Chlor.

Forscher von den AT & T Bell Laboratories in New Jersey ließen C_{60} deshalb mit den Alkalimetallen Lithium, Natrium, Kalium, Rubidium und Cäsium reagieren. In der Tat entstanden ionische Salze, doch verhielten sie sich, wie wir im sechsten Kapitel sehen werden, viel ungewöhnlicher, als es die Forscher vorausgesehen hatten. Die Experimente zeigten – soviel sei an dieser Stelle verraten –, daß C_{60} nicht nur für Chemiker das interessanteste Molekül ist, das ihnen seit Jahren über den Weg gelaufen ist. Es hält vielmehr noch einige erstaunliche Überraschungen für Physiker bereit. Verbindungen aus C_{60} und Metallen stellen einen Schwerpunkt der C_{60}-Forschung dar.

Bei einer besonders faszinierenden Unterart dieser Verbindungen befinden sich die Metallatome *im* Käfig. Diese sogenannten endohedralen („innerhalb des Polyeders") Strukturen entstehen, wenn Fullerene aus einem Composite aus Graphit und einer Metallverbindung hergestellt werden. Den ersten Vertreter dieses Verbindungstyps synthetisierte Jim Heath durch die Laserablation von Stäbchen aus einer Graphit-

Lanthanoxid-Mischung, kurz nachdem er mit Kroto und dem Rice-Team 1985 das C_{60}-Molekül entdeckt hatte. Er und seine Mitarbeiter fanden heraus, daß einzelne Lanthanatome fest mit dem C_{60}-Käfig verbunden waren. Die logische Schlußfolgerung konnte nur sein, daß sie im Inneren des Käfigs gefangen waren. Mittlerweile konnten sogar schon vier Metallatome in der Fulleren-Hülle eingesperrt werden.

Der Ball rollt und rollt und....

C_{60} ist so einfach herzustellen, daß zahllose Wissenschaftler nicht der Versuchung widerstehen konnten, mit ihm herumzuspielen. Sie alle hoffen, neue und unerwartete Eigenschaften zu entdecken. Wer sich nicht die Mühe machen will, eine eigene kleine C_{60}-Fabrik zu bauen, kann das Molekül und seine Verwandten (C_{70}, C_{84} etc.) mittlerweile in Gramm-Mengen bei einigen Firmen in den USA kaufen. Es ist im Moment nicht gerade billig (ungefähr 40mal teurer als Gold), doch gehen manche davon aus, daß es in einigen Jahren nicht mehr als Aluminium kosten wird.

Wer auf der Suche nach exotischeren Herausforderungen ist, könnte sich mit den Eigenschaften der größeren Fullerene beschäftigen, denn sie sind größtenteils noch unerforscht. Alle müssen, so scheint es, zwölf pentagonale Kohlenstoffringe enthalten, wie Euler es in seinen Arbeiten ableitete. Im Prinzip gibt es unzählige Möglichkeiten, die Fünf- und Sechsecke anzuordnen. Doch vereinfacht sich die Strukturvielfalt dadurch, daß fünfeckige Ringe niemals nebeneinander zu liegen kommen – es entstünde sonst eine instabile Bindungsanordnung, die sich umlagern würde. Für C_{60} gibt es insgesamt 1812 Möglichkeiten, die Fünf- und Sechsecke anzuordnen, aber nur eine, bei der keine Fünfecke nebeneinander liegen.

Moleküle, die aus der gleichen Zahl und Sorte von Atomen bestehen, sich aber in der räumlichen Anordnung der Atome unterscheiden, werden als *Isomere* bezeichnet; wir werden einigen Beispielen in den folgenden Kapiteln begegnen. Die Regel, daß die Fünfecke nicht mit ihresgleichen zusammenstoßen dürfen, reduziert die Zahl der bei größeren Fullerenen beobachtbaren Isomere auf ein handhabbares Maß. Vom C_{76} scheint

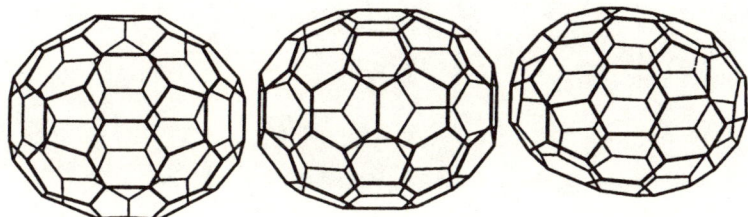

Abbildung 1.30 *Auch einige größere Fullerene, beispielsweise C_{76}, C_{78}, C_{82} und C_{84}, sind isoliert und ihre Strukturen abgeleitet worden. Für jeden Vertreter könnte man im Prinzip eine riesige Zahl von Isomeren formulieren. Doch reduziert die Bedingung, daß niemals zwei Fünfecke direkt benachbart sein dürfen, die Anzahl der Strukturvarianten auf einige wenige Isomere. Hier sind einige der für das C_{78}-Molekül abgeleiteten Strukturen abgebildet.*

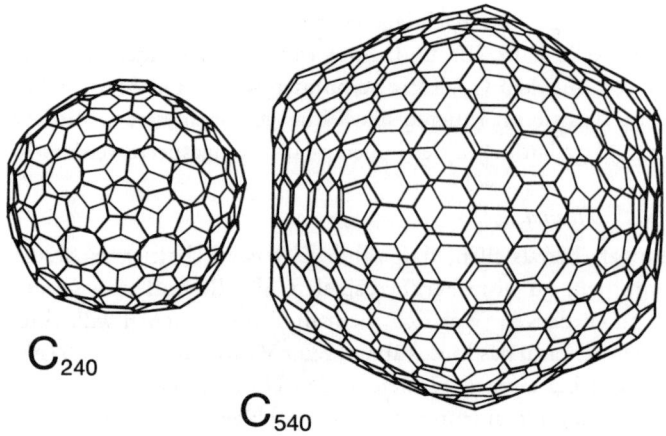

C_{240}

C_{540}

Abbildung 1.31 *Harry Kroto und sein Student Ken McKay stellten fest, daß sich für Riesenfullerene wie C_{240} und C_{540} hochsymmetrische Strukturen formulieren lassen. Auch sie enthalten jeweils nur zwölf Fünfecke, die es den Käfigen ermöglichen, sich zu schließen. Mit steigender Größe der Käfige werden die „Ecken", an denen die Fünfecke sitzen, spitzer. Die abgebildeten Riesenfullerene konnten bisher nicht in ausreichenden Mengen isoliert und gereinigt werden, weshalb eine gründliche Strukturanalyse noch aussteht. Doch ist es wahrscheinlich, daß sie in mehreren isomeren Formen existieren.*

es nur zwei und vom C_{78} rund acht Isomere zu geben (siehe Abbildung 1.30). Bei den Riesenfullerenen C_{120}, C_{240} und C_{540} geht man davon aus, daß es einige besonders symmetrische Isomere (siehe Abbildung 1.31) gibt. Diese Moleküle konnten aber noch nicht in ausreichenden Mengen isoliert werden, um dies zu überprüfen.

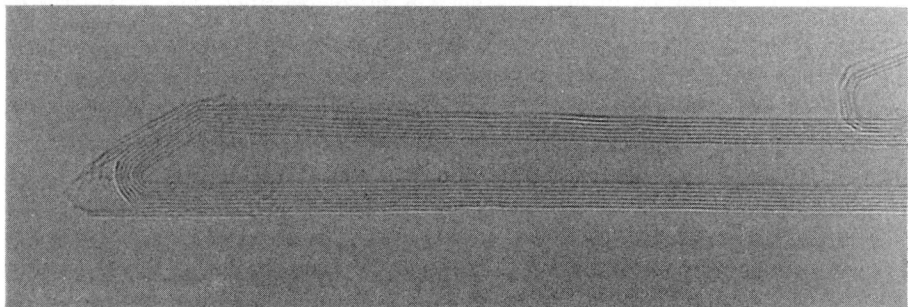

Abbildung 1.32 *Röhrenförmige Fullerene? Diese hohlen Kohlenstoffröhren, die aus konzentrischen graphitartigen Schichten bestehen, wurden von Sumio Iijima im Jahre 1991 entdeckt. Sie sind an den Enden durch polyedrische oder konische Schalen verkappt. Die Breite der Röhren - abgebildet ist ein Blick durch ein Elektronenmikroskop auf einen Röhrenquerschnitt - liegt in typischen Fällen zwischen einem millionstel bis fünfzigmillionstel Millimeter. Es kommt vor, daß die kleinsten Röhren an ihren Enden durch Halbkugeln aus C_{60} abgeschlossen sind. (Mit freundlicher Genehmigung von Sumio Iijima, NEC Corporation, Tsukuba)*

a

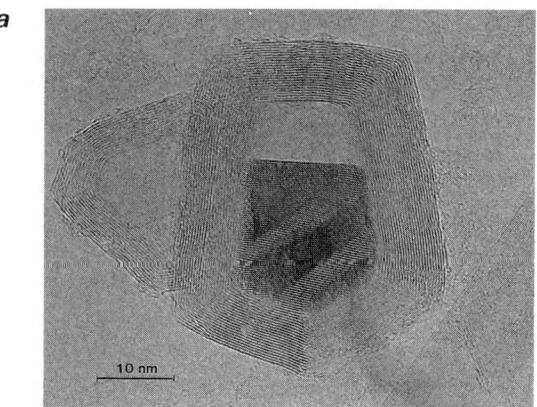

10 nm

b

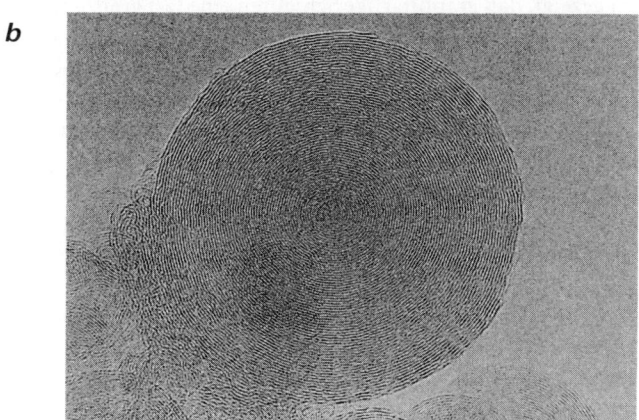

Abbildung 1.33   *Die Bandbreite an schalenförmigen Strukturen, die von graphitartigen Kohlenstoff-schichten ausgebildet werden, nimmt immer weiter zu. Von besonderem Interesse sind ineinandergeschachtelte molekulare Hohlkörper (a), die Iijimas Röhren sehr ähnlich sind und Metallkristalle einkapseln können (in dem hier abgebildeten Partikel ist Lanthancarbid eingeschlossen, das sich als das dunklere Material zu erkennen gibt). Gleichermaßen faszinierend sind die kompakten, konzentrischen Graphit-„Zwiebeln" (b), die erstmals detailliert von Daniel Ugarte während eines Aufenthaltes an der Ecole Polytechnique Fédérale de Lausanne in der Schweiz untersucht wurden. (Mit freundlicher Genehmigung von Y. Saito, Mie University, Japan, (a) und Daniel Ugarte (b))*

Noch größer sind die mit Fullerenen verwandten Strukturen, die Sumio Iijima von der NEC Corporation in Tsukuba in Japan 1991 entdeckte. Er fand heraus, daß sich mit der für die Fullerensynthese entwickelten Bogenentladungstechnik unter gewissen Bedingungen dünne Kohlenstoffasern herstellen lassen. Die Fasern wachsen an einer der Elektroden heran. Ihre Untersuchung unter dem Mikroskop ergab, daß es sich um hohle Röhren handelt. Diese bestehen aus graphitartigen Schichten, die zu Zylindern zusammengerollt sind (siehe Abbildung 1.32). Jede Röhre setzt sich aus mehreren, wie russische Puppen ineinandergeschobenen Zylindern zusammen. Die Röhren sind an den Enden durch konische oder facettierte Halbkugeln verkappt, die sich wahrscheinlich aus pentagonalen Ringen aufbauen. Letztere sorgen dafür, daß sich die Schichten aufrollen. Man geht davon aus, daß diese graphitartigen Röhren interessante Eigenschaften haben. Einige von ihnen haben einen Durchmesser von nur einem Nanometer (ähnlich dem von C_{60}), sind aber bis zu tausendmal länger. Sie sind wahrscheinlich die stärksten bisher bekannten Kohlenstoffasern und leiten vermutlich den Strom. Ende 1992 gelang es Iijima und seinem Kollegen Pulickel Ajayan, die Kappen an den Röhrenenden aufzubrechen, woraufhin sich die Röhren wie Strohhalme verhielten und flüssiges Blei aufsaugten. Diese „Nanoröhren" aus Kohlenstoff und verwandte, konzentrische Kohlenstoffpartikel, die ebenfalls mit Hilfe der Bogenentladungsmethode hergestellt wurden (siehe Abbildung 1.33), sind Gegenstand eines völlig eigenständigen Zweiges der Fullerenforschung.

Es hat sich deutlich gezeigt, daß graphitartige Schichten eine fast grenzenlose Fähigkeit besitzen, Kohlenstoffstrukturen auszubilden – die Schichten können sich aufrollen und wie Papier zusammenfalten. Seitdem bekannt ist, wie sich Fullerene in größeren Mengen herstellen lassen, hat dieses Forschungsgebiet eine explosionsartige Entwicklung durchgemacht, weshalb es eigentlich unmöglich ist vorauszusagen, was die Zukunft bringen wird. Richard Smalley meint, daß wir uns aber einer Tatsache sicher sein können: „Buckminster Fuller hätte seine wahre Freude gehabt."

2
Barrieren überwinden

Wie man chemische Reaktionen beschleunigen kann

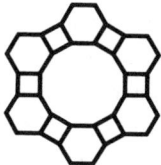

Wie mühsam und schwierig diese Umwandlung auch sein mag, welche Hürden und Hindernisse sich ihrer Vollendung auch in den Weg stellen mögen, so verläuft sie doch nicht gegen die Naturgesetze...

Paracelsus

Die einzelnen Kapitel dieses Buches mögen scheinbar wenig miteinander zu tun haben, doch einem Begriff mit vielen Facetten werden wir immer wieder begegnen: Veränderung. Die Chemie ist die Wissenschaft von den stofflichen Umwandlungen. Aus Erfahrung wissen wir, daß ein Stoff seinen physikalischen Zustand ändern kann (Eis schmilzt, Wasser verdampft) oder daß eine Substanz in eine ganz andere überführt werden kann (Zucker karamelisiert). Letzteres ist eine solche stoffliche Umwandlung.

Unter einer chemischen Reaktionen verstehen wir einen Vorgang, bei dem chemische Bindungen gelöst und geknüpft werden. Mit anderen Worten, bei chemischen Reaktionen werden Atome ausgetauscht, verschoben, aus einer Umgebung herausgerissen und in eine andere eingefügt; Moleküle werden zerlegt, umgebaut oder neu zusammengesetzt.

Sehr wenige Stoffe, die uns umgeben und derer wir uns bedienen, befinden sich im „Rohzustand"; vielmehr sind sie Produkte chemischer Reaktionen. Kunststoffe werden nicht in Minen abgebaut, sondern in vielen Stufen aus Erdöl hergestellt; in diesem Rohstoff sind bereits alle erforderlichen molekularen Baugruppen enthalten, aber leider nicht auf die richtige Weise verknüpft. Papier ist mehr als dünne Holzscheibchen; Farbe, Stabilität und Elastizität sind wie alle anderen Eigenschaften das Ergebnis einer langen Reihe von chemischen Umwandlungen. Die meisten Metalle kommen nicht gediegen vor, sondern müssen aus ihren Erzen gewonnen werden, und oft schließen sich an die Verhüttung noch weitere Schritte an, beispielsweise die Vermischung mit anderen Metallen zu Legierungen mit wieder anderen Eigenschaften (denken Sie an Messing,

Bronze oder Edelstahl). In jedem Haushalt wimmelt es von Produkten ausgefeilter chemischer Technologie: Arzneimittel, Lebensmittelzusätze, Kosmetika und Reinigungsmittel haben in der Regel kaum noch Ähnlichkeit mit den Ausgangsstoffen, die für ihre Herstellung eingesetzt wurden. Für viele Menschen beginnen sich daher die Bedeutungen zu verwischen: der Begriff „chemische Substanz" heißt für sie dasselbe wie „künstlich hergestellt" (das führt zu Aussagen wie „Diese Marmelade enthält zu viele chemische Substanzen" oder „...zuviel Chemie"). Ist das der Grund für die steigende Nachfrage nach „biologischen" Produkten? Aber vielleicht sehen es die meisten Verbraucher etwas differenzierter und verdammen nicht die Chemie *per se*, sondern denken lediglich, daß die chemischen Vorgänge in unserem Körper besser auf natürliche als auf synthetische Produkte abgestimmt sind – wobei wir nicht vergessen sollten, daß die chemischen Synthesen, die die Natur zuwege bringt, eine Mannigfaltigkeit und einen Reichtum aufweisen, die unsere bescheidenen chemischen Fähigkeiten (Berthelot möge es verzeihen) bei weitem übersteigen.

Zu Beginn stellt sich der Natur und der chemischen Industrie das gleiche Problem: Wie können einfache, oft noch verunreinigte Stoffe dazu gebracht werden, sich zu nützlichen und meist komplizierteren Verbindungen zusammenzufügen? Es ist in der Regel nicht damit getan, geeignete Ausgangsstoffe auszuwählen und diese in einem großen Topf zusammenzuschütten. Diese Methode wird, falls überhaupt etwas passiert, wahrscheinlich zu einem wüsten Gemisch aller möglicher Substanzen führen. Das gewünschte Produkt wird dabei vielleicht auch entstehen, aber wahrscheinlich nur in verschwindend geringem Anteil. Oder es geschieht ganz einfach gar nichts, und man behält einen Topf gut vermischter Ausgangsstoffe, ähnlich einem Kuchenteig, den man vergessen hat, in den Backofen zu schieben. Um eine chemische Reaktion zu starten und in die gewünschte Richtung ablaufen zu lassen, muß man die dafür nötigen Randbedingungen ermitteln und exakt einhalten.

Sehr wenige chemische Reaktionen laufen spontan ab, wenn man die Reagenzien zusammengibt. Manchmal bringt einfaches Erwärmen bereits den gewünschten Erfolg, zuweilen hilft auch Rühren oder Schütteln des Reaktionsgemischs. In anderen Fällen können Licht oder elektrischer Strom eine Reaktion auslösen. Doch gibt es viele wichtige Reaktionen, insbesondere in industriellen Verfahren, für die all das nicht ausreicht: sie bedürfen zusätzlich noch der Gegenwart einer Substanz, die selbst kein Reagenz ist (denn sie wird im Verlauf der Reaktion nicht verbraucht), die aber die gewünschte Reaktion auf scheinbar geheimnisvolle Weise erst ermöglicht, denn ohne diese Substanz würde nichts (oder vielleicht etwas ganz anderes) geschehen.

Solche Substanzen nennt man Katalysatoren. Sie haben scheinbar magische Kräfte: ohne selbst durch Abgabe oder Aufnahme von Atomen verändert zu werden, ermöglichen sie, daß eine chemische Reaktion stattfinden kann. Manche Katalysatoren sind Festkörper wie Metalle oder Metalloxide, oft in fein verteilter Form oder auf einem Träger aufgebracht – wie der „Katalysator" eines PKWs –, andere sind einzelne Moleküle, die sich gemeinsam mit den Edukten und Produkten in einer Lösung befinden. Manche

Katalysatoren dienen nur dazu, eine Reaktion zu starten, andere beeinflussen maßgeblich die Art der Produkte und die Zusammensetzung des Produktgemischs. Über die Hälfte der gesamten Produktion der chemischen Industrie wird mit Hilfe von Katalysatoren erzeugt, Tendenz steigend. Die Bedeutung von Katalysatoren für die Chemie lebender Organismen kann gar nicht hoch genug eingeschätzt werden. Kaum eine Reaktion in unserem Körper verläuft ohne die sanfte Unterstützung natürlicher Katalysatoren, der Enzyme.

Das bisher Gesagte könnte einen vielleicht glauben machen, Katalysatoren seien der *lapis philosophorum*, der Stein der Weisen der Chemie. Doch hat ihre Funktionsweise nichts Übernatürliches. Dieses Kapitel beschreibt, wie Katalysatoren funktionieren, und schildert anhand einiger Beispiele, auf welch subtile und präzise Weise sie den Ablauf einer chemischen Reaktion lenken. Jedoch können Katalysatoren keine Wunder vollbringen. Sie bewirken nur dann, daß eine Reaktion abläuft, wenn diese prinzipiell möglich ist. Das heißt, wir müssen uns zuerst ein wenig mit den Regeln befassen, die bestimmen, ob eine Reaktion prinzipiell stattfinden *kann* und ob sie in der Praxis auch ablaufen *wird*. Katalysatoren können nur letzteres beeinflussen! Doch die erste Frage lautet: Wie können wir herausfinden, ob die Umsetzung gegebener Ausgangsstoffe zu einem gewünschten Produkt möglich ist?

Die treibende Kraft der Chemie

Die Produkte chemischer Reaktionen

Viele chemische Reaktionen scheinen nur in eine Richtung ablaufen zu können. Wenn man die Ausgangsstoffe (Edukte) unter geeigneten Bedingungen zusammengibt, findet eine Umwandlung statt, die über die Umlagerung von Atomen oder Atomgruppen verläuft und zu neuen Verbindungen (den Produkten) führt. Chemiker verwenden für Vorgänge dieser Art eine einfache Schreibweise, bei der die Edukte links und die Produkte rechts stehen:

Edukte → Produkte

Wie bereits erwähnt, wird es in den meisten Fällen notwendig sein, die Reaktion in Gang zu bringen, beispielsweise durch Erwärmen oder Rühren. Was dabei wirklich geschieht, ist, daß dem Gemisch der Edukte Energie zugeführt wird. Doch wenn die Reaktion einmal läuft, scheint es keine Umkehr mehr zu geben. Die Produkte können beliebig lange miteinander in Kontakt bleiben, ohne daß sie irgendwelche Anstalten machen würden, sich wieder in die Edukte umzulagern. So ist es beispielsweise beim Verbrennen von Holz. Hierbei handelt es sich um die Reaktion von kompliziert aufgebauten organischen Verbindungen, hauptsächlich Cellulose (ein Kohlenhydrat), mit dem Sauerstoff der Luft. Die Hauptprodukte sind Kohlendioxid und Wasser, daneben entstehen noch geringe Mengen Stickoxide bei der Verbrennung stickstoffhaltiger Moleküle und ein wenig Kohlenstoff in Form von Ruß und Holzkohle. Die Reaktion muß durch Anzünden gestartet werden, doch wenn sie einmal läuft, schreitet sie von selbst fort, bis eines der Edukte aufgebraucht ist. Doch selbst wenn wir diese Reaktion in einem geschlossenen Behältnis (das genügend Sauerstoff enthält) durchführen und damit verhindern, daß eines der Produkte entweicht, werden wir niemals feststellen, daß sich die Produkte wieder zu einem Stück Holz und Sauerstoff vereinigt haben, wenn wir zu einem späteren Zeitpunkt das Gefäß öffnen. Mit anderen Worten, die Reaktion

$$\text{Holz} + \text{Sauerstoff} \rightarrow \text{Kohlendioxid} + \text{Wasser} + \text{Stickoxide} + \text{Ruß}$$

läuft sehr bereitwillig ab, die Rückreaktion jedoch nicht.

Diese Irreversibilität überrascht nicht sonderlich, entspricht sie doch einer grundlegenden, beliebig oft wiederholten Erfahrung, und „irgendwie" scheint es intuitiv auch schwer vorstellbar, daß ein Gemisch von Gasen und Ruß sich wieder zu der komplexen Struktur der Cellulose zusammenfügen sollte. Warum auch?

Allerdings gibt es sehr viele einfache Reaktionen, für die man nicht ohne weiteres sagen kann, ob sie ablaufen. Wird ein Stückchen Zink, das man in verdünnte Schwefelsäure gibt, sich auflösen? Ja – aber ein Stückchen Silber reagiert überhaupt nicht. Warum, um beim Thema zu bleiben, verrostet Eisen an feuchter Luft zu rotbraunem Eisenoxid (das Ausmaß dieser Reaktion liefert bei jedem TÜV-Besuch Stoff für lebhafte Diskussionen), während Gold seinen verführerischen Glanz behält? Warum reagiert Wasserstoff mit Sauerstoff explosionsartig zu Wasser, und warum ist es nicht umgekehrt? Wir wissen oft aus Erfahrung, wie die Dinge verlaufen, aber nicht immer, warum. Die Welt ist voll von solchen Geheimnissen.

Daß diese Fragen heute präzise beantwortet werden können, verdanken wir den Arbeiten des Amerikaners Willard Gibbs, des Briten James Prescott Joule und des deutschen Physikers und Physiologen Hermann von Helmholtz. Sie formulierten die Gesetzmäßigkeiten, die die Richtung von Umwandlungen in der Natur bestimmen. Gegenstand ihrer Studien waren nicht direkt chemische Reaktionen, sondern die allgemeine Fragestellung, wie Wärme übertragen wird – sowohl innerhalb eines Systems wie auch zwischen Systemen. Diese als Thermodynamik (wörtlich: Bewegung von Wärme) bezeichnete Disziplin der Naturwissenschaften beschreibt die Grundlagen aller Veränderungen im Universum, von der Entstehung schwarzer Löcher bis zu den Stoffwechselvorgängen in der belebten Natur, von den Folgen der Expansion des Weltalls bis zur Frage, wie die Wärmeeinstrahlung der Sonne unser Wetter bestimmt. Bei all diesen Phänomenen ist die entscheidende Frage: Warum verlaufen sie so und nicht anders? Warum nicht umgekehrt oder in eine ganz andere Richtung? Warum wird sich ein Tropfen Tinte in einem Glas Wasser immer gleichmäßig verteilen, während sich die farbige Lösung niemals wieder spontan entmischt? Warum fließt Wasser nicht den Berg hinauf? Warum scheint auch die Zeit nur in eine Richtung zu verstreichen? Dies sind eine Reihe ganz elementarer Fragen, denen sich die Thermodynamiker stellen.

Es gibt allerdings eine sehr allgemeine Antwort auf diese Fragen. Sie ist im sogenannten Zweiten Hauptsatz der Thermodynamik verschlüsselt. (Wie, so werden Sie fragen, lautet denn der Erste Hauptsatz? Es ist das Prinzip von der Erhaltung der Energie: Energie kann niemals geschaffen oder zerstört werden, sondern immer nur von einer Erscheinungsform in eine andere umgewandelt werden.) Der Zweite Hauptsatz besagt, daß alle Umwandlungen von Energie auf eine solche Weise verlaufen, daß die *Entropie* im Universum dabei zunimmt oder mindestens gleich bleibt. Letzteres ist nur bei exakt umkehrbaren Prozessen möglich.

Der Begriff Entropie ist heutzutage in den Medien recht beliebt und wird gern mit einer mystischen Aura umgeben. Doch ist nüchtern betrachtet nicht viel Geheimnisvolles daran: Entropie ist ein Maß für Unordnung. Ein Haufen Ziegelsteine hat mehr Entropie als ein Haus. Eine Flüssigkeit hat mehr Entropie als ein Kristall, denn in ihr bewegen sich die Moleküle regellos gegeneinander, während sie im Kristall geordnet sind. Der Zweite Hauptsatz besagt also, daß die Unordnung im Universum stets zunehmen muß. Das schließt nicht aus, daß lokal (in einem „System") die Unordnung auch einmal abnehmen kann, doch ist der Preis dafür eine größere Unordnung an einem anderen Ort (in der „Umgebung" des Systems). Wir können also in unserem Gefrierschrank Wasser zu Eis erstarren lassen, doch müssen wir dafür in Kauf nehmen, daß dabei Energie „verbraucht" (oder besser, in eine minderwertige Form umgewandelt) wird: es verbleibt in der Bilanz eine Zunahme der Entropie. Noch einmal anders formuliert, sagt der Zweite Hauptsatz, daß die Vorgänge in der Natur den Gesetzen der Wahrscheinlichkeit folgen, denn es ist schlicht um ein Vielfaches wahrscheinlicher, daß Dinge unordentlicher werden als umgekehrt. Eigentlich handelt es sich beim Zweiten Hauptsatz also um eine statistische Aussage, die nicht ausschließt, daß Veränderungen auch einmal mit einer Abnahme der Entropie einhergehen, aber derartige Vorgänge werden extrem unwahrscheinlich, wenn eine große Zahl von Molekülen beteiligt ist. Die Wahrscheinlichkeit spricht für die Unordnung.

Bergauf oder bergab?

Der Zweite Hauptsatz der Thermodynamik liefert also eine ganz generelle Aussage darüber, in welche Richtung eine Veränderung, sei sie chemischer oder anderer Art, nach den Gesetzen der Wahrscheinlichkeit ablaufen wird. Doch hilft diese Einsicht den Chemikern oft nicht viel weiter. Das Problem besteht einfach darin, daß der Zweite Hauptsatz die Entropie des Universums betrachtet, welches aber in seiner Gesamtheit nicht faßbar ist. Selbst wenn man das Universum auf das interessierende System und seine Umgebung reduziert, bleibt es schwierig: Bezogen auf eine chemische Reaktion fordert der Zweite Hauptsatz, daß wir nicht nur wissen müssen, wie sich die Entropie der Edukte und Produkte unterscheidet, sondern auch, wie die bei der Reaktion aufgenommene oder freigesetzte Energie die Entropie der Umgebung beeinflußt, um vorhersagen zu können, in welche Richtung diese Reaktion ablaufen wird. Leider ist es fast unmöglich, exakt zu beschreiben, wie eine gegebene Reaktion ihre Umgebung beeinflußt, denn das hängt natürlich auch von der Art der Umgebung ab, über die meist nicht sehr viel bekannt ist. Doch glücklicherweise müssen wir uns um diese Details nicht allzu viele Gedanken machen, denn es reicht in der Regel aus, einfach die bei einer Reaktion umgesetzte *Energie* zu betrachten. Wenn eine Reaktion außerdem mit einer nennenswerten Volumenänderung einhergeht (also z. B. wenn ein Gas abgegeben wird), hat das ebenfalls einen Effekt auf die Entropie der Umgebung, der sich einigermaßen leicht berücksichtigen läßt. Man sagt, das reagierende System leistet Arbeit an seiner Umgebung. Ein gutes Beispiel liefert der Verbrennungsmotor, worin die bei der Verbrennung entstehenden Gase bestrebt sind, ein möglichst großes Volumen einzunehmen, und dabei an den Kolben des Motors Arbeit verrichten.

Um das Gesagte zusammenzufassen: wir können die Richtung, in die eine chemische Reaktion verläuft, im Einklang mit dem Zweiten Hauptsatz der Thermodynamik ermitteln, wenn wir die Entropiedifferenz zwischen Edukten und Produkten, die verbrauchte oder freiwerdende Energie und die an der Umgebung geleistete Arbeit kennen, und prinzipiell kann man diese drei Größen durch Messungen bestimmen. Willard Gibbs formulierte dies mathematisch mit Hilfe der sogenannten Freien Enthalpie, einer physikalischen Größe, die dem Nettoeffekt dieser drei Beiträge während einer Umwandlung entspricht. Mit anderen Worten, die Freie Enthalpie setzt sich aus der Entropieänderung des Systems und der seiner Umgebung zusammen; letztere berechnet sich als Summe der übertragenen Reaktionswärme (welche auf das Knüpfen und Lösen von chemischen Bindungen zurückzuführen ist) und der an der Umgebung geleisteten Arbeit (wenn sich das Volumen während einer Reaktion ändert). Unter der in diesem Zusammenhang zitierten „Umgebung" versteht man den „Rest des Universums", doch reicht es meist aus, die unmittelbare Umgebung zu betrachten.

Wenn also die Entropie in System und Umgebung *insgesamt* zunimmt, kann eine chemische Reaktion prinzipiell ablaufen. Das bedeutet aber auch, daß die Produkte einer Reaktion durchaus weniger Entropie haben können als die Edukte, nur muß die Entropiezunahme der Umgebung diesen Effekt durch die aufgenommene Wärmemenge und die an ihr geleistete Arbeit mindestens kompensieren. In der Terminologie von Gibbs heißt das, daß die Freie Enthalpie abnehmen muß, damit eine Reaktion ablaufen kann. (Genau genommen gilt das nur, wenn Druck und Temperatur des Systems als konstant angenommen werden können; für andere Randbedingungen kann man andere Formen der Freien Enthalpie definieren.) Wenn wir ein reagierendes System mit einer Kugel in hügeligem Gelände vergleichen (siehe Abbildung 2.1), dann gibt das Vorzeichen der Gibbsschen Freien Enthalpie die Richtung an, in der es für eine gegebene Reaktion „bergab" geht und die sie bevorzugt einschlagen wird.

Die kinetische Barriere

Das Mögliche und das Tatsächliche

Wenn man einzig das Kriterium der abnehmenden Freien Enthalpie heranzieht, kommt man unausweichlich zu dem Schluß, daß weder dieses Buch noch seine Leser existieren können. Die Freie Enthalpie nähme beträchtlich ab, wenn alles in Flammen aufgehen

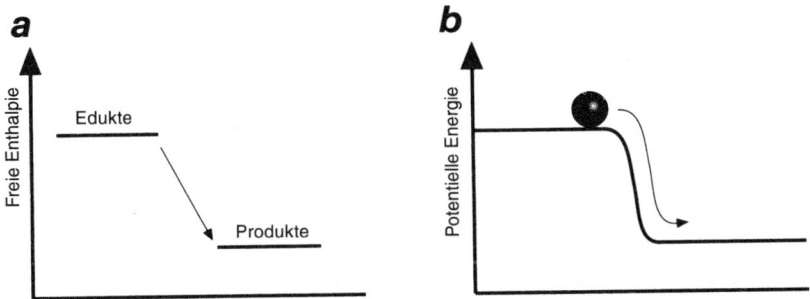

Abbildung 2.1 *Die Richtung, in der es für eine chemische Reaktion „bergab" geht, wird (bei konstanter Temperatur und konstantem Druck) von der Freien Enthalpie bestimmt. Bei einer erlaubten Reaktion ist die Freie Enthalpie der Produkte geringer als die der Edukte (a). In analoger Weise wird eine Kugel spontan einen Hügel hinabrollen und dabei ihre potentielle Energie verringern (b), doch das Umgekehrte wird nicht geschehen.*

würde. In der Tat wird bei der Verbrennung organischer Materie nicht nur eine enorme Wärmemenge freigesetzt, die die Entropie der Umgebung erhöht, sondern es gewinnt auch das System selbst an Entropie, wenn die wohlgeordneten, komplexen Molekülstrukturen unseres Körpers und der Papierfasern aufgelöst und zu unordentlich umherwirbelnden Kohlendioxid- und Wassermolekülen werden. Es hat den Anschein, als seien alle Weichen für den großen Knall gestellt, in dem die Biosphäre unserer Erde unter Entropiegewinn in den Weltraum verdampft. Und doch, wenn das Buch oder (Gott bewahre) seine Leser nicht auf einem Scheiterhaufen landen, werden beide noch für einen längeren Zeitraum in unserer sauerstoffreichen Atmosphäre unbeschadet weiter existieren. Was also stimmt nicht mit der Gibbsschen Definition von bergauf und bergab?

Nun, mit der Thermodynamik ist alles in Ordnung. Nur sagt die Thermodynamik lediglich etwas darüber aus, ob eine Reaktion *prinzipiell* stattfinden kann, und rein gar nichts darüber, ob das auch *tatsächlich* passiert. Nahezu alle chemischen Reaktionen, die aus thermodynamischer Sicht problemlos ablaufen können, werden durch eine Barriere daran gehindert. Die Höhe dieser Barriere wird durch die „Kinetik" einer Reaktion beschrieben.

Um den Ursachen dieser kinetischen Hemmung auf den Grund zu gehen, müssen wir uns vergegenwärtigen, was während einer chemischen Reaktion auf molekularer Ebene eigentlich geschieht. Das Wesen einer chemischen Reaktion besteht darin, daß sich die Molekülstrukturen (also die Art und Weise, wie die Atome miteinander verknüpft sind) von Edukten und Produkten unterscheiden. Es müssen also chemische Bindungen zwischen Atomen gelöst und/oder geknüpft werden. Beim Lösen einer chemischen Bindung wird immer Energie verbraucht, völlig unabhängig davon, wie sich die potentiellen Energien von Edukten und Produkten relativ zueinander verhalten. Mit anderen Worten, der erste Schritt jeder Reaktion ist ein Schritt bergauf: Es muß zuerst Energie aufgebracht werden, um ein Molekül aufzuspalten, bevor sich die Bruchstücke (unter

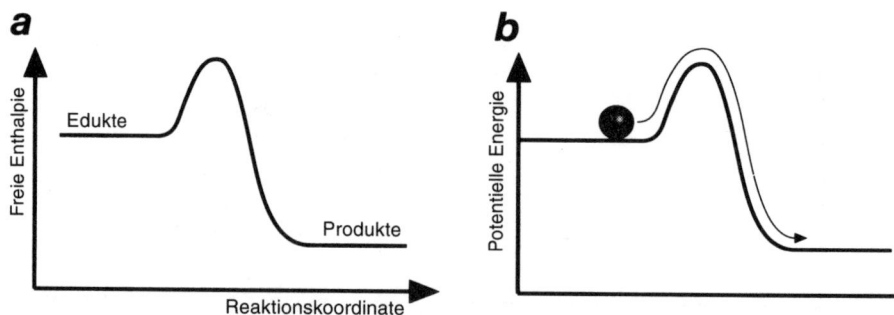

Abbildung 2.2 *Damit eine chemische Reaktion ablaufen kann, muß eine Energiebarriere überwunden werden. Wenn zu Beginn der Reaktion Bindungen geschwächt werden, steigt die Freie Enthalpie der Reaktanten, und erst wenn der Gipfel der Barriere erreicht ist, kann die Freie Enthalpie wieder abnehmen (a). In unserem Bild mit der Kugel ist es ganz ähnlich: bevor sie bergab rollen kann, braucht sie zuerst einen Schubs, der sie über die Barriere bringt (b).*

Freisetzung von Energie) zu neuen Molekülen verbinden können. Auch wenn bei einer Reaktion sehr große Mengen an Energie freigesetzt werden, muß erst einmal Energie aufgebracht werden, um sie zu starten. Wenn wir beim Bild der Kugel auf der Kuppe eines Hügels bleiben, entspricht die zuerst aufzubringende Energie einem kleinen Wall, der die Kugel am Herunterrollen hindert; um sie talwärts zu befördern, müssen wir ihr erst einen kleinen Schubs geben (siehe Abbildung 2.2*a*). In diesem Bild entspricht eine horizontale Bewegung der Kugel über die kinetische Barriere und weiter ins Tal also dem Fortschreiten der Reaktion. Die horizontale Achse des Graphen wird „Reaktionskoordinate" genannt, sie symbolisiert, wie sich die Bindungen zwischen den beteiligten Atomen im Laufe der Reaktion ändern.

Es gibt viele Reaktionen, die tatsächlich nach dem soeben beschriebenen Muster verlaufen: Zunächst zerfallen die Edukte in Fragmente, die sich anschließend zu den Produkten zusammenfügen. Doch daneben gibt es viele andere, bei denen diese Vorgänge mehr oder weniger gleichzeitig ablaufen. Oft wird dies von graduellen Veränderungen an anderer Stelle begleitet, beispielsweise in der Anordnung der übrigen, nicht an der eigentlichen Reaktion beteiligten Atome von Edukt oder Produkt. Die Umwandlung von Edukt zu Produkt ist in diesem Fall ein stetiger Prozeß, der über instabile Atomanordnungen verläuft. Diejenige Anordnung, die dem Gipfel der Energiebarriere zwischen Edukten und Produkten entspricht, bezeichnet man als Übergangszustand. Ein Beispiel für eine dergestalt verlaufende Reaktion ist die Umsetzung von Methylbromid (CH_3Br) mit wäßriger Base (also mit Hydroxid-Ionen, OH^-), wobei Methanol entsteht:

$$CH_3Br + OH^- \rightarrow CH_3OH + Br^-$$

Um das Bromid-Ion aus dem Methylbromid zu verdrängen, bedient sich das Hydroxid-Ion einer raffinierten Strategie: Es schleicht sich von hinten heran und schubst es von der gegenüberliegenden Seite heraus. Irgendwann im Laufe der Reaktion befindet

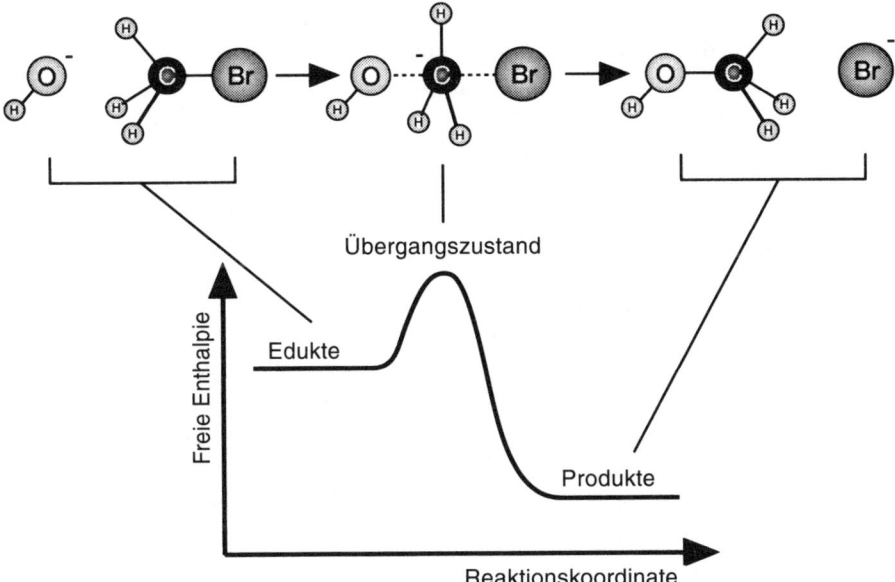

Abbildung 2.3 *Bei der Reaktion von Methylbromid mit einem Hydroxid-Ion müssen die Reaktanten einen Zustand mit hoher Freier Enthalpie durchlaufen, worin das Kohlenstoffatom von fünf (statt normalerweise maximal vier) Nachbaratomen umgeben ist, was aufgrund der räumlichen Enge offensichtlich ungünstig ist. Dieser Zustand ist der Übergangszustand.*

sich das Molekül in einer recht unbequemen Lage, wobei das Kohlenstoffatom im Zentrum des Geschehens auf der einen Seite von Brom, auf der anderen Seite von einer Hydroxylgruppe umgeben ist – und daneben natürlich noch von den drei Wasserstoffatomen, die nicht unmittelbar an der Reaktion beteiligt sind (siehe Abbildung 2.3). Es überrascht nicht, daß dieses seltsame Gebilde eine recht hohe Freie Enthalpie besitzt: Es ist räumlich überfrachtet, und die Bindungen des Kohlenstoffatoms sowohl zum Brom- wie auch zum Sauerstoffatom sind schwach. Dieser Übergangszustand liegt am Scheitelpunkt der Energiebarriere zwischen Edukten und Produkten. Ein winziger Stoß in die eine Richtung führt zu den Produkten, während ein ebenso winziger Stoß in die andere Richtung zur Rückbildung der Edukte führt.

Der sanfte Weg zu schnelleren Reaktionen

Wie schnell eine Reaktion abläuft, hängt davon ab, wieviele Eduktmoleküle mit einer hinreichend hohen Energie zusammentreffen, so daß es ihnen gelingt, die Energiebarriere zu überwinden. Wenn wir das Reaktionsgemisch erwärmen, erhöhen wir den Anteil der Moleküle mit hoher Energie und damit die Wahrscheinlichkeit, daß dieser Fall eintritt.

Selbst bei einer thermodynamisch günstigen Reaktion verschwinden nie alle Eduktmoleküle aus dem Gemisch, denn immer wird es auch einige Produktmoleküle geben, deren Energiegehalt hoch genug ist, daß sie die Energiebarriere in *umgekehrter* Richtung überwinden. Irgendwann wird das System einen Zustand erreicht haben, in dem die durchschnittliche Anzahl von Edukt- und Produktmolekülen sich nicht mehr ändert: dieser entspricht dem sogenannten thermodynamischen Gleichgewicht. Je größer die Energiedifferenz zwischen Edukten und Produkten ist, um so schwerer ist die Rückreaktion für die Produktmoleküle und um so größer ist der Produktanteil im Gleichgewicht. (Es kann durchaus vorkommen, daß der Gleichgewichtszustand einer Reaktion *praktisch* vollständig auf der Seite der Produkte liegt. Ein solcher Fall wäre die eingangs erwähnte Verbrennung von Holz.) Durch Erwärmen beschleunigen wir die Hinreaktion *und* die Rückreaktion und mithin die Einstellung des Gleichgewichtszustands.

Erhitzen ist allerdings oft eine drastische Methode mit Tücken. Sie macht chemische Synthesen teurer, denn es wird mehr Energie verbraucht. Oft sind Edukte oder Produkte bei höheren Temperaturen instabil, was bedeutet, daß Neben- oder Folgereaktionen eintreten – im einfachsten Fall zersetzt sich das Produkt, bevor es isoliert werden kann.

Die Zahl der Moleküle, die die Energiebarriere überwinden können, hängt allerdings nicht nur von der mittleren Energie der Moleküle (also der Temperatur) ab, sondern auch von der Höhe der Barriere. Es wäre also sehr erstrebenswert, diese abzusenken, damit mehr Moleküle sie bei einer gegebenen Temperatur überwinden können und somit der Gleichgewichtszustand schneller erreicht wird.

Die Höhe der Energiebarriere wird von der Freien Enthalpie des Übergangszustands bestimmt: je instabiler dessen Molekülstruktur ist, umso höher ist die Barriere. Und hier kommen die Katalysatoren ins Spiel. Die Wirkunsweise eines Katalysators beruht darauf, die Freie Enthalpie des Übergangszustands abzusenken und ihn damit zu stabilisieren. Anders formuliert muß ein Katalysator Edukt und Produkt dergestalt beeinflussen, daß ein energieärmerer Übergangszustand durchlaufen werden kann (siehe Abbildung 2.4). Ein echter Katalysator geht aus einem Zyklus völlig unverändert hervor: Nach getaner Arbeit, wenn das Produkt freigesetzt ist, kann der Katalysator mit gleicher Aktivität mit

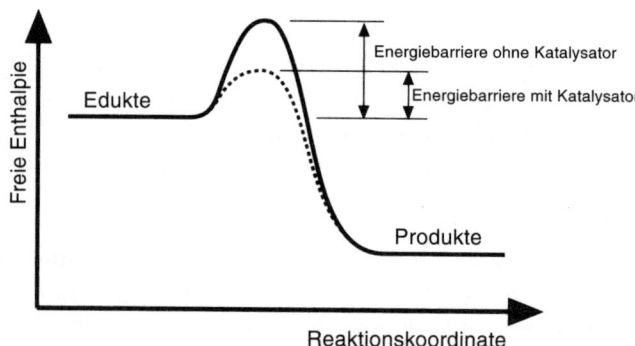

Abbildung 2.4 *Ein Katalysator erniedrigt die Aktivierungsenergie einer Reaktion; mit anderen Worten, er stabilisiert den Übergangszustand.*

den nächsten Eduktmolekülen in Wechselwirkung treten und das Spiel von vorn beginnen. Würde ein Katalysator hingegen im Verlauf einer Reaktion verändert oder aufgebraucht, müßte er kontinuierlich ersetzt werden; er wäre dann auch gar kein richtiger Katalysator mehr, sondern nur ein weiteres Reagenz.

Man kann Katalysatoren in zwei Gruppen einteilen. Um den Unterschied zu illustrieren, ist es hilfreich, sich die Edukte als schüchternes Liebespaar vorzustellen, das ohne Hilfe von außen nie zusammenfinden würde, obwohl beide füreinander geschaffen sind. Eine Möglichkeit, die amouröse Liaison herzustellen, betritt in Gestalt eines gemeinsamen Bekannten die Szene, der die beiden einander vorstellt und sie in ein Gespräch verwickelt. Nachdem das Eis gebrochen ist, verabschiedet er sich diskret. Chemisch gesprochen handelt es sich bei diesem Katalysator um ein einzelnes Molekül, genau wie die Edukte, das sich in demselben physikalischen Zustand wie diese befindet, zum Beispiel in der Gasphase oder in Lösung. Man bezeichnet solche Helfermoleküle als *homogene Katalysatoren*.

Es gibt aber auch eine andere Möglichkeit. Wir könnten ein Treffen unserer verhinderten Liebesleute in einer angenehmen, entspannenden Atmosphäre arrangieren; vielleicht wäre, wenn sie Musikfreunde sind, ein Opernabend das geeignete Ambiente, um sich näherzukommen. Katalysatoren, die Reaktionen fördern, indem sie eine passende Umgebung schaffen, müssen notwendigerweise in einem anderen Zustand als die Reaktanten vorliegen; üblicherweise sind es Feststoffe, während sich die Reaktanten in Lösung oder in der Gasphase befinden. Die Umgebung, in der die Reaktion stattfinden kann, ist dann in der Regel die Oberfläche des Katalysators, da die Wahrscheinlichkeit des Zusammentreffens der Edukte hier besonders hoch ist. Andere Katalysatoren dieses Typs besitzen Kanäle oder Hohlräume, in denen die Edukte in enge räumliche Nähe gebracht werden. Man faßt sie unter der Bezeichnung *heterogene Katalysatoren* zusammen. In unserer obengenannten Analogie übernimmt also das Opernhaus die Rolle des heterogenen Katalysators.

Gegenwärtig widmen viele Wissenschaftler einer dritten Art von Katalysatoren ihre Aufmerksamkeit. Diese liegen im Grenzbereich zwischen homogener und heterogener Katalyse: Es handelt sich um Teilchen, die nur ein wenig größer sind als die an der Reaktion beteiligten Moleküle. Diese sogenannten Cluster bestehen aus einigen Dutzend bis wenigen hundert Atomen; meist sind es Metalle oder Metalloxide. Man verspricht sich von diesem Ansatz, der allerdings noch in den Kinderschuhen steckt, die Vorteile der heterogenen und der homogenen Katalyse vereinigen zu können.

Als homogene Katalysatoren muß man Moleküle verwenden, die die Reaktanten auf eine sehr spezifische Weise beeinflussen; oft ist damit die Anforderung verknüpft, daß von mehreren möglichen Produkten nur das gewünschte entstehen soll. Solche Katalysatoren werden entweder in langen Versuchsreihen „zufällig" entdeckt - früher blieb den Wissenschaftlern oft nichts anderes übrig - oder regelrecht maßgeschneidert, der heutige Trend geht in diese Richtung. Um letzteres erfolgreich bewerkstelligen zu können, muß man sehr detailliert darüber Bescheid wissen, wie die Reaktanten miteinander und mit dem Katalysator wechselwirken, doch Informationen dieser Art sind erst in den letzten Jahrzehnten auf breiter Basis zugänglich geworden. Homogene Katalysatoren können eine Reaktion prinzipiell gezielter und selektiver beeinflussen als heterogene. Es gibt keinen besseren Beleg für diese Aussage als die phantastische Selektivität der Enzyme. Selektivität bedeutet, daß von vielen ähnlich aufgebauten Edukten nur die tatsächlich benötigten ausgewählt werden (für alle anderen ist das Enzym „blind") und daß daraus nur ein einziges von vielen möglichen Produkten hergestellt wird. Enzyme sind also von der Natur maßgeschneiderte homogene Katalysatoren. Und obwohl wir gerade erst beginnen, die Mechanismen der Enzymkatalyse zu verstehen, ist bereits jetzt klar, daß wir für unsere synthetischen Bemühungen von der Natur sehr viel lernen können.

Heterogene Katalyse ist der ältere und traditionellere Zweig. Auch hierfür gibt es Beispiele in der Natur. Zwar wirken heterogene Katalysatoren meist unselektiver als homogene, doch behaupten sie nach wie vor einen festen Platz in der chemischen Industrie, was nicht zuletzt daran liegt, daß sie leichter zu handhaben sind (man kann sie nach getaner Arbeit z. B. durch einfaches Filtrieren leicht aus dem Reaktionsgemisch entfernen). Der mangelnden Selektivität kann man durch eine geeignete Wahl von Edukten und Reaktionsbedingungen in gewissem Rahmen entgegensteuern. Darüber hinaus wurden in den letzten Jahren einige heterogene Katalysatoren entwickelt, die es in puncto Selektivität mit ihren homogenen Gegenstücken durchaus aufnehmen können.

Alles nur oberflächlich?

Metalloberflächen sind die Archetypen heterogener Katalysatoren. Insbesondere gilt das für Nickel, Palladium und Platin. Diese Metalle können eine ganze Palette von Reaktionen zwischen Gasen herbeiführen, welche sonst kaum stattfinden würden (siehe Tabelle 2.1). Bespielsweise vereinigen sich Kohlenmonoxid und Sauerstoff in Gegenwart eines Platin-Kontakts zu Kohlendioxid. Dies geschieht in enormem Maßstab an den Abgas-Katalysatoren von Automobilen, um das bei unvollständigen Verbrennungen entstehende, äußerst giftige Kohlenmonoxid unschädlich zu machen. In Gegenwart von Nickel werden ungesättigte organische Verbindungen aller Art mit Wasserstoff zu den entsprechenden gesättigten Verbindungen „hydriert"; in der Lebensmittelindustrie ist dieses Verfahren weit verbreitet, besonders bei der Herstellung von Margarine aus ungesättigten Pflanzenölen. Ammoniak ist für die Herstellung von Düngemitteln und Sprengstoffen von zentraler Bedeutung und wird großtechnisch über das Haber-Bosch-Verfahren hergestellt. Salpetersäure, ebenfalls ein Grundstoff für eine schier unüberschaubare Anzahl industrieller Prozesse, wird mit Hilfe einer katalytisch wirkenden Legierung von Platin und Rhodium in großem Maßstab gewonnen. Die Synthese von Polyethylen aus Ethylen erfolgt an Chrom-Titan-Katalysatoren. Für die petrochemische Industrie, die aus Erdöl eine Vielzahl niederer Kohlenwasserstoffe herstellt, welche als Treibstoffe sowie für Kunststoffe und andere Zwecke eingesetzt werden, sind Katalysatoren aus Platin und anderen Metallen unverzichtbar.

Tabelle 2.1 Einige industriell bedeutende Reaktionen, die durch Metalloberflächen katalysiert werden

Metall	Reaktion
Nickel	Wasserstoff + ungesättigte pflanzliche Fette $\rightarrow$ gesättigte pflanzliche Fette (Margarineherstellung)
Eisen	Stickstoff + Wasserstoff $\rightarrow$ Ammoniak
Silber	Ethylen + Sauerstoff $\rightarrow$ Oxiran (Ethylenoxid)
Platin/Rhodium	Ammoniak + Sauerstoff $\rightarrow$ Salpetersäure
Iridium/Rhodium	Kohlenmonoxid + Sauerstoff $\rightarrow$ Kohlendioxid

In allen genannten Beispielen laufen chemische Reaktionen, die unter normalen Bedingungen durch eine immense kinetische Energiebarriere gehindert werden, an einer Metalloberfläche glatt und rasch ab. Warum? Die Erklärung ist in allen Fällen gleich und gründet sich auf die enorm hohe Reaktivität derjenigen Metallatome, die sich in der Oberfläche befinden. Diese können ihre Bindungsbedürfnisse nur nach einer Seite mit anderen Metallatomen befriedigen. Die andere Seite ist geradezu „nackt" und hält begierig alle auch nur einigermaßen geeigneten Moleküle aus der Gasphase fest. Dieser Vorgang ist Ihnen vielleicht unter dem Begriff Adsorption bekannt.

Die Stärke, mit der die adsorbierten Moleküle festgehalten werden, variiert über einen weiten Bereich, je nachdem, wie gut Metall und Adsorbat zueinander passen. Das kann so weit gehen, daß richtige chemische Bindungen ausgebildet und die adsorbierten Moleküle damit sehr stark fixiert werden. Dieser Extremfall wird „Chemisorption" genannt. Im anderen Extrem ist die Bindung zwischen Metall und Adsorbat sehr schwach, gerade so stark, um das Adsorbat auf der Oberfläche zu halten, aber nicht stark genug, um zu verhindern, daß es darauf von einem Platz zum nächsten wandert. In diesem Fall spricht man von „Physisorption".

Wenn ein Molekül aus der Gasphase also an einer Metalloberfläche chemisorbiert wird, erfährt es dabei eine Veränderung. Es geht gar nicht anders: Neue Bindungen können nur auf Kosten bestehender gebildet werden. Für die Physisorption gilt ähnliches. Auch physisorbierte Moleküle gehen eine – wenn auch nicht sehr starke – Bindung mit der Metalloberfläche ein (sonst würden sie sofort wieder wegfliegen), und dafür werden chemische Bindungen im Molekül geschwächt. Betrachten wir beispielsweise die Chemisorption von Ethylen auf Platin (Abbildung 2.5a). Dabei wird die Doppelbindung zwischen den beiden Kohlenstoffatomen gelöst und diese bilden ihrerseits je eine Bindung zu Oberflächen-Platinatomen. Im Ethylenmolekül selbst bleibt nur noch eine Einfachbindung übrig. Oft schreitet die Schwächung von Bindungen innerhalb des adsorbierten Moleküls bis zu dessen völliger Spaltung fort. Dann bleiben einzelne Atome oder Molekülfragmente übrig, die sich auf der Oberfläche voneinander entfernen können. Dies ist beispielsweise bei der Chemisorption von Kohlenmonoxid auf Eisen der Fall (Abbildung 2.5b). Nach demselben Prinzip werden gesättigte Kohlenwasserstoffmoleküle, wie etwa Ethan (C_2H_6), auf Platinoberflächen vollständig in ihre Bestandteile, nämlich Kohlenstoff- und Wasserstoffatome, zerlegt.

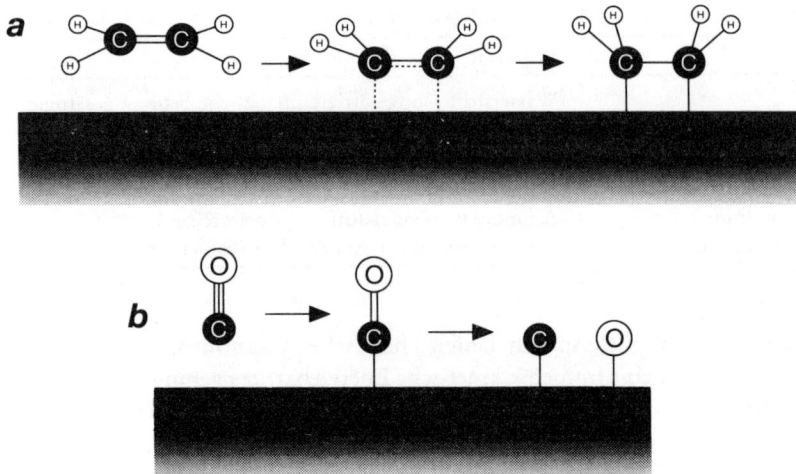

Abbildung 2.5   *Wenn ein Ethylen-Molekül auf einer Platin-Oberfläche chemisorbiert wird, wird die Doppelbindung zwischen den beiden Kohlensoffatomen gelöst. Es bleibt eine Einfachbindung, und zusätzlich werden zwei Bindungen zur Oberfläche ausgebildet (a). Die Chemisorption von Kohlenmonoxid an Eisen geht sogar noch weiter: die Dreifachbindung zwischen Kohlenstoff und Sauerstoff wird komplett gespalten und das Molekül zerfällt in einzelne chemisorbierte Atome (b).*

Was hat das alles mit Katalyse zu tun? Nun, die Chemisorption auf Metalloberflächen ist der erste (und manchmal bereits ein sehr großer) Schritt, die Edukte in Bruchstücke zu spalten, welche sich dann mit anderen Molekülfragmenten zu den gewünschten Produkten zusammenfinden. Das Spalten von Molekülen in der Gasphase erfordert in der Regel sehr viel Energie, während derselbe Vorgang auf einer Metalloberfläche schon unter sehr viel milderen Bedingungen abläuft. Daneben bietet eine Oberfläche auch so etwas wie einen Treffpunkt für partnersuchende Molekülfragmente: hier tummeln sich viel mehr potentielle Reaktionspartner als irgendwo sonst in der Gasphase, und die Wahrscheinlichkeit ist sehr groß, daß rasch eine erfolgreiche Reaktion stattfindet. Beide Effekte tragen dazu bei, daß Oberflächen als Katalysatoren unerhört effizient sein können.

Ist es auch möglich, bei katalytischen Reaktionen die Art des Produkts zu beeinflussen? Normalerweise geschieht das mehr oder weniger erfolgreich durch Wahl geeigneter Reaktionsbedingungen. Druck, Temperatur oder relative Zusammensetzung der Edukte sind Parameter, die sich gut und reproduzierbar variieren lassen. Dies ist auch bei katalytischen Reaktionen möglich: Wenn neue Randbedingungen ein neues Gleichgewicht bedingen, wird der Katalysator auch dessen Einstellung beschleunigen.

Zusätzlich, und das ist recht bemerkenswert, kann man manchmal mit verschiedenen Katalysatoren unterschiedliche Produkte erhalten. So reagieren Kohlendioxid und Wasserstoff in Gegenwart von Nickel zu Methan und Wasser, während dieselben Edukte in

Gegenwart von Kupfer oder Palladium Methanol ergeben. – Nein, das widerspricht nicht den Gesetzen der Thermodynamik! Im letzteren Fall führt lediglich der Weg zu den thermodynamisch bevorzugten Produkten über eine höhere Energiebarriere als der zu einem nicht ganz so bevorzugten Produkt. Wenn ein gegebenes Eduktgemisch mehrere Reaktionswege einschlagen kann, entscheidet unter Umständen der Katalysator, welcher gewählt wird, falls nicht jeder Weg in gleicher Weise gefördert wird.

Das Ergebnis einer Reaktion kann auch davon abhängen, welche Größe die Katalysatorpartikel haben, auf welchen Träger sie aufgezogen sind (oft werden keramische Materialien wie Siliciumoxid oder Aluminiumoxid dafür verwendet), und wie sie vor Gebrauch behandelt wurden.

Dieser Sachverhalt hat allerdings auch seine Kehrseite: Aus denselben Gründen entstehen nämlich oft keine einheitlichen Produkte, sondern Produktgemische, die nennenswerte Anteile unerwünschter Nebenprodukte enthalten. Das ist nicht besonders überraschend. Die Molekülfragmente, die auf dem Katalysator entstehen, sind nämlich derart reaktiv, daß sich nicht alle auf die gewünschte Weise wieder verbinden. Wenn wir uns einmal ausmalen, wie viele Möglichkeiten es gibt, die Atome Kohlenstoff, Wasserstoff und Sauerstoff zu ganz einfachen, stabilen Molekülen zu verknüpfen, sollten wir vielmehr froh und dankbar sein, daß bei der oben zitierten Reaktion von Kohlendioxid und Wasserstoff am Kupfer-Kontakt wirklich hauptsächlich Methanol entsteht und nicht noch Ethanol, Formaldehyd, Ameisensäure, Dimethylether... Festzuhalten bleibt allerdings, daß die Klippe der mangelnden Selektivität im Prinzip bei jeder heterogenen Reaktion lauert und jedesmal aufs Neue umschifft werden muß.

Molekularsiebe

Wählerische Netzwerke

Das unselektive Wirken heterogener Katalysatoren bereitet insbesondere der petrochemischen Industrie Kopfschmerzen. Zwar kann Rohöl auf dem Wege der fraktionierten Destillation in verschiedene Kohlenwasserstoff-Fraktionen getrennt werden, doch lassen sich diese noch nicht besonders gewinnbringend verkaufen. Besser ist es, sie, wenn möglich mit Hilfe von Katalysatoren, in wertvollere „veredelte" Produkte zu überführen. Gemeint sind damit in erster Linie chemisch einheitliche Produkte. In Kapitel 1 haben wir einen ersten Eindruck von der schwindelerregenden Vielfalt der einfachen Kohlenstoff-Wasserstoff-Verbindungen bekommen. Bereits recht kleine Kohlenwasserstoffe können in einer Vielzahl von Isomeren existieren. Es ist daher eine äußerst diffizile Aufgabe, beim Cracken der Kohlenwasserstoffe eine spezifische Verbindung (sagen wir einmal, n-Decan; das ist eine von 75 verschiedenen Verbindungen mit der Zusammensetzung $C_{10}H_{22}$) auf katalytischem Wege herzustellen, solange es den gängigen heterogenen Katalysatoren an Selektivität mangelt.

Nun gibt es allerdings eine neue Klasse von Substanzen, die diese Art von Reaktionen mit einem solchen Ausmaß an Selektivität katalysiert, wie man es bis vor kurzem noch

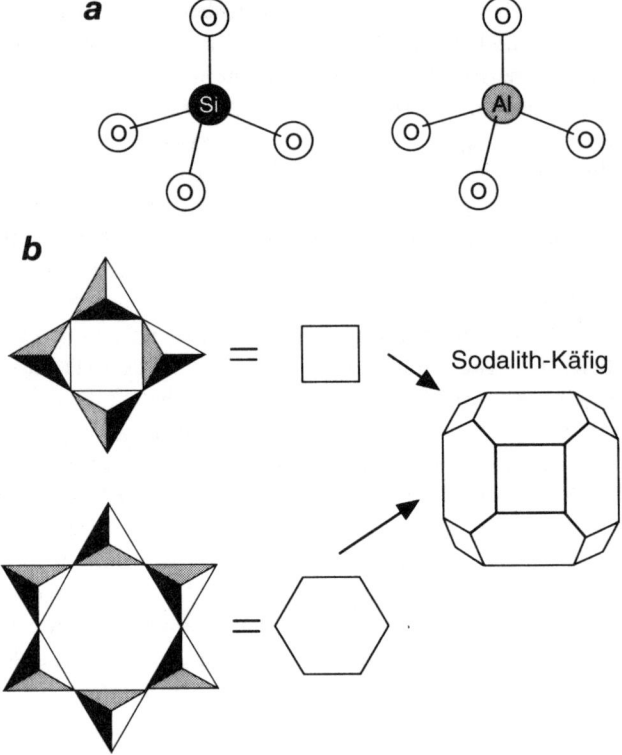

Abbildung 2.6 *Die Bausteine von Zeolithen sind SiO₄- und AlO₄-Tetraeder (a). Erstere sind elektrisch neutral, während letztere eine negative Ladung tragen. Diese Tetraeder sind zu Vierer- und Sechserringen verknüpft (b), welche ihrerseits im Festkörper zu noch größeren Einheiten zusammengeschlossen sind, wie z. B. zu einem Sodalith-Käfig.*

nicht für möglich gehalten hätte. Die Rede ist von den Zeolithen. Die ersten näher untersuchten Vertreter dieser Stoffklasse waren natürlich vorkommende Mineralien; der Name bedeutet „Siedestein", da natürlich vorkommende Zeolithe eine große Menge Wasser enthalten, welches durch Erhitzen entfernt werden kann. Mittlerweile ist es gelungen, eine große Anzahl synthetischer Zeolithe herzustellen. Jeder hat seine besonderen Eigenschaften, so daß man sich nun das für den jeweiligen Zweck geeignetste Material aussuchen kann.

Chemisch gesehen sind die natürlichen und die meisten synthetischen Zeolithe Alumosilicate: ihre Hauptbestandteile sind demnach Aluminium, Silicium und Sauerstoff. Tetraederförmige SiO_4- und AlO_4-Einheiten sind die zwei fundamentalen Baugruppen, wobei das Metallatom sich jeweils im Zentrum des Tetraeders befindet, die Sauerstoffatome an den Ecken. Jede AlO_4-Einheit trägt eine negative Ladung, während die SiO_4-Einheiten elektrisch neutral sind. In der Struktur der Zeolithe sind die Tetraeder über die eckständigen Sauerstoffatome miteinander verknüpft, was bedeutet, daß jedes Sauerstoffatom zu zwei Metallatomen benachbart ist. Die Art der Verknüpfung folgt bestimmten Regeln und ist bei jedem Zeolith ein wenig anders, was zu unterschiedlichen dreidimensionalen Strukturen führt. Zwischenstufen auf dem Weg vom einzelnen Tetraeder zum unendlichen Netzwerk sind in Abbildung 2.6 dargestellt. Da jedes AlO_4-Tetraeder eine negative Ladung trägt, ist das Alumosilicatgerüst als Ganzes negativ geladen. Diese Ladung muß durch positiv geladene Ionen kompensiert werden. Meist übernehmen Natrium-Ionen diese Aufgabe, sie werden in die Lücken des Gerüsts eingelagert. Die Gerüststrukturen von Zeolithen enthalten charakteristische Hohlräume: Kanäle und Käfige. Ein typisches Beispiel ist der Sodalith-Käfig (Abbildung 2.6*b*), der als „Strukturmotiv" in vielen Verbindungen dieses Typs auftritt. Derartige Käfige sind durch Kanäle verschiedener Größe miteinander verbunden (siehe Abbildung 2.7).

Zeolithkristalle erscheinen dicht und kompakt, doch auf atomarer Ebene enthalten sie ein Labyrinth von Poren. Die Poren von Sandstein oder Bimsstein sind dagegen bereits mit bloßem Auge oder durch ein einfaches Mikroskop erkennbar. Poren dieser Größenordnung bezeichnet man als Makroporen, sie machen das betreffende Material spröde und brüchig. Zeolithkristalle sind dagegen fest und robust, denn ihre um ein Vielfaches kleineren Poren sind ein integraler Bestandteil der Struktur. Sie sind nur einige Atomdurchmesser weit und werden Mikroporen genannt. Die Gesamtheit ihrer Poren verschafft den Zeolithen eine enorme „innere" Oberfläche. Die sichtbare äußere Oberfläche eines Teilchens ist im Verhältnis dazu verschwindend gering. Ein Zahlenbeispiel mag dies verdeutlichen. Ein Zeolithkristall von einem Gramm hat eine sichtbare äußere Oberfläche von etwa 6 Quadratzentimetern, während seine innere Oberfläche bis zu 1000 Quadratmetern betragen kann – das entspricht beinahe einem Fußballfeld!

a

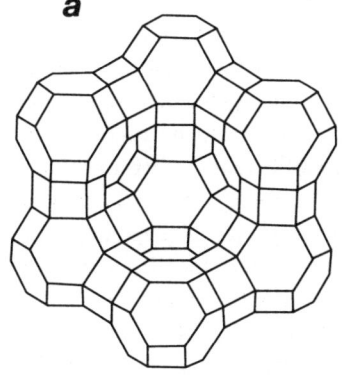

b

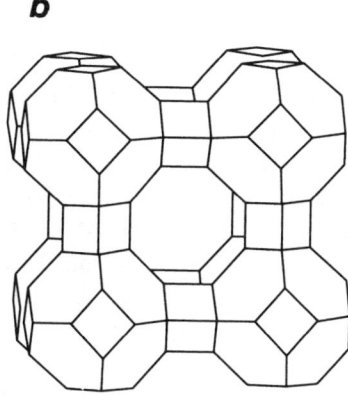

Abbildung 2.7 *Die Strukturen von Zeolith Y (a) und Zeolith A (b). In beiden Strukturen gibt es große Hohlräume („Superkäfige"), die über enge Kanäle verbunden sind.*

Als die Wissenschaftler in den fünfziger Jahren begannen, sich für Zeolithe als Katalysatoren zu interessieren, mußten sie zunächst mit den wenigen natürlich vorkommenden Varianten vorlieb nehmen. Heute werden die meisten weithin verwendeten Zeolithe synthetisch hergestellt, sie sind unter teilweise seltsamen Bezeichnungen im Handel. Ein Beispiel wäre der von Mobil Oil Inc. Anfang der siebziger Jahre entwickelte Zeolith ZSM-5. Einige synthetische Zeolithe haben neben oder anstelle von Aluminium und Silicium noch andere Gerüstatome; insbesondere kann Silicium durch Phosphor ersetzt werden, was zu sogenannten Alumophosphaten führt. Im Jahre 1988 gelang einer Arbeitsgruppe am Virginia Polytechnic Institute die Synthese eines Alumophosphats mit bis dato unerreicht großen Kanälen; diese werden von Ringen aus nicht weniger als 18 Tetraedern flankiert (siehe Bild 3). Dank seiner großen Poren hat sich diese als VPI-5 bezeichnete Verbindung als sehr nützlicher Katalysator für eine ganze Reihe von Reaktionen erwiesen. Andere synthetische Zeolithe enthalten Elemente wie Gallium, Bor und Beryllium im Alumosilicatgerüst. Der graduelle Austausch einer Atomsorte durch eine andere eröffnet die Möglichkeit der Feinabstimmung der Eigenschaften eines Zeoliths, eine in der Materialforschung weit verbreitete Strategie.

Katalyse in Zeolithen

Damit Zeolithe als heterogene Katalysatoren eingesetzt werden können, muß ihre (innere) Oberfläche katalytisch aktiv sein. Alumosilicate sind Oxide und unterscheiden sich damit ganz erheblich von den reinen Metallen, die wir bislang kennengelernt haben. Damit ist klar, daß man sie nicht ohne weiteres für etablierte Verfahren verwenden kann. Vielmehr muß man sie als eine eigenständige Klasse von Katalysatoren ansehen. Die katalytische Wirksamkeit einiger Metalloxide war bereits bekannt, lange bevor die Zeolithe in den Mittelpunkt des Interesses rückten. Vanadiumoxid und Molybdänoxid werden für die Oxidation von Kohlenwasserstoffen eingesetzt (das bedeutet, daß Kohlenwasserstoffe mit Sauerstoffgas zu sauerstoffhaltigen organischen Verbindungen umgesetzt werden). Wichtige Grundstoffe wie Aceton und Formaldehyd werden auf diesem Weg erzeugt. Einfache Silicium- und Aluminiumoxide haben dagegen andere Qualitäten. Sie fördern die Umlagerung von Kohlenwasserstoffen in andere Kohlenwasserstoffe. Im einzelnen werden sie beim Cracken (dem Abbau großer Kohlenwasserstoffmoleküle zu kleineren), bei der Polymerisation (dem Aufbau großer Kohlenwasserstoffketten aus kleinen, ungesättigten Molekülen) und der Isomerisierung (der Umlagerung eines Moleküls in ein anderes mit gleicher Zusammensetzung, aber unterschiedlicher Struktur) eingesetzt. Hier können die Zeolithe alle Vorzüge ihrer Selektivität ausspielen.

Aber wie können mikroporöse Materialien eine höhere Selektivität aufweisen als „normale" Katalysatoren? Nun, dies kann auf unterschiedliche Mechanismen zurückgeführt werden. Der einfachste beruht darauf, daß aus einem Gemisch von Edukten nur diejenigen zur Reaktion kommen, die zum gewünschten Produkt führen. Die Auswahl erfolgt gemäß der Größe der Moleküle, denn der Durchmesser der Mikroporen hat dieselbe Größenordnung wie diese. Nur kleine Moleküle, wie Wasserstoff (H_2), Stickstoff

(N$_2$) oder Methan (CH$_4$), können in das Netzwerk der Kanäle eindringen und in das Innere des Zeoliths gelangen, während größere, wie beispielsweise die schwereren Kohlenwasserstoffe, draußen bleiben müssen. Diese Art der Selektivität brachte den Zeolithen den treffenden Namen „Molekularsiebe" ein. Abhängig von der Porenweite des betreffenden Materials verschiebt sich die Grenze, ab der die Moleküle zu groß zum Eindringen werden. So sind die Porenweiten der sogenannten X-Typen etwas größer als das ringförmige Benzolmolekül, so daß dieses gut hineinpaßt, nicht aber seine Derivate mit sperrigen Atomgruppen am Kohlenstoffring. Dagegen sind die Poren der Zeolithe vom A-Typ kleiner und versperren auch Benzol selbst den Zugang. Diese Eigenschaft der Zeolithe kann also genutzt werden, um aus einem Gemisch von Gasen nur bestimmte herauszusieben, die in ihr Inneres und damit an die katalytisch wirksame Oberfläche gelangen – ein wichtiger Schritt auf dem Weg zur selektiven Katalyse.

Nicht nur die Größe, sondern auch die Gestalt von Molekülen beeinflußt ihr Adsorptionsverhalten in Zeolithen. Manche der gesättigten Kohlenwasserstoffe, die aus den Rohölfraktionen erhalten werden, haben eine langgestreckte Gestalt, da die Kohlenstoffatome alle hintereinander wie in einer Kette angeordnet sind. In Längsrichtung betrachtet sind sie nicht viel größer als ein Methanmolekül, und demzufolge können sie sich ebenfalls bereits durch recht enge Kanäle hindurchschlängeln, obwohl sie eine beträchtliche Anzahl von Atomen im Molekül enthalten. Andere Kohlenwasserstoffe mit ebensovielen Atomen haben verzweigte Ketten und passen nicht mehr hindurch (siehe Abbildung 2.8). Damit können die Isomere einer gegebenen Verbindung getrennt werden.

Diese Art der selektiven Adsorption von Edukten wird beim sogenannten „Selectoforming"-Verfahren industriell genutzt. Die Octanzahl von Kraftstoffen ist ein Maß für die Qualität, also die Klopffestigkeit. Lineare Kohlenwasserstoffmoleküle tragen wenig zur Octanzahl bei, verzweigte oder solche mit angehängten Benzolringen wesentlich

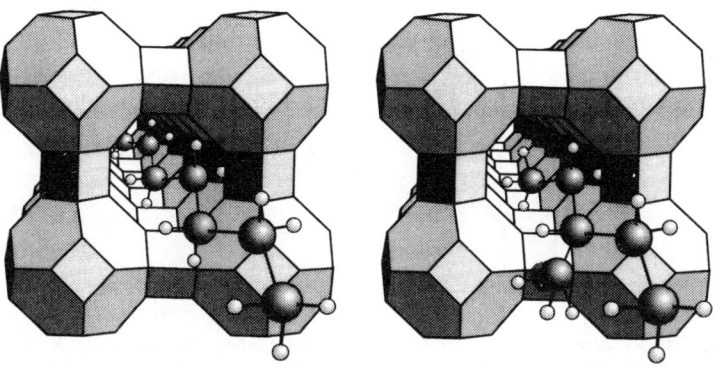

Abbildung 2.8 *Lineare Kohlenwasserstoff-Moleküle können sich durch die Kanäle von Zeolith A hindurchschlängeln, während verzweigte Ketten zu sperrig sind und nicht mehr hineinpassen.*

mehr. Man kann also die Octanzahl in die Höhe treiben, wenn man die linearen Kohlenwasserstoffe aus der betreffenden Fraktion entfernt. Dafür verwendet man einen Zeolith-Katalysator mit engen Poren, in die nur die linearen Moleküle hineinpassen. Dort werden sie zu kleineren Molekülen „gecrackt" und anschließend abdestilliert. Mit Hilfe des Zeolith ZSM-5 konnte dieses Verfahren weiter verbessert werden, denn aufgrund seiner etwas größeren Poren können auch noch Kohlenwasserstoffe mit einer verzweigenden Methylgruppe ($-CH_3$) aus dem Rohdestillat entfernt werden.

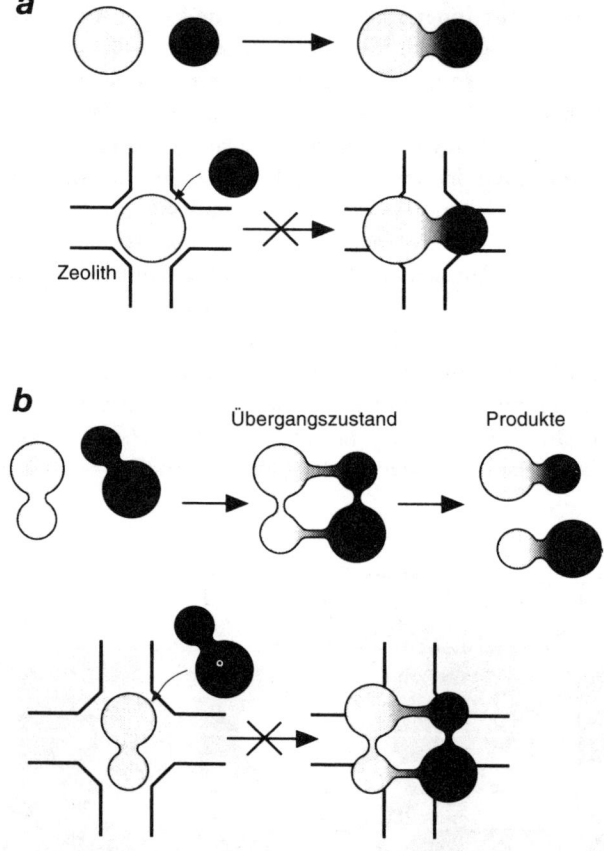

Abbildung 2.9 *Zeolithe können aus zweierlei Gründen die Selektivität chemischer Reaktionen erhöhen. Einerseits kann in den Hohlräumen nicht genug Platz für diejenigen Produkte sein, die im freien Zustand bevorzugt entstehen würden (a). Andererseits können die Hohlräume zwar groß genug für Edukte und Produkte, aber zu klein für den Übergangszustand sein (b). In beiden Fällen entstehen also nicht die normalen Produkte, sondern andere, wobei in der Regel auch ein alternativer Reaktionsweg eingeschlagen wird.*

Eine andere Art der katalytischen Selektivität von Zeolithen hat nicht mit den Edukten, sondern mit den Produkten zu tun. Auch hier spielt die Größe eine Rolle. Chemische Reaktionen in Zeolithen laufen in den Käfigen und Kanälen ab, und diese stellen nur einen begrenzten Raum zur Verfügung. Manche Produkte, die bei uneingeschränktem Platzangebot vielleicht bevorzugt gebildet würden, können in dieser Enge nicht entstehen, wenn sie zu groß sind (siehe Abbildung 2.9*a*). Oder es können die in den Käfigen gebildeten Produkte nicht mehr durch die Kanäle entweichen, so daß sie schließlich wieder zu anderen Produkten zerfallen (oder den Zeolith mit der Zeit verstopfen, was allerdings nicht sonderlich erwünscht ist). Im letzteren Fall spiegelt das tatsächlich isolierte Produktgemisch nicht die tatsächlich bevorzugten Reaktionswege wider, doch kann es sein, daß man über solche „Umwege" Produkte erhalten kann, die sonst nur sehr schwer zugänglich sind.

Auf den ersten Blick ähnlich, doch mit subtilen Unterschieden, funktioniert die Übergangszustands-Selektivität. Wir haben bereits gesehen, daß die meisten Reaktionen über einen Übergangszustand verlaufen. Oft beansprucht dieser deutlich mehr Platz als Edukte und Produkte, und wenn die Käfige dafür zu klein sind, findet die betreffende Reaktion nicht statt (siehe Abbildung 2.9*b*). Das kann dazu führen, daß von den verschiedenen möglichen Wegen, über die eine Reaktion prinzipiell verlaufen kann, tatsächlich nur einer eingeschlagen wird, was wiederum einheitlichere Produkte liefert, im Idealfall nur ein einziges.

Das Buddelschiff-Prinzip

Bei vielen katalytischen Verfahren haben Zeolithe mittlerweile eine führende Rolle eingenommen, und dennoch vertreten viele Wissenschaftler die Ansicht, daß das wahre Potential dieser Materialien damit noch lange nicht ausgeschöpft ist. Zeolithe seien viel mehr als nur ein Sieb, mit dem man Kohlenwasserstoffe trennen kann; vielmehr könne man die wohldefinierten Kanäle und Käfige als molekulare Werkbank verwenden und damit aufregende neue Anwendungsgebiete erschließen.

Dabei ist Kreativität gefragt. Norman Herron und seine Gruppe bei E. I. Du Pont de Nemours & Company in Delaware hatten die Idee, in die Käfige eines Zeoliths ein katalytisch wirksames Molekül einzubringen, welches so groß ist, daß es nicht durch die Kanäle entweichen kann. Im Festkörper eingeschlossen würde es wie eine Spinne im Netz auf Beute lauern, also auf kleine Moleküle, die durch die Kanäle zu ihm gelangen können und deren Umsetzung zu neuen Produkten es befördert. Ein solches „Komposit"-Material würde also den wichtigsten Vorzug eines homogenen Katalysators - eine sehr hohe Selektivität - mit der sehr erwünschten Eigenschaft heterogener Katalysatoren - leicht von Reaktionsgemisch abtrennbar zu sein - verbinden.

Da das katalytisch wirkende Molekül nicht komplett durch die Kanäle paßt, muß es eben im Inneren des Käfigs aus kleineren Teilen zusammengesetzt werden. Diese Vorgehensweise entspricht ganz genau der Strategie, die man beim Bau eines Buddelschiffes anwendet. Das System, welches Herron und sein Team als Prototyp wählten, um diese

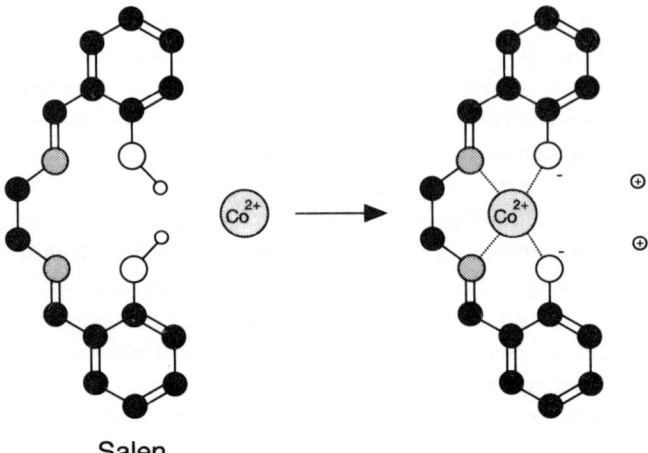

Salen

Abbildung 2.10   *Norman Herron und seine Gruppe konstruierten den Cobalt-Salen-Komplex in den Käfigen von Zeolith Y nach dem Buddelschiff-Prinzip, indem sie zuerst den Zeolith mit Cobalt-Ionen beluden und dann Salen hinzudiffundieren ließen. Der resultierende Komplex kann nicht mehr durch die Poren des Zeoliths entweichen.*

Strategie auszuprobieren, bestand aus Zeolith Y und einem Cobalt-Salen-Komplex. Salen ist der Kurzname eines recht kompliziert aufgebauten organischen Moleküls, das mit Cobalt bereitwillig zu einer sogenannten „Komplexverbindung" reagiert (siehe Abbildung 2.10). Zuerst wird der Zeolith mit Cobalt-Ionen beladen. – Das funktioniert recht gut, denn wie bereits erwähnt, sorgen in jedem Zeolith Metall-Ionen für den erforderlichen Ladungsausgleich, da das Alumosilicatgerüst negativ geladen ist. Es sind üblicherweise Alkalimetall-Ionen, die sich bereitwillig gegen andere Metall-Ionen austauschen lassen, womit angedeutet sei, daß Zeolithe auch als „Ionenaustauscher", z. B. für die Wasserenthärtung, verwendet werden können. – Anschließend läßt man Salen-Moleküle in den Zeolith eindringen. Deren Flexibilität erlaubt, daß sie sich durch die engen Gänge schlängeln können. Dagegen ist der Cobalt-Salen-Komplex starr und sperrig, er bleibt im Käfig gefangen.

Die Wissenschaftler von Du Pont begnügten sich nicht mit diesem ersten Erfolg. Die konsequente Weiterentwicklung des Konzepts führte zu einem katalytischen System, welches ein Modell für die Funktionsweise des Enzyms Cytochrom P450 ist. Cyctochrom P450 katalysiert die Addition von Sauerstoff an organische Moleküle unter sehr milden Bedingungen, wie sie im Körper von Lebewesen vorherrschen. Im aktiven Zentrum des Enzyms befindet sich ein Eisen-Ion inmitten eines Porphyrinringes (siehe Abbildung 2.11*a*). Im Eisen-Phthalocyanin-Komplex (Abbildung 2.11*b*) hat das Eisen-Ion eine sehr ähnliche chemische Umgebung wie im Enzym, und mithin konnte man hoffen, daß auch die katalytische Aktivität beider Systeme vergleichbar ist. In Lösung läßt sich die Modellverbindung allerdings nicht besonders gut untersuchen, denn sie neigt dazu, statt

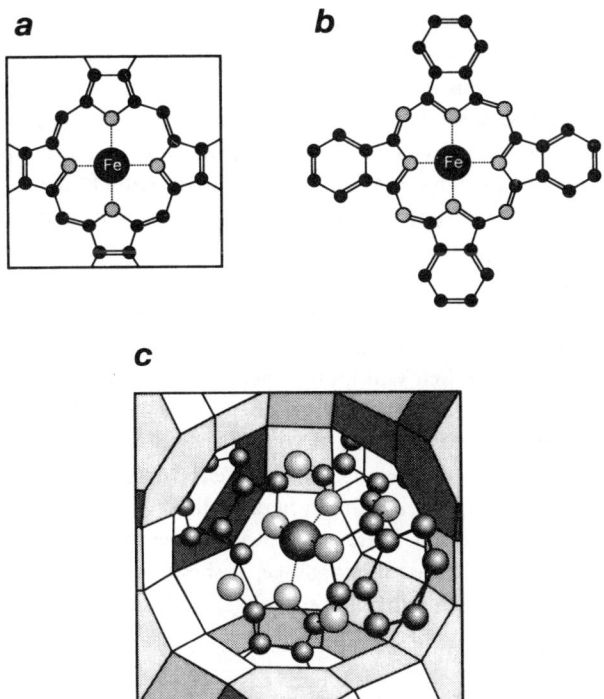

a **b**

c

Abbildung 2.11 *Der Eisen-Phthalocyanin-Komplex (b) ist ein Modellsystem für das katalytisch aktive Porphyrin-Zentrum des Enzyms Cytochrom P450 (a). Gefangen im Inneren von Zeolith Y, wird aus dem Eisen-Phthalocyanin-Komplex ein „Buddelschiff-Katalysator" (c). (Abbildung c mit freundlicher Genehmigung von Norman Herron, E.I. Du Pont de Nemours & Company, Delaware)*

mit anderen Molekülen lieber mit ihresgleichen zu reagieren und sich damit sozusagen aus dem Verkehr zu ziehen. Im Zeolithkäfig sind die Umstände günstiger: In jeden Käfig paßt nur ein Molekül des Komplexes und die genannte Störung wird effektiv vermieden. Bei der Synthese wird wieder das Buddelschiff-Prinzip angewandt. Zuerst wird der Zeolith mit Eisen-Ionen beladen und anschließend läßt man die Einzelteile des Phthalocyanin-moleküls hinzutreten; eine Besonderheit ist, daß sich bei der folgenden Reaktion sowohl der Phthalocyaninring schließt als auch der Komplex bildet. Untersuchungen am fertigen Katalysator zeigten, daß das Modellsystem in der Tat die Reaktion von molekularem Sauerstoff mit einfachen Kohlenwasserstoffen fördert – das Buddelschiff-Prinzip scheint zu funktionieren und allgemein anwendbar zu sein. Die Käfige des Zeoliths übernehmen dabei die Rolle der Buddel.

Unmittelbar daran anknüpfend ist die Idee, die Gestalt und Größe der Poren als „Gußform" für die Konstruktion von Molekülen definierter Form und Größe zu nutzen.

Beispielsweise könnte man darin Kristalle züchten. Diese dürften aufgrund der räumlichen Enge nicht mehr als wenige Dutzend Atome enthalten – eine faszinierende Perspektive für den, der weiß, daß aus thermodynamischen Gründen kleine Kristalle instabiler sind als große und daher bei entsprechenden Kristallisationsversuchen in Lösungen immer die großen Kristalle auf Kosten der kleinen wachsen. Das Interesse an extrem kleinen Kristallen, sogenannten „Clustern", ist aus einer Reihe von Gründen sehr groß. Zuerst können die Cluster, wie bereits erwähnt, ihrerseits nützliche katalytische Eigenschaften haben. Ferner ändern sich die Eigenschaften eines Materials, wenn man in den Bereich sehr kleiner Teilchen vorstößt: Aus Metallen können Halbleiter werden, aus Halbleitern Isolatoren. Ein weiterer Größeneffekt sind veränderte Lichtabsorptions-Eigenschaften. Extrem kleine Halbleiterpartikel, sogenannte „Quantenpunkte", könnten daher als Bauteile von optischen Computern verwendet werden (worin der Informationsaustausch mit Hilfe von Licht statt elektrischem Strom erfolgt). Mit dem Halbleiter Cadmiumsulfid konnten die Wissenschaftler von Du Pont und andere Gruppen bereits erste Erfolge verbuchen, als es gelang, von diesem Material winzige Kristalle mit einheitlicher Größe und Form in Zeolithen herzustellen.

Diese Methode, Moleküle mit Hilfe einer molekularen Schablone zu konstruieren, erinnert ein wenig an biochemische Vorgänge, insbesondere daran, wie es die DNA bewerkstelligt, Kopien von sich selbst zu fertigen (siehe Kapitel 5).

Katalyse – aber natürlich!

Enzyme: die Baumeister der Natur

Enzyme sind große Proteinmoleküle, die oft viele tausend Atome enthalten. In mancherlei Hinsicht ähneln sie den eben besprochenen Zeolithen, obwohl sie völlig anders aufgebaut sind. Es sind Katalysatoren für biochemische Vorgänge, deren räumliche Struktur ebenfalls sehr kompliziert, aber im Gegensatz zu Zeolithen nicht starr ist. Enzymstrukturen enthalten Kanäle und Hohlräume, durch die die Reaktanten hindurchmüssen, wobei nur wenigen Substanzen Durchlaß gewährt wird; die eigentliche Reaktion erfolgt am aktiven Zentrum des Enzyms, welches oft ein Metall-Ion enthält.

Enzyme sind wesentlich komplexer und ausgefeilter konstruiert als Zeolithe. Es ist ein wenig so, als würde man einen Traktor mit einem Rennwagen vergleichen: Während ein Traktor für eine Reihe von Arbeiten herangezogen werden kann, ist ein Rennwagen nur für eine einzige Aufgabe konstruiert, aber diese erfüllt er dafür um ein Vielfaches besser und schneller. Während Zeolithe bestimmte *Klassen* von Reaktionen katalysieren und die einzigen (recht groben) einstellbaren Parameter die Größe der Poren und die Gestalt der Käfige sind, passen Enzyme und ihre Zielmoleküle (Substrate) zusammen wie Schlüssel und Schloß. Enzyme katalysieren in der Regel auch nur *eine einzige* Reaktion. In dreierlei Hinsicht ist die Selektivität von Enzymen also deutlich größer als die von Zeolithen: Enzyme sind edukt-, produkt- *und* reaktions*spezifisch* (richtig, meist ist nicht „selektiv", sondern „spezifisch" der bessere Begriff). Diese Spezifität ist die Folge einer perfekt funktionierenden „molekularen Erkennung", worauf wir in Kapitel 5 noch näher zu sprechen kommen werden.

So gut wie alle chemischen Umsetzungen in Lebewesen verlaufen mit katalytischer Hilfe von Enzymen, ohne sie geht nichts. Man schätzt die Zahl der natürlich vorkommenden Enzyme auf ungefähr 7000; das mag sich nach viel anhören, doch wenn man bedenkt, daß es zwischen 3 und 30 Millionen Arten von Lebewesen gibt, wird klar, daß die meisten Lebewesen dieselben Enzyme für analoge Reaktionen verwenden. Man findet dieselben Enzyme in Bakterien, Pilzen, Fischen und Menschen. Offensichtlich ist die Natur im Laufe der Evolution in dieser Hinsicht sehr konservativ: ein einmal gefundener und optimierter Weg, eine gegebene biochemische Umsetzung auszuführen, wird konsequent beibehalten.

Chemisch gesehen sind alle Enzyme Proteine, also aus Aminosäuren zusammengesetzte Polymere. Es gibt zwanzig verschiedene Aminosäuren in der Natur. Ihr Erkennungszeichen ist das Vorhandensein einer „sauren" Gruppe (der Carboxylgruppe, $-COOH$) und einer „basischen" Gruppe (der Aminogruppe, $-NH_2$) im gleichen Molekül, die nur durch ein Kohlenstoffatom voneinander getrennt sind (vergleiche Abbildung 2.12). Diese beiden Gruppen können in einer chemischen Reaktion miteinander verknüpft werden; die dabei entstehende Bindung wird „Peptidbindung" genannt. Diese Reaktion kann sich an der noch freien Carboxylgruppe der einen und der noch freien Aminogruppe der anderen Aminosäure wiederholen. Auf diese Weise entstehen Ketten von Aminosäuremolekülen, die man als „Polypeptide" bezeichnet. Proteine sind also natürlich vorkommende Polypeptide. Es gibt durchaus Proteine, die keine Enzyme sind, sondern als Baustoffe des Körpers dienen, beispielsweise Keratin (woraus Haut, Haare und Fingernägel bestehen), Collagen (Sehnen) und Myosin (Muskelgewebe).

Die charakteristische dreidimensionale Gestalt eines jeden Enzyms ist das Resultat der perfekt synchronisierten Faltung des Kohlenstoffgerüsts (Bild 4), ein Vorgang, der bei weitem noch nicht völlig aufgeklärt ist. Enzyme können einen Durchmesser von bis zu einem zehntel Mikrometer aufweisen und mehrere Untereinheiten aus separaten Proteinmolekülen haben, die nicht durch chemische Bindungen, sondern mittels schwächerer Wechselwirkungen zusammengehalten werden. Sind sie im Sinne unserer eingangs formulierten Definition nun homogene oder heterogene Katalysatoren? Wenn man das Größenkriterium heranzieht, sind sie vermutlich weder das eine noch das andere, doch sie vereinigen Vorteile beider Klassen in sich.

Die Leistungsfähigkeit von Enzymen ist enorm und läßt in den meisten Fällen die von Menschen entwickelten chemischen Synthesen weit hinter sich. Dabei klingen die Aufgaben recht einfach: In den meisten Fällen geht es lediglich darum, Moleküle an einer bestimmten Stelle zu spalten, also chemische Bindungen zu lösen, oder kleine Moleküle zu größeren zu verknüpfen. So sind beispielsweise zahlreiche Enzyme daran beteiligt, große Kohlenhydratmoleküle zu Glucose und weiter zu Kohlendioxid und Wasser abzubauen – das ist, grob skizziert, die wichtigste Reaktionssequenz unseres Energiestoffwechsels. Auch im Labor ist es möglich, große Moleküle in kleine Bruchstücke zu

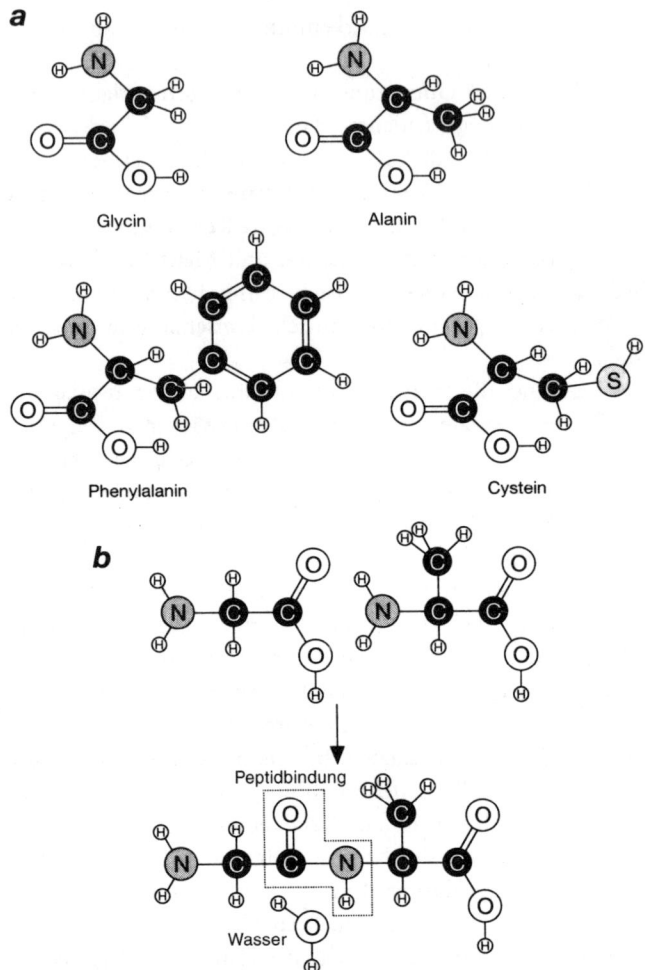

Abbildung 2.12   *Einige häufig als Bausteine von Proteinen vorkommende Aminosäuren: Glycin, Alanin, Phenylalanin und Cystein (a). In wäßriger Lösung geben die Carboxylgruppen leicht ein Proton (H⁺) ab und werden zu einfach negativ geladenen Carboxylatgruppen (-COO⁻), während die Aminogruppen ein Proton aufnehmen und zu einfach positiv geladenen Ammoniumgruppen (-NH₃⁺) werden. Solche Moleküle mit zwei entgegengesetzt geladenen Teilen werden Zwitterionen genannt. - In Proteinen sind die Aminosäuren über Peptidbindungen miteinander verknüpft (b).*

zerlegen. Eine ganz wichtige Besonderheit der Enzyme besteht jedoch darin, dies in Hunderten von winzigen Schritten zu tun und die dabei freiwerdende Energie in chemischer Form zu speichern, anstatt sie als Wärme verpuffen zu lassen. Andere Enzyme fügen Aminosäuren in genau definierter Weise zu Proteinen zusammen oder konstruieren den Träger des genetischen Codes, die DNA – Aufgaben, die für organische Chemiker bis dato noch nicht zu bewältigen sind.

Enzyme in der Industrie

Enzyme entsprechen sicherlich den Idealvorstellungen der chemischen Industrie. Es sind Katalysatoren, die eine ganz genau definierte Aufgabe äußerst effizient und unter sehr milden Bedingungen bewerkstelligen. Für Chemiker in Forschung und Entwicklung ist es daher ein attraktives Ziel, enzymkatalysierte Reaktionen für die Zwecke der Industrie nutzbar zu machen.

Man kann dieses Ziel mit zwei Strategien verfolgen. Erstens kann man die Enzyme in ihrer natürlichen Umgebung belassen, also im Inneren lebender Zellen. Bakterien und andere Mikroorganismen können als „lebende Fabriken" eingesetzt werden, um Rohstoffe auf enzymatischem Wege zu den gewünschten Produkten umzusetzen. Das ist das Prinzip der sogenannten „Biotechnologie". Der Vorteil dieser Methode ist, daß die Enzyme in ihrer natürlichen Umgebung optimale Bedingungen vorfinden. Viele Enzyme sind auf sogenannte Cofaktoren angewiesen, d. h. Substanzen, die selbst weder Enzym noch Substrat sind, sich aber mit einem Enzym verbinden und dieses in eine aktive Form überführen; ohne Cofaktor würde das betreffende Enzym nicht funktionieren. In lebenden Zellen ist gewährleistet, daß alle benötigten Cofaktoren vorhanden sind. Allerdings kann man nicht jede gewünschte Synthese von lebenden Zellen durchführen lassen, und die Ergebnisse können zuweilen schlecht reproduzierbar sein. Zwar ist die Funktionsweise individueller Enzyme hochspezifisch, aber ein lebender Organismus kann ein gegebenes Substrat auf verschiedenen Stoffwechselwegen abbauen, was zu einem Gemisch mit unerwünschten Nebenprodukten führen kann.

Zweitens kann man mit isolierten, gereinigten Enzymen arbeiten. Diese werden aus Mikroorganismen oder aus Zellkulturen höherer Lebewesen gewonnen. Es muß gewährleistet sein, daß alle erforderlichen Cofaktoren im Reaktionsgemisch vorhanden sind, die natürlich ihrerseits zuvor isoliert und gereinigt werden müssen, was das ganze Verfahren recht aufwendig und damit teuer macht. Außerdem muß ein Weg gefunden werden, das betreffende Enzym zu immobilisieren, damit es nicht mit der ersten Portion Produkt aus dem Reaktionsgemisch hinausgeschwemmt wird. Andererseits darf die Immobilisierung nicht die Aktivität des Enzyms herabsetzen, was leicht geschehen kann, wenn seine räumliche Struktur dabei verändert wird.

Die erste der beiden Methoden wendet man mindestens schon so lange an, wie es Bier gibt. Seit Jahrhunderten bedienen sich Brauer der Hefeart *Saccharomyces cerevisiae*, um Zucker zu fermentieren, also bei der Gärung in Alkohol umzuwandeln. Hefezellen besitzen für diese Aufgabe eine Reihe von Enzymen. Allerdings hat wohl jeder, der einmal selbst das Bierbrauen versucht hat, die Erfahrung gemacht, daß die Hefekulturen sehr empfindlich sind und nur bei peinlich genau eingestellten äußeren Bedingungen gedeihen – das ist ein weiterer Nachteil dieser Methode.

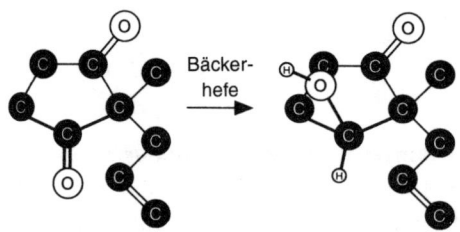

Abbildung 2.13 *Der Schlüsselschritt in der Synthese von Coriolin besteht in der Addition von Wasserstoff an eine Carbonylgruppe (C=O). Bäckerhefe enthält ein Enzym, welches bewirkt, daß die neue C-H-Bindung am richtigen Kohlenstoffatom und auf der richtigen Seite des Kohlenstoffringes gebildet wird. Auf die Abbildung nicht an der Reaktion beteiligter Wasserstoffatome wurde verzichtet.*

Die etwas anspruchslosere Bäckerhefe hat sich für eine Reihe industrieller Verfahren als nützlich erwiesen, besonders, wenn es gilt, Wasserstoff an organische Verbindungen zu addieren (diese also zu reduzieren). Beispielsweise ist die selektive Umwandlung einer der beiden Carbonylgruppen (C=O) eines Vorläufermoleküls mit einem fünfgliedrigen Kohlenstoffring zu einer Alkoholfunktion (CHOH) ein Schlüsselschritt bei der Synthese von Coriolin, einem Arzneistoff, der bei der Krebstherapie eingesetzt wird (siehe Abbildung 2.13). Dieser Schritt ist mit konventionellen chemischen Methoden besonders schwierig zu bewerkstelligen: Die Umgebungen der beiden Carbonylgruppen unterscheiden sich nur in Details, und doch führt die Addition von Wasserstoff zu insgesamt vier verschiedenen Produkten (von denen nur eines benötigt wird), denn sie kann an beiden Carbonylgruppen jeweils von „unten" und von „oben" erfolgen. Von der Bäckerhefe wird die Aufgabe, nur das gewünschte Produkt zu erzeugen, dagegen leicht bewältigt.

Dieses Beispiel illustriert einen der wertvollsten Aspekte enzymkatalysierter Reaktionen: sie sind in der Regel *enantiospezifisch*. Was bedeutet das? Die meisten Biomoleküle lassen sich nicht mit ihrem Spiegelbild zur Deckung bringen. Bild und Spiegelbild sind in so einem Fall unterscheidbare Isomere derselben Verbindung. Meist ist dieses Phänomen darauf zurückzuführen, daß es in dem betreffenden Molekül ein Kohlenstoffatom gibt, welches von vier verschiedenen Atomgruppen umgeben ist (vergleiche Abbildung 2.14). Dieses Kohlenstoffatom bezeichnet man als „Chiralitätszentrum" (abgeleitet von griech. *cheir*, Hand), Bild und Spiegelbild solcher Moleküle verhalten sich also zueinander wie die linke und die rechte Hand des Menschen (sie sind „chiral") und werden als Enantiomere bezeichnet. Enantiomere haben gleiche physikalische Eigenschaften (wie Schmelzpunkt, Siedepunkt usw.), mit einer Ausnahme: sie drehen die Schwingungsebene von polarisiertem Licht in entgegengesetzte Richtungen. Enantiomere entstehen bei konventionellen chemischen Synthesen mit gleich großer Wahrscheinlichkeit. Das heißt, daß immer ein 50:50-Gemisch beider Enantiomere resultiert, was sehr unschön ist, wenn man nur an einem Enantiomer interessiert ist. In der Natur kommen chirale Moleküle dagegen immer nur in einer der beiden möglichen enantiomeren Formen vor. Beispielsweise sind alle Aminosäuren (bis auf die einfachste, Glycin) chiral und kommen nur als „linksdrehende" oder L-Formen vor, während alle Zucker rechtsdrehend sind (D-Formen). Bedenkt man, daß alle natürlich vorkommenden chiralen Moleküle Produkte von Enzymreaktionen sind, so wird verständlich, daß Enzyme

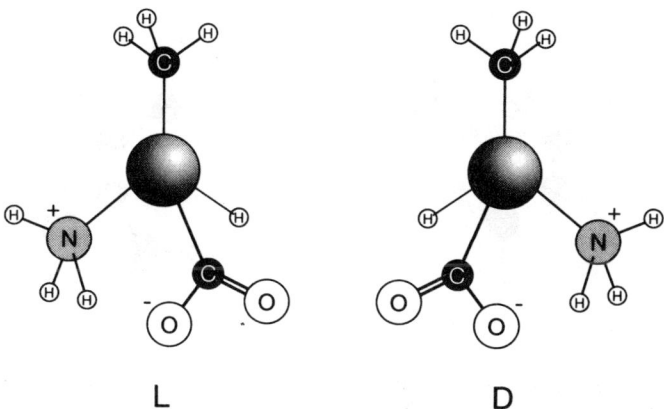

L　　　　D

Abbildung 2.14 *Vier unterschiedliche Substitutenten können um ein Kohlenstoffatom auf zwei verschiedene Weisen angeordnet werden, was zu zwei Molekülen führt, die sich zueinander wie Bild und Spiegelbild verhalten. Dies wird hier am Beispiel der zwitterionischen Form der Aminosäure Alanin illustriert. Solche Moleküle werden chiral genannt, die beiden Formen bezeichnet man als Enantiomere. Sie können nicht ohne das Lösen und Knüpfen von chemischen Bindungen ineinander überführt werden. Die Eigenschaft chiraler Moleküle, die Schwingungsebene von polarisiertem Licht zu drehen, bezeichnet man als „optische Aktivität". Das Enantiomer, welches diese linksherum (gegen den Uhrzeigersinn) dreht, wird mit L bezeichnet, das rechtsdrehende mit D.*

peinlich genau zwischen links- und rechtshändigen Molekülen unterscheiden: sie sind enantiospezifisch. Wird einem Enzym ein Enantiomerengemisch zur Reaktion angeboten, so wird es nur eines davon umsetzen; wenn eine Reaktion zu einem chiralen Produkt führt, wird unter Enzymkatalyse nur eines der beiden möglichen Enantiomere entstehen, auch wenn die Ausgangsstoffe nicht chiral sind.

Für organische Chemiker ist es eine große Herausforderung, chirale Moleküle in enantiomerenreiner Form herzustellen. Wie wichtig das ist, verdeutlicht die tragische Geschichte von Thalidomid, einem Beruhigungsmittel, das in Deutschland unter dem Namen Contergan im Handel war. Tausende von mißgebildeten Kindern wurden geboren, deren Mütter während der Schwangerschaft Contergan eingenommen hatten. Das Medikament war als Gemisch von zwei enantiomeren Formen im Handel. Erst nachdem das Unglück geschehen war, stellte sich heraus, daß nur das eine Enantiomer die gewünschte Wirkung hat, während das andere die furchtbaren Mißbildungen bei Embryonen hervorruft.

Wie oben erwähnt, entsteht bei jeder Reaktion von nicht chiralen Ausgangsstoffen ein Gemisch beider Enantiomere, sofern es nicht gelingt, die chirale Information in das Reaktionsgemisch einzubringen. Ein Katalysator muß, um dies bewirken zu können, selbst chiral sein und kann dann dem Produkt seine Chiralität wie eine Matrize aufprägen. Durch Versuch und Irrtum wurde bereits eine beachtliche Anzahl synthetischer enantioselektiver Katalysatoren entwickelt, doch entsteht mit ihrer Hilfe neben

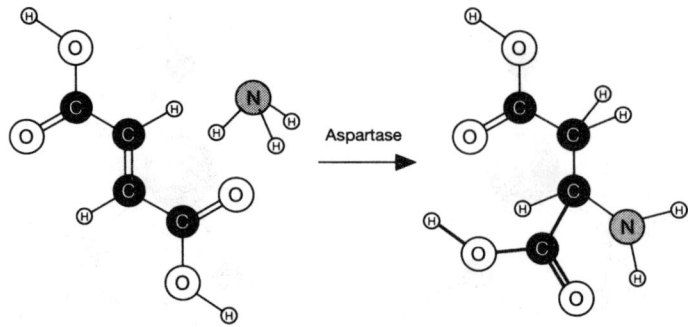

Abbildung 2.15   *Das Bakterium Escherichia coli enthält ein Enzym, das die Addition von Ammoniak an Fumarsäure katalysiert, wobei ausschließlich die L-Form von Asparaginsäure entsteht.*

dem gewünschten Produkt meist doch ein gewisser Anteil des „falschen" Enantiomers. Nicht zuletzt deswegen sind Enzyme in vielen Fällen die bessere Wahl.

Ein Beispiel für das Gesagte ist die Addition von Ammoniak an Fumarsäure, die unter normalen Bedingungen D- und L-Asparaginsäure liefert, denn beide Edukte sind nicht chiral. Wenn man aber diese Addition von Bakterien des Stammes *Escherichia coli* durchführen läßt, entsteht ausschließlich das L-Enantiomer. Diese Mikroorganismen, die im Verdauungstrakt der meisten Säugetiere leben, enthalten nämlich das Enzym Aspartase, das dies vollbringt (siehe Abbildung 2.15). Übrigens ist L-Asparaginsäure eine Vorstufe des künstlichen Süßstoffs Aspartam (besser unter dem Handelsnamen Nutra-Sweet® bekannt) sowie ein wichtiger Ausgangsstoff für viele pharmazeutische Produkte.

Es gibt auch Enzyme, die Enantiomere ineinander überführen können; sie gehören zur Gruppe der Isomerasen. Eines davon, die sogenannte Glucose-Isomerase, wird für die Umwandlung von Glucose in Fructose eingesetzt. Fructose unterscheidet sich von Glucose nur in der relativen räumlichen Anordnung der Substitutenten an einem der sechs Kohlenstoffatome, und doch schmeckt sie deutlich süßer. Wenn man Lebensmittel mit Fructose statt mit Glucose süßt, kann man sie süßer machen, ohne dafür mehr Kalorien in Kauf nehmen zu müssen. Da bei der Zuckerherstellung aus Stärke aber zunächst Glucose anfällt, kann in einem anschließenden Prozeß mit Hilfe der Glucose-Isomerase der Fructoseanteil im Zuckersirup auf bis zu 90% erhöht werden. Das Enzym wird entweder in lebenden Zellen oder in reiner Form eingesetzt; im letzteren Fall wird es durch Bindung an Polymere oder an Oberflächen immobilisiert.

Viele der Reaktionen in der chemischen Industrie, die heute noch mit Hilfe „anorganischer" Katalysatoren durchgeführt werden, könnten zukünftig auf enzymkatalysierte Verfahren umgestellt werden. Besonders gilt das für hochspezialisierte Produkte, doch wird sich auch die Produktion etlicher Grundchemikalien umstellen lassen. Am Beispiel der Herstellung von Methanol lassen sich die Vorteile der Enzymkatalyse verdeutlichen. Gegenwärtig wird Methanol durch die Reaktion von Kohlenmonoxid (giftig) und

Wasserstoffgas (brennbar, im Gemisch mit Sauerstoff explosiv) bei Temperaturen von 280 °C (hohe Energiekosten) in Gegenwart eines Kupfer/Zinkoxid-Katalysators (teuer) hergestellt. Man kann es aber auch aus Methan (Biogas) und Luftsauerstoff mit Hilfe des Enzyms Methanmonooxygenase bei Raumtemperatur herstellen. Es ist zu erwarten, daß das enzymkatalysierte Verfahren sehr bald die konventionelle Methode ablösen wird. – Aus Glucose und Sauerstoff läßt sich mit Hilfe mikrobieller Enzyme eine ganze Palette nützlicher Produkte herstellen, wie z. B. Methanol, Butanol und Essigsäure. Allerdings ist es hierbei noch nicht gelungen, diese Erkenntnisse in wirtschaftliche, großtechnisch anwendbare Verfahren umzusetzen. Und schließlich wird es immer einige industrielle Synthesen geben, für die sich keine geeignete enzymatische Methode finden läßt, weil die betreffenden Produkte ätzend oder giftig sind und jedes Enzym sofort zerstören würden; die Produktion von Schwefelsäure oder Salpetersäure sind solche Fälle.

Designer-Enzyme

Es ist schon ein phantastischer Fortschritt, daß Enzyme in zunehmendem Ausmaß für die industrielle Produktion verwendet werden. Doch aller Erfolg steht und fällt damit, ob man es schafft, ein Enzym zu finden, das die betreffende Aufgabe auf genau die gewünschte Weise erledigt. Wieviel besser wäre es, wenn man für jede beliebige Reaktion ein exakt passendes Enzym maßschneidern könnte!

Richard Lerner vom Scripps Research Institute, La Jolla, Kalifornien, und Peter Schultz von der University of California, Berkeley, entwickelten eine Methode, die genau das ermöglicht. Sie haben herausgefunden, wie man die Natur überlisten kann, Proteine herzustellen, die exakt zu einem gegebenen Substrat passen.

Die Natur leistet Bemerkenswertes bei der Synthese von immer neuen Proteinen. Als Abwehr gegen Eindringlinge von außen produziert unser Immunsystem eine ganze Klasse von Molekülen: die Antikörper (Immunglobuline). Beständig werden ganze Heerscharen von Antikörpern „auf Verdacht" bereitgehalten. Jedes Antikörpermolekül besitzt eine Tasche, in die sein Zielmolekül (das Antigen) exakt hineinpaßt. Damit identifiziert es körperfremde Substanzen, verbindet sich damit und schleppt sie zu den weißen Blutkörperchen, die in ihrer Eigenschaft als Reinigungstrupp des Körpers die ungebetenen Gäste unschädlich machen. Gleichzeitig wird die Synthese einer großen Menge der betreffenden Art von Antikörpern ausgelöst.

Was haben Antikörper und Enzyme gemeinsam? Es ist die Tasche, die für ein Zielmolekül maßgeschneidert ist. Oben habe ich geschrieben, daß es die Substrate sind, auf die ein Enzymmolekül so spezifisch reagiert. Das war nur beinahe richtig; genauer müßte es heißen, ein Enzym und der *Übergangszustand* der von ihm katalysierten Reaktion passen zusammen wie Schloß und Schlüssel. Auf diese Weise stabilisiert ein Enzym den Übergangszustand und vermindert so die Energiebarriere der Reaktion.

Lerner und Schultz hatten die Idee, den Übergangszustand einer gewünschten Reaktion in Form eines Modell-Moleküls mit entsprechender dreidimensionaler Struktur nachzubauen. Wenn man dieses Modell-Molekül einem Lebewesen verabreicht, wird dessen Immunsystem Antikörper gegen diese körperfremde Substanz entwickeln. Die Antikörper kann man isolieren und nun als Katalysatoren einsetzen, denn wenn die Theorie zutreffend ist, hat man auf diese Weise Moleküle konstruiert, die zwar keine Enzyme sind, aber deren Wirkungsweise nachahmen: „katalytische Antkörper" eben. In einer Reihe von Experimenten wurde bereits nachgewisen, daß diese Methode tatsächlich funktioniert. Es scheint, als sei damit ein völlig neues Feld der Katalyse erschlossen worden.

Sensoren

Katalyse beruht, wie die genannten Beispiele zeigen, auf dem Erkennen von Molekülen, und je selektiver dies erfolgt, umso effizienter funktioniert ein Katalysator. Das Prinzip der „molekularen Erkennung" ist in der Chemie so wichtig und so weit verbreitet, daß ihm ein ganzes Kapitel gewidmet ist (Kapitel 5). Doch die faszinierenden neuen Entwicklungen auf dem Gebiet der Sensoren möchte ich schon an dieser Stelle schildern, denn sie haben mit Enzymen zu tun.

Unser Geruchssinn kann zwischen Tausenden von organischen Molekülen unterscheiden, die mit unserer Atemluft in die Nase gelangen. Diese bemerkenswerte Fähigkeit beruht auf Proteinmolekülen, die sich in der Nasenschleimhaut befinden. Ähnlich den Enzymen können diese selbst feine Unterschiede zwischen Molekülen erkennen. Doch um als Sensor zu funktionieren, muß eine Riechzelle noch etwas Zusätzliches leisten: Der chemische Reiz muß in einen elektrischen Impuls umgewandelt werden, welcher über die Nervenbahnen an das Gehirn weitergeleitet wird, wo die Auswertung erfolgt. An der Umsetzung dieses Prinzips in die Technik sind viele Wissenschaftler interessiert. Eine wichtige Fragestellung in Biochemie und Medizin lautet: Wie kann man eine „Hardware" schaffen, die bestimmte (Bio-)Moleküle erkennt und dies in ein auswertbares Signal umwandelt? Die Antwort ist: mit Hilfe von Enzymen. Damit ist die Funktionsweise eines Biosensors umrissen. Hierbei wird die Spezifität enzymkatalysierter Reaktionen genutzt, um ein elektrisches Signal zu erzeugen, das die Konzentration der interessierenden Spezies anzeigt. Beispielsweise kann mit Hilfe eines Biosensors die Glucose-Konzentration im Blut überwacht werden. Mit dieser Information kann in der Diabetes-Therapie die Zufuhr von Insulin genauer bemessen und gesteuert werden.

Daher befaßten sich zu Beginn der Ära der Biosensoren viele Gruppen mit der Entwicklung eines Glucose-Sensors. Bereits in den fünfziger Jahren präsentierte Leland Clark von der Children's Hospital Research Foundation in Cincinati einen Prototyp. Ausgangspunkt seiner Überlegungen war der von ihm selbst erfundene Sauerstoff-Sensor, der sich für die Überwachung der Blutsauerstoff-Konzentration bei Patienten während einer Operation als außerordentlich nützlich erwiesen hatte. Dieser besteht aus einer elektrochemischen Zelle, die ein Paar Platinelektroden in einer Salzlösung enthält, welche von einer sauerstoffdurchlässigen Membran umschlossen ist. Die Elektroden sind Bestandteil eines Stromkreises. Gemessen wird der elektrische Widerstand, der sich in Abhängigkeit von der Sauerstoffkonzentration in der Salzlösung verändert (denn Sauer-

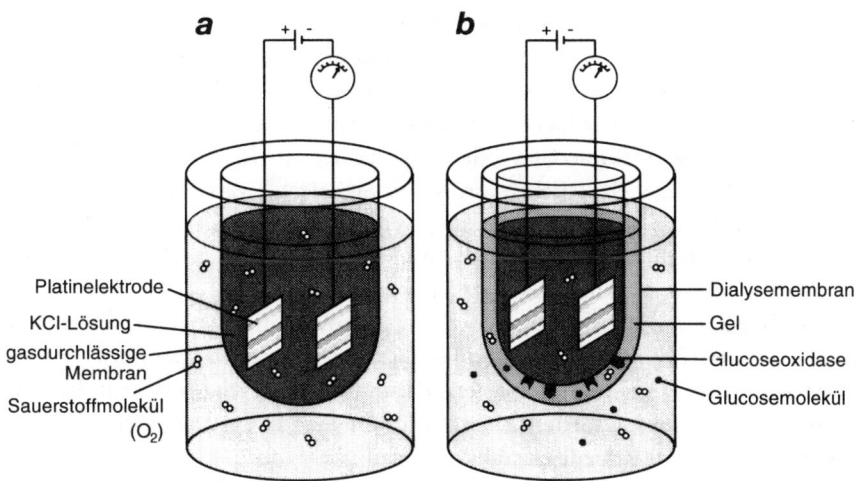

Abbildung 2.16 *Der von Leland Clark entwickelte Sauerstoff-Sensor (a) besteht aus einem Paar von Elektroden in einer Lösung, die von einer für Sauerstoffmoleküle durchlässigen Membran umgeben ist. Das Elektrodenpotential hängt von der Sauerstoffkonzentration in der äußeren Lösung ab. Man kann diesen Sauerstoff-Sensor zu einem Glucose-Sensor umbauen, indem man die Zwischenmembran mit einem Gel umgibt, welches das Enzym Glucoseoxidase enthält, und das Enzym mittels einer glucosedurchlässigen Dialysemembran immobilisiert (b). Die Sauerstoffkonzentration im Elektrodenraum ändert sich, wenn Glucose aus der äußeren Lösung an das Enzym gelangt und dort unter Sauerstoffverbrauch oxidiert wird.*

stoff verändert das Oberflächenpotential der Elektroden), welche ihrerseits mit der Sauerstoffkonzentration in der äußeren Lösung im Gleichgewicht steht (siehe Abbildung 2.16a).

Da die chemischen Vorgänge an der Oberfläche der Platinelektroden recht unspezifisch sind, kann die beschriebene Anordnung nicht direkt als Glucose-Sensor verwendet werden. Daher modifizierte Clark den Aufbau: Er beschichtete die sauerstoffdurchlässige Membran mit einem Gel, worin das Enzym Glucoseoxidase eingeschlossen war. Wie der Name impliziert, katalysiert dieses Enzym die Oxidation von Glucose mit molekularem Sauerstoff. Das Ganze hüllte er in eine glucosedurchlässige Dialysemembran. Wenn nun Glucose aus der äußeren Lösung in das Gel diffundiert, wird sie enzymatisch oxidiert. Bei diesem Vorgang wird Sauerstoff verbraucht, was auch den Sauerstoffgehalt der inneren Lösung verändert. Der eigentliche Sensor reagiert nach wie vor auf die Sauerstoffkonzentration, doch durch den Trick mit dem zwischengeschalteten Gel ist diese nun direkt proportional zur Glucosekonzentration.

Clarks Glucose-Sensor hatte einen Durchmesser von ungefähr einem Zentimeter und konnte daher nicht im Körper von Patienten eingesetzt werden. Doch er enthielt bereits die Elemente, die auch moderne Biosensoren auszeichnen: Ein katalytisch wirkendes

Molekül, üblicherweise ein natürliches Enzym, wird innerhalb des Sensors immobilisiert, reagiert mit der zu bestimmenden Substanz und liefert dabei ein Signal.

Nicht alle Biosensoren erzeugen elektrische Signale - manche emittieren Licht als Reaktion auf den Reiz. Dieses Licht wird mit Hilfe von Lichtleitern transportiert. Dabei handelt es sich um sehr dünne Glas- oder Kunststoffasern, die das Licht ähnlich leiten wie ein Kupferdraht den elektrischen Strom. Als Signalgeber verwendet man fluoreszierende Substanzen (das sind Moleküle, die, wenn sie angestrahlt werden, Licht einer anderen Farbe abstrahlen). Ein Beispiel dafür ist Fluorescein, dessen fluoreszierende Eigenschaften sich in Abhängigkeit vom Säuregehalt der Lösung verändern. Das allein macht noch keinen Biosensor aus, aber man kann ja diese Eigenschaft mit einer vorgeschalteten enzymatischen Reaktion kombinieren, bei der während der Umsetzung der interessierenden Verbindung eine Veränderung des Säuregehalts eintritt. Und wenn man ganze Bündel von Lichtleitern einsetzt, könnte man in der Lage sein, simultan die Konzentration vieler verschiedener Substanzen zu überwachen.

Man kann auch die - sehr geringen! - Wärmeeffekte enzymatischer Reaktionen detektieren, wenn man einen Thermistor (das ist ein extrem empfindlicher Temperaturfühler) in den Biosensor einbaut. Auf der Basis solcher „Enzymthermistoren" wurden bereits Penicillin- und Glucose-Sensoren entwickelt.

Als naheliegende Anwendungsmöglichkeit für Biosensoren wäre eine „künstliche Bauchspeicheldrüse" denkbar. Das wäre ein Gerät, das - in den Körper implantiert - kontinuierlich den Glucosegehalt des Blutes überwacht und als Reaktion auf die Meßwerte Insulin abgibt. Ein solches Gerät müßte also klein, gewebeverträglich, langlebig und robust sein. Während die Funktionsweise eines solchen Geräts wohldefiniert ist und es die einzelnen Komponenten bereits gibt, stehen einer Verwirklichung des Ganzen noch viele technische Detailprobleme im Wege. Doch wenn diese gelöst sind, wird der medizinische Nutzen enorm sein.

Auch in anderer Hinsicht sollten Biosensoren zu einem besseren Leben beitragen können. Man kann sie zur Schadstoff-Überwachung von Lebensmitteln oder der Umwelt einsetzen. Für die Qualitätskontrolle von Fisch und Fleisch werden sie bereits heute verwendet, insbesondere zur Überwachung der Frische, indem die Konzentration der beim Lagern entstehenden Abbauprodukte gemessen wird. In der pharmazeutischen Industrie werden Biosensoren bei der biotechnologischen Produktion von Wirkstoffen zur Überwachung der Reaktionsbedingungen in den Fermentationsgefäßen eingesetzt. Daneben gibt es auch ein erhebliches militärisches Interesse an Biosensoren, die Kampfgase oder biologische Waffen auffinden helfen. Eine der faszinierendsten Zukunftsperspektiven ist die Entwicklung von künstlichen Zellwänden (siehe Kapitel 7), also Membranen, in denen Enzyme unter (beinahe) natürlichen Bedingungen immobilisiert sind und arbeiten. Vieles deutet darauf hin, daß die Biosensoren der Zukunft weniger wie mikroelektronische Bauteile, sondern eher wie biologische Systeme funktionieren, ähnlich denen, die unseren Geruchssinn ausmachen und die die Inspiration zu deren Entwicklung lieferten.

3
Auf frischer Tat...

Der muntere Reigen der Atome und seine Voyeure

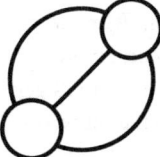

It's a wild dance floor there at the molecular level.

Roald Hoffmann

Wie können wir in die Mikrowelt der Moleküle hineinsehen? Diese Frage bewegt die Menschen, seit das atomistische Bild der Materie allgemein akzeptiert ist – genaugenommen sogar schon länger. Natürlich können wir Kugel-Stab-Modelle auf das Papier zeichnen, die die herrlichen Kohlenstoffkäfige der Fullerene oder die eigenartigen und faszinierenden Strukturen der Kohlenwasserstoffe anschaulich darstellen. Chemiker sehnen sich aber danach, diese Gebilde in der Realität sehen zu können, anstatt sich mit Plastikmodellen auf ihrem Schreibtisch oder Computergrafiken auf dem Bildschirm zufriedengeben zu müssen. Und mehr noch – sie möchten auch das Geschehen in dieser faszinierenden Welt beobachten können, sie wollen zusehen, wie die Moleküle hin- und herfliegen und wie chemische Reaktionen vor ihren Augen ablaufen. Sie kommen diesem Ziel immer näher.

Wenn man die Ereignisse auf molekularer Ebene untersuchen möchte, ist der naheliegendste Gedanke, ein Mikroskop zu bauen, das so leistungsfähig ist, daß wir sie direkt beobachten können. Mikroskope haben uns schon eine ungeheure Menge an Wissen über die Welt des Kleinen beschert, die wir mit bloßem Auge nicht erkennen können: Mit ihrer Hilfe können wir zusehen, wie befruchtete Eizellen sich teilen und zu Embryonen entwickeln oder wie Blutkörperchen durch Venen und Kapillargefäße strömen. Die Abmessungen dieser Objekte betragen meist einige tausendstel Millimeter, Moleküle sind jedoch noch sehr viel kleiner. Selbst die modernsten und leistungsfähigsten (Licht-) Mikroskope können nur Objekte mit einer Größe von mindestens mehreren hundert millionstel Millimetern erfassen; einfache Moleküle wie Ammoniak oder

Methan sind aber noch einmal um das Tausendfache kleiner. Allerdings müssen Mikroskope nicht unbedingt mit Licht funktionieren.

Elektronenmikroskope arbeiten z. B. mit Elektronenstrahlen anstelle der Lichtstrahlen. Die neuen Rasterelektronenmikroskope, die entweder elektronisch oder nach einem raffinierten mechanischen Prinzip funktionieren, können uns heute einzelne Moleküle zeigen (siehe Bild 2), in denen wir manchmal sogar einzelne Atome erkennen können. Dabei ist es jedoch oft notwendig, schon vorher mehr oder weniger genau zu wissen, wie das Molekül aussieht, damit man die Bilder überhaupt sinnvoll interpretieren kann.

Kapitel 4 beschreibt einen zweiten Weg, wie wir in den Mikrokosmos der Atome hineinblicken können. Hierbei läßt man einen Röntgenstrahl auf Kristalle auftreffen, in denen die Atome oder Moleküle in regelmäßigen Gittern angeordnet sind. Aus dem Muster der gebeugten Strahlen, das dabei entsteht, kann man dann die Anordnung der Atome im Kristall bestimmen. Diese Methode, die als Röntgenbeugung bezeichnet wird, ist außerordentlich nützlich, wenn man die Anordnung von Atomen mit hoher Genauigkeit bestimmen möchte, aber sie läßt sich im allgemeinen nur auf Substanzen anwenden, die Kristalle bilden; über den molekularen Aufbau von Flüssigkeiten, Gasen und nichtkristallinen Festkörpern verrät sie uns nur wenig. Darüber hinaus kann sich die Struktur mancher Moleküle (insbesondere von Biomolekülen) im Kristall entscheidend vor der in der jeweils „aktiven" natürlichen Form unterscheiden.

Sowohl Mikroskope als auch Beugungsmethoden liefern hauptsächlich „statische" Informationen - die Moleküle müssen an einem Ort verharren, damit wir sie sehen können. Beide Methoden sind daher nur von sehr eingeschränktem Wert, wenn wir etwas darüber erfahren wollen, wie sich Moleküle bewegen (also über die molekulare *Dynamik*). Moleküle sind bei Zimmertemperatur aber alles andere als statisch - sie rotieren und schwingen sehr viel schneller, als wir jemals mit unseren Augen werden verfolgen können. Außerdem ist auch jede chemische Reaktion zwangsläufig ein dynamischer Vorgang, in dem sich Atome und Moleküle begegnen, miteinander in Wechselwirkung treten und neue Einheiten bilden. Diese Bewegungen finden in Zeiträumen statt, die der Winzigkeit der Moleküle angemessen sind: Eine Sekunde ist für ein Molekül ähnlich lang wie für uns der Zeitraum seit der Entstehung der Erde. Wie können wir diese kurzlebigen Ereignisse im Mikrokosmos beobachten?

Die Spektroskopie, eines der ältesten Verfahren zur Untersuchung des Aufbaus und des Verhaltens von Molekülen, ist gleichermaßen zur Beobachtung der Struktur und der Dynamik von Molekülen geeignet. Auf den ersten Blick scheint die Spektroskopie eine viel zu primitive Methode zu sein, als daß wir mit ihrer Hilfe etwas über das Verhalten von Molekülen erfahren könnten - in ihrer einfachsten Form bedeutet Spektroskopie nichts weiter, als Licht durch eine Probe fallen zu lassen und zu beobachten, wieviel davon absorbiert wird, während die Farbe des Lichtes verändert wird. Man erhält so noch lange kein Bild der Moleküle, sondern nur eine gezackte Kurve, die uns zeigt, wie sich die Lichtabsorption verändert, wenn wir das Spektrum der Farben abtasten. Ein solches „Absorptionsspektrum" kann aber eine Menge an Information über den chemischen

Aufbau und die Bewegungen der Moleküle enthalten. Die Spektroskopie ist heute vielleicht die wichtigste Untersuchungsmethode der Chemiker, und sie hat eine Perfektion erreicht, die es uns ermöglicht, Untersuchungen anzustellen, die wir mit keiner anderen Methode verwirklichen könnten. Insbesondere erlaubt sie die Untersuchung der außerordentlich schnellen Prozesse, die in der Welt der Atome die Regel sind. Sie ermöglicht uns sozusagen, „Videoaufnahmen" von den Molekülen zu machen, mit denen wir die Moleküle wirklich „auf frischer Tat" ertappen können.

Die Grundlage der Spektroskopie ist die Wechselwirkung zwischen Molekülen und Licht. Wir betrachten Licht normalerweise als „passives" Signal, mit dessen Hilfe wir Gegenstände sehen können, ohne sie zu beeinflussen. In Wirklichkeit können wir sie aber nur sehen, *weil* das Licht die Gegenstände beeinflußt. Der entscheidende Prozeß bei der Spektroskopie – die Absorption von Licht – beruht darauf, daß die Moleküle einen Teil der Energie des Lichtes aufnehmen. Diese Absorption von Energie kann die chemischen und physikalischen Eigenschaften der Moleküle unter Umständen drastisch verändern – sie können dabei sogar zerfallen. Aus diesem Grund ist die Spektroskopie – die Verwendung von Licht zur Untersuchung von Molekülen – eng mit der Photochemie verwandt, bei der chemische Prozesse durch Licht beeinflußt oder ausgelöst werden.

Die Bedeutung photochemischer Prozesse in der Natur ist kaum zu überschätzen. Beispielsweise treiben chemische Reaktionen, die durch das Sonnenlicht ausgelöst werden, die Biochemie des Pflanzenwachstums an: Sie sind die Grundlage der Photosynthese, die uns die Luft verschafft, die wir zum Atmen brauchen. Auch für viele der chemischen Reaktionen in der Atmosphäre ist die Photochemie von entscheidender Bedeutung; ein Thema, das uns in Kapitel 10 noch beschäftigen wird. Und schließlich ist die Photochemie ein wichtiges Werkzeug für den Chemiker, mit dessen Hilfe er den Verlauf bestimmer Reaktionen sehr genau kontrollieren kann – wir werden am Ende dieses Kapitels sehen, wie wir mit Hilfe photochemischer „Skalpelle" eines Tages vielleicht in der Lage sein werden, äußerst präzise „chirurgische Eingriffe" in Moleküle vorzunehmen.

Und es ward Licht

Was ist eigentlich Farbe?

Farbe ist eine der am besten verstandenen Eigenschaften von Gegenständen unserer alltäglichen Umgebung und zugleich eine der am wenigsten verstandenen. Damit meine ich, daß wir recht genau wissen, warum ein Gegenstand gerade eine bestimmte Farbe besitzt, und daß wir auch recht gut (wenn auch noch lange nicht vollständig) Bescheid wissen, wie unser Auge diese Farbe wahrnimmt. Farben haben jedoch auch einen ästhetischen Wert, ähnlich dem von Musik oder Literatur – es ist keineswegs ohne Bedeutung, daß Rembrandt in seinen Bildern dunkle, intensive Gold-, Rot- und Brauntöne verwendet hat oder daß Cezanne seine Himmel in Grün und Pink erstrahlen ließ. Unsere gefühlsmäßige Reaktion auf Farben ist bis heute weitgehend unerklärlich.

In ihrer einfachsten Variante ist Spektroskopie so etwas wie die Erkennung der chemischen Zusammensetzung anhand der Farbe. Insofern ist sie gar nicht so weit von den Methoden entfernt, mit denen Alchimisten den Fortgang ihrer Versuche beurteilten, aus einfachen Metallen Gold herzustellen. Nach deren Meinung war dazu eine ganz spezielle Folge von Farbänderungen notwendig. Im Unterschied hierzu verlassen sich Spektroskopiker jedoch nicht auf ihre Augen, sondern auf Meßgeräte, die als Spektrometer bezeichnet werden und die eine sehr viel genauere und empfindlichere Beurteilung von Farben erlauben. Wir können mit unseren Augen zwar ohne weiteres Silber von Gold unterscheiden, aber es fällt uns schon viel schwerer, auf die gleiche Weise den Unterschied zwischen Silber und Zinn zu erkennen. Ebenso erscheinen uns Holzkohle und Bleisulfid mit bloßen Augen betrachtet gleichermaßen schwarz – ein Spektrometer kann dagegen sehr wohl Unterschiede dieser Schwärze feststellen. Außerdem können wir mit Hilfe der Spektroskopie auch Substanzen identifizieren, die unseren Augen farblos erscheinen: Wir können Stickstoff von Sauerstoff unterscheiden, die für uns beide unsichtbar sind. Wie können wir anhand der Absorption von Licht eine solche Unterscheidung treffen?

In der Geschichte der Naturwissenschaft gab es zwei unterschiedliche Ansätze, die Natur des Lichtes zu erklären: Einmal betrachtete man Licht als aus winzigen Teilchen bestehend, ein anderes Mal als Welle, die sich in irgendeinem Medium fortpflanzt wie z.B. Schallwellen in Luft. Isaac Newton war ein Anhänger der Teilchentheorie, sein Zeitgenosse Christiaan Huygens entwickelte dagegen eine Theorie auf der Grundlage von Wellen in einem alles durchdringenden Medium, das er als Äther bezeichnete. Beide Theorien konnten begründen, warum Licht sich geradlinig ausbreitete, und beide konnten die zur damaligen Zeit bekannten Regeln der Optik erklären.

Das Nebeneinander von Teilchen- und Wellentheorien hatte bis ins 19. Jahrhundert Bestand, als Thomas Young Wege fand, beide zu überprüfen. Schon im Jahre 1669 hatte der Däne Erasmus Bartholin beobachtet, daß Licht, das durch bestimmte Kristalle wie z.B. Doppelspat (Calcit) geschickt wurde, danach unterschiedliche Eigenschaften besaß, je nachdem, in welcher Richtung es den Kristall durchlaufen hatte. Dieses Phänomen, das heute als Doppelbrechung bezeichnet wird, kann zu prächtigen Farbeffekten führen. Young schlug zur Erklärung dieser Erscheinung vor, daß das Licht aus Transversalwellen bestünde. Es sollte sich also ähnlich verhalten wie eine Welle auf einer Wasseroberfläche, die sich in eine bestimmte Richtung fortpflanzt, während die Wellenbewegung senkrecht zur Ausbreitungsrichtung stattfindet. Eine Folge dieser Eigenschaft ist, daß Licht *polarisiert* sein kann: Die Ebene der Schwingung kann eine bevorzugte Richtung einnehmen. Zwischen 1818 und 1821 konnte der Franzose Augustin Jean Fresnel zeigen, daß Youngs Vorstellung das beobachtete Verhalten der doppelbrechenden Kristalle tatsächlich erklärte.

Ebenso wie Schallwellen ein Medium benötigen, in dem sie sich fortpflanzen können, nahm man auch an, daß das Licht sich in einem unsichtbaren „Äther" bewege. Gegen Ende des 19. Jahrhunderts war die Vorstellung, das Licht sei eine Transversalwelle, die sich im Äther fortpflanze, allgemein anerkannt. Kaum jemand hatte sich jedoch um die

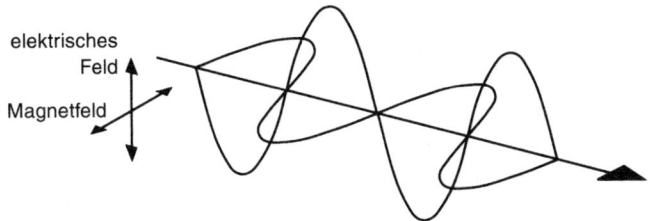

elektrisches
Feld

Magnetfeld

Abbildung 3.1 *Nach der Theorie des Elektromagnetismus von James Clerk Maxwell bestehen Lichtstrahlen aus oszillierenden elektrischen und magnetischen Feldern. Die Ebene des elektrischen Feldes, die üblicherweise als Polarisationsebene des Lichtstrahls bezeichnet wird, steht senkrecht auf der des magnetischen Feldes. Licht aus gewöhnlichen Lichtquellen, beispielsweise Glühbirnen, enthält Lichtstrahlen, deren elektrische Felder in vielen verschiedenen, zufällig orientierten Ebenen schwingen. Wenn man das Licht durch ein Polarisationsfilter fallen läßt, besitzen anschließend alle Strahlen die gleiche Polarisationsebene.*

Frage gekümmert, woraus dieser Äther denn eigentlich bestehen sollte. In der ersten Hälfte desselben Jahrhunderts hatten die Arbeiten Michael Faradays entscheidend dazu beigetragen, die schon lange gehegte Vermutung zu bestätigen, daß Elektrizität und Magnetismus zusammenhängen: Es war bekannt, daß ein elektrischer Strom eine magnetische Kraft ausüben konnte und daß Änderungen der Stärke eines Magnetfeldes elektrische Ströme induzieren konnten. 1845 zeigte Faraday, daß die Polarisationsebene von Licht gedreht werden konnte, indem man das Licht durch ein Magnetfeld treten ließ. Damit lag der Gedanke nahe, daß auch Licht etwas mit Elektrizität und Magnetismus zu tun haben könnte. Der Schotte James Clerk Maxwell tat schließlich den entscheidenden Schritt, als er vorschlug, daß Licht als elektrische und magnetische – mit anderen Worten, als elektromagnetische – Störung des Äthers anzusehen sei. In Maxwells Theorie bestehen Lichtwellen aus *elektromagnetischer Strahlung*, die sich im Äther ausbreitet. Die Wellen bestehen aus zwei Komponenten: einem elektrischen Feld, dessen Amplitude in einer Ebene periodisch ab- und wieder zunimmt, und einem magnetischen Feld, dessen Amplitude im gleichen Takt, aber in einer dazu senkrechten Ebene schwingt (Abbildung 3.1). Eine Lichtwelle transportiert somit elektromagnetische Energie durch den Äther. Die Frequenz der Schwingungen (die auf einfache Weise mit ihrer Wellenlänge zusammenhängt) bestimmt die Farbe des Lichtes: Die elektromagnetischen Wellen von rotem Licht schwingen beispielsweise etwa hundertbillionenmal pro Sekunde, während die Schwingungsfrequenz von blauem Licht ungefähr viermal so groß ist. 1887 bewies der deutsche Physiker Heinrich Rudolph Hertz, daß die elektromagnetischen Wellen wirklich existieren.

Obwohl Maxwells Beschreibung des Lichtes für das Verständnis vieler Aspekte der Wechselwirkung zwischen Licht und Materie ausreicht, wurde sie im 20. Jahrhundert durch die Wissenschaft nochmals verbessert. Ein berühmtes, 1887 von Albert Michelson und Edward Morley ausgeführtes Experiment führte zu dem unausweichlichen Schluß, daß der Äther, das Medium, durch das das Licht sich fortpflanzen sollte, nicht existieren

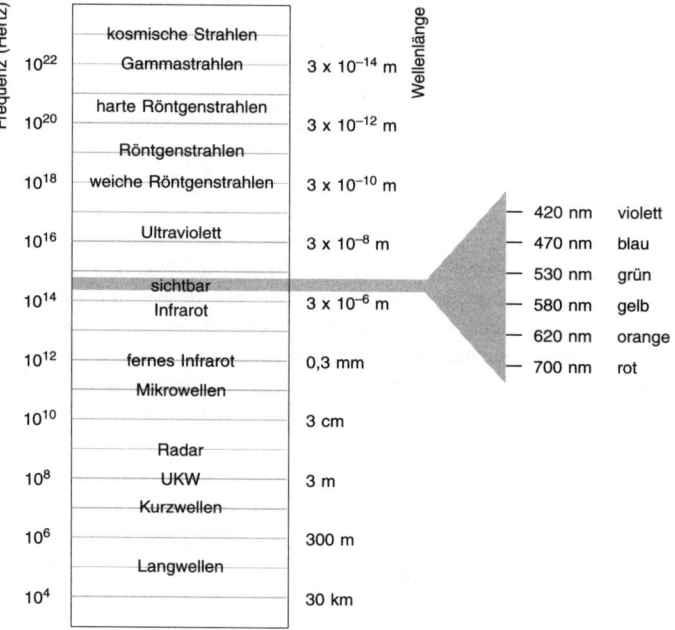

Abbildung 3.2   *Das Spektrum der elektromagnetischen Strahlung reicht von Radiowellen auf der niederfrequenten Seite bis zu kosmischen und Gammastrahlen auf der hochfrequenten Seite. Das sichtbare Licht ist nur ein kleiner Ausschnitt hieraus. (Hier sind die Frequenzen der Strahlung in Exponentenschreibweise angegeben – Vielfachen von 10, wobei die Hochzahl die Anzahl der Nullen angibt, die auf die „1" folgen. In dieser Schreibweise wird 1000 folglich als 10^3 geschrieben. Da die Frequenzen sehr große Zahlenwerte besitzen, sind die Wellenlängen sehr klein. Hier bedeuten negative Exponenten, daß die „1" an der entsprechenden Stelle nach dem Dezimalpunkt steht. Beispielsweise wird ein tausendstel oder 0.001 als 10^{-3} geschrieben.)*

konnte. Offensichtlich benötigt das Licht kein Medium, in dem es sich fortbewegt; die elektrischen und magnetischen Felder können für sich allein existieren und sich durch den leeren Raum fortbewegen. Die moderne Physik beschreibt diesen Sachverhalt nochmals auf andere Weise. Man stellt sich heute vor, daß der „leere" Raum gar nicht leer ist – er ist von einem elektromagnetischen Feld durchdrungen, das von einer Energiequelle zu Schwingungen angeregt werden kann, ähnlich wie eine Violinsaite, die nur darauf wartet, gezupft zu werden. Diese Schwingungen bezeichnen wir als Licht.

Im frühen 20. Jahrhundert ereignete sich dann eine weitere wissenschaftliche Revolution: Die sogenannte „klassische Physik" wurde durch die Quantentheorie abgelöst. Die Quantentheorie besagt, daß wir nur die halbe Wahrheit sehen, wenn wir das Licht als Welle betrachten: Licht kann sich unter bestimmten Bedingungen auch so verhalten, als ob es aus einzelnen Teilchen bestünde. 1905 erklärte Albert Einstein den photoelektrischen Effekt (S. 22) auf der Grundlage dieses Gedankens. Seinem Vorschlag zufolge sollte

Licht aus Photonen bestehen – kleinen Paketen elektromagnetischer Energie, die durch die Frequenz der Maxwellschen oszillierenden elektromagnetischen Felder charakterisiert sind. Photonen sind ziemlich ungewöhnliche Teilchen – sie besitzen zwar eine Energie, aber keine Masse. Ihre Energie ist gleich ihrer Frequenz multipliziert mit einem konstanten Faktor, der als Plancksche Konstante bezeichnet wird (nach dem deutschen Physiker Max Planck). Ein Photon roten Lichtes besitzt daher eine geringere Energie als ein Photon blauen Lichtes.

Die Frequenzen der Photonen sind nicht auf die Frequenzen des sichtbaren Lichtes beschränkt. Unsere Augen reagieren nur auf einen kleinen Ausschnitt aus der gesamten Breite des elektromagnetischen Spektrums, das sich sowohl zu kleineren als auch zu größeren Frequenzen als der sichtbare Bereich erstreckt (Abbildung 3.2). Elektromagnetische Strahlung mit einer etwas kleineren Frequenz (also einer etwas größeren Wellenlänge) als rotes Licht nennen wir infrarote Strahlung. Zwar reagiert unsere Netzhaut nicht auf infrarote Photonen, aber wir spüren ihre Energie als Wärme. Jenseits der infraroten Strahlung liegen Mikrowellen (mit Wellenlängen von einigen Millimetern) und Radiowellen (mit Wellenlängen von einigen Metern bis zu Kilometern). Auf der höherfrequenten Seite des sichtbaren Bereichs folgt die ultraviolette Strahlung, dann die Röntgenstrahlen und schließlich die Gammastrahlen (die z. B. von manchen radioaktiven Substanzen ausgesendet werden) und die kosmischen Strahlen, deren Entstehung tief im Weltall wir noch nicht verstehen. Die Photonen der Röntgen- und Gammastrahlen, teilweise auch der ultravioletten Strahlen, besitzen genügend Energie, um chemische Bindungen aufbrechen zu können. Intensive Strahlung dieser Art kann daher äußerst schädlich für die bestrahlten Stoffe sein, besonders wenn es sich dabei um die höchst empfindlichen Verbindungen handelt, aus denen lebendes Gewebe aufgebaut ist.

Anregende Begegnungen

Wie Blätter zu ihrer Farbe kommen

Wir haben in Kapitel 1 gesehen, daß Atome und Moleküle von Elektronenwolken umgeben sind und daß Elektronen Teilchen mit einer negativen elektrischen Ladung sind. Es ist daher nicht weiter überraschend, daß Materie und elektromagnetische Strahlung in vielen Fällen stark miteinander wechselwirken können. Wir sollten eher überrascht sein, daß manchmal scheinbar *keine* Wechselwirkung eintritt, beispielsweise wenn Glas beinahe alles auftreffende Licht ungehindert durchtreten läßt. Auf welche Weise sich das Licht durch ein Medium bewegt – auch durch den leeren Raum – ist keineswegs eine triviale Frage. Sie wird durch eine elegante und äußerst erfolgreiche Theorie beantwortet, die als Quantenelektrodynamik bezeichnet wird. Daß Glas uns völlig transparent erscheint, bedeutet nicht, daß die Photonen des Lichtes einfach hindurchfliegen, ohne mit den Atomen im Glas in Wechselwirkung zu treten, es bedeutet nur, daß die Photonen nicht *absorbiert* werden. (Im Infrarotbereich absorbiert Glas elektromagnetische Strahlung sehr stark. Wenn unsere Augen für infrarotes Licht empfindlich wären, erschiene uns das „durchsichtige" Glas plötzlich „farbig".)

Obwohl also sowohl Licht als auch Materie starke elektrische Felder enthalten, treten sie nicht wahllos miteinander in Wechselwirkung. Wenn wir elektromagnetische Strahlung auf einen Gegenstand fallen lassen, absorbiert er normalerweise Photonen einiger Frequenzen, aber die anderer Frequenzen nicht. Die nicht absorbierten Photonen durchdringen den Gegenstand entweder oder sie werden reflektiert. Wenn einige der absorbierten Frequenzen im sichtbaren Bereich des Spektrums liegen, erscheint uns der Gegenstand bei Bestrahlung mit weißem Licht in der Farbe der sichtbaren Frequenzen,

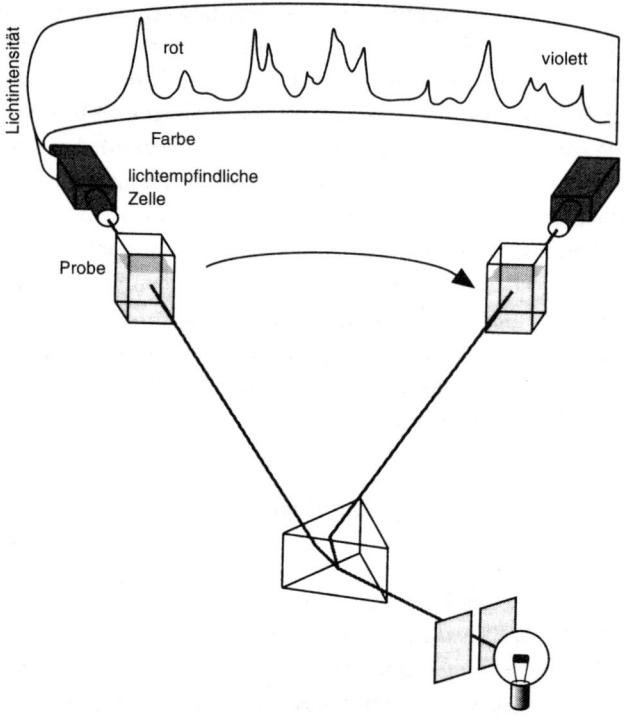

Abbildung 3.3 *Ein typisches Spektrometer mißt die Absorption, die eintritt, wenn ein Lichtstrahl durch eine Probe fällt. Lichtempfindliche Zellen registrieren die Änderung der Helligkeit des durchfallenden Lichtes, während die Farbe (d. h. die Wellenlänge) des Lichtes verändert wird. Als Ergebnis erhält man das Absorptionsspektrum - eine Auftragung der beobachteten Absorption gegen die Wellenlänge. Maxima im Spektrum (Absorptionsbanden) zeigen charakteristische Eigenschaften der Bewegungen des Moleküls oder seiner elektronischen Struktur an. In dieser schematischen Abbildung wird die Probe durch ein Spektrum bewegt, das durch Aufspaltung des weißen Lichtes durch ein Prisma entsteht. In echten Spektrometern ist es meist bequemer, das Prisma zu drehen, anstatt die Probe und den Detektor zu bewegen.*

die er *nicht* absorbiert. Die Blätter der meisten Pflanzen absorbieren beispielsweise rotes und blaues Licht, daher wird nur der grüne Anteil des Lichtes reflektiert. Kornblumen absorbieren rot und gelb, Karotten grün und blau. Gegenstände, die das gesamte sichtbare Licht reflektieren, erscheinen uns weiß; wenn sie das gesamte sichtbare Licht absorbieren, nehmen wir sie als schwarz wahr.

Blätter verdanken ihre grüne Farbe dem Pigment Chlorophyll *a*, der Verbindung, die es der Pflanze ermöglicht, das Sonnenlicht einzufangen und dessen Energie zum Aufbau der Substanzen zu nutzen, die sie für ihr Wachstum braucht. Indem wir das Blatt als grün wahrnehmen, gibt uns unser Auge einen groben Eindruck des Absorptionsspektrums von Chlorophyll *a* im sichtbaren Bereich.

Um dieses Spektrum genauer zu vermessen, verwenden Wissenschaftler ein Spektrometer. Wir können uns das so vorstellen, daß wir mit einem Prisma das Licht in die einzelnen Farben zerlegen, aus denen es besteht, und dann eine Probenzelle mit einer Lösung von Chlorophyll *a* durch dieses Spektrum bewegen. Wenn wir die Zelle in den roten Bereich des Spektrums halten, wird die Lösung den größten Teil des auftreffenden Lichtes absorbieren und in der Durchsicht daher fast schwarz erscheinen (ähnlich erscheint auch ein Blatt dunkel und nahezu farblos, wenn man es durch eine rote Cellophanfolie betrachtet). Im grünen Teil des Spektrums wird die Probenzelle dagegen fast das gesamte Licht durchlassen. Wenn wir also hinter der Zelle ein lichtempfindliches Element aufbauen, das die Intensität des durchgelassenen Lichtes bestimmt, dann werden wir erkennen, daß die Anzeige anwechselnd ab- und zunimmt, während wir die Probe durch das Spektrum bewegen (Abbildung 3.3). In echten Spektrometern steht die Probenzelle gewöhnlich fest an einem Ort, während sie nacheinander mit den verschie-

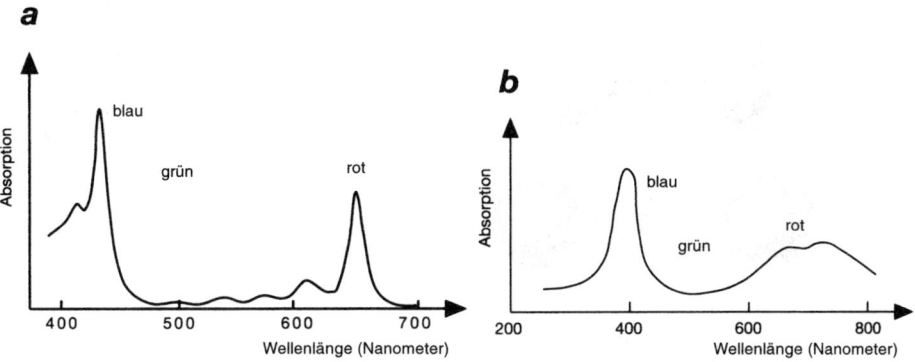

Abbildung 3.4 *Im roten und blauen Bereich des Spektrums absorbiert das Chlorophyll-a-Molekül stark, während grünes Licht ungehindert hindurchtreten kann (a). Dieses Molekül ist für die grüne Farbe von Blättern verantwortlich. Auch wäßrige Lösungen von Nickelsalzen (z.B. Nickelsulfat) sind in der Regel grün, aber ihre Absorptionsspektren zeigen, wie sehr sich ihre „Grünheit" voneinander unterscheidet.*

denen Farben des Lichtes beleuchtet wird. Das Ergebnis einer solchen Messung an Chlorophyll *a* - sein Absorptionsspektrum - ist in Abbildung 3.4*a* zu sehen.

Die genaue Form des Spektrums liefert eine Art Fingerabdruck einer Verbindung - Chlorophyll *a* besitzt immer das gleiche Spektrum, egal aus welcher Pflanze es stammt. Eine Lösung von Nickelsulfat ist ebenfalls grün, aber ihr Absorptionsspektrum (Abbildung 3.4*b*) ist ohne weiteres von dem des Chlorophylls zu unterscheiden.

Unsere Augen können die Absorption von Gegenständen nur im sichtbaren Bereich des Spektrums beobachten. Dagegen können Spektrometer so konstruiert werden, daß sie auch auf Licht außerhalb dieses Bereichs reagieren, am häufigsten im Infraroten und im Ultravioletten. Damit können wir mehr Information aus den Absorptionsspektren erhalten: Beispielsweise können Substanzen, die uns farblos erscheinen, starke Absorptionsbanden im Ultravioletten oder Infraroten besitzen. So absorbiert Wasser bei Infrarotfrequenzen sehr stark, was wichtige Konsequenzen für die Rolle des Wasserdampfs in der Atmosphäre hat.

Rütteln und Schütteln

Wenn ein Molekül Licht absorbiert, nimmt seine Energie zu - es wird „heißer". Damit will ich ausdrücken, daß es heftiger rotiert oder schwingt. Man sagt auch, daß es durch die Absorption „angeregt" wird. Daß Moleküle Licht bei bestimmten Frequenzen absorbieren und bei anderen nicht, liegt daran, daß ihre Bewegungen durch die Gesetze der Quantenmechanik bestimmt werden und daß daher nur ganz bestimmte Bewegungen erlaubt sind. Wir haben in Kapitel 1 gesehen, daß die Elektronen in Atomen und Molekülen nicht einfach auf beliebigen Bahnen um die Atomkerne kreisen können und entsprechend beliebige Energien annehmen können. In Wirklichkeit sind nur ganz bestimmte Energiewerte möglich, wie auf einer Leiter nur an ganz bestimmten Stellen

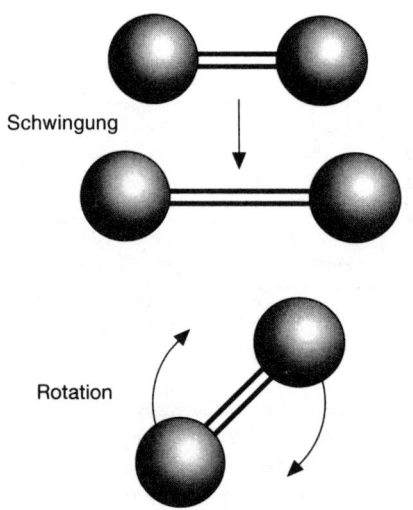

Schwingung

Rotation

Abbildung 3.5 *Sauerstoffmoleküle ähneln kleinen Hanteln. In gasförmigem Sauerstoff, wo sie sich ungehindert bewegen können, können sie sich um sich selbst drehen (Rotation) und ihre Bindungslänge verändern (Schwingung).*

Sprossen angebracht sind. Die Energien zwischen den Sprossen der Leiter sind verboten. Man bezeichnet die Energieniveaus der Elektronen als gequantelt. Genauso sind auch die Energien der Bewegungen von Molekülen im Raum gequantelt. Das zweiatomige Molekül Sauerstoff (Abbildung 3.5) kann beispielsweise sowohl rotieren (dabei dreht es sich dauernd um sich selbst) als auch schwingen (dabei wird der Abstand zwischen den Atomen abwechselnd größer und kleiner). Die Energie, die mit diesen Bewegungen verbunden ist, kann nur ganz bestimmte Werte annehmen, die ähnlich wie Sprossen auf einer Leiter angeordnet sind, genau wie die Energien der Elektronen. Da die Energien der Rotation und der Schwingung mit der Geschwindigkeit der Rotation (der Zahl der Umdrehungen pro Sekunde) bzw. der Frequenz der Schwingung (der Zahl der kurz-lang-kurz-Zyklen pro Sekunde) zusammenhängen, sind auch diese gequantelt. Das Sauerstoffmolekül kann daher nur mit bestimmten Frequenzen schwingen und sich nur mit bestimmten Geschwindigkeiten drehen.

Diese Quantelung der Molekülbewegungen ist vielleicht noch verblüffender als die Quantelung der elektronischen Energien. Immerhin sind wir aus unserem Alltag nicht unbedingt mit den Eigenschaften von Elektronen und Atomkernen vertraut, und wir können daher durchaus einsehen, daß wir diese Objekte nicht mit den gleichen Regeln wie eine Gruppe von Billardbällen beschreiben können. Aber Schwingungen und Rotationen erleben wir auch in unserem täglichen Leben, und die Behauptung, daß sie gequantelt sein können, widerspricht unserer Erfahrung zutiefst. Es ist, als ob jemand behaupten würde, daß sich ein Rad nur mit Geschwindigkeiten in Stufen von 10 Umdrehungen pro Minute drehen könne: Mit 10 Umdrehungen pro Minute, mit 20 Umdrehungen pro Minute, mit 30 Umdrehungen pro Minute usw. Wir wissen aber ganz genau, daß wir das Rad mit jeder beliebigen Geschwindigkeit drehen können, wenn wir nur die dazu notwendige Energie zuführen. Bei dem gedachten Rad, dessen Geschwindigkeit in Stufen von 10 Umdrehungen pro Minute gequantelt sein soll, würde die Geschwindigkeit so lange auf 10 Umdrehungen pro Minute stehenbleiben, während wir versuchen, es zu beschleunigen, bis wir genügend Energie zugeführt haben, so daß die Geschwindigkeit plötzlich auf 20 Umdrehungen pro Minute springen könnte. Das passiert uns im Alltag - zum Glück - nicht. Stellen Sie sich einmal den bedauernswerten Radfahrer vor, der versucht, auf einem „gequantelten Fahrrad" zu fahren. Er oder Sie könnte immer nur mit bestimmten Geschwindigkeiten fahren, und jeder Versuch, heftiger in die Pedale zu treten, um die Geschwindigkeit zu steigern, wäre so lange vergeblich, bis die Energie ausreichte, um mit einem Mal die nächsthöhere erlaubte Geschwindigkeit zu erreichen.

Der Grund, warum wir eine solche Quantelung von Rotationen und Schwingungen im Alltag nicht beobachten, liegt nicht in einem grundsätzlichen Unterschied zwischen der Welt der Atome und unserer Welt; das Auftreten der Quantelung ist nur eine Frage der Größenordnung. Die Abstände zwischen den Sprossen auf der Energieleiter eines rotierenden oder schwingenden Objekts hängen - vereinfacht gesagt - mit dem Kehrwert seiner Masse zusammen. Je schwerer ein Gegenstand ist, desto enger liegen die Sprossen zusammen. Für Gegenstände, die so groß sind wie ein Fahrradreifen (oder schon das kleine Schwungrad in einer Uhr) sind die Abstände viel zu klein, als daß wir sie messen könnten. Für alle praktischen Zwecke kann man daher davon ausgehen, daß keine „verbotenen" Bereiche existieren – alle Energien sind erlaubt. Hierbei handelt es sich um eine allgemeine Eigenschaft der Quantenmechanik: Auf der Ebene der Atome und Moleküle sagt sie manche eigenartigen Effekte vorher, aber wenn man größere Gegenstände betrachtet, werden diese Effekte immer kleiner, bis sie schließlich bei alltäglichen Objekten verschwunden sind. Die Tatsache, daß Quanteneffekte für große Systeme auf diese Weise verschwinden, wird als Korrespondenzprinzip bezeichnet.

Es ist nun an der Zeit, die Diskussion der Quantelung verschiedener Bewegungen der Moleküle kurz zu unterbrechen und einzugestehen, daß es neben der Rotation und der Schwingung noch eine dritte Art der Bewegung gibt, die ich bisher unterschlagen habe. Die beiden genannten Bewegungsarten können an einem festen Ort stattfinden. In Gasen und (mit Einschränkungen) in Flüssigkeiten können sich die Moleküle aber auch von einer Stelle zur anderen bewegen. (In geringerem Ausmaß geschieht dies auch in Festkörpern.) Wissenschaftler bezeichnen diese Art von Bewegung als Translation. Auch die Translationsbewegung kann gequantelt sein, aber selbst für Moleküle ist sie normalerweise so gut wie „kontinuierlich" – d. h. die Energie der Translation kann stufenlos variiert werden. Das liegt daran, daß die Abstände zwischen den Energieniveaus der Translation nicht nur von der Masse des Objekts abhängen, sondern auch von der Größe des Behälters, in dem es eingeschlossen ist. Je größer der Behälter ist, desto kleiner werden die Abstände. Für Moleküle in einem makroskopischen Laborgefäß (oder der Probenzelle in einem Spektrometer) liegen die Energieniveaus der Translation so dicht beisammen, daß diese Bewegung praktisch ungequantelt ist. Für uns heißt das, daß wir die Translationsbewegung in unserer folgenden Betrachtung weitgehend vernachlässigen können.

Die Quantelung der Rotation und der Schwingung der Moleküle bedeutet, daß die Moleküle Energie nur in bestimmten „Paketen" aufnehmen können, wenn sie ihre Energie vergrößern wollen. Elektromagnetische Strahlung stellt diese Pakete in Form von Photonen bereit, deren Energie von ihrer Wellenlänge abhängt. Ob ein Molekül ein Photon absorbieren kann oder nicht, hängt zuerst und vor allem (aber nicht nur!) davon ab, ob die Energie des Photons gleich dem Abstand zwischen der Energie des „unangeregten" Moleküls und eines seiner angeregten Zustände ist.

Außer der Rotations- oder Schwingungsenergie kann auch die elektronische Energie eines Moleküls zunehmen, wenn es angeregt wird – d. h. die absorbierte Energie kann verwendet werden, um Elektronen in höhergelegene Orbitale anzuheben. Die Sprossen der Rotationsenergie auf der Energieleiter eines Moleküls liegen viel dichter beieinander als die der Schwingungsenergie und diese wiederum dichter als die der elektronischen Energie. Photonen mit Energien, die dem Mikrowellenbereich der elektromagnetischen Strahlung entsprechen, können Moleküle in andere Rotationszustände anregen; Photonen mit größeren Energien (also größeren Frequenzen oder kleineren Wellenlängen), beispielsweise von infrarotem Licht, können Moleküle zu Schwingungen anregen, und

Photonen mit noch höheren Energien – im sichtbaren oder ultravioletten Bereich – können Übergänge zwischen elektronischen Zuständen hervorrufen (Abbildung 3.6). Den Sprung von einem Energieniveau in ein anderes nennt man Übergang.

Die genaue Abfolge der Rotations-, Schwingungs- und elektronischen Energieniveaus ist für jede Art von Molekülen unterschiedlich, da sie von den Massen der Atome im Molekül, ihrer räumlichen Anordnung (also der räumlichen Struktur des Moleküls), der Stärke der Bindungen zwischen ihnen und (besonders für die elektronischen Niveaus) von weiteren, komplizierteren Faktoren abhängt. Immer wenn die Energie eines ankommenden Photons genau dem Abstand zwischen zwei Niveaus entspricht, kann das Molekül dieses Photon absorbieren und so ein Signal im Absorptionsspektrum hervorrufen. Photonen mit Energien, die diese Bedingung nicht erfüllen, werden nicht absorbiert und dringen somit ungehindert durch das Material.

Ich sagte, „kann... absorbieren" und nicht „wird... absorbieren", da für die Entscheidung, ob die Absorption stattfindet oder nicht, noch weitere Faktoren außer der Energie des Photons eine Rolle spielen. Letztlich ist die Wechselwirkung zwischen dem Photon

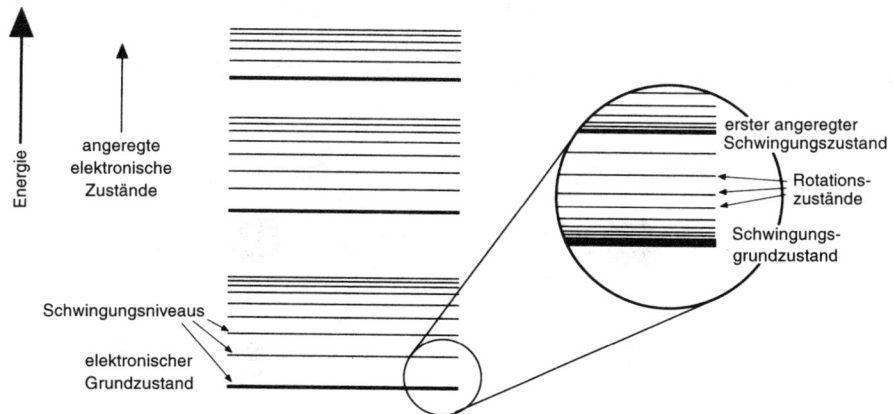

Abbildung 3.6 *Die Energieniveaus einfacher Moleküle bilden drei ineinander verschachtelte „Leitern". Die Rotationsniveaus liegen am dichtesten beisammen – man benötigt nur ein kleines Energie„quant", das beispielsweise von einem Mikrowellen-Photon geliefert werden kann, um einen Übergang in das nächste Niveau zu bewirken. Die Schwingungsniveaus liegen weiter auseinander (ihre Abstände entsprechen der Energie eines Infrarot-Photons), und auf jeder Sprosse der Leiter der Schwingungsniveaus liegt wieder eine komplette Leiter von Rotationsniveaus. Da die Schwingungsniveaus nicht denen einer idealisierten Feder entsprechen, liegen die Sprossen auf der Leiter um so dichter beisammen, je weiter oben sie auf der Leiter liegen. Die Abstände zwischen den elektronischen Niveaus sind noch größer, und für jedes elektronische Niveau existiert wiederum eine komplette Leiter von Schwingungsniveaus. Die Abstände zwischen elektronischen Zuständen entsprechen meist den Energien der Photonen in sichtbarem oder ultraviolettem Licht. Die chemischen Eigenschaften und die Gestalt von Molekülen in unterschiedlichen Zuständen kann stark differieren.*

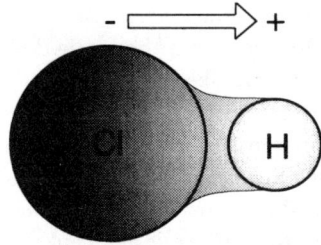

Abbildung 3.7 *Im Chlorwasserstoffmolekül zieht das Chloratom die Elektronenwolke zu sich und beraubt das Wasserstoffatom seiner schützenden Hülle. Die Folge ist, daß um das
Chloratom eine negative und um das Wasserstoffatom eine
positive Überschußladung entsteht. Das Molekül besitzt daher
ein Dipolmoment, das vom Chlor- zum Wasserstoffatom zeigt
(Pfeil). Die Ladungsverteilung ist hier nur schematisch angedeutet; sie sollte auf keinen Fall zu wörtlich genommen werden.*

und dem Molekül elektrischer Natur: Es handelt sich um eine Wechselwirkung zwischen
dem oszillierenden elektrischen Feld des Photons und der Elektronenhülle des Moleküls.
Damit ein Molekül ein Photon einer bestimmten Frequenz absorbieren (oder emittieren)
kann, muß es selbst ein elektrisches Feld erzeugen, das mit dieser Frequenz schwingt. Bei
der Rotation ist dies automatisch der Fall, wenn die Elektronenladung im Molekül
ungleichmäßig verteilt ist – vereinfacht gesagt, wenn das Molekül einen Überschuß
negativer Ladung an dem einen Ende und einen entsprechenden Überschuß positiver
Ladung am anderen Ende besitzt. Im Chlorwasserstoffmolekül wird die Elektronenwolke
beispielsweise zum Chloratom gezogen, so daß dort eine negative Überschußladung
entsteht und ein entsprechender positiv geladener Bereich um das Wasserstoffatom
(Abbildung 3.7). Wenn ein Molekül eine solche ungleichmäßige Ladungsverteilung

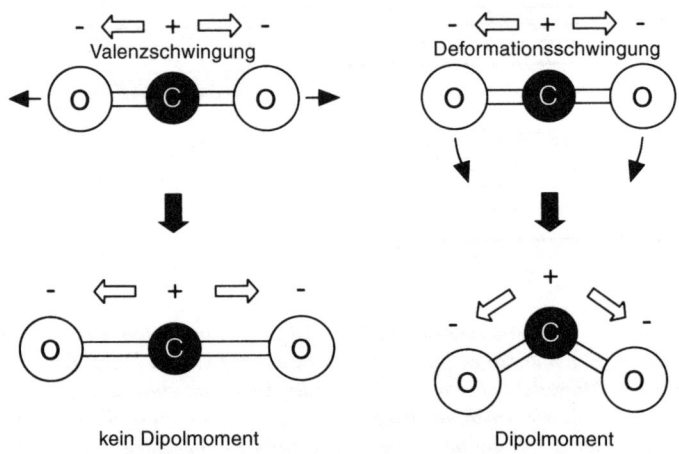

Abbildung 3.8 *Im Kohlendioxidmolekül ziehen die Sauerstoffatome Ladung zu sich, aber die entstehende
Ladungsverteilung ist symmetrisch: Die beiden „Dipole" entlang der C-O-Bindungen gleichen sich exakt aus,
so daß das elektrische Dipolmoment insgesamt null ist. Die (symmetrische) Valenzschwingung, die beide
Bindungen im Gleichtakt dehnt und staucht, erhält diese symmetrische Ladungsverteilung und erzeugt daher
kein Dipolmoment. Die Deformationsschwingung führt dagegen zu einer vorübergehenden Asymmetrie der
Ladungsverteilung, so daß das Molekül ein Dipolmoment bekommt.*

aufweist, sagt man, es besitze ein elektrisches Dipolmoment; eine Art elektrisches Analogon zu einem Magneten mit positiven und negativen „Polen". Durch die Rotation des Moleküls ändert das elektrische Feld andauernd seine Richtung, was wiederum die Wechselwirkung mit dem oszillierenden elektrischen Feld des Photons und somit die Absorption des Photons ermöglicht.

In Molekülen ohne elektrisches Dipolmoment, wie beispielsweise O_2 und N_2, können aus diesem Grund keine Rotationsübergänge stattfinden. Das gleiche gilt für Kohlendioxid, obwohl hier Teile des Moleküls unterschiedlich geladen sind. Die Sauerstoffatome an beiden Enden tragen negative Überschußladungen, während das Kohlenstoffatom entsprechend positiv geladen ist (Abbildung 3.8). Trotzdem besitzt das Molekül kein elektrisches Dipolmoment, weil die Verteilung symmetrisch ist: das Molekül enthält zwei entgegengesetzt gerichtete elektrische Dipole, die sich genau ausgleichen.

Schwingungsübergänge sind nur möglich, wenn sich bei der Schwingungsbewegung das elektrische Dipolmoment des Moleküls ändert. Aus diesem Grund kann die Schwingung des CO_2-Moleküls, bei der die beiden Bindungen im Gleichtakt gedehnt und gestaucht werden, durch Absorption von Strahlung nicht in heftigere Bewegung versetzt werden. Im Laufe dieser Schwingung bleibt die symmetrische Anordnung der Ladung immer erhalten, und das Molekül besitzt daher zu keinem Zeitpunkt ein elektrisches Dipolmoment (Abbildung 3.8). Anders ist das bei der *Deformations*schwingung dieser Bindungen, in deren Verlauf das Molekül abgewinkelt wird, so daß es zwischenzeitlich die Form eines V annimmt. In dieser Form besitzt das Molekül zwei negative Ladungen an den Enden des V und eine positive Ladung an der Spitze. Diese Schwingung erzeugt somit einen elektrischen Dipol in dem Molekül, wodurch es mit elektromagnetischer Strahlung wechselwirken und Photonen absorbieren kann.

Ob ein Übergang zwischen zwei Energieniveaus „erlaubt" oder „verboten" ist, wird durch sogenannte Auswahlregeln festgelegt, die damit zusammenhängen, wie sich die räumliche Verteilung der elektronischen Ladung bei dem Übergang verändert. Jeder erlaubte Übergang wird durch ein sogenanntes „Übergangsdipolmoment" charakterisiert, eine Art elektrisches Dipolmoment, das in eine bestimmte Richtung zeigt und ein Maß für die Umverteilung der Ladung während des Übergangs vom Anfangs- in den Endzustand ist. Ein Übergang kann stattfinden, wenn das Übergangsdipolmoment in die gleiche Richtung zeigt wie das elektrische Feld eines Photons der richtigen Energie. Diese Auswahlregeln machen Absorptionsspektren und ihre Interpretation sehr viel einfacher, als wenn alle „energetisch möglichen" Übergänge auch tatsächlich erlaubt wären.

Im allgemeinen sind Rotationsübergänge nicht sehr aufschlußreich, wenn man an der Struktur eines Moleküls interessiert ist (in Flüssigkeiten und Festkörpern ist die Fähigkeit der Moleküle, zu rotieren, ohnehin stark eingeschränkt). Der interessanteste Bereich des Absorptionsspektrums liegt daher zwischen dem infraroten (IR) und dem ultravioletten (UV) Bereich des elektromagnetischen Spektrums. Infrarotspektren enthalten sehr viel Information über die Schwingungen eines Moleküls, während Spektren im Sichtbaren und im UV dem Wissenschaftler etwas über die elektronische Struktur der Moleküle verraten.

Bestimmte Atomgruppen zeigen immer die gleichen oder zumindest sehr ähnliche Absorptionen, egal in welches Molekül sie eingebaut sind. Beispielsweise schwingt die Carbonylgruppe – ein Sauerstoffatom, das durch eine Doppelbindung an ein Kohlenstoffatom gebunden ist – in sehr vielen Verbindungen mit nahezu derselben Frequenz. Ein Schwingungsübergang dieser Gruppe läßt sich meist durch die Absorption von Infrarot-Photonen mit einer Wellenlänge von 5.5 bis 6 tausendstel Millimetern erreichen. Verbindungen, die eine solche Carbonylgruppe enthalten, zeigen in ihren IR-Spektren daher eine charakteristische Absorption in diesem Wellenlängenbereich (Abbildung 3.9). Ein kleines, leichtes Wasserstoffatom, das an ein Kohlenstoffatom gebunden ist, schwingt mit einer sehr viel höheren Frequenz; daher benötigt man Photonen mit Wellenlängen um 3.5 tausendstel Millimetern, um in einer solchen Gruppe einen Übergang zu erreichen. Diese charakteristischen Frequenzen für bestimmte Atomgruppen machen die Infrarotspektroskopie zu einem wertvollen Werkzeug für Chemiker, die die Struktur einer unbekannten Verbindung aufklären wollen: Wenn das Molekül im IR-Spektrum eine Absorption bei einer Wellenlänge von etwa 6 tausendstel Millimetern zeigt, dann enthält es sehr wahrscheinlich eine Carbonylgruppe.

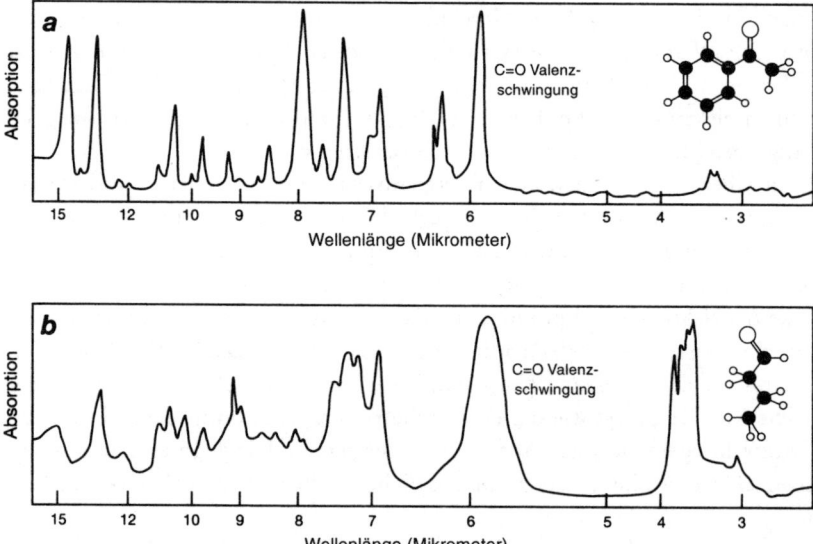

Abbildung 3.9 *Eine Absorptionsbande bei einer Wellenlänge von etwa sechs tausendstel Millimetern (sechs Mikrometern) ist ein Hinweis darauf, daß eine Verbindung eine Carbonylgruppe (C=O) enthält, die mit der entsprechenden Frequenz schwingt. Hier ist die „Carbonyl-Valenzschwingung" in den Absorptionsspektren von Acetophenon (a) und Butyraldehyd (b) gezeigt.*

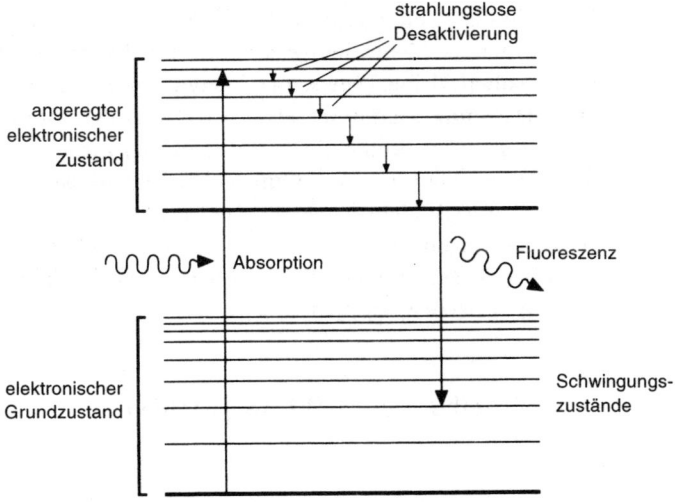

Abbildung 3.10 *Die Emission von Licht durch ein Molekül, das zuvor durch Absorption eines Photons in einen angeregten Zustand versetzt wurde, bezeichnet man als Fluoreszenz. Wenn das Molekül bei der Anregung auf einer hohen Sprosse der Schwingungsleiter im angeregten elektronischen Zustand landet, dann kann es durch Stöße mit anderen Molekülen Energie abgeben und auf der Leiter nach unten klettern (strahlungslose Desaktivierung), bevor es durch Aussendung eines Photons in den elektronischen Grundzustand zurückfällt. In diesem Fall ist die Energie des emittierten Photons kleiner als die des zuvor absorbierten Photons, und seine Wellenlänge ist entsprechend größer.*

Die Farben der Verbindungen hängen vor allem mit den elektronischen Übergängen zusammen, da diese in der Regel im sichtbaren Bereich des Spektrums (und im UV) stattfinden. Beispielsweise entsteht die grüne Farbe von Nickelsalzen durch die Absorption von „roten" und „blauen" Photonen, die ein Elektron im Nickel-Ion in ein höheres Energieniveau anregen. Das Energieniveau mit der geringsten Energie nennt man den elektronischen Grundzustand. Da der Abstand zwischen dem Grundzustand und der nächsten Sprosse auf der Leiter der elektronischen Energie (dem ersten elektronisch angeregten Zustand) meist viel größer ist als die thermische Energie der Moleküle bei Zimmertemperatur, liegen sie fast alle im Grundzustand vor. Moleküle, die durch Absorption eines Photons in einen angeregten elektronischen Zustand versetzt werden, besitzen eine andere Anordnung der Elektronendichte um die Atomkerne als im Grundzustand, und daher werden sich auch ihre chemischen Eigenschaften von denen des Grundzustands unterscheiden. In der Regel sind angeregte Moleküle reaktiver, was auch der Grund dafür ist, daß nach einer elektronischen Anregung viele chemische Reaktionen stattfinden können, die sonst nicht ablaufen würden; man spricht in solchen Fällen von photochemischen Reaktionen. Wenn angeregte Moleküle keine photochemische Reaktion eingehen, werden sie irgendwann ein Photon aussenden und wieder in den Grundzustand übergehen – man bezeichnet diesen Prozeß als Fluoreszenz. Wenn die Rückkehr in den Grundzustand nicht sofort erfolgt, kann ein Molekül in der Zwischenzeit noch die Leiter der Schwingungszustände hinabklettern, indem es bei Stößen mit anderen Molekülen kleine Teile seiner Energie abgibt. In diesen Fällen ist der am Ende stattfindende Sprung nach unten kleiner als zuvor der Sprung nach oben, die Energie des emittierten Photons (und damit seine Frequenz) wird daher kleiner sein als die des zuvor absorbierten Photons (Abbildung 3.10). Das ist der Grund, warum fluoreszierende Substanzen im UV-Licht leuchten. Die Moleküle in diesen Substanzen werden durch UV-Licht (das für uns unsichtbar ist) elektronisch angeregt, das anschließend emittierte Photon besitzt jedoch eine kleinere Energie und Frequenz und gehört daher bereits zum sichtbaren Bereich des Spektrums.

Schneller als ein Wimpernschlag

Die schnellste Kamera der Welt

Die traditionelle Spektroskopie erzählt uns etwas über die Bewegungen der Moleküle – sie zeigt uns beispielsweise, wie schnell ein Molekül rotiert oder schwingt. Diese Bewegungen erfolgen mit unglaublich hohen Geschwindigkeiten: ein Iodmolekül (I_2) dreht sich in jeder Sekunde etwa zehnmilliardenmal um seine eigene Achse! Spektroskopiker interessieren sich heute immer mehr dafür, solche superschnellen Bewegungen in *Echtzeit* zu verfolgen – sie wollen aus lauter einzelnen Momentaufnahmen einen Film zusammenstellen, der die Atome in Bewegung zeigt. Das Ziel solcher Untersuchungen ist vor allem, uns einen Einblick in den Prozeß der chemischen Umwandlung zu geben: Ganz ähnliche Bewegungen von Atomen finden nämlich auch während chemischer Reaktionen statt, in denen ein Molekül zerfallen oder ein Atom von einem Molekül auf ein anderes übertragen werden kann. Die dynamischen Prozese verstehen zu wollen, die an solchen Reaktionen beteiligt sind, ist schon für sich genommen ein verlockendes Ziel, da wir auf diesem Weg auch die Theorien der chemischen Bindung überprüfen könnten. Darüber hinaus gibt es aber auch sehr praktische Anwendungen: Wenn wir verstünden, wie eine chemische Reaktion auf atomarer Ebene im Detail abläuft, dann könnten wir die Reaktion auch gezielt in eine bestimmte Richtung lenken.

Wenn wir von einem rotierenden Flugzeugpropeller ein scharfes Bild machen wollen, dann brauchen wir eine Kamera mit einer Verschlußzeit, die nur einen kleinen Bruchteil der Zeit betragen darf, die die Propellerflügel für eine Umdrehung brauchen. In der modernen Photographie sind solche Hochgeschwindigkeitsphotographien eine Routineangelegenheit. Aber ein Iodmolekül, das sich pro Sekunde zehnmilliardenmal um seine Achse dreht, ist eine ganz andere Herausforderung. Um ein Objekt beobachten zu können, das sich derartig schnell dreht, müssen Wissenschaftler ein Gerät einsetzen, das man mit Recht als schnellste Kamera der Welt bezeichnen könnte. Man verwendet dabei eine Reihe von Laserstrahlen, die durch ein komplexes System von Spiegeln und Blenden zerlegt, reflektiert und detektiert werden können (Bild 5) und die so ungefähr eine Billiarde Aufnahmen pro Sekunde machen können. Wenn man diese Einzelaufnahmen mit der bei Kinofilmen üblichen Geschwindigkeit von 25 Bildern pro Sekunde abspielen würde, dann würde die Wiedergabe einer einzigen Sekunde Aufnahmezeit etwa eine Million Jahre dauern.

Laserlicht unterscheidet sich von dem gewöhnlichen Licht, das von der Sonne oder einer Glühbirne ausgesendet wird. Erstens besitzen alle Photonen in einem Laserstrahl ziemlich genau die gleiche Frequenz: das Licht ist monochromatisch, d. h. es besteht nur aus einer einzigen Farbe. Zweitens schwingen die elektromagnetischen Wellen aller Photonen im Gleichtakt. Strahlung, die in dieser Art synchronisiert ist, nennt man kohärent. Die Kohärenz eines Laserstrahls verringert auch das Auseinanderlaufen des Strahls, das bei normalem Licht eintritt: Ein Laserstrahl bleibt über viele Kilometer hinweg immer so dünn wie eine Bleistiftmine.

Laserstrahlung entsteht, wenn angeregte Atome oder Moleküle wieder in ihren Grundzustand übergehen und dabei Licht emittieren. Die Kohärenz kommt dadurch zustande, daß jede Emission durch ein bereits vorhandenes Photon ausgelöst wird und die elektromagnetischen Wellen beider Photonen dabei synchronisiert werden. Spiegel an beiden Enden des Lasermediums sorgen für eine Art Kettenreaktion: Die Emission einiger weniger angeregter Moleküle sorgt dafür, daß immer mehr Moleküle synchron Strahlung emittieren. Von diesem Mechanismus leitet sich auch der Ausdruck „Laser" ab: *L*ight *A*mplification by *S*timulated *E*mission of *R*adiation (Lichtverstärkung durch induzierte Emission von Strahlung).

Die Laser, die man für die ultraschnelle Spektroskopie einsetzt, haben noch zwei weitere wichtige Eigenschaften. Erstens senden sie polarisiertes Licht aus: Die elektromagnetischen Wellen schwingen nicht nur synchron, sondern auch alle in der gleichen Ebene. Zweitens senden sie das Laserlicht nicht kontinuierlich, sondern in einer Folge kurzer Pulse aus. Diese sind so kurz, daß man sie vielleicht als das kürzeste Ereignis bezeichnen könnte, das Menschen jemals ausgelöst haben: Die schnellsten Pulslaser können in einer einzigen Sekunde ungefähr zwei Billiarden Pulse aussenden, von denen jeder etwa 5 Femtosekunden dauert (1 Femtosekunde sind 0.000000000000001 Sekunden). Diese Zeit ist vieltausendmal kürzer als die Zeit, die Moleküle für eine einzige Rotation oder Schwingung benötigen. Wir müssen also nur mit jedem Femtosekundenpuls einen Schnappschuß des Moleküls aufnehmen, dann können wir am Ende seine Bewegung Schritt für Schritt verfolgen.

Die Bilder lernen laufen

Einer der Pioniere der ultraschnellen Spektroskopie ist Ahmed Zewail vom California Institute of Technology (Caltech). Zewail und seine Mitarbeiter haben mit Hilfe von Lasern die Rotationen und Schwingungen von Molekülen sowie den Verlauf von chemischen Reaktionen verfolgt, die sich innerhalb einer billionstel Sekunde abspielten.

Zewail und seine Kollegen beobachteten die Rotation von Iodmolekülen in Echtzeit, indem sie den Effekt der Rotation auf das elektronische Absorptionsspektrum verfolgten. Wegen der Auswahlregeln für elektronische Übergänge hängt die Wahrscheinlichkeit

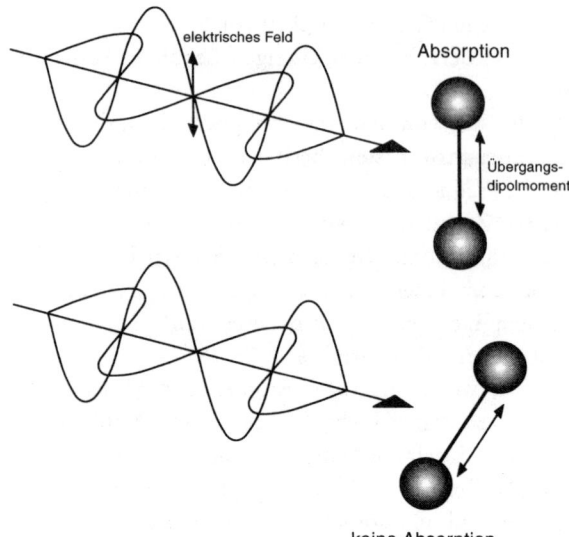

Abbildung 3.11 *Das Iodmolekül kann nur dann ein Photon absorbieren, wenn sein Übergangsdipolmoment, das in Richtung der Kernverbindungsachse zeigt, in dessen Polarisationsebene liegt.*

einer elektronischen Anregung der Iodmoleküle von ihrer Orientierung relativ zur Polarisationsebene des Strahlung ab: Das Übergangsdipolmoment des Moleküls (das in die Richtung der Verbindungsachse der beiden Kerne zeigt) muß in der Ebene des elektrischen Feldes liegen, damit eine Absorption stattfinden kann (Abbildung 3.11). Diesen Gedanken kann man bei der Messung elektronischer Absorptionsspektren normalerweise vernachlässigen, da in einer Probe immer sehr viele Moleküle in zufälligen Orientierungen vorliegen, so daß immer genügend Moleküle mit der richtigen Orientierung zum Lichtstrahl vorhanden sind (und weil die elektrischen Felder der Photonen in der gewöhnlichen Spektroskopie in vielen verschiedenen, zufällig orientierten Ebenen schwingen). Durch die Rotation der Moleküle ändert sich die Zahl der für eine Absorption günstigen Orientierungen im Mittel nicht. Daher hängt das elektronische Absorptionsspektrum in einem Standardexperiment nicht von der Rotationsbewegung der Moleküle ab.

Um die Rotation „sehen" zu können, muß man das Zufallselement bei der Orientierung der Moleküle ausschalten. Man muß irgendeinen Weg finden, die Moleküle alle gleichzeitig und aus derselben Anfangsorientierung heraus mit der Rotation beginnen zu lassen. Zewails Trick bestand nun darin, daß er sich zu einem bestimmten Zeitpunkt alle Moleküle heraussuchte, die eine bestimmte Orientierung besaßen, und nur mit diesen ein elektronisches Absorptionsspektrum aufnahm. Sein Team am Caltech wählte Moleküle mit einer identischen Anfangsorientierung aus, indem sie einen polarisierten

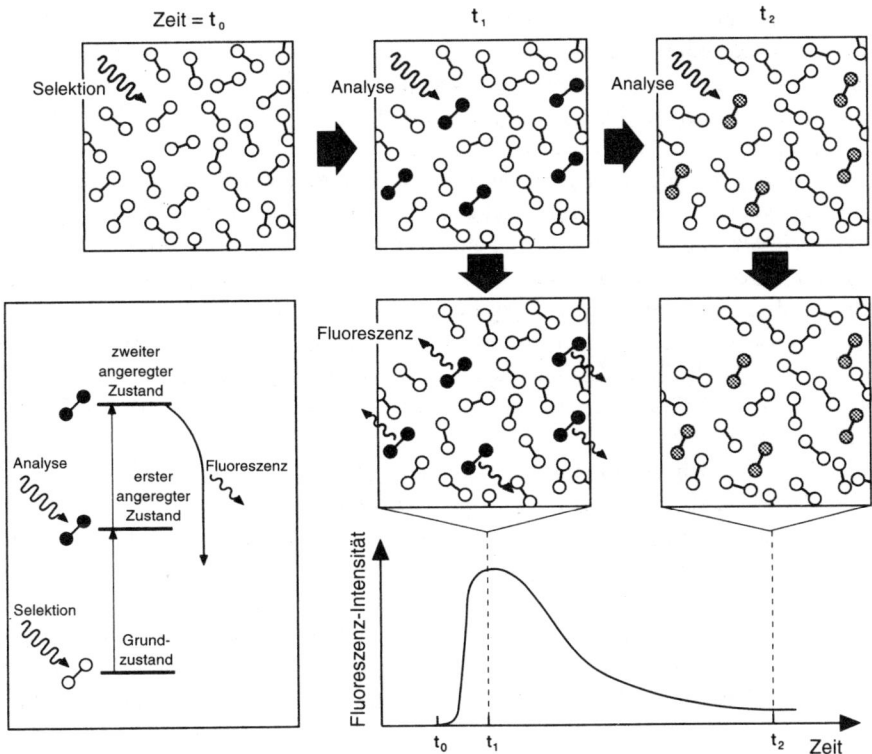

Abbildung 3.12 *In Zewails ultraschnellem Laser„stroboskop" zur Untersuchung der Molekülrotation sorgt ein extrem kurzer „Pump"blitz dafür, daß nur diejenigen Iodmoleküle in einen angeregten elektronischen Zustand versetzt werden, deren Übergangsdipolmoment in diesem Moment gerade in der Polarisationsebene des Laserpulses liegt (Zeitpunkt t_0). Die angeregten Moleküle sind hier schwarz wiedergegeben. Anschließend wird die Rotation der selektierten Moleküle mit einer Folge von „Analysen"pulsen verfolgt. Die Analysenpulse regen die zuvor selektierten Moleküle in einen noch höheren Zustand an (grau unterlegt), von dem aus sie unter Aussendung eines Photons (also durch Fluoreszenz) in den Grundzustand zurückfallen. Unmittelbar nach dem Pumpblitz (Zeitpunkt t_1), wenn sie noch nicht rotieren konnten, sind die Moleküle noch richtig ausgerichtet, um den polarisierten Analysenpuls absorbieren zu können. Etwas später (Zeitpunkt t_2) sind viele Moleküle schon nicht mehr richtig orientiert, sie können daher nicht mehr in den fluoreszenten Zustand angeregt werden. Noch später kehren die Moleküle in die richtige Orientierung zurück, so daß die Intensität der Fluoreszenz wieder ansteigt. Links unten ist die Abfolge der elektronischen Übergänge gezeigt.*

Femtosekunden-Laserpuls auf die Probe richtete, dessen Frequenz so abgestimmt war, daß er einen Übergang vom Grundzustand der Moleküle in den ersten elektronisch angeregten Zustand bewirkte. Dabei wurden nur die Iodmoleküle angeregt, deren Übergangsdipolmomente zufällig in der Polarisationsebene dieses ultrakurzen Laserpulses lagen; alle anderen Moleküle in der Probe wurden nicht beeinflußt (Abbildung 3.12).

Mit Hilfe einer Folge von Pulsen aus einem zweiten Laser, von denen ebenfalls jeder nur einige Femtosekunden dauerte, konnten dann diese ausgewählten Moleküle bei der Rotation beobachtet werden. Diese Analysenpulse bewirkten einen zweiten elektronischen Übergang zu einem höheren angeregten Zustand, von dem aus die Moleküle unter Aussendung von Licht (also durch Fluoreszenz) wieder in den Grundzustand zurückfielen. Die Wissenschaftler beobachteten, wie die Intensität dieser Fluoreszenz aus dem zweiten angeregten Zustand zeitlich variierte. Die Intensität der Fluoreszenz hängt davon ab, wie viele Moleküle in den höheren Zustand angeregt werden, und diese Zahl hängt wiederum davon ab, für wie viele der (anfänglich gleich orientierten) Moleküle das Übergangsdipolmoment zu einem gegebenen Zeitpunkt in der Polarisationsebene der Analysenpulse liegt. Diese Zahl verändert sich aufgrund der Rotation der Moleküle, daher verändert sich auch die Intensität der Fluoreszenz. Wenngleich kein Leckerbissen für Cineasten, ist das Fluoreszenzsignal doch eine Filmaufnahme der Molekülrotation (Abbildung 3.13).

Die Zacken in dem zeitabhängigen Fluoreszenzsignal sind nicht alle gleich hoch. Der Grund dafür ist, daß zwar alle angeregten Moleküle mit der gleichen Orientierung beginnen, aber nicht alle die gleiche Rotationsgeschwindigkeit besitzen. Ein Laserstrahl kann nie vollkommen monochromatisch sein – er enthält immer einen schmalen *Bereich* von Frequenzen und damit von Photonenenergien. Da die Energieniveaus der Rotation so dicht beieinander liegen, regen die Photonen mit geringfügig unterschiedlichen Energien in dem Laserstrahl die Moleküle aus dem Grundzustand in verschiedene Rotationszustände an und erteilen ihnen so unterschiedliche Rotationsgeschwindigkeiten. Es zeigt sich, daß zwischen den Rotationsgeschwindigkeiten der Moleküle in aufeinanderfolgenden Niveaus ein einfacher Zusammenhang besteht. In der Zeit, die die Moleküle im untersten Niveau brauchen, um einmal um ihre Achse zu rotieren, haben sich die Moleküle im zweiten Niveau schon zweimal gedreht, die im nächsthöheren Niveau dreimal usw. Abbildung 3.13 zeigt das Ergebnis, wenn die Moleküle in drei Rotationsniveaus angeregt werden. Kleine Spitzen in der Absorption entstehen, wenn die schnellsten Moleküle sich einmal gedreht haben und wieder in ihre ursprüngliche

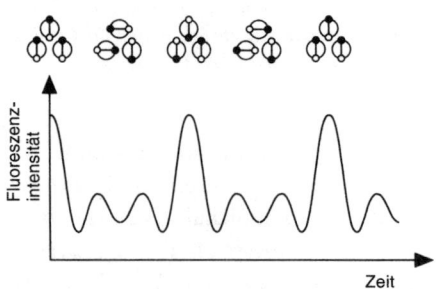

Abbildung 3.13 *Die Super-Zeitlupe der Molekülrotation besteht aus einer Auftragung der Fluoreszenzintensität gegen die Zeit. Man erkennt die Variation der Intensität, wenn die Moleküle sich einmal in die Polarisationsebene der Analysenpulse drehen und dann wieder heraus. Da nicht alle Moleküle gleich schnell rotieren, kehren manche schneller als andere in die richtige Orientierung zurück, daher sind nicht alle Maxima in der Kurve gleich hoch. Hier ist der idealisierte Fall zu sehen, daß nur Gruppen von Molekülen mit drei unterschiedlichen Geschwindigkeiten vorliegen.*

Orientierung zurückkehren, während die langsameren Moleküle noch nicht wieder richtig orientiert sind. Eine weitere Spitze entsteht, wenn die nächstlangsameren Moleküle wieder in die Ausgangsorientierung kommen, und eine große Spitze erscheint, sobald die langsamsten Moleküle wieder die richtige Orientierung annehmen, da dann auch die beiden anderen Gruppen korrekt ausgerichtet sind (nach zwei bzw. drei Umdrehungen).

Ein Iodmolekül schwingt pro Sekunde etwa zehnbillionenmal. Mit Hilfe von Femtosekundenpulsen können wir daher auch von dieser Bewegung Schnappschüsse aufnehmen. Die Wahrscheinlichkeit, daß ein Iodmolekül ein Photon absorbiert und in einen angeregten elektronischen Zustand übergeht, ändert sich, während sich die Bindung im Laufe der Schwingung abwechselnd verkürzt und verlängert – es gibt daher einen kritischen Abstand, bei dem die Wahrscheinlichkeit für einen Übergang am größten ist. Die Erklärung für diese Variation der Anregungswahrscheinlichkeit ist als Franck-Condon-Prinzip bekannt; sein Ursprung liegt in der quantenmechanischen Beschreibung des Vorgangs. Wenn wir es schaffen könnten, die Schwingungen der Moleküle zu synchronisieren, so müßte es möglich sein, anhand der Fluoreszenz ein Ansteigen und Abfallen der Zahl der elektronisch angeregten Moleküle zu erkennen, während die Bindungslänge in den Molekülen sich verändert.

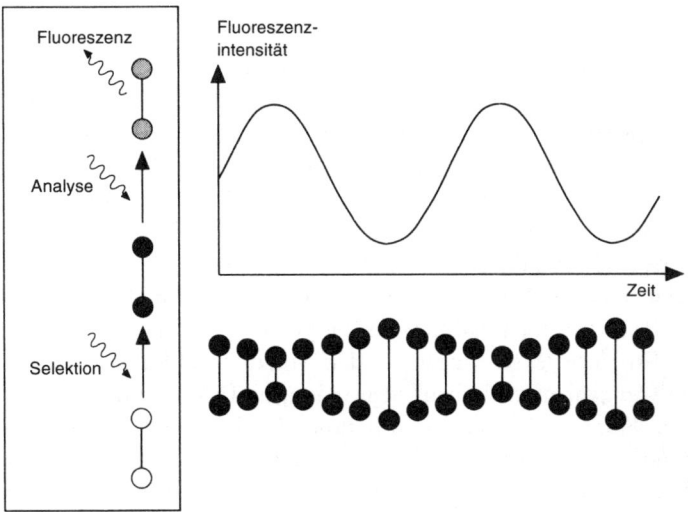

Abbildung 3.14 *Auch Zewails Experiment zur Untersuchung der Molekülschwingung baut auf dem Prinzip „Selektion und Analyse“ auf. Der entscheidende Faktor, der bestimmt, ob die angeregten Moleküle die Analysenpulse absorbieren (und dann fluoreszieren) können, ist hier der Abstand zwischen den beiden Iodatomen. Der Übergang in den fluoreszierenden Zustand ist bei einem bestimmten kritischen Abstand am wahrscheinlichsten. Daher wird das Fluoreszenzsignal abwechselnd stärker und schwächer, wenn die Moleküle um diesen kritischen Abstand schwingen.*

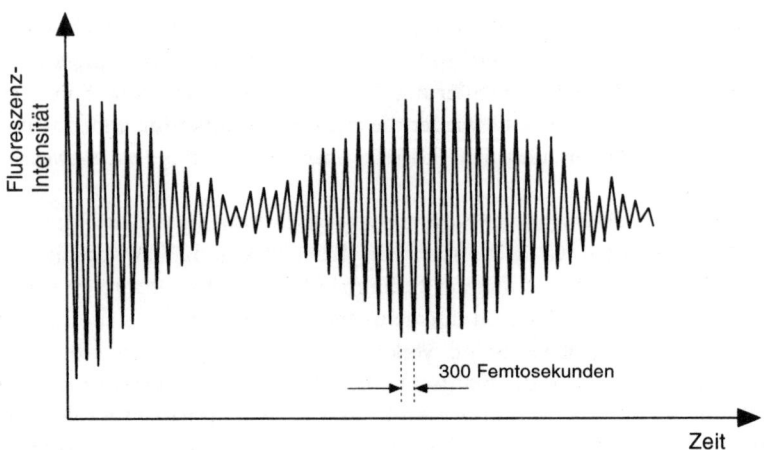

Abbildung 3.15 *Das Ergebnis des Schwingungsexperiments ist ein Fluoreszenzsignal, dessen Oszillationen die Molekülschwingungen wiedergeben. Ein Molekül, das wie eine idealisierte („harmonische") Feder schwingt, würde Oszillationen mit konstanter Amplitude liefern. Da die Molekülschwingungen nicht ideal sind, zeigt das gemessene Fluoreszenzsignal noch eine langsame Modulation der Amplitude.*

Zewail und seine Mitarbeiter erreichten diese Synchronisation, indem sie den gleichen Trick wie zuvor für die Rotation anwendeten. Eine Gruppe von Iodmolekülen mit gleichen Atomabständen wurde ausgewählt, indem zu einem bestimmten Zeitpunkt alle Moleküle, die gerade den kritischen Atomabstand besaßen, in den ersten elektronisch angeregten Zustand versetzt wurden. Mit weiteren Laserpulsen wurden diese dann in höhere elektronische Zustände angeregt; die Intensität der Fluoreszenz aus diesem zweiten angeregten Zustand nimmt abwechselnd zu und ab, während die Atome bei ihren Schwingungen den kritischen Atomabstand durchlaufen (Abbildung 3.14). Das Ergebnis (Abbildung 3.15) wird noch dadurch verkompliziert, daß die Moleküle nicht wie eine einfache, idealisierte Feder schwingen, sondern von diesem Idealzustand abweichen; man spricht dann von „anharmonischen" Schwingungen. Das führt dazu, daß der schnellen Variation der Fluoreszenzintensität aufgrund der Molekülschwingungen noch eine langsamere Variation aufgrund der Anharmonizität der Schwingungen überlagert ist.

Obwohl die Bewegungen der Moleküle in diesen Experimenten beide Male durch die Variation der Fluoreszenz aus dem zweiten elektronisch angeregten Zustand verfolgt wurden, ist das genau das gleiche, als ob man die Variation der Absorption direkt verfolgen würde. Letztlich machen Zewail und seine Mitarbeiter nichts anderes, als elektronische Absorptionsspektren von einzelnen Molekülen (genauer gesagt, von Gruppen weitgehend identischer Moleküle) mit einer sehr großen zeitlichen Auflösung zu messen. Man kann sich das gewissermaßen so vorstellen, daß sie beobachten, wie die Moleküle extrem schnell ihre Farbe wechseln, während sie sich bewegen.

Ultraschnelle chemische Reaktionen

Die frühen Erfolge bei der Beobachtung molekularer Bewegungen brachten die Gruppe am Caltech dazu, sich einem ambitionierteren Projekt zuzuwenden – der Verfolgung einer gerade ablaufenden chemischen Reaktion. Als Handlung ihres ersten „Films" einer Reaktion, den sie mit Hilfe ultraschneller Laserpulse aufnahmen, wählten sie die Photodissoziation (d. h. die Spaltung durch Lichteinwirkung) von Iodcyanmolekülen (ICN). Das ist nicht gerade eine besonders aufregende chemische Reaktion – dabei passiert nichts anderes, als daß ein Molekül mehr Energie absorbiert (von einem einfallenden Photon) als die Bindungsenergie zwischen dem Iodatom und der Cyanidgruppe beträgt und daraufhin zerbricht. Mit anderen (technischeren) Worten, das Molekül wird aus dem Grundzustand in einen *ungebundenen* elektronischen Zustand angeregt. An der Dissoziation ist nur ein einziges Molekül beteiligt (im Gegensatz zu einem Stoß zweier Moleküle); die Reaktion wird daher als unimolekular bezeichnet. Natürlich hätten sich die Pioniere der Femtosekundenspektroskopie viel lieber einen wichtigeren chemischen Prozeß ausgesucht – vielleicht die Wirkung eines Enzyms. Aber zunächst mußten sie sich bescheidenere Ziele setzen, und so wurden die ersten untersuchten Systeme wegen ihrer Einfachheit ausgesucht; schließlich hätte auch niemand von den Gebrüdern Lumière – frühen Pionieren des Kinos – erwartet, daß sie gleich *Krieg der Sterne* drehen. Außerdem kann man durch die Untersuchung einfacher, leicht zu verstehender Prozesse häufig wichtige Erkenntnisse erlangen, die sich dann auch auf kompliziertere Prozesse übertragen lassen.

Das Prinzip dieses Experiments, das die Caltech-Gruppe 1987 durchführte, war weitgehend das gleiche wie eben schon beschrieben: Die Moleküle wurden mit Hilfe eines Femtosekunden-Laserpulses angeregt, und das weitere Schicksal der angeregten Moleküle wurde verfolgt, indem sie durch Analysenpulse in einen weiteren Zustand angeregt wurden, von dem aus sie durch Fluoreszenz in den Grundzustand zurückfielen (wobei die Fluoreszenz in diesem Fall von den Cyanradikalen ausging). Die Energie des Iod–Cyan-Teilchens hängt vom Abstand der beiden Gruppen voneinander ab. Im (gebundenen) Grundzustand gibt es eine Energie"grube" um den Gleichgewichtsabstand der Iod- und Kohlenstoffatome herum. Wir können uns vorstellen, daß die Moleküle in dieser Grube gefangen sind, so daß der Abstand der Atome nur wenig um den Gleichgewichtswert schwanken kann. In den ersten und zweiten (fluoreszierenden) angeregten Zuständen, die man für dieses Experiment verwendet, nimmt die Energie dagegen immer weiter ab, je mehr sich die Atome voneinander entfernen. Die angeregten Zustände dissoziieren daher spontan, da keine Energiebarriere die Atome daran hindert (Abbildung 3.16*a*).

Da die Abhängigkeit der Energie vom Abstand der Atome für den ersten und zweiten angeregten Zustand unterschiedlich ist, ändert sich auch die Energie*differenz* zwischen beiden, wenn die Atome auseinander- oder zusammenrücken. Der Übergang vom ersten in den zweiten angeregten Zustand kann aber nur stattfinden, wenn die Energiedifferenz zwischen ihnen gleich der Energie der Photonen in dem verwendeten Laserstrahl ist.

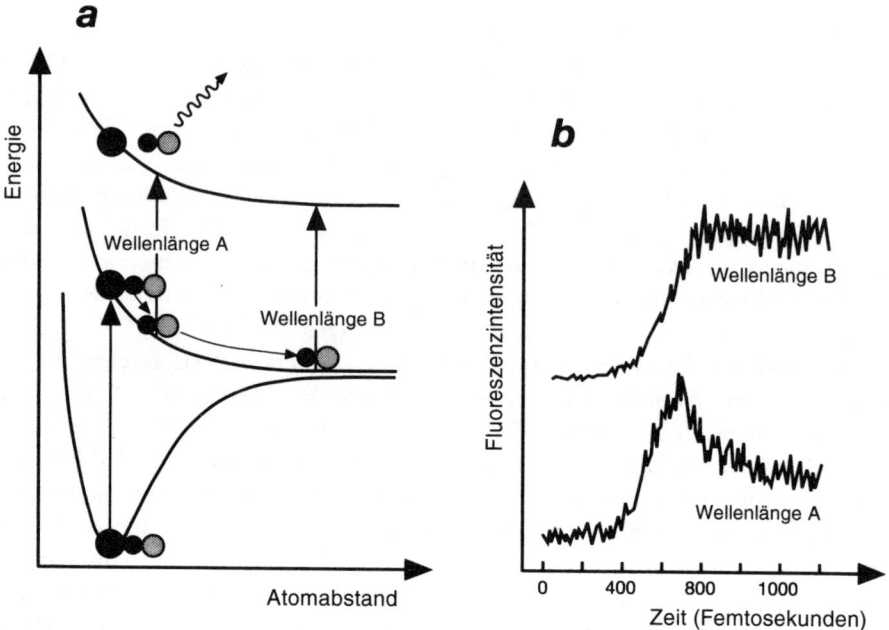

Abbildung 3.16 *Schnappschüsse einer chemischen Reaktion: Hier konnten Zewail und seine Mitarbeiter in Echtzeit beobachten, wie Iodcyanmoleküle zerfallen. Im elektronischen Grundzustand schwingt die I-CN-Bindung in ihrer „Energiegrube". Die Caltech-Gruppe verwendete einen Laserpuls, um die ICN-Moleküle in einen Zustand ohne eine solche Energiegrube anzuregen, in dem sich die I- und CN-Gruppen voneinander entfernten (a). Diesen Prozeß verfolgten sie mit ultrakurzen Analysenpulsen. Wenn die Energie der Photonen in dem Analysenpuls der Energiedifferenz der beiden Zustände bei einem Abstand der Fragmente von 0.3 millionstel Millimetern (0.3 Nanometern, Wellenlänge A) entspricht, so steigt das Fluoreszenzsignal zunächst an und fällt dann wieder ab, während sich die Fragmente weiter voneinander entfernen (b). Wenn die Wellenlänge des Analysenpulses der Energiedifferenz der Zustände bei einem Abstand der Fragmente von 0.6 Mikrometern entspricht (Wellenlänge B), so braucht das Fluoreszenzsignal länger, bis es seinen Maximalwert erreicht (weil die Fragmente länger brauchen, um sich bis auf diesen Abstand voneinander zu entfernen), bleibt dann aber konstant (b). Der Grund ist, daß die Energiedifferenz zwischen den beiden Zuständen sich für größere Abstände nicht mehr ändert - die Fragmente absorbieren die Strahlung weiterhin, während sie sich immer weiter voneinander entfernen.*

Wenn die durch den ersten Laserpuls angeregten Iodmoleküle zu zerfallen beginnen, können die CN-Fragmente nur dann den zweiten Laserpuls absorbieren und damit schließlich eine Fluoreszenz bewirken, wenn der Abstand zwischen dem Iod- und dem Kohlenstoffatom den richtigen Wert hat – also nur zu einem bestimmten Moment während des Zerfallsprozesses.

Das nutzten Zewail und seine Mitarbeiter aus, um zu beobachten, wie sich die Fragmente während des Zerfalls voneinander entfernten. Indem sie den Analysenlaser auf unterschiedliche Frequenzen einstellten, konnten sie den Übergang in den fluoreszierenden Zustand zu unterschiedlichen Momenten während des Zerfalls stattfinden lassen. Wenn sie Photonenenergien verwendeten, die der Energiedifferenz der beiden angeregten Zustände bei einem Abstand der Fragmente von ungefähr 0.3 millionstel Millimetern entsprach, dann sahen sie, wie das Fluoreszenzsignal nach dem ersten Laserpuls zunächst zunahm, weil die Fragmente diesen Abstand erreichten, und dann wieder abnahm, wenn sie sich weiter voneinander entfernten (Abbildung 3.16). Wenn die beiden Fragmente sich auf etwa das Doppelte dieses Abstands voneinander entfernt haben, verlaufen die Energien beiden Zustände im wesentlichen flach – d. h. ihre Energien ändern sich kaum noch, wenn die Teilchen sich weiter voneinander entfernen, und damit bleibt auch die Differenz zwischen ihnen konstant. Wenn sie ihren Analysenlaser auf diese Energiedifferenz abstimmten, sahen die Wissenschaftler, daß das CN-Fluoreszenzsignal langsamer als zuvor anstieg (weil die Atome länger brauchten, um sich bis auf diesen Abstand voneinander zu entfernen), aber dann konstant blieb, da das CN-Fragment die Strahlung absorbierte, egal wie weit die Teilchen sich voneinander entfernten (Abbildung 3.16).

Als nächstes beobachteten Zewail und seine Gruppe eine komplexere unimolekulare Zerfallsreaktion in Echtzeit, den Zerfall des Natriumiodidmoleküls (NaI). Dabei handelt es sich um ein ionisches Molekül, das aus einem positiv geladenen Natrium-Ion und einem negativ geladenen Iodid-Ion aufgebaut ist, die durch die elektrostatische Anziehung zusammengehalten werden. Auch hier besitzt die Energiekurve bei kleinen Abständen der Atome ein Minimum, aber im Gegensatz zu einer Dissoziation in neutrale Fragmente, bei der die Energie für größere Abstände mehr oder weniger konstant bleibt, ziehen sich geladene Fragmente auch über große Entfernungen hinweg noch an. Um ein solches Molekül in Ionen zu spalten, muß man daher kontinuierlich Energie zuführen, um diese Anziehungskraft zu überwinden. Wenn das Natrium-Ion sich jedoch „sein" Elektron während der Dissoziation vom Iodid-Ion zurückholt, werden beide Atome elektrisch neutral und können sich voneinander entfernen, ohne daß weiter Energie zugeführt werden muß. Die Abhängigkeit der Energie vom Abstand der Teilchen ist daher für Ionen und Atome verschieden – die Kurve der Ionen besitzt eine „gebundene" Potentialgrube, während die Kurve der neutralen Atome flach verläuft (außer bei sehr kleinen Abständen) (Abbildung 3.17).

Man könnte nun annehmen, daß man die NaI-Moleküle spalten kann, indem man sie von der gebundenen, ionischen Kurve auf die ungebundene, kovalente Kurve anregt, auf der die Atome sich dann ohne Barriere voneinander entfernen würden. Aber so einfach liegt der Fall nicht. An dem Punkt, an dem sich die beiden Kurven schneiden, besitzen beide Formen des NaI-Moleküls dieselbe Energie. Daher können sich beide an diesem Punkt ineinander umwandeln, ohne daß hierzu Energie nötig wäre. Tatsächlich kann das Molekül dann als „Überlagerung" beider Zustände existieren. Wenn die Atome sich auf der kovalenten Kurve voneinander entfernen, dann werden sie an diesem Punkt durch die Überlagerung einen gewissen ionischen Charakter annehmen, und die resul-

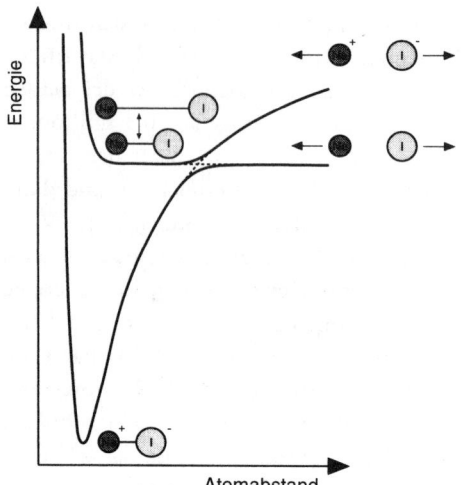

Abbildung 3.17 *Das Natriumiodidmolekül kann entweder in ein Natrium- und ein Iodid-Ion (Na⁺ und I⁻) oder in zwei neutrale Atome zerfallen. Die Energie dieser beiden Kombinationen hängt auf unterschiedliche Weise vom Abstand der beiden Bruchstücke voneinander ab. Bei einem bestimmten Abstand schneiden sich die Energiekurven. Hier erlaubt die ᵩ̲Q̲u̲a̲n̲t̲e̲n̲m̲e̲c̲h̲a̲n̲i̲k̲ eine „Mischung" der ionischen und kovalenten Formen des Moleküls, so daß ein Wechsel von der ionischen auf die kovalente Kurve möglich wird. So entsteht durch die Mischung auch für die kovalente Kurve eine Energiemulde, in der ein angeregtes Molekül schwingen kann. Immer wenn der Atomabstand den Bereich um den Schnittpunkt der beiden Kurven erreicht, kann das Molekül wieder auf die andere Kurve wechseln und sich ohne weitere Wechselwirkung vom anderen entfernen. Die gestrichelten Linien in dieser Abbildung verbinden die beiden „reinen" Energiekurven; durch die Mischung der Kurven entstehen die „Hybridkurven", die als durchgezogene Linien dargestellt sind.*

tierende elektrostatische Anziehung zieht sie wieder zueinander. Die Mischung der beiden verschiedenen Zustände erzeugt so auch für den angeregten Zustand eine Energiebarriere, in der die beiden Atome hin- und herschwingen (Abbildung 3.17). Aber jedesmal, wenn die Atome den Kreuzungspunkt der Potentialkurven überschreiten, kann es passieren (mit einer quantenmechanisch berechenbaren Wahrscheinlichkeit), daß durch die Mischung der kovalente Zustand entsteht und die neutralen Atome aus der Energiemulde entkommen können. Die beiden Atome werden sich dann weiter voneinander entfernen, und das Molekül dissoziiert.

Zewails Team konnte angeregte NaI-Moleküle bei ihren Schwingungen in der Energiemulde beobachten und sehen, wie sie die Barriere ab und zu überwinden und dissoziieren konnten. Sie verwendeten einen Laserpuls, um den Übergang aus dem (ionischen) Grundzustand in den kovalenten angeregten Zustand herbeizuführen, und beobachteten die Schwingungen dieses Zustands in der oberen Energiegrube mit einer Folge von Analysenpulsen, deren Frequenz so abgestimmt war, daß sie freie Natriumatome in einen fluoreszierenden Zustand anregte, genau wie sie in ihrem früheren Experiment die CN-Fragmente angeregt hatten.

Das Fluoreszenzsignal stieg und fiel im Rhythmus der Schwingungen, die das Molekül immer wieder über den kritischen Atomabstand führten, an dem es die Analysenpulse absorbieren konnte (auch dies wieder eine Folge des Franck-Condon-Prinzips). Aber die Intensität dieser Oszillationen der Fluoreszenzintensität ging stetig zurück (Abbildung 3.18), da bei jeder Schwingung ein Teil der Moleküle durch Dissoziation „verlorenging".

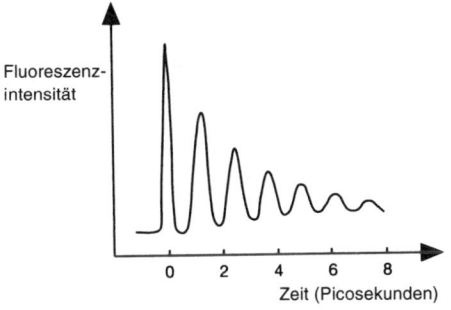

Fluoreszenz-
intensität

0   2   4   6   8
Zeit (Picosekunden)

Abbildung 3.18 *Hier sieht man das Ergebnis einer Untersuchung der lichtinduzierten Spaltung von Natriumiodid. Die Schwingung der Moleküle in der Energiegrube des angeregten Zustands und ihr Wechsel auf die kovalente Kurve (der zu Dissoziation führt) wurden verfolgt, indem die Moleküle in einen höheren Zustand angeregt wurden, aus dem die Moleküle durch Fluoreszenz in den Grundzustand zurückfielen. Da immer mehr Moleküle aus der Energiemulde entkommen und dissoziieren, nimmt die Intensität der Fluoreszenz im Laufe der Zeit ab. (Eine Pikosekunde ist eine billionstel Sekunde, 10^{-12} s.)*

Somit konnten sie sowohl die Schwingungen des angeregten Zustands als auch dessen unimolekulare Dissoziation in Echtzeit verfolgen.

Wir stehen immer noch am Anfang des „Kinos der Moleküle", aber schon heute haben Zewail und seine Mitarbeiter kompliziertere Reaktionen untersucht, beispielsweise die zwischen zwei stoßenden Molekülen oder solche, die in einem „Käfig" anderer Moleküle ablaufen, wie z. B. bei Reaktionen in Lösung.

Ein photochemisches Skalpell

Einfache Moleküle wie ICN oder NaI kann man spalten, indem man sie erhitzt. Hierbei werden die Moleküle auf der Leiter ihrer Schwingungsenergieniveaus immer weiter emporgeschoben, bis sie schließlich auseinanderbrechen. Das gleiche funktioniert zwar auch für kompliziertere Moleküle, aber hier ist Wärme ein sehr unspezifisches Werkzeug: Sie vergrößert die Energie aller Schwingungen mehr oder weniger gleichmäßig, und daher erhält man bei einer Spaltung der Moleküle durch Wärme sehr wahrscheinlich eine zufällige Verteilung der unterschiedlichsten Fragmente. Wenn die Chemiker auf diese Weise eine spezifische Dissoziation erreichen könnten – die zielgenaue Spaltung bestimmter Bindungen in einem Molekül – hätten sie ein ausgezeichnetes Mittel, um den Verlauf chemischer Reaktionen zu beeinflussen. Heute führt man die selektive Spaltung bestimmter Bindungen meist auf chemischem Wege durch. Bei der Synthese organischer Verbindungen ist beispielsweise eine häufige Taktik, bestimmte empfindliche Teile des Moleküls durch Einführung sogenannter „Schutzgruppen" abzuschirmen und dann ein Reagenz zuzugeben, das eine bestimmte Bindung angreift und spaltet. Anschließend muß man dann die Schutzgruppen wieder entfernen – eine langwierige und mühselige Arbeit, die nicht immer effizient verläuft und die Ausbeute an gewünschtem Produkt deutlich verringern kann. Zwar kann man manchmal auch selektive Katalysatoren wie die in Kapitel 2 beschriebenen einsetzen, um den Bruch einer gewünschten Bindung zu beschleunigen, aber auch diese werden in mühevoller Forschungsarbeit entwickelt, die oft noch auf dem Prinzip Versuch und Irrtum beruht. Durch Anwendung der Erkenntnisse aus der Laserspektroskopie auf die Photochemie beginnen Chemiker heute, neue Methoden zur selektiven Bindungsspaltung zu entwickeln, die schon bald sauberer und effizienter sein könnten als die althergebrachten.

Die laserinduzierte selektive Spaltung von Bindungen wäre eine Art „molekulare Chirurgie", in der Laser dazu dienten, Teile eines Moleküls wegzuschneiden, während der Rest intakt bliebe. Dabei würde man die hohe Intensität und vor allem die Farbreinheit (Monochromie) des Laserstrahls ausnutzen, um Energie gezielt in bestimmte Bindungen zu pumpen und sie zu so heftigen Schwingungen anzuregen, bis sie schließlich brechen. Wie wir gesehen haben, absorbieren die verschiedenen Bindungen eines Moleküls nur Licht bestimmter Frequenzen. Da der Frequenzbereich eines Laserstrahls so schmal ist, können wir hoffen, damit nur eine einzelne Bindung anzuregen, wenn wir das Molekül mit einem Laserstrahl bestrahlen, der genau die richtige Frequenz hierfür hat.

Das ist in der Tat im Prinzip möglich, aber trotzdem hat die Sache einen Haken, wenn wir auf diese Weise eine bindungsselektive unimolekulare Dissoziation erreichen wollen. Nur deshalb, weil wir eine große Energiemenge in eine einzelne Bindung hineinstecken, heißt das noch lange nicht, daß sie auch so lange dort bleibt, bis die Bindung gebrochen ist. Moleküle haben bevorzugte Schwingungsformen, die man als Normalschwingungen bezeichnet und deren Aussehen durch die genaue Gestalt (genauer gesagt die Symmetrieeigenschaften) des Moleküls vorgegeben sind. Das Methanmolekül (CH_4) besitzt beispielsweise eine Normalschwingung, bei der alle vier C–H-Bindungen synchron gestreckt und gestaucht werden, so daß die tetraedrische Gestalt des Moleküls zu jedem Zeitpunkt erhalten bleibt. Wenn wir nun Energie in eine einzelne Bindung stecken, dann wird sie sehr schnell umverteilt, so daß das Molekül seine Normalschwingungen ausführt. Diese Energieumverteilung begrenzt die Wirksamkeit unseres molekularen Skalpells.

Eingedenk dieser Schwierigkeit haben Wissenschaftler ihre Anstrengungen zunächst darauf konzentriert, die Bindungsspaltung aus einer Normalschwingung heraus zu erreichen. Das bedeutet, daß sie die richtige Eigenschwingung des Moleküls mit genügend Energie versehen mußten, um die Dissoziation zu ermöglichen. Diesen Ansatz wählten z. B. Fleming Crim und seine Mitarbeiter von der University of Wisconsin-Madison, um eine zustandsspezifische Dissoziation des Wasserstoffperoxidmoleküls H_2O_2 zu erzielen. Anstatt die Energie direkt in die gewünschte Normalschwingung zu pumpen, bauten Crim und seine Gruppe auf die Energieumverteilung innerhalb des Moleküls. Sie regten die O–H-Streckschwingungen mit Hilfe eines Lasers bis zur sechsten Sprosse der Energieleiter an; diese Energie wurde dann im Molekül umverteilt, so daß eine Normalschwingung resultierte, bei der auch die O–O-Bindung zu schwingen begann. Die durch den Laser zur Verfügung gestellte Energie reichte zwar nicht aus, um die O–H-Bindungen brechen zu lassen, die O–O-Bindung ist jedoch schwächer. Die durch Umverteilung der Energie entstehende Normalschwingung führte daher dazu, daß das Molekül in zwei OH-Fragmente zerfiel (Abbildung 3.19).

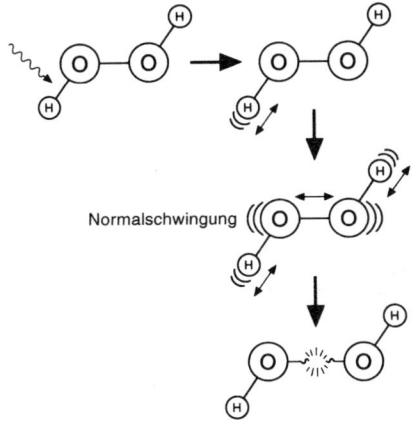

Abbildung 3.19 *Die O-O-Bindung im Wasserstoffperoxid kann selektiv gebrochen werden, indem man Energie in die O-H-Bindungen pumpt. Diese Energie wird sehr schnell im gesamten Molekül verteilt, wobei eine Normalschwingung des Moleküls entsteht. Die O-O-Bindung des angeregten Moleküls bricht dann leichter als die O-H-Bindungen.*

Normalschwingung

Diese zustandsspezifische Dissoziation ist aber nicht das gleiche wie eine bindungs-spezifische Dissoziation. Bei ersterer steht nur fest, daß ein in einer bestimmten Weise schwingendes Molekül zerfallen wird, es ist aber keineswegs sicher, daß dabei nur eine einzige Gruppe von Produkten entsteht, da es für eine Normalschwingung durchaus mehrere Möglichkeiten geben kann, wie das Molekül zerfällt. Um wirklich eine bindungs-selektive Spaltung zu erreichen, muß man sicherstellen, daß die gesamte Anregungsener-gie wirklich in Bewegungen geleitet wird, die zu einer Spaltung des Moleküls an der gewünschten Stelle führen. Diese Aufgabe ist schwieriger zu bewältigen, da diese Bewegung in der Regel keiner Normalschwingung entsprechen wird. Zum Beispiel versuchten Bradley Moore und seine Mitarbeiter von der University of California in Berkeley, die Geschwindigkeit der Wasserstoffübertragung von einem Kohlenstoffatom auf ein anderes während einer Umlagerungsreaktion eines cyclischen Kohlenwasserstoffs zu erhöhen, indem sie mit Hilfe eines Lasers die C–H-Streckschwingungen anregten. Sie stellten dabei aber fest, daß die Umverteilung der Energie zu schnell erfolgte: Die Anregung der C–H-Bindung hatte keinen *spezifischen* Effekt auf die Geschwindigkeit des Bindungsbruchs und der Wasserstoffübertragung.

Bei sehr einfachen Molekülen sind aber bereits Erfolge zu verzeichnen. Fleming Crim und seine Mitarbeiter wählten als Versuchsobjekte Wassermoleküle aus, in denen eines der beiden Wasserstoffatome durch Deuterium (D), ein „schweres" Isotop des Wasser-stoffs, ersetzt worden war, um die selektive Spaltung einer O–H-Bindung zu erreichen. Die Dissoziation von HOD kann entweder zu H und OD oder zu D und OH führen. Wenn man die Spaltung einfach durch Erhitzen herbeiführt, erhält man auf jeden Fall eine Mischung all dieser Teilchen. Da Deuterium schwerer als normaler Wasserstoff ist, unterscheiden sich die Schwingungsfrequenzen der O–H- und O–D-Bindungen, so daß es im Prinzip möglich ist, nur eine der beiden mit Laserpulsen selektiv anzuregen. Die Frage ist nur, ob auch die Spaltung der Bindung gelingt, bevor die Energie gleichmäßig zwischen beiden Bindungen verteilt ist. Crim und seine Mitarbeiter hatten eine geniale Idee, um den selektiven Bruch der O–H-Bindung zu erreichen. Sie regten die O–H-Bin-

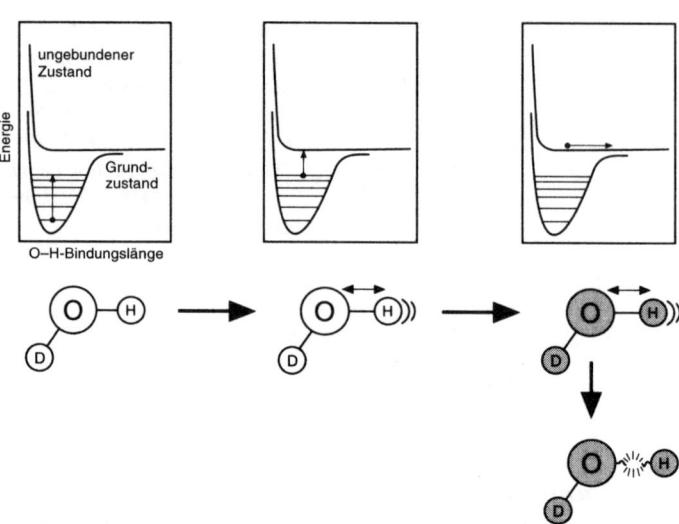

Abbildung 3.20 *Um die O-H-Bindung in einem deuterierten Wassermolekül (HOD) selektiv zu brechen, regten Fleming Crim und seine Mitarbeiter die O-H-Schwingung im elektronischen Grundzustand an und versetzten die Moleküle anschließend in einen ungebundenen elektronisch angeregten Zustand. Hierbei brach bevorzugt die energiereiche O-H- anstelle der O-D-Bindung*

dung zunächst bis zur sechsten Sprosse auf der Energieleiter an – zu wenig, um die Bindung zu spalten. Danach verwendeten sie einen zweiten Laserpuls, um das schwingungsangeregte Molekül in einen angeregten elektronischen Zustand zu versetzen, in dem es zerfallen mußte. Da die O-H-Bindung mehr Energie enthielt als die O-D-Bindung, zerbrach das elektronisch angeregte Molekül mit größerer Wahrscheinlichkeit an dieser Stelle (Abbildung 3.20). Crim stellte fest, daß die O-H-Bindung 15 mal häufiger brach als die O-D-Bindung. In neueren Experimenten konnte die gleiche Forschungsgruppe diesen Ansatz anwenden, um selektiv *entweder* die O-H- *oder* die O-D-Bindung zu spalten, je nachdem, welche Frequenz sie für ihren Pumplaser verwendeten. Richard Zare und seine Mitarbeiter von der Stanford University in Kalifornien konnten eine ähnliche Selektivität bei der Wasserstoffübertragung von Ammoniak (NH_3) auf „deuteriertes" Ammoniak (ND_3) erreichen – sie konnten diesen Prozeß sehr viel effizienter ablaufen lassen als die umgekehrte Übertragung von Deuterium von ND_3 auf NH_3.

Diese Untersuchungen lassen für die Zukunft der bindungsselektiven Photochemie einiges erhoffen, aber es ist noch viel zu früh, an einen praktischen Einsatz dieser Methoden in der chemischen Synthese zu denken. Manche Wissenschaftler befürchten, daß die Schwingungsbewegungen größerer Moleküle sich als zu kompliziert erweisen werden, um daran jemals eine „saubere" Chirurgie ausführen zu können. Viele wichtige industrielle Prozesse bauen jedoch auf verhältnismäßig einfachen Molekülen auf, und wir dürfen hoffen, daß Licht uns eines Tages eine bislang nicht für möglich gehaltene Kontrolle über ihre Produkte geben wird.

4
Geordnet oder nur fast geordnet
Wenn Atome und die Geometrie aufeinandertreffen

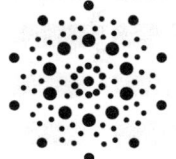

I miss the old days, when nearly every problem in X-ray crystallography was a puzzle that could be solved only by much thinking.

Linus Pauling

Die meisten Unterschiede zwischen London und New York können Sie nur aus erster Hand erfahren und schätzen lernen, indem Sie beide Städte besuchen. Einen der eindrucksvollsten Unterschiede erkennen Sie aber schon bei einem flüchtigen Blick auf den Stadtplan (siehe Abbildung 4.1). New York ist eine Stadt, die auf dem Reißbrett geplant und dann errichtet wurde. Insbesondere Manhattan weist ein Straßenmuster auf, das einem regelmäßigen Gitter gleicht: Die von Osten nach Westen verlaufenden „Streets" werden im rechten Winkel von den großen „Avenues" gekreuzt, die von Süden nach Norden verlaufen. So entstehen geordnete Wohnblöcke von immer gleicher Größe und Orientierung. London hingegen weist nur geringe Regelmäßigkeiten auf. Es zieht sich als ein Wirrwarr von kleinen und großen Straßen hin und ist wie ein Netz gewebt, das keine erkennbare Struktur besitzt. Niemand hat London im großen Maßstab entworfen. Es entwickelte sich aus den verschlungenen Pfaden zwischen den Schenken, Kirchen und Hütten des Mittelalters. Für einen Fremden, der nach dem Weg fragt, hat dieser Unterschied eine Konsequenz. In New York erhält er eine Wegbeschreibung immer mit sehr ähnlichen Worten, unabhängig davon, wo er sich befindet: „Gehen Sie vier Blöcke nach Süden und dann drei nach Osten." In London gibt es keine Blöcke, und so erfolgen Richtungsangaben jeweils sehr spezifisch: „Gehen Sie Flown Street hinunter, überqueren Sie den Ludgate Circus und gehen Sie rechts um St.Paul herum..."

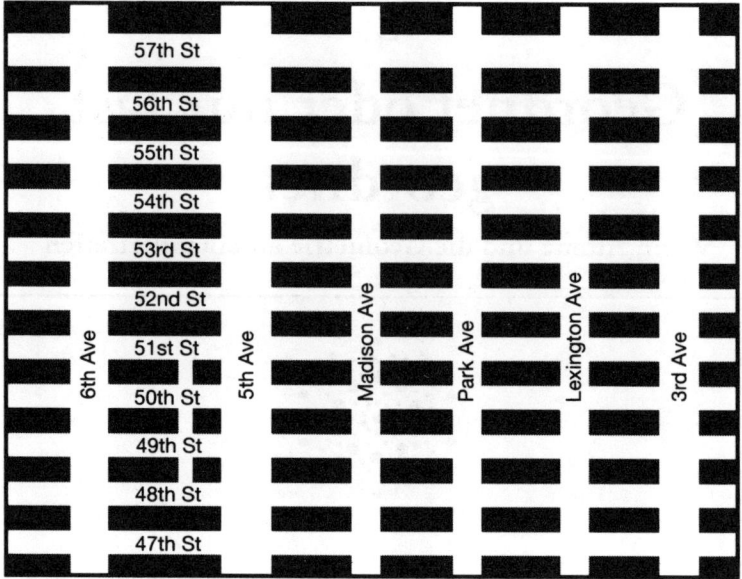

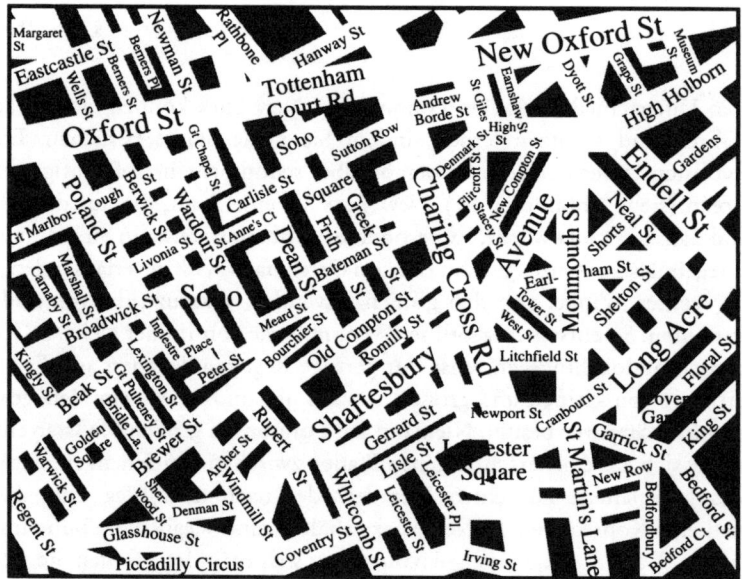

Abbildung 4.1 *Manhattan ist eine geordnete Stadt, die in Blöcke nahezu gleicher Größe eingeteilt werden kann. London hingegen besteht aus einem Durcheinander von Straßen; es gibt keine erkennbare Ordnung.*

In Festkörperstrukturen treten ähnliche Probleme auf. Einige Strukturen gleichen New York - sie sind in regelmäßige „Blöcke" von Atomen unterteilbar, die periodisch wiederkehren. Diese Festkörper sind kristallin, wie z. B. Quarz, Kochsalz oder Metalle. Andere Festkörper erinnern eher an Cockney: Die sie bildenden Atome tummeln sich aufs Geratewohl; kein Teil des Materials ist dem anderen völlig gleich. Diese Materialien bezeichnet man als amorphe Festkörper. Zu ihnen zählen Stoffe wie Fenstergläser und die meisten Kunststoffe. So überrascht es nicht, daß die Beschreibung von Kristallstrukturen viel einfacher ist als die von amorphen Festkörpern. Stellen Sie sich einen Kartenzeichner in New York vor. Er wird folgendes herausfinden: Jedesmal, wenn er eine „Street" 50 Yards entlanggelaufen ist, wird eine „Avenue" die „Street" im rechten Winkel kreuzen. Gleichgültig, ob er eine solche Abzweigung nimmt oder ob er geradeaus weitergeht, in jedem Fall wird sich alles wiederholen: Ungefähr alle 50 Yards kommt er an eine Kreuzung. Also wird er zu dem Schluß gelangen, daß die ganze Stadt so aussieht. Um seine Karte fertigzustellen, reicht es, ein Netz von Streets und Avenues in den Umriß von Manhattan einzuzeichnen. Er muß sich nicht durch die Straßen schleppen, um sorgfältig alles aufzuzeichnen. Diese Aufgabe kann er genausogut bei einem Budweiser in der Kneipe erledigen. Obwohl ihn dieses Verfahren Abweichungen wie den Broadway übersehen läßt, ergibt sich doch ein recht gutes Bild von dem Entwurf der Stadt. Aber die arme Londoner Kartographin hat nicht soviel Glück - sie wandert durch ein Dickicht von Straßen, und während sie läuft und skizziert, erhält sie eine immer verworrenere Karte. Sie kann es nicht wagen, eine Vermutung über die weißen Flecken ihrer Karte abzugeben - sie muß alles erkunden.

Der Unterschied zwischen einem Kristall und einem amorphen Festkörper ist der zwischen Ordnung und Unordnung. Genauer gesagt: Der Unterschied ist der zwischen Ordnung und deren Abwesenheit über eine *größere Distanz* (d. h. über einige Millionen Atomlängen). Betrachtet man die Strukturen von Gläsern oder anderen ungeordneten Festkörpern genauer, zeigt sich oftmals eine gewisse Regelmäßigkeit in der unmittelbaren Nachbarschaft eines Atoms. (Eine vergleichbare Nahordnung findet man auch in London: So tauchen inmitten des Chaos kleine Inseln der Regelmäßigkeit auf. Einige Ordnungsregeln gelten doch. Beispielsweise weisen Straßenecken meistens einen Winkel von 90 Grad auf.) Die Details der Strukturen amorpher Festkörper sind jedoch ein Thema für sich. Ich will sie deshalb hier nicht anschneiden.

Ein idealer Kristall hat auf atomarer Ebene eine Struktur, welche regelmäßig und über den gesamten Kristall hinweg identisch ist (allerdings sind nur wenige reale Kristalle tatsächlich so perfekt). Wissenschaftler nutzen dies bei einer Analysenmethode aus, mit deren Hilfe sie die genaue Position von Atomen in einem Kristall bestimmen. Bei der sogenannten Röntgenbeugung werden Kristalle mit Röntgenstrahlung bestrahlt und die reflektierten Muster von „hell" und „dunkel" aufgezeichnet. Diese Technik stellt das wirksamste Werkzeug zur Bestimmung der Gestalt eines Moleküls auf direktem Wege dar, das Chemikern zur Verfügung steht. Weil viele Biomoleküle, einschließlich der Proteine, kristallin herstellbar sind, bietet die Röntgenbeugung die Möglichkeit, die riesigen und komplizierten Strukturen dieser Moleküle zu verstehen. Mit allen anderen Methoden der Strukturbestimmung wäre dies ungleich komplizierter.

Ein Hauptthema dieses Kapitels ist eine neue Klasse von festen Stoffen. Als man diese 1984 erstmals beobachtete, schienen sie das altehrwürdige Fach der Kristallographie – der Lehre von den Kristallstrukturen – auf den Kopf zu stellen. Diese neuen Materialien, die sogenannten Quasikristalle, zwangen die Wissenschaftler, neu zu überdenken, was einen Kristall eigentlich ausmacht. Obwohl noch immer einige Detailfragen über die atomare Struktur von Quasikristallen offen sind, ist das Paradoxon, das mit der Entdeckung dieser Materialien auftrat, inzwischen weitgehend gelöst. Im Laufe der Besprechung von Quasikristallen werden wir auf den Begriff der Symmetrie stoßen, die Künstler, Kunsthandwerker und Mathematiker gleichermaßen beschäftigt.

Die Wohltaten der konstruktiven Interferenz

Die Einheit der Ordnung

Die Regelmäßigkeit einer Struktur bringt mit sich – was auch unser New Yorker Kartenzeichner entdeckt hat –, daß man nur einen Teil dieser Struktur herleiten muß, um ein Gesamtbild zu erhalten. Analog den Blöcken, aus denen New York besteht, gibt es einen kleinsten Bereich, der erfaßt werden muß, um eine Festkörperstruktur vollständig zu kennen. Dieser Bereich wird Elementarzelle genannt. Ein perfekter Kristall besteht aus vielen Milliarden dieser Elementarzellen, die wie Kisten gestapelt sind. Wenn man also herausfinden will, wie Milliarden von Atomen angeordnet sind, reicht es aus, die Anordnung der Atome in einer einzelnen Elementarzelle zu bestimmen. Sie enthält eine viel kleinere Zahl von Atomen – einfache Stoffe wie etwa Steinsalz (Kochsalz) meist nicht mehr als sechs.

Kochsalz (Natriumchlorid) ist ein ideales Beispiel, um die Natur von Kristallstrukturen zu erläutern. Nicht nur, weil es auf recht einfache Weise aus zwei Atomsorten (Natrium und Chlor) aufgebaut ist. Schon ein Gang in die Küche enthüllt die Folgen der regelmäßigen atomaren Anordnung innerhalb eines Kristalls. Eine nähere Untersuchung der Salzkörner, unter Umständen mit Hilfe einer Lupe, zeigt, daß viele von ihnen eine würfelförmige Gestalt besitzen (siehe Abbildung 4.2). Diese kubische Symmetrie wiederholt sich bis hin zur Elementarzelle. Auch sie besitzt eine kubische Gestalt, die durch die Atompositionen von Natrium und Chlor definiert ist. Natriumchlorid-Kristalle bestehen aus Stapeln dieser Elementarzellen. Jede Zelle enthält vier Natrium- und vier Chloratome, die sich auf den Ecken, Kanten, Flächen und in der Mitte des Würfels befinden. (Tatsächlich sieht man in Abbildung 4.3 mehr als vier Atome jeder Sorte. Dies liegt daran, daß Atome auf den Ecken, Kanten und Flächen auch in angrenzende Elementarzellen hineinragen. Aber wenn wir nur diejenigen Teile der Atome addieren, die sich in einer einzigen Elementarzelle befinden, so ergibt sich für jede Atomsorte die Zahl vier.) Ich sollte noch darauf hinweisen, daß die Atome im Natriumchlorid in Wirklichkeit *Ionen* sind. Sie tragen elektrische Ladungen, weil jedes Natriumatom jeweils

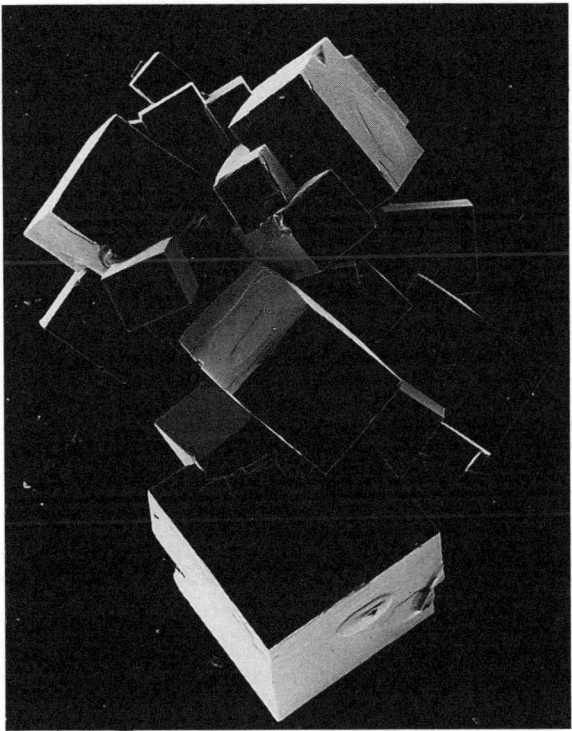

Abbildung 4.3   *Die kubische Elementarzelle des kristallinen Natriumchlorids. Große Kugeln stellen Chlorid-Ionen dar, kleine Kugeln Natrium-Ionen.*

ein Elektron an ein Chloratom abgibt: So entstehen positiv geladene Natrium-Ionen (Kationen) und negativ geladene Chlorid-Ionen (Anionen). Die Struktur, die durch die Positionen der Natriumatome bestimmt wird, bezeichnet man als Gitter – eine regelmäßige Anordnung identischer Punkte. Die Chlorid-Ionen besetzen die Ecken eines gleichartigen, dazwischengeschobenen Gitters.

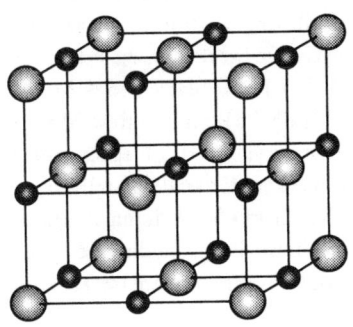

Abbildung 4.2   *Kochsalz (Natriumchlorid) bildet kubische Kristalle. Diese spiegeln die regelmäßige Packung der Ionen in der kubischen Elementarzelle wieder.*

a

b

c

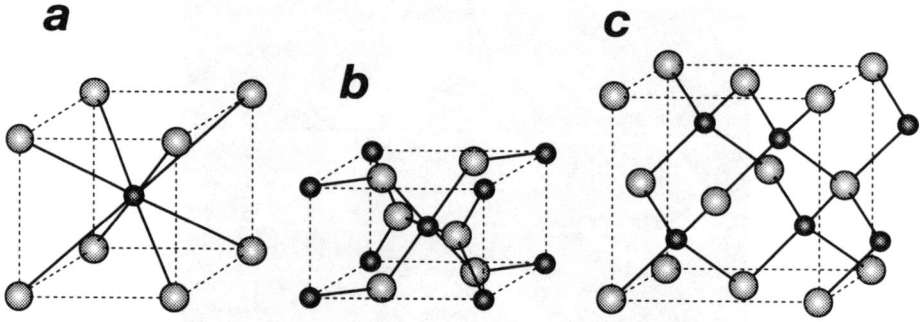

Abbildung 4.4 *Bestimmte Packungsanordnungen von Ionen im Kristall treten in gleicher Weise bei vielen Stoffen auf. Hier sind die Elementarzellen von einigen häufiger vorkommenden Strukturen abgebildet: Cäsiumchlorid (a), Titandioxid („Rutil") (b) und Zinksulfid (c). Die kleinen Kugeln sind jeweils Metall-Ionen.*

Einfache ionische Salze wie diese können die unterschiedlichsten Kristallstrukturen aufweisen. Doch zeigt sich, daß bestimmte Strukturtypen häufiger vorkommen. Die Natriumchlorid-Struktur findet man beispielsweise auch beim Kaliumchlorid, Kupfer-oxid und Magnesiumsulfid. Dabei besetzen die Metalle die Natrium-Positionen und die Nichtmetalle die Chlorid-Positionen. Das vereinfacht die tägliche Arbeit der Kristallo-graphen erheblich, weil die Stoffe in Strukturfamilien eingeordnet werden können. Die Elementarzellen von weiteren häufiger vorkommenden Kristallstrukturen sind in Abbil-dung 4.4 zu sehen.

Mit Röntgenstrahlen sehen

Die Struktur des Natriumchlorids war eine der ersten, die (im Jahr 1913) mit Hilfe der Röntgenbeugung aufgeklärt wurde. 1912 feuerte der deutsche Physiker Max von Laue mit Röntgenstrahlen auf Kupfersulfat-Kristalle, um die Wechselwirkung von elektroma-gnetischer Strahlung mit einer regelmäßigen Anordnung von „Streuern", beispielsweise von Atomen, zu untersuchen. Das Muster, das von der reflektierten Strahlung gebildet wurde, nahm er auf einer photographischen Platte auf. Von Laue fand heraus, daß in manchen Richtungen hohe Intensitäten reflektierter Strahlung auftraten. In anderen Richtungen waren hingegen keine Anzeichen von reflektierter Strahlung zu erkennen. Das Ergebnis war ein symmetrisches Fleckenmuster auf den Photoplatten (das Muster für Zinksulfid (siehe Abbildung 4.4c) sieht man in Abbildung 4.5). Nur wenige Monate später zeigte W. Lawrence Bragg von der Cambridge University, daß das Fleckenmuster so etwas wie ein verschlüsseltes Bild der Atompositionen in einem Kristall darstellt. Bragg führte vor, wie man aus dem Muster die Anordnung der Atome und deren Abstände herleiten kann. In Zusammenarbeit mit seinem Vater William Bragg, nahm der junge Bragg Reflexionsmuster verschiedener kristalliner Materialien auf und übersetzte diese in Bilder ihrer Kristallstruktur.

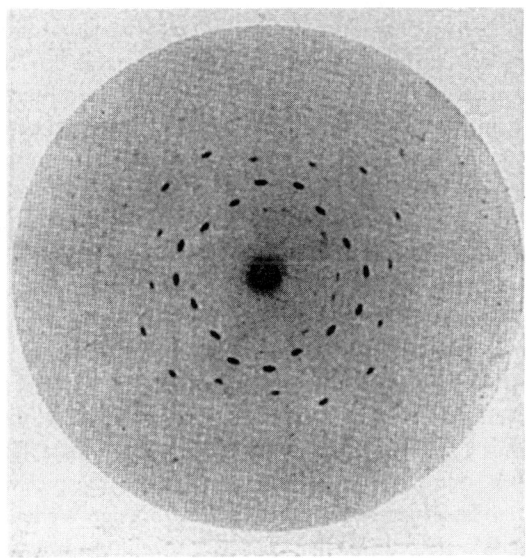

Abbildung 4.5   *Max von Laue entdeckte, daß an Kristallen gestreute Röntgenstrahlen regelmäßige Fleckenmuster bilden, die mit Hilfe von photographischen Platten aufgenommen werden können. Das hier abgebildete Beugungsbild des Zinksulfids ist eines der ersten Muster, das von Max von Laue und Mitarbeitern 1912 bestimmt wurde. Die darin erkennbare vierzählige Symmetrie spiegelt die Symmetrie der Kristallstruktur (siehe Abbildung 4.4c) wieder. (von Laue, 1961)*

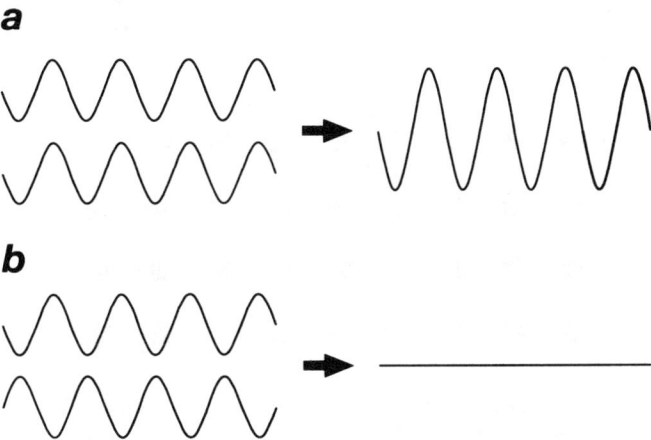

Abbildung 4.6   *Beim Aufeinandertreffen zweier Wellen können deren Schwingungen durch Interferenz verstärkt oder geschwächt werden. Im einen Extremfall schwingen die zwei Wellen vollständig im Takt („in Phase"). Die Wellenberge und -täler verstärken sich gegenseitig, so daß eine Welle mit doppelter Amplitude entsteht (a). Diese Erscheinung bezeichnet man als konstruktive Interferenz. Im anderen Extremfall sind die Wellen völlig aus dem Takt und löschen sich aus (b). In diesem Fall spricht man von destruktiver Interferenz.*

Das Phänomen, daß die an Kristallen reflektierte Röntgenstrahlung helle Flecken bildet, wird als Beugung bezeichnet. Es geht auf die Wellennatur der Röntgenstrahlung zurück. Wie ich bereits im dritten Kapitel ausführte, ist diese Strahlung nichts anderes als Licht mit sehr kurzen Wellenlängen (das folglich sehr energiereich ist, denn die Energie eines elektromagnetischen „Quantenpakets" oder Photons nimmt mit fallender Wellenlänge zu). Einen Röntgenstrahl kann man sich als ein Bündel wellenförmiger Strahlen vorstellen. Jeder dieser Strahlen hat Wellenberge und Wellentäler, die größeren oder kleineren Amplituden des elektromagnetischen Feldes entsprechen. Wenn eine Welle auf eine andere trifft, stören sie sich oder „interferieren miteinander". Wenn sich zwei Wellenberge überlagern, addieren sie sich zu einem Signal mit doppelter Höhe. Wenn umgekehrt ein Wellenberg auf ein Wellental trifft, löschen sich die Wellen gegenseitig aus, so daß die Intensität der resultierenden Strahlung null wird (siehe Abbildung 4.6). Die Addition zweier Wellenberge wird als konstruktive Interferenz bezeichnet, die Auslöschung zweier Wellen als destruktive Interferenz. Die Auswirkungen von Interferenzen lassen sich an Wasserwellen erkennen: Beispielsweise rufen zwei Kieselsteine, die in einen Teich geworfen werden, kreisförmige Wellen hervor, die von zwei Punkten ausgehen. Wo sich die Wellen treffen, entsteht ein Interferenzmuster.

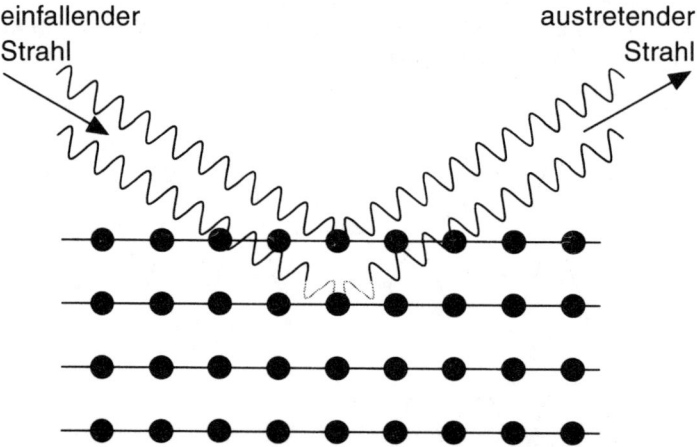

einfallender Strahl

austretender Strahl

Abbildung 4.7 *Parallel einfallende Röntgenstrahlen, die von verschiedenen Schichten eines Kristalls reflektiert werden, können aus dem Takt kommen und konstruktiv oder destruktiv interferieren. Der Unterschied in der Weglänge der zwei Strahlen (grau gezeichnet) bestimmt über die Art der Interferenz. Die Wegdifferenz wiederum hängt von dem Schichtabstand und dem Einfallswinkel der Strahlen ab. Die Interferenz vieler verschiedener Strahlen von vielen verschiedenen Schichten ruft das Beugungsmuster hervor. Dieses enthält somit Informationen über den Schichtabstand. Lawrence Bragg stellte eine mathematische Gleichung auf, mit der sich dieser Abstand aus den Positionen der hellen Flecken, die durch die konstruktive Interferenz entstehen, berechnen läßt.*

Das Bild auf von Laues Photoplatte war ein Beugungsmuster, das durch die Interferenz der an einem Kupfersulfat-Kristall gestreuten Röntgenstrahlen entstanden war. Die Atome des Kristalls werfen die Strahlen in alle Richtungen zurück. Manche Strahlen werden dabei von den Atomen der ersten Schicht zurückgeworfen. Andere treffen nicht auf diese Atome, sondern auf die der darunterliegenden Schicht. Wieder andere werden von den Atomen der dritten, vierten usw. Schicht reflektiert. Ein von der zweiten Schicht reflektierter Röntgenstrahl legt einen weiteren Weg zurück als einer, der von der ersten Schicht zurückgeworfen wird. Das bedeutet, daß sich Wellenberge und Wellentäler der beiden Strahlen gegeneinander verschieben, also Interferenz auftritt. Wenn die zurückgelegten Wege sich um eine halbe Wellenlänge unterscheiden, ist die Interferenz destruktiv – die Strahlen löschen sich aus. Beträgt der Wegunterschied eine ganze Wellenlänge, entsteht konstruktive Interferenz (siehe Abbildung 4.7). Wenn ein Strahl nicht von der zweiten, sondern z. B. von der sechsten Schicht reflektiert wird, kann der Wegunterschied mehrere Wellenlängen betragen. Aber immer gilt: Ist die Differenz des Weges zweier reflektierter Strahlen gleich einem ganzzahligen Vielfachen der Wellenlänge, wird die resultierende Strahlung verstärkt. Es kommt zu konstruktiver Interferenz. Wenn der Wegunterschied jedoch ein Vielfaches der Wellenlänge zusätzlich einer halben Wellenlänge beträgt, löschen sich die Strahlen aus. Das Verhältnis der beiden reflektierten Strahlen zueinander hängt von ihrem Einfallswinkel zu den atomaren Schichten und von dem Abstand dieser Schichten ab. Die reflektierten Strahlen erzeugen auf röntgenempfindlichen Filmen ein räumliches Muster mit Stellen hoher und niedriger Intensität, erkennbar an hellen Flecken. Das regelmäßige Muster der Flecken spiegelt die regelmäßige, symmetrische Stapelung der Atome im Kristall wider.

Lawrence Bragg erkannte, daß sich der Abstand von Atomschichten berechnen läßt. Dazu muß bestimmt werden, wie sich die Intensität der gestreuten Röntgenstrahlung mit dem Einfallswinkel der Strahlung ändert. Er formulierte eine Gleichung, die den Schichtabstand mit denjenigen Einfallswinkeln in Beziehung bringt, bei denen helle Flecken im Beugungsmuster erscheinen. Mit Braggs Gleichung läßt sich nachvollziehen, warum man Röntgenstrahlung einsetzen muß, um Beugungsmuster von Kristallen zu erhalten. Es ist nicht möglich, eine einfacher zugängliche oder sichere Strahlung, wie z.B.

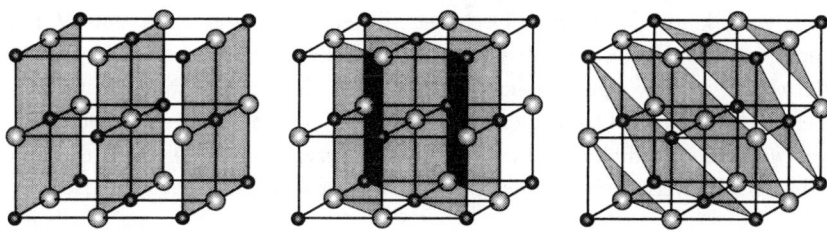

Abbildung 4.8 *Ein Kristall enthält eine Vielzahl von reflektierenden Ebenen, die das Atomgitter unter verschiedenen Winkeln durchziehen. Hier werden einige Ebenenscharen eines Natriumchlorid-Kristalls gezeigt.*

das sichtbare Licht, zu verwenden. Die Gleichung zeigt, daß für Schichtstrukturen jeder Art die Wellenlänge der einfallenden Strahlung in der gleichen Größenordnung liegen muß wie der Abstand der Schichten. Damit muß die Wellenlänge für kristallographische Zwecke etwa dem Abstand benachbarter Atome entsprechen. So liegen im Natriumchlorid-Kristall die Natriumatome weniger als ein Drittel eines millionstel Millimeters von den benachbarten Chloratomen entfernt. Deshalb wird bei der Röntgenbeugung üblicherweise eine Strahlung mit einer Wellenlänge von 0.15 millionstel Millimetern verwendet.

Die Berechnung des atomaren Schichtabstandes ist jedoch nicht mit der Bestimmung der genauen Atompositionen in einem Kristall gleichzusetzen. Die regelmäßige Atomanordnung in einem Gitter bedeutet, daß nicht nur eine einzige Abfolge gestapelter Schichten auftritt. Man kann vielmehr viele Serien unterschiedlich ausgerichteter Schichten erkennen (siehe Abbildung 4.8). Röntgenstrahlen, die in einem bestimmten Winkel auf eine ganze Serie von Ebenen treffen, treffen gleichzeitig unter einem anderen Winkel auch auf andere Serien. So ergibt sich aus den verschiedenen Stapeln von Ebenen ein ganzer Satz von Bragg-Bedingungen für konstruktive Interferenzen, der durch den Schichtabstand bestimmt wird. Wenn man den Einfallswinkel variiert, durchfährt man alle nur möglichen Beugungsbedingungen und kommt zu einem komplizierten Fleckenmuster. Dieses ist aus den durch die verschiedenen Ebenenscharen hervorgerufenen konstruktiven Interferenzen hervorgegangen (Einfacher ist es, den Röntgenstrahl festzuhalten und lediglich den Kristall im Strahl zu drehen).

Mit dem vollständigen Beugungsmuster lassen sich nicht nur die verschiedenen Sätze an Ebenenscharen unterscheiden, es enthält auch alle Informationen zur Bestimmung der Atomabstände in allen drei Raumrichtungen des Kristalls. Prinzipiell sind alle Strukturdetails im Fleckenmuster (oder in den „Peaks") in verschlüsselter Form vorhanden. Um den Code entschlüsseln zu können, muß der Kristallograph aber herleiten, welche Peaks welchen Ebenen entsprechen. Diese als Indizierung bezeichnete Aufgabe ist mathematisch recht anspruchsvoll. Jedoch hat das komplizierte Muster ein Merkmal, das uns sofort etwas über die Kristallstruktur sagt. Die Symmetrie des Musters spiegelt die Symmetrie des Kristalls wider. Wir haben schon gesehen, daß beispielsweise die Elementarzelle von Natriumchlorid die Symmetrie eines Würfels besitzt. Das heißt, die Elementarzelle kann durch eine Drehung, die einem Viertel eines 360°-Vollkreises entspricht, in sich selbst überführt werden. Vier dieser Drehungen bringen die Elementarzelle wieder in ihre ursprüngliche Position, so daß man von einer vierzähligen Symmetrieachse spricht. Das Beugungsmuster des Natriumchlorids hat auch eine vierzählige Symmetrie, ähnlich der, die im Zinksulfid gezeigt wurde. Die meisten einfachen Kristalle, beispielsweise Reinmetalle, haben vier- oder sechszählige Symmetrien.

Denken im größeren Maßstab

Wenn die Elementarzelle eine große Zahl von Atomen enthält, ist die Indizierung alles andere als leicht und eindeutig. Anstatt das Beugungsmuster von Grund auf zu entschlüsseln, ist es günstiger, zunächst eine wahrscheinliche Struktur anzunehmen. Von dieser vermuteten Struktur kann man das Beugungsmuster berechnen und mit dem experimentell gemessenen vergleichen. Wenn der Strukturvorschlag zutrifft, werden die Beugungsmuster ähnlich sein. Das Kunststück besteht dann darin, die Atome so zu verschieben, daß die Angleichung nahezu vollkommen ist.

Bei den kompliziertesten Elementarzellen, beispielsweise denen von Kristallen von Biomolekülen wie Proteinen, hilft auch die „Vermute-und-verschiebe-Methode" oftmals nicht weiter. Die Chance, daß man direkt die richtige Struktur errät, ist nur sehr klein. Die Kristallographen würden die Atome endlos neu anordnen, ohne daß sich das berechnete Beugungsmuster dem wirklichen Muster auch nur annähert. In diesen Fällen ist es das beste, die Ermittlung der einzelnen Atompositionen aufzugeben und bei der Strukturaufklärung einen anderen Ansatz zu wählen. Wenn ein Röntgenstrahl an einem Atom gestreut wird, sind in Wirklichkeit dessen Elektronen für die Streuung verantwortlich. Die Röntgenstrahlen „sehen" nichts vom winzigen Atomkern, sondern werden von der ihn umgebenden Elektronenwolke reflektiert. Das Beugungsmuster stellt also in Wirklichkeit ein verschlüsseltes Bild der Elektronenverteilung innerhalb der Elementarzelle dar. Weil gewöhnlich die Elektronenwolken um die Positionen der Atomkerne herum konzentriert sind, ergibt sich ein realistisches Bild der Atompositionen. Anstatt diese Verteilung zu zerhacken, ist es besser, sie im ganzen zu analysieren – als eine Karte, auf der die verschmierten Elektronen verzeichnet sind: An einigen Stellen ist die Elektronendichte höher, an anderen niedriger.

Der Vorteil dieser Vorgehensweise liegt darin, daß man zur weiteren Auswertung auf mathematische Methoden zurückgreifen kann, die sich für ein diskretes, „atomares" Bild nicht verwenden lassen. Anstatt Atome herumzuschieben und ein berechnetes Beugungsmuster einem gemessenen anzugleichen, kann eine durchgehende Karte der Elektronendichte wie Ton „modelliert", also in die richtige Form gebracht werden. Man wendet dabei ein mathematisches Verfahren an, das sich aus den Arbeiten des französischen Mathematikers Joseph Fourier, der im neunzehnten Jahrhundert lebte, ableitet. Wenn diese Anpassung zur Zufriedenheit des Kristallographen beendet ist, kann die erhaltene Karte auf Gebiete hoher Elektronendichte hin untersucht werden. Diese weisen normalerweise auf die Gegenwart eines Atoms hin (siehe Abbildung 4.9).

Die Entschlüsselung von Beugungsmustern nach der Fourier-Methode ist von unschätzbarem Wert für die Aufklärung von organischen und biologischen Molekülstrukturen durch die Röntgenstrukturanalyse von Kristallen. In den frühen Tagen der Kristallographie glaubte man, daß es niemals gelingen würde, die komplizierten Beugungsmuster dieser Moleküle auszuwerten. Der Fleiß der Kristallographen bewies das Gegenteil. Die Strukturen des Penicillins und des Vitamins B_{12}, die 41 bzw. 177 Atome enthalten, wurden in den fünfziger Jahren unseres Jahrhunderts von Dorothy Hodgkin von der Oxford University hergeleitet. Für diese Leistung erhielt sie 1964 den Nobelpreis. 1955 offenbarte das Myoglobin die Geheimnisse seiner Struktur an John Kendrew von der Cambridge University. Das Myoglobin ist verwandt mit Hämoglobin, welches

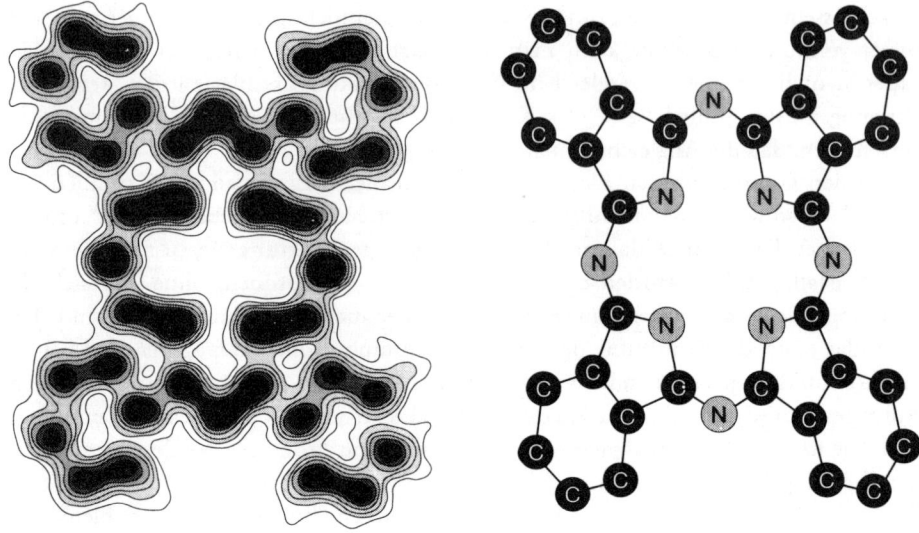

Abbildung 4.9 *Eine Karte, die die Elektronendichte in Kristallen vom Phthalocyanin wiedergibt. Sie wurde durch Fourier-Analyse des Beugungsmusters erhalten und offenbart, wo genau die Atome des Moleküls sitzen. Das Molekülgerüst ist auf der rechten Seite dargestellt.*

Sauerstoff durch das Blut transportiert. Das Beugungsmuster der DNA, das von Rosalind Franklin vom King's College in London gemessen wurde, lieferte die entscheidenden Hinweise auf die Doppelhelixstruktur der DNA, die 1953 von Francis Crick und James Watson erkannt wurde (siehe fünftes Kapitel).

Die Leistungsfähigkeit der Röntgenkristallographie steigerte sich im Jahre 1953 enorm, als Max Perutz herausfand, daß Schwermetallatome – wie Gold oder Quecksilber – in Proteinkristalle eingelagert werden können, ohne daß sie die Anordnung der anderen Atome deutlich stören. Schwermetallatome wie diese machen sich im Beugungsmuster wegen ihrer großen Elektronendichte deutlich bemerkbar. Sie stellen eine Art Pflock dar, um den herum sich der Rest der Elektronenkarte konstruieren läßt. Auf diesem Wege konnten erstmals Proteine genauer untersucht werden. Beispielsweise gewann man viele neue Erkenntnisse über das Aussehen und die Funktionsweise von Enzymen. Heute werden riesige und komplizierte Strukturen, zum Beispiel die des Maul-und-Klauenseuche-Virus (siehe Abbildung 4.10), mehr oder weniger routinemäßig aufgeklärt. Bemerkenswert ist, daß dieses Virus eine fünfzählige (pentagonale) Symmetrie aufweist. Im Kristall sind die Viren so gepackt, als ob sie Kugeln wären, so daß sich die fünfzählige Symmetrie nicht in der Packungsanordnung der einzelnen Einheiten widerspiegelt. Doch werden wir noch erfahren, daß die fünfzählige Symmetrie bei Kristallen eine sehr sonderbare Eigenschaft ist.

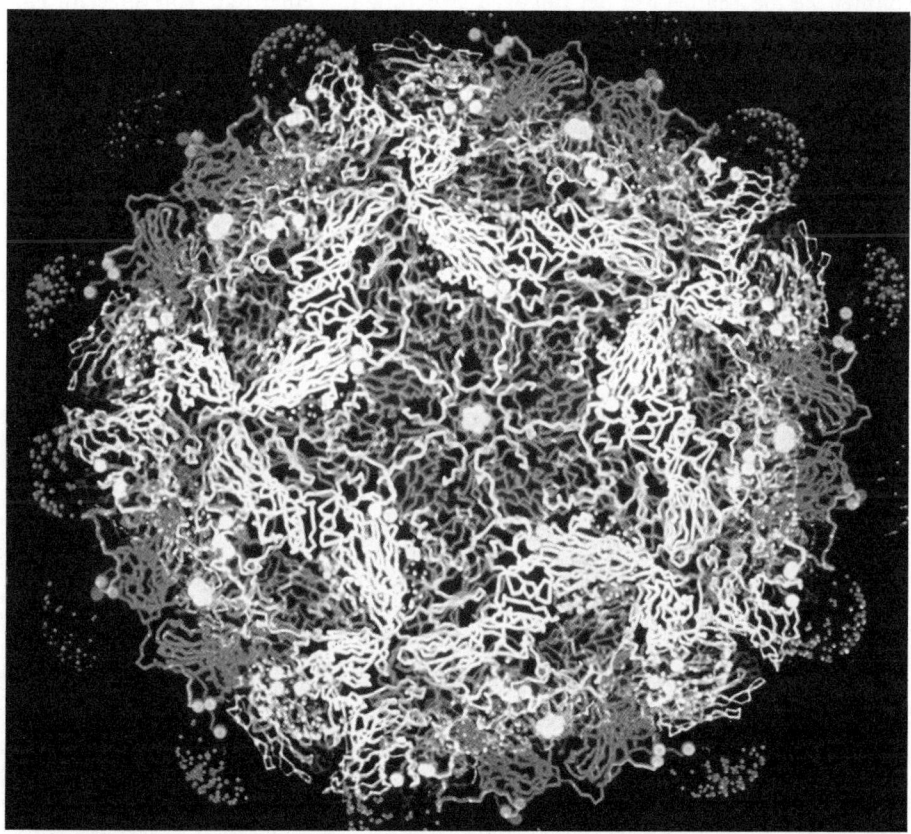

Abbildung 4.10   *Ungeheuer kompliziert ist die Struktur des Maul-und-Klauenseuche-Virus, die 1989 aufgeklärt wurde. Das Virus enthält mehr als 330 000 Atome. Obwohl diese nicht einzeln unterschieden werden können, sind Form und strukturelle Besonderheiten des Virus klar. Das Virus weist eine fünfzählige Symmetrie auf. (Mit freundlicher Genehmigung von David Stuart, University of Oxford)*

Das Paradoxon der Quasikristalle

Die verbotene Symmetrie

1984 entdeckten vier Forscher des National Bureau of Standards (NBS) in Gaithersburg, Maryland, ein Material, das eines der grundlegendsten Gesetze im Zusammenhang mit Kristallstrukturen zu verletzen schien. Dan Shechtman, Ilan Blech, Denis Gratias und John Cahn untersuchten Legierungen aus Aluminium und Mangan, die sich beim schnellen Abkühlen eines Gemisches der beiden geschmolzenen Metalle bildeten. Indem sie einen Strahl des geschmolzenen Gemisches auf eine kalte Oberfläche spritzten, konnten sie die Temperatur der flüssigen Legierung mit einer Rate von ungefähr einer Million Grad Celsius pro Sekunde senken. Die Forscher nahmen an, daß sich dabei Strukturen einfrieren lassen, die sich von den bei langsamer Abkühlung entstehenden Strukturen deutlich unterscheiden. Ihre „Quenching"-Technik stellt ein Beispiel für einen Nicht-Gleichgewichtsprozeß dar, wie er im neunten Kapitel besprochen wird. Aber die Struktur, die das NBS-Team beobachtete, als es das Röntgenbeugungsmuster der gequenchten Legierung auswertete, war mehr als ungewöhnlich – sie war schlichtweg unmöglich.

Ein Beispiel für ein derartiges Muster ist in Abbildung 4.11 zu sehen. Es besteht aus einer symmetrischen Anordnung von scharfen Beugungspeaks, welche eine geordnete, kristalline Struktur andeuten (ungeordnete, amorphe Substanzen rufen dagegen ver-

Abbildung 4.11 *Das Röntgenbeugungsmuster einer Aluminium/Mangan-Legierung, welches 1984 von Dan Shechtman und Mitarbeitern analysiert wurde. Es scheint von einem kristallinen Material zu stammen, weil scharfe Beugungspeaks zu sehen sind. Doch weist es eine „verbotene" zehnzählige Symmetrie auf. Man beachte die zehn hellen Flecken des innersten Kreises. Die Legierung ist ein Quasikristall. (Mit freundlicher Genehmigung von D. Gratias, Centre d'Etudes de Chimie Métallurgique, Vitry, Frankreich)*

schmierte Beugungsmuster hervor und lassen nur geringe Schlußfolgerungen auf die Struktur zu). Zehn helle Flecken bilden einen Ring um einen hellen, zentralen Klecks. Ich hatte bereits erwähnt, daß die Symmetrieeigenschaften des Beugungsmusters einen Hinweis auf die Symmetrieeigenschaften des Kristalls geben. In diesem Fall mußte man folgern, daß die Legierung ein Kristall mit einer zehnzähligen (oder vielleicht fünfzähligen) Symmetrie war. Eine Rotation des Kristallgitters um ein Fünftel (72°) eines Vollkreises würde dieses Gitter unverändert lassen.

Die NBS-Forscher benötigten wohl kaum ihre geballte kristallographische Erfahrung, um sofort zu erkennen, daß ein solcher Kristall nicht möglich ist. Das Beugungsmuster, das dem von vielen anderen Kristallen täuschend ähnlich sah, war tatsächlich ein Schlag ins Gesicht von über tausend Jahren Geometrie.

In unserer post-quantenmechanischen, post-relativistischen Welt haben Wissenschaftler gelernt, daß es nicht viel gibt, was wir für selbstverständlich halten können. Unangreifbar aber schien der Lehrsatz, daß es für Kristallgitter strenge Symmetriezwänge gibt. Während bestimmte Symmetrien üblich sind – dreizählige, vierzählige oder sechszählige, – sind andere strengstens „verboten" – wie beispielsweise die fünfzählige, die achtzählige, die zehnzählige oder die zwölfzählige Symmetrie. Jeder Versuch, ein Gitter zu konstruieren, das sich im Raum exakt wiederholt und dabei eine fünfzählige Symmetrie besitzt, ist zum Scheitern verurteilt. Dies ist nicht etwa fehlendem Scharfsinn zu verdanken – man kann mathematisch zeigen, daß die Konstruktion eines solchen Gitters nicht möglich ist. Wir können dies an einem (flachen) zweidimensionalen Gitter leicht nachvollziehen. In diesem Fall läßt sich die Aufgabe, ein sich regelmäßig wiederholendes Muster mit fünfzähliger Symmetrie zu entwerfen, vereinfachen: Man bedecke eine flache Ebene mit einem regelmäßigen Muster von Fliesen, die eine fünfzählige Symmetrie aufweisen – beispielsweise mit Fünfecken. Fliesen mit drei-, vier- oder sechszähliger Symmetrie – beispielsweise gleichseitige Dreiecke, Quadrate und Sechsecke – würden aneinander anschließen und die ganze Ebene ohne Lücken ausfüllen (siehe Abbildung 4.12).

Wenn wir dagegen die Fünfecke Kante an Kante zusammenlegen, merken wir schnell, daß Lücken zwischen ihnen nicht zu vermeiden sind. Vielleicht wiederholen sich diese Lücken aber regelmäßig – und spielen deshalb keine Rolle? Nein. Wir können zwar weitermachen und den größten Teil des verfügbaren Platzes ausfüllen, wenn wir einige Lücken in Kauf nehmen. Aber es resultiert niemals eine Anordnung von Fünfecken und Lücken, die sich regelmäßig wiederholt. Mit anderen Worten: Im Gegensatz zu Fliesen mit drei-, vier- oder sechszähliger Symmetrie bilden Fliesen mit fünfzähliger Symmetrie keine Elementarzelle. (Wenn Sie dieses Fliesenmodell auf zweidimensionale Atomgitter übertragen wollen, müssen Sie nur jede Ecke einer Fliese durch ein Atom ersetzen.)

Im folgenden ist es bequemer, nur zweidimensionale Gitter zu betrachten, anstatt in drei Dimensionen zu denken. Alles, was auf zwei Dimensionen zutrifft, gilt gleichermaßen für drei Dimensionen. Man kann also Atome in dreidimensionalen Gittern anordnen, die eine drei-, vier- oder sechszählige Symmetrie aufweisen. Ihre periodische

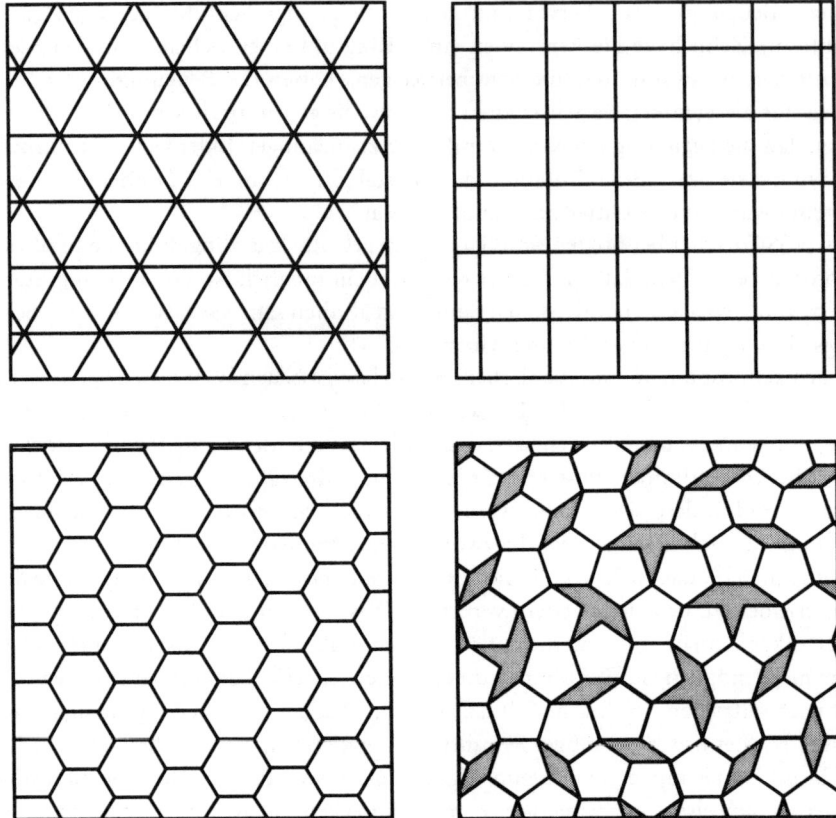

Abbildung 4.12 *Dreieckige, quadratische und sechseckige Fliesen lassen sich leicht so anordnen, daß sie eine zweidimensionale Fläche vollständig ausfüllen. Mit Fünfecken ist dies jedoch nicht möglich. Ein pentagonales Fliesenmuster mit verstreuten Lücken kann keine sich wiederholende Elementarzelle enthalten.*

Stapelung in Gittern mit fünfzähliger Symmetrie ist hingegen nicht möglich. Ein kubisches Gitter – eine Stapelung perfekter Würfel – weist nicht nur eine einfach zu erkennende vierzählige Symmetrie auf, sondern auch eine dreizählige entlang der Würfeldiagonalen. Die zwei regelmäßigen Polyeder mit fünfzähliger Symmetrie – das Dodekaeder und das Ikosaeder (siehe Abbildung 4.13) – können hingegen nicht so angeordnet werden, daß sie einen dreidimensionalen Raum ohne Lücken ausfüllen – genausowenig wie fünfzählige Fliesen eine Ebene voll ausfüllen können.

Die Aluminium/Mangan-Legierung der NBS-Arbeitsgruppe enthält keine echte Elementarzelle, die sich im ganzen Material wiederholt. Sie baut sich in dem Sinne auch nicht aus echten Kristallen auf. Das gleiche gilt ebenso für eine Reihe anderer, inzwischen entdeckter Legierungen, die ebenfalls Beugungsmuster mit verbotener fünf-, acht-, zehn-

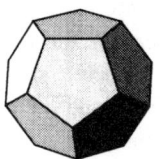

Dodekaeder   Ikosaeder

Abbildung 4.13 *Würfel lassen sich so stapeln, daß sie einen dreidimensionalen Raum ohne Lücken auffüllen. Sie bilden dabei periodische Gitter mit drei- oder vierzähliger Symmetrie aus. Im Gegensatz dazu können die zwei regelmäßigen Polyeder mit fünfzähliger Symmetrie - das Dodekaeder und das Ikosaeder - nicht raumfüllend aneinandergelegt werden. Es gibt keine periodischen Gitter mit einer fünfzähligen Symmetrie.*

und zwölfzähliger Symmetrie zeigen. Mit anderen Worten: Die Atome der Legierungen können nicht über große Entfernungen hinweg regelmäßig angeordnet sein. Das sich aus der Geometrie herleitende Verbot von Kristallen mit diesen Symmetrien ist uneingeschränkt gültig.

Da diese Festkörper aber Beugungsmuster hervorrufen, die in manchen Fällen genauso scharf sind wie die von perfekten Kristallen, müssen sie bestimmte kristallähnliche Eigenschaften besitzen. Sie ergeben keine verschwommenen Beugungsmuster, die für amorphe Festkörper charakteristisch sind, sondern verursachen Interferenzen zwischen den reflektierten Röntgenstrahlen. Solche Legierungen werden als „Quasikristalle" bezeichnet, denn sie sind weder kristallin, noch völlig unkristallin.

Die Aluminium/Mangan-Legierung, die von Shechtman und Kollegen hergestellt wurde, weist eine ikosaedrische Symmetrie auf. Das heißt, die Struktur besitzt sechs Achsen mit fünfzähliger Rotationssymmetrie. Anders ausgedrückt, die Stuktur kann an sechs Achsen durch die Drehung um ein Fünftel eines Vollkreises in sich selbst überführt werden. Schon lange vor den beschriebenen Experimenten waren kleine Atomgruppen mit ikosaedrischer Symmetrie bekannt. 1952 vermutete Charles Frank von der University of Bristol, daß sich Atomcluster mit ikosaedrischer Symmetrie bilden, wenn man Flüssigkeiten unter ihren Gefrierpunkt abkühlt (bis zu einem gewissen Grad ist es bei dieser „Superkühlung" möglich, durch ein behutsames Abkühlen den flüssigen Zustand

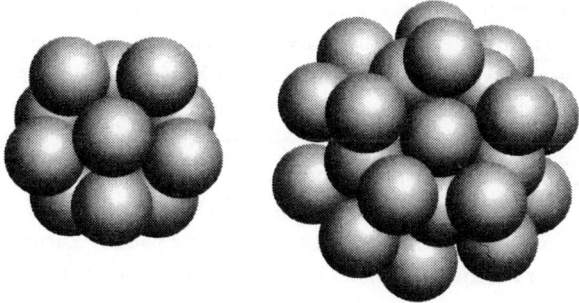

Abbildung 4.14 *Atome in „supergekühlten" Flüssigkeiten können kleine Cluster mit ikosaedrischer Symmetrie aufbauen. Wenn die Flüssigkeit schließlich gefriert, bleiben diese Cluster in einem glasartigen, im großen und ganzen ungeordneten Zustand erhalten.*

zu erhalten). Tatsächlich ist die ikosaedrische Anordnung in kleinen Atomclustern günstig, weil sie jedem Atom erlaubt, sich im Mittel mit einer größeren Zahl von Nachbarn zu umgeben. Es resultieren im Vergleich zu Clustern mit vier- oder sechszähliger Symmetrie vorteilhaftere Atom-Atom-Wechselwirkungen (siehe Abbildung 4.14). Der atomare Aufbau dieser unterkühlten Flüssigkeiten läßt sich einfrieren, wenn die Abkühlung zu schnell für eine Neuordnung der Atome erfolgt. Die Atome sind dann nicht in der Lage, Kristallstrukturen auszubilden. In den siebziger Jahren zeigten Experimente an diesen schnell gequenchten Flüssigkeiten, daß die ikosaedrische Symmetrie im Festzustand tatsächlich lokal erhalten bleibt. Über längere Distanzen gab es aber keine Regelmäßigkeiten in der Struktur. Die Flüssigkeit gefriert zu einem ungeordneten Glas, das mehr oder weniger zufällig angeordnete, kleine ikosaedrische Cluster enthält. Die Beugungsmuster dieser „ikosaedrischen" Gläser zeigten keine scharfen Signale, geschweige denn Anzeichen einer fünfzähligen Symmetrie. Es ist kein Zufall, daß das schnelle Abkühlen auch ein Merkmal der NBS-Experimente ist, auch wenn es dort ungleich schneller erfolgt als im Falle der ikosaedrischen Gläser.

Die Kunst, fünfzählige Fliesen zu legen

Quasikristalle besitzen keine Elementarzellen, schaffen es aber trotzdem, eine Art von Fernordnung aufzubauen, die auf einer fünfzähligen Symmetrie beruht. Welche Art von Atomanordnung ruft solche Eigenschaften hervor? Die Antwort ließ nicht lange auf sich warten, denn es stellte sich heraus, daß die Werkzeuge zur Lösung des Problems aufgrund eines glücklichen Zusammentreffens von Theorie und Experiment bereits entwickelt worden waren, als das NBS-Team auf das verwirrende Beugungsmuster mit zehnzähliger Symmetrie stieß.

Die Symmetrieeigenschaften von zwei- und dreidimensionalen Gittern und Fliesen wurden bereits vor über zweitausend Jahren von griechischen Mathematikern untersucht. In der zweiten Hälfte des zwanzigsten Jahrhunderts glaubte man diese Eigenschaften recht gut verstanden zu haben. Einige der interessantesten Forschungsergebnisse zu Fliesenmustern stammen nicht von Mathematikern, sondern von Konstrukteuren und Künstlern. Über Jahrhunderte hinweg begeisterten sich maurische Baumeister und Architekten an zweidimensionalen symmetrischen Mustern. Sie vertraten die fast schon pythagoräische Ansicht, daß solche Muster göttliche Vollkommenheit verkörpern. Sie schmückten die Wände ihrer Bauwerke, beispielsweise die des Alhambra-Palastes in Granada, mit komplizierten geometrischen Motiven (siehe Abbildung 4.15). Die maurischen Künstler folgten dabei nicht nur ästhetischen Idealen. Sie mußten auch aus praktischen Erwägungen in ihrem Werk auf abstrakte Muster zurückgreifen: Denn die Darstellung lebender Formen war in der islamischen Tradition verpönt, wenn nicht sogar verboten.

Auch ein niederländischer Künstler ließ sich nicht allein von der Ästhetik motivieren. Die Arbeiten Maurits C. Eschers führten viele Nicht-Wissenschaftler in die technischen Eigentümlichkeiten der zweidimensionalen Parkettierung ein. Seine Illustrationen ziel-

Abbildung 4.15 *Fünf- und zehnzählige Symmetrien sind in den geometrischen Mustern maurischer Künstler deutlich zu erkennen.*

ten darauf ab, Umwandlungen von Raum und Form darzustellen: Abbildung 4.16 zeigt beispielsweise ineinandergreifende Vogelschwärme und spiralförmige Gruppen von Eidechsen, die sich in einer geometrischen Anordnung fortschreitend verkleinern. Escher war Töpfer; dadurch wurde sein Interesse an Fliesen angeregt. Die islamischen Fliesenmuster inspirierten seine Arbeit. Doch suchte er auch nach den mathematischen Regeln, die das Füllen von Flächen mit symmetrischen Formen bestimmen. Er kannte die Arbeiten von Mathematikern wie George Polya oder Heinrich Heesch auf diesem Gebiet, versuchte aber eigene Wege zu gehen. So erkannte er, daß sich die Symmetrieeigenschaften von sich wiederholenden Mustern auf flachen Oberflächen in 17 Klassen einteilen lassen. Die Zahl dieser Klassen wächst auf 64, wenn man Fliesen gleicher Form, aber unterschiedlicher Farbe einsetzt. Escher ging seinen Studien während des Zweiten Weltkriegs in der schrecklichen Atmosphäre der von den Nazis besetzten Niederlande nach. Seine Arbeit wurde 1960 von Kristallographen bestätigt. Zweifellos hätte er auch seine wahre Freude an den Parkettierungsentwürfen gehabt, die kurz nach seinem Tod von dem theoretischen Physiker Roger Penrose ersonnen wurden.

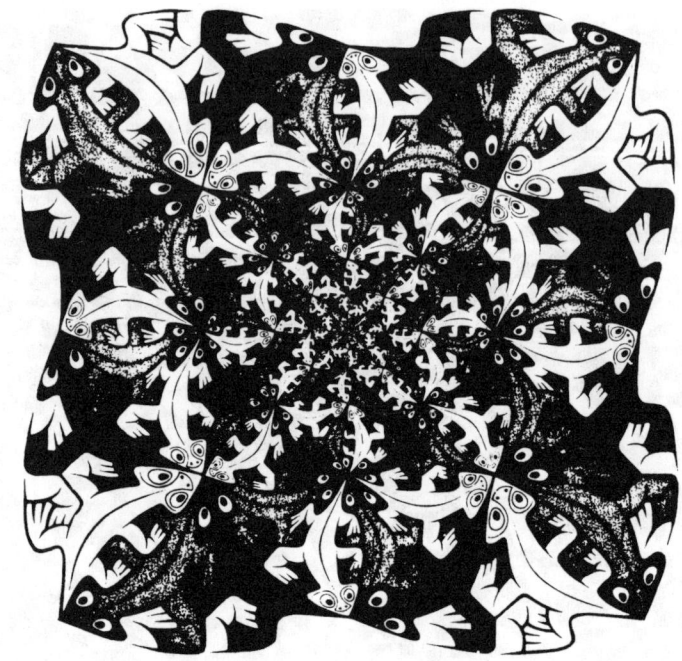

Abbildung 4.16 *In Maurits C. Eschers Zeichnungen spiegelt sich wider, wie scharfsinnig der Künstler mit den Symmetriezwängen zu spielen wußte, denen Fliesenmuster unterliegen. (Mit freundlicher Genehmigung der M. C. Escher Stiftung, Cordon Art BV, Niederlande)*

Penrose gehörte zu den Wissenschaftlern, die sich in der Nachkriegszeit von den Arbeiten Eschers fesseln ließen. Doch wollte er herausfinden, wie man völlig identische Fliesen in einer Ebene anordnen kann, *ohne daß* dabei eine Fernordnung entsteht – also auf eine aperiodische Weise. Er entdeckte, daß sich dies mit lediglich zwei Arten von rautenförmigen Formen erreichen läßt. Diese Rauten kann man sich als Quadrate vorstellen, die so gequetscht sind, daß kein Winkel zwischen den Kanten mehr rechtwinklig ist. Penrose benutzte Rauten, deren Winkel ähnlich groß sind wie die von Fünfecken. Sie können daher zu Objekten mit fünf- oder zehnzähliger Symmetrie zusammengesetzt werden (siehe Abbildung 4.17). Im Gegensatz zu Fünfecken sind Penroses Fliesen aber in der Lage, eine Fläche ohne Lücken auszufüllen. Trotzdem besitzen die resultierenden Muster keine Elementarzelle. Bei der Montage werden die zwei Arten von rautenförmigen Fliesen nicht willkürlich gelegt, sondern nach einer festen Regel. Wenn wir uns vorstellen, daß jede Fliese einfache Pfeile und Doppelpfeile entlang jeder Kante hat, lautet die Regel: Beim Ansetzen einer neuen Fliese müssen stets gleichartige Pfeile aneinandergelegt werden. Außerdem müssen die Pfeile in die gleiche Richtung zeigen (siehe Abbildung 4.17).

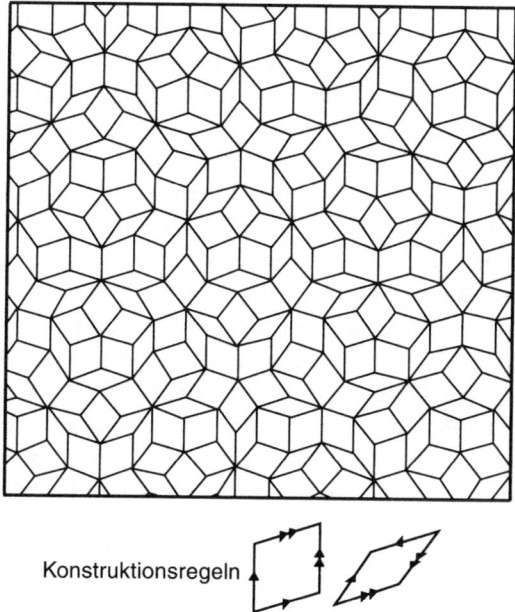

Konstruktionsregeln

Abbildung 4.17 *Roger Penrose benutzte zwei Arten von Rauten, um eine Fläche ohne Lücken auszufüllen. Auf ihr kommen keine sich regelmäßig wiederholenden Muster vor, und es gibt keine Elementarzelle. Trotzdem sind wiederkehrende Formen zu erkennen, die eine fünf- oder zehnzählige Symmetrie aufweisen. Strenge Regeln bestimmen über die Anordnung der Fliesen: Die Pfeile aneinanderliegender Kanten müssen zueinander passen.*

Schon bei einem flüchtigen Blick fällt etwas Merkwürdiges an den Fliesenmustern von Penrose auf. Man kann verschiedene Arten von fünf- oder zehnzähligen Anordnungen erkennen, die zwar häufig wiederkehren, sich aber nicht periodisch wiederholen. Eine andere seltsame Eigenschaft kommt erst bei einer genaueren Untersuchung ans Licht: Betrachtet man einen größeren Bereich, ist das Verhältnis zwischen schmalen und breiten Rauten immer mehr oder weniger gleich – es beträgt ungefähr 1.62. Weitet man die Betrachtung auf ein unendlich großes Fliesenmuster aus, ist das Verhältnis sogar *exakt* gleich. Der Wert läßt sich aber nicht genau angeben. Wie bei der Zahl π (die das Verhältnis zwischen dem Umfang und dem Durchmesser eines Kreises ausdrückt) folgen auf den Dezimalpunkt unendlich viele Ziffern, die sich auch nicht wiederholen. Solche Zahlen werden als irrational bezeichnet. Einfache Brüche wie 1/2 oder 1/3, die als das Verhältnis zweier ganzer Zahlen geschrieben werden können, nennt man rational: Sie sind entweder durch eine endliche Zahl von Ziffern oder durch eine sich wiederholende Folge von Ziffern nach dem Dezimalpunkt definiert (1/2 = 0.5; 1/3 = 0.3333...). Man kann die Zahl π aber auf Millionen von Dezimalstellen genau berechnen (und tatsächlich haben Wissenschaftler dies mit Hilfe von Computern getan), ohne daß es möglich wird, die folgenden Ziffern vorherzusagen. Bei der Penrose-Parkettierung ist das Verhältnis zwischen breiten und schmalen Fliesen 1.618, wenn es auf drei Dezimalstellen genau angegeben wird; der genaue mathematische Ausdruck lautet: $(1 + \sqrt{5})/2$. Die Zahl bezeichnet man als den Goldenen Schnitt. Genauso wie die Zahl π in vielen Situationen erscheint, die scheinbar nichts mit den geometrischen Eigenschaften von Kreisen zu tun haben, taucht diese Zahl häufig ein wenig mysteriös in verschiedenen mathematischen Zusammenhängen auf.

Penrose führte seine Forschung zur fünfzähligen Geometrie in den siebziger Jahren durch. 1982 berechnete Alan Mackay vom Birkbeck College in London ein spekulatives Beugungsmuster, das theoretisch dann entstehen würde, wenn auf den Scheitelpunkten des Fliesenmusters von Penrose Atome lägen. Für dieses zweidimensionale „Quasigitter" ergibt sich im Beugungsmuster eine Anordnung von hellen Flecken mit einer zehnzähligen Symmetrie. Bemerkenswerterweise ging diese Berechnung dem experimentellen Nachweis solcher Muster am NBS um zwei Jahre *voraus*. Aber die Verteilung von Atomen auf ein Penrose-Gitter „von Hand" war nur ein Gedankenspiel. Niemand, auch nicht Mackay, kam darauf, daß reale Atome in einem dreidimensionalen Festkörper dazu gebracht werden können, sich so kompliziert nach strengen Konstruktionsregeln anzuordnen.

1984 gelang es Peter Kramer und Reinhardt Neri in Tübingen und Don Levine und Paul Steinhardt in Pennsylvania unabhängig voneinander, die Penrose-Muster von zwei auf drei Dimensionen auszudehnen. Als im gleichen Jahr Dan Shechtman und seine Mitarbeiter die Beugungsmuster ihrer Aluminium/Mangan-Legierung publizierten, erkannten Levine und Steinhardt sofort den Zusammenhang mit ihrer Arbeit und schlugen eine dreidimensionale Version des Penrose-Fliesenmusters als Modell für die Struktur der Legierung vor. Die Baueinheiten solcher dreidimensionalen Muster sind räumliche

Versionen der flachen Rauten, die als Rhomboeder bezeichnet werden und aussehen wie gescherte Würfel (siehe Abbildung 4.18). Wiederum reichen ein breiter und ein schmaler Rhomboeder aus, um einen dreidimensionalen Raum ohne Löcher zu füllen. Dabei gelten bestimmte Anlegeregeln. In der entstehenden Struktur liegen Körper mit ikosaedrischer Symmetrie vor. Wiederum entspricht das Verhältnis von schmalen zu breiten Rhomboedern dem goldenen Schnitt. Wenn man Atome auf die Ecken der Rhomboeder plaziert, stimmt das berechnete Beugungsmuster für diese Atomanordnung mit demjenigen von quasikristallinen Legierungen gut überein.

Schattenkristalle

Sowohl zwei- als auch dreidimensionale Penrose-Muster können also dadurch erzeugt werden, daß zwei Arten von Fliesen oder Blöcken nach bestimmten Regeln aneinandergelegt werden. Diese Regeln gelten jedoch nur in einem örtlich begrenzten Maßstab. Deshalb ist noch unklar, wie aus ihnen eine für scharfe Beugungsflecken offenbar notwendige, kristallähnliche Fernordnung hervorgehen kann. Es gibt aber noch einen anderen Weg der Parkettierung. Er liefert uns einen Hinweis auf die Beziehung zwischen Fliesenmustern und echten Kristallen. Damit wir diesen Ansatz verstehen, ist es am einfachsten, wenn wir zunächst *ein*dimensionale Quasikristalle betrachten.

Einen eindimensionalen Feststoff kann man sich als eine Reihe von Atomen vorstellen, die entlang einer geraden Linie angeordnet sind. Bei einem Kristall ist diese Anordnung periodisch: Im einfachsten Fall ist der Abstand zwischen zwei benachbarten Atomen immer gleich. Die Elementarzelle für diese Struktur enthält nur ein Atom. Ein amorpher eindimensionaler Festkörper würde aus einer unregelmäßigen Abfolge von Atomen bestehen, wobei der Abstand benachbarter Atome zufällig wäre.

Ein „Schnitt" durch einen periodischen zweidimensionalen Kristall erzeugt einen eindimensionalen Kristall (siehe Abbildung 4.19*a*). Ein dazu paralleler Schnitt, der nur wenig gegenüber dem ersten verschoben ist, könnte jedoch alle Atome verfehlen. Ein eindimensionaler Kristall läßt sich deshalb besser dadurch erzeugen, daß man jedes Atom innerhalb eines breiten Streifens berücksichtigt und die Atome auf eine einzige Dimen-

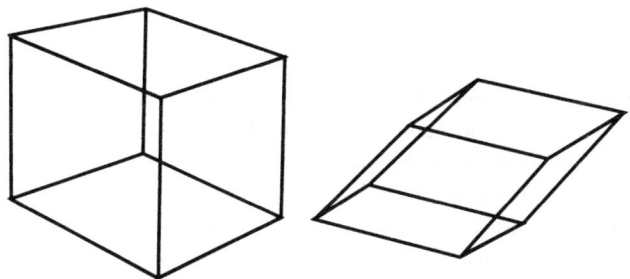

Abbildung 4.18 *Für eine dreidimensionale Version der Penrose-Parkettierung werden zwei Arten von Rhomboedern benötigt.*

zweidimensionales Gitter

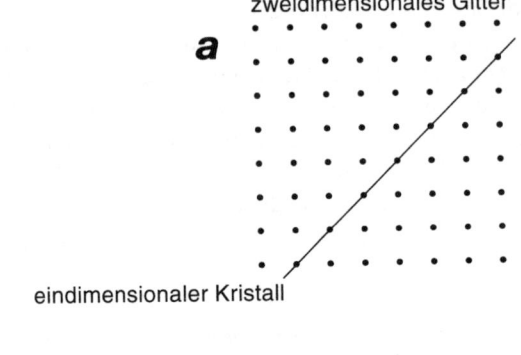

eindimensionaler Kristall

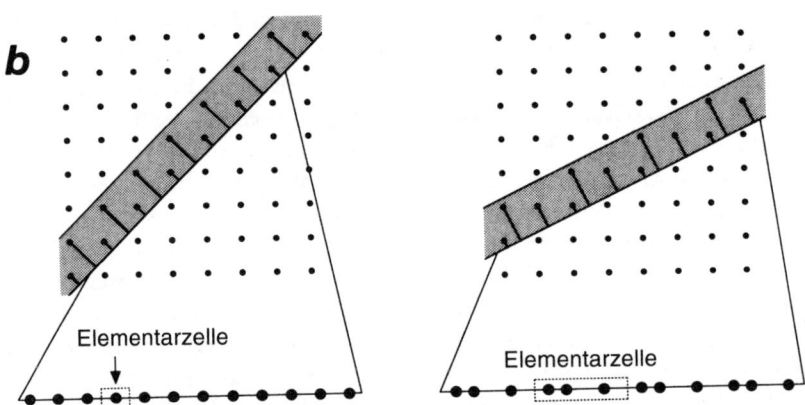

Elementarzelle

Elementarzelle

Abbildung 4.19 *Ein eindimensionaler Kristall besteht aus einer linearen Anordnung von Atomen, die sich regelmäßig wiederholen. Im einfachsten Fall haben alle Atome den gleichen Abstand zueinander. Diese Kristalle können mit Hilfe eines „Schnittes" durch ein zweidimensionales Gitter erhalten werden (a). Um zu verhindern, daß dabei Atome verfehlt werden, können wir statt dessen Streifen durch das Gitter legen und die Punkte innerhalb des Streifens anschließend auf eine Linie projizieren (b). Die genaue Natur der resultierenden eindimensionalen Anordnung hängt von dem Winkel des Streifens ab.*

sion projiziert – auf eine Kante des Streifens (siehe Abbildung 4.19*b*). Die Beschaffenheit des von uns erzeugten, eindimensionalen Kristalls hängt dann nur davon ab, mit welchem Winkel der Streifen durch den Kristall verläuft. Streifen mit verschiedenen Winkeln bringen Kristalle mit unterschiedlichen Elementarzellen hervor.

Auf den ersten Blick mag es scheinen, als ob Streifen jeden Winkels eine periodische, eindimensionale Anordnung von Atomen erzeugen. Das stimmt aber nicht. Tatsächlich gibt es eine unendliche Anzahl von Winkeln, die *keine* eindimensionalen Kristalle produzieren. Es zeigt sich, daß periodische, eindimensionale Abfolgen dann entstehen, wenn der Anstieg des Streifens einer rationalen Zahl entspricht. Wenn der Anstieg gleich

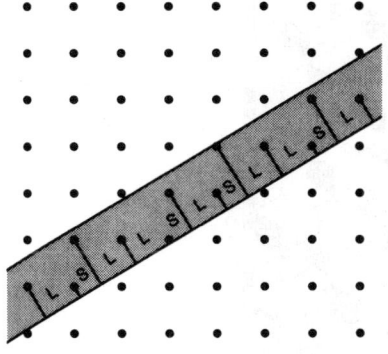

Abbildung 4.20 *Ein eindimensionaler Quasikristall kann durch die Projektion von Punkten innerhalb eines Streifens auf eine Linie erzeugt werden, wenn dieser Streifen unter einem irrationalen Winkel durch ein zweidimensionales, periodisches Gitter verläuft. Im hier gezeigten Quasikristall ist die Distanz zwischen den Atomen entweder lang oder kurz. Diese beiden Möglichkeiten wechseln jedoch unregelmäßig.*

einer irrationalen Zahl ist, wie beim goldenen Schnitt, ist das Muster quasiperiodisch. Anders ausgedrückt: Es entsteht ein eindimensionaler Quasikristall.

Wie sehen solche eindimensionalen Quasikristalle aus? Liegt ein quadratisches Gitter vor und und hat der hindurchgehende Streifen einen Anstieg mit dem Wert des Goldenen Schnittes, so erzeugt er eine lineare Anordnung mit zwei verschiedenen Atomabständen: manchmal ist der Abstand größer, manchmal kleiner (siehe Abbildung 4.20). Es gibt also einen eindeutigen Unterschied zu einer eindimensionalen Anordnung, in der die Atomabstände zufällig sind (wie bei einem eindimensionalen Glas). Andererseits ist der Wechsel von kurzen und langen Abständen aber nicht regelmäßig. Die Struktur ist nicht periodisch; sie ist aber trotzdem geordneter als die eines Glases.

Quasikristalle mit einer Dimension höheren Grades lassen sich auf die gleiche Weise erzeugen – mit Hilfe eines Schnittes durch ein höherdimensionales periodisches Gitter. So erzeugt ein Schnitt durch ein dreidimensionales, kubisches Gitter und die anschließende Projektion des erzeugten Musters auf eine Ebene ein zweidimensionales, quasiperiodisches Fliesenmuster (siehe Abbildung 4.21). Dreidimensionale Penrose-Quasikristalle, wie sie sich Kramer, Neri, Levine und Steinhardt vorstellten, sind das Resultat der dreidimensionalen Projektion eines Schnittes durch ein *sechs*dimensionales Gitter. (Wenn Sie Schwierigkeiten haben, sich einen sechsdimensionalen Kristall auszumalen, sei Ihnen versichert, daß man ihn relativ leicht mathematisch erzeugen kann.) Wegen dieser Beziehung zwischen Quasikristallen und echten Kristallen verstehen wir vielleicht leichter, warum wir bei einem Material ohne Elementarzelle scharfe Flecken im Beugungsmuster erkennen.

Andererseits erklärt diese Beziehung noch nicht alles. Selbst wenn wir uns mit der Vorstellung zufrieden geben, daß Quasikristalle „Schatten" von perfekten Kristallen einer höheren Dimension sind – wie, verflixt noch mal, kann man von einem Röntgenstrahl erwarten, daß er diese abstruse Beziehung zur perfekten Kristallinität erkennt? Auch das „Projektionsmodell" hilft uns nicht darüber hinweg, daß wir Gitter mit regelmäßigen Abständen benötigen, damit konstruktive und destruktive Interferenzen eintreten kön-

Abbildung 4.21   *Ein zweidimensionales quasiperiodisches Gitter entsteht, wenn man einen Schnitt durch ein dreidimensionales Gitter auf eine Ebene projiziert. Gezeigt wird eine Projektion durch einen Würfelstapel. Die Schattierung verdeutlicht die Beziehung zwischen dem zweidimensionalen Rautenmuster und dem darunterliegenden dreidimensionalen Würfelgitter.*

nen. Ein Quasikristall kann kein solches periodisches Gitter besitzen, denn dazu müßte eine Fernordnung vorhanden sein. Die Lösung für dieses Problem liegt darin, daß Quasikristalle etwas besitzen, das wir als periodische „Quasiebenen" bezeichnen können.

Um dies zu verdeutlichen, müssen wir noch einmal zu den zweidimensionalen Penrose-Fliesenmustern zurückkehren, die aus schmalen und breiten Rauten bestehen. Stellen wir uns vor, wir würden ausgehend von einer beliebigen Fliese alle die Fliesen der Anordnung markieren, deren Seiten parallel zu derjenigen der Ausgangsfliese liegen (tatsächlich treten die entsprechenden Seiten immer paarweise auf, weil jede Raute zwei Paare paralleler Seiten besitzt). Wir stellen dann fest, daß die markierten Fliesen nicht wahllos angeordnet sind. Statt dessen bildet sich ein Muster mit durchgängigen Reihen, die zwar eher in Knicken als geradlinig verlaufen, im Mittel aber parallel und im gleichen Abstand zueinander (siehe Abbildung 4.22) bleiben. Die ursprünglich ausgewählte Raute kann fünf verschiedene Orientierungen einnehmen, so daß es fünf verschiedene Sätze dieser parallelen „Quasireihen" gibt. Entsprechend gibt es in einem dreidimensionalen Penrose-Muster „Quasiebenen", die zwar holperig, aber annähernd periodisch sind.

Die Existenz von Quasireihen besagt nicht, daß es eine Fernordnung gibt: Denn wenn man eine vollständige Reihe um den durchschnittlichen Wert des Reihenabstandes verschiebt, wird sie *nicht* deckungsgleich auf der nächsten Reihe abgebildet. Doch kommen zwei Quasireihen übereinander zu liegen, die sich sehr ähnlich sind und in keiner Richtung deutlich unterscheidbar voneinander abweichen. Quasiebenen in dreidimensionalen Penrose-artigen Quasikristallen streuen Röntgenstrahlen so, daß Beu-

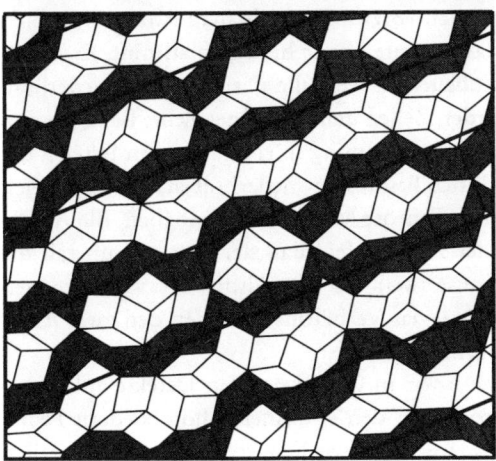

Abbildung 4.22 *Im Fliesenmuster nach Penrose gibt es fünf „Quasiebenen". Die Beugung an diesen Quasiebenen führt zu einem Muster mit fünfzähliger Symmetrie. Hier zeige ich zwei der entsprechenden Quasireihen in einem zweidimensionalen Penrose-Muster; die fetten Linien geben die Richtungen der Reihen an.*

gungsmuster mit fünfzähliger Symmetrie entstehen. Man könnte sich fragen, warum die Verknickungen innerhalb der Ebenen nicht zu leicht verwischten Beugungsmustern führen – doch sollten wir daran denken, daß sogar in einem vollkommenen Kristall die periodische Anordnung der Atome durch thermisch induzierte Schwingungen gestört wird. Deshalb unterscheidet sich ein Quasikristall mit seinen fünfzähligen, verknickten Quasiebenen nicht so sehr von einem Kristall.

Wo sind die Atome?

Man könnte annehmen, daß das Problem der quasikristallinen Strukturen dank der Fliesenmuster von Penrose nun recht gut gelöst ist. Bis jetzt habe ich aber einige unangenehme Fragen außer acht gelassen, die ein vollständiges Verständnis dieser ungewöhnlichen Stoffe verhindern. Wie gezeigt wurde, können die Ecken der Penrose-Fliesen ein quasikristallines „Gitter" verkörpern: Plaziert man Atome auf diese Ecken, entsteht ein Quasikristall (ich setze den Begriff Gitter in Anführungszeichen, weil er strenggenommen nur für eine periodische Anordnung von Punkten verwendet werden darf). Bis jetzt sind aber alle entdeckten Quasikristalle Legierungen aus zwei (und meistens sogar mehr) Atomsorten. Die Zusammensetzungen dieser Legierungen liegen genau fest: Die am besten erforschten Aluminium/Mangan-Legierungen haben die Summenformel Al_4Mn und Al_6Mn. Die Formeln anderer Quasikristalle sind komplizierter, aber trotzdem genau definiert (beispielsweise Al_6Li_3Cu und $Al_{78}Cr_{17}Ru_5$). Es fällt schwer zu verstehen, daß diese präzisen Zusammensetzungen erhalten bleiben, wenn sich die Atome zufällig auf den verschiedenen Gitterpunkten verteilen. Warum halten sich die quasikristallinen Materialien an ein spezielles und reproduzierbares Atomverhältnis? Und dürfen wir einfach ignorieren, daß verschiedene Atomsorten sich in ihrer Größe erheblich unterscheiden?

Bei einem Kristall fällt es nicht schwer, sich vorzustellen, wie man Atome anordnen muß, damit das Atomverhältnis durch das gesamte Gitter hindurch stimmt. Es reicht, eine entsprechende Elementarzelle aufzubauen – weil diese sich exakt wiederholt, entspricht das Atomverhältnis von Milliarden Zellen dem von einer Zelle. Bei Quasikristallen reicht es hingegen nicht aus, eine Atomanordnung in einem kleinen Bereich der Struktur festzulegen. Denn im quasikristallinen Festkörper wiederholt sich dieser Bereich nicht. Darüber hinaus ist es auch nach dem Penrose-Modell nicht möglich, die Atome so auf die dreidimensionalen Rhomboeder zu verteilen, daß der Feststoff überall die gleiche, richtige Zusammensetzung aufweist, weil das Verhältnis der verschiedenen Atome im Festkörper gleich einer rationalen, das Verhältnis zwischen den zwei Arten von Rhomboedern aber gleich einer irrationalen Zahl ist.

Dieses Problem läßt sich umgehen, wenn wir in Quasikristallen Defekte zulassen – Stellen, an denen die Anordnung der Atome auf den einzelnen Rhomboedern Fehler aufweist. Dies können Leerstellen sein – also unbesetzte Stellen, an denen man eigentlich Atome erwarten würde – oder sogar Bereiche, in denen die Rhomboeder gestört sind. Selbst echte Kristalle mit ihrer höchst regelmäßigen Atomanordnung sind ausnahmslos von Defekten durchsetzt. Deshalb kann man sich leicht vorstellen, daß auch Quasikristalle diese Fehler enthalten. Defekte lassen Abweichungen in der Zusammensetzung zu, so daß ein Stoff mit einem rationalen Atomverhältnis ein quasiperoidisches „Gitter" mit einem eigentlich irrationalen Verhältnis bilden kann. Es ist dann möglich, die Struktur mit Hilfe von Rhomboedern zu beschreiben, die mit Atomen „verziert" sind. Beispielsweise ergibt sich für den Quasikristall $Mg_{32}(Al,Zn)_{49}$ das richtige Atomverhältnis, wenn die Atome wie in Abbildung 4.23 auf zwei ikosaedrischen Rhomboedern dreidimensional angeordnet werden und man dabei einige Defekte zuläßt.

Eine wichtigere und schwieriger zu beantwortende Frage ist allerdings, wie die Atome auf ihren Platz im Quasikristall gelangen. Wir haben unsere Modelle aufgebaut, indem wir strenge Regeln für die Anordnung der verzierten Rhomboeder beachtet haben oder

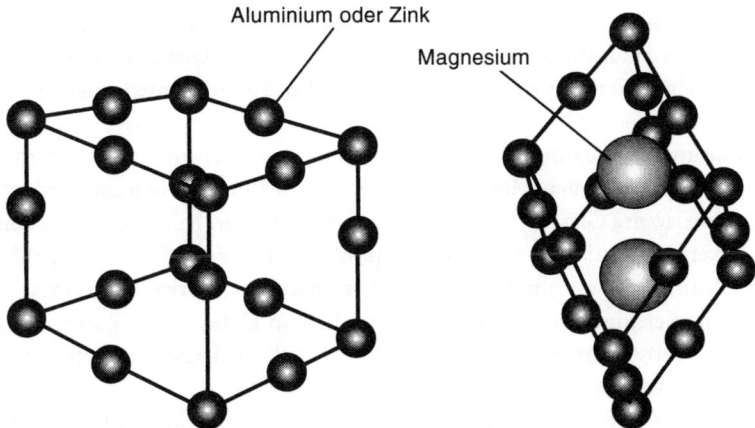

Aluminium oder Zink

Magnesium

Abbildung 4.23 *Wenn man die rhomboedrischen Struktureinheiten eines dreidimensionalen Penrose-Musters mit Magnesium- und Aluminium- oder Zinkatomen belegt, resultiert eine Atomanordnung, die das Beugungsmuster und die Zusammensetzung der Legierung Mg$_{32}$(Al,Zn)$_{49}$ erklärt. Dies gilt allerdings nur unter der Voraussetzung, daß man Defekte in der Struktur zuläßt.*

indem wir uns eine Projektion von sechs Dimensionen in einen dreidimensionalen Raum vorgestellt haben. Atome in einer sich schnell verfestigenden, flüssigen Legierung kennen diese Regeln aber nicht. Sie haben auch keinen Überblick über die gesamte Struktur. Sie wissen nur, was in ihrer direkten Umgebung passiert. Stellen Sie sich zwei Fliesenleger vor, die einen Saal im Penrose-Stil von zwei gegenüberliegenden Ecken aus belegen. Selbst wenn die Handwerker sehr aufmerksam die Konstruktionsregeln beachten, würden sie beim Zusammentreffen in der Mitte des Raumes doch sehr wahrscheinlich feststellen, daß ihre Muster nicht zusammenpassen: Die Kanten der Fliesen könnten nicht auf die richtige Art und Weise aneinandergelegt werden. Wir hätten dann zwei recht große Flächen mit perfekten Fliesenmustern und könnten uns mit dem Schönheitsmakel in der Mitte abfinden. Was aber ist, wenn fünfzig Fliesenleger unabhängig voneinander in dem Saal arbeiten? Das Problem besteht darin, daß die Anlegeregeln nur am jeweiligen Ort gelten. Man muß beim Anlegen nämlich nur die unmittelbar benachbarten Fliesen beachten. Ein vollkommenes Fliesenmuster läßt sich nur dann erstellen, wenn sich die weit voneinander entfernten Fliesenleger untereinander verständigen. Es ist kaum vorstellbar, daß die Atome während des Wachstums eines Quasikristalls miteinander über so weite Distanzen „kommunizieren". Erschwerend kommt die Schnelligkeit des Wachstums hinzu: Es ist, als ob die Fliesenleger kaum die Zeit hätten, nicht passende Teile des Musters auszutauschen.

Tatsächlich *zeigen* echte Quasikristalle Anzeichen von deutlicher Unordnung. Sie weichen von der vollkommenen quasiperiodischen Struktur ab, die das Penrose-Modell voraussagt. Ein Beispiel: Kristalline Metalle und geordnete Legierungen sind gute Leiter.

Unordnung in einem Material behindert den Stromfluß. Deshalb sind Defekte in Metallen eine der Hauptursachen für deren elektrischen Widerstand. Perfekte Quasikristalle müßten eigentlich wie Kristalle gute Leiter sein. Experimentell zeigt sich aber das Gegenteil.

Verschwommene Beugungssignale sind ein anderes Merkmal von Unordnung in einem ansonsten kristallinen Material. Wie bereits erwähnt, ergeben ungeordnete Materialien – beispielsweise Gläser – klecksartige Beugungsmuster, bei denen keine deutlichen Peaks zu erkennen sind. Die Peaks von Quasikristallen sind durch das Fehlen einer perfekten Ordnung etwas unscharf (diese Unschärfe ist merkwürdigerweise *nicht* so ausgeprägt wie diejenige von echten Kristallen, die von Defekten oder anderen „Unordnungsherden" verursacht wird). Das Penrose-Modell wiederum sagt eher zu scharfe Beugungssignale voraus.

Es gibt also einige Schwierigkeiten mit dem idealisierten Bild, das wir uns mit Hilfe der Penrose-Fliesenmuster von quasikristallinen Strukturen geschaffen haben. Nicht nur, daß es eine etwas *zu* perfekt quasiperiodische Struktur voraussagt. Es kann auch nicht erklären, warum der wachsende Quasikristall die strengen Konstruktionsregeln einhält. Aus diesen Überlegungen heraus haben einige Forscher andere Modelle für quasikristalline Strukturen vorgeschlagen. Kurz nachdem sie den ersten Quasikristall entdeckt hatten, legten Shechtman und Blech einen eigenen Strukturvorschlag vor. Nach diesem bestehen Legierungen aus nahezu wahllos verbundenen, ikosaedrischen Atomclustern (ähnlich denjenigen, die von Charles Frank für unterkühlte Flüssigkeiten vorgeschlagen wurden). Die Cluster verbinden sich ohne Rücksicht auf entstehende Lücken und ohne Einschränkungen durch Konstruktionsregeln. Diese Idee führte zum sogenannten ikosaedrischen Glasmodell. Mit Hilfe von fünfeckigen Fliesen, wie sie auch zum Aufbau eines Penrose-Musters benutzt werden (siehe Abbildung 4.24*a*), kann man eine Lücken enthaltende, zweidimensionale Fassung dieses Modells erzeugen (siehe Abbildung 4.24*b*). Es ist klar, daß man beim Verlegen der Fliesen nicht so sorgfältig vorgehen muß wie im Falle der Penrose-Muster. Quasiperiodizität sollte eigentlich nicht auftreten. Eher würde man erwarten, daß die Atome in den einzelnen Clustern eine Nahordnung ausbilden, insgesamt aber über größere Distanzen eine eher zufällige Struktur resultiert. Überraschenderweise kann man aber anhand des ikosaedrischen Glasmodells – wenn es nur leicht abgewandelt und fein abgestimmt wird – die Entstehung eines fünf- oder zehnzähligen Beugungsmusters erklären. Während das Penrose-Modell, verglichen mit der experimentellen Beobachtung, zu scharfe Signale voraussagt, liefert das ikosaedrische Glasmodell Signale, die zu verwaschen sind – was auf die große Unordnung in der Struktur zurückzuführen ist.

Während das Penrose-Parkettierungsmodell für Quasikristalle zuviel Ordnung voraussagt, weist das ikosaedrische Glasmodell Quasikristallen zuviel Unordnung zu. Es liegt auf der Hand, nach einem Kompromiß zu suchen, der Elemente beider Extreme enthält. An der Entwicklung eines solchen Modells, dem „statistischen Glasmodell", waren Forscher der Carnegie-Mellon University in Pittsburgh wesentlich beteiligt. Die

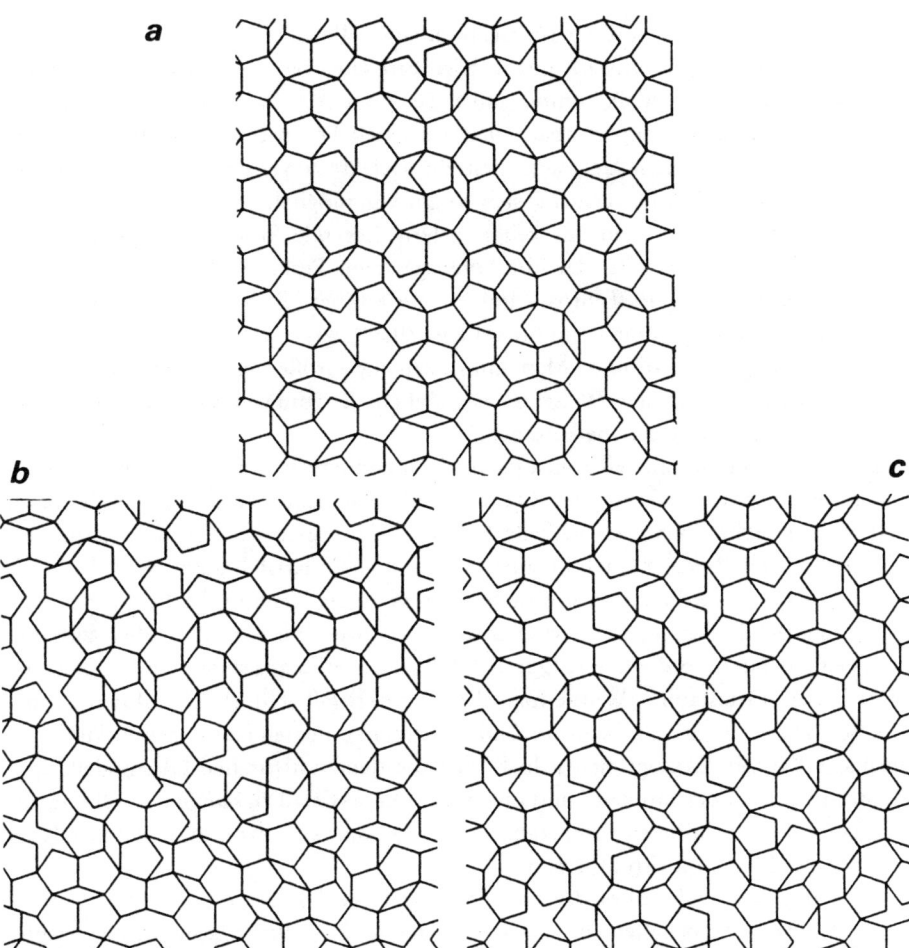

Abbildung 4.24 *Drei Modelle zur Beschreibung quasikristalliner Strukturen (aus Gründen der Übersicht-lichkeit sind zweidimensionale Quasikristalle dargestellt): (a) das Parkettierungsmodell nach Penrose; (b) das ikosaedrische Glasmodell; (c) das statistische Glasmodell. Beim ikosaedrischen Glasmodell hat sich neuerdings herausgestellt, daß es sich weniger zur Beschreibung des quasikristallinen Zustands eignet. Aber mit den beiden anderen Modellen lassen sich, nach einigen Anpassungen, Einzelheiten der Beugungsmuster von Quasikristal-len gut erklären. (Mit freundlicher Genehmigung von Peter Stephens, State University, New York)*

Konstruktionsregeln des Penrose-Modells stellen sicher, daß keine Fehlanpassungen von Fliesen vorkommen. Das ikosaedrische Glasmodell hingegen sieht über Konstruktions-regeln hinweg. Im statistischen Glasmodell hingegen gibt es keine Konstruktionsregeln mehr, die dafür sorgen, daß benachbarte Fliesen in der richtigen Orientierung zueinander finden. Lücken und Fehlanpassungen werden aber weiterhin als etwas Negatives behandelt. Dieser Ansatz steht mit der physikalisch sinnvollen Vorstellung in Einklang, daß das Wachstum des Quasikristalls nur in Kleinbereichen bestimmten Regeln unterliegt. Das statistische Glasmodell kommt ohne die mysteriöse Verständigung über weite Entfernungen aus, die zum Aufbau eines perfekten Penrose-Musters erforderlich ist. Gleichzeitig ist das Material aber auch bestrebt, Defekte zu vermeiden. Jedes Atom eines wachsenden Quasikristalls versucht, sich so gut wie möglich an seine Nachbarn anzupassen, schert sich aber nicht um weiter entfernt liegende Atome. Ein überraschendes Merkmal dieses Modells ist, daß die vorausgesagten Peaks im Beugungsmuster fast genauso scharf wie die des Penrose-Modells sein können. Es ist ziemlich einfach, den Grad der Unordnung in der Struktur „einzustellen", was auch gleichzeitig die Schärfe der Beugungssignale bestimmt. Man muß dazu die Größe der Lücken zwischen den Fliesen variieren. Auf diese Weise ist es möglich, Beugungsmuster zu erzeugen, die gemessenen Mustern sehr nahe kommen.

Das statistische Glasmodell zeigt auch noch eine andere überraschende Charakteristik. Experimentell werden die meisten Quasikristalle über eine Variante der NBS-Abkühltechnik hergestellt. Durch das schnelle Abkühlen der Legierung friert die quasiperiodische Struktur ein, bevor sie sich in einen vollkommenen Kristall umwandeln kann. Die quasikristalline Anordnung ist also nicht die bevorzugte Struktur der Legierung: Wenn die Atome der Legierung frei beweglich wären, würden sie sich allmählich zu einem richtigen Kristall umordnen. Der Quasikristall ist nur *vorläufig* stabil (der Fachausdruck dafür lautet „metastabil"): Würde man den Quasikristall schmelzen und den Atomen ihre Beweglichkeit zurückgeben, entstünde bei einem erneuten langsamen Abkühlen ein normaler Kristall. Es zeigt sich jedoch, daß die dem statistischen Glasmodell eigene Unordnung unter bestimmten Umständen den Quasikristall zu *stabilisieren* vermag, und zwar besonders bei höheren Temperaturen. Der Quasikristall kann sogar stabiler als eine regelmäßige, kristalline Struktur sein.

Noch überraschender ist es, daß dieser Stabilitätsgewinn auch experimentell beobachtet werden kann. So behalten einige neue Typen quasikristalliner Legierungen, beispielsweise Aluminium/Zink/Magnesium-Legierungen, ihre quasikristalline Struktur sogar bis zum Schmelzpunkt bei, anstatt sich umzuordnen, wenn die Atome beweglicher werden. Deshalb ist zur Herstellung dieser quasikristallinen Materialien ein rasches Abkühlen der geschmolzenen Legierungen nicht mehr notwendig. Das Abkühlen kann langsamer erfolgen. Es ist dann möglich, „ideale" Quasikristalle, die eine facettierte, kristallähnliche Gestalt besitzen, herzustellen. Die fünfzählige Symmetrie der atomaren Struktur bleibt dann auch augenfällig im massiven Material erhalten (siehe Abbildung 4.25).

Im allgemeinen zeigen selbst diese vorsichtig gezüchteten Kristalle Merkmale einer Art von Unordnung, die eine zwangsläufige Konsequenz aus dem ikosaedrischen Glasmodell ist. Aber neuerdings sind ikosaedrische Quasikristalle gezüchtet worden, die mehr oder weniger frei von dieser Art Unordnung zu sein scheinen. Die Quasikristallinität dieser neuen Legierungen läßt sich nur noch mit dem statistischen Glasmodell und dem Penrose-Modell beschreiben.

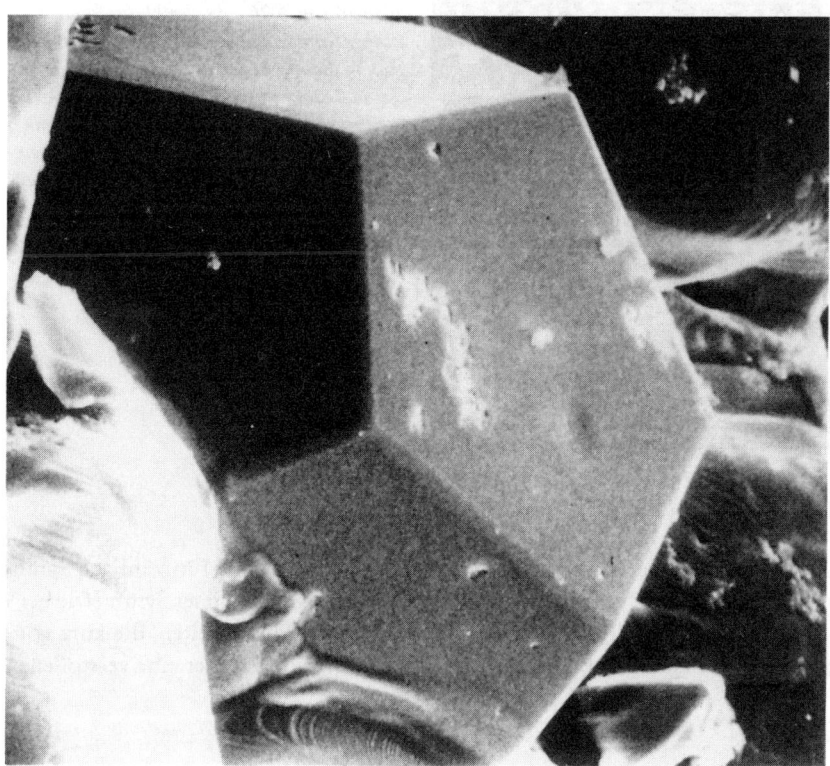

Abbildung 4.25 *Thermodynamisch stabile Quasikristalle können im Gegensatz zu metastabilen durch langsameres Abkühlen gezüchtet werden. Man erhält große „Pseudo-Kristalle". Deren Form kann die verbotene Symmetrie der Atomstruktur widerspiegeln. Der hier abgebildete Pseudo-Kristall hat die Gestalt eines Dodekaeders. (Mit freundlicher Genehmigung von Kenji Hiraga, Tohoku University)*

Nach der anfänglichen Aufregung, die von der NBS-Entdeckung hervorgerufen wurde, macht sich unter den Erforschern der Quasikristalle nun eine gewisse Ernüchterung breit. Zweifellos stellen diese Materialien eine ganz neue und unerwartete Art von Festkörpern dar. Inzwischen verstehen wir ihre Struktur aber recht gut. Sie zwingen uns nicht, bewährte Konzepte und Begriffe aus der Symmetrielehre aufzugeben. Im Moment untersucht die Forschung vor allem, wie sich ihre ungewöhnlichen Strukturen auf bestimmte Eigenschaften - beispielsweise auf die elektrische Leitfähigkeit oder auf das magnetische Verhalten - auswirken. Einige Enthusiasten hoffen immer noch, daß sich hier und da eine Nische für eine praktische Verwendung von Quasikristallen auftut. Die wahrscheinlich interessanteste und inspirierendste Konsequenz ihrer Entdeckung ist

Abbildung 4.26   *In der Natur kommt die fünfzählige Symmetrie nicht so selten vor, wie man früher
glaubte. So ist sie auch in diesem Muster zu erkennen,
das von Strömungslinien in einer Flüssigkeit hervorgerufen wird. Das Muster bildet sich, wenn in der
Flüssigkeit eine Turbulenz unmittelbar bevorsteht.
(Mit freundlicher Genehmigung von G. Zaslavsky,
New York University)*

aber, daß wir nun besser verstehen, wie wichtig Körper mit einer fünfzähligen Symmetrie
in vielen Bereichen der Naturwissenschaft sind. Man begegnet dieser Symmetrie bei Viren
und Blumen, aber auch in den Strömungsmustern von Flüssigkeiten, die kurz vor einer
Turbulenz stehen (siehe Abbildung 4.26). Die Fünf ist nicht länger eine verstoßene Zahl!

Teil II

Neue Produkte, neue Wirkungsweisen

5
Perfekte Gastgeber und willkommene Gäste

Moleküle, die einander erkennen und sich von selbst zusammenfügen

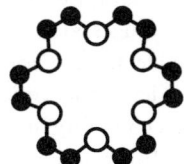

Sometimes it seems as if self-knowledge brought about the union, sometimes as if the chemical process were the efficient cause.

Carl Gustav Jung

Oft wird der menschliche Körper mit einer gut geölten Maschine verglichen. Milliarden molekularer Komponenten, die wie die vielen Rädchen in einem Uhrwerk absolut präzise ineinandergreifen, lenken die Abläufe im Organismus. Dieser Vergleich hat sicherlich seine Stärken, doch geben Molekularbiologen heutzutage weniger einer mechanistischen als einer anthropomorphischen Sichtweise den Vorzug. Sie beschreiben den Körper als ein echtes Gemeinwesen, in dem einzelne Moleküle wie Ameisen hin- und herhuschen und die ihnen zugewiesenen Aufgaben erledigen, um das Wohlergehen der Gemeinschaft insgesamt sicherzustellen. Einige gehen beispielsweise auf Nahrungssuche, andere bauen die Strukturen auf, die allen als Zuhause dienen. Wieder andere schwärmen aus und wehren fremde Eindringlinge ab.

Die Gemeinschaft weist jedem einzelnen Mitglied eine bestimmte Aufgabe zu. Weil die Moleküle der anorganischen Welt nur wenig Spezifität an den Tag legen, haben sie nur geringen Nutzen für die Gemeinschaft (ausgenommen vielleicht als Rohmaterialien). In der biochemischen Katalyse - sie ist lebenswichtig, denn die chemischen Reaktionen im Körper müssen nahe der Raumtemperatur effizient ablaufen - sind beispielsweise anorganische Katalysatoren wie Übergangsmetall-Oberflächen nicht von Nutzen, weil sie eher alle Arten von Reaktionen fördern. Statt dessen - so erfuhren wir im zweiten Kapitel - wirken die aus Proteinen aufgebauten Enzyme in biologischen Abläufen als hochselektive Katalysatoren.

Kurzum, die molekularen Arbeitspferde des Körpers müssen bei der Auswahl der Teilchen, mit denen sie in Wechselwirkung treten, sehr wählerisch sein. Sie müssen ihre Zielmoleküle aus einer riesigen Schar von Molekülen, die in ihrem Aussehen häufig extreme Ähnlichkeiten aufweisen, treffsicher herauspicken. Chemiker bezeichnen diese Art von Phänomen als „Molekulare Erkennung" – ein Molekül erkennt ein bestimmtes anderes Molekül und tritt mit ihm in Wechselwirkung. Ein exquisites Instrumentarium zur molekularen Erkennung, das sich über Millionen von Jahren Evolution fein eingespielt hat, sorgt dafür, daß die meisten Biomoleküle nur eine einzige chemische Operation ausführen, die meist nicht mehr als ein kleiner Schritt in einem komplizierten fließbandartigen Prozeß ist. Dem Hansdampf in allen Gassen begegnet man in der Welt der Biologie selten. Spezialisierung ist angesagt.

Diese Genauigkeit bis ins kleinste Detail setzt voraus, daß die Moleküle sorgfältig auf ihre Aufgabe „vorprogrammiert" werden. In lebenden Organismen sorgt das DNA-Molekül, der Träger des genetischen Plans eines Organismus, letztlich für diese Vorprogrammierung. Mit anderen Worten, die Information, die einem Protein sagt, wie es die molekulare Erkennung zu bewerkstelligen hat, liegt verschlüsselt in der DNA. Wie diese Verschlüsselung auf molekularer Ebene funktioniert, ist eine der Fragen, mit der sich Molekulargenetiker an allererster Stelle befassen.

Es wäre sehr hilfreich, wenn es gelänge, die Prinzipien und Regeln, die der molekularen Erkennung zugrunde liegen, zu verstehen. Denn viele der komplexen Vorgänge in der Chemie des Organismus ließen sich dann enträtseln. Biomoleküle haben aber aus der Sicht des Chemikers eine entmutigende Eigenschaft: sie sind riesig (oft bestehen sie aus einigen Tausend, manchmal sogar aus einigen Millionen Atomen). Wer herausfinden will, welcher Teil des Biomoleküls für dessen Fähigkeit zur molekularen Erkennung verantwortlich ist, hat deshalb eher niederschmetternde Erfolgsaussichten. Der Chemiker setzt konsequenterweise anders an: Er baut einfache Modellsysteme, die nur ein Charakteristikum oder einige wenige Eigenschaften des Biomoleküls nachahmen. Die auf diesem Wege gewonnenen Erkenntnisse sind von großem Wert für das gezielte Design synthetischer Medikamente.

Doch ist es nicht die Pharmakologie allein, die die Früchte dieser Arbeit erntet. Die Möglichkeit, chemische Reaktionen hochselektiv durchzuführen, hat den Chemikern die Augen geöffnet. Ihrer Zunft bietet sich die atemberaubende Chance, Moleküle mit einer bisher unvorstellbaren strukturellen Komplexität in sehr eleganten Ein- oder Zwei-Stufen-Synthesen aufzubauen. Diese Entwicklung hat weitreichende Konsequenzen: Sie führt zu einem tieferen Verständnis des Lebens an sich und weist den Weg zur Konstruktion mechanischer und elektronischer Vorrichtungen auf molekularer Ebene.

Die Chemie des Lebens

Die Gen-Bibliothek

Die molekulare Erkennung hat entscheidenden Einfluß auf die Struktur des DNA-Moleküls, auf die Übersetzung des genetischen Codes in Proteinmoleküle und auf die biochemische Aktivität dieser Proteine. Sie liegt deshalb der Genetik und Molekularbiologie besonders am Herzen. Weil dies ein Buch über Chemie ist, kann ich mich nicht mehr als flüchtig mit diesen biologischen Systemen befassen. Ich werde an ihnen die Wichtigkeit der molekularen Erkennung für die Natur verdeutlichen. Eine Einführung in die Genetik muß sich der interessierte Leser an anderer Stelle suchen.

Die moderne Genetik hat sich aus der Vererbungslehre entwickelt. Diese untersucht, wie bestimmte Eigenschaften lebender Organismen von einer Generation zur nächsten weitergegeben werden. Viele der Vererbungsgesetze wurden Mitte des neunzehnten Jahrhunderts von einem österreichischen Priester namens Gregor Johann Mendel abgeleitet. Er führte umfangreiche Kreuzungsversuche mit Erbsen durch, um herauszufinden, wie Merkmale, beispielsweise die Höhe einer Pflanze, die Farbe und Form der Blüte und des Samens, vererbt werden. Mendel bezeichnete die Faktoren, die für die Weitergabe von Erbmerkmalen verantwortlich sind, als „Einzelfaktoren". Er konnte aber nicht sagen, woraus sie bestanden. Er leitete ab, daß Nachkommen zwei Kopien dieser Faktoren erben, jeweils eine von jedem Elternteil.

Die Bedeutung von Mendels Arbeiten zeigte sich erst nach der Jahrhundertwende, als Biologen erstmals in der Lage waren, die Komponenten einer einzelnen Zelle unter dem Mikroskop zu unterscheiden. Sie beobachteten, daß die Zellen von Lebewesen, die weniger primitiv als Bakterien sind, einige X-förmige Objekte enthalten (je nach Organismus in der Regel zwischen acht und achtzig) (Abbildung 5.1). Wenn sich eine Zelle teilt, spalten sich auch diese Gebilde, so daß in beiden neuen Zellen je wieder eines vorliegt. Die X-förmigen Objekte wurden als Chromosomen bezeichnet. Außerdem stellte man fest, daß die an der Fortpflanzung beteiligten Geschlechtszellen – Eizellen und Spermien – nur den halben Chromosomensatz enthalten. Erst durch die Vereinigung von Ei- und Samenzelle wird der vollständige Chromosomensatz wiederhergestellt, wobei jedes Elternteil je einen halben Satz beisteuert. Es war klar, daß diese Vererbung von

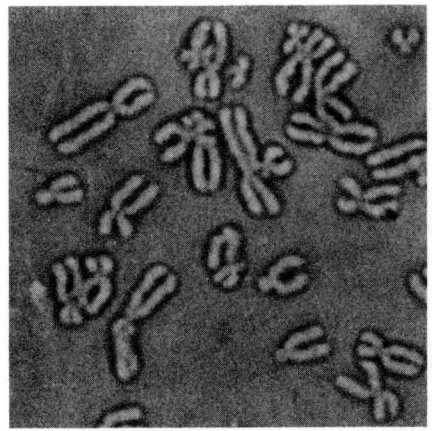

Abbildung 5.1 *Menschliche Chromosomen. Jede menschliche Zelle enthält 46 dieser X-förmigen Gebilde. (Mit freundlicher Genehmigung von William Earnshaw, Johns Hopkins University)*

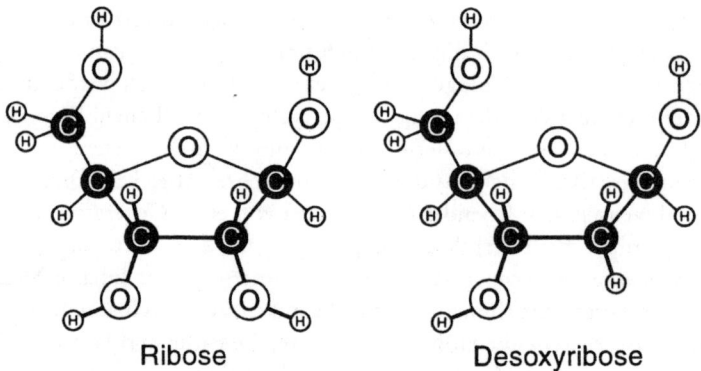

Ribose   Desoxyribose

Abbildung 5.2   *Die Zucker Ribose und Desoxyribose, Bestandteile der Nucleinsäuren RNA bzw. DNA.*

Chromosomen von einer Generation zur nächsten eindeutige Parallelen mit der Vererbung der Mendelschen „Einzelfaktoren" aufwies. Im Jahre 1903 schlugen Walter Sutton
und Theodor Boveri unabhängig voneinander vor, daß die Mendelschen Faktoren (für
die W. L. Johannsen 1909 die Bezeichnung „Gene" einführte) molekulare Strukturen
sind, die auf den Chromosomen liegen.

Chromosomen sind Gen„bibliotheken", in denen jedem Gen ein bestimmter Platz
zugewiesen ist. Einige (nicht alle) Gene legen die sichtbaren Charakteristika eines
Organismus, wie z. B. das Geschlecht, fest. Defekte in der molekularen Struktur eines
Gens können unter Umständen physiologische Fehlfunktionen oder eine Anfälligkeit
des Körpers gegenüber bestimmten Krankheiten verursachen. Mit Ausnahme von
primitiven Organismen wie Bakterien befinden sich die Chromosomen in einem
zentralen Baustein einer jeden Zelle, dem Zellkern. In den ersten Jahren dieses Jahrhunderts war man weithin der Ansicht, daß das genetische Material auf den Chromosomen
aus Proteinen besteht. Die genaue Analyse der chemischen Zusammensetzung von
Chromosomen bestätigte zwar, daß sie Protein enthalten, doch fand sich noch eine
weitere Komponente, in der das Zuckermolekül Desoxyribose vorkam (Abbildung 5.2).
Diesem Bestandteil gab man den Namen Desoxyribonucleinsäure bzw. kurz DNA (wobei
„Nuclein" darauf hindeutet, daß diese Komponente aus dem Zellkern stammt). Im
Zellkern wurde außerdem noch eine ähnliche Verbindung entdeckt, die aber mit den
Chromosomen nichts zu tun hat. Sie enthält den Zucker Ribose (Abbildung 5.2) und
erhielt die Bezeichnung Ribonucleinsäure (RNA). (In den Zellen einfacher Organismen,
die keinen Zellkern besitzen, schwimmen DNA und RNA ungehindert zwischen den
anderen Bestandteilen der Zelle umher.)

Im Jahre 1944 konnten O. T. Avery und Mitarbeiter vom Rockefeller Institut in New
York zwingend beweisen, daß allein die DNA-Moleküle, und nicht Proteine, die genetische Information tragen. Die molekulare Grundlage dieser Informationsspeicherung
offenbarte sich 1953, als Francis Crick und James Watson, inspiriert durch Röntgen-

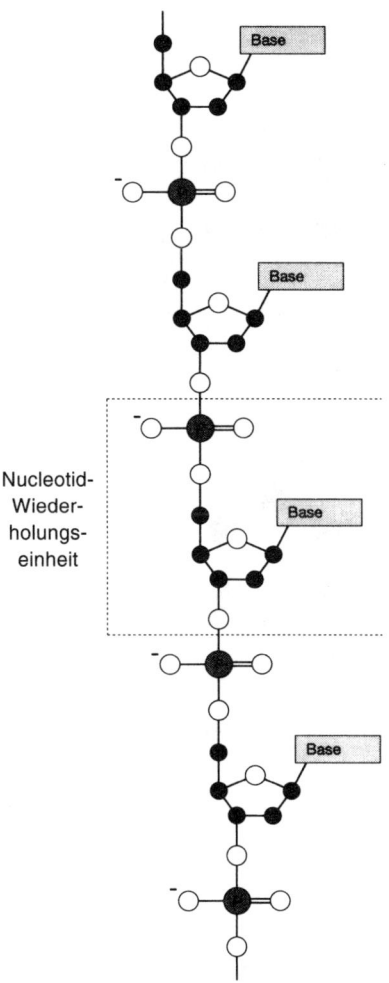

Abbildung 5.3 *Die DNA und RNA sind Polymere, aufgebaut aus Einheiten, die als Nucleotide bezeichnet werden. Jede dieser Einheiten enthält ein cyclisches Zukkermolekül – Desoxyribose in der DNA und Ribose in der RNA. Jedes Zuckermolekül ist über eine Phosphatgruppe mit einem Zuckermolekül des Nachbar-Nucleotids verbunden. Jedes Zuckermolekül in der Zucker-Phosphat-Kette bindet eine der vier Basen.*

strukturanalysen, in der Zeitschrift *Nature* einen genialen Vorschlag zur molekularen Struktur der DNA veröffentlichten.

Die Verbindung ist ein kettenartiges Polymer, das sich aus kleineren Einheiten, den sogenannten Nucleotiden, aufbaut. Jede dieser Einheiten setzt sich aus drei Komponenten zusammen: dem Desoxyribosemolekül, einer ionischen Phosphatgruppe (PO_4) und einer „Base" (Abbildung 5.3). Es treten immer vier Nucleotidbasen auf: In der DNA sind dies Adenin, Guanin, Cytosin und Thymin (abgekürzt mit A, G, C und T), während in die RNA als vierte Base Uracil (U) anstelle von Thymin eingebaut ist (Abbildung 5. 4). Adenin und Guanin gehören zur Molekülklasse der Purine, Cytosin, Thymin und Uracil dagegen zur Familie der Pyrimidinbasen.

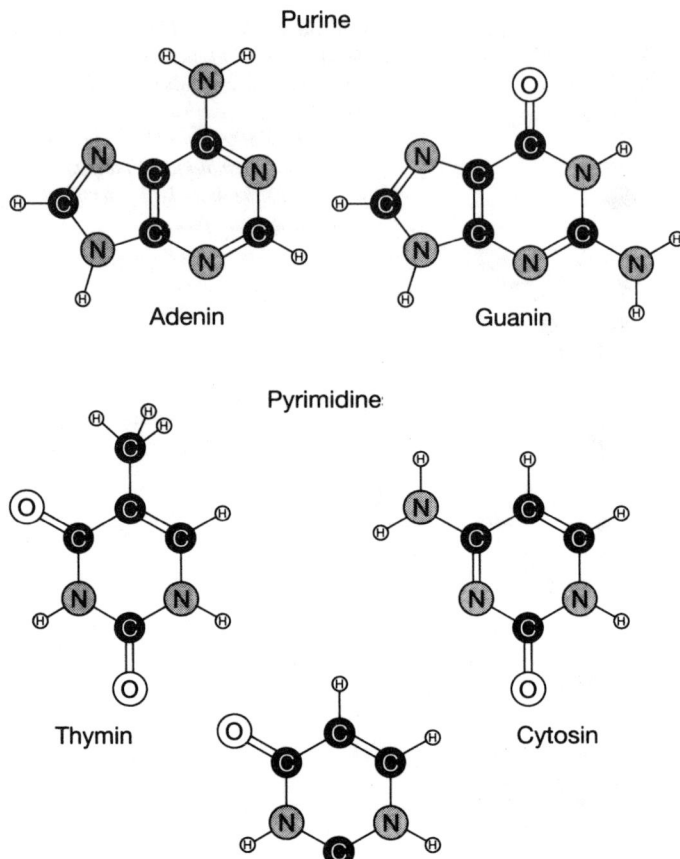

Abbildung 5.4 *Die Basen in den Nucleinsäuren. Thymin tritt in der DNA, aber nicht in der RNA, Uracil dagegen in der RNA, aber nicht in der DNA auf.*

Der Strukturvorschlag von Crick und Watson baut auf der Paarung von Nucleotid-basen über schwache Bindungen auf, die als Wasserstoffbrückenbindungen bezeichnet werden. Diese Art von Bindung ist nicht nur äußerst wichtig für die Struktur der DNA, sondern auch für die Wechselwirkungen zwischen Biomolekülen schlechthin. Sie folgt aus der Existenz von freien Elektronenpaaren, die in Kapitel 1 beschrieben wurden. Stickstoff- und Sauerstoffatome besitzen in Molekülen meist ein freies bzw. zwei freie Elektronenpaare, die mit Wasserstoffatomen aus anderen Molekülen oder dem eigenen Molekül schwache Bindungen ausbilden können. Wenn Wasserstoff kovalent an Stick-

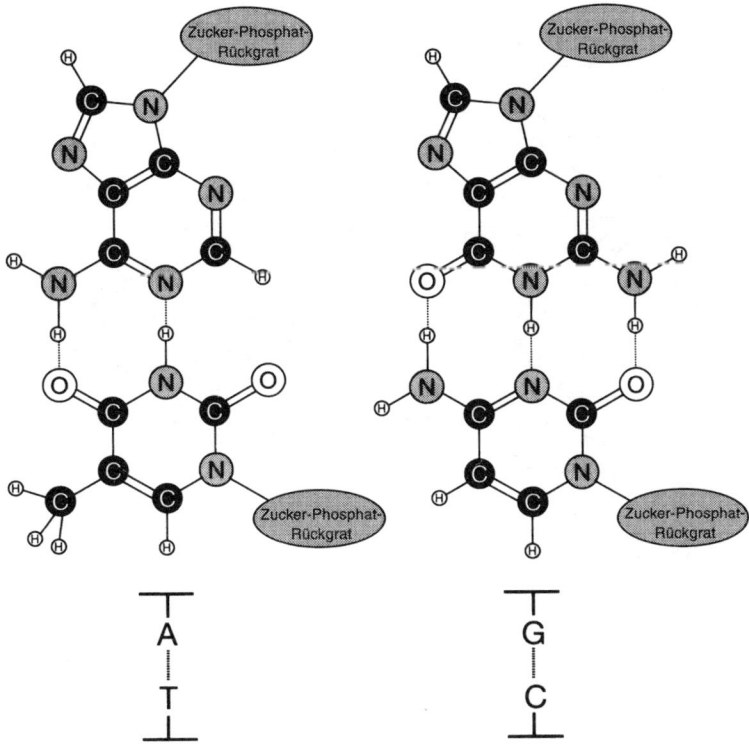

Abbildung 5.5 *Die DNA-Basen bilden über Wasserstoffbrückenbindungen komplementäre Purin-Pyrimidin-Basenpaare aus. Adenin paßt wie angegossen zu Thymin (wobei zwei Wasserstoffbrücken, angedeutet durch gestrichelte Linien, ausgebildet werden) und Guanin zu Cytosin (unter Ausbildung von drei Wasserstoffbrücken). Die komplementären Paare sind gleich groß.*

stoff- oder Sauerstoffatome gebunden ist, entsteht an den Wasserstoffatomen eine schwach positive Ladung, von der die Elektronen des freien Elektronenpaares angezogen werden. Es ist die Wasserstoffbrückenbindung, die dem Wasser viele der Eigenschaften verleiht, die für seine einzigartige Rolle in der Chemie lebender Organismen verantwortlich sind. In Wasser werden ständig Wasserstoffbrücken ausgebildet und wieder aufgebrochen. Beim Gefrieren des Wassers fügen sie die Wassermoleküle zu einem riesigen kristallinen Netzwerk, dem Eis, zusammen. Wasserstoffbrückenbindungen spielen auch eine wichtige Rolle bei der Bestimmung der räumlichen Struktur von Proteinen.

Die Basen der DNA verfügen über alle Voraussetzungen, um Wasserstoffbrücken auszubilden: Sie enthalten Stickstoff- und Sauerstoffatome mit freien Elektronenpaaren und an Stickstoff gebundene Wasserstoffatome. Crick und Watson schlugen vor, daß jede Nucleotidbase über Wasserstoffbrücken einen komplementären Partner fest an sich

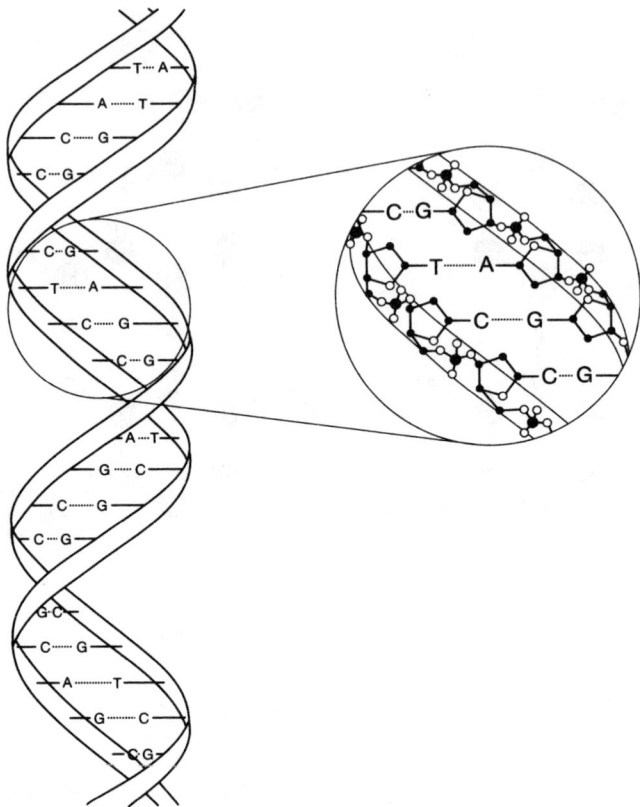

Abbildung 5.6 *Das DNA-Molekül ist eine Doppelhelix aus zwei umeinander gewundenen Polymerketten aus Nucleotiden. Die Stränge werden durch Wasserstoffbrückenbindungen zwischen komplementären Basen-paaren zusammengehalten. Der Basensequenz des einen Stranges muß die komplementäre Sequenz am anderen Strang gegenüberstehen.*

bindet, so wie zwei Teilchen eines Puzzles zueinander passen. Adenin bindet sich an Thy-min mit zwei und Cytosin an Guanin mit drei Wasserstoffbrückenbindungen (Abbil-dung 5.5).

Röntgenstrukturanalysen an der DNA, durchgeführt von Forscherteams aus Cam-bridge und vom King's College in London, ließen darauf schließen, daß die Nucleo-tidketten der DNA eine doppelsträngige, spiralförmig gewundene Anordnung ausbilden. Im Modell von Crick und Watson werden die beiden Stränge durch die komplementäre Paarung der Basen, die an das Phosphat-Zucker-Rückgrat gebunden sind, zusammenge-halten. Die resultierende Struktur ähnelt einer Wendeltreppe, wobei die A–T- und C–G-Paare die Sprossen darstellen (Abbildung 5.6). Die beiden Stränge der Doppelhelix sind nicht identisch, vielmehr stellt ein Strang das „Negativ" des anderen dar. Aus einem einzelnen Strang läßt sich die Struktur des anderen Stranges herleiten (oder der Strang aufbauen!), indem man jeder Base das Nucleotid mit der komplementären Base zuordnet. Aus dem Modell folgte unmittelbar, wie Kopien der DNA entstehen – dieser Kopiervorgang läuft immer dann ab, wenn sich eine Zelle teilt. Zunächst entwinden sich die beiden Stränge. Jeder Einzelstrang wirkt dann als eine Art Matrize, an die sich die Nucleotide nach den Regeln der komplementären Basenpaarung zu einem neuen Strang anlagern: immer wenn z. B. in der Matrize ein A auftaucht, wird in den entstehenden Strang ein T eingebaut. Auf diesem Wege bilden sich aus dem aufgetrennten Original zwei identische DNA-Moleküle. Crick und Watson erkannten sofort, welche Möglichkeiten in ihrem Modell steckten, um den Mechanismus der Replikation der DNA aufzuklären. Und mit unglaublicher Nonchalance wiesen sie in ihrem *Nature*-Beitrag der Zukunft der Genetik den Weg: „Es ist unserer Aufmerksamkeit nicht entgangen, daß der von uns postulierte Mechanismus der spezifischen Basenpaarung gleichzeitig auch als Kopiermechanismus für das genetische Erbmaterial in Frage kommt."

Die Paarung der komplementären Basen ist ein exzellentes Beispiel für die molekulare Erkennung. Während der DNA-Replikation bindet sich jede Base lieber an den komplementären Partner als an andere Basen: Sie *erkennt* das richtige Gegenüber. Auch wenn letztlich eine komplexe enzymatische Maschinerie sicherstellt, daß die Paarungsregeln eingehalten werden, der Erkennungsprozeß fußt auf der Geometrie der Basenpaare und auf der Form der Doppelhelix: Eine falsche Ankopplung beispielsweise zwischen zwei As führt zur Bildung einer ungünstigen Ausbuchtung in der Helix.

Der Code, auf dem unser Leben beruht

Der vollständige DNA-Satz einer Zelle – der komplette genetische Plan eines Organismus, der als Genom bezeichnet wird – liegt nicht auf einer einzigen, riesigen Doppelhelix, sondern teilt sich in einzelne Stücke auf, die sich auf verschiedenen Chromosomen befinden. In menschlichen Zellen gibt es 46 dieser eigenständigen Fragmente. Chromosomen stellen eine Art Verbund dar. Die DNA ist fest in „Verpackungsmoleküle" aus Protein, den Histonen, eingewickelt.

Die Gene tragen die Information zur Herstellung der Enzymproteine, die die Chemie des Körpers dirigieren. Der Genetiker François Jacob hat das so formuliert: „Die Gene geben die Befehle, die Proteine führen sie aus." Jedes Gen trägt den Bauplan für ein Protein. (Dies ist nicht ganz korrekt, denn auf einigen Genen liegen andere Informationen. Gene, die „Proteinpläne" enthalten, werden als Strukturgene bezeichnet.)

Die Information sitzt auf den Genen in einer codierten Form. Der chemische Aufbau eines Proteins läßt sich über die Sequenz seiner Bausteine, den Aminosäuren, beschreiben. Die DNA wiederum können wir als eine Abfolge von Basenpaaren darstellen, die an ein Nucleotidrückgrat aus Phosphat- und Zuckergruppen gebunden sind. Wenn wir uns nun ein Codesystem vorstellen, in dem bestimmte Basen der DNA einer bestimmten Aminosäure im Protein zugeordnet sind, stellt die Basensequenz auf dem Gen eines DNA-Moleküls ein Protein in codierter Form dar.

Zwanzig verschiedene Aminosäuren kommen in Proteinen vor, es gibt aber nur vier DNA-Basen. Ein vollständiger DNA-Protein-Code läßt sich folglich nur aufstellen, indem man jede Aminosäure über eine *Gruppe* von Basen ausdrückt; ein Code, der der Regel „pro Base eine Aminosäure" folgt, kann nicht funktionieren. Das Morsealphabet gehorcht demselben Prinzip. Der Code für alle 26 Buchstaben des Alphabets baut auf nur zwei Symbolen auf. Jeder Buchstabe wird über einen Satz dieser Symbole ausgedrückt. Ein DNA-Code, bei dem die Charaktere aus Sätzen von nur zwei Basen bestehen, verfügt insgesamt über $4 \times 4 = 16$ verschiedene Elemente – das reicht nicht aus, um alle Aminosäuren zu verschlüsseln. Mit Sätzen aus drei Basen ergeben sich dagegen $4 \times 4 \times 4 = 64$ verschiedene Elemente, was mehr als genug ist. Der DNA-Protein-Code muß deshalb mit mindestens drei Basen arbeiten, um jede Aminosäure darstellen zu können.

Die DNA zeichnet tatsächlich ihre Proteinpläne nach diesem System auf. Die in einem Gen codierte Aminosäuresequenz eines Proteins läßt sich herleiten, indem man in der Basensequenz des Gens die Basen nicht einzeln betrachtet, sondern in Dreiergruppen liest. Durch Experimente an Bakterien gelang es, den Code zu knacken. Jeder natürlichen Aminosäure konnte ein entsprechendes Basentriplett zugeordnet werden. In allen lebenden Organismen kommt der gleiche genetische Code vor. Weil das Codesystem etwas üppiger ausgestattet ist – die DNA-Chiffre verfügt insgesamt über 64 Basentripletts, um nur zwanzig verschiedene Aminosäuren auszudrücken –, sind einige Aminosäuren über mehr als ein Triplett verschlüsselt. Ferner gibt es einige Tripletts, die nicht Aminosäuren darstellen, sondern statt dessen als eine Art „Kontrollcode" wirken, der den Anfang und das Ende einer Protein-codierenden Sequenz anzeigt. Der vollständige genetische Code ist in Abbildung 5.7 aufgeführt.

Ein mit sinnvollen Informationen über die Struktur eines Organismus vollgestopftes DNA-Molekül kann selbstverständlich nicht durch das willkürliche Zusammenmischen von Nucleotiden geschaffen werden. Genausowenig ist es wahrscheinlich, daß eine willkürliche Buchstabenfolge Shakespeares Werke ergibt. Vielmehr muß der Aufbauprozeß mit höchster Sorgfalt und Präzision gelenkt werden. Kommt es bei der Bildung der DNA zu einem Fehler, sind die Konsequenzen ähnlich wie bei einem Rechtschreibfehler: Der Satz verliert jeden Sinn, oder der Sinn wird auf eine heimtückische Art verfälscht. In der Tat treten beim DNA-Aufbau während der Replikation Fehler auf, obwohl die molekulare Maschinerie über ein erstaunlich effektives Arsenal verfügt, mit dem das entstandene Molekül geprüft und „redigiert" wird. Gerade diese Fehler führen dazu, daß eine Spezies mutiert und sich gemäß den Selektionsregeln Darwins weiterentwickelt. Anders ausgedrückt, die Spezies entwickelt durch Zufall neue Eigenschaften, die sich entweder vorteilhaft oder schädlich auf die Überlebenschancen auswirken.

Man kann die Umsetzung der Basensequenz eines Gens in die Aminosäuresequenz eines Proteins als eine Übersetzung in eine andere Sprache betrachten. Die Information auf dem Gen wird in einen anderen Code übertragen. Bei den meisten Proteinen bestimmt bereits die Aminosäuresequenz selbst, welche Gestalt das Protein annimmt, d. h. wie sich die Aminosäurekette zu der kompakten, enzymatisch aktiven Form

2. Position

		U	C	A	G	
		Phe	Ser	Tyr	Cys	U
	U	Phe	Ser	Tyr	Cys	C
		Leu	Ser	Stop	Stop	A
		Leu	Ser	Stop	Trp	G
		Leu	Pro	His	Arg	U
	C	Leu	Pro	His	Arg	C
		Leu	Pro	Gln	Arg	A
		Leu	Pro	Gln	Arg	G
		Ile	Thr	Asn	Ser	U
	A	Ile	Thr	Asn	Ser	C
		Ile	Thr	Lys	Arg	A
		Met	Thr	Lys	Arg	G
		Val	Ala	Asp	Gly	U
	G	Val	Ala	Asp	Gly	C
		Val	Ala	Glu	Gly	A
		Val	Ala	Glu	Gly	G

1. Position (left axis) — 3. Position (right axis)

Abbildung 5.7 *Basensequenzen der DNA verschlüsseln die Information, die zur Synthese von Proteinen aus Aminosäuren benötigt wird. Der Bauplan für ein Protein ist in einem Abschnitt der DNA, bezeichnet als Gen, codiert. Jede Aminosäure in einem Protein entspricht einem Satz von drei DNA-Basenpaaren. Dieser genetische Code ist bei allen Organismen gleich und wurde durch Untersuchungen an bakterieller DNA geknackt. Die Kürzel für Aminosäuren lauten: Phe = Phenylalanin, Ser = Serin, Tyr = Tyrosin, Cys = Cystein, Leu = Leucin, Trp = Tryptophan, Pro = Prolin, His = Histidin, Arg = Arginin, Gln = Glutamin, Ile = Isoleucin, Thr = Threonin, Asn = Asparagin, Lys = Lysin, Met = Methionin, Val = Valin, Ala = Alanin, Asp = Asparaginsäure, Gly = Glycin, Glu = Glutaminsäure. „Stop" verschlüsselt nicht eine Aminosäure, sondern stellt eine Anweisung dar, die die Proteinsynthese beendet.*

zusammenfaltet (siehe Kapitel 2). Die Gesetze, nach denen dieser Faltungsprozeß abläuft, sind bis heute noch nicht richtig verstanden – dies ist eines der größeren, noch ungelösten Probleme, das sich Biochemikern heute stellt.

Das Übersetzen der Botschaft

Die Übersetzung des genetischen Codes aus Basensequenzen in Aminosäuresequenzen läuft nicht in einem einzigen Schritt ab, sondern benötigt einen Vermittler. Diese Rolle übernimmt die andere Nucleinsäure in der Zelle, die RNA. Die RNA-Base Uracil hat die gleiche Größe wie Thymin und bindet genauso spezifisch an Adenin. Die RNA kann deshalb auf die gleiche Art wie die DNA Informationen verschlüsseln. Die RNA-Moleküle in der Zelle sind aber kürzer als diejenigen der DNA und halten sich in Zellbereichen auf, in denen keine DNA vorkommt. Die RNA hat die Aufgabe, eine Kopie der Information von einzelnen Genen anzufertigen. Außerdem dient sie als eine Art Gerüst, auf dem die Information in Proteine umgesetzt wird.

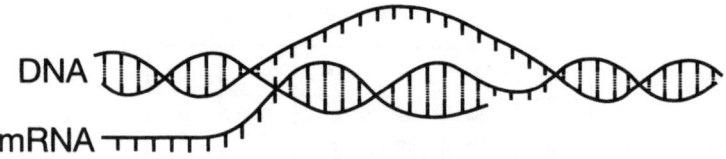

DNA

mRNA

Abbildung 5.8 *Der genetische Code wird unter Vermittlung der RNA aus DNA-Basensequenzen in Aminosäuresequenzen übersetzt. RNA-Moleküle, die die Information eines Gens tragen, werden als Boten- oder Messenger-RNA (mRNA) bezeichnet. Bei ihrer Bildung entwinden sich Teile der DNA-Doppelhelix, und einer der Stränge dient als Matrize für ihren Aufbau. Die komplementäre Basenpaarung mit den Basen der DNA legt die Abfolge der Nucleotide im RNA-Strang fest. Dieser Vorgang der Transkription läßt sich als molekularer Erkennungsprozeß auf biochemischer Ebene verstehen.*

Die Umsetzung eines Gens in ein Protein ist eine Art molekularer Fließbandprozeß mit bemerkenswerter Effizienz. Im ersten Schritt wird von dem codierten Gen auf dem DNA-Molekül eine RNA-Version hergestellt. Die Sequenz der A-, T-, C- und G-Nucleotide auf dem Gen erscheint in dem gebildeten RNA-Molekül als Sequenz der komplementären U-, A-, G- und C-Nucleotide wieder. Der Abschnitt der DNA-Doppelhelix, auf dem das Gen liegt, wird entwunden, und einer der einzelnen Stränge übernimmt die Funktion einer Matrize beim Aufbau des RNA-Moleküls (siehe Abbildung 5.8). Dieser Vorgang wird als Transkription bezeichnet. Das so entstandene RNA-Molekül nennt man Boten- oder Messenger-RNA (mRNA), um es von anderen RNA-Typen, die an einer späteren Phase der Proteinbildung beteiligt sind, zu unterscheiden. Dann löst sich die mRNA vom DNA-Strang ab. Sie trägt den Bauplan für das Protein in Form der Basensequenz (wobei auch hier jeder Satz von drei Basen eine Aminosäure darstellt). Eine andere RNA-Sorte, bezeichnet als Transfer-RNA (tRNA), bricht anschließend auf und stöbert in der ganzen Zelle nach den Aminosäuren, die zum Aufbau des Proteins benötigt werden. Wird die tRNA fündig, befördert sie die Aminosäure zur mRNA. Die Übersetzung der auf der mRNA codierten Information in ein Protein nennt man Translation.

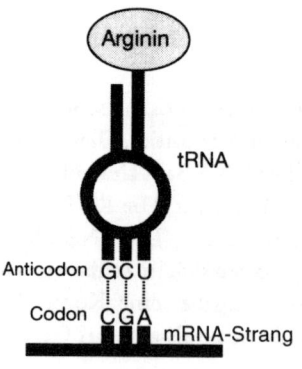

Arginin

tRNA

Anticodon GCU

Codon CGA mRNA-Strang

Abbildung 5.9 *Transfer-RNA-Moleküle (abgekürzt tRNA) fangen Aminosäuren ein und bringen sie zur „Proteinmatrize". Ein Ende des tRNA-Moleküls bindet in einem komplexen Prozeß der molekularen Erkennung die passende Aminosäure; das andere Ende besteht aus einer Sequenz von drei Basen, die als Anticodon bezeichnet wird. Dieser dockt an die komplementäre Sequenz auf der mRNA, dem Codon, an. Das Codon in der Abbildung entspricht der Aminosäure Arginin (siehe auch Abbildung 5.7).*

Auf der mRNA wird Aminosäure auf Aminosäure zum Protein zusammengefügt. Jeder Satz von drei Basen auf der mRNA, der einer Aminosäure entspricht, wird als Codon bezeichnet. Mit einem Ende heftet sich die tRNA fest an einen bestimmten Codon; diese Ankerstelle an der tRNA besteht aus einem Basentriplett, das zu dem des mRNA-Codons komplementär ist. Man bezeichnet es deshalb als Anticodon. Beispielsweise bindet sich der tRNA-Anticodon mit der Basensequenz GCU an den mRNA-Codon mit der Sequenz CGA; die Verknüpfung erfolgt über die komplementären Basenpaare C–G, G–C und A–U (Abbildung 5.9). Das andere Ende des tRNA-Moleküls bindet sich spezifisch an die Aminosäure, die gemäß dem genetischen Code dem mRNA-Codon entspricht. Im obigen Beispiel entspricht die Sequenz CGA auf der mRNA, die aus der Sequenz GCT von einem Gen der DNA hervorging, der Aminosäure Arginin (siehe Abbildung 5.7). Das tRNA-Molekül, das dafür sorgt, daß Arginin an der richtigen Stelle der Proteinkette eingebaut wird, trägt an einem Molekülende den Anticodon CGU, mit dem anderen Ende bindet es Arginin.

Der Erkennungsprozeß zwischen Codon und Anticodon gehorcht dem Prinzip der komplementären Basenpaarung. Der andere Erkennungsprozeß – das Herauspicken der passenden Aminosäure – ist noch nicht richtig verstanden. Dieser Vorgang kommt nicht ohne die Hilfe eines Enzyms aus, der sogenannten Aminoacyl-tRNA-Synthetase. Es existiert für jede Aminosäure jeweils ein Enzym dieser Art. Es hilft der Aminosäure, eine Bindung zwischen dessen Säuregruppe und dem fünfgliedrigen Ribosering eines Adeninnucleotids am Ende der tRNA auszubilden. Das Molekülende der tRNA, das die Aminosäure bindet, endet immer mit der Basensequenz CCA, gleichgültig, welches Anticodon am anderen Ende vorliegt. Die Aminosäure wird deshalb immer an ein A-Nucleotid der tRNA gebunden. Wenn diese Endgruppe immer dieselbe ist, muß das Enzym den Rest der tRNA irgendwie „ertasten" können, damit es die richtige Aminosäure an das tRNA-Molekül heftet. In der Molekularbiologie wimmelt es geradezu von derartigen Erkennungsprozessen, die noch erforscht werden müssen.

Das Zusammenfügen der von tRNA-Molekülen herantransportierten Aminosäuren an der mRNA-Matrize funktioniert nur mit Hilfe einer dritten Art von RNA, der sogenannten ribosomalen RNA oder rRNA. Andere Enzyme und Proteine sind daran aber auch noch beteiligt. Einige rRNA-Moleküle bauen zusammen mit einer größeren Zahl von Proteinen ein sehr komplexes Gebilde, das Ribosom, auf. Dessen Aufgabe ist es, den Vorgang des Proteinaufbaus zu überwachen. Das Ribosom bindet sich an die mRNA und erleichtert zunächst das Andocken des tRNA-Anticodons an den mRNA-Codon. Wenn dann die tRNA-Moleküle zur Synthese der Proteinkette nacheinander ihre Aminosäuren zur mRNA bringen, rückt das Ribosom an der mRNA jeweils einen Codon weiter. Dadurch steht es immer an der richtigen Stelle bereit, um das nächste tRNA-Molekül der Sequenz zu empfangen. An das Ribosom sind stets zwei tRNA-Moleküle gebunden. An eines wird die wachsende Proteinkette angehängt, das andere trägt die Aminosäure, die als nächste über eine Peptidbindung in die Proteinkette eingebaut wird (Abbildung 5.10). Das Ribosom bringt das Ende der Polypeptidkette und die nächste

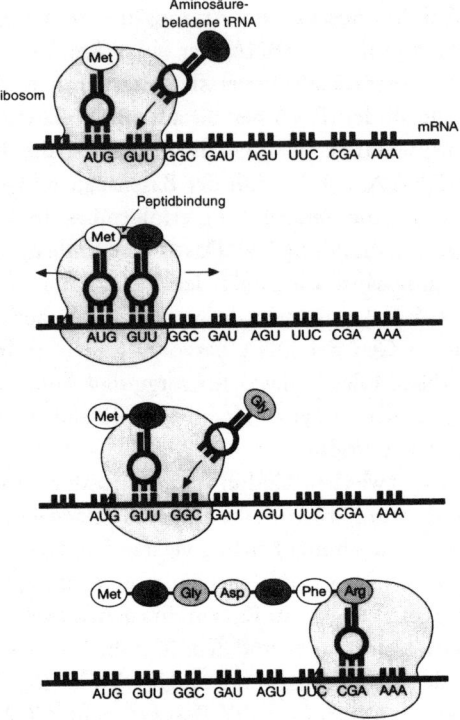

Abbildung 5.10 *Die Proteinsynthese auf der mRNA-Matrize ist ein sorgfältig abgestimmter Prozeß. Ein als Ribosom bezeichnetes molekulares Gebilde, das sich aus ribosomaler RNA und einigen Proteinen zusammensetzt, ermöglicht das Ankoppeln des mit einer Aminosäure beladenen tRNA-Moleküls auf dem mRNA-Codon. Im nächsten Schritt wird die Aminosäure der tRNA über eine Peptidbindung an die wachsende Proteinkette gebunden, und das Ribosom wandert an der mRNA-Kette einen Codon weiter. Das entladene tRNA-Molekül wird abgestoßen und zerstört.*

Aminosäure genau so zusammen, daß sich direkt eine Peptidbindung ausbilden kann. Dadurch wird die Kette auf das neue tRNA-Molekül übertragen. Dann entläßt das Ribosom das entladene tRNA-Molekül, rückt um einen Codon weiter und steht bereit, um das nächste tRNA-Molekül in Empfang zu nehmen. An beiden Enden der mRNA befinden sich Basensequenzen, die nicht die Funktion eines Codons haben. Sie wirken als ein Signal, das dem Ribosom sagt, an welcher Stelle es mit der Proteinsynthese beginnen und aufhören muß. Ist die Peptidkette vollständig aufgebaut, löst sie sich von dem komplexen Gebilde aus Ribosom und mRNA. Hat die mRNA ihre Aufgabe erfüllt, wird sie gnadenlos von Enzymen zerlegt. Der molekularen Maschinerie des Körpers fällt die Translation und Transkription offenbar so leicht, daß sie es sich leisten kann, den mit aller Sorgfalt konstruierten Kurier wegzuwerfen – nachdem sie ihn nur einmal in ihre Dienste genommen hat.

Erkennen lernen

Dem Leben abgeschaut

Die überwiegende Mehrzahl biochemischer Reaktionen wird in hohem Maße durch die molekulare Erkennung beeinflußt. Ein tieferes Verständnis vom Ablauf dieser Erkennungsprozesse eröffnet nicht nur Einblicke in die Chemie des Lebens, sondern ist auch bei der Entwicklung neuer künstlicher Enzyme hilfreich, die neue Aufgaben übernehmen oder ihre defekten natürlichen Gegenstücke ersetzen könnten. Wie wir gesehen haben, sind Enzyme auf Proteinbasis in der Regel sehr große und kompliziert gebaute Moleküle. Wenn die entscheidenden Merkmale ihrer Funktion einmal verstanden sind, sollte es möglich sein, kleinere, einfachere Moleküle zu synthetisieren, die die wesentlichsten Eigenschaften beibehalten und so dieselbe Aufgabe übernehmen. Die pharmazeutische Industrie würde deshalb aus Untersuchungen zur molekularen Erkennung an einfachen Modellsystemen großen Nutzen ziehen. Zudem zeigte das zweite Kapitel, daß Enzyme mehr und mehr als Katalysatoren für großtechnische Prozesse zum Einsatz kommen und traditionelle, weniger selektive Katalysatoren ersetzen. Auch hier könnten sich künstliche Moleküle, die das Verhalten natürlicher Enzyme nachahmen, als besonders wertvoll erweisen, insbesondere weil es häufig eine zeitraubende und kostspielige Aufgabe ist, große Mengen natürlicher Enzyme für den industriellen Einsatz zu isolieren und zu reinigen.

Doch die Herstellung künstlicher Enzyme und neuer Medikamente ist keineswegs der einzige Anreiz, die molekulare Erkennung an synthetischen chemischen Systemen näher zu untersuchen. Die letzten Jahre haben klar gezeigt, daß die konventionellen Methoden des Organochemikers, große und komplexe Moleküle zusammenzufügen, nicht unbedingt die effizientesten sind. Organische Synthesen neigten schon immer dazu, langwierig und mühselig zu sein und aus vielen kleinen Einzelschritten zu bestehen. Das Umständliche dieser Strategien ist eine Folge der mangelnden Spezifität chemischer Reaktionen. Oft ist es notwendig, bestimmte Teile eines Moleküls mit „Schutzgruppen" zu versehen, damit ein Reagenz nur den gewünschten Bereich ansteuert, ohne den Rest des Moleküls zu zerschlagen. Aber weitaus effektiver wäre es, Reaktanten zu entwerfen, die hochorganisiert und spezifisch miteinander in Wechselwirkung treten und das Produkt in nur ein oder zwei Schritten bilden. Die molekulare Erkennung würde solche Reaktionen in die richtige Richtung treiben. Sie fügt die miteinander reagierenden Substrate so aneinander, daß die Bildung eines einzigen Produktes sichergestellt ist. Chemiker haben herausgefunden, daß sich komplizierte Moleküle mit Hilfe der molekularen Erkennung zusammensetzen lassen, indem man die Reaktanten nach Glücksritter-Manier einfach aufeinander losläßt. „Selbstorganisation" ist zu einem der Schlagworte des Faches geworden.

Die Chemiker sind nicht die einzigen Nutznießer dieses neuen Zugangs zur chemischen Synthese. Wir werden sehen, daß es dank der molekularen Erkennung nun möglich ist, ungewöhnliche Superstrukturen aus Molekülen aufzubauen – so als spielte man mit den Teilen eines molekularen Baukastens. In gewisser Hinsicht handelt es sich hierbei um Ingenieurskunst auf molekularer Ebene. Vielleicht entpuppt sich die molekulare Selbstorganisation als der vielversprechendste Forschungszugang zu einer noch jungen wissenschaftlichen Disziplin – der Nanotechnologie. Gemeint ist die Technologie im Nanometerbereich (dem Millionenstel eines Millimeters, was grob geschätzt der Größe eines C_{60}-Moleküls entspricht). Diese molekulare Konstruktionstechnik birgt ein riesiges, bisher kaum genutztes Potential für die Elektronik und Materialwissenschaften.

Hinweise auf molekulare Erkennung: Ringewerfen mit Molekülen

Chemiker haben eigentlich seit Anbeginn ihrer Wissenschaft stets Lehren aus den Vorgängen in der Natur gezogen. Für die molekulare Erkennung gilt dies allerdings nicht, denn erst in den sechziger Jahren wurde sie Gegenstand systematischer Forschungen. Damals untersuchte der in der petrochemischen Industrie tätige, amerikanische Chemiker Charles Pedersen, auf welche Weise Metall-Ionen die chemischen Eigenschaften von Gummiprodukten beeinflussen. Pedersen stieß auf eine Klasse von Molekülen, die sich an bestimmte Metall-Ionen binden, an andere aber nicht. Diese Art von Selektivität ist in der anorganischen Chemie selten – im allgemeinen neigen Metalle in ihrer Reaktivität mehr zu einem einheitlichen als individualistischen Verhalten. Selbst solche organischen Moleküle, die Metall-Ionen binden können, legen dabei meist nur eine geringe Selektivität an den Tag. Ein Enzym dagegen hält sich von jeder chemischen Spezies fern, die sich von seinem designierten Zielobjekt unterscheidet. Wenn dies nicht so wäre, würde die Biochemie einfach nicht funktionieren.

Pedersens Moleküle jedoch konnten gezielt so maßgeschneidert werden, daß sie sich explizit mit einem Typ von Metall-Ion zusammentaten. So banden sie sich beispielsweise an Kalium-, nicht aber an Natrium-Ionen (obwohl diese die gleiche elektrische Ladung tragen und ähnliche chemische Eigenschaften aufweisen) oder Silber-Ionen (die ähnlich groß wie Kalium-Ionen sind). Diese Entdeckung war aus zwei Gründen besonders reizvoll. Zunächst überraschte die Tatsache, daß die Moleküle eine stärkere Bindungsselektivität zu Metallen aus der ersten und zweiten Hauptgruppe des Periodensystems (den sogenannten Alkali- und Erdalkalimetallen) zeigten als zu Übergangsmetallen. Denn letztere hatten bisher empfindlicher auf die Form ihrer Umgebung reagiert, weil sie bestimmte geometrische Anordnungen ihrer Bindungen bevorzugen. Die Ionen der Alkali- und Erdalkalimetalle sind kaum mehr als geladene, glatte Kugeln, Übergangsmetall-Ionen dagegen sind mit leeren oder teilweise gefüllten Elektronenorbitalen gespickt, die in bestimmte Richtungen aus dem Metallatom herausragen. Der zweite interessante Punkt war, daß Alkali- und Erdalkalimetalle, insbesondere Natrium, Kalium, Calcium und Magnesium, an vielen physiologischen Prozessen beteiligt sind, beispielsweise an den Reaktionen der Nervenzellen. Es war deshalb vorstellbar, daß Moleküle, die eines dieser Metalle erkennen konnten, nützliche pharmazeutische Anwendungen finden würden.

Wie sahen die Moleküle aus, die Pedersen entdeckt hatte? Sie gehören einer Molekülklasse an, die als cyclische Ether bezeichnet wird. Es handelt sich um Ringe aus

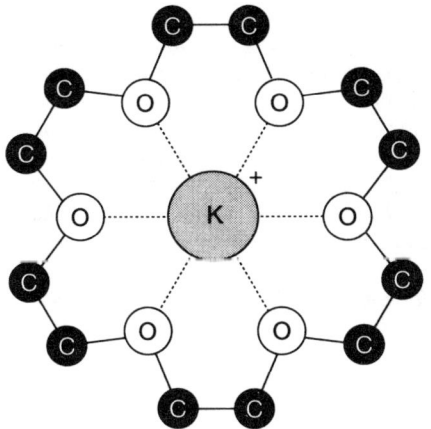

Abbildung 5.11 *Kronenether sind cyclische Molekü-le, die aus Ethergruppen bestehen. Das Sauerstoffatom bindet Metall-Ionen (hier Kalium) über seine freien Elektronenpaare. Die Stärke der Bindung hängt empfindlich von der Größe des Ringes ab. Hier und bei allen folgenden Abbildungen sind die an Kohlenstoff gebundenen Wasserstoffatome weggelassen.*

Kohlenstoff- und Sauerstoffatomen. Bei Ethern bildet ein Sauerstoffatom eine Brücke zwischen zwei Kohlenstoffatomen ($-CH_2-O-CH_2-$). Das Sauerstoffatom besitzt – wie beim Wassermolekül – zwei freie Elektronenpaare, weshalb das Ethermolekül Wasserstoffbrückenbindungen oder Donorbindungen zu Metall-Ionen ausbilden kann. Aus diesem Grund sind viele Metall-Ionen in Ethern löslich. Cyclische Ether setzen sich aus einer oder mehreren, zu einem Ring angeordneten Ethergruppen zusammen. Pedersens Moleküle bestanden in der Regel aus Ringen mit neun bis achtzehn Atomen, in denen sich ein Sauerstoffatom mit zwei CH_2-Gruppen abwechselte. Die Bindungen zwischen den Atomen im Ring sind alle gewinkelt, die Ringe sehen faltig aus und erinnern an eine Krone. Pedersen nannte diese Moleküle deshalb Kronenether (Abbildung 5.11).

Indem Pedersen Kronenether mit Metall-Ionen verband, spielte er eine Art molekulares Ringewerfen. Der Kronenether umschlingt das Ion. Jedes Sauerstoffatom setzt seine freien Elektronenpaare ein, um das Metall zu binden, so daß es schließlich sicher gefangen in der Mitte des Ringes landet. Die Selektivität für verschiedene Ionen hängt sehr empfindlich von der Ringgröße ab. Wenn das Metall nur eine Spur zu groß ist, bietet ihm der Innenraum des Ringes nicht mehr genügend Platz. Wenn das Ion zu klein ist, liegen die Sauerstoffatome zu weit entfernt, um es festzuhalten. Selbst der geringfügige Unterschied zwischen den Radien des Kalium- und Silber-Ions kann bewirken, daß ein Kronenether eines von beiden Ionen deutlich stärker bindet.

Der Käfig schließt sich: die Kryptanden

Es war die physiologische Bedeutung dieser Metall-Ionen, die Jean-Marie Lehns Aufmerksamkeit auf Kronenether lenkte. Lehn, Chemiker an der Louis-Pasteur-Universität in Straßburg, untersuchte die Funktion der Natrium- und Kalium-Ionen bei der Erregungsübertragung in Nervenzellen. Die elektrischen Signale, die von Nervenzellen an das Hirn gesendet werden, haben ihren Ursprung in der Verteilung dieser Ionen auf beiden Seiten der Zellmembran. Ein Weg, auf dem Ionen von der einen auf die andere Seite der

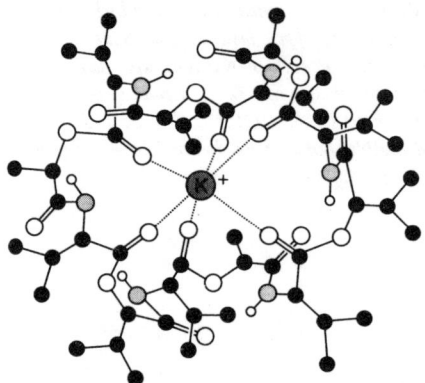

Abbildung 5.12   *Verbindungen, die Metall-Ionen binden und durch Zellmembranen tragen können, bezeichnet man als Ionophore. Natürliche Ionophore sind häufig makrocyclische (aus großen Ringen bestehende) Moleküle mit Sauerstoff- oder Stickstoffatomen. Mit diesen können sie Metalle genauso gut binden wie Kronenether. Das hier abgebildete Ionophor Valinomycin bildet besonders stabile Komplexe mit Kalium-Ionen aus. Weil es Veränderungen in der chemischen Zusammensetzung der Zelle und der Funktionsweise der Zellmembran auslösen kann, wirkt es als Antibiotikum.*

Membran transportiert werden können, verläuft über Moleküle, die als Ionophore bezeichnet werden. Sie binden die Ionen und tragen sie durch die Membran hindurch. Ionophore sind in der Regel ringförmige Moleküle mit einem hohen Maß an Selektivität für verschiedene Ionen. Das Ion allein kann die Membran nicht durchdringen, weil es in den fettartigen Verbindungen, aus denen sich die Zellwand aufbaut, nicht löslich ist. Das Ionophor umhüllt das Metall-Ion mit einem fettlöslichen Mantel, trägt es mit sich und gibt es auf der Gegenseite der Membran wieder frei.

Viele natürliche Ionophore setzen freie Elektronenpaare von Sauerstoff- oder Stickstoffatomen ein, um Metall-Ionen zu binden (Abbildung 5.12). Deshalb kamen Pedersens Kronenether als einfache Modelle zur Untersuchung des genauen Ablaufs des Ionentransports durch Ionophore in Betracht. Sie konnten eventuell als Basis zur Herstellung einer neuen Klasse von Medikamenten dienen, die die Wirkungsweise echter Ionophore imitierten, denn diese eignen sich zum Teil als Antibiotika. Lehn erkannte, daß er ein stärkeres und selektiveres Binden der Metalle erreichen konnte, wenn er Kronenether mit mehr als einem Ring synthetisierte. Auf diese Weise schränkte er den Innenraum, in den sich die Ionen einfügen, räumlich ein, gab ihm also mehr den Charakter eines Hohlraumes, so daß die Moleküle eher wie Körbe aussahen.

Das einfachste Molekül dieser Art bildet sich, wenn man eine Brücke über den Ring schlägt. Es entsteht ein sogenanntes „bicyclisches" Molekül, bei dem zwei Ringe über gemeinsame Atome miteinander verknüpft sind (Abbildung 5.13). Die Verbrückung wird möglich, wenn man im Ring zwei Sauerstoffatome gegen Stickstoffatome austauscht. Während Sauerstoffatome nur zwei Bindungen ausbilden, gehen Stickstoffatome deren drei ein. Sie sind deshalb in der Lage, als Knotenpunkt für drei Ketten zu dienen. Moleküle dieser Art werden als Azakronenether oder einfach als Azakronen bezeichnet. Lehn verlieh ihnen den augenfälligen Namen „Kryptanden", nach dem griechischen *krypt*, das *verborgen* bedeutet. Wie vorausgesehen, können die Kryptanden tatsächlich Metall-Ionen in ihren Hohlraum aufnehmen. Indem Lehn die Längen von einer oder mehreren Etherketten variierte, entstanden Kryptanden, die sich in ihrer Bindungsnei-

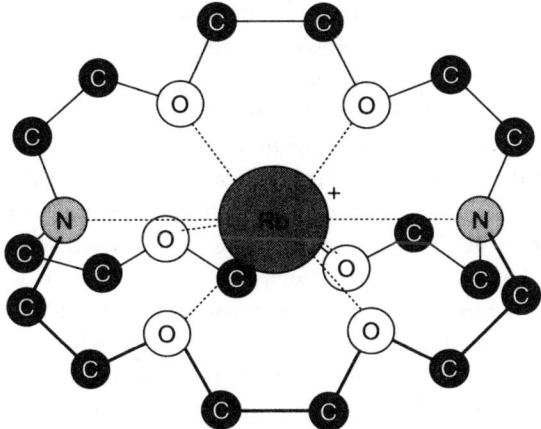

Abbildung 5.13 *Bicyclische Kronenether enthalten zwei teilweise miteinander verschmolzene Etherringe. Der Einbau von Stickstoffatomen erlaubt die Verknüpfung von drei Etherketten. Zusätzlich steuert der Stickstoff freie Elektronenpaare zur Bindung des Metalls (hier Rubidium) bei. Wegen ihrer Fähigkeit, Ionen in ihrem käfigartigen Hohlraum zu verstecken, gab Lehn diesen Molekülen den Namen „Kryptanden".*

gung gegenüber verschiedenen Alkalimetall-Ionen hochselektiv verhielten. Die Fähigkeit der Kryptanden, zwischen Metall-Ionen zu unterscheiden, reicht an die von natürlichen Verbindungen heran.

Es gab keinen Grund, bei der Synthese von Bicyclen stehenzubleiben. 1976 stellte die Arbeitsgruppe um Lehn eine tricyclische Azakrone, auch Triazakrone genannt, her (Abbildung 5.14). Der Hohlraum dieses Moleküls ähnelt einem echten Käfig. Die neue

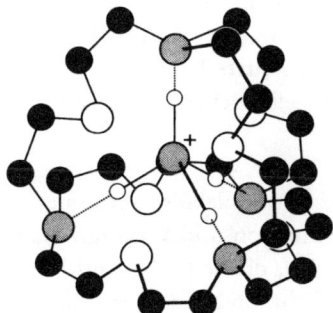

Abbildung 5.14 *Die Hohlräume von tricyclischen Azakronen haben eine annähernd sphärische Form. Das hier abgebildete Molekül ist besonders gut geeignet, um einen Komplex mit Ammonium-Ionen (NH_4^+) auszubilden.*

Molekülklasse erweiterte noch die Möglichkeiten, Metall-Ionen selektiv zu binden. Das Kalium- und das Ammonium-Ion (NH_4^+) sind annähernd gleich groß. Ein bicyclischer Kryptand stürzt sich mit mehr oder weniger gleich großem Appetit auf beide Ionen, ein tricyclischer dagegen gibt dem Ammonium-Ion den Vorzug. Der Grund dafür ist, daß die Selektivität nicht allein von der Größe der Ionen, sondern auch von geometrischen Faktoren, nämlich der Ionengestalt, bestimmt wird. Während Kalium-Ionen geladene Kugeln sind, hat das Ammonium-Ion eine wohldefinierte Struktur: Die vier Wasserstoffe sitzen in den Ecken eines Tetraeders, der Stickstoff in dessen Mitte. Im tricyclischen Kryptanden sind die Stickstoff- und Sauerstoffatome genau so angeordnet, daß sie gerichtete Bindungen zum Ammonium-Ion ausbilden können (Abbildung 5.14).

Im letzten Beispiel ist das molekulare Erkennen weit mehr als das Einsetzen eines Pflocks in ein Loch passender Größe. Das Loch muß zusätzlich noch die richtige Form haben. Gerade diese Empfindlichkeit gegenüber molekularen Formen charakterisiert die meisten biologischen Erkennungsprozesse. Das erkennende Molekül – Chemiker bezeichnen es meist als Wirt – verhält sich von seiner äußeren Gestalt her komplementär zu dem Molekül, das eingefangen wird (dem sogenannten Gast), so wie das Schlüsselloch komplementär zum passenden Schlüssel ist. Der deutsche Biochemiker Emil Fischer führte 1894 das Schloß-Schlüssel-Prinzip zur Beschreibung molekularer Wechselwirkungen ein. Die Moleküleinheiten, die durch das Ineinandergreifen komplementärer Formen entstehen, sind Beispiele für sogenannte Supermoleküle. Mit deren Bildung und Eigenschaften beschäftigt sich die supramolekulare Chemie. Supermoleküle unterscheiden sich von normalen großen Molekülen dadurch, daß ihre Bestandteile nicht durch starke kovalente Bindungen, sondern durch schwächere Kräfte, wie zum Beispiel Wasserstoffbrückenbindungen, zusammengehalten werden. Man kann sie im allgemeinen leicht auseinanderbrechen, so daß wieder die ursprünglichen molekularen Bausteine vorliegen. Man begegnet in diesen supramolekularen Systemen exakt dem Phänomen, das bei der DNA zur komplementären Basenpaarung führt oder die Bindung zwischen Biomolekülen und Enzymen bewirkt. In der Biologie wird das Wirtsmolekül allgemein als Rezeptor, der Gast als Substrat bezeichnet. Diese Terminologie ist auch in der supramolekularen Chemie verbreitet. Ich werde die Begriffspaare „Wirt/Gast" und „Rezeptor/Substrat" synonym gebrauchen.

Alle Formen und Größen

Größe und Form eines Rezeptormoleküls bestimmen dessen Selektivität gegenüber Gästen. Die geschickte Kombination und Variation dieser beiden Faktoren erlaubt es, Rezeptormoleküle zu entwerfen, die verglichen mit Metall-Ionen weitaus komplexere Substrate erkennen können. Lehn und andere Forscher machten sich die Gesetzmäßigkeiten der Kronenether-Chemie zunutze und bauten molekulare „Federmäppchen", in die längliche, linear gebaute Substrate unterschiedlicher Länge hineinpassen. Die Federmappenmoleküle bestehen aus zwei Azakroneneinheiten, die über zwei lineare Abstandshalter, sogenannte Spacer, miteinander verbunden sind. Jedes Ende des Rezep-

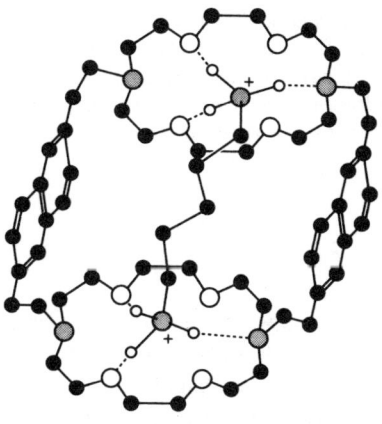

Abbildung 5.15 *Zwei durch Kohlenwasserstoffketten, sogenannte Spacer, verbundene Azakronen bilden einen spaltartigen Hohlraum, in den lange, dünne, „bleistiftartige" Gastmoleküle hineinpassen.*

tormoleküls kann wie ein Kryptand eine Ammoniumgruppe binden. Der Innenraum ist deshalb der perfekte Rezeptor für lineare Diamine. Diese bestehen aus einer Kohlenwasserstoffkette, an deren Enden jeweils eine Aminogruppe (NH_2) sitzt. In sauren Lösungen nehmen die Aminogruppen ähnlich wie Ammoniak Wasserstoff-Ionen auf und bilden positiv geladene $-NH_3^+$-Gruppen. Wenn das „Diamino"-Ion so lang ist wie die Spacer, die die Azakronen zusammenhalten, fügt es sich genau in den Rezeptor ein (Abbildung 5.15). Mit diesen Molekülen, bei denen mehrere Bindungsstellen so angeordnet sind, daß nur Substrate mit einer bestimmten Geometrie angelagert werden können, läßt sich die molekulare Erkennung in biologischen Systemen schon recht gut nachahmen.

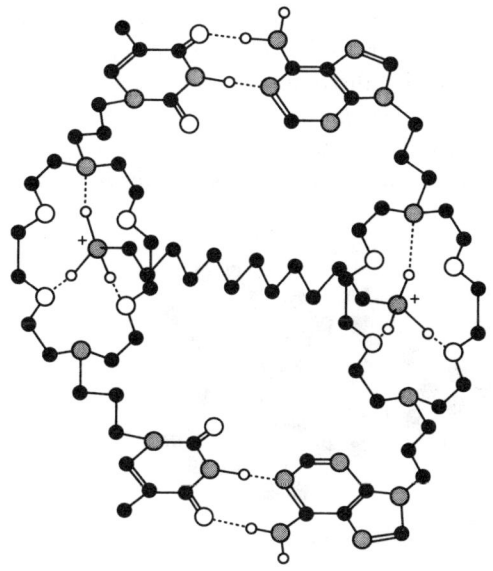

Abbildung 5.16 *Ein molekulares Federmäppchen, das sich von allein bildet. Die beiden Hälften verbinden sich in Lösung spontan über Wasserstoffbrücken zwischen den komplementären Nucleotidbasen Adenin und Thymin.*

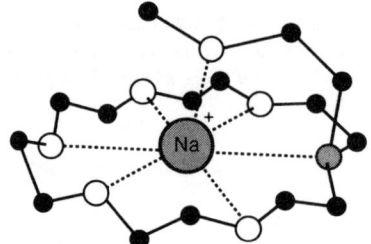

Abbildung 5.17 *Bei Lasso-Kronenethern sorgt ein flexibler Arm für eine bessere Kontrolle bei der Bindung von Substraten. Der Arm schwingt frei herum. Er legt sich über das Gast-Ion und hält es an seinem Platz fest. Ebenso kann er sich aber auch wieder wegdrehen und es freigeben.*

Eine faszinierende Variante des molekularen Federmäppchens wurde von George Gokel und Mitarbeitern an der University of Miami entwickelt. In Gokels Rezeptor sitzt an jedem Ende eine Azakrone, die Aminogruppen binden kann. Allerdings bilden die beiden Enden eigenständige Einheiten. An beiden Azakronen hängen jeweils zwei Kohlenwasserstoffketten, im einen Fall mit endständigen Thymin-, im anderen mit endständigen Adeningruppen. Werden die beiden Azakronen-Einheiten zusammengegeben, verbinden sich die Adenin- mit den Thymingruppen über Wasserstoffbrücken. Es bildet sich exakt das gleiche Basenpaar wie in der DNA (Abbildung 5.16). Die beiden Bausteine des Federmäppchens fügen sich also von allein spontan zusammen. Der Rezeptor ist selbst das Produkt eines molekularen Erkennungsprozesses.

Gokel entwickelte auch modifizierte Kronenether mit einem flexiblen Arm, der sich zum Substrat hindreht und dafür sorgt, daß es fester gebunden wird. Bei diesen Molekülen handelt es sich um Azakronen, an die über den Stickstoff eine lineare Kohlenwasserstoffkette gebunden ist. An deren Ende sitzt eine weitere ionenbindende Gruppe (mit einem freien Elektronenpaar, meist eine Etherfunktion). Wegen ihres Aussehens nannte Gokel diese Moleküle salopp Lasso-Kronenether (Abbildung 5.17). Der freie Arm am Stickstoff ist relativ flexibel. Wenn ein Metall-Ion im Ring gebunden wird, schwenkt der Arm so über den Ring, daß die Etherfunktion am Kettenende genau über dem Ion liegt und es noch fester bindet. Der bewegliche Arm gibt den Lasso-Ethern eine höhere Flexibilität, gleichzeitig aber auch die Fähigkeit, Substrate „einzusperren". Die Bindung zum Substrat ist fest und selektiv, allerdings wiederum nicht so fest, als

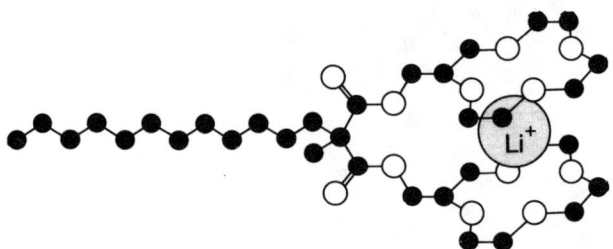

Abbildung 5.18 *Die Backen dieser molekularen Zange packen bei Lithium-Ionen zu.*

daß sie nicht leicht wieder gelöst werden könnte. Vielleicht ist Ihnen aufgefallen, daß die beiden Hälften in Gokels Federmäppchen, das sich von selbst zusammenfügt, nichts weiter sind als zweiarmige Lasso-Kronenether mit Nucleotidbasen an den Armenden.

Eine Arbeitsgruppe an der Texas Tech University unter der Leitung von Richard Bartsch hat eine molekulare Zange entworfen, die eine Vielzahl von Metall-Ionen zwischen ihre Backen einklemmt (Abbildung 5.18). Das Molekül stürzt sich mit Heißhunger auf Lithium-Ionen, die größeren Natrium-Ionen dagegen sind ein zu sperriger Happen, um fest gebunden zu werden. Mit dieser Zange lassen sich deshalb selektiv Lithium-Ionen aus einer Lösung herausholen. Seiji Shinkai und seine Mitarbeiter von der Universität Kyushu in Japan haben eine raffinierte Methode entwickelt, um das Öffnen und Schließen der Zangenbacken besser steuern zu können: ihre Zange schnappt in Reaktion auf Lichteinwirkung zu.

In Shinkais Molekül sind zwei Kronenetherringe über eine Azobenzol-Einheit miteinander verbunden. Azobenzol besteht aus zwei Benzolringen, die über zwei, mit einer Doppelbindung verbundene Stickstoffatome verknüpft sind. Weil beide Stickstoffe ein freies Elektronenpaar haben, ist das Molekül nicht linear, sondern mehrfach gewinkelt. Die beiden Benzolringe können sich auf derselben Seite der Doppelbindung befinden, oder sie liegen einander gegenüber auf entgegengesetzten Seiten der Doppelbindung. Das Molekül hat deshalb zwei Isomere. Wenn die Benzolringe auf der gleichen Seite stehen, spricht man vom *cis*-Isomer, im anderen Fall, wenn sie sich auf entgegengesetzten Seiten der Doppelbindung gegenüberstehen, vom *trans*-Isomer. Weil die Doppelbindung starr ist, kann das Molekül nicht von allein zwischen den beiden isomeren Formen hin- und herspringen. Ultraviolettes Licht aber bewirkt eine photochemische Umlagerung von der *trans*-Form (die normalerweise die stabilere ist, weil die sperrigen Benzolringe dann am weitesten voneinander entfernt liegen und sich nicht stören) in die *cis*-Form. Beim Erhitzen kehrt das Molekül in die *trans*-Anordnung zurück.

Shinkais Team knüpfte nun an beide Benzolringe eines Azobenzolmoleküls einen Kronenether. In der *trans*-Form sind die Kronenetherringe weit voneinander entfernt, in der *cis*-Form aber liegen sie so nah beieinander, daß sie ein Substrat zwischen sich aufnehmen können. Shinkai setzte das Molekül als eine Art molekulare Pinzette ein, um Kalium-Ionen durch eine „flüssige Membran" zu transportieren (siehe Abbildung 5.19). Die Membran – ein grobes Modell für eine Zellmembran – besteht aus einer fettartigen organischen Flüssigkeit, die zwei wässerige Lösungen voneinander trennt. Durch die Azobenzoleinheit bleibt das Molekül stets in der flüssigen Membran gelöst. Bei Bestrahlung mit ultraviolettem Licht geht das *trans*-Isomer in das *cis*-Isomer über, das an der Grenzfläche zwischen wässeriger Lösung und Membran ein Metall-Ion einfängt und zur anderen Seite der Membran transportiert. Beim Erwärmen des Systems entsteht wieder die *trans*-Form, und das Ion wird freigegeben. Der lichtgesteuerte Ionentransport durch eine Membran könnte sich einmal als geeignete Methode zur Speicherung solarer Energie erweisen, weil sich mit ihm Ladungen auf einer Seite einer Membran anhäufen lassen, die man später in elektrischen Strom umwandeln kann.

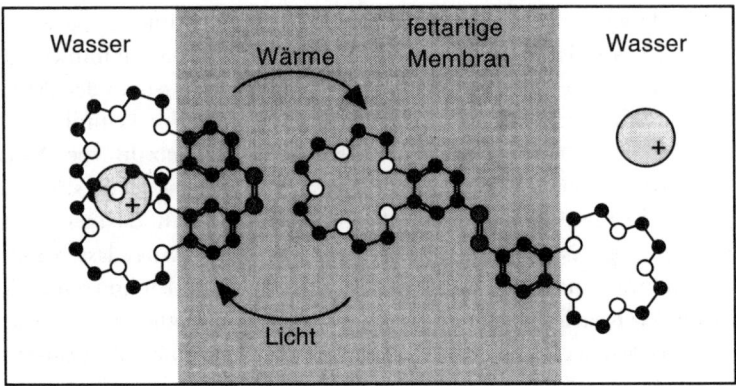

Abbildung 5.19 *Bei den von Seiji Shinkai entwickelten molekularen Zangen lassen sich die Backen durch die Bestrahlung mit ultraviolettem Licht, das eine photochemische Isomerisierung an der Stickstoff-Doppelbindung auslöst, schließen. Wärme kehrt den Vorgang um, die Backen der Zange öffnen sich. In anderen, ähnlich angelegten Systemen geben die Backen ihren Fang bei der Bestrahlung mit sichtbarem Licht oder nach einer Veränderung des pH-Wertes der wässerigen Lösung wieder her. Das kontrollierte Einfangen und Freigeben von Metall-Ionen läßt sich gezielt für deren Transport durch künstliche Membranen einsetzen: Die Ionen werden vom cis-Isomer eingefangen (links), durch die Membran transportiert und nach der Isomerisierung der Zange zur trans-Form wieder freigegeben (rechts). Wirtsmoleküle des hier abgebildeten Typs werden, was wohl einleuchtet, zuweilen als „Schmetterlings"-Moleküle bezeichnet.*

Auch einfachere Kryptanden können, ähnlich wie Ionophore, Ionen durch Membranen transportieren. Die meisten Transportprozesse dieser Art in biologischen wie in künstlichen Systemen haben den Zweck, einen Überschuß an Ionen auf einer Membranseite aufzubauen. An der Membran entsteht dann eine Potentialdifferenz (eine elektrische Spannung). Das System ist von Natur aus aber bestrebt, auf beiden Seiten der Membran gleiche Konzentrationen der Ionen zu haben (was der im zweiten Kapitel beschriebenen Situation des thermodynamischen Gleichgewichts entspricht). Es ist also eine Energiequelle notwendig, mit deren Hilfe sich der Prozeß über den „thermodynamischen Hügel" treiben läßt. Shinkai lieferte diese Energie in Form von Licht und Wärme. In den Zellen stammt sie aus Stoffwechselvorgängen, an denen das energiespeichernde „Batterie"-Molekül der Biochemie, das Adenosintriphosphat, beteiligt ist.

Es gibt noch einen völlig anderen Weg, auf dem Ionen Zellmembranen durchqueren können: nämlich durch eigens für diesen Zweck geschaffene Tunnel. Diese sogenannten Ionenkanäle in den Zellwänden haben eher Ähnlichkeit mit Röhren. Ihre inneren Oberflächen können auf sehr günstige Weise mit den Ionen in Wechselwirkung treten (wirken also auf sie nicht abstoßend, im Gegensatz zu den fettartigen Bestandteilen, aus denen sich die Membran zusammensetzt). Ionenkanäle enthalten Tore, die sich im richtigen Moment öffnen und schließen, um den Ionenverkehr zu regeln. Die Kanäle sind eine Alternative zu Trägermolekülen, die die Ionen durch die Zellwand tragen. Die

Selektivität beim Transportvorgang geht auf Erkennungsprozesse zwischen den Ionen und dem Kanal zurück – denkbar wäre, daß die Tore beispielsweise nur eine bestimmte ionische Spezies passieren lassen. Lehn hält es für möglich, daß sich synthetische Ionenkanäle aufbauen lassen, in denen Kronenether wie Reifen aneinandergereiht sind. Andere Forschergruppen haben dieses Konzept aufgegriffen und sogenannte „Lasso"-Moleküle eingesetzt, in denen mehrere Kronenetherringe über Kohlenwasserstoffketten verbunden sind. Wenn diese Moleküle in eine künstliche, aber zellähnliche Membran eingefügt werden, können sie tatsächlich die Passage von Ionen von einer auf die andere Seite bewerkstelligen (Abbildung 5.20). Lehn kann sich auch Ionenkanalsysteme mit Toren vorstellen, die über die Acidität, mit Licht oder auf elektrochemischem Wege aktiviert werden. Bis heute haben diese Ideen noch nicht zu einer Entwicklung geführt, die im entferntesten einer künstlichen Nervenzelle ähnelt. Man muß fairerweise aber auch sagen, daß viele der chemischen Gesetzmäßigkeiten, die dem selektiven Ionentransport durch Membranen zugrunde liegen, inzwischen gut verstanden werden.

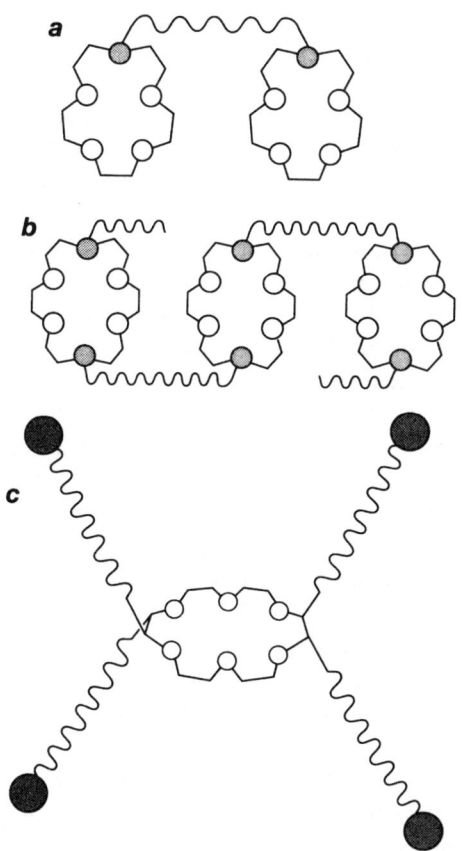

Abbildung 5.20 *Aneinandergereihte Kronenether könnten künstliche „Ionenkanäle" bilden, die den selektiven Durchtritt von Metall-Ionen durch Membranen ermöglichen. Miteinander verbundene Kronenetherringe, sogenannte „Lassoschlingen", fügen sich zu derartigen Kanälen zusammen (a). Ein Molekül aus mehreren miteinander verbundenen Ringen vermag sich so zusammenzufalten, daß ein Tunnel aus „Reifen" entsteht, durch den Metall-Ionen hindurchspringen könnten (b). Jean-Marie Lehn hat einen völlig anderen Weg zur Synthese künstlicher Kanäle eingeschlagen. Er knüpfte an eine zentrale Kronenethereinheit lange Schwänze (c), die an ihrem Ende wasserlösliche Gruppen (graue Kreise) tragen. Dadurch sind diese Moleküle mit solchen Bausteinen verträglich, die zum Aufbau künstlicher, zellenähnlicher Membranen eingesetzt werden. Lehn spricht bei diesen Verbindungen von „Bouquet"-Molekülen. Es sei darauf hingewiesen, daß die Struktur der Schwänze äußerst komplex ist, weshalb ich an dieser Stelle auf ihre ausführliche Darstellung verzichtet habe. Bouquet-Moleküle lassen nur Alkalimetall-Ionen durch solche Membranen passieren.*

Molekulare Gefängnisse

Pedersens Kronenether und Lehns Kryptanden kerkern ihre Ziel-Ionen in eine Art molekularen Käfig ein. Der bildet sich aber erst in dem Moment, wenn der Gast eingefangen wird. Die „leeren" Wirtsmoleküle sind ziemlich schlaff ohne jede eindeutige Hohlraumstruktur. Ein Kronenether beispielsweise treibt nicht in Form eines steifen Ringes umher, sondern ähnelt eher einem Gummiband. Das ändert sich erst, wenn er ein Metall-Ion einfängt. Ein natürliches Enzym dagegen faltet sich zu einem hochorganisierten, definierten Gebilde zusammen, zu einer Art vorgefertigtem Schlüsselloch, in das das Substrat hineinpaßt. Ein biologischer Erkennungsprozeß läuft wohl relativ ineffektiv ab, wenn sich der Rezeptor erst umständlich in die geeignete Form umlagern muß. Es wird deshalb intensiv daran gearbeitet, künstliche Rezeptoren zu entwerfen, bei denen der Hohlraum von vornherein auf das anvisierte Substrat abgestimmt ist.

Donald Cram von der University of California in Los Angeles baut Moleküle, die starrer sind und eine definiertere Gestalt aufweisen als Kronenether und verwandte Verbindungen. Der ersten Generation dieser Moleküle gab Cram den Namen Sphäranden; ein Beispiel ist in Abbildung 5.21 zu sehen. Die sechs Benzolringe bilden ein mehr oder weniger starres Molekülskelett mit einem zentralen Hohlraum, der mit Sauerstoffatomen zur Bindung von Metall-Ionen ausgekleidet ist. Der Hohlraum des in Abbildung 5.21 vorgestellten Moleküls ist recht klein – in ihm läßt sich ein Lithium-Ion unterbringen, aber kein Natrium- oder Kalium-Ion mehr. Weil sich das Molekül in keiner Weise gymnastisch verrenken muß, um das Lithium-Ion zu binden, ist es dabei weitaus effektiver als ein Kronenether.

Noch besser als diese „harten" Ringe sind schalenförmige Moleküle wie Kryptasphäranden und Calixarene (Abbildung 5.22). Die Benzolringe in diesen Molekülen sorgen dafür, daß die Hohlräume starr sind. Besonders Calixarene haben großes Interesse auf sich gezogen, weil sich an den Rand des schalenförmigen Hohlraums chemische Gruppen anbringen lassen, die festlegen, welcher Gast aufgenommen wird. Führt man beispielsweise negativ geladene Gruppen wie Sulfonat ($-SO_3^-$) in die randständigen Benzolringe ein, stößt das schüsselförmige Molekül negative Ionen ab, wirkt aber höchst einladend auf positive Ionen. Seiji Shinkai hat sich diese Idee zunutze gemacht, um eine molekulare Kapsel aus zwei Calixarenen zu synthetisieren. An den Rand des einen Calixarens knüpfte er positiv geladene, an den des anderen negativ geladene Gruppen. Die beiden Schalen fügen sich spontan zusammen und könnten dabei vielleicht kleine Moleküle aufnehmen (Abbildung 5.23). Die Kapsel läßt sich aufbrechen, indem man die Lösung ansäuert. Die Wasserstoff-Ionen binden sich dann an die negativ geladenen Gruppen und neutralisieren deren Ladung. Vielleicht werden wir eines Tages erleben, daß mit diesen Mikrokapseln die Moleküle eines Medikaments gezielt in den menschlichen Körper eingebracht werden.

Donald Crams Moleküle werden bei ihrer Jagd nach Ionen und Molekülen immer geschickter. Eine bestimmte Klasse dieser Moleküle bezeichnet man als Carceranden, was sich von dem lateinischen Wort für Gefängnis herleitet. Es handelt sich gewissermaßen

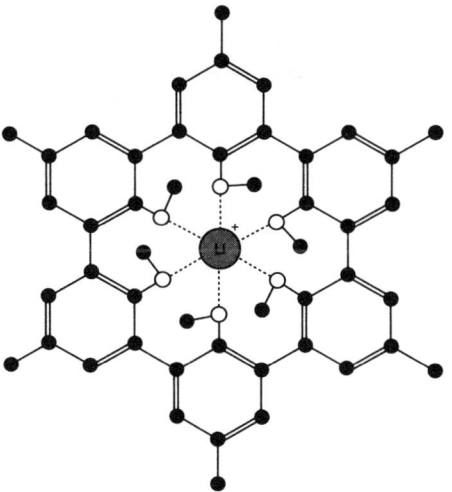

Abbildung 5.21 *In Donald Crams ringförmigen Sphäranden sorgen vorgefertigte, starre Hohlräume für die Komplexierung von Metall-Ionen.*

um eine Kreuzung aus den schalenförmigen Calixarenen und den Sphäranden: Die Benzolringe sind über Etherketten miteinander verbunden. Es resultiert ein in sich fast geschlossenes Netzwerk, das die Form einer Kugel hat (Abbildung 5.24). Durch kleine Öffnungen können Moleküle eindringen. Sind sie einmal im Innern der Kugel, schnappt die Falle zu.

Zu den sphärischen, käfigartigen Strukturen dieser Moleküle gibt es einige interessante Analoga. Eines ist das im ersten Kapitel bereits beschriebene fußballförmige Buckminsterfulleren, dessen Hülle ebenfalls benzolartige Ringe enthält. Allerdings ist die Hülle

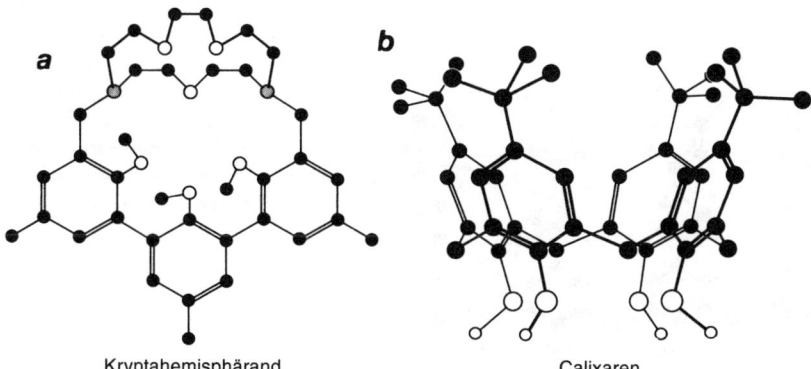

a b

Kryptahemisphärand Calixaren

Abbildung 5.22 *Kombiniert man die Bausteine von Kryptanden und Sphäranden, entstehen Kryptahemisphäranden (a). Die schalenförmigen Calixarene stellen ein anderes Beispiel für Wirtsmoleküle mit starren Hohlräumen dar (b).*

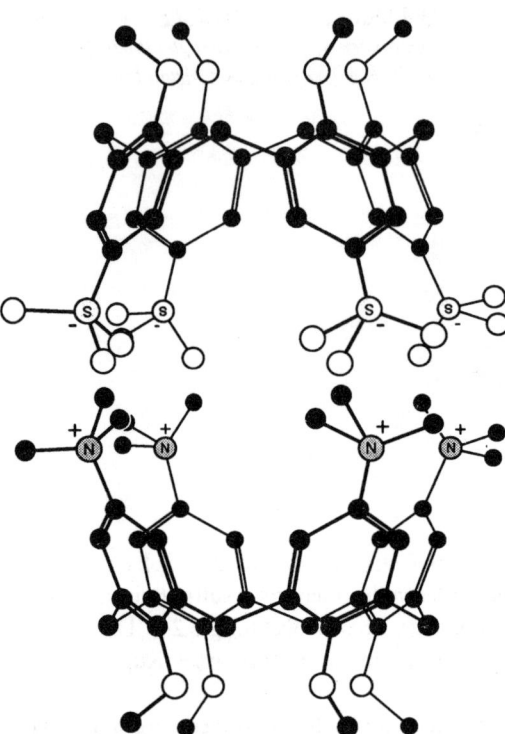

Abbildung 5.23   *Calixarene, deren Schalenränder mit entgegengesetzt geladenen ionischen Gruppen versehen sind, bilden spontan miteinander Kapseln, in die sich Gastmoleküle einschließen lassen.*

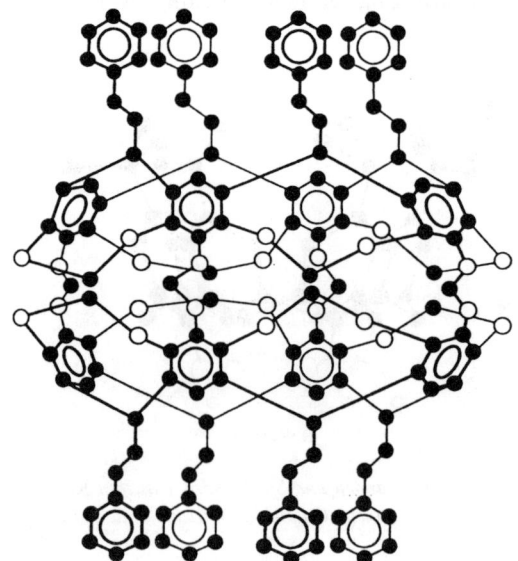

Abbildung 5.24   *Zu den mit Abstand starrsten Hohlraummolekülen zählen Donald Crams Carceranden. Bei ihnen handelt es sich um hohle, sphärische Moleküle mit schmalen Öffnungen, durch die kleine Gäste eindringen können. Zur Vereinfachung habe ich bei diesem Beispiel die Benzolringe in der gebräuchlichen „Ring"-Schreibweise wiedergegeben und nicht wie bisher als Kekulé-Formeln, in denen Doppelbindungen zu sehen sind.*

dieses Fullerens völlig geschlossen. Um Moleküle in den Innenraum einzuschließen, muß man entweder dafür sorgen, daß sie bereits bei der Entstehung des Fußballmoleküls zugegen sind, oder ein Loch in die Hülle schneiden. Im ersten Kapitel haben wir bereits erfahren, daß die Einkapselung von Metallen auf dem ersten Weg erfolgreich beschritten wurde. Im Moment suchen Chemiker nach Methoden, mit denen sich Öffnungen in die Hülle einbauen lassen. Sie setzen dazu Reagenzien ein, die die Kohlenstoffringe angreifen. Von Buckminsterfullerenen erhofft man sich, daß sie einen praktischen, kurzen Zugang zu carcerandartigen Molekülen eröffnen.

Im zweiten Kapitel sind wir einem anderen Analogon von Carceranden begegnet – nämlich porösen Kristallen, die als Zeolithe bezeichnet werden. Sie bestehen aus einem Alumosilicat-Netzwerk, das Hohlräume in molekularen Größenordnungen enthält, die über enge Kanäle zugänglich sind. Wegen der genau definierten Größe und Form der Hohlräume vermögen Zeolithe als selektive Katalysatoren zu wirken. In dieser Hinsicht lassen sie sich als anorganische Analoga zu Enzymen ansehen. Mit Blick auf diese Eigenschaften schmiedet Cram Pläne für seine molekularen Gefängnisse, die weit über das einfache Erkennen und Binden hinausgehen: Er betrachtet seine Moleküle als winzige Reaktoren, in denen sich chemische Reaktionen durchführen lassen. Einige Reaktionen, vor allem bei biochemischen Abläufen, sind nur schwer zu steuern, wenn alle Reaktanden gleichzeitig in der Lösung herumschwimmen. Schwierig wird es besonders dann, wenn die Reaktionsprodukte oder die als Zwischenstufen gebildeten Moleküle hochreaktiv sind. Möglicherweise stellen Carceranden die Art von isoliertem Reaktionsmedium dar, das man zur Durchführung so empfindlicher Reaktionen benötigt.

Um zu unterstreichen, daß es sich bei seinen Ideen nicht um bloße Phantastereien handelt, hat Cram eines seiner Käfigmoleküle als Becherglas eingesetzt und in ihm die hochreaktive Verbindung Cyclobutadien synthetisiert. Bei ihr handelt es sich um einen Ring aus vier Kohlenstoffatomen mit alternierenden Einfach- und Doppelbindungen. An jeden Kohlenstoff ist ein Wasserstoffatom gebunden. Weil die Kohlenstoffbindungen wegen der quadratischen Form des Moleküls ziemlich stark verbogen sind, ist der Cyclobutadienring hochgespannt und zerbricht leicht. Dabei entstehen entweder zwei Acetylenmoleküle oder, infolge einer Verknüpfung zweier Bruchstücke, ein achtgliedriger Kohlenstoffring. Cram und seine Mitarbeiter setzten als schützende Umgebung, um Cyclobutadien synthetisieren und ohne die Gefahr eines Zerfalls aufbewahren zu können, einen sogenannten Hemicarceranden ein. In dessen Schale befindet sich eine schmale Öffnung, durch die kleine Gastmoleküle bei Zufuhr von Wärme eindringen können (Abbildung 5.25). Crams Team ließ nun das Ausgangsmaterial zur Synthese von Cyclobutadien, eine Verbindung namens α-Pyron, in das Innere des Hemicarceranden eintreten. Diese Verbindung reagiert zu Cyclobutadien und Kohlendioxid, wenn sie Blitzlicht ausgesetzt wird. Das gespannte Reaktionsprodukt ist selbst bei Raumtemperatur stabil, solange es im Hemicarceranden bleibt. Öffnet man aber die „Tür" und läßt andere kleine Moleküle wie Sauerstoff hinein, reagiert das Cyclobutadien im Hohlraum

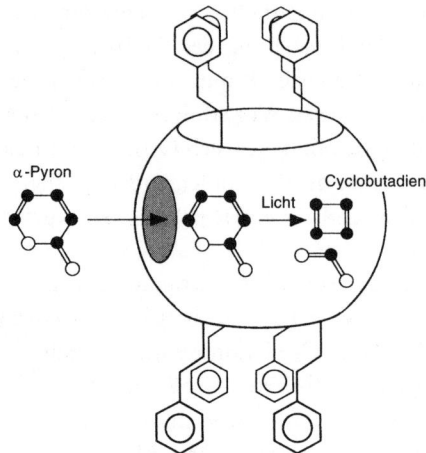

α-Pyron　　　Cyclobutadien

Licht

Abbildung 5.25 *Carceranden können als schützendes Gefäß dienen, in dem sich empfindliche Reaktionen durchführen lassen. In diesem Beispiel ist ein α-Pyronmolekül in den Innenraum eines Hemicarceranden durch eine Öffnung in dessen Hülle eingedrungen und dann auf photochemischem Wege in das hochreaktive Cyclobutadien umgewandelt worden. Das Reaktionsprodukt bleibt stabil, solange es vor Molekülen aus der äußeren Umgebung abgeschottet ist.*

mit dem neuen Gast. Die Umgebung im Inneren des Hemicarceranden ist so ungewöhnlich, daß Cram es für berechtigt hält, sie als einen neuen Aggregatzustand zu bezeichnen.

Die Nadel einfädeln

Der schottische Chemiker Fraser Stoddart hat Supermoleküle noch weitaus ungewöhnlicheren Verrenkungen ausgesetzt. Stoddart glaubt, daß es eines Tages möglich ist, Moleküle zu jeder nur gewünschten Struktur zusammenzusetzen (genauer gesagt, sie so zu konstruieren, daß sie sich von selbst zusammenfügen), so als wären sie nichts weiteres als die Streben, Klammern und Klötze eines Spielzeugbaukastens. Er bezeichnet dies als „molecular Meccano"; mittlerweile gibt es auch noch andere Forscher, die von molekularen Molekülbaukästen träumen, welche aus steifen, stäbchenförmigen Grundbausteinen bestehen.

Viele von Stoddarts Arbeiten befassen sich mit Molekülen, die sich von selbst so anordnen, daß eines in eine Öffnung oder einen Ring des anderen eingefädelt ist. Das Syntheseprinzip, das zu diesen Supermolekülen führt, ist uns in ähnlicher Form schon bei Lehns molekularen Federmäppchen begegnet. Der Unterschied ist, daß die ausgewählten Substrate zu groß für den Spalt sind und nicht vollständig hineinpassen. Sie lagern sich in einem Winkel in den Ring ein, so daß ihre Enden aus der Ringebene herausragen. Ein solches System läßt sich beispielsweise mit einem Molekül herstellen, in dem zwei Benzolringe durch Etherketten verbunden sind. Die Verbindung ähnelt einem Kronenether (wegen ihres komplizierten Namens bezeichne ich sie kurz als HY, um anzudeuten, daß sie sich vom Hydrochinon ableitet). Sie stellt einen Rezeptor für ein Molekül dar (Abbildung 5.26), das aus zwei benzolartigen Ringen besteht, in die positiv geladene Stickstoffatome eingebaut sind; das Substrat habe ich PQ^{2+} genannt, weil es sich vom Paraquat ableitet. Ein Supermolekül ähnlicher Art läßt sich durch einen „Rollentausch" konstruieren – indem man zwei PQ^{2+}-Ionen zu einem Ring verbindet und als Substrat eine lineare Version des HY-Ethers verwendet (Abbildung 5.26).

Das Auseinanderfädeln dieser Supermoleküle läßt sich vermeiden, indem man die Enden der Fäden mit sperrigen Molekülgruppen versieht, so als würde man Knoten in die Enden knüpfen. Beispielsweise fädelte Stoddarts Team ein lineares HY-Molekül durch einen PQ^{2+}-Ring und verschloß anschließend die Enden des Fadens jeweils mit einer Silylgruppe (Abbildung 5.27). Diese besteht aus einem Siliciumatom, an das Kohlenwasserstoffgruppen gebunden sind. Der Ring war dadurch wie eine Perle auf der Schnur festgehalten. Die resultierenden molekularen Gebilde werden als Rotaxane bezeichnet.

Den Begriff „Rotaxan" prägte 1980 Gottfried Schill von der Universität Freiburg. Er konstruierte einen Rotaxantyp, der aus Kohlenwasserstoffringen besteht (Abbildung 5.28*a*). Ein ganz ähnliches Molekül war bereits 13 Jahre früher von Ian Harrison and Shuyen Harrison von der Syntex Research in Palo Alto, Kalifornien, synthetisiert worden (Abbildung 5.28*b*). Diese beiden Wissenschaftler hatten die Bezeichnung „hooplane" gewählt. Schill entschied sich für die Bezeichnung Rotaxan, weil das Molekül einem Rad (im Lateinischen *rota*) auf einer Achse ähnelt. Diese ersten Rotaxane unterscheiden sich von denen, die Stoddart und Mitarbeiter synthetisieren, insofern, als sie das Ergebnis ausgefeilter Synthesemethoden der traditionellen Chemie sind. Stoddart hingegen baut seine Perlen und Schnüre so auf, daß sie sich gegenseitig erkennen und von selbst zu Supermolekülen zusammenfügen.

Die wohl größten Erwartungen, die man an diese kuriosen Supermoleküle knüpft, betreffen Systeme, bei denen sich die aufgefädelten Moleküle bewegen können. Beispielsweise hat Stoddart ein HY–PQ^{2+}-Rotaxan hergestellt, in dem der HY-Faden über *zwei* potentielle Anlegestellen für die PQ^{2+}-Perle verfügt (Abbildung 5.29). Die Perle kann

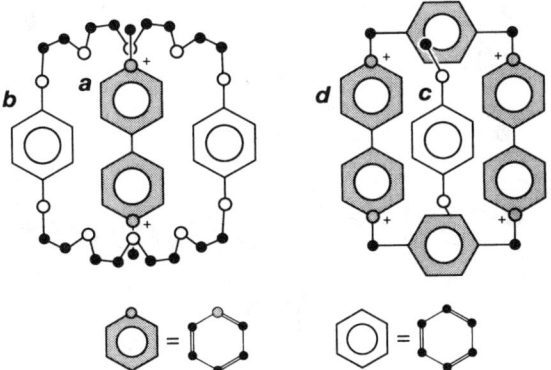

Abbildung 5.26 *Das geladene, vom Paraquat abgeleitete Molekül a fädelt sich in Lösung spontan durch den vom Hydrochinon abgeleiteten Kronenetherring b, wodurch ein Wirt-Gast-Komplex entsteht (links). Auf ähnliche Weise wirkt der Ring d, der sich von a herleitet, als Wirt gegenüber dem Molekül c, das sich von b herleitet (rechts).*

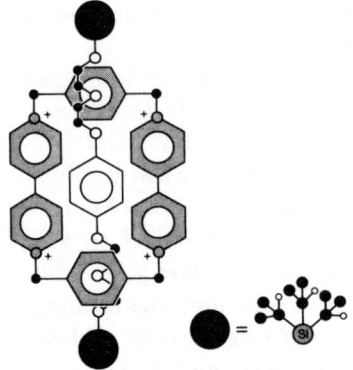

Abbildung 5.27 *Aufgefädelte Moleküle können nicht aus dem Ring herausrutschen, wenn sie an den Enden mit sperrigen Gruppen versehen werden. Es entsteht ein Rotaxan.*

dadurch zwischen diesen beiden Positionen wie ein Pendelbus hin- und herspringen. Stoddarts molekularer Pendelbus hat Spekulationen ausgelöst, ob sich diese Supermoleküle zur Informationsspeicherung einsetzen lassen: Denkbar ist eine Anordnung aus mehreren dieser Moleküle, wobei sich jedes einzelne zwischen zwei Haltestellen hin- und herschalten läßt. Dadurch könnten, so wie es im Computer geschieht, Daten in binärer Form gespeichert werden. Natürlich müßte noch ein Weg gefunden werden, wie man den Schaltvorgang kontrollieren kann, um Informationen einzugeben, und wie man die

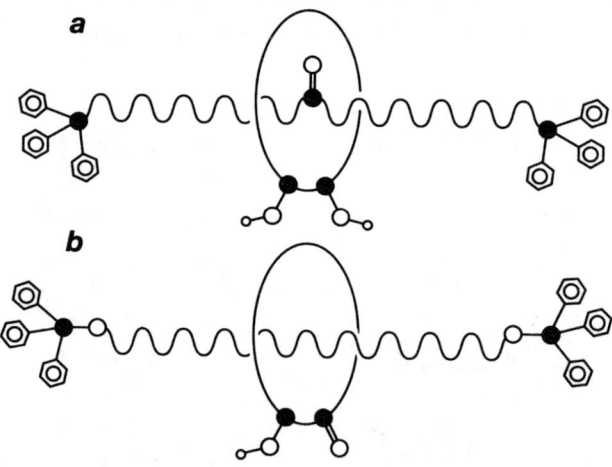

Abbildung 5.28 *Gottfried Schills Rotaxan von 1980 (a), in dem ein Faden in einen Kohlenwasserstoffring eingefädelt ist, stellt das Produkt einer ausgefeilten chemischen Synthese dar. Im Vergleich dazu das 13 Jahre früher hergestellte, verwandte „Hooplane"-Molekül (b). Die von Fraser Stoddart in jüngerer Zeit hergestellten Rotaxane zeichnen sich dadurch aus, daß sie sich spontan bilden, ohne daß komplexe Synthesewege beschritten werden müssen.*

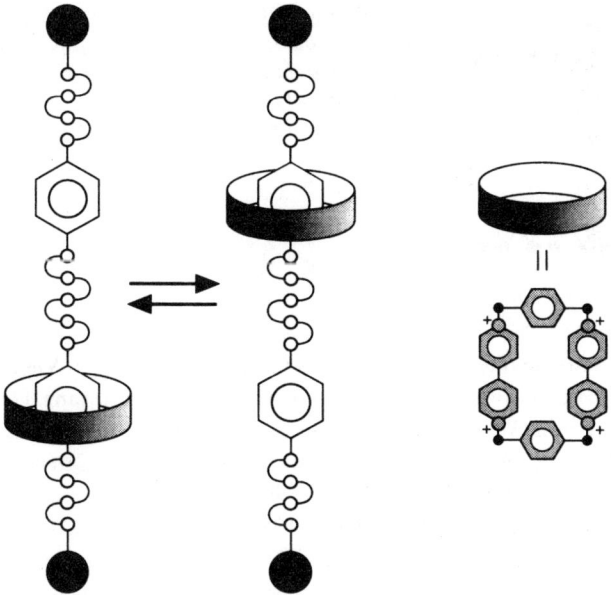

Abbildung 5.29 *Ein Rotaxan mit zwei „Haltestellen" für die aufgefädelte Perle wird zu einem molekularen Pendelbus.*

Informationen liest und wieder abruft. Diese Schwierigkeiten haben jedoch dem Enthusiasmus keinen Dämpfer gegeben, im Gegenteil, er hat noch weitaus extravagantere Spekulationen ausgelöst. Wie wäre es mit einer molekularen Rechentafel für die Nanotechnologie?

Molekulare Züge

Nachdem es Stoddart gelungen war, ein PQ^{2+}-Ion in einen HY-Ring und umgekehrt einen HY-Faden in einen Ring mit zwei PQ^{2+}-Einheiten einzufädeln, kam ihm der Gedanke, Ring und Faden zu verbinden; genauer gesagt, er dachte an ein Molekülsystem aus zwei Ringen, die wie zwei Kettenglieder ineinanderhängen. Stoddarts Mitarbeiter brachten die Synthese dieses außergewöhnlichen Supermoleküls zuwege, indem sie einen Faden mit zwei PQ^{2+}-Einheiten durch einen HY-Ring fädelten und anschließend die beiden Enden der Schlaufe mit einem Benzolring verschlossen (Abbildung 5.30). Die Synthese sieht vielleicht recht umständlich aus, ist in Wirklichkeit aber sehr konsequent und zielstrebig, weil der Faden durch chemische Wechselwirkungen genau so in den Ring gelegt wird, daß die beiden losen Enden direkt nebeneinander zu liegen kommen und nur noch verknüpft werden müssen. Ohne Frage, wenn Wirt und Gast genau aufeinander abgestimmt sind, ist dieses Meisterwerk einer topologischen Synthese überhaupt kein Problem – denn die molekulare Erkennung erledigt die ganze Arbeit.

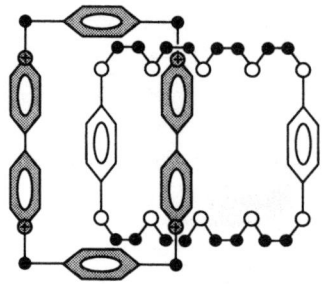

Abbildung 5.30 *Fraser Stoddart erhielt eine molekulare Kette aus zwei Gliedern - ein sogenanntes [2]Catenan -, indem er die Fadenenden eines Rotaxans zusammenschweißte. Für die benzolartigen Ringe ist es am günstigsten, wenn sie sich mehr oder weniger senkrecht zur Ebene der molekularen Ringe gegenüberstehen.*

Molekulare Systeme dieser Art werden als Catenane bezeichnet. Vielleicht überrascht es, daß ihre Geschichte etwas weiter zurückreicht als die der Rotaxane. Das erste Catenan wurde 1960 von Edel Wasserman von den AT & T Bell Laboratories in New Jersey synthetisiert. Wie die ersten Rotaxane bestand Wassermans Catenan aus einfachen Kohlenwasserstoffringen (Abbildung 5.31). Eine Kette aus zwei Gliedern wird als [2]Catenan bezeichnet; Gottfried Schill ging 1977 noch einen Schritt weiter, er stellte ein aus Kohlenwasserstoffringen bestehendes [3]Catenan her (Abbildung 5.31).

Jean-Pierre Sauvage und Mitarbeiter haben Catenane entwickelt, mit denen sich Metall-Ionen binden lassen. In den sogenannten Metallo-Catenanen (auch Catenate genannt) liegt ein Metall-Ion zwischen den beiden Ringen (Abbildung 5.32). Die 1983 geschaffenen [2]Catenate können Kupfer-, Lithium oder Silber-Ionen in ihre metallbindende Tasche einlagern.

An der Universität Sheffield stellte sich Stoddart der Herausforderung, ein [3]Catenan aus seinem Satz bewährter Supermoleküle aufzubauen. Er setzte einen längeren Faden mit zwei PQ^{2+}-Einheiten ein, mit dem er zwei HY-Ringe durchdringen konnte. Die PQ^{2+}-Einheiten waren durch einen Abstandshalter aus nunmehr zwei Benzolringen voneinander getrennt. Nachdem sich das Molekül in einen Ring eingefädelt hatte, baumelte die zweite PQ^{2+}-Einheit so weit entfernt vom ersten Ring herum, daß sie nicht mit ihm in Wechselwirkung trat, sondern sich einen anderen Ring suchte (Abbildung

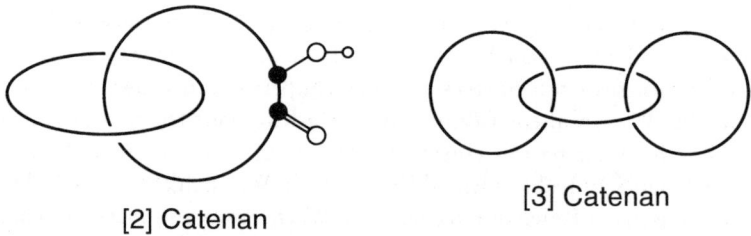

[2] Catenan

[3] Catenan

Abbildung 5.31 *Wie die ersten Rotaxane waren auch die ersten Catenane Kohlenwasserstoffverbindungen. Ihre Synthese erfolgte ohne eine Wirt-Gast-Komplexierung. Das abgebildete [2]Catenan wurde 1960 synthetisiert, das erste [3]Catenan 1977.*

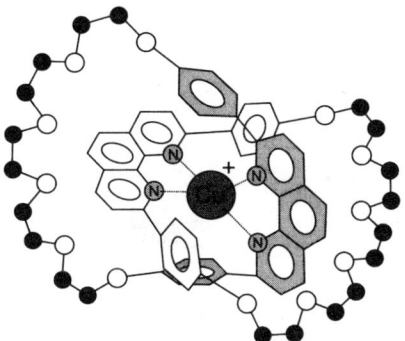

Abbildung 5.32 *Catenane auf Basis von Kronen-ethern können Metall-Ionen im Hohlraum zwischen den beiden Ringen binden. Komplexe dieser Art werden als Catenate bezeichnet.*

5.33). Kürzlich schaffte es Stoddart, aus seinen sich selbst organisierenden Systemen ein [5]Catenan zu synthetisieren. Wer sich das Symbol der olympischen Spiele einmal genau anschaut, wird schnell erkennen, warum Stoddart vorschlug, diese Supermoleküle als „Olympane" zu bezeichnen.

Wenn eine Schlaufe dieser Catenane viel länger ist als die andere (oder anderen), entstehen molekulare Kolliers, auf denen die Perlen herumgleiten können. Stoddart hat ein Supermolekül mit einer Perle und zwei Haltepunkten gebaut, also eine kreisförmige Version des molekularen Pendelbusses. Die Perle stellt dann einen molekularen „Zug" auf einer Rundstrecke dar. Der Zug fährt bei Raumtemperatur ohne Halt im Kreis. Wird das System aber auf –80 °C abgekühlt, sind die Wechselwirkungen zwischen dem Zug und den „Bahnhöfen" stärker als die thermisch angetriebene Kreisbewegung: der Zug hält an. Stoddart hat auch eine längere Schienenstrecke mit vier Bahnhöfen synthetisiert, auf der er nicht nur einen Zug kreisen lassen kann (der bei –60 °C Halt macht; Abbildung 5.34), sondern auch zwei Züge (beide stoppen bei –40 °C). Im letzten Fall besteht zwar die Gefahr eines Zusammenstoßes, doch ist das Schienennetz vorzüglich organisiert. Die Züge lassen auf ihrer Fahrt immer einen Bahnhof als Abstand zwischen sich. Stoddart hofft, daß es ihm gelingt, Streckensignale einzubauen, die die Bewegungen der Züge genau steuern. Diese ungewöhnlichen Supermoleküle zeigen eines deutlich: Auch wenn die Natur in vieler Hinsicht eine ungleich fähigere Chemikerin ist als wir Menschen, legt sie dabei nicht unbedingt eine lebendigere Phantasie an den Tag.

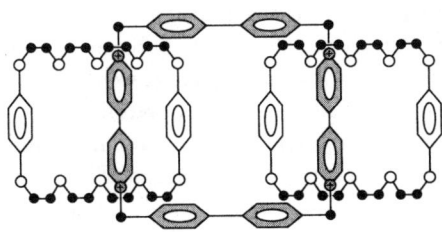

Abbildung 5.33 *Ein [3]Catenan entsteht, wenn man einen genügend langen Faden einsetzt, der durch zwei Ringe paßt. Die Enden des Fadens (hier grau unterlegt) werden anschließend zusammengefügt.*

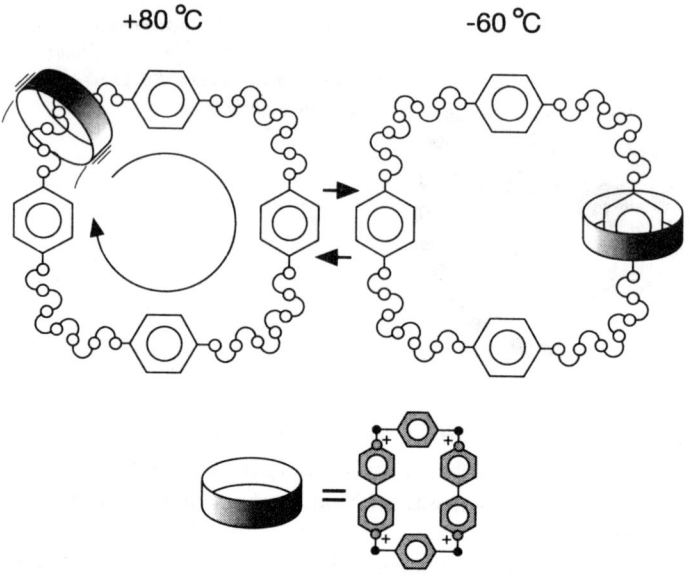

Abbildung 5.34 *Ein [2]Catenan, in dem ein Ring viel größer als der andere ist, stellt das molekulare Analogon eines Zuges auf einer Rundstrecke dar. Bei Raumtemperatur fährt der Zug auf dem großen Ring im Kreis. Wird das molekulare System abgekühlt, hält er an einem der HY-Bahnhöfe an.*

Von der Erkennung zur Replikation

Kopien

An dieser Stelle zu behaupten, daß die Zellen von lebenden Organismen nichts weiter als große und komplexe supramolekulare Systeme sind, wäre keineswegs unsinnig. Im siebten Kapitel werden wir der Frage nachgehen, in welcher Hinsicht dies zutrifft. Was genau unterscheidet aber nun das lebende vom rein chemischen System? Die meisten Wissenschaftler stimmen darin überein, daß es drei fundamentale Eigenschaften gibt, die lebende Systeme charakterisieren: Metabolismus, Replikation und Regeneration. (Einige Forscher würden noch weitere Kriterien hinzufügen; man könnte diese drei Kriterien als notwendige, aber nicht hinreichende Bedingungen betrachten.) Unter Metabolismus versteht man das Sammeln und Aufnehmen derjenigen Substanzen, die zur Ernährung, für den Energiehaushalt und für das Wachstum benötigt werden. Wir nehmen sie vorwiegend in Form von Kohlenhydraten zu uns. Die Notwendigkeit der Replikation ist offensichtlich – Organismen müssen fähig sein, sich fortzupflanzen und zu vermehren. Das Leben vielzelliger Organismen erwächst aus einer einzigen Zelle. Von ihr müssen viele Kopien produziert werden, die auf einer bestimmten Stufe differenzieren, um die verschiedenen Organe des Körpers zu bilden. Es bleibt noch die Regeneration

– es ist kaum vorstellbar, daß irgendein Organismus im Leben weit kommt, der nicht in der Lage ist, sich selbst, wenn nötig, zu reparieren.

Wir haben bereits erfahren, daß die Aufklärung der DNA-Struktur durch Watson und Crick entscheidend zum Verständnis beitrug, wie ein Organismus Kopien seines genetischen Materials anfertigt: Jeder der beiden komplementären Stränge der Doppelhelix kann als Matrize zum Aufbau eines neuen Stranges dienen. Diese Replikation des genetischen Materials läuft immer dann ab, wenn sich eine Zelle teilt, weil jede der beiden neue Zellen über eine komplette Kopie des Genoms verfügen muß. Die Einfachheit des Matrizenkonzepts sollte aber nicht darüber hinwegtäuschen, welche übergroße Aufgabe die Replikation eines DNA-Strangs darstellt. Der Vorgang wird sehr sorgfältig von Enzymen, den sogenannten DNA-Synthetasen, gesteuert. Man kann ihn insofern als geschlossen betrachten, als zuerst die Enzyme selbst nach der auf der DNA codierten Information synthetisiert werden. Mit anderen Worten, das DNA-Molekül trägt alle Informationen in sich, die es zu seiner eigenen Replikation braucht. Über diese Fähigkeit muß jedes wirklich lebende System verfügen. (Beiläufig sei bemerkt, daß keineswegs alle Biomoleküle in unserem Körper Nucleinsäuren oder genetisch verschlüsselte Proteine sind.)

Die Idee der „komplementären Matrize" ist vom Prinzip her so simpel, daß Chemiker über die Möglichkeit nachdachten, sie auf weniger komplizierte chemische Systeme zu übertragen, um einfache Modelle zur Untersuchung der Replikation zu entwickeln. Julius Rebek, Chemiker am Massachusetts Institute of Technology, sorgte 1989 für beträchtliches Aufsehen, als er die Synthese von Molekülen beschrieb, die Kopien von sich aus ihren Bausteinen erzeugen können. Obwohl diese Moleküle bestenfalls gerade einmal *ein* Kriterium für ein echtes, lebendes System erfüllen (und sich überhaupt noch nicht abzeichnet, ob sie vielseitig genug sind, um auch den beiden anderen gerecht zu werden), hielt Rebek die Behauptung für gerechtfertigt, daß seine Moleküle „ein primitives Zeichen von Leben" zeigen.

Ein reizvoller Aspekt von Rebeks Arbeiten ist, daß seine Moleküle zwar einige Eigenschaften mit Nucleinsäuren und Proteinen teilen, ihre Replikation aber einer anderen Art von molekularer Wechselwirkung gehorcht. Seine Systeme ahmen also nicht die komplementäre Basenpaarung von Nucleinsäuren nach. Dies läßt sich als ein Hinweis darauf deuten, daß die DNA vielleicht nicht das *sine qua non* des Lebens ist. Vorstellbar sind Organismen, die nach völlig anderen molekularen Prinzipien „leben". Der Evolutionsbiologe Richard Dawkins meint, daß mit Rebeks Replikationsmolekülen „die Möglichkeit der Existenz anderer Welten gegeben ist, deren Evolution parallel [zur Erde], allerdings auf der Grundlage einer völlig anderen Chemie, voranschreitet."

Obwohl der DNA-Kopiervorgang seit langem als ein außergewöhnliches Meisterstück der Natur gilt, glaubt Rebek, daß die Replikation an sich kein großes Problem ist. Alles, was man seiner Meinung nach braucht, ist ein Molekül mit komplementären Teilen, die sich, beispielsweise wegen der Geometrie des Moleküls, nicht aneinanderheften können. Das Grundprinzip sei kurz erläutert: Man betrachte ein Molekül, das zwei komplementäre Gruppen X und Y enthält. Sie verbinden sich, wenn man es ihnen gestattet. Beispielsweise könnte X die in Nucleotiden auftretende Base Adenin und Y die Base Thymin sein, an die sie sich in der DNA-Doppelhelix bindet. Wenn der Teil des Moleküls, der zwischen X und Y steht, starr ist, können die X- und die Y-Gruppe eines Moleküls nicht zueinanderkommen.

Dagegen kann ein zweites identisches Molekül, das auf dem Kopf steht, mit dem ersten zusammenzugehen. Seine X-Gruppe verbindet sich dann mit der Y-Gruppe des ersten Moleküls und umgekehrt. Natürlich stellt diese Art von Paarung noch keine Replikation dar: Wenn wir aber das Ausgangsmolekül nicht mit einem identischen Partner, sondern mit dessen *losen Bausteinen* zusammenbringen, docken diese an komplementären Stellen des Ausgangsmoleküls an. Dieses übernimmt die Funktion einer Matrize, die die Komponenten so orientiert, daß sie sich leichter zu einer identischen Kopie verbinden können. Angenommen, unser XY-Molekül läßt sich aus zwei Hälften aufbauen, wobei die eine Hälfte aus der X-Gruppe und einem Stück Kette und die andere aus der Y-Gruppe und dem restlichen Stück Kette besteht (Abbildung 5.35).

Wenn wir diese beiden Komponenten zu einer Lösung mit kompletten XY-Molekülen geben, werden sie sich an die jeweils komplementären Enden der XY-Moleküle heften. Die beiden Hälften stehen dann in einer Orientierung zueinander, die es ihnen erleichtert, sich über die Ketten fest zu verbinden. Das XY-Molekül hilft also bei seiner eigenen Replikation.

Natürlich können sich die Hälften auch ohne die Hilfe vorgefertigter XY-Moleküle von selbst zu vollständigen XY-Molekülen zusammenfügen. Allerdings läuft die Bildung der Kopie leichter und schneller ab, wenn bereits ein fertiges XY-Molekül vorhanden ist. Man kann sagen, daß das XY-Molekül seine eigene Synthese katalysiert. Ein solches Verhalten kommt der Replikation schon recht nah. Denn das Molekül steigert die Effizienz, mit der Kopien von ihm selbst gebildet werden.

Um seine Ideen in die Praxis umzusetzen, synthetisierte Rebek das J-förmige Molekül B (Abbildung 5.36). Es trägt am Ende eines langen Armes eine hochreaktive Pentafluor-phenylestergruppe (schematisch dargestellt als graues Sechseck) und am kurzen Ende eine Imidgruppe. An letztere heftete Rebek das dem Adenin-Nucleotid der DNA ähnelnde Molekül A. Das Adenin bildet dabei mit der Imidfunktion Wasserstoffbrücken aus, ähnlich wie mit Thymin in der DNA. Das Ergebnis ist ein U-förmiges Molekül, das Rebek als „molekulare Nische" bezeichnet.

Die beiden losen Enden des Us liegen direkt nebeneinander. Die reaktive Estergruppe nutzt die Chance und reagiert mit der Aminogruppe des anderen Arms unter Ausbildung einer Peptidbindung. Durch diese Verknüpfung entsteht ein spitzer Knick im Supermolekül, das dadurch gespannt ist wie ein junger, umgebogener Baum. Unter dieser Belastung brechen die relativ schwachen Wasserstoffbrückenbindungen zwischen dem Imid und Adenin. Das Molekül springt auf wie ein Klappmesser. Dieses geöffnete Molekül (R_1 in Abbildung 5.36) dient als Matrize bei der Replikation.

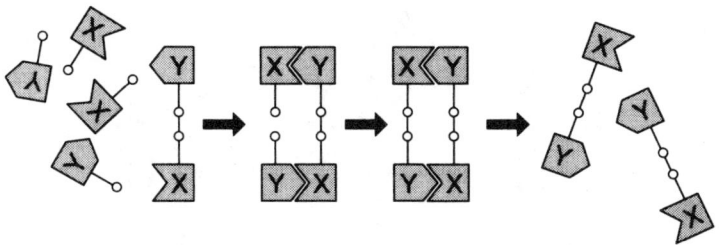

Abbildung 5.35 *Das „Kopieren" auf molekularer Ebene oder die Selbstreplikation funktionieren mit Molekülen, die an ihren Enden komplementäre Gruppen tragen. Diese müssen aber davon abgehalten werden, sich zu verbinden (was sich beispielsweise durch ein starres Mittelstück im Molekül erreichen läßt). Im vorgeführten Beispiel verhalten sich die X- und Y-Gruppen komplementär zueinander. Das XY-Molekül wirkt als eine Matrize, auf der Fragmente mit X- oder Y-Funktionen zu einer Kopie zusammengefügt werden.*

Zweifellos haben wir es mit einer sehr komplizierten Abfolge von Einzelschritten zu tun, doch brauchen wir uns um die genaueren Details nicht zu kümmern. Der entscheidende Punkt ist, mit welchem Molekül die Sequenz endet. Indem Rebek in ein und demselben Molekül die Bindungen zwischen komplementären Gruppen aufbrach, gelangte er zu einem Molekül mit komplementären Enden – einer Version des weiter oben diskutierten XY-Moleküls. Wenn diese geöffnete molekulare Nische dann mit ihren eigenen, noch nicht zusammengefügten Bausteinen vermischt wird, setzt sie sich einen Partner zusammen, was die letzten beiden Schritte in Abbildung 5.36 zeigen.

Das Ergebnis des Matrizen-gesteuerten Aufbauprozesses sind zwei identische Moleküle, die sich gegenseitig über Wasserstoffbrücken binden. Sie neigen dazu zusammenzubleiben, trennen sich aber gelegentlich in verdünnter Lösung und wirken dann jeweils als Matrizen bei der Bildung weiterer Moleküle. Die Replikation wird ausgelöst, wenn man nur eine kleine Menge des fertigen Moleküls zu einer Lösung der noch nicht zusammengesetzten Bausteine gibt. Sie endet, wenn diese verbraucht sind.

Rebek hält es für möglich, daß sich von allen Verbindungen, die spezifische Wechselwirkungen miteinander eingehen – sich also gegenseitig erkennen und binden – Replikatoren herstellen lassen. Um diese Hypothese zu stützen, entwickelte er eine zweite Replikator-„Spezies", die der ersten in ihrem Verhalten sehr ähnlich ist (siehe Abbildung 5.37). In einer spannenden und besonders gewagten Versuchsreihe untersuchten Rebek und Mitarbeiter, ob sich die beiden Replikatoren zu Hybriden kreuzen lassen. Dies schien grundsätzlich möglich. Denn in beiden Replikatoren ist das System der Wasserstoffbrücken, das die komplementären Gruppen zusammenhält, sehr ähnlich, weshalb die Bestandteile beider Spezies miteinander in Wechselwirkung treten sollten.

Rebek gab nun die Bausteine des ersten und zweiten Replikators zu einer Lösung, die bereits vorgefertigte Moleküle beider Spezies enthielt. Bei einem Experiment dieser Art sind vier Produkte denkbar: Beide Replikatoren bauen wahrscheinlich Kopien von sich selbst auf. Doch sollten auch Hybride entstehen, die aus Bausteinen beider Spezies bestehen, wobei zwei Kombinationen möglich sind (Abbildung 5.38). Die Hybride

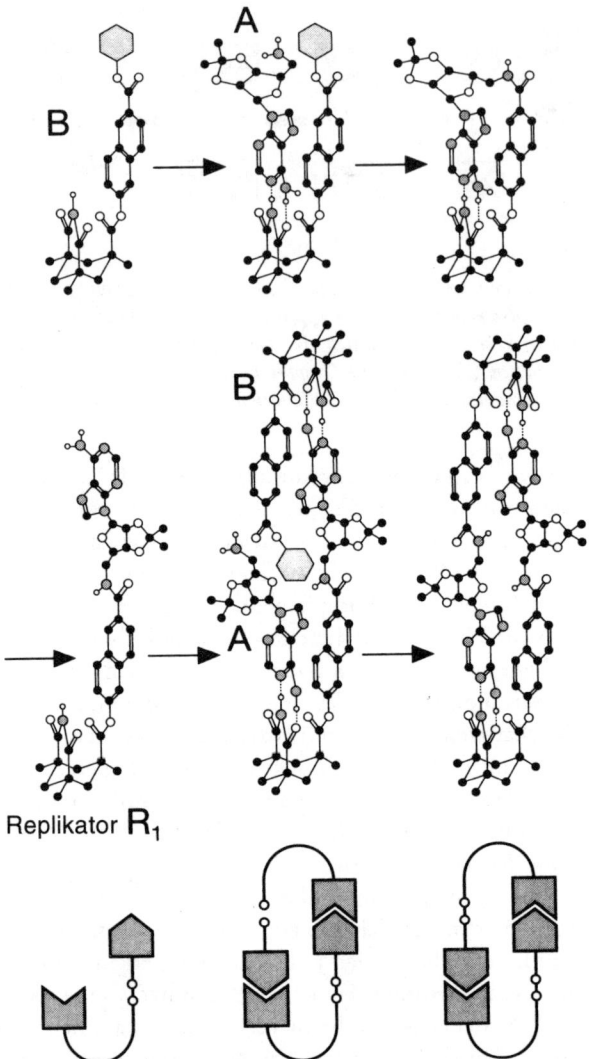

Abbildung 5.36 *Das von Julius Rebek synthetisierte, sich selbst replizierende Molekül basiert auf den Verbindungen A und B, die sich über Wasserstoffbrücken miteinander verbinden können. Wenn dies geschieht, bilden die beiden Komponenten mit ihren freien Enden unter Abspaltung der reaktiven Pentafluorphenyl-gruppe (graues Sechseck) eine kovalente Bindung aus. Die neue Bindung steht unter einer starken Spannung, der das Molekül nachgibt. Die Wasserstoffbrücken brechen auf, das Molekül springt auf, und es bildet sich der Replikator R_1. Dessen komplementäre Enden können neue Molekülbausteine binden – das A-Ende heftet sich an ein B-Molekül und umgekehrt. Auf diesem Wege wird ein neuer Replikator aufgebaut, der bereits gebildete dient dabei als Matrize. Die letzten drei Schritte sind im unteren Teil der Abbildung schematisch dargestellt.*

könnten dann als Matrizen bei ihrer eigenen Replikation dienen. Das Reagenzglas ist praktisch ein Schlachtfeld, auf dem die vier Reaktionsprodukte um die Bausteine, die sie zu ihrer Replikation benötigen, kämpfen.

Rebek fand in der Tat unter den Produkten des molekularen Kreuzungsexperiments die beiden Hybride. Sie zeigten allerdings auffällige Unterschiede in ihrem Verhalten. Ein Hybrid war unfruchtbar wie ein Maulesel: Er konnte sich nicht replizieren. Er war nicht J-förmig gebaut wie die „reinen" Replikatoren, sondern hatte eine S-förmige Struktur, die ihn daran hinderte, als Matrize zu wirken. Der andere Hybrid wiederum war ein besserer Replikator als die beiden reinrassigen Vertreter. Wenn eine Mischung der reinen Replikatoren beständig mit Bausteinen gefüttert wurde, gewann dieser Hybrid schnell den Kampf um die Vorherrschaft und bemächtigte sich aller Bausteine, um Kopien von sich anzufertigen.

Rebek ging dieser Idee der molekularen „Evolution" weiter nach, indem er künstliche Replikatoren synthetisierte, die mutieren können. Er stellte Abkömmlinge des Replikators R_1 her, an die sperrige Substituenten gebunden waren. Trotz dieser schweren Behinderung waren die Moleküle auch weiterhin in der Lage, ihre Replikation zu katalysieren. Anschließend wurden die sperrigen Gruppen durch Bestrahlung mit ultraviolettem Licht abgeschnitten, wodurch der Replikator mutierte (Mutationen an der DNA lassen sich auf ähnliche Weise mit ultraviolettem Licht induzieren). Die Mutanten wirken nun sowohl beim Bau der mutierten als auch der unveränderten Form als Matrizen. Es kommt daher zwischen beiden Replikatoren zu einem Wettbewerb um die Bausteine, die zu ihrer Replikation nötig sind. Als Sieger geht daraus schließlich der effizientere Replikator hervor. Rebek fand heraus, daß der durch das UV-Licht mutierte Replikator der „fitteste" im Überlebenskampf ist.

Die Replikation und der Wettbewerb auf molekularer Ebene werden heute bei der Suche nach neuen Medikamenten eingesetzt, um neue Varianten biologischer Moleküle zu erhalten. Wissenschaftler synthetisieren Milliarden mutierter Abarten von natürlichen Proteinen oder Molekülen, die sich von den Nucleinsäuren DNA und RNA ableiten, und setzen diese Spezies untereinander einem Wettbewerb aus. Es gewinnt, wer die Anforderungen, die an das Medikament gestellt werden, am besten erfüllt. Anders ausgedrückt, mit Hilfe der chemischen Evolution wird die Wirksamkeit der Moleküle genau eingestellt. Die aus dieser Strategie hervorgegangenen Verfahren laufen bei weitem nicht so kontrolliert und übersichtlich ab wie das von Rebek: Um Kopien von Biomolekülen zu erzeugen, wird auf Techniken aus der Biotechnologie zurückgegriffen (bei denen mit Enzymen gearbeitet wird). Auf raffinierte Weise werden willkürlich Mutationen ausgelöst, so daß es unmöglich ist, die Spuren aller mutierten Spezies zu verfolgen. Die Mutanten, die eindeutig eine Wirkung als Medikament zeigen – die sich beispielsweise effektiv an ein bestimmtes Substrat binden –, werden abgetrennt und konserviert; der Rest gilt als wertloser Trödel und wird einfach weggeworfen. Die Leistungsfähigkeit der gewonnenen Rohmedikamente wird weiter gesteigert, indem man sie wiederum als Ausgangsmaterial für neue Mutanten einsetzt und diesen Kreislauf

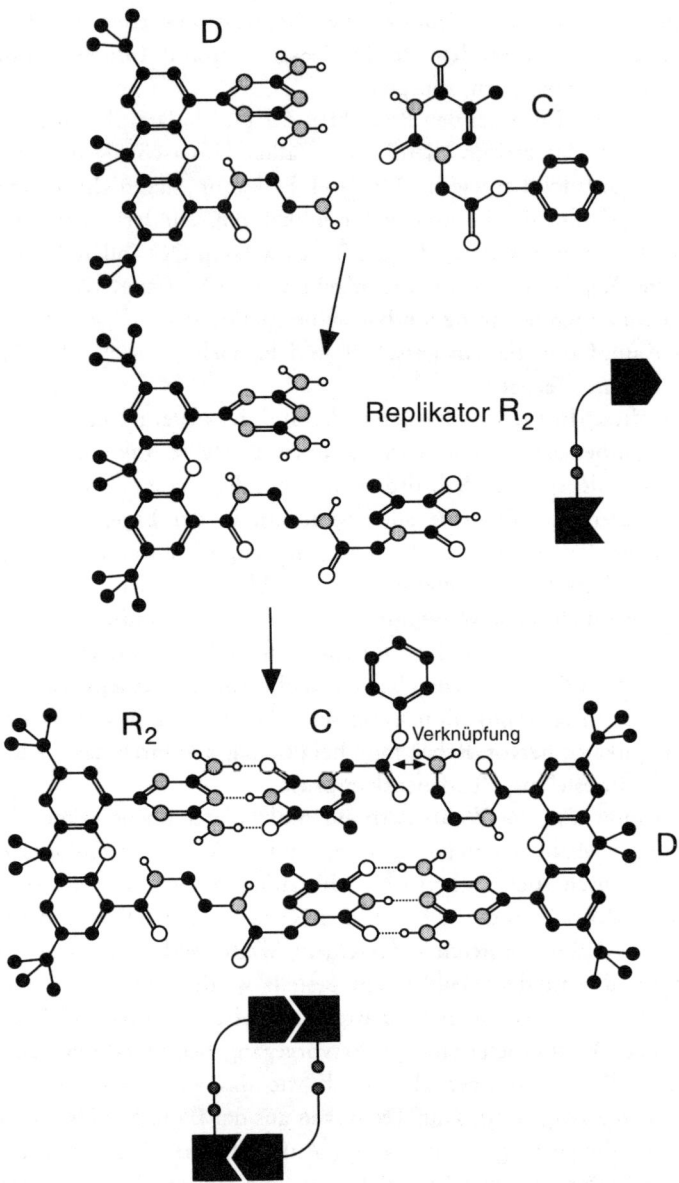

Abbildung 5.37 *Die zweite von Rebek synthetisierte Replikatorspezies geht andere chemische Wechselwir-kungen ein, doch bleibt das Prinzip der Komplementarität gültig.*

mehrfach wiederholt. Auf diesem Weg entsteht im Moment eine neue Medikamenten-
klasse, die sich von der DNA und RNA ableitet (und weniger von Proteinen). Denn die
Techniken zur Replikation und Mutation von Nucleinsäuren sind in der biotechnologischen Forschung etablierte Standardverfahren.

Vielleicht erscheint es seltsam, zur Beschreibung chemischer Reaktionen die Terminologie der Darwinschen Evolutiontheorie zu benutzen. Doch ist es sehr wahrscheinlich,
daß tatsächlich so etwas wie eine natürliche Auslese unter den primitiven, sich replizierenden Molekülen stattgefunden hat, was nach Meinung der meisten Wissenschaftler das

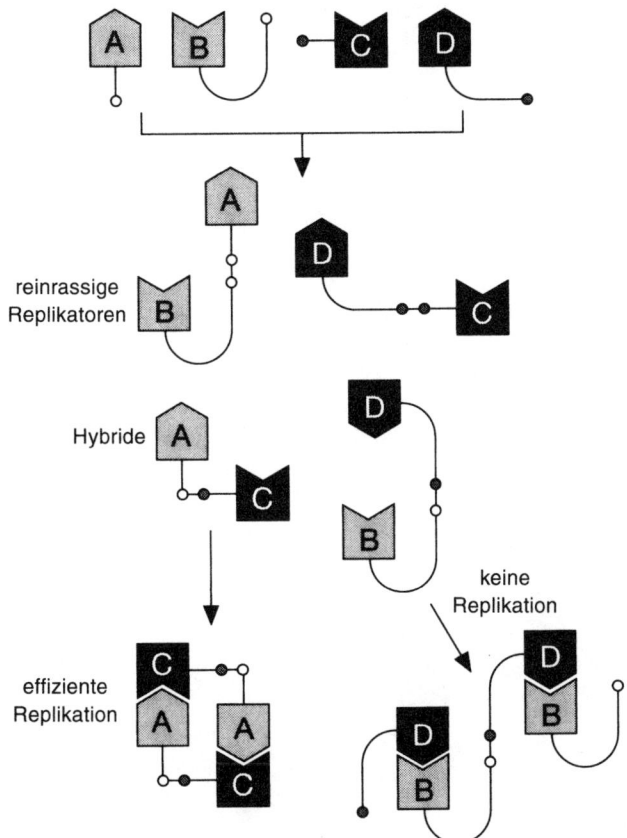

Abbildung 5.38 *Hybride der beiden Replikatoren R₁ und R₂ entstehen, wenn man ihre vier Bausteine vermischt. Einer der Hybride (A-C) ist ein besserer Replikator als die beiden „reinen" Spezies. Der andere Hybrid ist steril, weil ihn seine C-Form hindert, als Matrize zu wirken. Er lagert sich in eine S-förmige Anordnung um und bindet zwei komplementäre Fragmente, wodurch ein Komplex aus drei Bausteinen entsteht.*

Auftreten von Leben auf der Erde ankündigte. Es ist kaum vorstellbar, daß ein so komplexer Prozeß, wie ihn die DNA-Replikation darstellt, auf der jungen Erde einfach aus dem zufälligen Zusammentreffen organischer Moleküle hervorgegangen ist. Vielmehr müssen sich die Fähigkeiten der ersten sich replizierenden chemischen Systeme in einem molekularen Kampf ums Überleben erst entwickelt und fein eingeschliffen haben. Darauf werde ich im achten Kapitel detaillierter eingehen. Julius Rebeks Arbeiten lösten unter anderem deswegen so große Begeisterung aus, weil sie Wege zur Erforschung der chemischen Prozesse weisen, die zu Leben auf unserem Planeten geführt haben.

6
Metalle aus Molekülen
Die Elektronik wird organisch

Here's metal more attractive.

Hamlet, III, 2

Ein Doktorand, der für den japanischen Chemiker Hideki Shirakawa arbeitete, machte die Art von Fehler, die jedem von uns aus mangelnder Erfahrung leicht unterlaufen kann. Er hatte die Aufgabe, ein Polymer namens Polyacetylen zu synthetisieren. Es entsteht, wenn Acetylenmoleküle (C_2H_2) in einer katalysierten Reaktion zu langen Ketten verknüpft werden. Das Produkt dieser Reaktion ist normalerweise ein dunkles Pulver. Zur großen Bestürzung des Studenten schied sich aber ein dünner silbriger Film, der wie Backfolie aussah, auf den Wänden der Apparatur ab. Als er die Substanz vorsichtig von den Glasoberflächen abgelöst hatte, hielt er ein wie Kunststoffolie dehnbares Material in der Hand. Der bedauernswerte Student kam seinem Irrtum schließlich auf die Spur: Er hatte eine tausendmal größere Katalysatormenge eingesetzt als in der Arbeitsvorschrift angegeben. Das Ergebnis eines solchen Fehlers ist zumeist ein unbrauchbarer chemischer Schmier, zudem vergeudet man Stunden mit der Reinigung der Apparatur. Schlimmstenfalls ist ein großer Teil der teuren Laborausrüstung ruiniert. In diesem Falle aber hob der grobe Schnitzer ein neues Forschungsgebiet aus der Taufe.

Kohlenwasserstoffpolymere wie Polyethylen sind üblicherweise ausgezeichnete elektrische Isolatoren; vor allem wegen dieser Eigenschaft, aber auch wegen des günstigen Herstellungspreises, ihrer chemischen Stabilität und Flexibilität, eignen sie sich vorzüglich als Isoliermaterial zur Ummantelung elektrischer Kabel. Das zufällig in Shirakawas Labor in den siebziger Jahren entstandene silbrige Material war nun aber ein Kunststoff, der wie ein Metall aussah. Konnte es sein, daß diese merkwürdige Plastikfolie wie Metall den Strom leiten würde?

In der Praxis erweist sich diese Art von Polyacetylen keineswegs als ein guter Leiter. Sicher, es leitet allemal besser als ein Isolator wie Polyethylen, aber an ein richtiges Metall, etwa Kupfer, reicht es nicht heran. Nachdem Shirakawa das silbrige Polymer in der Fachwelt vorgestellt hatte, fanden einige Wissenschaftler das merkwürdige Material immerhin so interessant, daß sie weitere Untersuchungen für gerechtfertigt hielten. 1976 kam es zu einer Zusammenarbeit zwischen Shirakawa und den amerikanischen Chemikern Alan Heeger und Alan MacDiarmid. In einer Reihe von Experimenten untersuchten sie, was geschieht, wenn dem Polymerfilm Jod zugesetzt wird. Die Wissenschaftler fanden heraus, daß das Material nach dem „Dotieren" mit Jod eine goldene Farbe annahm und die elektrische Leitfähigkeit phänomenal anstieg - etwa auf das Milliardenfache.

Von vielen Polymeren ist bekannt, daß sie elektrisch leitfähig werden, wenn man sie mit anderen Substanzen dotiert. Manche sind dann so gute Leiter wie Kupfer. Einige dieser Polymere sind wie Polyacetylen reine Kohlenwasserstoffketten, andere enthalten noch Elemente wie Schwefel, Stickstoff oder Phosphor.

Weiterhin wurden „organische Metalle" synthetisiert, die nicht aus langen Polymerketten bestehen, sondern kleine, eigenständige organische Moleküle sind. Wir werden jedoch sehen, daß die molekularen Strukturen, die diese Materialien im Festzustand aufbauen, wichtige Ähnlichkeiten mit den Strukturen leitfähiger Polymere aufweisen und ihre metallischen Eigenschaften ähnlichen Ursprungs sind. Bei sehr tiefen Temperaturen werden einige dieser organischen Metalle (wie die meisten konventionellen Metalle) zu Supraleitern - dies sind Materialien, die keinen elektrischen Widerstand zeigen. Andere wiederum ähneln in ihren magnetischen Eigenschaften Metallen wie Eisen und Nickel. Leitfähige Polymere lassen sich in elektrische Geräte und Vorrichtungen einbauen - Polymer-Batterien sind bereits kommerziell erhältlich, Dioden und Leuchtdioden (LEDs) etablieren sich gerade auf dem Markt. Bei bestimmten Anwendungen ist es wahrscheinlich, daß schwere, teure Metalleitungen bald durch billige, leichte Kabel aus leitfähigem Kunststoff ersetzt werden.

Organische Leiter, Supraleiter und Magnete stehen im Mittelpunkt eines jungen, aufblühenden Forschungsgebietes, der sogenannten Molekularelektronik. Sie befaßt sich mit der Entwicklung und Synthese von chemischen Verbindungen mit neuen, potentiell nutzbaren elektronischen Eigenschaften. Diese Materialien repräsentieren eine neue Klasse synthetischer „Designer-Metalle", im Vergleich zu denen herkömmliche Kupferdrähte vergleichsweise plump und primitiv wirken. Es bleibt abzuwarten, ob leitfähige Polymere in der Mikroelektronik eine Revolution auslösen, die der Einführung des Siliciumchips einige Jahrzehnte zuvor gleichkommt. Doch besteht kein Zweifel, daß ein Fehler in einem Labor in Tokio der Wissenschaft ungeahnte Perspektiven eröffnet hat.

Den Strom verstehen

Was macht ein Metall aus?

Kennen Sie den Witz über den Mann, der einen Knoten in ein herunterbaumelndes Stromkabel bindet, damit der Strom nicht herausfließt? Ich muß gestehen, daß ich für den armen Kerl Sympathie empfinde. Er folgt eigentlich nur seiner Intuition zu Dingen, die *fließen*. Um ihn über seine falschen Vorstellungen aufzuklären, müßten wir uns zumindest in die Theorie des Stromkreises und des Widerstands vertiefen. Wenn wir dem Phänomen genauer auf den Grund gehen wollen, sollten wir uns eigentlich zunächst klar machen, was genau durch das elektrische Kabel fließt und was es mit einem Metall auf sich hat, das den Stromfluß möglich macht.

Ein Stoff leitet den elektrischen Strom, wenn in ihm bewegliche, elektrisch geladene Teilchen vorkommen. Reines Wasser ist ein schwacher Leiter, weil es geringe Konzentrationen an H_3O^+- und OH^--Ionen enthält. Salzschmelzen, beispielsweise von Natriumchlorid, leiten ebenfalls den Strom, und es gibt kristalline Festkörper, zum Beispiel Silberiodid, in denen einige Ionen beweglich genug sind, um das Material merklich leitfähig zu machen. Doch der bei weitem häufigste Träger elektrischer Ladungen in Festkörpern ist das Elektron. (Es ist verbreitet, vom Stromfluß zu sprechen, was aber physikalisch nicht korrekt ist. Eigentlich fließt Ladung, und der Strom entspricht dem Ladungsfluß.)

Natürlich enthalten sowohl Metalle als auch Isolatoren wie Holz oder Gummi Elektronen. Allerdings können sich in einem Leiter einige der Elektronen frei durch den ganzen Stoff bewegen, in einem Isolator hingegen nicht. Die meisten Metalle haben eine kristalline Struktur, in der die Metallatome gleichmäßig und regelmäßig in Stapeln gepackt sind. Ein Isolator mit einer viel einfacheren molekularen Struktur als Holz oder Gummi ist der Diamant. Sein Kristall besteht aus einer höchst regelmäßigen Anordnung von Kohlenstoffatomen. Warum leitet das kristalline Kupfer den Strom, der kristalline Kohlenstoff aber nicht? Eine allzu simple Antwort ist, daß im Diamanten benachbarte Kohlenstoffatome *lokalisierte* kovalente Bindungen ausbilden, in denen die Bindungselektronenpaare festsitzen. Im Kupfer dagegen ist die Bindung zwischen den Metallatomen eine Art Gemeinschaftswerk aller Elektronen, die Bindungen sind *delokalisiert*: Jedes Atom gibt seine Bindungselektronen an einen Elektronenpool ab, der den gesamten Feststoff durchdringt und durch den die Elektronen frei schwimmen können. Dieses Bild spiegelt wieder, wie sich die beiden Elemente in ihren Verbindungen verhalten: Kohlenstoff bildet kovalente Bindungen aus, Metalle hingegen geben meist ihre Elektronen ab und bilden positiv geladene Ionen.

Wir sind daran gewöhnt, daß ein elektrisches Signal fast unverzüglich ein Kabel durchläuft. Dies bedeutet aber nicht, daß die Elektronen ebenso schnell reisen. In Wirklichkeit wandern sie ziemlich verträumt durch das Ionengitter, mit Geschwindigkeiten von typischerweise weniger als einem Millimeter pro Sekunde. Eines der vielleicht überraschendsten Ergebnisse brachte die quantenmechanische Behandlung der metallischen Bindung. Wenn die Ionenstapel im Metallkristall in perfekter Regelmäßigkeit angeordnet sind, „sehen" die wandernden Elektronen die Metall-Ionen überhaupt nicht und ziehen ungehindert an ihnen vorbei. Normale Kristalle verhalten sich aber niemals so perfekt. Zunächst einmal besitzen die Ionen von sich aus thermische Energie, die sie um ihre Gleichgewichtspositionen schwingen läßt, was die regelmäßige Anordnung vorübergehend verzerrt. Unvermeidbar sind Fehler oder „Defekte" im Metallionengitter, häufig treten auch Verunreinigungen durch Atome anderer Elemente auf. Mit einer gewissen Wahrscheinlichkeit treffen die Elektronen auf Gitterdefekte oder kollidieren mit den schwingenden Metall-Ionen. In beiden Fällen werden sie von ihrem Weg abgelenkt, und der Ladungsfluß ist gestört. Diese Wechselwirkungen sind die Ursache des elektrischen Widerstands. Je stärker die Elektronen gestreut werden (mit anderen Worten, je größer die Zahl der „Streuzentren" ist), desto höher ist der Widerstand. Wenn ein Elektron gestreut wird, verliert es einen Teil seiner Energie an das Gitter, wodurch sich das Metall aufheizt. Dieses Aufheizen kann so weit gehen, daß das Metall glüht – und das geschieht mit dem Wolframfaden in einer Glühbirne.

Angenommen, das entscheidende Kriterium für eine gute elektrische Leitfähigkeit ist, daß sich die Elektronen frei zwischen vielen Atomen bewegen können und nicht in lokalisierten Bindungen festgehalten werden. Dann leiten sich daraus sofort einige Erklärungen für die metallischen Eigenschaften des Polyacetylens ab. Im ersten Kapitel erfuhren wir, daß die alternierenden Einfach- und Doppelbindungen im sechsgliedrigen Benzolring zur Bildung ringförmiger Orbitale ober- und unterhalb der Molekülebene führen, in denen die Elektronen delokalisiert sind. Werden Benzolringe in ein magnetisches Feld gebracht, kreisen die Elektronen in diesen Orbitalen. Man spricht dann vom „Ringstrom". Im Grunde ist Polyacetylen nichts anderes als eine Reihe von aufgeschnittenen Benzolringen, die miteinander verbunden sind. Denn es besteht aus langen Kohlenstoffketten mit alternierenden Einfach- und Doppelbindungen (Abbildung 6.1). Diese Sequenz gestattet es den π-Orbitalen der Doppelbindungen, sich durchgehend zu überlappen. Es entstehen schlangenartige Molekülorbitale, die am Kohlenstoffrückgrat entlanglaufen. Man bezeichnet diese Bindungen als „konjugiert". Die Elektronen können sich in den konjugierten Orbitalen wie Züge auf Schienen bewegen; mit anderen Worten, sie sind entlang der Polymerkette delokalisiert. Legt man an die beiden Kettenenden eine Spannung an, stellt die Kette, entsprechend dieses einfachen Bildes, einen winzigen Draht dar, durch den die Elektronen fließen können.

Diese Elektronen können sich allerdings nur frei in eine Richtung bewegen – nämlich entlang der Polymerkette –, in einem Metall dagegen sind alle Richtungen gleichwertig.

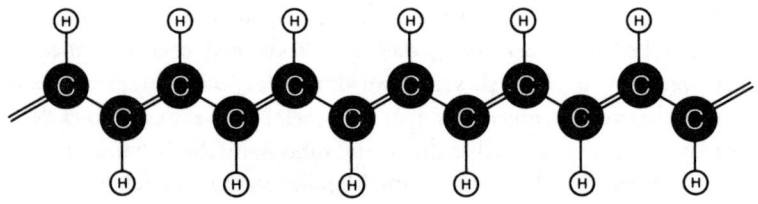

Abbildung 6.1 *Polyacetylen ist ein Kohlenwasserstoffpolymer, in dem Einzel- und Doppelbindungen entlang der Kette alternieren. Die π-Orbitale benachbarter Doppelbindungen überlappen und bilden kontinuierliche konjugierte Molekülorbitale, durch die die Elektronen hindurchwandern können.*

Als Konsequenz hieraus muß das Polymer so gestreckt werden (oder auf einem speziellen Weg synthetisiert werden), daß sich die Ketten parallel anordnen. Denn es leitet den Strom viel besser entlang der Richtung, in der die Ketten ausgerichtet sind (in Richtungen senkrecht zu den Ketten verhält es sich sogar praktisch wie ein Isolator). Eine weitere Konsequenz ist, daß die Leitfähigkeit der Polymere sehr empfindlich auf Defekte in der molekularen Struktur reagiert, beispielsweise auf Brüche in der Kette. In Metallen haben Defekte keinen merklichen Einfluß, solange sie nicht in großer Zahl auftreten. Denn es ist für Elektronen relativ einfach, sie zu umgehen. In einer linearen Polymerkette ist das dagegen nicht möglich – wenn die „Schiene" gebrochen ist, kann das Elektron nicht „weiterrollen".

Das Modell von delokalisierten Elektronen, die durch konjugierte Bindungen am Polymerrückgrat entlangfließen, hilft uns zunächst einmal über die erste Überraschung hinweg, daß bestimmte Kunststoffmaterialien elektrisch leitfähig sind. Aber es erklärt nicht alles. Wenn es genau zuträfe, müßte Polyacetylen ein sehr guter Leiter sein. Heeger und MacDiarmid hielten aber erst ein Material mit guter Leitfähigkeit in den Händen, nachdem sie das Polymer mit Iod dotiert hatten. Außerdem bleibt noch die Frage, wie ein Elektron vom Kettenende zur nächsten Kette überspringt (denn die Polymermoleküle sind nicht so lang, daß sie sich durch die ganze Probe ziehen). Allgemeiner ausgedrückt, es fällt direkt auf, daß das Konzept der delokalisierten Bindungen allein kein sicheres Kriterium ist, um zu entscheiden, ob ein Material den Strom leitet oder nicht. Betrachten wir zum Beispiel Diamant. Er ist das Musterbeispiel eines Feststoffes, der durch starke lokalisierte Bindungen zusammengehalten wird. Dennoch reicht schon die Zugabe kleiner Mengen solcher Dotiermittel wie Bor und Phosphor aus, um die Leitfähigkeit so zu steigern, daß das Material zu einem Halbleiter wie Silicium wird. Es kann nicht sein, daß alle Bindungen im Diamant plötzlich delokalisiert sind, nur weil einige wenige Fremdatome zugegen sind. Um diese Beobachtungen zu verstehen, bedarf es einer sorgfältigeren Betrachtung der Bindungsverhältnisse in Festkörpern.

Von Bindungen zu Bändern

Elektronen in einzelnen Atomen sind mehr oder weniger gezwungen, ihre Zeit in Orbitalen nahe dem Atomkern zu verbringen. In Molekülen gewinnen die an der Bindung beteiligten Elektronen ein größeres Maß an Freiheit. Sie können zwischen zwei oder mehreren Atomkernen umherstreifen. Im ersten Kapitel erfuhren wir, daß bei der Ausbildung kovalenter Bindungen die Atomorbitale zu Molekülorbitalen überlappen – zu bindenden Molekülorbitalen, in denen die Energie eines Elektrons, verglichen mit dem isolierten Atom, niedriger, und zu antibindenden Orbitalen, in denen die Energie eines Elektrons höher ist. Wir können uns dann einen Feststoff – sei es ein Metall, ein Halbleiter oder ein Isolator – als ein ausgedehntes Riesenmolekül vorstellen, in dem Milliarden über Milliarden Atome durch das Überlappen benachbarter Atomorbitale zusammengehalten werden. Wenn wir einen solchen Festkörper Atom für Atom vor

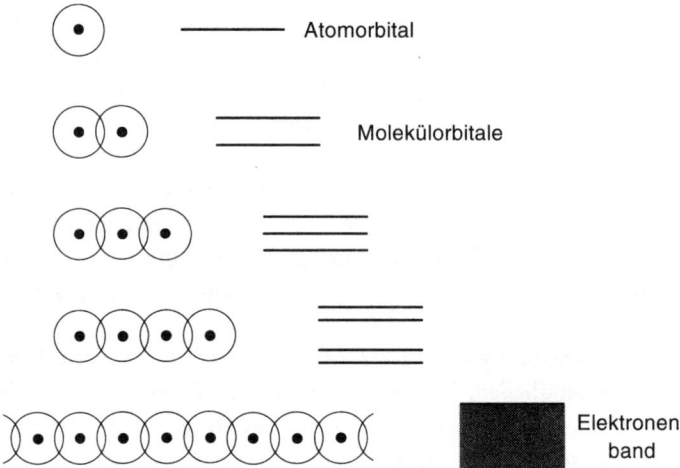

Atomorbital

Molekülorbitale

Elektronen-
band

Abbildung 6.2 *Wenn Atome nacheinander zu einem Feststoff zusammengefügt werden, rücken die Molekülorbitale energetisch so nah zusammen, daß sie schließlich in kontinuierliche Energiebänder übergehen.*

unseren Augen entstehen lassen, können wir ableiten, was die Molekülorbitalmethode über die Bindungseigenschaften von Festkörpern aussagt.

Beginnen wir mit einem einfachen Beispiel – einem eindimensionalen Feststoff, der aus einer einzigen Reihe von Atomen besteht (Abbildung 6.2). Stellen wir uns vor, daß wir diesen Feststoff Schritt für Schritt zusammensetzen. Zuerst verbinden wir zwei Atome durch eine Einzelbindung. Es überlappen also zwei Atomorbitale zu einem bindenden und einem antibindenden Molekülorbital. Immer wenn wir nun ein weiteres Atom an diese Reihe anhängen, kommt ein weiteres bindendes Molekülorbital zu dem Orbitalsatz hinzu. Schon bevor die Reihe sehr lang ist, liegen die Energien der einzelnen Orbitale so nahe beieinander, daß sich einzelne Energieniveaus überhaupt nicht mehr unterscheiden lassen. Wenn die Reihe auf Millionen von Atomen angewachsen ist, sind die Energieniveaus nicht mehr diskret, sondern schließen sich zu einem kontinuierlichen Band möglicher Elektronenenergien zusammen (Abbildung 6.2). In einem dreidimensionalen Feststoff überlappen verschiedene Orbitale eines Atoms mit denjenigen der Nachbaratome. Es entsteht ein Satz von Energiebändern, wobei die Elektronen Energien annehmen, die zwischen den Ober- und Untergrenzen der Energiebänder, aber niemals außerhalb dieser Bereiche liegen. Es gibt deshalb zwischen diesen Bändern Lücken mit „verbotenen" Energien.

Die Formen der in gängigen dreidimensionalen Festkörpern auftretenden ausgedehnten Molekülorbitale (die den Bändern entsprechen) sind nicht leicht zu beschreiben. Von „Orbitalen" zu reden ist eigentlich nicht mehr korrekt, weil sie jedes Atom im Feststoff gleichermaßen umhüllen. Vielleicht ist es besser, sie sich als ein dreidimensionales Netzwerk von Korridoren vorzustellen, durch die die Elektronen zwischen den Atomen

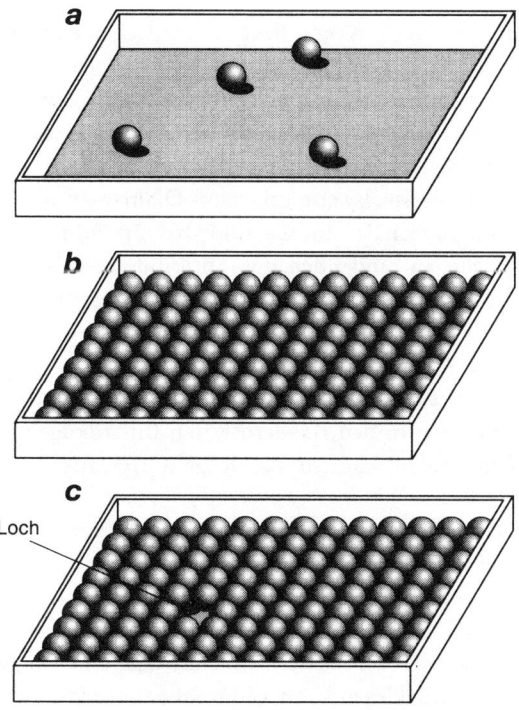

Abbildung 6.3 *Die Beweglichkeit von Elektronen in einem Energieband läßt sich mit der von Billardkugeln auf einem Spieltisch vergleichen. Wenn sich auf ihm nur wenige Kugeln befinden, können diese frei umherrollen (a); wenn sich der Tisch mehr und mehr mit Kugeln füllt, nimmt deren Beweglichkeit ab. Ist er vollgepackt, liegen die Kugeln „eingefroren" auf ihrem Platz (b). Wenn eine Kugel entfernt wird, kann das zurückbleibende Loch von Platz zu Platz wandern, indem man die Kugeln verschiebt. Das Loch verhält sich praktisch wie eine „Antikugel" auf einem sonst leeren Tisch (c).*

passieren. In bestimmten Bereichen dieser „Orbitale" können sich die Korridore verengen. Die Elektronen sind dann zwischen bestimmten Schichten oder Reihen eingesperrt. Vielleicht sind sie sogar in Hohlräumen zwischen bestimmten Atomen gefangen, so, als befänden sie sich noch in Atomorbitalen. Man sollte diese Vorstellungen aber nicht zu wörtlich nehmen. Physiker müssen auf ihre eigenen Veranschaulichungen zurückgreifen, um die Vorgänge exakt zu beschreiben. Sie sprechen – was ich übernehmen werde – von Elektronen, die „Bänder auffüllen". Sie meinen damit, daß die Elektronen die riesigen, kontinuierlichen „Orbitale", die diesen Energiebändern entsprechen, füllen. Von nun an benutze ich den Begriff „Band" für ein ausgedehntes Orbital in einem Feststoff.

In einem Isolator wie Diamant, einem Halbleiter wie Silicium oder Germanium oder einem Leiter wie Kupfer erstrecken sich die Energiebänder über das gesamte Kristallgitter. Im Metall können sich die Elektronen mehr oder weniger frei bewegen, in den beiden anderen Materialien aber nicht. Woran liegt das? Entscheidend ist, wieviele Elektronen das Band enthält. In ein bindendes und antibindendes Molekülorbital passen insgesamt so viele Elektronen hinein wie in die beiden Atomorbitale, aus deren Überlappung sie hervorgegangen sind, nämlich vier. Ebenso können die Energiebänder in einem Feststoff so viele Elektronen aufnehmen, wie in die Atomorbitale hineinpassen, aus denen die Bänder gebildet werden. Beispielsweise gehen im Diamanten aus der Überlappung der vier Orbitale der zweiten Schale (ein 2s- und drei 2p-Orbitale) zwei Energiebänder, entsprechend den Sätzen an bindenden und antibindenden Molekülorbitalen, hervor, die durch eine Energielücke voneinander getrennt sind. Zusammen können diese Bänder ein Maximum von acht Elektronen pro Atom unterbringen: das untere Band bietet Platz für vier Elektronen pro Atom, das obere ebenfalls.

Die Beweglichkeit der Elektronen hängt davon ab, wie voll die Bänder sind. Stellen wir uns vor, die Elektronen in den Bändern wären Billardkugeln auf einem Spieltisch. Unter normalen Umständen können die Kugeln frei auf dem Tisch herumrollen (Abbildung 6.3*a*).

Diese Situation entspricht einem teilweise gefüllten Energieband: Die Elektronen sind beweglich, weshalb der Feststoff den Strom leitet. Per definitionem haben Metalle deshalb mindestens ein teilweise gefülltes Energieband (Abbildung 6.4*a*).

Füllen wir nun ein Band weiter mit Elektronen auf bzw. legen mehr Kugeln auf den Billardtisch. Es wird immer unwahrscheinlicher, daß eine Kugel eine beträchtliche Distanz auf dem Tisch zurücklegen kann, ohne auf eine andere zu treffen und abgelenkt zu werden. Mit anderen Worten, es wird für die Kugeln immer schwieriger, ungehindert herumzurollen. Wenn wir schließlich die ganze Oberfläche des Tisches mit Kugeln bedeckt haben (Abbildung 6.3*b*), ist der maximale Füllgrad erreicht. Die Kugeln sind regelmäßig angeordnet, sie können sich nicht mehr bewegen, weil sie von ihren Nachbarn an ihrem Platz gehalten werden. Ebenso ergeht es den Elektronen: Ist das Energieband aufgefüllt, können sie nicht wandern, auch wenn sich das Energieband über den ganzen Feststoff erstreckt. Das Material leitet den Strom nicht. In einem Isolator wie Diamant sind bis zu einer bestimmten Energie alle Bänder vollständig aufgefüllt (Abbildung 6.4*c*). Leere Bänder liegen bei höheren Energien. Sie sind für Elektronen nicht erreichbar, weil sie von den gefüllten Bändern durch eine breite Energiezone, die sogenannte „verbotene Zone" oder „Bandlücke", getrennt sind.

Bei den Erdalkalimetallen werden die höchsten besetzten Bänder von den voll aufgefüllten s-Valenzorbitalen gebildet. Man würde deshalb erwarten, daß das oberste Energieband ebenfalls komplett gefüllt ist und diese Metalle Isolatoren sind. Doch zeigt sich, daß dieses Band nur teilweise gefüllt ist und mobile Elektronen enthält. Dies liegt daran, daß die oberen Bänder so breit sind, daß die Bandlücke zwischen dem gefüllten s-Band und dem bei höherer Energie liegenden leeren p-Band verschwindet: Die beiden Bänder überlagern sich (Abbildung 6.4*b*). Diesem Verschmelzen von Bändern verdanken einige Metalle, beispielsweise Kupfer, Silber und Gold, daß sie nicht als Isolatoren enden mußten.

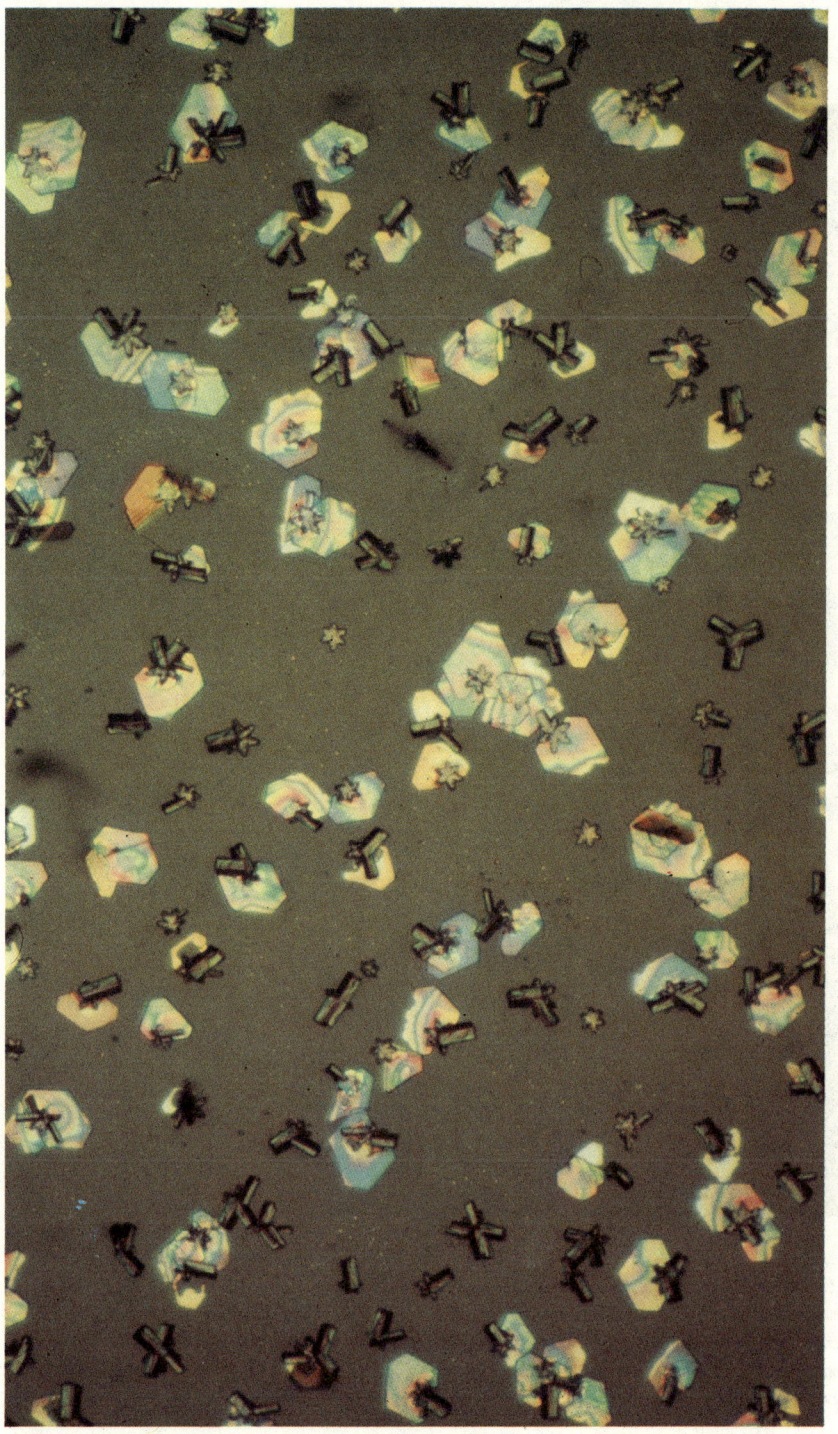

Bild 1 *Fullerenkristalle, die Donald Huffman und Wolfgang Krätschmer mit ihren Studenten 1990 isolierten und reinigten. Die Kristalle bestehen hauptsächlich aus C_{60} mit einem Anteil von zehn Prozent C_{70}. (Mit freundlicher Genehmigung von Donald Huffman, University of Arizona)*

Bild 2 *Eine Schicht von C_{60}-Molekülen auf einer Goldoberfläche. Das Bild erhält man mit einem Rastertunnelmikroskop, das viel kleinere Details auflösen kann als ein Lichtmikroskop. Die sphärischen Moleküle erscheinen als leuchtende Spitzen. Die pentagonalen und hexagonalen Ringe können nicht aufgelöst werden, weil - so nimmt man an - die C_{60}-Moleküle sehr schnell rotieren. (Mit freundlicher Genehmigung von Don Bethune, IBM Almaden Research Center, Kalifornien)*

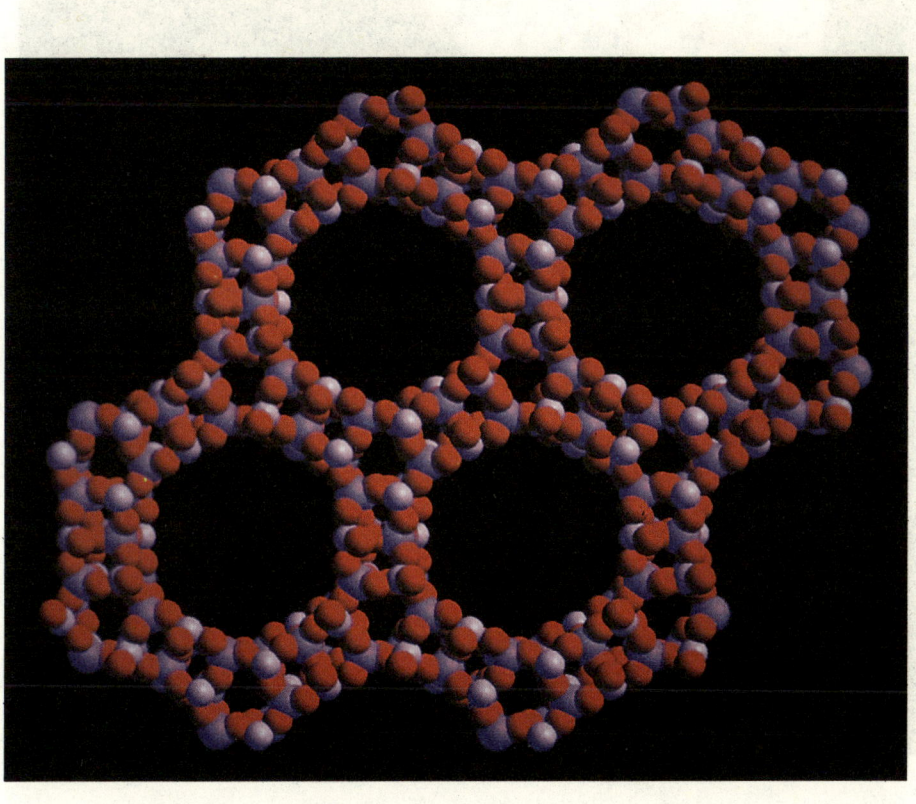

Bild 3   *Das im Jahre 1988 erstmals hergestellte Alumophosphat VPI-5 hat besonders weite Kanäle. Sie werden von Ringen aus 18 Tetraedern begrenzt. In dieser Abbildung ist die Blickrichtung entlang der Kanäle gewählt. Rote Kugeln symbolisieren Sauerstoffatome, purpurfarbene Aluminiumatome und blaue Phosphoratome. (Abbildung mit freundlicher Genehmigung von Mark Davis, California Institute of Technology)*

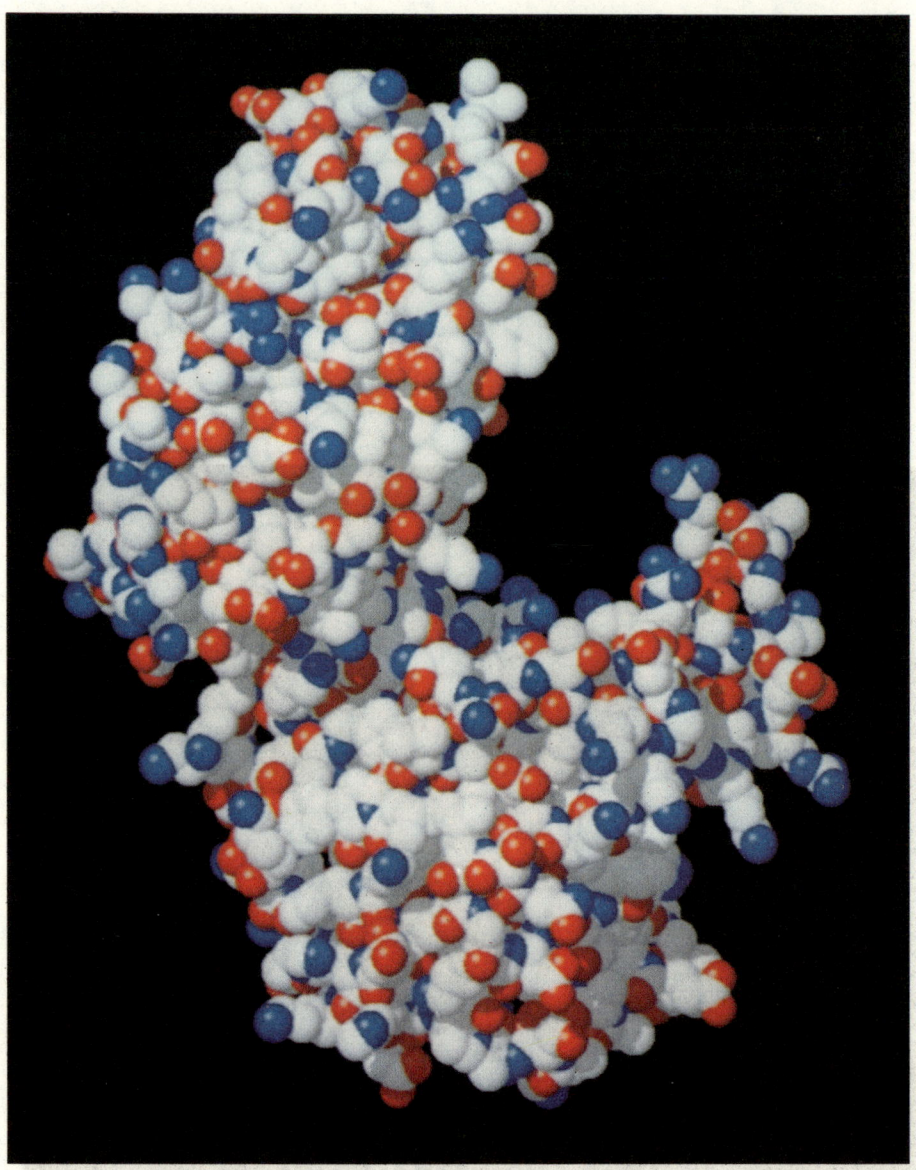

Bild 4 *Das Enzym Phosphoglycerat-Kinase steuert einen Schlüsselschritt des unter Energiegewinn verlaufenden Abbaus von Glucose. Die Reaktionspartner passen exakt in die deutlich zu erkennende Tasche des Enzyms. Unmittelbar nach dem Andocken der Moleküle stülpen sich die beiden Seitenketten darüber und bewerkstelligen die Reaktion. Weiße Kugeln repräsentieren Kohlenstoffatome, blaue Stickstoffatome und rote Sauerstoffatome. (Abbildung mit freundlicher Genehmigung von David Goodsell, University of California, Los Angeles)*

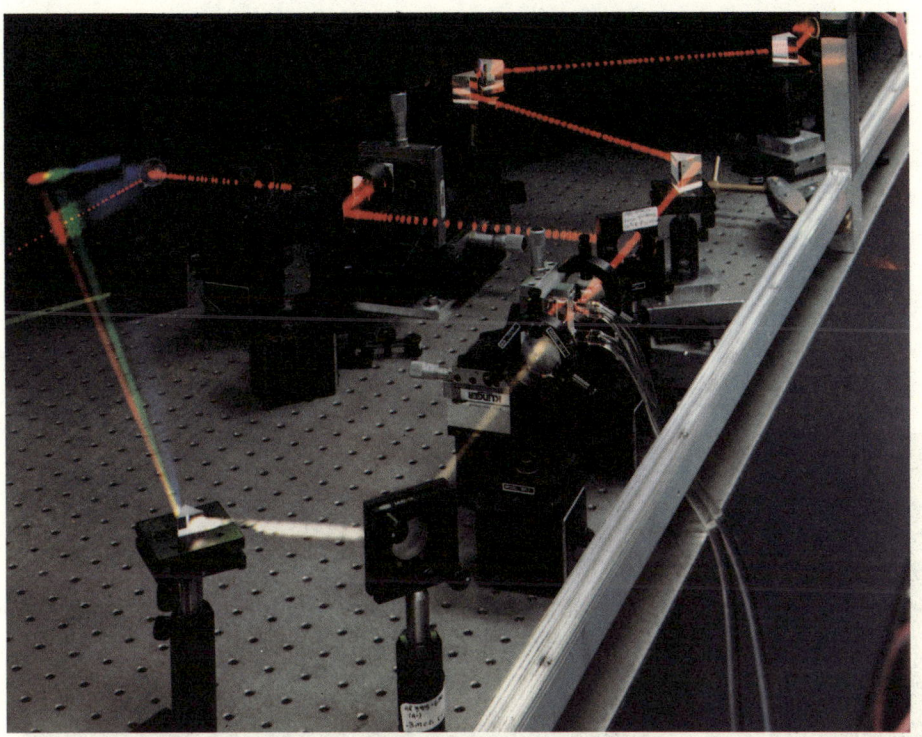

Bild 5 *Ahmed Zewails Laboratorium für Laserspektroskopie am California Institute of Technology gleicht einem Kaleidoskop von Farben. Einige dieser Laserstrahlen bestehen aus so kurzen Pulsen, daß pro Sekunde Abermilliarden abgeschossen werden können. (Mit freundlicher Genehmigung von Ahmed Zewail, California Institute of Technology)*

Bild 6 *$K_{1.75}Pt(CN)_4$-Kristalle. Sie entstehen in Lösung nach einem elektrochemischen Verfahren, das von der Xerox Corporation in Webster, New York, entwickelt wurde.*

Bild 7 *Kunststoff-Leuchtdioden wurden erstmals aus dem Polymer Poly(p-phenylenvinylen) (PPV) hergestellt. Das Material luminesziert, wenn in ihm die Bildung von Leitungselektronen und Löchern durch das Anlegen einer Spannung induziert wird. Die ersten Polymer-LEDs leuchteten mit gelbem Licht. Doch läßt sich die Farbe des emittierten Lichts variieren, indem man mit dem chemischen „Make-up" des Polymers spielt. Mittlerweile sind so auch rot, orange, grün und blau leuchtende Polymer-LEDs hergestellt worden. (Photo: Abteilung für Photographie, Chemisches Institut der University of Cambridge)*

Bild 8 *Polyacetylen ändert seine Farbe mit der Temperatur. Der untere rote Teil der hier abgebildeten Folie taucht in Trockeneis ein und wird so kalt gehalten. Der obere Teil der Folie hat dagegen eine blaue Farbe angenommen, weil er mit einem Heizelement erwärmt wird. (Mit freundlicher Genehmigung von Richard Kaner, University of California, Los Angeles)*

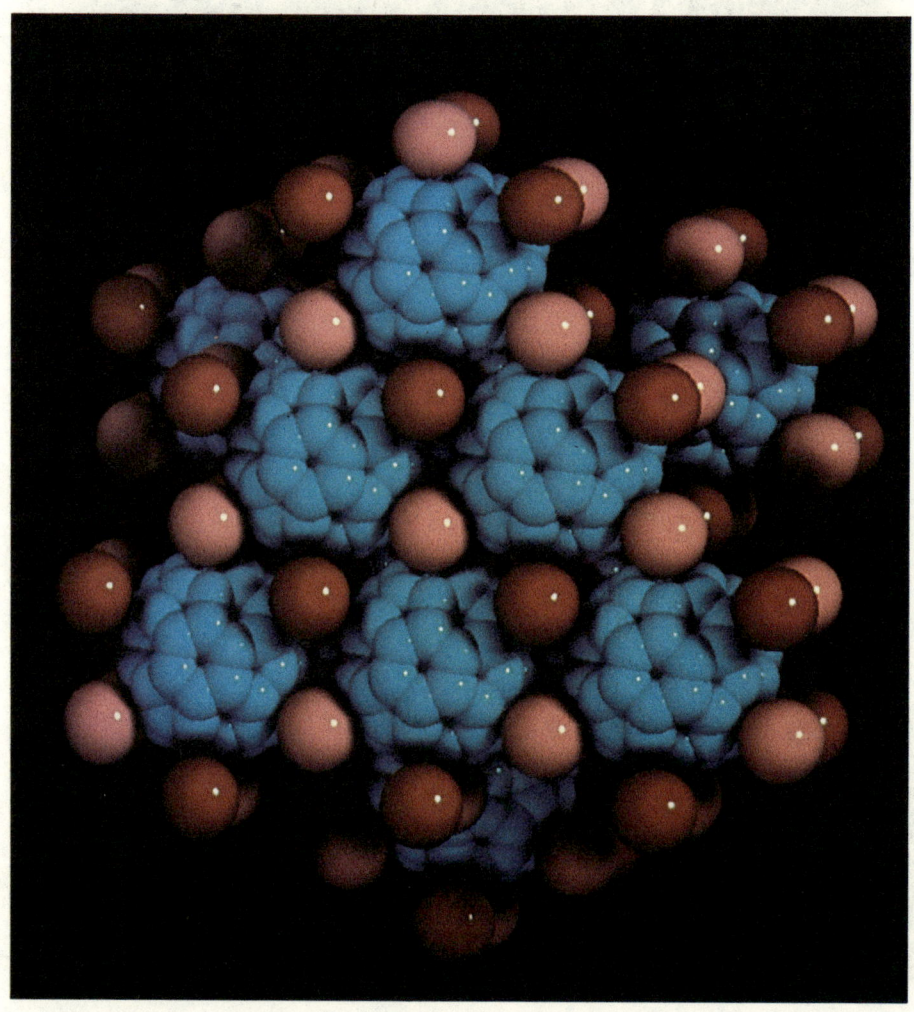

Bild 9 *Die Struktur des mit Kalium dotierten C_{60} (K_3C_{60}), das bei 18 K supraleitend wird. Die C_{60}-Bälle sind blau dargestellt, die Kalium-Ionen rot und pink. (Mit freundlicher Genehmigung von Richard Kaner, University of California, Los Angeles)*

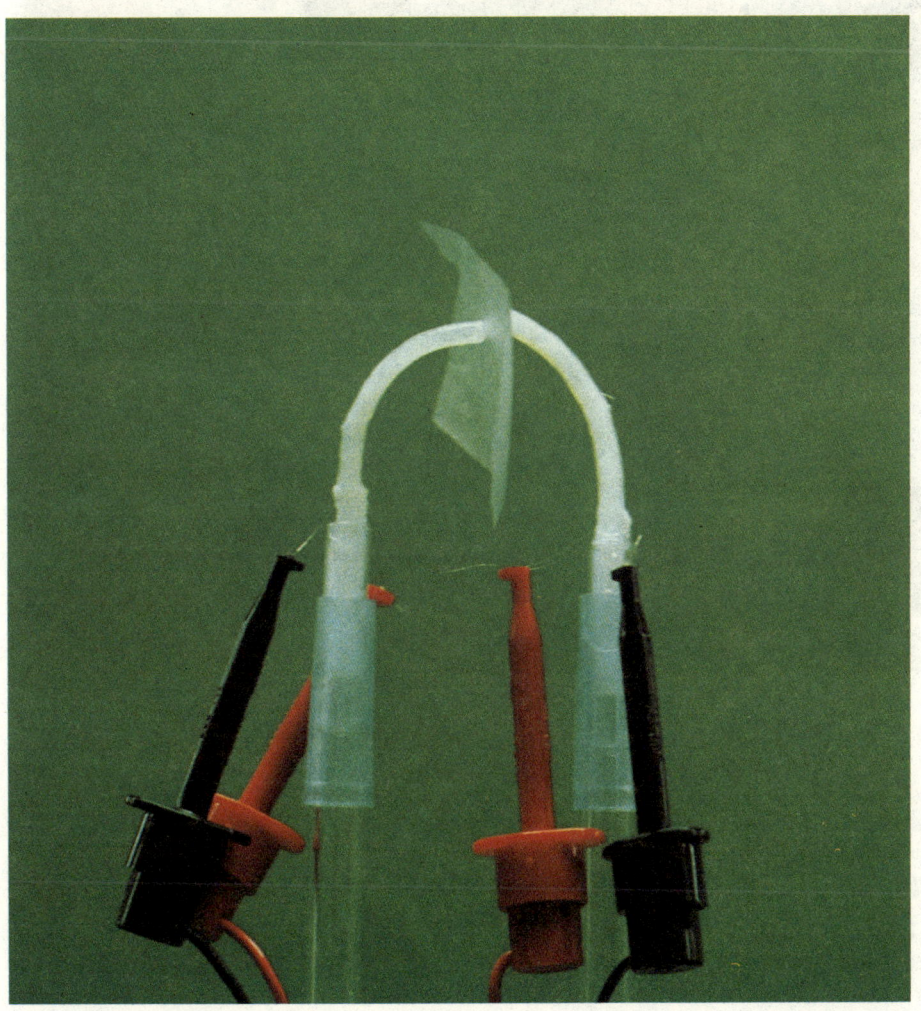

Bild 10 *Polymergele können in elektrischen Feldern ihre Form verändern. Man hat sie deshalb zum Bau von Roboter„fingern" eingesetzt, die sich auf ein elektrisches Signal hin krümmen. (Mit freundlicher Genehmigung der Toyota Central Research and Development Laboratories, Inc.; Aufnahme von K. Kajiwara.*

Bild 11 *In Mikroemulsionen kann es manchmal zur Ausbildung geordneter periodischer Strukturen kommen, die durch Tensidschichten stabilisiert sind. Ein empfindliches Gleichgewicht zwischen der Oberflächenspannung der Flüssigkeit und den Biegungen und Krümmungen des Tensidfilms bestimmt die Entstehung und das Aussehen dieser Strukturen. Hier ist eine Oberfläche abgebildet, in der die Phasengrenzfläche zwischen zwei sich durchdringenden Netzwerken für ein bestimmtes, festes Volumen beider Phasen so klein wie nur möglich ist. Die Struktur wird als Scherks erste minimale Oberfläche bezeichnet. Sie wurde an einem sogenannten Zwei-Block-Copolymer beobachtet. Hierbei handelt es sich um ein Polymer, das aus zwei aneinander gebundenen Ketten besteht, die sich nicht mischen. Die beiden Ketten bilden zwei einander durchdringende Netzwerke aus, die durch eine Tensidschicht mit minimaler Oberfläche getrennt sind. Die hier gezeigte Struktur ist bisher noch nicht an Wasser/Öl/Tensid-Mischungen beobachtet worden. Diese Systeme bilden andere periodische minimale Oberflächen aus, wobei das Tensid die Phasengrenzfläche aufbaut. Doppelschichtstrukturen mit periodischen minimalen Oberflächen entstehen auch in Mischungen, die nur aus Tensid und Wasser bestehen. Die Systeme sind stets bestrebt, eine Struktur mit möglichst wenigen Biegungen und Krümmungen auszubilden. (Mit freundlicher Genehmigung von David Hoffman, Geometry Analysis, Numerics & Graphics Laboratory, University of Massachusetts at Amherst; erstellt von Jim Hoffman)*

_a_

_b_

Bild 12 _Als doppelbrechende Materialien zeigen Flüssigkristalle unter dem Polarisationsmikroskop eine Vielzahl an kaleidoskopischen „Texturen". In Bild (a) sind die Texturen einer Verbindung zu sehen, die zur Klasse der ferroelektrischen Flüssigkristalle gehört. Letztere werden häufig bei der Herstellung von Flüssigkristall-Bildschirmen eingesetzt. Bild (b) zeigt eine der Texturen, die von einer als smektisch A bezeichneten Phase erzeugt werden (siehe Abbildung 7.26). (Mit freundlicher Genehmigung von John Goodby, University of Hull)_

Bild 13 *Ein hydrothermaler Schlot an einem mittelozeanischen Rücken. Aus ihm schießt heißes Wasser heraus, das reich an Mineralien und Verbindungen wie Methan und Ammoniumsalzen ist. (Mit freundlicher Genehmigung von Kyung Ryul Kim, Seoul National University)*

a

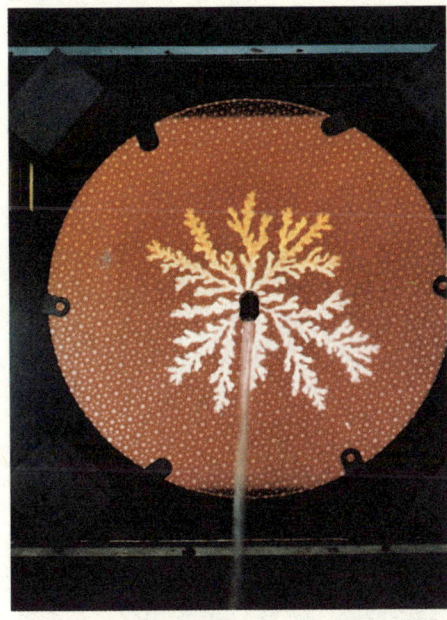

b

c

Bild 14 *Musterbildung in einer Hele-Shaw-Zelle, in der eine Flüssigkeit (hier eine klare Flüssigkeit) in eine dichtere flüssige Phase (farbig) unter Druck injiziert wird. Abhängig vom Druck und von weiteren Faktoren entstehen unterschiedlich geformte Blasen, die an die bei der Abscheidung von Metallen in elektrolytischen Zellen erhaltenen Muster erinnern. Hier werden eine durch diffusionsbegrenzte Anlagerung (a), eine bei verzweigtem (b) sowie eine bei dendritischem Wachstum (c) entstehende Struktur gezeigt. Für letztere ist eine Vorzugsrichtung für die Flüssigkeitsausbreitung notwendig; dies kann durch Verwendung einer mit einem eingeritzten Gitter versehenen Platte erreicht werden. Das in unserem Beispiel verwendete rechteckige Gitter läßt eine „Schneeflocke" mit vierzähliger Symmetrie entstehen. (Wiedergabe mit freundlicher Genehmigung von Eshel Ben-Jacob, Tel Aviv University.)*

Bild 15 *Konzentrationswellen in der oszillierenden Belousov-Zhabotinsky-Reaktion. Unvollständige Durchmischung führt zu örtlichen variierenden Reaktantenkonzentrationen, die den Ausgangspunkt sich vergrößernder spiralförmiger und kreisförmiger Wellenfronten darstellen. (Wiedergegeben mit freundlicher Genehmigung von Stefan C. Müller, Max-Planck-Institut für Molekulare Physiologie, Dortmund.)*

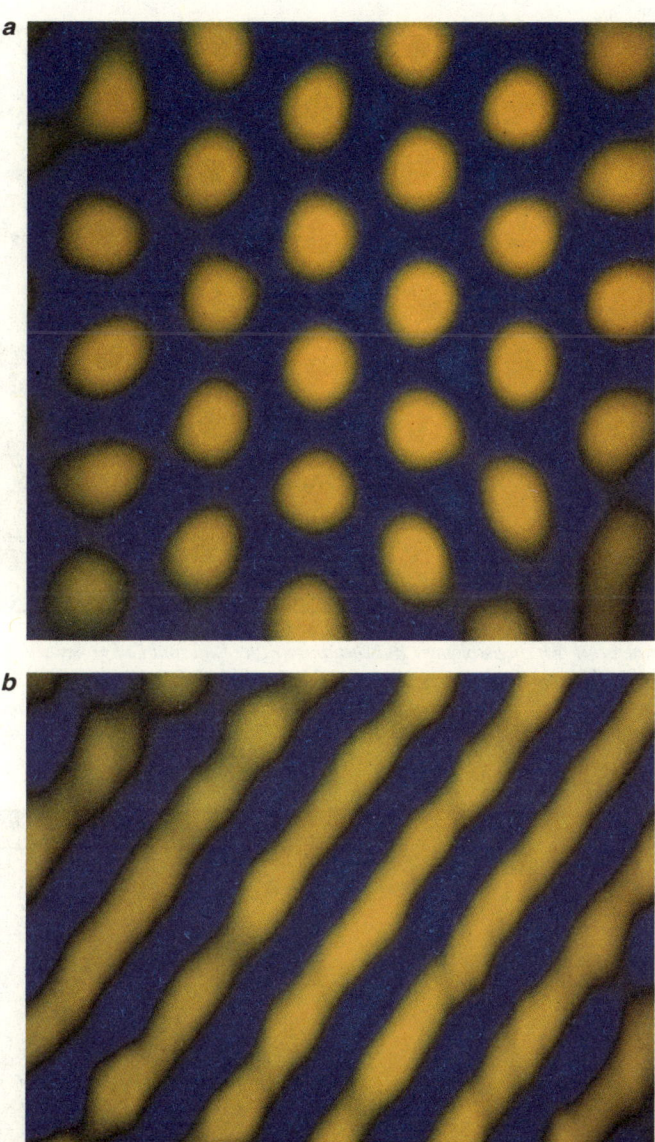

Bild 16 *Zweidimensionale Bereiche stationärer Turing-Strukturen können mit Hilfe der Chlorit-Iodid-Malonsäure-Reaktion erhalten werden, indem man die Reaktantenkonzentrationen und die Temperatur aufeinander abstimmt. Das bei einer bestimmten Temperatur auftretende hexagonale Muster (a) wechselt bei Temperaturänderung in ein Streifenmuster (b). (Wiedergabe mit freundlicher Genehmigung von Harry Swinney, University of Texas, Austin)*

Bild 17 *Im antarktischen Eis eingeschlossene Bläschen mit uralter Luft sind Luftproben aus der Atmosphäre vergangener Zeiten. Je tiefer das Eis liegt, desto länger ist es her, daß die Luft eingeschlossen wurde. Die Analyse der chemischen Zusammensetzung der Luft in den Bläschen der Eisbohrkerne, die ins Eis abgeteuft wurden, gibt Auskunft über die chemische Geschichte unserer Atmosphäre. (Mit freundlicher Genehmigung von B. Stauffer, Universität Bern)*

Bild 18 *Polare stratosphärische Wolken bilden sich, wenn die Lufttemperaturen über den Polen so weit absinken, daß Eispartikel kondensieren. Einige dieser Wolken - wie die hier abgebildeten, die vor der Küste Norwegens photographiert wurden - bestehen aus vereistem Wasser. Andere enthalten Mischungen aus gefrorenem Wasser und Salpetersäure. Die Wolkenpartikel wirken als eine katalytisch wirksame Oberfläche für einige der Reaktionen, die bei der Zerstörung des Ozons Bedeutung haben. (Photographie der NASA, freundlicherweise zur Verfügung gestellt von O. B. Toon, NASA Ames Research Center, Kalifornien)*

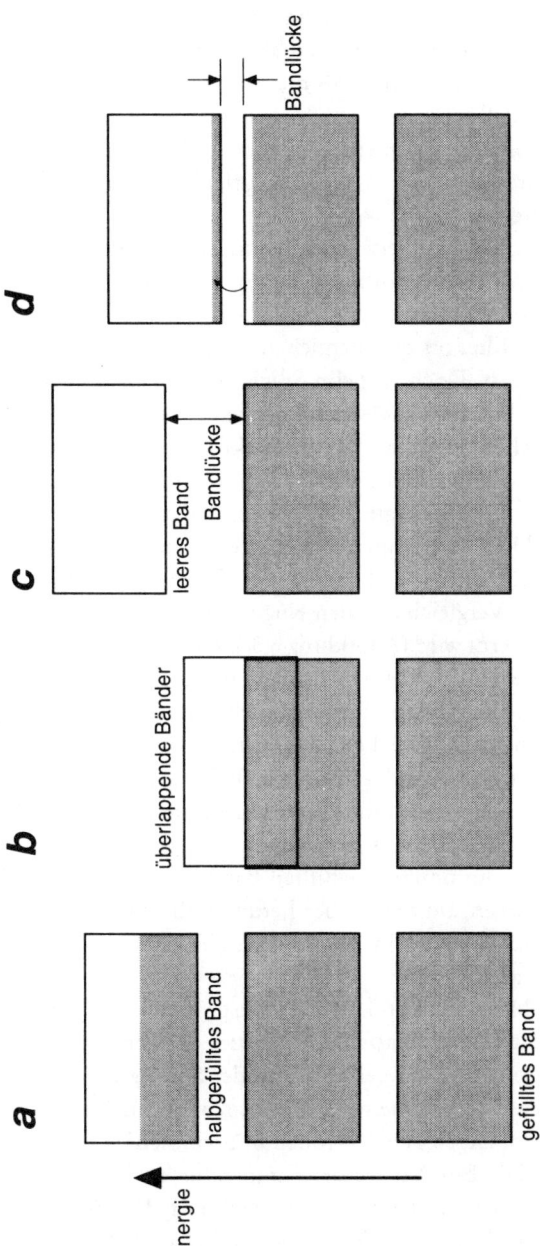

Abbildung 6.4 *In einem Metall ist das höchste besetzte Energieband nur unvollständig mit Elektronen gefüllt, weshalb sich diese Elektronen bewegen können (a). Einige Elemente, zum Beispiel die Erdalkalimetalle, sind leitfähig, weil sich ein gefülltes und ein leeres Band überlagern (b). In einem Isolator wie Diamant ist das oberste besetzte Band voll aufgefüllt und vom nächsten leeren Band durch eine Bandlücke getrennt (c). In einem Halbleiter wie Silicium ist zwar das oberste besetzte Band ebenfalls voll gefüllt, doch ist die Bandlücke zum nächsten leeren Band so klein, daß einige Elektronen genügend thermische Energie besitzen, um hinüberzuspringen. Diese „Leit"elektronen können sich dann frei als Träger elektrischer Ladung bewegen.*

Fast metallisch

Zwischen den Extremen Leiter und Isolator ist eine kuriose, aber ungemein nützliche Materialklasse angesiedelt: die Halbleiter. Ihre Leitfähigkeit liegt weit unter der von Metallen, ist aber um das Tausendfache größer als die von Isolatoren. Ihre Nützlichkeit für die Technik rührt daher, daß sich die Leitfähigkeit über ihre Zusammensetzung ändern und steuern läßt. Halbleiter sind meist Materialien, die nach den weiter oben formulierten Kriterien Isolatoren sein sollten. Doch schaffen sie es irgendwie, an einige wenige freie, bewegliche Elektronen heranzukommen.

Das klassische Beispiel für einen Halbleiter ist Silicium. Die obersten Bänder gehen aus der Überlappung der 3s- und 3p-Atomorbitale hervor. Silicium hat die gleiche Zahl an Valenzelektronen und damit im Festzustand die gleiche Elektronenkonfiguration wie Diamant: ein vollständig aufgefülltes oberes Energieband, das vom nächsten leeren Band durch eine Bandlücke getrennt ist. Doch ist beim Silicium diese Bandlücke wesentlich kleiner als beim Diamant (Abbildung 6.4*d*). Die Energiedifferenz bewegt sich in der Größenordnung der thermischen Energie, die die Elektronen bei Raumtemperatur besitzen. Elektronen, die sich in der Nähe der oberen Kante des besetzten Bandes aufhalten, können soviel thermische Energie aufnehmen, daß sie den Sprung hinüber zum leeren Band schaffen. Dort liegt ihnen der ganze Kristall „zu Füßen". Diese Elektronen hinterlassen im gefüllten Band „Löcher", die die zurückbleibenden Elektronen besetzen können. Um zum Vergleich mit den Kugeln auf dem Billardtisch zurückzukehren: Wenn eine Kugel entfernt wird (Abbildung 6.3*c*), kann eine andere in das Loch nachrücken und hinterläßt wiederum selbst ein Loch. Auf diese Weise können Löcher hin- und hergeschoben werden. Sie wandern über die Spielfläche, als wären sie Phantomkugeln auf einem sonst leeren Tisch. Die Löcher schließen sich nur, wenn man die herausgenommenen Kugeln wieder zurücklegt. Wenn also in einem Halbleiter Elektronen angeregt werden und in das leere Band hinüberwechseln, steigert sich die Leitfähigkeit in doppelter Hinsicht: Es gibt nicht nur freie Elektronen im oberen Leitungsband, sondern auch bewegliche Löcher im unteren, gefüllten Band. Physikern fällt es leichter, nicht die Bewegung der Elektronen um die Löcher herum zu beschreiben, sondern ein Loch wie einen Ladungsträger zu behandeln, als eine Art „inverses Elektron", das statt einer negativen eine positive Ladung trägt.

Die Leitfähigkeit eines Halbleiters hängt davon ab, wie groß die Zahl der Elektronen ist, die den Sprung über die Bandlücke schaffen. Ein Anstieg der Temperatur erhöht die thermische Energie der Elektronen. Ihnen gelingt dann der Sprung über die verbotene Zone leichter. Die Leitfähigkeit eines Halbleiters steigt also, wenn man ihn erwärmt. Bei Metallen ist es genau umgekehrt: Deren Leitelektronen müssen nicht thermisch angeregt werden, um beweglich zu werden. Ein Anstieg der Temperatur bewirkt, daß die Atome im Kristall stärker schwingen, was die Leitfähigkeit herabsetzt. Die Atome gewinnen dadurch scheinbar an Größe, wodurch sich die Wahrscheinlichkeit erhöht, daß Elektronen durch Zusammenstöße abgelenkt werden. Folglich fällt die Leitfähigkeit von Metallen mit steigenden Temperaturen. Eigentlich ist es diese Temperaturabhängigkeit der Leitfähigkeit - und nicht deren absolute Größe -, die Halbleiter von Metallen unterscheidet.

Die elektrische Leitfähigkeit von Halbleitermaterialien läßt sich steigern, indem man sie dotiert - d. h., indem man Fremdatome zugibt. Deren Wirkung besteht darin, daß sie die Zahl der für den Ladungstransport verfügbaren Elektronen (oder Löcher) erhöhen. Dotiermittel geben entweder selbst Elektronen in das leere Band (das sogenannte Leitungsband) ab, oder sie erleichtern es anderen Elektronen, aus dem besetzten Band (dem sogenannten Valenzband) herauszuspringen, wodurch in diesem Band Löcher entstehen.

Die Leitfähigkeit von Silicium steigt, wenn man es mit Bor- oder Phosphoratomen dotiert. Sie nehmen im Kristallgitter Plätze ein, die normalerweise von Siliciumatomen besetzt würden. Bor hat aber ein Elektron weniger in seiner Valenzschale als Silicium, wodurch im Valenzband ein Elektronendefizit entsteht. Mit anderen Worten: In der Umgebung des Boratoms erscheint im Valenzband ein Loch. Bei niedrigen Temperaturen bleibt dieses Loch beim Boratom, aber schon wenig Energie reicht aus, um es beweglich zu machen. Durch die Dotierung mit Boratomen kommt es praktisch zur Bildung leerer

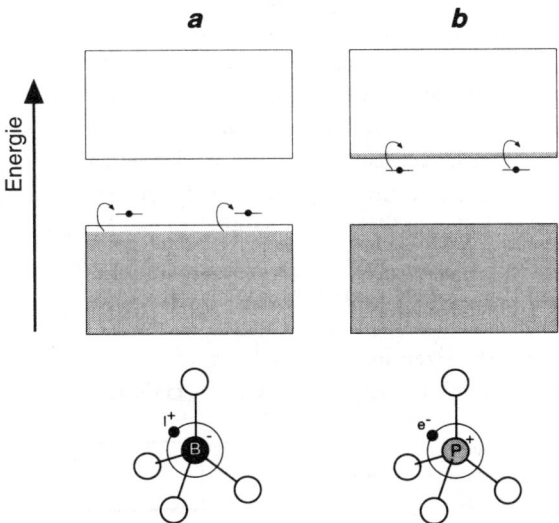

Abbildung 6.5 *Die Leitfähigkeit von Silicium läßt sich steigern, indem man es mit Fremdatomen wie Bor oder Phosphor dotiert. Ein in das Siliciumgitter eingebautes Boratom erzeugt im Valenzband ein Loch (1⁺), das als positiver Ladungsträger auftritt (a). Dagegen gelangen durch Phosphoratome Elektronen (e⁻) in das Leitungsband, die dort als negative Ladungsträger wirken (b). Zur Veranschaulichung kann man sich die Dotierelemente als wasserstoffartige Atome vorstellen, in denen ein einzelner Ladungsträger einen entgegengesetzt geladenen „Kern" umkreist. Diese „Atome" sind einfach zu ionisieren, der Ladungsträger läßt sich also relativ leicht abspalten.*

Energieniveaus, die knapp über dem gefüllten Valenzband liegen. Ein kleiner Wärme-schub genügt, um Elektronen in diese Niveaus (die viel näher sind als das Leitungsband) hinüberspringen zu lassen. Zurück bleibt ein nicht vollständig gefülltes Valenzband (Abbildung 6.5*a*). Weil die Ladungsträger in diesem Fall positiv geladene Löcher sind, spricht man von p-Halbleitern.

Phosphoratome haben in ihrer Valenzschale ein Elektron mehr als Silicium. Ein Phosphoratom behält deshalb ein Elektron über, wenn es im Siliciumkristall alle die Bindungen geknüpft hat, die ein Siliciumatom an seiner Stelle ausgebildet hätte. Bei niedrigen Temperaturen bleibt das Elektron am Phosphoratom, doch schon wenig Wärme bewirkt, daß aus ihm ein beweglicher Ladungsträger wird. Durch die Dotierung mit Phosphoratomen entstehen Energieniveaus, die direkt unter dem Leitungsband liegen und mit Elektronen besetzt sind. Diese Elektronen schaffen deshalb den Sprung in das Leitungsband leicht (Abbildung 6.5*b*). Weil in diesem Fall die negativ geladenen Elektronen für den Stromfluß verantwortlich sind, spricht man von n-Halbleitern.

Synthetische Metalle schmieden

Kunststoffbänder

Wir könnten die elektronische Struktur von Polymeren mit Hilfe von Energiebändern beschreiben, die aus der Überlappung der Atomorbitale der einzelnen Atome hervorge-hen. Doch ist es nützlicher, die Bänder aus der Überlappung von *Molekül*orbitalen entstehen zu lassen. Zuerst überlappen bei jedem Polymermolekül die Atomorbitale zu Molekülorbitalen, anschließend überlappen wiederum die Molekülorbitale benachbarter Polymermolek
üle zu kontinuierlichen Bändern. Im Polyacetylen bestehen die obersten Bänder aus den konjugierten π-Bindungen, die am Polymerrückgrat entlanglaufen. Die bindenden π-Orbitale sind mit Elektronen gefüllt, die bei höheren Energien liegenden antibindenden Orbitale dagegen sind völlig leer. Es resultieren ein vollständig gefülltes Valenzband, das aus der Überlappung bindender Molekülorbitale hervorgeht, und ein leeres Leitungsband, das sich von antibindenden Molekülorbitalen herleitet (Abbildung 6.6). Polyacetylen müßte eigentlich ein Isolator wie Polyethylen sein, doch ist die Bandlücke so klein, daß sich der Kunststoff wie ein Halbleiter verhält.

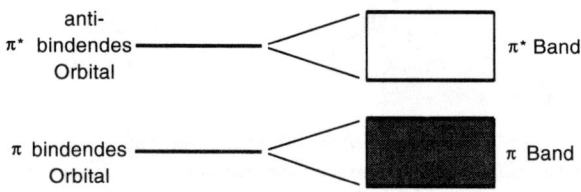

Abbildung 6.6 *Im Polyacetylen gehen die Energiebänder aus der Überlappung von π-Orbitalen hervor. Das höchste besetzte Band wird von bindenden Molekülorbitalen gebildet. Die Bandlücke zum ersten leeren Band, das von antibindenden π*-Orbitalen aufgebaut wird, ist so klein, daß das Polymer ein (allerdings schlechter) Halbleiter ist.*

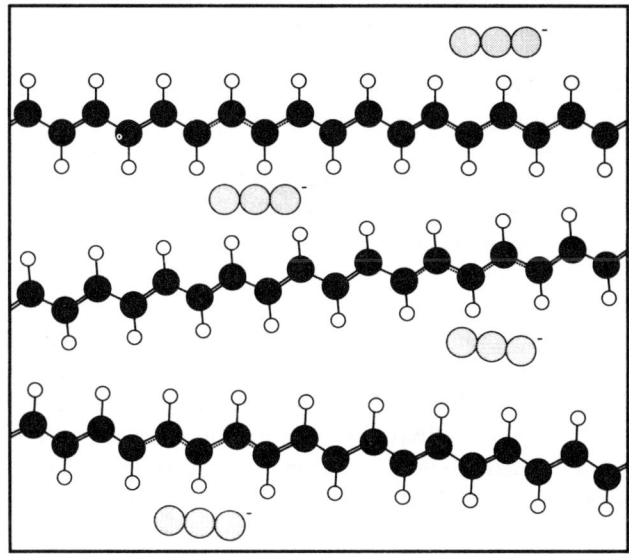

Abbildung 6.7 *Im Polyacetylen sitzen die Dotiermittel zwischen den Polymerketten. Sie ziehen entweder Elektronen aus den delokalisierten π-Orbitalen ab oder drücken Elektronen hinein. Auf dem Polymerrückgrat entstehen geladene Bereiche („Excitons"). In diesen Regionen verwischt sich der Unterschied zwischen den Einfach- und Doppelbindungen der Polymerkette. Ist die Dichte der Excitons groß genug, überlappen sie unter Bildung teilweise gefüllter Bänder. Der Kunststoff wird elektrisch leitend.*

Wie wir bereits erfahren haben, ist das Dotieren die Methode der Wahl, um mit diesen konjugierten Polymeren gute Leitfähigkeiten zu erreichen. Doch handelt es sich bei den eingesetzten Dotiermitteln nicht um Fremdatome, die „einheimische" Atome aus dem Kristallgitter verdrängen (wie beim Silicium), sondern um Atome, Moleküle oder Ionen, die in den Freiräumen zwischen einzelnen Polymerketten logieren. Zwar haben auch hier die Dotiermittel letztlich den Zweck, Ladungsträger auf das Leitungs- oder Valenzband zu übertragen, doch ist der Mechanismus, nach dem dies in Polymeren abläuft, ungleich komplizierter und schwieriger zu verstehen. Mit Dotiermitteln wie Iod entstehen p-Halbleiter: Sie entfernen unter Bildung des I_3^--Ions Elektronen aus dem vollgefüllten Valenzband, wodurch positiv geladene „Inseln" in der Polymerkette zurückbleiben (Abbildung 6.7).

Wenn die Konzentration der dotierenden Spezies hoch genug ist, überlappen die Inseln benachbarter Polymerketten und bilden neue Energiebänder, die zwischen dem Leitungs- und Valenzband liegen. Der Vorgang ist den Abläufen in p-dotiertem Silicium nicht unähnlich, mit dem Unterschied, daß die Polymerketten in der Umgebung des Dotiermittels leicht verzerrt sind (infolge des Auftretens der Ladungsinseln) und daß sich in der Bandlücke ganze Bänder bilden und nicht nur einzelne Energieniveaus. Die

Leitfähigkeit des Polymers läßt sich auch durch eine n-Dotierung steigern – hierzu verwendet man Atome von Elementen wie Natrium, die Elektronen in das Leitungsband abgeben, was die gleichen Folgen für die Leitfähigkeit hat.

Wie die Leitfähigkeit in dotierten Polymeren genau zustande kommt, wird bis heute noch nicht richtig verstanden. So gibt es beispielsweise keine präzise Erklärung dafür, wie die Ladungsträger von Kette zu Kette kommen. Wahrscheinlich ist, daß der Übergang der Elektronen von einer Kette zur nächsten nach einer Art „Hüpfmechanismus" abläuft. Es existieren aber auch noch andere Erklärungsansätze.

Leitfähigkeit ohne Metalle

Polyacetylen ist eines der vielseitigsten, billigsten und leistungsstärksten leitfähigen Polymere überhaupt. Die elektrischen Eigenschaften sind deshalb genauestens untersucht worden. Mit der glücklichen Entdeckung ihrer Leitfähigkeit setzte die intensive Erforschung von Kunststoffleitern auf Basis von Kohlenstoff ein. Die molekulare Elektronik gewann echte technologische Bedeutung. Doch die Idee, daß molekulare und insbesondere polymere Feststoffe nützliche elektrische Eigenschaften zeigen könnten, reicht viel weiter zurück. Schon vor Beginn unseres Jahrhunderts waren nichtmetallische Verbindungen mit relativ hohen Leitfähigkeiten bekannt.

Im Jahre 1842 synthetisierte der deutsche Chemiker W. Knop eine ungewöhnliche Verbindung. Sie besteht aus molekularen Einheiten, in denen vier Cyanid-Ionen in den Ecken eines Quadrates sitzen und ein Platinatom umgeben (Abbildung 6.8). Die sich wiederholende Einheit wird als Tetracyanoplatinat(TCP)-Gruppe bezeichnet und trägt eine zweifach negative Ladung. Mit positiv geladenen Metall-Ionen, etwa Kalium-Ionen, entstehen kristalline Salze (zum Beispiel $K_2Pt(CN)_4$). Knops Verbindung schimmert metallisch in einem gold-bronzenen Ton, wohingegen die meisten Metallsalze oft durchscheinend oder farbig sind und ein mineralartiges Aussehen zeigen.

Ein ganz anderes Material hielt 1910 der Engländer Frank Playfair Burt in seinen Händen. Er hatte ein ungewöhnliches Polymer hergestellt, das nur Schwefel und

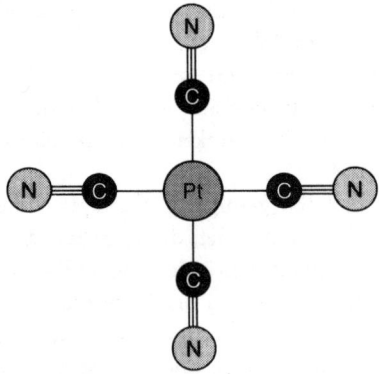

Abbildung 6.8 *Die Struktur des Tetracyanoplatinat-Ions*

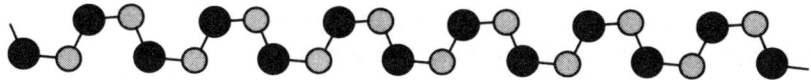

Abbildung 6.9 *Das leitfähige Polymer (SN)ₓ besteht aus gewinkelten Ketten, in denen sich Schwefel-(dunkelgrau) und Stickstoffatome (hellgrau) abwechseln.*

Stickstoff enthielt und von seinem Aussehen her metallisch wirkte. Polymere, deren Rückgrat nicht aus Kohlenstoff besteht, sind relativ selten. Denn nur wenige Elemente neigen wie Kohlenstoff dazu, lange Ketten auszubilden. Burts Polymer ist vom Aufbau her ausgesprochen simpel. Es besteht aus gewinkelten Ketten, in denen sich Schwefel- und Stickstoffatome abwechseln (Abbildung 6.9). Nach der in der Polymerchemie üblichen Schreibweise formuliert man diese Verbindung als $(SN)_x$ (x bedeutet, daß sich die SN-Einheiten in großer Zahl wiederholen.)

Die nähere Untersuchung der elektrischen Eigenschaften beider Materialien ließ noch bis in die siebziger Jahre unseres Jahrhunderts auf sich warten. Beide entpuppten sich als weitaus respektablere Leiter, als es die meisten anderen molekularen Stoffe sind. Heute wissen wir, daß $(SN)_x$ zu jenen Materialien gehört, in denen ein vollständig gefülltes und ein leeres Energieband überlappen, wodurch die Elektronen ein gewisses Maß an Beweglichkeit gewinnen. Die Leitfähigkeit von TCP-Salzen hat eine andere Ursache. Sie enthalten eher isolierte als polymere Pt(CN)4-Einheiten. Die 1964 vorgenommene Kri-

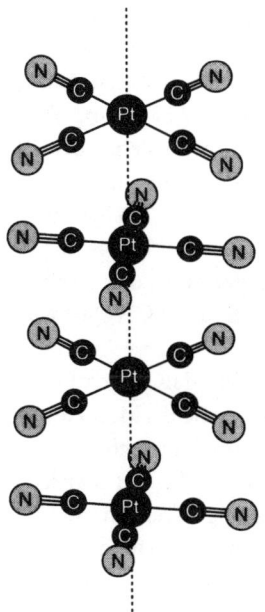

Abbildung 6.10 *In Tetracyanoplatinaten sind die Pt(CN)₄-Einheiten so aufeinandergestapelt, daß die hantelförmigen Orbitale der Platinatome, die ober- und unterhalb der Ebenen der quadratischen Einheiten herausschauen, zu einem „eindimensionalen" Energieband überlappen können. Damit diese Salze den Strom leiten, muß ihre Zusammensetzung so eingestellt werden, daß das Band nur teilweise mit Elektronen besetzt ist.*

stallstrukturuntersuchung dieser Salze zeigte, daß die quadratischen Einheiten wie Teller aufeinandergestapelt sind (Abbildung 6.10). Neben einigen Orbitalen, die in Richtung der Cyanidgruppen zeigen, besitzt das Platinatom auch hantelförmige d-Orbitale, die aus der quadratischen Ebene herausragen. Wenn sich die TCP-Einheiten übereinanderstapeln, überlappen diese d-Orbitale zu Energiebändern (die „eindimensional" sind, weil sich die Elektronen nur entlang der linearen Ketten der überlappenden Orbitale bewegen können). Leitfähige TCP-Salze entstehen, wenn man die Zusammensetzung so einstellt, daß das Verhältnis der negativ geladenen Pt(CN)$_4$-Gruppen zu den positiv geladenen Gegenionen (meist Kalium-Ionen) nicht ganzzahlig ist – nur dann ist das eindimensionale Energieband, das aus der Stapelung von Pt(CN)$_4$-Einheiten hervorgeht, teilweise mit Elektronen gefüllt. Beispielsweise ist das Kaliumsalz K$_{1.75}$Pt(CN)$_4$ ein recht guter Leiter. Wegen des eindimensionalen Aufbaus des Leitungsbandes ist die Leitfähigkeit von TCP-Salzen wie die von Polymeren anisotrop (unterschiedlich je nach Richtung). Mit einem von der Xerox Corporation in Webster, New York, entwickelten Verfahren lassen sich hochreine und fast perfekte Kristalle von K$_{1.75}$Pt(CN)$_4$ züchten. Deren Leitfähigkeit ist im Vergleich zu Kristallen, die nach herkömmlichen Methoden hergestellt sind, um mehrere tausend Male höher. Beim Verfahren von Xerox wird ein Strom durch eine Lösung von Kalium- und TCP-Ionen geleitet, woraufhin nadelförmige Kristalle an der positiven Elektrode wachsen (Bild 6). Die Pt(CN)$_4$-Gruppen stapeln sich parallel zur langen Nadelachse.

Im Jahre 1973 stellten Alan Heeger und Mitarbeiter an der University of Pennsylvania aus zwei organischen Verbindungen ein Salz her, das bei einer Temperatur von –220 °C eine Leitfähigkeit zeigt, die an die von Kupfer bei Raumtemperatur heranreicht. Die beiden organischen Verbindungen bestehen ausschließlich aus Kohlenstoff, Wasserstoff, Schwefel und Stickstoff. Die eine von ihnen erfreut sich des klangvollen Namens 7,7,8,8-Tetracyano-*p*-chinodimethan, wofür sich glücklicherweise die Abkürzung TCNQ durchgesetzt hat. Bei der anderen handelt es sich um Tetrathiofulvalen, auch TTF genannt (Abbildung 6.11). TCNQ ist ein gieriger Elektronenacceptor und reagiert deshalb mit guten Elektronendonoren, beispielsweise Metallen, zu ionischen Salzen. TTF gibt gern ein Elektron ab, um ein stabiles, postiv geladenes Ion zu bilden, ist also ein Elektronendonor. TTF und TCNQ sind deshalb wie füreinander geschaffen: Selbstlos geben die TTF-Moleküle die Elektronen her, nach denen sich die TCNQ-Moleküle sehnen.

Im kristallinen TTF-TCNQ sind die Moleküle so gepackt, daß die π-Orbitale aufeinanderfolgender Moleküle zu Bändern überlappen können. Beide Moleküle sind flach und bilden im Kristall jeweils eigene Stapel aus. Doch im Unterschied zu den TCP-Salzen, bei denen die quadratischen TCP-Ionen im rechten Winkel zur Stapelachse stehen, sind die Moleküle in den TTF- und TCNQ-Stapeln geneigt. Denn diese Orientierung gestattet es ihnen, eine effizientere Packung auszubilden (Abbildung 6.12). Die aus einer Ebene herausragenden π-Orbitale sind nichtsdestoweniger in der Lage, mit den Orbitalen der nächsten Moleküle ober- und unterhalb der Ebene zu überlappen. Wenn

TCNQ

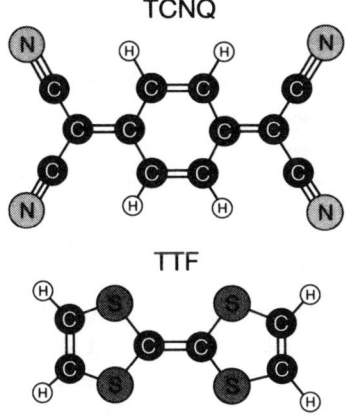

TTF

Abbildung 6.11 *Die Molekülstrukturen der organischen Verbindungen TCNQ, einem Elektronenacceptor, und TTF, einem Elektronendonor.*

jedes TTF-Molekül ein *ganzes* Elektron an ein TCNQ-Molekül abgäbe, wäre das TTF-Valenzband völlig entleert und das TCNQ-Leitungsband vollständig aufgefüllt. Die Verbindung wäre dann ein Isolator, bestenfalls ein Halbleiter. Tatsächlich werden aber im TTF–TCNQ durchschnittlich nur drei Fünftel eines Elektrons pro Molekül übertragen. Das TTF-Band ist dadurch nur zum Teil geleert und das TCNQ-Band nur teilweise

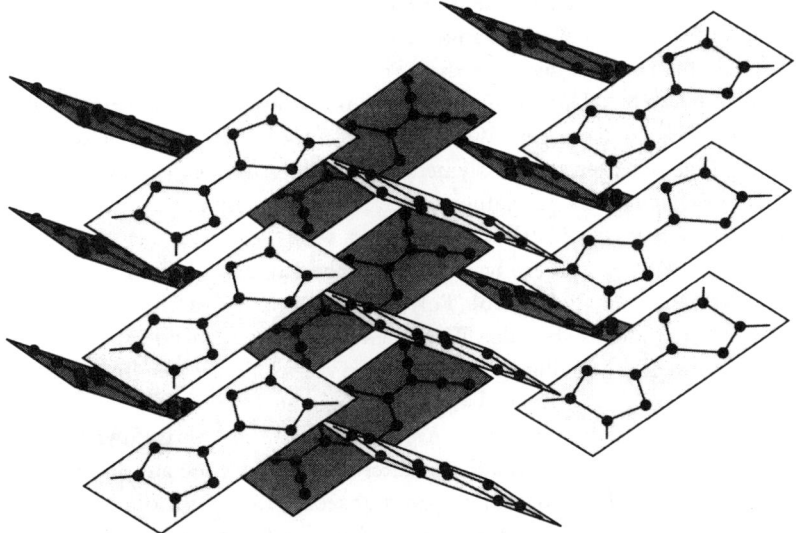

Abbildung 6.12 *Im Charge-Transfer-Salz TTF-TCNQ sind die flachen Moleküle in einer „fischgrätenartigen" Anordnung gestapelt. Die π-Orbitale benachbarter Moleküle können dadurch zu kontinuierlichen, eindimensionalen Bändern überlappen. Der Übergang von Elektronen von TTF- zu TCNQ-Molekülen führt beim TTF zu einer teilweisen Entleerung des Valenzbandes und beim TCNQ zu einem teilweise gefüllten Leitungsband.*

gefüllt, wodurch die Ladungsträger beweglich sind. Wen es stört, von drei Fünfteln eines Elektrons zu sprechen, weil Elektronen unteilbare Teilchen sind, sei daran erinnert, daß es sich um einen gemittelten Wert handelt. Man könnte auch sagen, daß drei von fünf TTF-Molekülen ihr Elektron an das TCNQ-Leitungsband abgeben.

Das TTF–TCNQ-Salz steht stellvertretend für eine Klasse von molekularen Leitern, die man als Charge-Transfer-Verbindungen bezeichnet. Deren Leitfähigkeit hängt davon ab, in welchem Ausmaß Ladungen vom Band der Donormoleküle in das Band der Acceptormoleküle übertragen werden. Diese Verbindungen zeigen klar, daß es sich bei leitfähigen molekularen Materialien nicht unbedingt um Polymere handeln muß. Die Voraussetzung für ihre Leitfähigkeit ist allerdings, daß die Orbitale benachbarter Moleküle zu ausgedehnten Bändern überlappen können und diese Bänder durch Ladungsübertragung teilweise gefüllt oder entleert werden. Weil die Leitfähigkeit durch die Wechselwirkungen zweier unterschiedlicher Molekülklassen zustande kommt, gibt es eine Fülle an Möglichkeiten, mit den elektronischen Eigenschaften der Charge-Transfer-Verbindungen zu spielen. So lassen sich die verschiedensten Donoren und Acceptoren miteinander kombinieren oder deren chemische Strukturen variieren.

Leitfähige Polymere in Aktion

Seit der Entdeckung der Leitfähigkeit des Polyacetylens haben konjugierte Polymere auf Basis von Kohlenwasserstoffen all jene Wissenschaftler in ihren Bann gezogen, die die molekulare Elektronik für Anwendungen im Alltag nutzbar machen wollen. Das Interesse ist auch deshalb so groß, weil sich diese Polymere einfach und billig herstellen lassen, nicht leicht chemisch abbaubar sind und attraktive mechanische Eigenschaften (wie Zähigkeit und Elastizität) zeigen. Weiterhin liegt ein Vorteil in der Vielseitigkeit ihrer Chemie: Die Eigenschaften eines Polymers können oft durch eine leichte Variation der Komponenten oder durch geringfügige Veränderungen an der chemischen Struktur genau eingestellt werden. Mittlerweile wurden viele Polymere auf Kohlenstoffbasis entwickelt, die nach der Dotierung gute elektrische Leiter sind. Zu ihnen zählen zum Beispiel Poly-*p*-phenylen, Polypyrrol, Polythiophen und Polyanilin (Abbildung 6.13). Einige dieser Materialien haben den Weg in elektronische Anwendungen gefunden, die bisher konventionellen Metallen oder Halbleitern vorbehalten waren. In einigen anderen Fällen haben sie völlig neue Entwicklungen ermöglicht.

Ein Beispiel ist die Polymerbatterie. Anfang der achtziger Jahre entwickelten MacDiarmid und Heeger eine wiederaufladbare Batterie mit Elektroden aus dotiertem Polyacetylen. Wenn konventionelle Batterien Strom abgeben, lösen sich die Metallelektroden teilweise auf, wobei Metall-Ionen in den Elektrolyten der Batterie freigesetzt werden. Beim Wiederaufladen läuft der Prozeß umgekehrt ab. Auf den Elektrodenoberflächen scheidet sich wieder Metall ab. Theoretisch sollten die Elektroden nach einem Entladungs-Wiederaufladungs-Zyklus wieder unversehrt – wie neu – vorliegen. In der Praxis zersetzen sie sich aber nach einigen Zyklen des Auflösens und Wiederabscheidens. In Batterien mit Polymerelektroden dagegen sind die an der Ladungsspeicherung und am Ladungsfluß

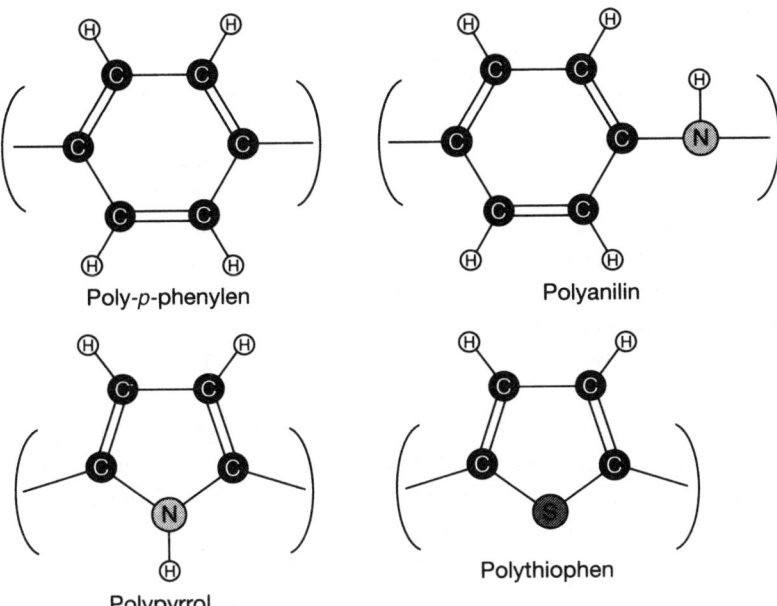

Poly-*p*-phenylen   Polyanilin

Polythiophen
Polypyrrol

Abbildung 6.13 *Die Wiederholungseinheiten einiger leitfähiger organischer Polymere*

beteiligten Ionen nicht Bestandteil der Elektroden, sondern bleiben stets in Lösung, weshalb keine Zersetzungsprozesse auftreten sollten. Gleichermaßen wichtig ist, daß Metallelektroden – besonders die Bleielektroden in Blei-Säure-Batterien – sehr schwer sind. Bei einigen Anwendungen, beispielsweise bei elektrisch angetriebenen Fahrzeugen, spielt das Gewicht eine entscheidende Rolle: Ein Großteil der durch eine schwere Batterie erzeugten Energie wird allein dazu verschwendet, die Extralast, die sie dem Fahrzeug aufbürdet, von der Stelle zu bewegen. Dagegen zeichnen sich leichte Polymerbatterien mit Elektroden, die aus Kohlenstoff, Wasserstoff und Stickstoff bestehen, durch ein hohes Leistungs-Gewichts-Verhältnis aus. Zudem sind die Bestandteile dieser Batterien meist nicht toxisch im Gegensatz zu denen der gängigen Blei-Säure- oder Nickel-Cadmium-Zellen. Bei einigen der mittlerweile kommerziell erhältlichen Polymerbatterien sind die Lebensdauer und die abgegebene Leistung größer als die der Pendants auf Metallbasis.

Unter den mikroelektronischen Bauteilen, die zum Teil oder vollständig aus leitfähigen Polymeren gefertigt werden, fallen besonders die Leuchtdioden (LEDs) ins Auge. Die erste wurde 1988 von Richard Friend und Mitarbeitern an der University of Cambridge hergestellt. Friends Arbeitskreis war es bereits früher gelungen, Standarddioden und Transistoren – in der Mikroelektronik allgegenwärtige Bausteine – zu bauen, die auf Basis von Polyacetylen funktionieren. Die Idee, bei der Herstellung eines LEDs ein Polymer einzusetzen, entsprang ihrer Beobachtung, daß das leitfähige Polymer Poly(*p*-phenylenvinylen), kurz PPV, Licht emittieren kann, wenn es elektronisch angeregt wird. Friend und Mitarbeiter drehten eine PPV-Folie zu einem „Draht" zusammen und legten eine Spannung an. Durch diese werden Elektronen in das Leitungsband des Polymers injiziert und gleichzeitig Elektronen aus dem Valenzband abgezogen, in dem dadurch Löcher entstehen. Diese Elektronen und Löcher bewegen sich entlang dem Polymerrückgrat. Wenn sie sich begegnen, bleiben sie eng zusammen und bilden Paare, weil sie sich über ihre entgegengesetzten Ladungen anziehen. Durch einen Vorgang, der als Rekombination bezeichnet wird, fällt schließlich das Elektron in das Loch vom Valenzband zurück, wodurch das Ladungsträgerpaar zerstört wird. Bei diesem Vorgang verliert das Elektron Energie, die in Form von Licht abgestrahlt wird. Wenn viele der injizierten Elektronen und Löcher auf diese Weise rekombinieren, leuchtet die PPV-Probe strahlend gelb auf (Bild 7).

Durch Variation der chemischen Struktur der PPV-Ketten gelang dem Arbeitskreis aus Cambridge auch die Herstellung von LEDs, die Licht anderer Farbe emittieren. Die Farbe hängt von der Energiemenge ab, die bei der Rekombination der injizierten Ladungsträger frei wird. Die wiederum wird von der Breite der Bandlücke zwischen dem Leitungs- und Valenzband bestimmt. Eine leichte Änderung der Polymerzusammensetzung bewirkt bereits eine kleine Veränderung der Bandlückenbreite, weshalb LEDs aus modifiziertem PPV und anderen Polymeren das ganze Lichtspektrum abdecken – sie können rot, orange, gelb, grün oder blau leuchten.

Über diese konventionellen elektronischen Vorrichtungen hinaus haben leitfähige Polymere neue Anwendungen gefunden. Das Dotieren ist ein recht einfacher Vorgang. Es reicht, wenn eine Polymerfolie nur dem Dampf des Dotiermittels ausgesetzt wird. Leitfähige Polymere lassen sich deshalb zum Bau empfindlicher chemischer Sensoren verwenden, die Substanzen, die als Dotiermittel verwendet werden, aufspüren können. Solche Sensoren enthalten eine Folie des undotierten Polymers, dessen Leitfähigkeit kontinuierlich aufgezeichnet wird. Wenn die Folie einer Atmosphäre ausgesetzt wird, in der sich die Atome eines Dotiermittels befinden, dringen diese in die Folie ein. Die Leitfähigkeit steigt in dem Maße, wie Dotieratome vorhanden sind. Sie ist also ein Maß für die Konzentration des Dotiermittels in der Luft.

Einige leitfähige Polymere, zum Beispiel Polyanilin und Polythiophen, verändern mit der Dotierung ihre Farbe. Das letztere beispielsweise ist im undotierten Zustand dunkelblau, nach der Dotierung aber rot. Folien aus diesen Kunststoffen könnten in „elektrochrome" Displays eingebaut werden, die ihre Farbe ändern, wenn eine Spannung angelegt wird. Die Farbe reagiert auch empfindlich auf Temperaturänderungen – dünne Polyacetylenfolien sind bei tiefen Temperaturen rot, bei höheren dagegen blau (Bild 8). Diese als Thermochromie bezeichnete Eigenschaft könnte sich bei der Entwicklung neuer Thermometer als nützlich erweisen. Doch liegt vor den Wissenschaftlern noch ein gewaltiges Stück Arbeit, bis sich die elektrochromen und thermochromen Eigenschaften leitfähiger Polymere in einfacher und effektiver Weise im Alltag nutzen lassen.

Die wohl faszinierendsten Anwendungsmöglichkeiten, die sich abzeichnen, liegen in der Medizin und Physiologie. Ein Vorschlag ist, die beständigen und flexiblen nichttoxischen Polymere zum Bau künstlicher Nerven einzusetzen. Die signalübermittelnden Axone des Nervensystems sind wie winzige Drähte. Sie übertragen die Ströme von den biochemischen Sensoren zur Wirbelsäule und von da zum Gehirn. Könnten eines Tages vielleicht beschädigte Nerven gegen künstliche, polymere Analoga ausgetauscht werden? Polypyrrol ist ein möglicher Kandidat für diese Anwendung, weil es nicht toxisch ist und sich zu seiner Dotierung das natürliche, die Blutgerinnung verhindernde Heparin verwenden läßt.

Auf dem Weg zur Überwindung des Widerstands

Unter Druck

1979 führten die französischen Wissenschaftler Michel Ribault, Klaus Bechgaard und Denis Jerome ein ausgeklügeltes Experiment mit einer Charge-Transfer-Verbindung namens Tetramethyltetraselenafulvalenhexafluorophosphat durch. Das für die erste Hälfte dieses eindrucksvollen Namens verantwortliche Molekül, für das sich die Abkürzung TMTSF eingebürgert hat, ist eine Variante des TTF. Es ist ebenfalls ein guter Elektronendonor. In dem von Ribault und Mitarbeitern untersuchten Salz gibt das TMTSF Elektronen an Hexafluorophosphat(PF_6)-Gruppen ab. Auf eine PF_6-Einheit kommen stets zwei TMTSF-Einheiten. Die Verbindung läßt sich deshalb mit der Formel $(TMTSF)_2PF_6$ darstellen.

$(TMTSF)_2PF_6$-Kristalle sehen metallisch aus und sind gute elektrische Leiter. Im Gegensatz zu verwandten Verbindungen wie TTF–TCNQ, die den Strom mit fallender Temperatur immer schlechter leiten (und schließlich zu Halbleitern werden), bleibt dieses Salz selbst bei 20 Grad über dem absoluten Nullpunkt ein guter Leiter. Das französische Team wollte die Eigenschaften des Materials jedoch unter noch weitaus extremeren Bedingungen gründlich untersuchen. Zunächst preßten die Wissenschaftler die Kristalle mit Drücken, die 12000mal höher waren als der atmosphärische Druck, zusammen. Dann wurden die Kristalle langsam auf weniger als ein Grad über dem absoluten Nullpunkt abgekühlt. Als die Temperatur diesen Wert erreichte, begann der Widerstand des Salzes plötzlich zusammenzubrechen – mit anderen Worten, das Material entwickelte sich zu einem immer besseren Leiter. Bei 0.9 Grad über dem Nullpunkt verschwand jeder elektrische Widerstand. Dies bedeutet, daß man einen Strom durch das Material leiten kann, ohne daß ein Verlust an elektrischer Energie durch Wärmeabgabe auftritt. Das untersuchte Material war ein perfekter Leiter. Eine Substanz, die diese Eigenschaft besitzt, bezeichnet man als Supraleiter. Vor diesem Versuch war das Phänomen der Supraleitfähigkeit nur von Metallen und Metallegierungen bekannt. Mit dem Salz $(TMTSF)_2PF_6$ hatte man den ersten molekularen Supraleiter entdeckt.

Ohne die von Ribault und Mitarbeitern eingesetzten hohen Drücke läßt sich der Effekt am $(TMTSF)_2PF_6$ nicht beobachten. Unter atmosphärischen Drücken wird das

Salz bei zwölf Grad über dem absoluten Nullpunkt (–261 °C) zum Isolator und bleibt dies auch bei weiterem Abkühlen. Wenn man aber als Elektronenacceptoren Perchlorat(ClO_4)-Einheiten anstelle von PF_6-Einheiten einsetzt, wird das Salz bei 1.2 Grad über dem Nullpunkt zum Supraleiter, ohne daß die Kristalle überhaupt zusammengepreßt werden müssen. (Anstatt diese niedrigen Temperaturen über negative Werte auf der Celsius-Skala auszudrücken, benutzen Wissenschaftler eine Skala, die am absoluten Nullpunkt der Temperatur beginnt. Ein Grad auf dieser Skala ist als Temperaturdifferenz gleich einem Grad Celsius. Die Einheit ist das Grad Kelvin, benannt nach dem Physiker Lord Kelvin und abgekürzt mit K. Minus 261 Grad Celsius entsprechen also 12 K.)

Die Supraleitfähigkeit in Metallen

Was eigentlich hatte die französischen Wissenschaftler auf die Idee gebracht, dieses exotische Material unter so extremen Bedingungen auf seine Supraleitfähigkeit hin zu untersuchen? Um eine Antwort zu finden, müssen wir unser Augenmerk auf die konventionelle Forschung zur Supraleitfähigkeit richten. Sie begann im Jahre 1911, als der dänische Physiker Heike Kamerlingh Onnes einige Experimente mit verblüffenden Ergebnissen durchführte.

Kammerlingh Onnes wollte die Leitfähigkeit von Metallen bei sehr tiefen Temperaturen untersuchen, weil man annahm, daß der elektrische Widerstand nahe am absoluten Nullpunkt sehr klein werden und schließlich bei null Grad Kelvin (eine in der Praxis unerreichbare Temperatur) verschwinden müsse. Wir hatten bereits an anderer Stelle gesehen, daß durch die Schwingungen der Atome im Metallgitter Elektronen abgelenkt werden, was mit eine Ursache für den elektrischen Widerstand ist. Am absoluten Nullpunkt der Temperatur sollten die Bewegungen der Atome einfrieren und diese Streuprozesse aufhören. Defekte im Kristallgitter, die auf Verunreinigungen oder Fehlordnungen von Atomen zurückgehen, sorgen jedoch auch am absoluten Nullpunkt dafür, daß Elektronen gestreut werden. Wenn es jedoch gelänge, perfekte Kristalle zu züchten, würden die Elektronen bei 0 K ungehindert wandern können. Man ging deshalb davon aus, daß Supraleitfähigkeit zumindestens im Prinzip bei dieser denkbar größten Kälte möglich sein sollte. Weil Kamerlingh Onnes weder den absoluten Nullpunkt erreichen noch defektfreie Kristalle züchten konnte, hoffte er, sich dem supraleitenden Zustand wenigstens nähern zu können, wenn er Metalle genügend tief abkühlte.

Als er dann Quecksilber mit flüssigem Helium abkühlte, stellte er zu seiner Überraschung fest, daß der Widerstand schon vor dem absoluten Nullpunkt verschwand. Der Übergang in den supraleitenden Zustand erfolgte ungefähr bei der Temperatur, bei der Helium siedet: bei 4.2 K. Der Effekt war also zu beobachten, obwohl die Quecksilberatome noch im Kristallgitter Schwingungen ausführten und mit Sicherheit auch Defekte im Gitter vorhanden waren. Irgendwie mußten die Elektronen einen Weg gefunden haben, an den schwingenden Atomen vorbeizukommen. Schon bald danach entdeckte man, daß auch andere Metalle dieses Verhalten zeigen: Zinn beispielsweise wird bei 3.7 K ein Supraleiter, und Blei wechselt bei der schon recht „hohen" Temperatur von 7.2 K in den supraleitenden Zustand über.

In den nachfolgenden Jahren zeigten Tieftemperatur-Experimente, daß auch die meisten anderen Metalle beim Abkühlen supraleitend werden. Bei reinen Metallen liegen die Übergangstemperaturen immer recht nahe am absoluten Nullpunkt, Legierungen aber – dies sind Mischungen aus zwei oder mehreren Elementen – leisten schon weit mehr. So ist eine Vanadium-Silicium-Legierung unterhalb von 17 K supraleitend. Die Übergangstemperatur einer Niob-Zinn-Legierung liegt bei 18 K und die einer Niob-Germanium-Mischung bei 23.2 K. Die Übergangstemperatur der zuletzt genannten Legierung wurde 1973 gemessen und hielt viele Jahre den Rekord. Zwar war es den Wissenschaftlern gelungen, durch Versuche mit neuen Mischungen etwas höhere Übergangstemperaturen zu erreichen, doch mußten sie stets auch herbe Rückschläge einstecken. Es schien, was die Übergangstemperaturen betraf, eine schier unüberwindbare Obergrenze zu geben. Dies bedeutete, daß von den vielen praktischen Anwendungen, die für Supraleiter in Betracht kamen, nur einige wenige realisierbar waren. Denn um den supraleitenden Zustand zu erreichen, benötigte man aufwendige, teure und unhandliche Kühlsysteme, die mit flüssigem Helium arbeiten. In den siebziger und frühen achtziger Jahren waren deshalb die Aussichten für den praktischen Einsatz von Supraleitern ausgesprochen düster.

Die keramische Revolution

Im Jahre 1986 änderte sich das schlagartig. Die in den Laboratorien von IBM in Zürich forschenden Physiker Georg Bednorz und Alex Müller berichteten von einer Verbindung, die bei 35 K in den supraleitenden Zustand überging. Der beeindruckende Sprung von 12 Grad, mit dem das neue Material den bestehenden Rekord überbot, sorgte unter den Physikern für beträchtlichen Aufruhr. Abgesehen von dem neuen Temperaturrekord erregte die Verbindung Aufsehen, weil sie gängigen Supraleitern in keiner Weise ähnelte. Es handelte sich nicht um eine Metallegierung, sondern um ein Oxid der Metalle Lanthan, Barium und Kupfer. Ein solches Material, das sowohl aus metallischen wie nichtmetallischen Elementen besteht, wird als Keramik bezeichnet. Diese Verbindungen sind eher hart und brüchig, im Gegensatz zu den zähen, duktilen Metallen und deren Legierungen.

Bednorz und Müllers Durchbruch brachte ihnen 1987 den Nobelpreis für Physik ein. Doch da warfen schon weitaus dramatischere Entwicklungen ihre Schatten voraus. Die Physiker waren sich darüber klar, daß ein bei Raumtemperatur supraleitendes Material wohl nie gefunden würde. Sie steckten sich deshalb ein bescheideneres Ziel: Sie suchten ein Material, das über dem Siedepunkt von flüssigem Stickstoff (77 K) seine Supraleitfähigkeit behielt. Dessen Entdeckung wäre schon ein gewaltiger Segen gewesen, denn dann hätte man die bisher verwendeten Kühlsysteme auf Basis von flüssigem Helium durch relativ billige, mit flüssigem Stickstoff arbeitende Systeme ersetzen können. Ein solches Material hätte es den Physikern gestattet, einige Anwendungen von Supraleitern in

Erwägung zu ziehen, die bisher wegen der teuren Heliumkühlung nicht realisierbar waren. Das Lanthan-Barium-Kupfer-Oxid lag mit seiner Übergangstemperatur etwa auf halbem Wege zur anvisierten Barriere, dem Siedepunkt flüssigen Stickstoffs. Es dauerte nicht länger als ein Jahr, bis die Barriere übertroffen wurde, und dies um nicht weniger als 16 K. Paul Chu und Mitarbeiter von der University of Texas berichteten im Jahre 1987 von einem anderen verwandten Keramikmaterial, einem Yttrium-Barium-Kupfer-Oxid, das bei 93 K supraleitend wird.

Diese Entdeckungen lösten in der Wissenschaftsgemeinde damals eine Euphorie aus, die mit Worten kaum zu beschreiben ist. Fieberhaft arbeiteten die Forscher in ihren Labors die Nächte durch, stets den Ruhm und das Glück vor Augen, die großen Entdeckern zuteil werden. Wie die Alchemisten des Mittelalters experimentierten sie mit geheimnisvollen Mischungen herum, immer auf der Suche nach dem magischen Elixier, mit dem sie das Rennen für sich entscheiden wollten. Alle diese Anstrengungen fanden 1988 ihren vorläufigen Höhepunkt: Wissenschaftler aus den NEC Laboratories in Tokio entwickelten eine Keramik, ein Thallium-Barium-Kupfer-Oxid, dessen Übergangstemperatur bei 125 K (minus 148 Grad Celsius) lag. Doch in den folgenden fünf Jahren konnte der Rekord gerademal um acht Grad verbessert werden: mit einem quecksilberhaltigen Kupferoxid, das 1993 von Wissenschaftlern der Eidgenössischen Technischen Hochschule in Zürich entdeckt wurde und bei 133 K zum Supraleiter wird. Nach diesem wilden Ausbruch hektischer Anstrengungen stehen die Erforscher der Supraleitfähigkeit vor einer neuen Hürde.

Die glühenden Verehrer der Supraleitertechnologie widmen sich im Moment voller Eifer der eher entmutigenden Aufgabe, für die neu entwickelten Materialien eine praktische Verwendung zu finden. Ein Hindernis ist die Brüchigkeit der Kupferoxidkeramiken. Sie sind viel schwerer zu verarbeiten als Metalle. Das eigentliche Problem ist aber, daß die Materialien die für die meisten Anwendungen erforderlichen starken elektrischen Ströme nicht leiten können. Die Supraleitfähigkeit geht völlig verloren, wenn der durchlaufende Strom eine bestimmte kritische Stärke übersteigt. Die kritische Stromstärke liegt bei Kupferoxidmaterialien niedriger als bei herkömmlichen metallischen Supraleitern. Dieses Verhalten entpuppt sich immer mehr als das Hauptproblem, das die Anwendungsmöglichkeiten für Supraleiter einschränkt.

In einigen Anwendungen wird ausgenutzt, daß Supraleiter den elektrischen Strom widerstandsfrei, d. h. ohne Energieverluste durch Wärmeeffekte, transportieren können. Wenn Strom über viele Kilometer durch die Kupferkabel der Stromleitungen fließt, geht ein beträchtlicher Teil der erzeugten Leistung in Form von Wärme verloren, bevor sie den Abnehmer erreicht. Wenn es gelänge, das Kupfer in den Kabeln durch supraleitfähige Materialien zu ersetzen, träten keine Leistungsverluste mehr auf. (Genau genommen trifft dies nur für eine Versorgung mit Gleichstrom und nicht mit Wechselstrom zu.)

Supraleiter sind auch für die Computer- und Mikroelektronikindustrie wertvoll. Weil keine Wärmeeffekte auftreten, lassen sich kleinere, dichter bepackte Schaltbretter herstellen, bei denen nicht mehr die Gefahr des Durchschmelzens besteht. Mikroelektronische

Schaltvorrichtungen aus supraleitfähigen Materialien reagieren außerdem auf elektrische Signale viel schneller als herkömmliche Schalter aus Halbleitermaterialien.

Neben ihren Eigenschaften als Stromleiter zeigen Supraleiter noch ein anderes Charakteristikum, das man für Anwendungen nutzen könnte. Im Jahre 1913 entdeckten die deutschen Wissenschaftler W. Meissner und R. Ochsenfeld, daß Supraleiter durch magnetische Felder abgestoßen werden. Wenn ein Kügelchen des Supraleiters Yttrium-Barium-Kupferoxid auf einen Magneten gelegt und mit flüssigem Stickstoff unter die Übergangstemperatur abgekühlt wird, bewirkt der sogenannte „Meissner-Effekt", daß das Kügelchen abhebt und über dem Magnet schwebt (Abbildung 6.14). Schon lange denkt man darüber nach, diese Kräfte zum Bau von Eisenbahnzügen zu nutzen, die nicht auf Schienen rollen, sondern auf Luft gleiten. Weil keine bremsenden Reibungskräfte mehr zwischen dem Fahrzeug und den Schienen wirken, sollten diese Züge enorme Geschwindigkeiten bei niedrigen Energiekosten erreichen können. Der Meissner-Effekt ist vielleicht auch bei der Konstruktion reibungsfreier mechanischer Lager hilfreich. Die

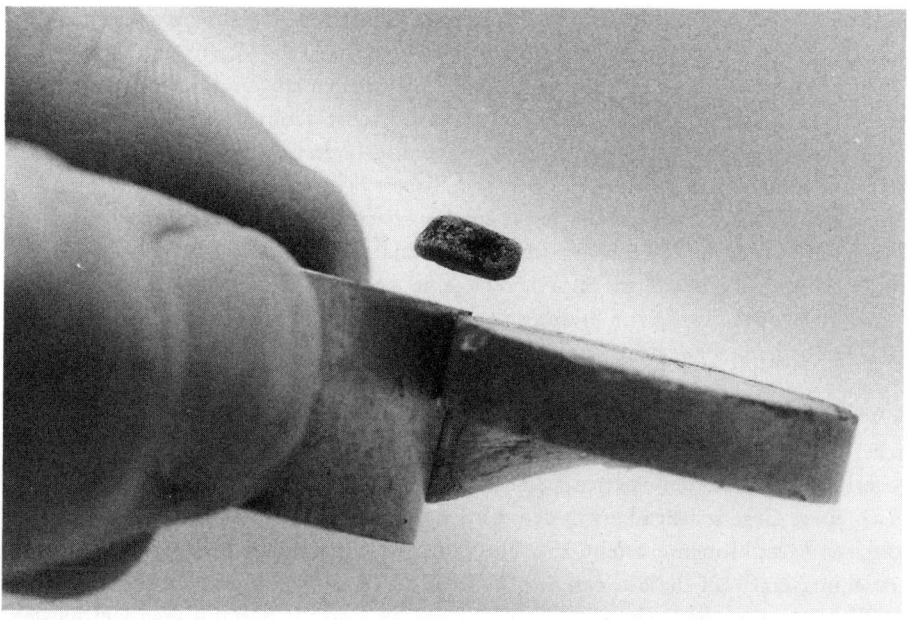

Abbildung 6.14 *Supraleitfähige Materialien stoßen magnetische Felder ab. Man kann sie deshalb mit einem Magneten „fliegen" lassen. Hier schwebt ein auf die Temperatur flüssigen Stickstoffs abgekühltes Pellet des Hochtemperatur-Supraleiters Yttrium-Barium-Kupfer-Oxid (dessen Übergangstemperatur in den supraleitenden Zustand noch weit höher liegt) über einem kleinen Handmagneten. (Mit freundlicher Genehmigung von Colin Gough, University of Birmingham)*

Empfindlichkeit, mit der Supraleiter auf magnetische Felder reagieren, nutzt man bereits seit einigen Jahren in supraleitenden Quanteninterferometern, sogenannten SQUIDs (*S*uperconducting *Qu*antum *I*nterference *D*evices). Mit Ihnen können sehr kleine magnetische Felder aufgespürt werden, wie sie beispielsweise durch die winzigen Ströme entstehen, die zwischen den Neuronen im Hirn fließen. Mit Hilfe von SQUIDs lassen sich Karten von den elektrischen Vorgängen im Gehirn erstellen, die dazu beitragen könnten, daß Neurowissenschaftler dieses rätselhafte Organ besser verstehen. SQUIDs auf Basis von Yttrium-Barium-Kupfer-Oxid, die bei Temperaturen von flüssigem Stickstoff arbeiten, werden mittlerweile kommerziell vermarktet.

Bitte Aufstellung nehmen zum Tanz

Die Entdeckung der „Hochtemperatur"-Supraleiter auf Basis von Kupferoxid hatte das Interesse an dieser oder jener praktischen Anwendung von Supraleitern noch einmal belebt. Die mögliche Existenz von Supraleitern mit hohen Übergangstemperaturen war jedoch schon lange vor dem Durchbruch von Bednorz und Müller postuliert worden. In den sechziger Jahren hatte William Little von der Stanford University die Vermutung geäußert, daß sich eindimensionale molekulare Leiter bei bis dahin unerreicht hohen Temperaturen als Supraleiter erweisen könnten.

Um zu verstehen, warum Little gerade diese Materialien als Kandidaten für Hochtemperatur-Supraleiter auswählte, müssen wir uns zunächst damit befassen, wie die Supraleitfähigkeit in den altmodischen Niedrigtemperatur-Leitern entsteht. Die Erklärung, die 1957 von John Bardeen, Leon Cooper und Robert Schrieffer vorgelegt wurde und die heute als BCS-Theorie bekannt ist, wirkt auf den ersten Blick paradox. Denn die Forscher gingen davon aus, daß Elektronen (die sich normalerweise wegen ihrer gleichen elektrischen Ladung abstoßen) in Supraleitern eine gegenseitige *Anziehung* erfahren. Die Anziehungskräfte führen zur Bildung von Elektronenpaaren, sogenannten Cooper-Paaren. Durch deren Bewegung kommt der das Kristallgitter durchfließende Superstrom zustande.

Wie können sich zwei Teilchen, die eine gleiche Ladung tragen, gegenseitig anziehen? Sicherlich gibt es zwischen den Elektronen in einem supraleitenden Metall auch weiterhin die erwarteten elektrostatischen Abstoßungskräfte, doch können diese Kräfte durch einen Gegeneffekt überwunden werden, der durch eine Wechselwirkung mit den positiven Metall-Ionen entsteht. Ein Elektron, das durch einen Kristall fliegt, übt eine Anziehungskraft auf diese Ionen aus. Es zieht sie im Vorbeiflug zusammen. Während das Elektron ein sehr leichtes, flinkes Teilchen ist, sind die Metall-Ionen viel schwerer und plumper. Die Ionen bleiben deshalb noch eine gewisse Zeit relativ nah zusammen, wenn das Elektron schon längst vorbeigeschossen ist. Erst dann kehren sie langsam in ihre Ruhelage zurück. Das Elektron erzeugt in seinem Kielwasser eine kleine Welle im Kristallgitter (Abbildung 6.15). Wenn die Metall-Ionen nahe beieinander stehen, bildet sich ein Bereich mit einer ungewöhnlich hohen positiven Ladung heraus, von der ein zweites Elektron angezogen wird. Mit anderen Worten, das erste Elektron läßt auf seiner

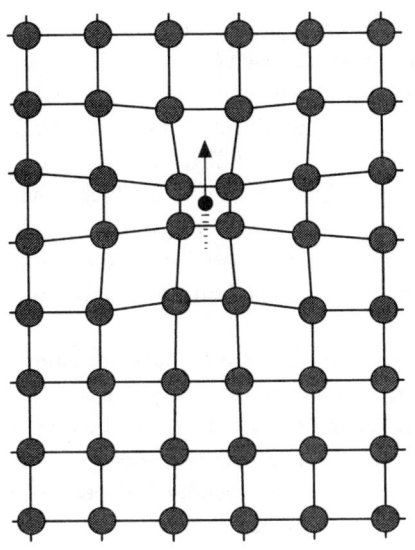

Abbildung 6.15 *Die BCS-Theorie erklärt die Supraleitfähigkeit mit folgendem Mechanismus: Durch Wechselwirkungen mit den Ionen des Metallgitters werden Elektronen in supraleitenden Metallen gepaart. Ein vorüberfliegendes Elektron zieht die umgebenden Metall-Ionen im Gitter zusammen. Es entsteht für kurze Zeit ein Bereich mit einer konzentrierten positiven Ladung. Ein zweites Elektron wird dann in das Kielwasser des ersten nachgezogen, weil die Ionen nur langsam in ihre Ruhelagen zurückkehren.*

Spur eine kurzlebige, verstärkte positive Ladung zurück, die auf ein zweites Elektron einwirkt. Dieses folgt dem ersten praktisch im Schlepptau, so als gäbe es eine wirkliche Anziehung zwischen ihnen.

An dieser Stelle gilt es zwei wichtige Punkte anzumerken. Erstens ist der Abstand zwischen den beiden Elektronen des Cooper-Paares relativ groß, denn das erste Elektron ist schon längst weg, wenn das zweite von der Welle angezogen wird. Das Cooper-Paar kann zehntausendmal „größer" sein als der Abstand zwischen benachbarten Ionen im Metallgitter. Zweitens sind die Anziehungskräfte ziemlich schwach. Sie werden durch alles, was das Zusammenziehen der Metall-Ionen behindert, zerstört. So reichen schon die thermisch induzierten Schwingungsbewegungen der Ionen aus, um den Effekt zu unterbinden, weshalb die Elektronenpaarung nur möglich ist, wenn diese Schwingungen sehr schwach sind – was bei tiefen Temperaturen der Fall ist.

Man stellt sich üblicherweise den Superstrom als Bewegung des Cooper-Paares vor und nicht als Bewegung der beiden einzelnen Elektronen (die nicht unbedingt in die gleiche Richtung fliegen müssen). Es ist nützlich, das Cooper-Paar als eine Art Kompositteilchen, als ein sogenanntes Quasiteilchen zu betrachten, das eine Ladung und eine Masse besitzt, die sich aus zwei Elektronen zusammensetzt. Wenn man das Cooper-Paar als Quasiteilchen versteht, besitzt es Eigenschaften, die sich sehr deutlich von denen der einzelnen Elektronen unterscheiden. Diese Eigenschaften sind der Schlüssel zum Verständnis der Supraleitfähigkeit.

Elektronen gehören einer Klasse von Elementarteilchen an, die man Fermionen nennt. Zwei Fermionen dürfen niemals den gleichen quantenmechanischen Zustand einnehmen. Cooper-Paare dagegen zählen zu einer als Bosonen bezeichneten Gruppe von

Elementarteilchen. Protonen, Neutronen und die „Teilchen" des Lichtes, die Photonen, sind beispielsweise Bosonen. Im Gegensatz zu Fermionen darf sich (nach den Regeln der Quantenmechanik) eine größere Zahl von ihnen im gleichen quantenmechanischen Zustand befinden. Während also Elektronen gezwungen sind, Zustände höherer Energie einzunehmen, wenn diejenigen niedrigerer Energie besetzt sind, fallen Cooper-Paare als Quasiteilchen unbeschwert direkt in den Zustand niedrigster Energie – die Elektronen-paare besetzen alle einen einzigen Quantenzustand. Es ist so, als würde bei der Übergangstemperatur in den supraleitenden Zustand das Energie*band*, das die Leitungs-elektronen enthält, plötzlich zu einem einzigen *Energieniveau* kollabieren, das allen Teilchen genügend Platz bietet.

Befinden sich die Cooper-Paare einmal in diesem „kondensierten" Zustand, können sie nicht mehr leicht abgelenkt werden. Denn dann müßte man ihre Energie ändern. Mit Elektronen in einem kontinuierlichen Energieband ist das einfach. Um aber die Energie eines Cooper-Paares zu ändern, muß es in das nächst höhere „kollabierte" Energieniveau gestoßen werden. Dazu ist mehr Energie nötig, als ein schwingendes Ion bei einem Zusammenstoß liefern kann. Die Cooper-Paare rasen deshalb durch das Gitter wie eine riesige, unaufhaltsame, einmal in Bewegung geratene Menschenmasse. Alle Streuzentren werden ignoriert. Dem Ladungsfluß stemmt sich kein Widerstand entgegen.

Die BCS-Theorie erklärt sehr erfolgreich die Supraleitfähigkeit von Metallen. Doch läßt sie sich auf die neuen keramischen „Hochtemperatur"-Supraleiter nicht anwenden. Bereits Übergangstemperaturen über 30 K bereiten der konventionellen BCS-Theorie ernsthafte Probleme. Allgemein stimmt man darin überein, daß jede Form von Supra-leitfähigkeit mit der Bildung von Cooper-Paaren und deren Konzentration in einem einzigen Quantenzustand verbunden ist. Wie dies aber genau in den „Hochtemperatur"-Materialien abläuft, ist bis heute noch nicht verstanden.

Die molekularen Supraleiter

William Little schlug nun vor, daß vielleicht ein anderer Paarungsmechanismus eindi-mensionale molekulare Supraleiter befähigt, die durch die BCS-Theorie gesetzte Tempe-raturgrenze zu überschreiten. Ausgehend von der Idee, daß ein Elektron auf seiner Spur eine kurzlebige, stärkere positive Ladung zurückläßt, nahm Little an, daß auf die gleiche Weise auch Elektronen auf dem Rückgrat eines Polymers entlangfließen könnten. Er stellte sich Polymerketten mit Seitengruppen vor, an die leicht polarisierbare, „ver-schmierte" Elektronenwolken gebunden waren – beispielsweise Farbstoffmoleküle, die meist delokalisierte Elektronenorbitale besitzen. Ein Elektron, das auf dem Rückgrat entlangwanderte, stößt die Elektronen einer Seitengruppe ab, wodurch ein Bereich positiver Ladung entsteht (Abbildung 6.16). Ein zweites Elektron wird dann von dieser Region angezogen, so wie das verzerrte Gitter eines supraleitenden Metalls das zweite Elektron des Cooper-Paares anzieht.

Der entscheidende Unterschied zwischen Littles Mechanismus der Supraleitfähigkeit in eindimensionalen molekularen Supraleitern und dem in einem Metallkristall ist, daß

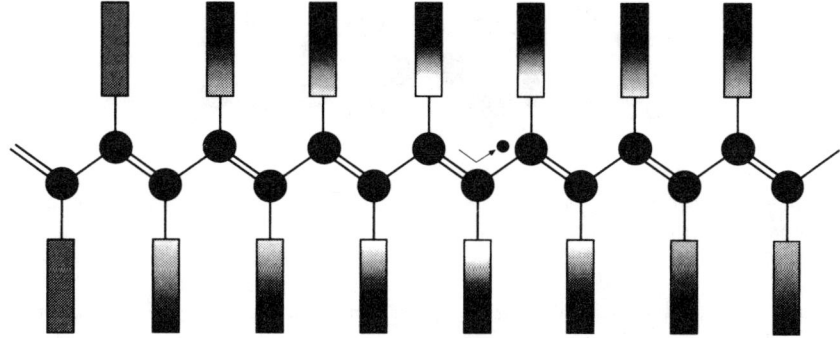

Abbildung 6.16 *In dem von William Little vorgeschlagenen Modell zur Supraleitfähigkeit von konjugierten Polymeren kommt die Elektronenpaarung durch „polarisierbare" Gruppen mit delokalisierten, „verschmierten" Elektronenwolken zustande. Die Gruppen sind an das Polymerrückgrat gebunden. Ein auf dem Rückgrat entlanggleitendes Elektron stößt die Elektronen in den Seitengruppen ab, wodurch eine Region mit positiver Ladung entsteht. Diese zieht dann ein zweites Elektron an. Bei diesem Paarungsmechanismus bewegen sich nur leichte Elektronen, nicht aber die schweren Ionen.*

in den eindimensionalen Systemen die Elektronenpaarung nicht mit der Auslenkung von Atomen verbunden ist – nur die sehr viel leichteren Elektronen bewegen sich. Dies, vermutete Little, sollte die Paarbildung außerordentlich erleichtern, so daß sie vielleicht schon bei höheren Temperaturen stattfindet. Grobe Berechnungen von Little sagten voraus, daß eine auf diesem Mechanismus beruhende Supraleitfähigkeit bei Raumtemperatur möglich sein sollte. Tatsächlich ging er sogar noch einen großen Schritt weiter und behauptete, daß die Supraleitfähigkeit selbst bei Temperaturen von 2000 Grad Celsius auftreten könnte, vorausgesetzt, die molekularen Leiter würden solche Temperaturen aushalten (was höchst unwahrscheinlich ist).

Auch wenn dieser Vorschlag sehr kontrovers diskutiert wurde, waren die Voraussagen verlockend genug, um die Suche nach molekularen Supraleitern in Schwung zu bringen. Leider ist bis heute nicht eine Verbindung gefunden worden, die sich auch nur annähernd so verhält, wie es Littles Modell vorsieht. Als dann Alan Heeger und seinen Mitarbeitern 1973 die Synthese von TTF–TCNQ gelang, löste dessen eindimensionale Stapelstruktur Spekulationen aus. Man fragte sich, ob die Verbindung nach Littles Mechanismus unter geeigneten Bedingungen vielleicht zum Supraleiter werden würde. Die Experimente bewiesen bald das Gegenteil: Wie bereits erwähnt, verliert die Verbindung während des Abkühlens ihre hohe Leitfähigkeit und wird schließlich zum Halbleiter. Eine Erklärung für diesen Befund liefern die Arbeiten des britischen Physikers Rudolf Peierls. Er konnte 1954 zeigen, daß eine regelmäßige Anordnung von Molekülen in einer linearen, kettenartigen Struktur bei tiefen Temperaturen ihre Energie durch eine Gitterverzerrung erniedrigen kann. Die Abstände zwischen aufeinanderfolgenden Molekülen sind dann abwechselnd lang und kurz. Infolge dieser Umordnung, die als Peierls-Verzerrung

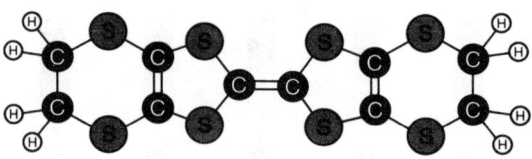

Abbildung 6.17   *Die Struktur des Elektronenacceptors BEDT-TTF, mit dem der bisher „wärmste"*
organische Supraleiter synthetisiert wurde.

bezeichnet wird, ändert sich der Charakter des obersten, teilweise gefüllten Energieban-
des. Es spaltet in ein voll gefülltes und in ein leeres Band auf, die durch eine Bandlücke
getrennt sind. Das Material wird dadurch zum Halbleiter.

Die Peierls-Verzerrung stellte sich als das Haupthindernis bei den Versuchen heraus,
molekulare Supraleiter, die aus linearen Polymerketten oder Molekülstapeln bestehen,
zu synthetisieren. Der Effekt tritt beim TTF-TCNQ bei 53 K ein. Man glaubte jedoch,
durch das Zusammenpressen dieser Feststoffe die Verzerrung unterdrücken zu können.
Beim TTF-TCNQ half das Anlegen hoher Drücke nichts. Jerome und Bechgaard hatten
aber, zusammen mit dem Dänen Jan Andersen, mit einem verwandten Supermolekül
mehr Erfolg. Es handelt sich um eine Verbindung, in der TTF durch TMTSF und TCNQ
durch ein ähnliches, leicht modifiziertes Molekül, nämlich 2,5-Dimethyl-TCNQ
(DMTCNQ), ersetzt sind. Der von diesen beiden Molekülen gebildete Charge-Transfer-
Komplex, das TMTSF–DMTCNQ, verhält sich bei atmosphärischen Drücken ähnlich
wie TTF-TCNQ. Das heißt, er ist bei Raumtemperatur ein Stromleiter und wird bei 41
K zum Isolator. Setzt man ihn jedoch hohen Drücken aus, findet der Übergang zum
Isolator nicht statt. TMTSF–DMTCNQ bleibt dann bis 4.2 K, bis zum Siedepunkt von
flüssigem Helium, ein Leiter. Die Forscher spürten, daß sie auf dem richtigen Weg zu
molekularen Supraleitern waren.

Ihre Untersuchungen zeigten, daß die Leitfähigkeit empfindlich von der Gegenwart
des Elektronendonors TMTSF abhing. Sie machten sich deshalb daran, Salze herzustellen, in denen andere Elektronenacceptoren DMTCNQ ersetzten. Als sie es mit Hexa-
fluorophosphat-Ionen versuchten, hatten sie den magischen Mix gefunden.

Mittlerweile sind viele Varianten entdeckt worden, die bessere Eigenschaften als
Supraleiter aufweisen. Die besten basieren auf dem Molekül Bis(ethylendithiotetrathia-
fulvalen) (BEDT-TTF oder kurz ET), einem anderen Verwandten des TTF (Abbildung
6.17). Im Jahre 1988 zeigten G. Saito und Mitarbeiter von den NEC Research Laboratories
in Tsukuba, Japan, daß das Charge-Transfer-Salz aus BEDT-TTF und dem Elektronenacceptor Kupferthiocyanat, $Cu(NCS)_2$ bei 10 K in den supraleitenden Zustand übergeht.
Die Übergangstemperatur liegt damit beträchtlich höher als bei den meisten Metallen.
Den Rekord hält zur Zeit eine sehr ähnliche Verbindung, die von Jack Williams und
Mitarbeitern an den Argonne National Laboratories in Illinois synthetisiert wurde. Sie
wird bei 13 K supraleitend. Ob die Supraleitfähigkeit von der Wechselwirkung zwischen
den Leitungselektronen und den Bewegungen der Atome im Feststoff herrührt, wie es

die herkömmliche BCS-Theorie postuliert, ist noch nicht klar. Vielleicht spielt bei diesen linearen Strukturen auch ein anderer Mechanismus die entscheidende Rolle.

Supraleitende Fußbälle

Die Familie der molekularen Leiter ist kürzlich um ein neues Mitglied bereichert worden, das auf spektakuläre Weise die bisher geleistete, sorgfältige Arbeit an linearen molekularen Systemen in den Schatten stellte. Es handelt sich um das aus sechzig Kohlenstoffatomen bestehende Fußballmolekül Buckminsterfulleren (C_{60}), das wir bereits im ersten Kapitel kennenlernten. Seine Talente sind, so scheint es, noch längst nicht alle erkannt und genutzt. Der reine C_{60}-Feststoff ("Fullerit") ist ein schlechter Leiter. Doch fand ein von Robert Haddon und Arthur Hebard geführtes Team von den AT&T Bell Laboratories in New Jersey Anfang 1991 heraus, daß eine Dotierung mit Alkalimetallatomen – beispielsweise mit Lithium, Natrium, Kalium, Rubidium oder Cäsium – die Leitfähigkeit des Fullerits beträchtlich steigert. Das Dotieren ist recht einfach durchzuführen, der Feststoff wird nur dem Dampf des Metalls ausgesetzt. In C_{60}-Kristallen liegen die Moleküle so nah beieinander, daß ihre Orbitale so wie im TTF–TCNQ überlappen können. Es bildet sich ein gefülltes Valenzband und ein leeres Leitungsband. Letzteres kann Elektronen von Donoren, z. B. den Alkalimetallen, aufnehmen. Es gibt allerdings einen Unterschied zwischen dotiertem C_{60} und einem dotierten Polymer. Im Fulleritderivat ist die Leitfähigkeit isotrop (in allen Richtungen gleich), weil die Elektronen nicht gezwungen sind, sich an linearen Ketten aufzuhalten.

Dotiert man schrittweise, erhöht sich zunächst die Leitfähigkeit. Wird dann eine Grenze von drei Alkaliatomen pro C_{60}-Molekül überschritten, fällt die Leitfähigkeit wieder ab. Dies steht mit der Vorstellung in Einklang, daß die Metallatome Elektronen in das C_{60}-Leitungsband abgeben: Bei hohen Konzentrationen an Dotiermittel ist das Band fast gefüllt. Wenn auf jedes C_{60}-Molekül sechs Metallatome kommen, ist das Leitungsband vollständig gefüllt, und die Verbindung wird zum Isolator.

Weil die AT&T Bell Laboratories eines der Zentren für Supraleiterforschung in den Vereinigten Staaten sind, überrascht es wohl nicht, was Haddon und Mitarbeiter als nächstes versuchten. Sie konnten ihr Glück nicht fassen, als der elektrische Widerstand einer Probe mit drei Kaliumatomen pro C_{60}-Einheit (K_3C_{60}) knapp unter 30 K zu sinken begann. Bei ungefähr 18 K brach er völlig zusammen – das Fullerit war tatsächlich ein Supraleiter, mit einer Übergangstemperatur, die gut sechs bis sieben Grad über derjenigen des besten bis dahin bekannten molekularen Supraleiters lag.

Aber es kam noch besser. Als das Bell-Team anstelle des Kaliums das Alkalimetall Rubidium als Dotiermittel einsetzte, ging das dotierte C_{60} bei nicht weniger als 30 K in den supraleitenden Zustand über. Dies war ein Wert, der nur von Supraleitern auf Basis von Kupferoxid übertroffen wurde. Bald schon gab es eine ganze Familie dieser Supraleiter. Und jedesmal fielen auf ein C_{60}-Molekül drei Metallatome, wobei einige Familienmitglieder mehr als nur eine Art Alkalimetall enthalten (Tabelle 6.1). Im Moment hält $RbCs_2C_{60}$ mit einer Übergangstemperatur von 33 K den Rekord. Von

Tabelle 6.1 Supraleitende Fullerenverbindungen und ihre Übergangstemperaturen

Substanz	Übergangstemperatur (K)
K_3C_{60}	19
Rb_3C_{60}	29
K_2RbC_{60}	23
K_2CsC_{60}	24
Rb_2KC_{60}	27
Rb_2CsC_{60}	31
$RbCs_2C_{60}$	33
Na_2KC_{60}	2.5
Na_2RbC_{60}	2.5
Na_2CsC_{60}	12
Li_2CsC_{60}	12
Ca_5C_{60}	8.4
Ba_6C_{60}	7
$(NH_3)_4Na_2CsC_{60}$	30

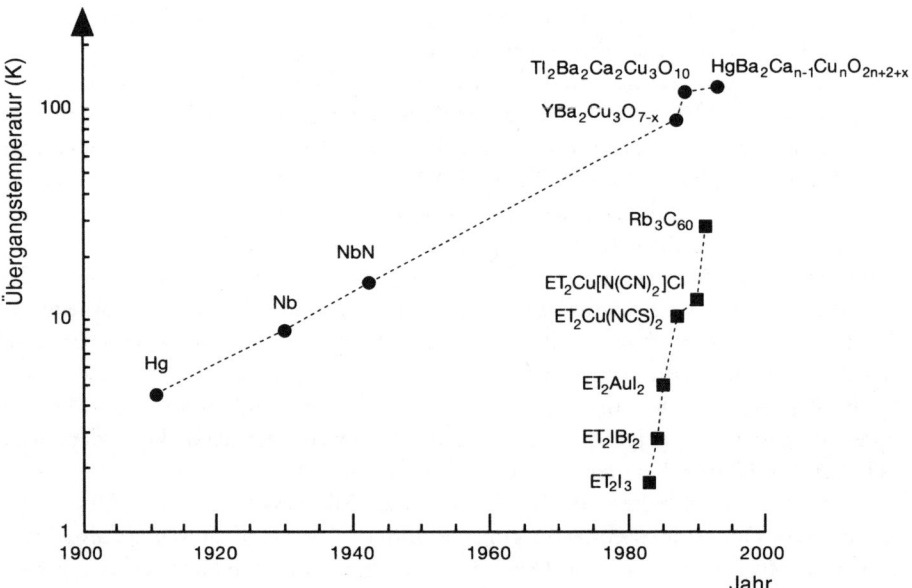

Abbildung 6.18 *Werden molekulare Supraleiter gegen Ende des Jahrzehnts die „Hochtemperatur"-Supraleiter auf Basis von Kupferoxid übertreffen? Wenn sich der Trend in diesem Diagramm fortsetzt, werden sie es schaffen. (Nach Jack Williams, Argonne National Laboratory, Illinois)*

höheren Temperaturen wurde zwar berichtet, doch konnten sie nicht eindeutig bestätigt werden. Eine neue Familie supraleitender Fullerenverbindungen entstand 1992 mit der Synthese eines C_{60}-Moleküls, das ein Erdalkalimetall – nämlich Calcium – als Dotiermittel enthält. Diese Verbindung, das Ca_5C_{60}, hat eine Übergangstemperatur von 8.4 K. Dieser Fullerenklasse hat sich noch das mit Barium dotierte Ba_6C_{60} zugesellt, das bei 7 K supraleitend wird.

Man kann nicht genug betonen, welchen Durchbruch diese Ergebnisse bedeuten. Vor der Entdeckung der Fulleren-Supraleiter hatten sich die Wissenschaftler damit abgefunden, daß es wohl nur mit den Kupferoxidmaterialien zu schaffen wäre, sich dem Ziel eines Raumtemperatur-Supraleiters einen entscheidenden Schritt zu nähern. Weil molekulare Supraleiter die in sie gesteckten Erwartungen nicht erfüllten, schienen sie dazu bestimmt, als Kuriosität am Rande zu enden. Nun sind einige Forscher überzeugt, daß C_{60} in naher Zukunft die molekulare Supraleitfähigkeit zu größeren Höhen führen wird als die Kupferoxidmaterialien. Jack Williams hat die Leistungsfähigkeit der konventionellen, der molekularen organischen und der Kupferoxid-Supraleiter gegenübergestellt (Abbildung 6.18): Wenn die Trends anhalten, werden die molekularen Supraleiter alle Mitstreiter gegen Ende des Jahrhunderts überholen!

7

Eine weiche
und klebrige Welt

Der Zauber der Selbstorganisation in der Kolloidchemie

Ich erkannte bald, daß das Herstellen von Farben eine eigenartige Berufung ist.

Primo Levi

In der Einführung zu diesem Buch versuchte ich Ihnen näher zu bringen, daß sich hinter einfacher Farbe allerlei interessante Aspekte verbergen, die es zu untersuchen lohnt. Es schien vielleicht etwas unpassend. Es sei denn, Sie freunden sich gerade mit dem Gedanken an, Ihr trautes Heim ein wenig zu verschönern. In dem Falle wissen Sie vielleicht den Reiz und Vorteil einer Farbe zu schätzen, die nicht die Haare, Fußleisten und Teppiche mit feinst verteilten Tropfen besprenkelt. „Feste", nichttropfende Farbe ist etwas Kurioses. In der Büchse oder auf dem Pinsel wirkt sie fast wie ein Feststoff: Man kann sie mit einem Messer schneiden und erhält zwei glatte, flache Schnittflächen. Wird sie dann aufgetragen, fließt sie wie eine Flüssigkeit. Ist das nicht ein kunstvoller Trick? Wie ist das möglich?

Ebenso rätselhaft (aber gleichermaßen vertraut) kommen uns Substanzen vor, die sich *verdicken*, wenn man sie rührt oder schüttelt. Vermischen Sie einmal Pulver für Vanillesauce mit genügend Wasser zu einem dicken Brei. Wenn Sie langsam rühren, fließt die Mischung frei. Schlagen Sie sie aber mit dem Löffel kräftig durch, verfestigt sie sich. Verlangsamen Sie dann wieder das Rühren...: siehe da, liegt wieder eine träge Flüssigkeit vor. Oder denken Sie einmal an den „magischen" Kitt, mit dem unsere Kinder spielen. Hält man ihn in den Händen, fühlt er sich wie Teig an. Wirft man ihn an die Wand, zerspringt er.

Diese Erscheinung, daß Stoffe ihre „Dickflüssigkeit" (technisch spricht man von Viskosität) infolge mechanischer Störungen ändern, bezeichnet man als Thixotropie.

Bereits im Mittelalter wußten die Menschen sie zu nutzen. Unter den Reliquien der römisch-katholischen Kirche in Italien befinden sich Phiolen aus dem vierzehnten Jahrhundert, von denen es heißt, daß sie das Blut von Heiligen enthalten. Zu sehen ist eine braune, feste Masse, was Sie vielleicht auch erwarten würden. Doch wenn sie während der religiösen Zeremonie bewegt (genauer gesagt sanft geschüttelt) wird, verflüssigt sie sich. Es ist wohl überflüssig zu erwähnen, daß die Priester nicht auf den Gedanken kämen, dieses Verhalten mit so etwas Profanem wie nichttropfender Farbe in Verbindung zu bringen. In ihren Augen ist es ein Wunder. (Italienische Chemiker haben jedoch gezeigt, daß sich solche Wundersubstanzen leicht aus Verbindungen herstellen lassen, die im vierzehnten Jahrhundert überall erhältlich waren. Eisenoxid beispielsweise stammte von den Hängen des Vesuvs.)

Von welchen Gesetzen und Prinzipien lassen sich Chemiker, Physiker und Ingenieure leiten, wenn sie versuchen, neue Substanzen mit diesen spezifischen Eigenschaften herzustellen? Ein derartiges Verhalten ist nicht das Ergebnis chemischer Reaktionen – denn während solcher Prozesse werden starke kovalente Bindungen weder geknüpft noch aufgebrochen. Kein Atom wechselt seinen „Besitzer". Vielmehr haben wir es hier mit Phänomenen zu tun, die den im fünften Kapitel angesprochenen supramolekularen Wechselwirkungen ähneln. Allerdings in einem viel größeren Umfang, denn die sich herausbildenden Strukturen bestehen nicht aus einer Handvoll, sondern aus einer riesigen Zahl von Molekülen. Diese Substanzen sind Beispiele für sogenannte *Kolloide*. Es handelt sich um molekulare Systeme, in denen die Größe der Strukturen von einem Nanometer (der Größe eines mittelgroßen Moleküls, beispielsweise C_{60}) bis zu einem Mikrometer (etwa die Größe eines Bakteriums) reicht. Nach dieser Definition umfassen Kolloide einen weiten Substanzbereich: z. B. Farben, Fette, Zahnpasta, Bitumen, Flüssigkristalle, Seifenblasen und Schäume. Kolloide sind meist eine „weiche" Form der Materie, leicht deformierbar und fließfähig. Und insofern, als die Zellen des menschlichen Körpers aus molekularen Strukturen in Mikrometergröße bestehen, sind wir selbst kolloidale Systeme.

Die Kolloidwissenschaft ist eine Fachrichtung mit einem ausgesprochen praktischen Bezug. Eine beachtliche Zahl von Industriechemikern befaßt sich mit dieser Disziplin, und ihre Bedeutung geht weit über die Herstellung von Farben hinaus. Sie spielt eine große Rolle in der Nahrungsmittel-, Kosmetik- und Schmiermittelindustrie sowie in der Landwirtschaft. Einige der Gesetze, auf denen das heutige Verständnis von Kolloidsystemen fußt, sind schon länger bekannt. Andere wiederum sind das Ergebnis von Forschungen in exotischen und oft scheinbar abseits liegenden Teilgebieten der Physik, Chemie und Biologie. Die alten Ägypter kannten sich in dem Fach aus. Sie waren beispielsweise in der Lage, stabile kolloidale Suspensionen von Ruß in Gummiarabikum herzustellen, wie wir sie heute als Tusche verwenden. Auch die Babylonier und Römer schätzten die Vorzüge von Kolloidmaterialien. Sie dichteten ihre Boote und Häuser wasserdicht mit Bitumen ab. Eigentlich ist die Kolloidchemie ein Thema, das den Rahmen eines Buches, geschweige denn eines Kapitels, sprengt. Doch indem ich einige wenige ausgewählte

Schwerpunkte setze, hoffe ich, Ihnen ein Gefühl für die Vielseitigkeit und den Umfang dieses Fachgebietes vermitteln zu können.

Die unglaublich schrumpfenden Gele

Fest oder flüssig?

Zunächst möchte ich Ihnen erklären, wie der Trick mit der nichttropfenden Farbe funktioniert. Viele dieser Farben enthalten lange, kettenartige Polymermoleküle, die (zusammen mit winzig kleinen Farbpigmenten) in einem Lösungsmittel auf Öl- oder Wasserbasis dispergiert sind. An den Polymermolekülen befinden sich an verschiedenen Stellen entlang der Kette chemische Gruppen, die in dem Lösungsmittel unlöslich sind (beispielsweise lösen sich ionische Gruppen nicht in ölartigen Lösungsmitteln). Um ihren Kontakt mit dem Lösungsmittel zu minimieren, lagern sich die Gruppen aneinander, so daß sie nur von ihresgleichen umgeben sind. Sie lassen sich deshalb als „Klebestellen" verstehen, die benachbarte Moleküle miteinander verknüpfen. Die Wechselwirkungen sind recht schwach, weshalb diese Bindungen relativ leicht wieder aufgebrochen werden können. Weil aber jedes Polymer über eine Vielzahl dieser Klebestellen verfügt, addiert sich deren Wirkung. Die Moleküle verbinden sich zu einem ziemlich stabilen Netzwerk: einem Gerüst, das das flüssige Lösungsmittel in sich aufnimmt. Wenn ein Teil des Netzwerkes Scherkräften ausgesetzt wird (d. h. durch einen mechanischen Druck, wie ihn beispielsweise ein Pinsel ausübt, deformiert wird), lösen sich die schwachen Bindungen, und die Polymermoleküle, das Lösungsmittel und die Pigmente fließen frei herum. Hört die mechanische Beanspruchung auf, können sich die Klebestellen benachbarter Moleküle wieder aneinanderheften (Abbildung 7.1*a*).

Nach demselben Ansatz läßt sich eine Substanz herstellen, die das umgekehrte Verhalten zeigt – deren Viskosität also zunimmt, wenn sie Scherkräften ausgesetzt wird. In diesem Fall müssen die Gestalt der Polymermoleküle und die Stärke der Wechselwirkungen zwischen den Klebestellen so beschaffen sein, daß sich bevorzugt die Klebestellen *ein und desselben* Moleküls aneinanderheften. Es entsteht dann kein Netzwerk. Statt dessen rollt sich jede Kette auf wie ein Stück verheddertes Klebeband. Die Polymermoleküle können dadurch aneinander vorbeigleiten, ohne zusammenzuhaften. Wenn die Flüssigkeit gerührt, geschüttelt oder bewegt wird, brechen die schwachen Kräfte zwischen den Klebestellen auf, weil die Scherkräfte die aufgerollten Polymermoleküle zu langen Ketten auseinanderziehen. Die Moleküle erkennen dann die Klebestellen der Nachbarmoleküle und verbinden sich mit ihnen zu einem festen Netzwerk (Abbildung 7.1*b*).

Nichttropfende Farben sind ein Beispiel für die Substanzklasse der Gele. Der Begriff klingt vielleicht vertraut, weil er Bilder von Gelatine und Gelee heraufbeschwört. Diese Materialien nehmen eine etwas verschwommene Mittelstellung zwischen Festkörpern und Flüssigkeiten ein. Einerseits fällt es schwer, sie als Flüssigkeit zu bezeichnen, weil sie sich schneiden und zu Formen pressen lassen, die sie (zumindest vorübergehend) beibehalten. Andererseits würde es schwerfallen, sie eindeutig als Feststoffe einzuordnen.

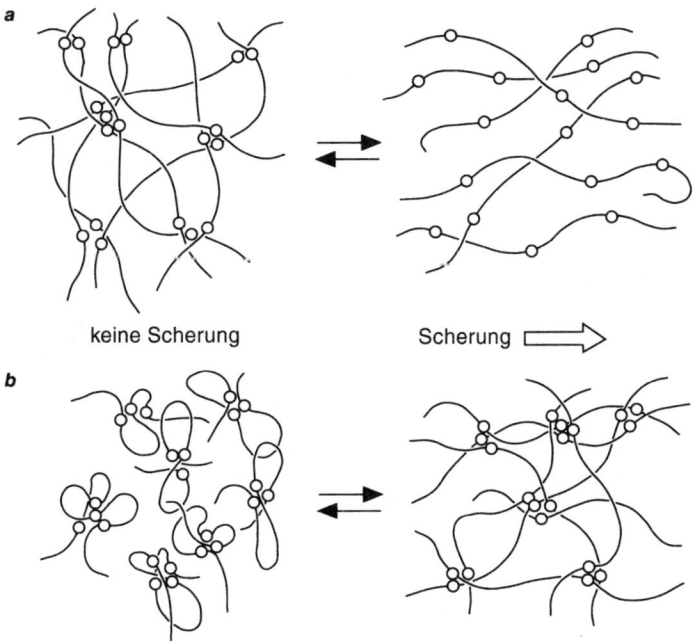

Abbildung 7.1 *Thixotrope Polymere ändern ihre Viskosität, wenn sie gerührt werden. Die Polymerketten können beispielsweise ionisierte Gruppen (weiße Kreise) enthalten, die sich in bestimmten organischen Lösungsmitteln zusammenlagern und dadurch wie „Klebestellen" wirken. Wenn diese Verklebung vorwiegend zwischen Gruppen verschiedener Moleküle auftritt, bilden die Polymere ein recht steifes Netzwerk aus, das durch Scherkräfte aufgebrochen werden kann (a). Verkleben sich die Gruppen ein und derselben Kette, rollen sich die einzelnen Ketten auf. Um eine Vernetzung zu erreichen, müssen die Rollen auseinandergezogen werden. Dies läßt sich erreichen, indem man Scherkräfte auf sie einwirken läßt (b).*

Eigentlich handelt es sich bei einem Gel um eine Art Verbundstoff – es enthält eine Flüssigkeit, die aber in einem Netzwerk aus Polymermolekülen festgehalten ist. Dieses zeigt eine gewisse Festigkeit, die einem Feststoff ähnelt. Die Flüssigkeit füllt die Lücken und Hohlräume des Polymernetzes aus und verhindert, daß es zu einer verschlungenen Masse kollabiert. Wie steif und fest ein Gel ist, hängt von dem Vernetzungsgrad zwischen den Polymermolekülen ab – Gele können hochviskose Flüssigkeiten sein, aber auch recht stabile Festkörper.

Die Natur nutzt Gele in vielerlei Hinsicht. Sie sind genau das Richtige, wenn eine Eigenschaftskombination aus fest und flüssig gebraucht wird. Ein flüssiges Verhalten ist nötig, wenn Moleküle in dem System noch beweglich sein sollen (beispielsweise müssen Körperflüssigkeiten im Gewebe noch fließen können). Festigkeit ist dann verlangt, wenn die Substanz noch ein gewisses Gewicht tragen muß. Gele finden sich zum Beispiel im Auge, aber auch in den Knochengelenken, wo sie als Schmiermittel dienen. Viele

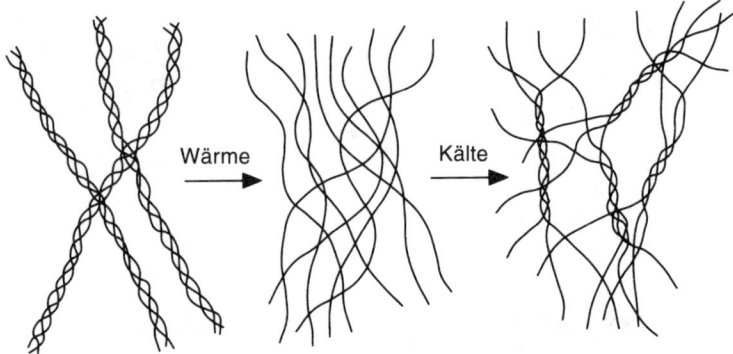

Abbildung 7.2   *Die Entstehung von Gelatine aus dem Protein Collagen. Im natürlichen Zustand besteht das Protein aus Strängen, in denen drei Proteinketten zu einer Tripelhelix umeinandergewickelt sind. Beim Erwärmen trennen sich die Stränge auf. Kühlt man daraufhin ab, bilden die Ketten zwar wieder Tripelhelices, diesmal aber ziellos. Verschiedene Abschnitte einzelner Collagenketten verdrillen sich mit denen anderer Ketten, wodurch ein vernetztes Gel entsteht.*

natürliche Substanzen lassen sich in Gele verwandeln: Gelatine zum Beispiel besteht aus einem Netzwerk des Proteins Collagen, das mit Wasser „aufgefüllt" ist. Collagen kommt in Sehnen, Haut, Knochen und in der Hornhaut des Auges vor. In ihrem natürlichen Zustand verdrehen sich die kettenartigen Proteinmoleküle miteinander zu helikalen Fasern. Wenn die Fasern erhitzt werden, entwinden sich die Proteinhelices, und die einzelnen Ketten liegen frei vor. Kühlt man das System ab, verschlingen sich die Moleküle wieder, dieses Mal jedoch ziellos. Anstatt einzelne Fasern zu bilden, verbinden sie sich zu einem dreidimensionalen Netzwerk – der Gelatine (Abbildung 7.2).

Das Volumen eines Gelnetzwerkes hängt von der aufgenommenen Flüssigkeitsmenge ab. Das Netzwerk ist flexibel, so daß es wie ein Schwamm aufquillt, je mehr Lösungsmittel es aufsaugt. „Trocknet" man dagegen das Gel, schrumpft es. Es gibt aber neben der Menge an aufgenommener Flüssigkeit noch andere Faktoren, die das Volumen eines Gels beeinflussen. Zwischen den Polymermolekülen sind Anziehungs- und Abstoßungskräfte wirksam. Diese bestimmen, wie weit die Moleküle voneinander entfernt liegen (und damit auch, wie groß das Volumen des Gels ist). Zwischen den gegensätzlich wirkenden Kräften besteht ein sensibles Gleichgewicht, das sehr empfindlich auf die äußeren Bedingungen, beispielsweise die Temperatur, die Art des Lösungsmittels oder den pH-Wert, reagiert. Indem man diese Bedingungen vorsichtig ändert, läßt sich das Volumen eines Gels variieren.

Volumenkontrolle

Am Massachusetts Institute of Technology hat Toyoichi Tanaka Gele entwickelt, die auf eine ganze Reihe von Reizen hin entweder schrumpfen oder aufquellen. Tanaka baut seine Gele aus Polymeren auf, die als Polyacrylamide (PAA) bezeichnet werden. Sie

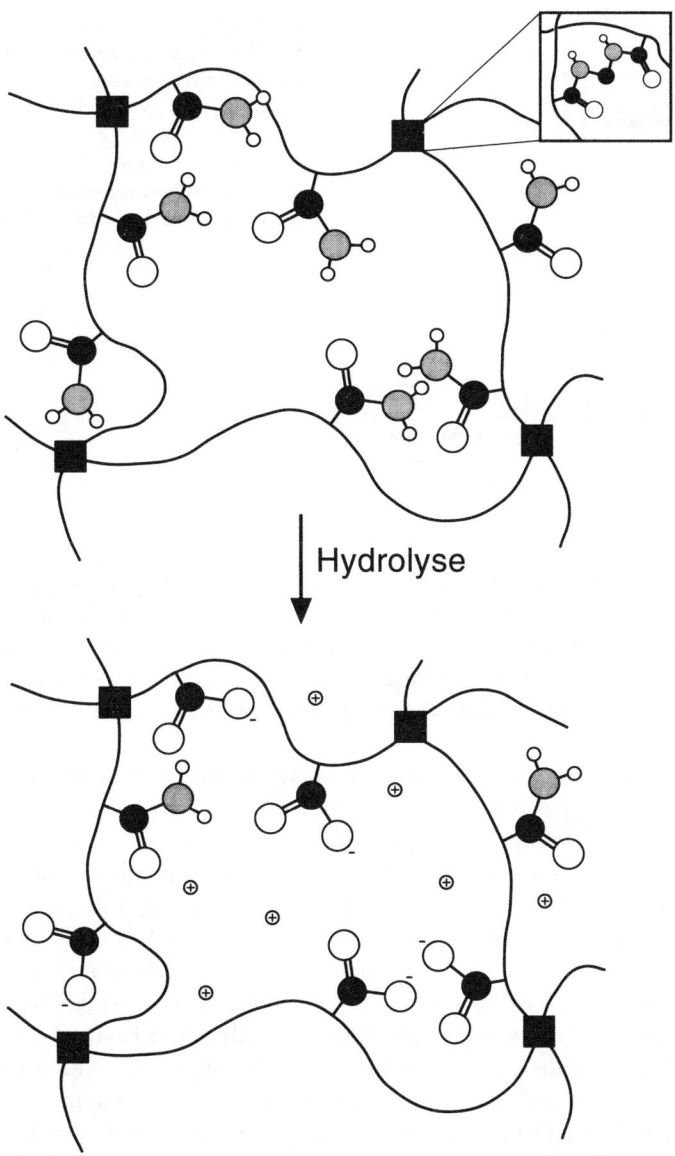

Hydrolyse

Abbildung 7.3 *Die von Toyoichi Tanaka untersuchten Polyacrylamidgele bestehen aus Polymerketten, die durch kovalente Bindungen (Quadrate) miteinander verknüpft sind. In alkalischer Lösung hydrolysieren einige der Amidgruppen (-CONH$_2$) zu Säuregruppen (-COOH), die anschließend unter Bildung der ionischen Carboxylatgruppe ein Wasserstoff-Ion abgeben. Die Hydrolyse ist relativ langsam und läuft kontinuierlich über mehrere Tage ab. Der Anteil an Carboxylatgruppen läßt sich deshalb über die Hydrolysedauer steuern. Die Schrumpf- und Schwelleigenschaften des Gels hängen empfindlich vom Hydrolysegrad ab.*

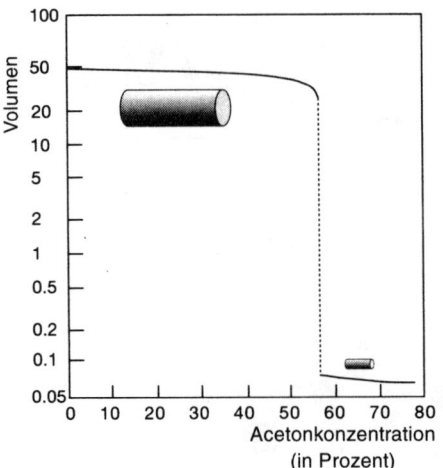

Abbildung 7.4   *Wenn die Zusammensetzung eines Wasser/Aceton-Gemisches in einem PAA-Gel verändert wird, schrumpft das Gel oder quillt auf. Bei einem stark hydrolysierten Gel kann bei einer bestimmten kritischen Zusammensetzung des Lösungsmittelgemisches eine abrupte Volumenveränderung - ein Volumenübergang - auftreten. (Nach Toyoichi Tanaka, Massachusetts Institute of Technology)*

bestehen aus einem Kohlenwasserstoffrückgrat, an das in regelmäßigen Abständen Amidgruppen ($-CONH_2$) gebunden sind. Im Gegensatz zu den Gelatinegelen halten starke kovalente Bindungen zwischen den Polymermolekülen die Polyacrylamid-Netzwerke zusammen. Verknüpfungspunkte sind nur an vereinzelten Stellen entlang der Kette eingebaut, damit das Netzwerk hochflexibel bleibt und sich ausdehnen oder zusammenziehen kann.

Tanaka modifiziert diese robusten Netzwerke, indem er sie in alkalische Lösungen eintaucht. Infolge dieser Behandlung reagieren einige der Amidgruppen zu Carboxylgruppen ($-COOH$), eine Reaktion, die als Hydrolyse bezeichnet wird. Die Säuregruppen geben ein Wasserstoff-Ion (H^+) ab, wodurch sie in negativ geladene Carboxylatgruppen ($-COO^-$) übergehen. Im Gel liegen schließlich negativ geladene Bereiche vor, die über das ganze Netzwerk verteilt sind. Sie sind in erster Linie für die Schrumpf- und Schwellprozesse verantwortlich (Abbildung 7.3). Wenn dieses modifizierte Gel in ein Lösungsmittelgemisch aus Wasser und Aceton getaucht wird, hängt das Volumen des hydrolysierten Polyacrylamidgels vom Mengenverhältnis der beiden Lösungsmittel ab: Steigt der Acetongehalt an, schrumpft das Gel. Wenn es nur eine geringe Zahl an Carboxylatgruppen enthält, läuft dieser Schrumpfprozeß gleichmäßig ab. Bei einem Gel mit vielen Carboxylatgruppen kommt es dagegen zu einem kuriosen Effekt: Das Gel schrumpft zu Beginn der Acetonzugabe kaum. Dann aber, wenn eine kritische Acetonkonzentration erreicht ist, kollabiert es plötzlich (Abbildung 7.4). Dieser Schrumpfprozeß kann sehr ausgeprägt sein - beispielsweise nimmt das Volumen eines Gels, das 60 Tage in eine alkalische Lösung eingetaucht war (so daß viele der Amidgruppen zu Carboxylatgruppen hydrolysiert sind) schlagartig um das 350fache ab. Ein abruptes Schrumpfen läßt sich auch durch eine Temperaturänderung oder Variation des pH-Wertes der Lösung einleiten. Bei sehr vielen künstlichen und natürlichen Gelen kann man

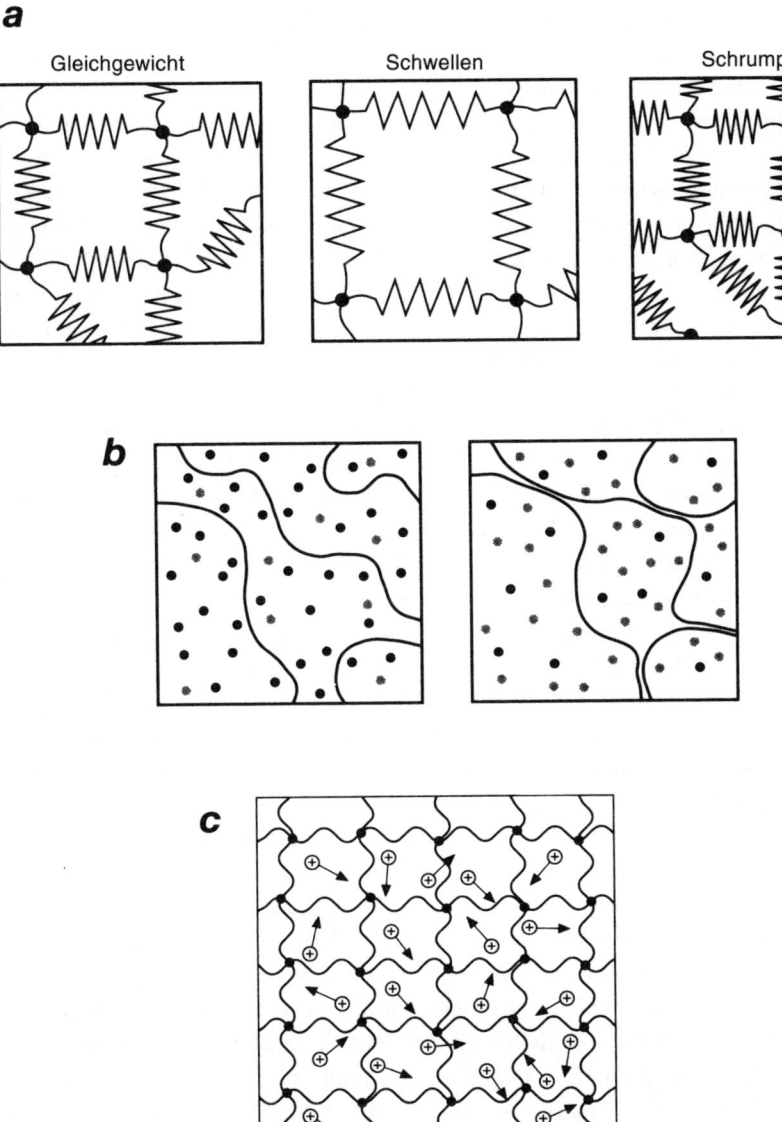

Abbildung 7.5 *Das Volumen eines Gels wird durch das Gleichgewicht zwischen drei Kräften bestimmt. Die Polymerketten verhalten sich wie ineinander verhakte Federn. Die Federkräfte sorgen dafür, daß das Gel ein bestimmtes Gleichgewichtsvolumen einnimmt. Sie wirken einem Schrumpfen oder Schwellen entgegen (a). Weil die Ketten eine Komponente eines Lösungsmittelgemisches bevorzugen, reagiert das Gelvolumen empfindlich auf die Solvenszusammensetzung (b). Der „osmotische" Druck der Wasserstoff-Ionen verhindert einen Zusammenbruch des Gels (c).*

„Volumenübergänge" dieser Art sowohl beim Schrumpfen als auch beim Aufquellen induzieren.

Die Volumenänderungen gehen auf drei miteinander konkurrierende Kräfte zurück. Die erste von ihnen ist die Federkraft des Polymernetzwerkes. Die Polymermoleküle haben eine angeborene Neigung, sich aufzurollen, weshalb das Netzwerk einem System miteinander verbundener Federn ähnelt. Es kann ausgestreckt oder verformt werden. Doch wirken solchen Deformationen Federkräfte entgegen, die bestrebt sind, die Molekülketten in ihre Ruhestellung zurückzuziehen (Abbildung 7.5*a*). Drückt man andererseits das Gel unter das Gleichgewichtsvolumen zusammen, stemmen sich diesem Druck ebenfalls Federkräfte entgegen. Sie rühren von der thermischen Bewegung der Kettenbausteine her, die die Polymerketten voneinander weggedrückt.

Bei den beiden anderen Kräften spielt das Lösungsmittel, das das Gel durchdringt, eine wichtige Rolle (eigentlich auch bei den Federkräften, denn die Wechselwirkungen zwischen dem Polymer und den Lösungsmittelmolekülen haben eindeutig Einfluß darauf, wie weit sich die Ketten aufwendeln). Je nach ihrer chemischen Natur umgeben sich die Polymerketten entweder bevorzugt mit anderen Ketten oder mit Solvensmolekülen. Wenn verschiedenartige Lösungsmittelmoleküle vorliegen (wie in der Wasser/Aceton-Mischung), ziehen die Ketten eventuell ein Solvens vor. Für die Polyacrylamidketten in Tanakas Gel ist die Wechselwirkung mit Wassermolekülen günstiger (d. h. die Anziehungskräfte sind stärker) als mit Aceton; noch lieber umgeben sich die Ketten aber mit ihresgleichen. Von Natur aus neigt das PAA-Gel deshalb dazu zu schrumpfen, das Lösungsmittel aus sich herauszudrücken und die Polymerketten nah zusammenzubringen. Weil Wassermoleküle dieser Tendenz effektiver entgegenwirken als Acetonmoleküle, nimmt das Gel in Wasser ein größeres Volumen ein als in Aceton. In einer Wasser/Aceton-Mischung schrumpft es in dem Maße, wie der Anteil des Acetons erhöht wird (Abbildung 7.5*b*).

Schließlich haben wir bereits erfahren, daß die Säuregruppen des hydrolysierten PAA-Gels Wasserstoff-Ionen in die Lösung abgeben. Diese verbreiten sich im ganzen Netzwerk und treten mit den negativ geladenen Carboxylatgruppen, die fest an das Polymernetzwerk gebunden sind, in Wechselwirkung. Infolge der relativ hohen Konzentration an Wasserstoff-Ionen im Gel (verglichen mit deren Konzentration im Solvens außerhalb des Netzwerkes) lastet ein Druck auf dem Netzwerk, der als osmotischer Druck bezeichnet wird. Er bewirkt, daß das Gel aufquillt (Abbildung 7.5*c*). Ein ähnlicher Druck sorgt beispielsweise auch dafür, daß ein eingeschlossenes Gas durch eine schwammartige poröse Membran ausströmt. Je größer die Zahl der Ionen in dem eingeschlossenen Lösungsmittel ist, desto höher ist der osmotische Druck. Die Säuregruppen verlieren ihre Wasserstoff-Ionen in einigen Lösungsmitteln leichter als in anderen – Wasser zum Beispiel fördert die Dissoziation in Ionen stärker als Aceton. (Wie der Druck eines Gases hängt auch der von den Wasserstoff-Ionen erzeugte osmotische Druck von der Temperatur ab.)

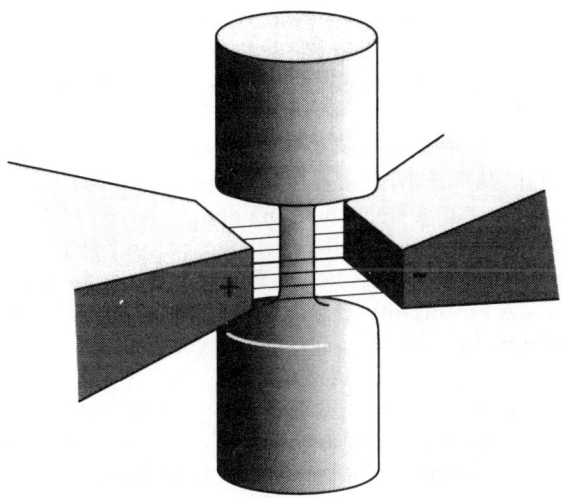

Abbildung 7.6 *Wenn ein elektrisches Feld auf die gelösten ionischen Gruppen eines Gelnetzwerkes einwirkt, kann dies zu einer Volumenänderung führen. Beispielsweise bildet sich bei einem zylinderförmigen Gel an der Stelle, die unter dem Einfluß des Feldes steht, ein „Hals".*

Das Wechselspiel zwischen diesen verschiedenen Kräften bestimmt das Volumen eines Gels. Eine Änderung der Zusammensetzung, des pH-Wertes (d. h. der Wasserstoffionenkonzentration) des Lösungsmittels oder eine Erhöhung bzw. Erniedrigung der Temperatur bewirken, daß eine der Kräfte jeweils dominiert und eine Volumenänderung auslöst. Unter gewissen Umständen kann diese Volumenvergrößerung oder -verkleinerung plötzlich eintreten, so als würde eine Kraft zusammenbrechen und eine andere an ihre Stelle treten. Tanaka konnte zeigen, daß die Kräftebalance durch die unterschiedlichsten externen Einflüße gestört werden kann und sich auf diesem Wege Schrumpf- oder Schwellvorgänge auslösen lassen. Elektrische Felder beispielsweise wirken auf die an das Netzwerk gebundenen Carboxylatgruppen ein und beeinflussen damit auch den osmotischen Druck. Setzt man nur einen bestimmten Bereich eines Gels einem elektrischen Feld aus, ändert sich auch nur dort das Volumen. So läßt sich zum Beispiel in einem zylinderförmigen Gel ein „Hals" erzeugen (Abbildung 7.6). Möglicherweise lassen sich solche Systeme als elektrisch gesteuerte künstliche Muskeln nutzen, die sich in Wechselwirkung mit elektrischen Strömen zusammenziehen oder entspannen. Tanaka hat auch Gele hergestellt, die unter Bestrahlung mit Licht schrumpfen. Er baute dazu eine natürliche, lichtabsorbierende Verbindung namens Chlorophyllin in das Polymernetzwerk ein.

Materialien, die sich mit Hilfe von Licht, elektrischen Feldern, Wärme oder auf anderem Wege mechanisch schalten oder bewegen lassen, bieten sich für viele Anwendungen geradezu an. Spontan denkt man an künstliche Muskeln für Roboter. Von

„Polymer"-Händen gibt es bereits einige Prototypen (Bild 10), ebenso von Polymer-„Fischen", die, angetrieben durch ein elektrisches Feld, durch das Wasser schwärmen. Weil Polymergele im Gegensatz zu Metallen und Halbleitern häufig mit biologischen Systemen verträglich sind, könnten sich mit ihnen künstliche Ersatzteile für schlecht arbeitende oder ausgefallene Körperteile herstellen lassen, beispielsweise künstliche Herzklappen. In anderen medizinischen Bereichen haben sie bereits Anwendungen gefunden. Das Schwellen durch eine Änderung des pH-Wertes läßt sich ausnutzen, um Medikamente genau an den Körperstellen freizusetzen, an denen sie ihre Wirksamkeit entfalten sollen. Wirkstoffmoleküle, die im Netzwerk einer Gelkapsel eingeschlossen sind, werden durch das Lösungsmittel ausgespült, wenn das Gel durch eine pH-Wert-Änderung, wie sie zum Beispiel beim Übergang vom Magen in den Darm auftritt, aufquillt.

Diese Substanzen stellen nur eine Facette eines aufblühenden Forschungsgebietes innerhalb der Materialwissenschaften dar, das sich mit der Entwicklung „denkender" Materialien befaßt, die ihre Eigenschaften mit der Umgebung ändern. Elektrorheologische Flüssigkeiten beispielsweise schalten von flüssig auf fest um, wenn sie in ein elektrisches Feld gebracht werden. Sie könnten sich zum Bau von ultraweichen, verschleißfreien Fahrzeugkupplungen eignen. Vorstellbar sind denkende Materialien, die sich selbst wieder zusammenfügen, wenn sie zerbrochen sind, oder die ihre Farbe im Falle eines Schadens ändern. Hinter all diesen Untersuchungen verbirgt sich ein neues und spannendes Konzept der Materialforschung. Gesucht wird nach Materialien, die nicht mehr passiv und hilflos auf Veränderungen in ihrer Umgebung reagieren, sondern sich „aktiv" an neue Verhältnisse anpassen. In einigen Fällen könnte nach einer solchen Verwandlung ein völlig anderer Materialtyp vorliegen.

Von Seifen zu Zellen

Die Chemie im Spülbecken

In Werbespots für Waschmittel wird stets mit Nachdruck darauf hingewiesen, daß Öl- und Fettflecken zu den hartnäckigsten Verschmutzungen beim Waschen von Textilien gehören. Es ist kein Geheimnis, woran das liegt: Öle und Fette sind nicht in Wasser löslich und bleiben deshalb an den Gewebefasern haften, anstatt sich aufzulösen. Seifenmoleküle entfernen Fettpartikel aus Textilien, Geschirr oder Küchenoberflächen, indem sie sie mit einer wasserlöslichen Haut umziehen. Ein Teil des Seifenmoleküls ist in Öl oder Fett löslich und wird deshalb in die Oberfläche eines Fettkügelchens eingebettet. Der verbleibende Rest des Moleküls ist wasserlöslich und ragt aus der Oberfläche heraus. Ein Seifenmolekül zeigt deshalb eine Doppelnatur: Ein Teil des Moleküls mag Wasser, der andere dagegen Öl.

Moleküle dieser Art bezeichnet man als Amphiphile; amphi bedeutet im Griechischen „beide" und phil „liebend". Amphiphile Seifenmoleküle werden häufig auch Tenside oder „Surfactants" genannt (von *surface*, dem englischen Wort für Oberfläche). Damit wird angedeutet, daß sie oberflächenaktive Moleküle sind, die ihre Wirkung an der Grenzfläche zwischen zwei unterschiedlichen (meist nicht miteinander verträglichen) Substanzen entfalten. Als allgemeine Regel gilt: Gleiches löst Gleiches. Öle und Fette enthalten Kohlenwasserstoffketten, ebenso die öllöslichen Bereiche der oberflächenaktiven Moleküle. Bei deren wasserlöslichen Teilen handelt es sich meist um negativ geladene (anionische) „Kopf"gruppen, beispielsweise Carboxylat (CO_O^-)- oder Sulfonat (SO_3^-)- Gruppen (Abbildung 7.7). Die meisten käuflichen Seifen sind Carboxylat-Surfactants. Damit insgesamt Ladungsneutralität herrscht, muß die negative Ladung der Kopfgruppe durch ein positives Ion ausgeglichen werden. Bei Seifen ist das in der Regel das Natriumion Na^+. Die chemische Formel typischer Seifen lautet deshalb [CH_3-$(CH_2)_n$-$CO_2^-Na^+$], wobei n zwischen 10 und 18 liegt.

Die wasserliebenden Kopfgruppen werden als „hydrophil", die ölliebenden (bzw. wasserfürchtenden) Schwänze als „hydrophob" bezeichnet. Oberflächenaktive Moleküle lösen sich zwar in Wasser, ziehen es aber, falls möglich, vor, ihre hydrophoben Schwänze vor den Wassermolekülen zu schützen. Beispielsweise graben sie ihre langen Kohlenwasserstoffketten in Ölkügelchen ein. Ihnen stehen aber auch noch völlig andere Wege offen. Und diese führen zu einer ungewöhnlichen Vielfalt an molekularen Strukturen, deren Untersuchung einer der Forschungsschwerpunkte der Kolloidchemie ist.

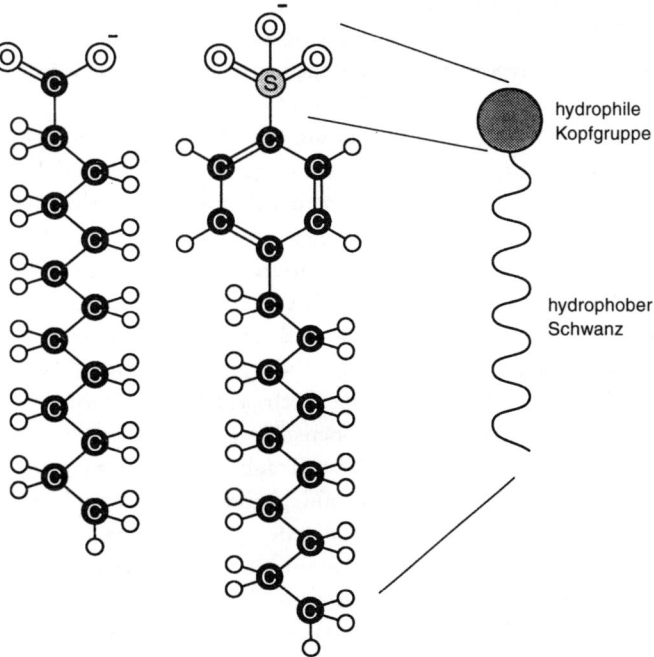

hydrophile
Kopfgruppe

hydrophober
Schwanz

Abbildung 7.7 *Oberflächenaktive Moleküle bestehen aus einer geladenen, wasserlöslichen Kopfgruppe und einem fettlöslichen Kohlenwasserstoffschwanz.*

Der Sog der Masse

In einer wässerigen Lösung neigen kleine Mengen oberflächenaktiver Moleküle dazu, sich an der Wasseroberfläche anzusammeln. Dort können sie ihre hydrophoben Schwänze vom Wasser fernhalten, indem sie sich kopfüber auf die Oberfläche legen, so daß die Schwänze in die Luft ragen. Die Wassermoleküle an der Oberfläche erfahren im Vergleich zu denen im Innern der Flüssigkeit nicht so starke stabilisierende Anziehungskräfte durch Nachbarmoleküle, weshalb sie eine höhere Energie besitzen. Durch die Oberfläche kommt also ein Energieübertrag zustande, der mit der Größe der Oberfläche wächst. Allgemein wird diese „Überschußenergie" als Oberflächenspannung bezeichnet, denn sie hält die Flüssigkeit kompakt zusammen und sorgt dafür, daß ihre Oberfläche so klein wie möglich bleibt. Sie bewirkt, daß Wassertröpfchen im Nebel eine sphärische Form haben und daß Tropfen auf einer Kunststoff- oder Öloberfläche linsenartige Perlen bilden, anstatt unter der Wirkung der Schwerkraft zu zerlaufen (Abbildung 7.8). Eine Tensidschicht auf der Wasseroberfläche verringert aber den Energieübertrag (erniedrigt also die Oberflächenspannung), weil die Oberflächenschicht nun aus den hydrophoben Schwänzen der Tensidmoleküle aufgebaut wird, die mit dem Wasser überhaupt nicht in Berührung kommen wollen. Gibt man deshalb etwas Seife auf einen Wassertropfen, zerfließt er.

Tenside bilden auf der Oberfläche von Wasser eine Membran zwischen Flüssigkeit und Luft, weshalb sich extrem dünne Flüssigkeitsfilme als Bläschen oder Schäume stabilisieren lassen. Ein hypothetisches Bläschen aus reinem Wasser würde sofort in einen Tropfen mit minimaler Oberfläche kollabieren. Tenside reduzieren aber den Energieübertrag und damit die Oberflächenspannung an der Wasseroberfläche. Ein Schaum stellt nichts weiter als eine große Zahl zusammengepackter Bläschen dar. Das kommerzielle und industrielle Interesse an Schäumen ist enorm, denn sie lassen sich bei den unterschiedlichsten Prozessen einsetzen, beispielsweise bei der Feuerbekämpfung oder der Mineralextraktion. Weil sie trotz ihrer geringen Dichte ziemlich robust sind, können Schäume einen halbfesten, aber dennoch leichten Teppich auf brennendem Öl ausbilden. Dieser unterbricht die Zufuhr von Luft, so daß das Feuer nicht brennen kann.

Wenn die Tensidmenge in einer Lösung erhöht wird, kommt ein Punkt, an dem sich nicht mehr alle Tensidmoleküle an der Oberfläche ansammeln können. Sie müssen dann andere Wege finden, um ihre hydrophoben Schwänze vor Wasser zu schützen. Eine Möglichkeit besteht darin, daß sie sich zu Trauben zusammenlagern, bei denen die Kopfgruppen eine wasserlösliche Schale bilden und die hydrophoben Schwänze nach innen zeigen (Abbildung 7.9). Diese als Mizellen bezeichneten Strukturen haben sehr viele Ähnlichkeiten mit den Gebilden, die entstehen, wenn Tenside ein Fettkügelchen umgeben. Allerdings enthält das Innere der Mizelle in der Regel nichts anderes als die fettliebenden Schwänze. Die Bildung von Mizellen tritt ein, wenn der Gehalt an Tensid eine „kritische Mizellenkonzentration" übersteigt. Diesen Punkt kann man bestimmen, indem man einen Lichtstrahl durch die Lösung schickt. Der Weg des Strahles läßt sich dann klar verfolgen, wenn die kritische Konzentration erreicht ist. Der Effekt wurde im

Abbildung 7.8 *Ein Wassertropfen auf einer hydrophoben Oberfläche. Die Oberflächenspannung zieht den Tropfen zu einer Linse zusammen. Gibt man etwas Tensid hinzu, verringert sich die Oberflächenspannung und der Tropfen zerläuft. (Mit freundlicher Genehmigung von Isao Noda, The Proctor & Gamble Co., Cincinnati)*

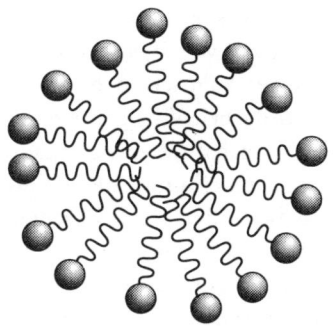

Abbildung 7.9 *Tenside können ihre hydrophoben Schwänze im Wasser dadurch schützen, daß sie Mizellen ausbilden. Die Schwänze weisen in das Innere des kugelförmigen Gebildes.*

neunzehnten Jahrhundert vom britischen Physiker John Tyndall entdeckt und geht auf die Streuung des Lichts an den Mizellen zurück. Weil ihr Durchmesser in der Größenordnung der Wellenlänge von sichtbarem Licht liegt, wird Licht von vielen kolloidalen Systemen stark gestreut. Der Tyndall-Effekt ist deshalb ein charakteristisches Merkmal kolloidaler Systeme.

Die Abläufe, die zur Bildung von Mizellen aus einer so großen Zahl amphiphiler Moleküle führen, wirken vielleicht äußerst kompliziert und komplex. Doch stellen die ungünstigen Wechselwirkungen zwischen Wasser und den hydrophoben Schwänzen die treibende Kraft dar, die dafür sorgt, daß sich die Moleküle so anordnen. Es handelt sich hierbei um einen Prozeß der molekularen Selbstorganisation. Wir sind diesem Phänomen bereits im fünften Kapitel begegnet. Allerdings haben die Vorgänge eine ganz andere Größenordnung: Beteiligt sind Hunderte oder gar Tausende von Molekülen. Man spricht davon, daß sich diese Strukturen von selbst organisieren. Mit dem Begriff Organisation wird dabei allerdings recht locker umgegangen. Denn die Mizellen sind eigentlich ungeordnete Strukturen, in denen die Tensidmoleküle nur unvollkommen zusammengepackt sind. Einzelne Moleküle können das Gebilde recht leicht verlassen, neu hinzutretende Moleküle werden ohne weiteres eingebaut.

In ölartigen Lösungsmitteln wie flüssigen Kohlenwasserstoffen (Paraffinen) bilden Tenside umgestülpte oder „inverse" Mizellen. Das Tensid versucht nun, die hydrophilen Köpfe zu schützen. Die Moleküle lagern sich so zusammen, daß die Köpfe in das Innere der Mizelle gerichtet sind und die Schwänze herausragen (Abbildung 7.10*a*). Eine andere Strukturvariante sind zylindrische Mizellen, in denen die Moleküle stäbchenförmig angeordnet sind (Abbildung 7.10*b*). Wenn zylindrische Mizellen sehr nah zusammenkommen, können sie sich wie Stapel von Baumstämmen zusammenlagern. Es entstehen Strukturen, die denen von Flüssigkristallen sehr ähnlich sind (Diese molekularen Systeme wir werden gegen Ende des Kapitels kennenlernen).

Das Innere einer kleinen Mizelle füllen die hydrophoben Schwänze aus. Größere Mizellen dagegen enthalten wasserfreie Hohlräume, in denen wasserunlösliche Substanzen eingeschlossen werden können. Ein Tensid stabilisiert deshalb die wässerige Dispersion einer wasserunlöslichen Flüssigkeit, weil es verhindert, daß sich die beiden Flüssigkeiten in zwei einzelne Phasen trennen. Schüttelt man eine Öl-Wasser-Mixtur kräftig durch, vermischen sich die beiden Phasen, und es bildet sich eine Dispersion aus winzigen Tröpfchen. Die Mischung wird trüb, weil die winzigen, kolloidal verteilten Tröpfchen das Licht stark streuen. Wenn man die Dispersion etwas stehen läßt, scheiden sich die beiden Phasen aber wieder ab, was jeder von uns bei einer einfachen Vinaigrette schon einmal erlebt hat (bei einer Vinaigrette ist die „wässerige" Phase eigentlich eine essigsaure Lösung). Ein Tensid stabilisiert die dispergierten Tröpfchen, denn es ummantelt sie mit einer Schicht, die in der anderen Phase löslich ist. Um diesen Effekt zu beobachten, müssen Sie nur etwas Spülmittel zu einer Vinaigrette geben – falls Sie das nicht für Verschwendung halten. Die entstehende stabile Dispersion ist ein Beispiel für eine Emulsion – der kolloidalen Dispersion einer Flüssigkeit in einer anderen. Die Stabilisie-

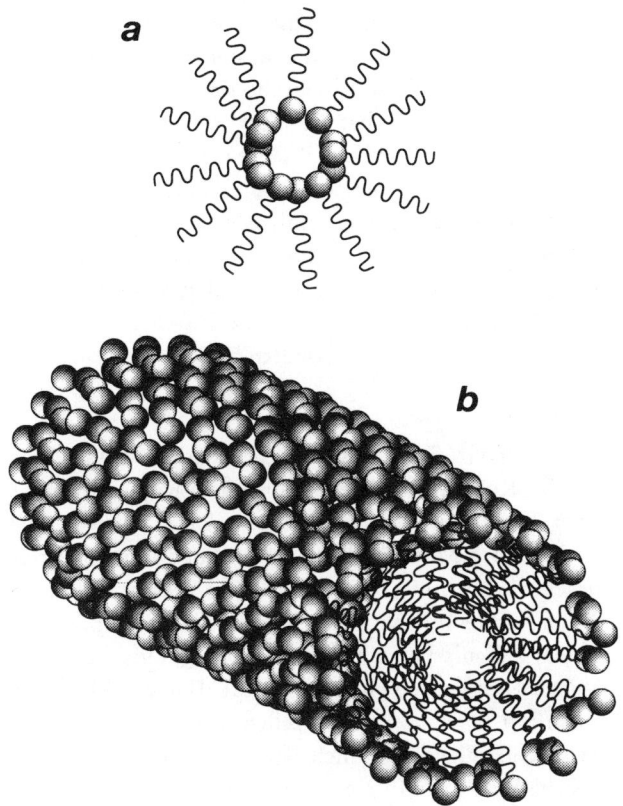

Abbildung 7.10 *Eine inverse Mizelle (a), die von Tensiden in einem ölartigen Lösungsmittel ausgebildet wird, und eine zylindrische Mizelle (b).*

rung von Emulsionen ist eine wichtige, alltägliche Herausforderung der industriellen Kolloidchemie, besonders in der Nahrungsmittel- und Farbenindustrie. Emulsionen kommen auch in der Natur vor, das weithin bekannteste Beispiel ist Milch. Bei ihr handelt es sich um eine Dispersion von Fetten und Proteinen in Wasser. Die sehr starke Lichtstreuung an den kolloidal gelösten Fettpartikeln gibt der Milch ihre eben milchig weiße Farbe. Würden sich die verschiedenen Komponenten abscheiden, wären sie transparent.

Einige Chemiker verwenden die Innenräume inverser Mizellen als Minigefäße für chemische Reaktionen. Die Wissenschaftler haben herausgefunden, daß dies eine ausgesprochen wertvolle Methode ist, um Feststoffpartikel in der Größe von Kolloiden herzustellen. Diese Materialien könnten einmal brauchbare katalytische und elektronische Eigenschaften zeigen. Gibt man eine wässerige Lösung der (meist ionischen)

Bestandteile des Feststoffes in eine ölartige Lösung mit inversen Mizellen, entstehen in den wasserliebenden Innenräumen der Mizellen wässerige Lösungen der Feststoffpartikel. In diesen abgeschlossenen Wasserbassins steigt die Konzentration der Ionen an, bis der Feststoff ausfällt. Die inverse Mizelle hat die Funktion einer Form, die die Größe und Gestalt eines ausgefallenen Partikels festlegt. Weil es möglich ist, eine große Zahl inverser Mizellen ungefähr gleicher Größe herzustellen, erlaubt diese Technik die Synthese annähernd kugelförmiger Kristalle mit fast einheitlichem Durchmesser. Wissenschaftler von den AT & T Bell Laboratories in New Jersey und von den Sandia National Laboratories in Albuquerque haben diese Inversmizellen-Methode eingesetzt, um kleine Mengen des Halbleitermaterials Cadmiumselenid herzustellen. Die Forscher hoffen, daß das Material ein neuartiges Lumineszenzverhalten zeigen wird.

Mizellen, die lebendig werden

Im fünften Kapitel haben wir gesehen, wie synthetische Moleküle gebaut sein müssen, damit sie von sich selbst Kopien anfertigen können. Der Kopiervorgang erinnerte an die Selbstreplikation der DNA, dem zentralen molekularen Baustein allen Lebens. Die Schöpfer dieser synthetischen Moleküle hoffen, mit ihnen Einblicke in die Entwicklung des Lebens auf der Erde gewinnen zu können. Mit diesem Thema werden wir uns detailliert im nächsten Kapitel befassen. Ein ganz anderes sich replizierendes chemisches System wurde von dem italienischen Chemiker Pier Luigi Luisi und seinen Mitarbeitern an der Eidgenössischen Technischen Hochschule (ETH) in Zürich entwickelt. Das Team der ETH befaßte sich mit der Frage, wie Mizellen dazu gebracht werden können, ihre eigene Bildung zu beschleunigen – ähnlich den molekularen „Templat"-Replikatoren von Julius Rebek (siehe Seite 197). In einem sehr eingeschränkten Sinne – was auch für Rebeks Systeme gilt – geben die sich replizierenden Mizellen Aufschluß über einige Charakteristika lebender Organismen.

Luisis Idee ist simpel: Wenn sich Mizellen (und ihre umgestülpten Verwandten) als winzige Gefäße für chemische Reaktionen einsetzen lassen, sollte es dann nicht möglich sein, in Mizellen gerade die Reaktion durchzuführen, die zur Bildung der amphiphilen Bausteine der Mizellen führt? Wenn diese Reaktion leichter in den Mizellen als in der Lösung außerhalb abläuft, erhöht sich dadurch die Bildungsgeschwindigkeit neuer Mizellen. Mit anderen Worten, die Bildung der Mizellen läuft autokatalytisch ab.

Es zeigt sich, daß eine breite Vielfalt mizellenbildender Amphiphiler dazu gebracht werden kann, dieses Verhalten zu zeigen. Das erste von Luisi und Mitarbeitern entdeckte autokatalytische System setzte sich aus der Seife Natriumoctanoat ($CH_3-(CH_2)_6-CO_2^-Na^+$) und einem Lösungsmittelgemisch aus neun Teilen Isooctan und einem Teil Octanol zusammen. Isooctan ist ein wasserunlöslicher Kohlenwasserstoff, weshalb das Tensid inverse Mizellen in diesem Lösungsmittel ausbildet. (Die Funktion des Octanols ist subtil, weil es sowohl in Wasser als in dem Kohlenwasserstoff geringfügig löslich ist.) Fügt man diesem System etwas Wasser zu, wird es in den hydrophilen Hohlräumen der inversen Zellen eingeschlossen.

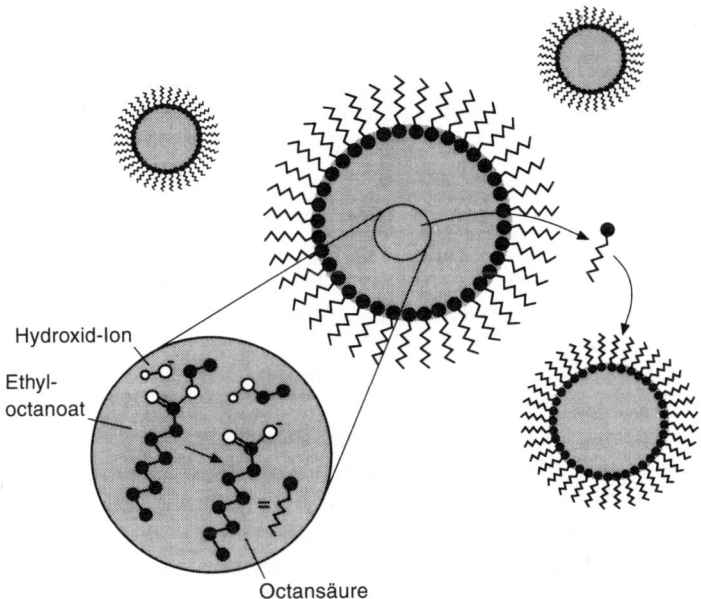

Hydroxid-Ion

Ethyl-
octanoat

Octansäure

Abbildung 7.11 *Inverse Mizellen vermögen Kopien von sich anzufertigen. In den Wasserreservoirs im Inneren der inversen Mizellen wird Ethyloctanoat schnell zu Octanoat hydrolysiert. Letzteres verläßt die Mizelle und baut neue Mizellen auf. Die inversen Mizellen wirken deshalb als Autokatalysatoren: Sie erhöhen die Geschwindigkeit, mit der sie selbst gebildet werden.*

Die Forscher von der ETH gaben der kolloidalen Dispersion Reagenzien zu, die zu Octanoat reagieren: Es handelte sich um Ethyloctanoat (aus der Verbindungsklasse der Ester) und Lithiumhydroxid, das den Ester zu Octanoationen und Ethanol hydrolysiert. Lithiumhydroxid ist in Isooctan unlöslich, weshalb die Hydrolysereaktion nicht ausreichend in Gang kommt, wenn allein diese Verbindungen dem Lösungsmittel Isooctan zugefügt werden. Sind aber wasserhaltige inverse Mizellen zugegen, löst sich Lithiumhydroxid in den Wasserreservoirs, und die Hydrolyse des Esters kann dort prompt ablaufen (Abbildung 7.11). Die auf diesem Wege gebildeten Octanoatmoleküle verlassen das Innere der inversen Mizelle und lagern sich zu neuen Mizellen zusammen. Die mizellaren Strukturen replizieren sich also – zumindest in einem sehr einfachen Sinne –, wenn ihnen die Rohmaterialien zu ihrer Bildung zugeführt werden.

Bei ihren ersten Experimenten mußten Luisi und Mitarbeiter der Lösung noch einige vorgefertigte inverse Mizellen zusetzen, um den Stein ins Rollen zu bringen. Später aber gingen sie bei der Synthese der sich replizierenden Mizellen nur noch von den Tensidvorläufern, nämlich den Estern, und einem hydrolysierenden Agens aus. Wenn einmal genügend Ester zu Tensid hydrolysiert war und sich Mizellen bilden konnten, kam der Prozeß plötzlich von allein in Schwung, weil die gebildeten Mizellen die weitere

Hydrolyse katalysierten. Die mizellaren Strukturen vermehren sich dann schlagartig, wie eine lebende Kolonie, die genügend Nährstoffe vorfindet.

Ist es denkbar, daß die frühesten Urorganismen auf unserem Planeten vielleicht sich replizierende Mizellen waren? Für diese Annahme spricht die Ähnlichkeit zwischen Mizellen und Zellmembranen, denn beide sind Strukturen, die aus der Selbstorganisation amphiphiler Moleküle hervorgegangen sind. Natürlich enthält eine Zelle noch weitaus mehr als Wasser. Eine leere, von einer Membran umschlossene Zelle – selbst eine, die sich replizieren kann – stellt beileibe keine gute Näherung für einen lebenden Organismus dar. Sie hat keine Möglichkeit, genetische Informationen zu speichern und an nachfolgende Generationen weiterzugeben. Anders ausgedrückt, sie kann sich nicht entwickeln.

Auf dem Weg zur Modellzelle

Wenn in einer Lösung die Konzentration eines Tensids weit über die kritische Mizellen-konzentration hinaus erhöht wird, bilden sich neue Strukturvarianten mit einem höheren Grad an Selbstorganisation aus. Das vorherrschende Strukturelement dieser neuen Phasen wird als molekulare Doppelschicht bezeichnet. Die Tensidmoleküle reihen sich Seite an Seite zu Schichten auf. Um die hydrophoben Schwänze vor dem Wasser zu schützen, lagern sich zwei Schichten Rücken an Rücken zusammen, so daß die Schwänze nach Innen zeigen. Damit die Kohlenwasserstoffschwänze an den Rändern und Ecken der Schichten nicht mit Wasser in Berührung kommen, verbinden sich die Schichtenden, so daß geschlossene Säcke oder Beutel, sogenannte Vesikeln, entstehen (Abbildung 7.12). Zellwände sind Vesikeln, die sich aus Doppelschichten natürlicher Amphiphiler, meist sogenannte Phospholipide, aufbauen. Diese Moleküle bestehen aus einer hydrophilen Phosphat-Kopfgruppe, an die zwei lange Kohlenwasserstoffketten gebunden sind (Abbildung 7.13*a*).

Die spontane Selbstorganisation von Phospholipiden und anderen Amphiphilen zu Vesikeln wurde erstmals im Jahre 1961 von Alec Bangham vom Institute of Animal

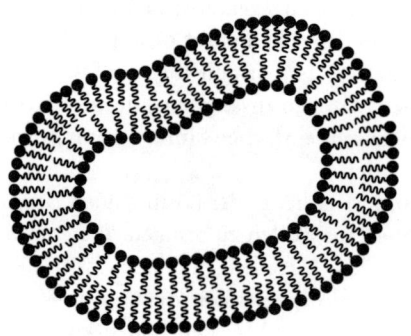

Abbildung 7.12 *Querschnitt durch eine Vesikel, die aus einer amphiphilen Doppelschicht aufgebaut ist. Die Amphiphile reihen sich Rücken an Rücken zu Schichten aneinander, die sich dann zu geschlossenen Sack- oder Beutelstrukturen zusammenschließen.*

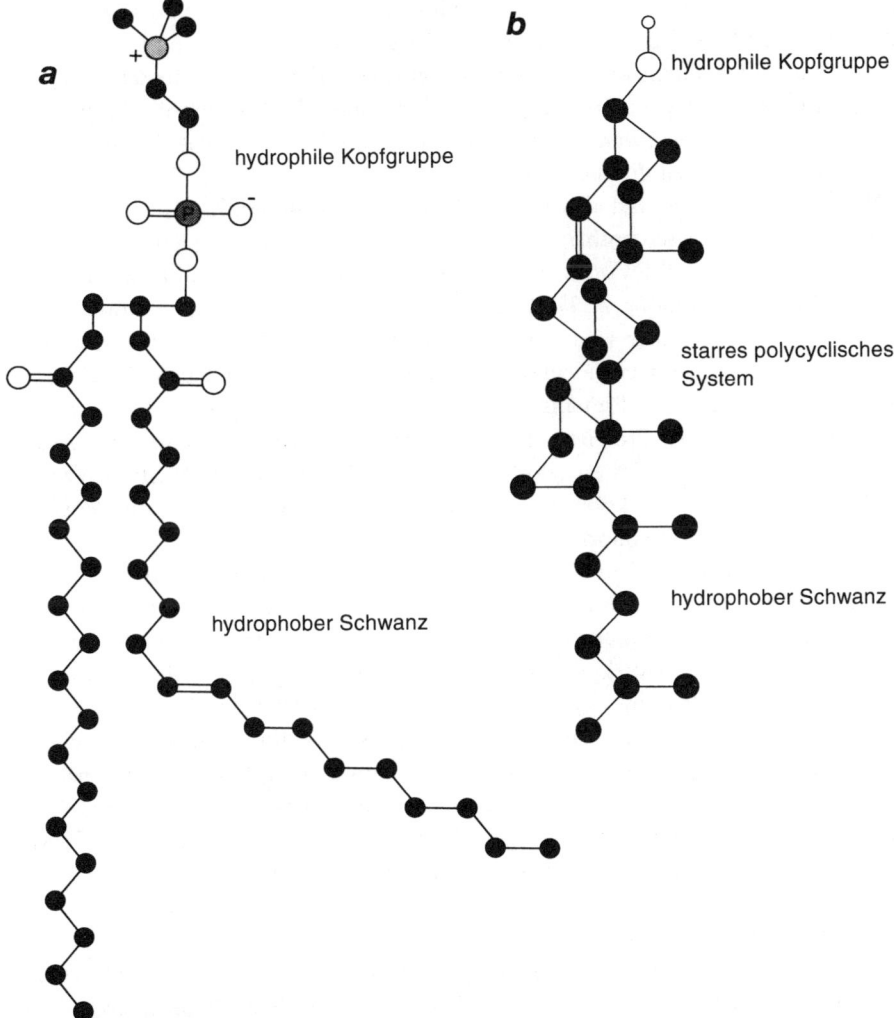

a

hydrophile Kopfgruppe

hydrophober Schwanz

b

hydrophile Kopfgruppe

starres polycyclisches System

hydrophober Schwanz

Abbildung 7.13 *Zellmembranen setzen sich vorwiegend aus Phospholipidamphiphilen zusammen (a). Cholesterolmoleküle wirken als Verfestiger, die die Membran steifer machen (b). (Die an Kohlenstoffatome gebundenen Wasserstoffe sind weggelassen.)*

Physiology in Cambridge beobachtet. Sie ermöglicht es Wissenschaftlern, verschiedene Aspekte des Verhaltens von Zellen mit Hilfe von „Modellzellen" - Vesikeln, die mit nichts weiterem als Wasser gefüllt sind - zu untersuchen. Wie Mizellen sind Doppelschichtvesikeln im allgemeinen recht locker gebundene molekulare Gebilde. Ihre Komponenten sind nicht über chemische Bindungen miteinander verbunden, sondern werden durch schwächere „hydrophobe" Kräfte, die aus der Aversion der hydrophoben Schwänze gegen Wasser hervorgehen, zusammengehalten. Die Amphiphile können sich relativ ungehindert durch die Schichten bewegen, vergleichbar mit Menschen, die sich in eine fast voll besetzte Veranstaltungshalle hineindrängeln. Das Phospholipidmolekül einer Doppelschichtmembran, die ein Bakterium umschließt, vermag die Membran in knapp einer Sekunde zu durchqueren.

Nicht alle Zellwände sind allerdings so flüssig. Die Amphiphile in den Membranen einiger Zellen von Tieren enthalten Cholesterolmoleküle. Diese sorgen dafür, daß ein Teil des hydrophoben Schwanzes starr ist, im Gegensatz zu einer vollflexiblen Kohlenwasserstoffkette (Abbildung 7.13b). Das Cholesterol wirkt als ein Membranverfestiger, die Membran wird steifer und robuster. Die Doppelschichtmembranen von roten Blutkörperchen sind mit Hilfe eines Proteingerüsts verstärkt. Es handelt sich um ein Gewebe aus Strängen des Proteins Spectrin. Die Verknüpfung des Gewebes mit der Membran erfolgt über Proteine, die Bestandteil der Membran sind. Die Anämie auslösenden Krankheiten Spherocytose und Elliptocytose gehen auf Mutationen zurück, die die körpereigene Produktion dieser Zellgerüstproteine stören. Im Körper entstehen rote Blutkörperchen mit abnormen Formen.

Allgemein stellen die Doppelschichten der Zellwände eine Art Matrix dar, in die „aktive" Proteine eingebaut sind. Diese Membranproteine steuern bestimmte Verhaltensweisen einer Zelle, beispielsweise ihre Reaktion auf Moleküle, denen sie in der umgebenden Lösung begegnet. Molekulare Erkennungsprozesse, die durch Membranproteine gelenkt werden, spielen eine zentrale Rolle in der Biochemie des Immunsystems. Im fünften Kapitel hatten wir erfahren, daß die meisten Zellmembranen, wie die von Nervenzellen, von „Kanälen" durchsetzt sind. Durch diese können Substanzen (in Nervenzellen Metall-Ionen wie Kalium- und Natrium-Ionen) ein- und austreten. Unterschiedliche Konzentrationen an Metallionen an beiden Seiten der Nervenzellenwand lösen elektrische Signale aus, die das Nervensystem durchlaufen.

Molekulare Liefertaschen

Weil keine chemischen Bindungen zwischen den molekularen Bausteinen der Vesikeln bestehen, kann man leicht in sie hineinstechen oder sie wie Seifenblasen platzen lassen. Zu ihren herausragenden Fähigkeiten gehört aber, daß sie sich teilen oder mit anderen Vesikeln verschmelzen können. Wenn sich zwei Vesikeln berühren, können sich ihre Membranen im Kontaktbereich verbinden und eine größere Vesikel ausbilden. Umgekehrt ist es auch möglich, daß eine Vesikel eine „Knospe" entwickelt - eine Art Ausstülpung -, die sich schließt und als kleinere Vesikel ablöst. Diese Prozesse sind äußerst wichtig für die Zellbiologie, weil sie Wege aufzeigen, wie Partikel oder Substanzen in Zellen eingeschleust oder aus ihnen herausgebracht werden. Fremdpartikel können dadurch in die Zelle hineinkommen, daß sie an der Außenmembran in eine Vesikel eingeschnürt werden, die dann nach innen wandert (Abbildung 7.14a). Dieser Vorgang wird als Endocytose bezeichnet (cytos leitet sich von dem griechischen Wort *kytos* ab, das

„leeres Gefäß" bedeutet; als Cytologie bezeichnet man die Zellforschung). Umgekehrt gelangen Fremdpartikel aus dem Zellinneren hinaus, indem sie zunächst in eine Vesikel eingeschlossen werden, die dann mit der Zellwand verschmilzt und nach außen wandert. Diesen Ablauf bezeichnet man als Exocytose (Abbildung 7.14*b*). Zellforscher gehen davon aus, daß sich eventuell mit künstlichen Phospholipidvesikeln Substanzen wie Arzneiwirkstoffe transportieren und in Zellen über den Prozeß der Membranfusion oder der Endocytose einschleusen lassen. Zu Beginn der Zellforschung bezeichnete man die Phospholipidvesikeln als Liposomen. Heute wird der Begriff Liposom oft allgemein auf Doppelschichtvesikeln angewendet.

Liposomen, die als Transportmittel für Medikamente dienen sollen, werden außerhalb des Körpers mit dem Wirkstoff zusammengebracht, damit sie ihn einkapseln. Anschließend injiziert man die beladenen Liposomen in den Körper. Dort halten sie den Wirkstoff davon ab, seine physiologische Wirkung an falscher Stelle zu entfalten. Erst wenn die Zielzellen erreicht sind, geben sie ihre Fracht frei.

Wie ein Liposom mit der Zellwand in Wechselwirkung tritt, hängt von der genauen chemischen Konstitution der Phospholipide in beiden Membransystemen ab. Die meisten Liposomen heften sich einfach an die Zellwand. Der Wirkstoff kann dann aus dem Liposom heraus in die Zelle diffundieren. Die Bereitschaft eines Liposoms, sich an verschiedene Zellen zu binden, und die zeitliche Dauer der Wirkstoffdiffusion lassen sich steuern, indem man seine Zusammensetzung variiert. Das Liefersystem gewinnt dadurch ein hohes Maß an Selektivität.

Vielleicht verschluckt die Zelle das ganze Liposom aber auch auf dem Weg der Endocytose. In der Zelle wird es dann aufgebrochen, und der Inhalt tritt aus. Eine andere Möglichkeit ist, daß ein Austausch von Phospholipidmolekülen zwischen der Zellwand und dem daran gebundenen Liposom stattfindet. Der Wirkstoff läßt sich dann in die Zelle einschleusen, indem man ihn bei der Herstellung des Trägers an die später austauschenden Amphiphile der Liposomwand bindet. In seltenen Fällen kommt es auch vor, daß die Wände des Liposoms und der Zelle fusionieren. In Abbildung 7.15 sind alle diese Wechselwirkungen schematisch dargestellt.

Der Einsatz von Liposomen als Lieferanten von Wirkstoffen sieht sehr vielversprechend aus. Einige Erfolge sind damit bei der Behandlung verschiedener Krankheiten bereits erzielt worden: Beispielsweise gehen die schweren Nebenwirkungen des Medikaments Doxorubicin, das man zur Behandlung von bösartigen Tumoren und von Leukämie einsetzt, zurück, wenn man es in einer Liposomenverpackung verabreicht. Die Selektivität, mit der das Antitumormittel Anthacyclin Tumoren attackiert, steigert sich um das Zehnfache, wenn das Medikament in einer Hülle aus Liposomen appliziert wird. Liposomen gelten heute als sehr aussichtsreiches Transportsystem für Gene. Eingekapselte DNA- und RNA-Segmente sollen mit ihnen in Zellen befördert werden und dort defekte Gene ersetzen. Man hofft, daß sich mit diesem Ansatz, der sogenannten Gentherapie, einmal eine Vielzahl von Krankheiten erfolgreich behandeln läßt.

a

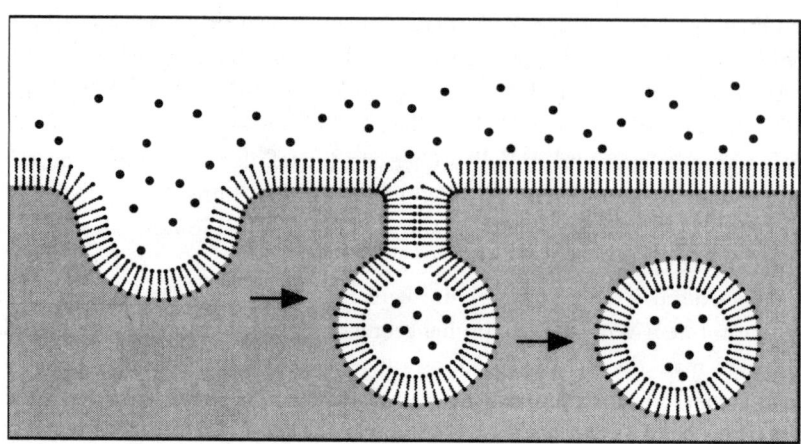

b

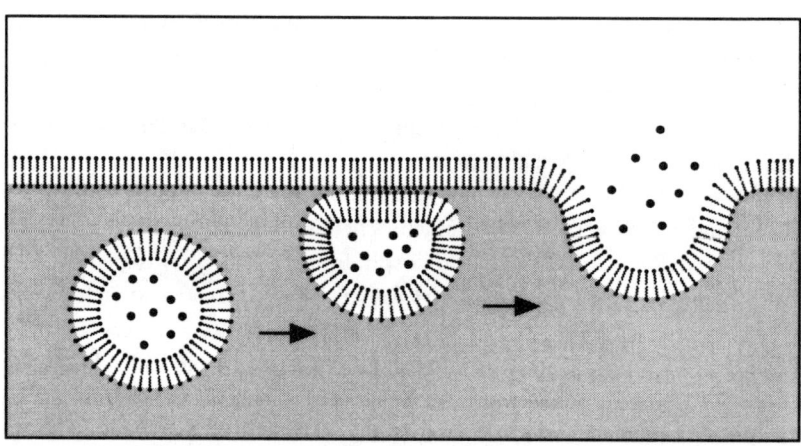

Abbildung 7.14   *Zellen nehmen Fremdpartikel über den Prozeß der Endocytose auf (a). Als Exocytose bezeichnet man den umgekehrten Vorgang, den Ausstoß von Fremdstoffen (b). Der grau unterlegte Bereich stellt das Zellinnere dar.*

Doch hat der Wirkstofftransport mit Liposomen auch seine Probleme. So versteht es das Immunsystem vorzüglich, fremde Eindringlinge im Körper sofort auszumachen, selbst wenn sie Zellen sehr ähneln. Liposomen werden im Blutkreislauf oft schnell ausgespäht und von Antikörpern zerstört.

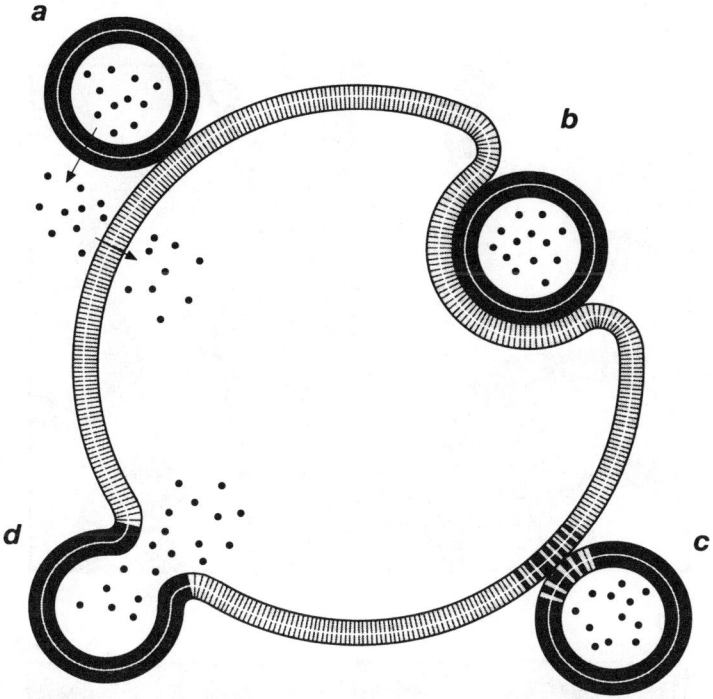

Abbildung 7.15 *Die Mechanismen, nach denen Wirkstoffe mittels Liposomen in Zellen hineingelangen. Viele Liposome heften sich einfach an die Oberfläche der Zellwand. Die Wirkstoffmoleküle diffundieren dann aus ihnen heraus und anschließend durch die Zellwand in die Zelle (a). Liposomen gelangen aber auch auf dem Wege der Endocytose in das Zellinnere (b). Dort werden sie aufgebrochen, und der Wirkstoff tritt aus. Weiterhin ist möglich, daß ein Liposom mit der Zellwand Lipide austauscht (c). Eine Fusion des Liposoms mit der Zellwand (d) kommt nur selten vor.*

Ein Spiel zu dritt

Wie wir gesehen haben, stabilisieren Tenside kolloidale Dispersionen zweier Flüssigkeiten. Sie verhindern, daß sich die beiden Flüssigkeiten getrennt abscheiden. Öltropfen lösen sich in Wasser, wenn sie von Mizellen umschlossen sind. Umgekehrt läßt sich auf ähnliche Weise Wasser mit inversen Mizellen in Öl dispergieren. Die beiden Mizellentypen stellen aber nur zwei Beispiele der ungeheuren Vielfalt an Anordnungen oder Phasen dar, die in einem Öl-Wasser-Gemisch nach Zugabe eines Tensids auftreten können. Welche Phase vorliegt, hängt im allgemeinen von dem Mengenverhältnis der drei Mischungsbestandteile ab. Man bezeichnet eine auf mikroskopischer Ebene fein durchmischte Dispersion zweier nicht mischbarer Flüssigkeiten, die durch ein Tensid stabilisiert wird, als Mikroemulsion.

Wenn wir einer Dispersion mit ölgefüllten Mizellen mehr und mehr Öl zufügen, schwellen die Mizellen zu großen und weichen Gebilden an. Begegnen sich zwei dieser

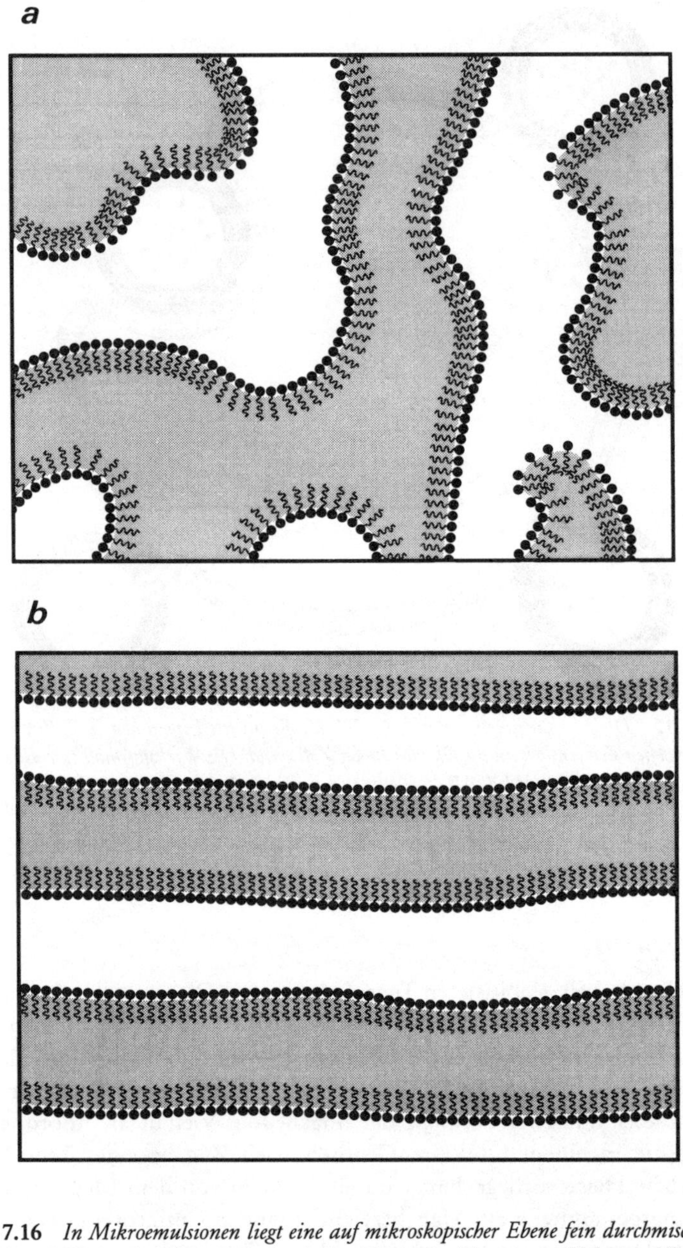

a

b

Abbildung 7.16 *In Mikroemulsionen liegt eine auf mikroskopischer Ebene fein durchmischte Dispersion von Öl (grau) und Wasser (weiß) vor, die durch Tenside an den Phasengrenzflächen stabilisiert wird. Die Öl- und Wasserphasen können ungeordnete Strukturen ausbilden (a), manchmal entstehen auch Netzwerke, die sich kontinuierlich durchdringen. In lamellaren Phasen sind die Öl- und Wasserphasen flach übereinandergeschichtet und jeweils durch eine Tensidschicht voneinander getrennt (b).*

Mizellen, können sie verschmelzen. Fährt man mit der Ölzugabe fort, verbinden sich schließlich die Mizellen, und es liegen in der ganzen Dispersion weitverzweigte, mit Tensid ummantelte Ölkörper vor. Es ist nicht mehr klar, ob wir eine Dispersion von Öl in Wasser oder eine von Wasser in Öl vor uns haben: Das System besteht aus zwei verschlungenen Labyrinthen beider Komponenten, wobei das Tensid die Phasengrenzfläche zwischen ihnen stabilisiert (Abbildung 7.16a). In dieser Mikroemulsion sind das Öl- und das Wassernetzwerk mehr oder weniger gleichmäßig miteinander verbunden. Es liegt eine sogenannte *bikontinuierliche* Doppellabyrinthstruktur vor.

In der unregelmäßig verlaufenden Tensidschicht zwischen Öl und Wasser treten viele Biegungen und Krümmungen auf. In Mikroemulsionen, generell aber auch in amphiphilen Strukturen, kosten diese Windungen Energie, weil durch sie die Teile der Amphiphile freigelegt werden, die eigentlich „versteckt" sein sollten. Eine Struktur ohne Biegungen und Krümmungen entsteht, wenn sich flache Schichten von Öl und Wasser abwechselnd übereinanderlegen, jeweils getrennt und stabilisiert durch eine Tensidschicht (Abbildung 7.16b). In einem solchen Fall spricht man von lamellaren Phasen.

Die wohl beeindruckendsten Phasen des Öl-Wasser-Tensid-Systems sind die geordneten bikontinuierlichen Strukturen. An anderer Stelle haben wir bereits erfahren, daß Phasengrenzflächen einen Aufwand an freier Energie bedeuten. Um diesen zu minimieren (d. h., um die Phasengrenzfläche zu minimieren), können bikontinuierliche Mikroemulsionen Strukturen ausbilden, die sich von den in Abbildung 7.16a gezeigten, gänzlich ungeordneten Netzwerken völlig unterscheiden. Bikontinuierliche Strukturen mit einer möglichst kleinen Oberfläche, sogenannte minimale Oberflächen, sind den Mathematikern schon lange bekannt. Sie wurden im neunzehnten Jahrhundert von dem Deutschen H. A. Schwartz untersucht. Es handelt sich um periodische, geordnete Strukturen, in denen sich ein bestimmtes Strukturelement, ähnlich wie die Einheitszelle eines Kristalls (siehe viertes Kapitel), wieder und wieder wiederholt. Minimale Oberflächen nehmen elegante und schlichtweg umwerfend schöne Formen an (Bild 11): Einige bilden zum Beispiel ein System periodisch ineinandergreifender Röhren aus. Der Name für diese Strukturen überrascht nicht: Man nennt sie „Des Klempners Alptraum".

Kristalle im Flachland

Tenside liegen auf der Wasseroberfläche meist völlig ungeordnet vor. Ihre herausragenden Schwänze neigen sich mal nach hier, mal nach dort, und die Moleküle nehmen kaum Notiz voneinander. Wenn sie aber näher zusammengerückt werden, bemerkt jedes Molekül seine Nachbarn und reagiert auf sie. Es ist dann für die Moleküle günstiger, sich geordnet auszurichten. Steigt ihre Dichte an der Wasseroberfläche weiter an, liegt schließlich eine hochregelmäßige Anordnung vor: Die Tensidmoleküle stehen in Reih und Glied, ähnlich wie in einem Kristall.

Zu Beginn unseres Jahrhunderts fand der schottische Wissenschaftler Irving Langmuir heraus, daß sich diese wohlgeordnete Packung auf sehr einfache Weise herstellen läßt. Er füllte einen rechteckigen Trog mit Wasser und gab ein Tensid hinzu. Auf den Trog setzte

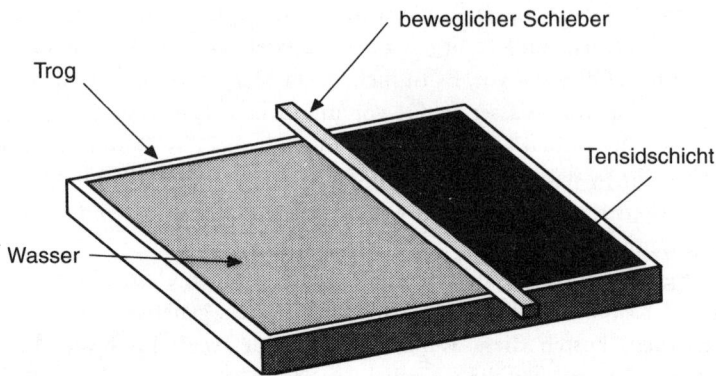

Abbildung 7.17 *Ein Langmuir-Trog. Die Tensidmoleküle befinden sich auf der Wasseroberfläche. Ihre Oberflächendichte läßt sich mit einem beweglichen Schieber kontrollieren, der die Fläche, auf der sie sich aufhalten müssen, verkleinert oder vergrößert.*

er einen beweglichen Schieber, der mit der Wasseroberfläche gerade in Kontakt stand (Abbildung 7.17). Als er die dünne Tensidschicht mit dem Schieber zusammenschob, traten einige abrupte Wechsel in der Struktur des Oberflächenfilms auf. Diese zweidimensionalen Filme auf Wasseroberflächen sind als Langmuir-Filme bekanntgeworden.

Sie bieten die Chance, die Phänomene eines zweidimensionalen „Flachlands" mit dem entsprechenden Verhalten der uns vertrauten dreidimensionalen Welt zu vergleichen. In der letzteren gibt es drei Aggregatzustände (oder Phasen): gasförmig, flüssig und fest, wobei die Dichte in dieser Reihenfolge zunimmt. Wechsel (oder Übergänge) zwischen diesen Phasen können eintreten, wenn man die Dichte einer Substanz verändert – beispielsweise, indem man sie zusammenpreßt. Das gleiche gilt für das Flachland. Wenige auf einer Wasseroberfläche weit verstreute Tensidmoleküle lassen sich als ein zweidimensionales (2D) Gas ansehen. Die Moleküle bewegen sich unabhängig voneinander, sind aber gezwungen, sich in der flachen Ebene aufzuhalten. Um die Oberflächendichte eines 2D-Gases zu erhöhen, muß man nur die Fläche, auf der sich die Moleküle frei bewegen, verkleinern. Dies läßt sich mit einem Schieber, wie ihn Langmuir einsetzte, erreichen.

Die Struktur von Langmuir-Filmen läßt sich mit Hilfe der sogenannten Fluoreszenzmikroskopie untersuchen. Man mischt unter die Tensidmoleküle eine kleine Zahl von „Sondenmolekülen", die fluoreszieren, wenn sie mit Licht von einem Laser oder einer Lichtbogenlampe bestrahlt werden. Weil die fluoreszierenden Moleküle in unterschiedlichem Maße in den verschiedenen 2D-Phasen eines Tensids löslich sind, erscheinen diese Phasen als unterschiedlich helle Flecken, wenn man die Fluoreszenz unter dem Mikroskop beobachtet.

In der 2D-Gasphase sind die einzelnen Sondenmoleküle weit verstreut, und ihre Fluoreszenz ist zu schwach, um wahrgenommen zu werden: Die Phase erscheint unter

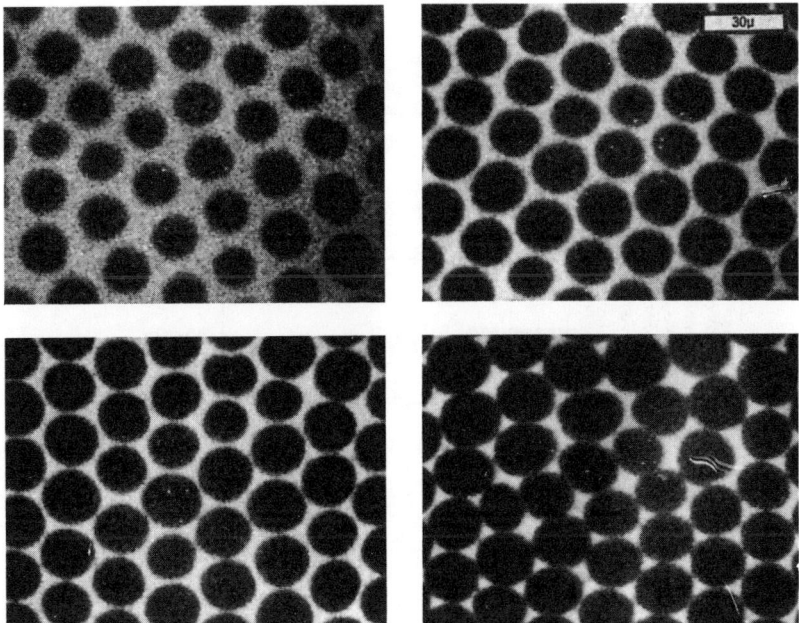

Abbildung 7.18 *Der schrittweise Übergang eines Langmuir-Films von der flüssig-expandierten (LE) in die flüssig-kondensierte (LC) Phase, betrachtet durch ein Fluoreszenzmikroskop. Die dunklen Kreise stellen die LC-Phasen dar; ihr Durchmesser nimmt zu, wenn die Oberflächendichte des Tensids erhöht wird. (Mit freundlicher Genehmigung von H. Möhwald, Universität Mainz)*

dem Mikroskop schwarz. Wenn der Film mittels des Schiebers zusammengeschoben wird, tauchen plötzlich leuchtende Punkte auf - sie entsprechen Bereichen, in denen eine 2D-Flüssigphase vorliegt. Die Dichte der Tensidmoleküle (auch die der fluoreszierenden Sondenmoleküle) ist dort viel höher. Wird der Druck weiter erhöht, verschmelzen die Punkte zu einem kontinuierlichen, leuchtenden Feld. Die schwarzen Bläschen des 2D-Gases schrumpfen und verschwinden schließlich.

Erhöht man den Oberflächendruck der 2D-Flüssigkeit noch weiter, erfolgt ein Übergang in einen neuen Phasentyp, der eine Eigenheit dieser zweidimensionalen Filme ist. Die neue Phase ist ein Mittelding zwischen einer Flüssigkeit (in der die Tensidmoleküle unregelmäßig verteilt sind) und einem Feststoff (in dem sie regelmäßig gepackt sind). Sie ist keine echte Flüssigkeit, weil es Hinweise darauf gibt (erhalten über Röntgenbeugungsexperimente), daß sich molekulare Einheiten regelmäßig wiederholen. Aber sie ist auch noch weit von einer perfekten Ordnung entfernt. In dieser Phase sind die aus dem Wasser herausragenden Schwänze schon etwas ausgerichtet, doch nehmen die Moleküle noch nicht eindeutig festgelegte Positionen ein. Man spricht von der flüssig-kondensierten (LC) Phase, während die vorangehende weniger dichte Phase als flüssig-expandierte (LE) Phase bezeichnet wird. Weil sich die Sondenmoleküle nicht richtig in der LC-Phase

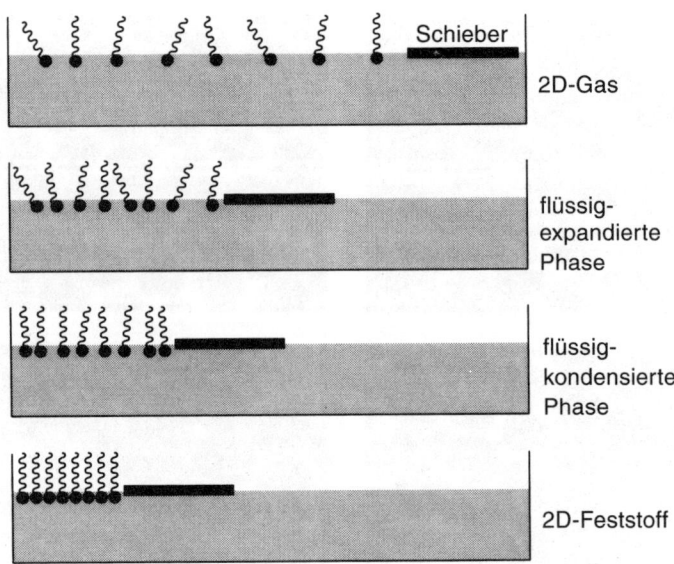

Abbildung 7.19 *Die 2D-Gas-, LE-, LC- und kristallinen („festen") Phasen, die in Langmuir-Filmen ausgebildet werden.*

lösen, erscheint sie unter dem Fluoreszenzmikroskop schwarz. Ihre Bildung macht sich deshalb durch ein Wiederauftauchen dunkler Punkte bemerkbar (Abbildung 7.18). Bei einem weiteren Zusammenpressen des Films geht die LC-Phase in einen echten 2D-Feststoff über, in dem die Tensidmoleküle gleichmäßig gepackt und die Kohlenwasserstoffschwänze ausgerichtet sind (Abbildung 7.19).

Die LE-Phase kann nur oberhalb einer bestimmten Temperatur existieren; sonst geht sie direkt in die LC-Phase über. Kühlt man einen LE-Film stark und scharf ab, entstehen in dem unstabilen System die in Abbildung 7.20 gezeigten psychedelischen Muster: Die

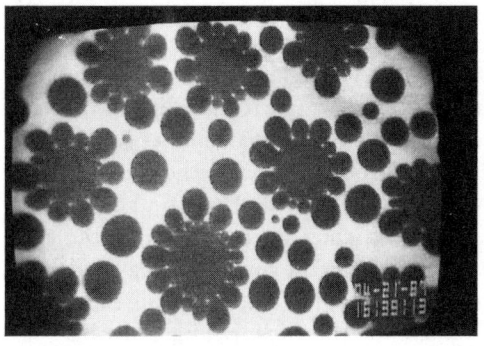

Abbildung 7.20 *Wenn man eine LE-Phase sehr schnell auf eine Temperatur bringt, bei der nur das 2D-Gas und die LC-Phase stabil sind, kommt es zur Ausbildung dieser Muster. Das schnelle Wachsen dieser beiden Phasen kann zu einer Fülle beeindruckender Texturen führen. (Mit freundlicher Genehmigung von Charles Knobler, University of California, Los Angeles)*

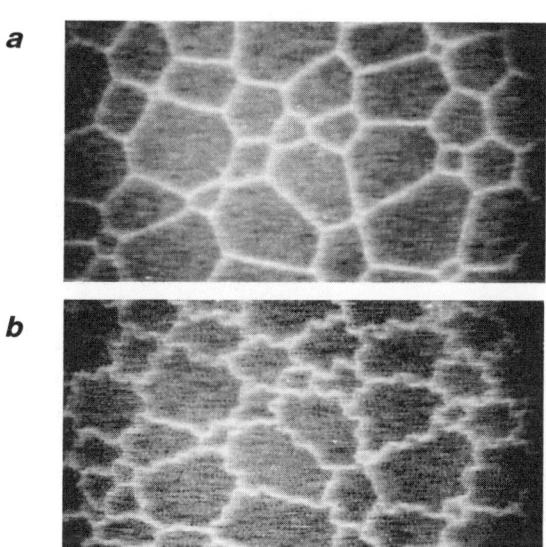

Abbildung 7.21 *Ein „Flachschaum". Die dunklen Flächen geben mit 2D-Gas ausgefüllte Bereiche wieder. Sie werden durch dünne Zonen getrennt, in denen die flüssig-expandierte Phase vorliegt (a). Wenn dieser Schaum erwärmt wird, krümmen und wellen sich die Wände (b). (Mit freundlicher Genehmigung von Charles Knobler, University of California, Los Angeles)*

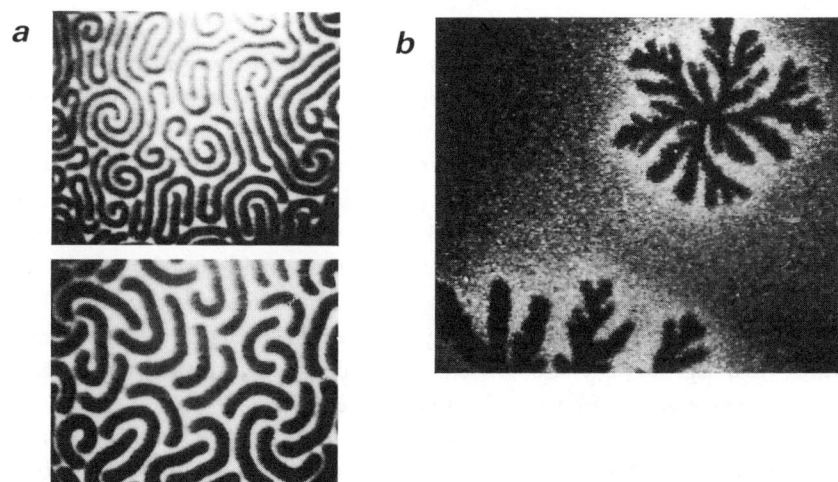

Abbildung 7.22 *Einige komplexere Muster und Strukturen, die von Langmuir-Filmen ausgebildet werden. Eine in einer LE-Phase wachsende LC-Phase kann ein Schlierenmuster zeigen (a), während „dendritische" Strukturen in festen 2D-Phasen vorkommen (b). Man spricht insbesondere bei den Dendriten von „fraktalen" Strukturen. Im neunten Kapitel wird näher darauf eingegangen, was sich hinter dieser Eigenschaft verbirgt. (Mit freundlicher Genehmigung von H. Möhwald, Universität Mainz)*

Gasphase (Kreise und Blütenzentren) und die LC-Phase („Blütenblätter") wachsen aus der hellen LE-Phase heraus. Eine andere kuriose Struktur entsteht, wenn Bläschen aus 2D-Gas in der LE-Phase vorliegen. Es bildet sich eine Art 2D-Schaum, in dem die dünnen, hellen Zonen der LE-Phase die Bläschenwände darstellen (Abbildung 7.21). Charles Knobler und Mitarbeiter von der University of California, Los Angeles, haben herausgefunden, daß sich die Bläschenwände plötzlich verbiegen und wellen, wenn die Temperatur des Schaums langsam erhöht wird. Dieser Effekt tritt ein, weil sich die LE-Phasen in den Zellwänden vergrößern. Dadurch wirken immer stärkere Zugkräfte auf die Knotenpunkte, bis schließlich das Netzwerk der Belastung nicht mehr standhält.

Ein anderes komplexes Muster, das aus Phasenübergängen in Langmuir-Filmen hervorgeht, ist in Abbildung 7.22*a* dargestellt. Diese als Schlierenphase bezeichnete Struktur kann entstehen, wenn in einer LE- eine LC-Phase wächst. Letztere zeigt sich im Fluoreszenzmikroskop anfänglich in Form von runden schwarzen Punkten, die sich infolge von Wechselwirkungen zwischen Tensidmolekülen gegenseitig abstoßen. Wenn die LC-Domänen weiter wachsen, wird die Abstoßung so stark, daß sich die runden Domänen in wurmartige Gebilde verformen. Ebenso aufregend ist die in Abbildung 7.22*b* dargestellte „Zweig"-Struktur. Sie entsteht, wenn in einer Flüssigphase die 2D-Festphase eines Phospholipids heranwächst. Strukturen dieser Art, die man als Dendrite bezeichnet, bilden sich im allgemeinen bei sehr schnell ablaufenden Wachstumsprozessen – wir werden einigen anderen Beispielen im neunten Kapitel begegnen.

Das Abschälen der Schichten

In den Jahren nach 1910 entwickelten Irving Langmuir und seine Studentin Katharine Blodgett eine Methode, um zusammengedrückte, geordnete Langmuir-Filme von der Wasseroberfläche auf einen festen, glatten Körper, zum Beispiel einen Objektträger aus Glas, aufzuziehen. Wenn ein dünnes Glasplättchen vorsichtig in eine Lösung mit einem Tensidfilm eingetaucht wird, heften sich die hydrophilen Kopfgruppen des Tensids an die (hydrophile) Glasoberfläche. Dadurch kann der Film aus dem Wasser gezogen werden. Um zu verhindern, daß das anhaftende Filmstück abreißt und der restliche Film zurückbleibt, muß die Tensidschicht stets so zum Glasplättchen hin nachgeschoben werden, wie sie von der Wasseroberfläche abgezogen wird. Als Ergebnis dieses Vorgangs (Abbildung 7.23) liegt auf der Glasoberfläche eine Schicht von ausgerichteten Tensidmolekülen vor, die man als Langmuir-Blodgett-Film bezeichnet.

Die Dicke der Filme muß nicht auf eine Schicht begrenzt bleiben: Man kann das Plättchen erneut eintauchen und eine zweite Schicht aufziehen. Dieses Mal trifft der Langmuir-Film jedoch nicht auf die hydrophile Glasoberfläche, sondern auf einen borstigen Belag aus den hydrophoben Schwänzen der ersten Schicht. Die zweite Schicht aus Tensidmolekülen zieht sich deshalb über ihre hydrophoben Schwänze auf (Abbildung 7.23). Der so entstandene zweischichtige Langmuir-Blodgett-Film (LB) besitzt eine Doppelschichtstruktur, wie sie auch in den Wänden von Liposomen und Zellen auftritt.

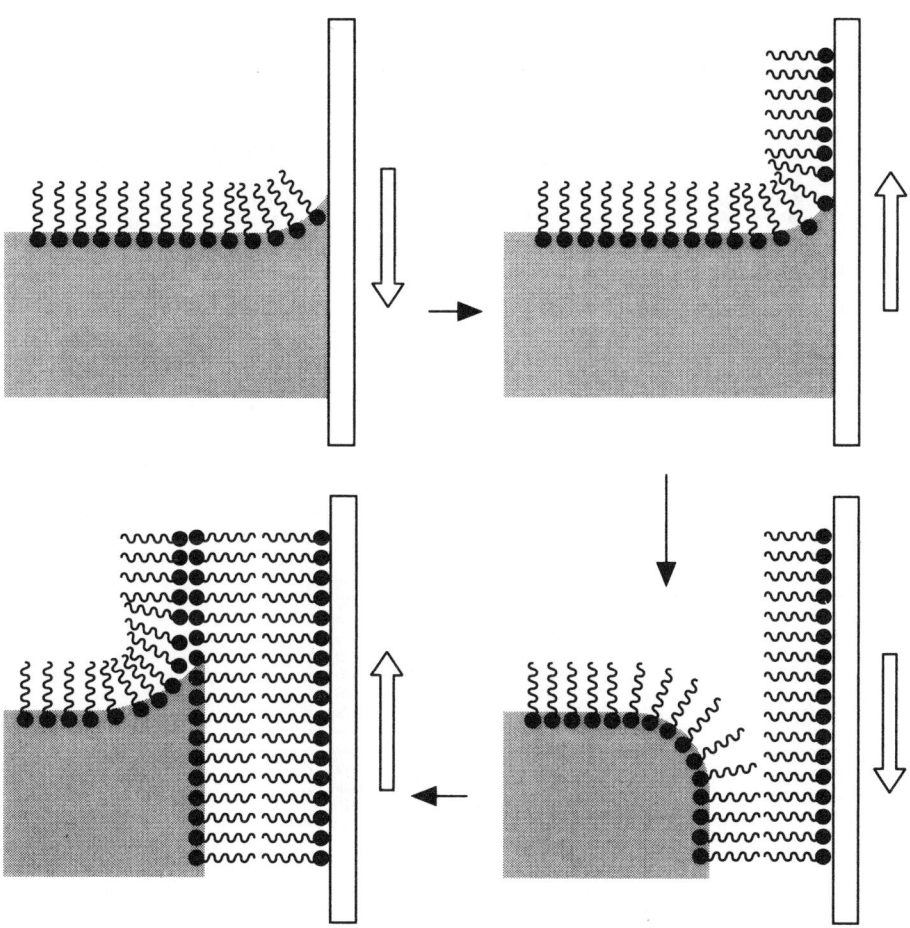

Abbildung 7.23 *Langmuir-Filme lassen sich von der Wasseroberfläche auf ein festes, glattes Plättchen, zum Beispiel auf einen Objektträger aus Glas, aufziehen, das vorsichtig in den Trog getaucht und wieder herausgezogen wird. Auf dem Plättchen liegen dann sogenannte Langmuir-Blodgett-Filme vor – geordnete Schichten von Tensidmolekülen. Durch wiederholtes Eintauchen entstehen Multi-Schicht-Filme.*

Der Aufziehprozeß kann endlos wiederholt werden, wobei ganze Stapel von Schichten entstehen. Unterschiedliche Stapelanordnungen lassen sich erreichen, indem man das Tauchverfahren oder die Natur des Tensids variiert. Bestimmte amphiphile Carbonsäuren können so aufgezogen werden, daß die hydrophilen Kopfgruppen in jeder Schicht vom Plättchen wegzeigen. Voraussetzung ist, daß die Lösung mit der Tensidschicht alkalisch bleibt (Abbildung 7.24). Umgekehrt gibt es auch den Fall, daß alle Moleküle mit der Kopfgruppe voran aufgezogen sind. So ordnen sich beispielsweise bestimmte Farbstoffe an.

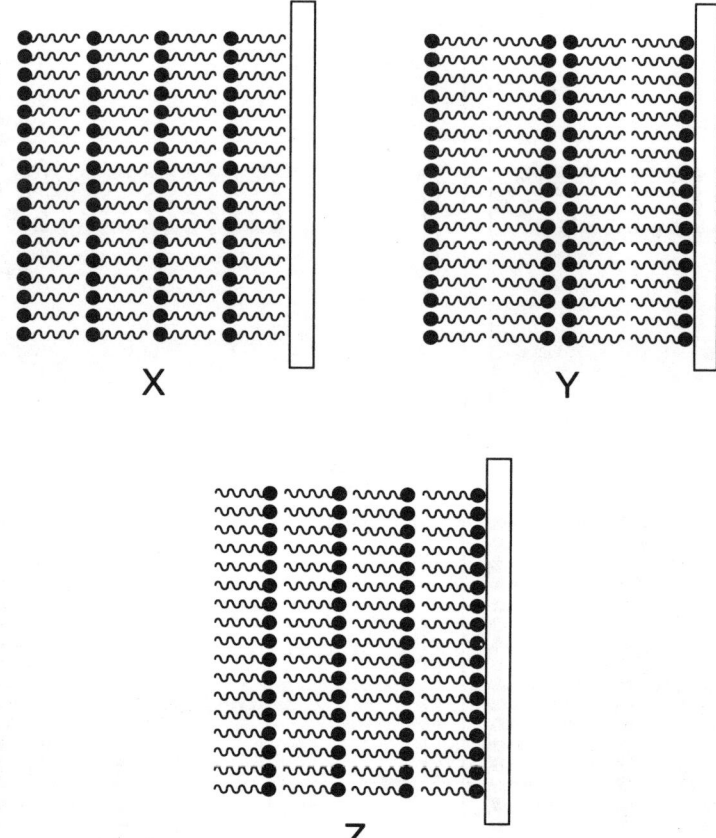

Abbildung 7.24 *In LB-Filmen sind verschiedene Schicht- oder Packungsanordnungen möglich. Am häufigsten kommt der Y-Typ vor, in dem die amphiphilen Moleküle abwechselnd von Schicht zu Schicht mit dem Kopf bzw. dem Schwanz voran aufgezogen sind (siehe Abbildung 7.23). Eine Variation der Tauchsequenz, der Amphiphilart oder der Aufziehbedingungen kann zu unterschiedlichen Packungssequenzen in aufeinanderfolgenden amphiphilen Schichten führen. In Filmen vom X-Typ sind die Amphiphile so angeordnet, daß alle Kopfgruppen von dem Plättchen wegzeigen; umgekehrt zeigen beim Z-Typ alle Köpfe zum Glasträger hin.*

Langmuir-Blodgett-Filme führten bis mindestens vierzig Jahre nach ihrer Entdeckung ein Schattendasein. Doch in den letzten Jahren stieg das Interesse an ihnen sprunghaft an, was hauptsächlich neuen Techniken des Molecular Engineering zuzuschreiben ist, die den hochgeordneten molekularen Systemen ein breites Anwendungspotential bieten.

Wegen ihrer Ähnlichkeit mit biologischen Membranen lassen sich LB-Filme als künstliche Membranen einsetzen und mit biologischen Molekülen bestücken. Beispielsweise kommen LB-Filme der natürlichen Umgebung von Membranproteinen sehr nah.

Sie dienen deshalb als Modellsysteme zur Untersuchung von Prozessen, die an Zellober-flächen ablaufen, beispielsweise von Vorgängen, die mit der Immunreaktion zusammen-hängen. In LB-Filme eingeschlossene Verbände von Biomolekülen könnten einmal den neuen Typus einer eigenständigen Vorrichtung darstellen. So gibt es biochemische Verbindungen, die Lichtenergie einfangen und umsetzen können, beispielsweise das Protein Bacteriorhodopsin. Es wurde deshalb vorgeschlagen, sie zum Bau eines neuen Solarzellentyps zu verwenden, der mit natürlichen Substanzen und nicht mit den traditionell eingesetzten Halbleitermaterialien funktioniert. In LB-Filme eingeschlossene Enzyme werden vielleicht einmal als Biosensoren dienen (siehe zweites Kapitel). Wie natürliche Membranen könnten LB-Filme als selektive chemische Filter Verwendung finden, die einige Substanzen zurückhalten, andere aber nicht.

Einige LB-Filme gehen mit Licht Wechselwirkungen ein, die für optische Anwendun-gen genutzt werden können. Normalerweise würde man erwarten, daß der aus einem Material austretende oder von ihm reflektierte Lichtstrahl in seinen Eigenschaften dem einfallenden Strahl entspricht oder allenfalls einige Frequenzen absorbiert sind. Es gibt aber einige Materialien, bei denen der austretende oder reflektierte Lichtstrahl Frequen-zen aufweist, die in dem einfallenden Strahl überhaupt nicht enthalten waren: Das Material verdoppelt oder verdreifacht gar die Frequenz des einfallenden Lichtes. Ein mit der Frequenz infraroten Lichtes einfallender Strahl verläßt das Material dann beispiels-weise als blauer Strahl. Dieses sogenannte „nichtlineare" optische Verhalten tritt insbe-sondere auf, wenn der einfallende Lichtstrahl eine hohe Intensität hat, was zum Beispiel bei einem Laserstrahl der Fall ist. Einige wenige anorganische Kristalle, zum Beispiel Lithiumniobat, vermögen die Lichtfrequenz zu verdoppeln oder zu verdreifachen. Solche Materialien sind äußerst wertvoll, weil sich mit ihnen das von Lasern gebotene Frequenz-repertoire erheblich erweitern läßt. Die meisten Laser (beispielsweise der Kohlendioxid-, Argon- oder Helium/Neon-Laser) emittieren nur Licht einer einzelnen, genau definierten Frequenz. Wissenschaftler möchten aber gern über ein ganzes Spektrum an Laserfrequen-zen verfügen. Einige LB-Filme zeigen bessere nichtlineare optische Eigenschaften als anorganische Materialien. Darüber hinaus lassen sich diese Eigenschaften für bestimmte Anwendungen über die Dicke oder die Zusammensetzung des Films maßschneidern. Nichtlineares optisches Verhalten zeigt sich aber auch in anderer Beziehung – so ist zum Beispiel die Herstellung von optischen Schaltern möglich, die je nach Intensität des einfallenden Lichtstrahls transparent oder trüb sind. Wissenschaftler denken mittlerweile über Logikschaltkreise und Computer nach, die nicht mit Strom, sondern mit Licht arbeiten. Möglicherweise spielen LB-Filme bei diesen Neuentwicklungen eine tragende Rolle.

Prototypen von Geräten zur optischen Informationsspeicherung, die auf LB-Filmen basieren, sind bereits entwickelt worden. Meistens bestehen diese Filme aus Molekülen, die durch Bestrahlung mit Licht zwischen zwei stabilen Zuständen hin- und hergeschaltet werden können. Eine geordnete Gruppe solcher Moleküle stellt dann eine zweidimen-sionale Anordnung lichtgesteuerter Schalter dar. Wenn sich beispielsweise der LB-Film aus Molekülen zusammensetzt, deren beiden Isomere mit Licht jeweils ansteuerbar sind, könnte man einen fein eingestellten Laserstrahl einsetzen, um Daten über diese beiden Isomere zu codieren. Im Prinzip sollte es möglich sein, Information mit der unglaublich hohen Dichte von einem „Bit" pro Molekül zu speichern. Um diese Information zu lesen, könnte man sich zunutze machen, daß die beiden Isomere – dementsprechend ausgesucht – unterschiedliche Absorptionsspektren zeigen: Ein Lesestrahl fährt über den Film und registriert die unterschiedlichen „Farben" von Regionen, die jeweils verschiedene Isomere enthalten. LB-Filme für solche Anwendungen sind bereits mit Hilfe von Azobenzolmolekülen, die sich photochemisch zwischen zwei Isomeren hin- und herschalten lassen, synthetisiert worden (siehe Seite 183).

Im sechsten Kapitel lernten wir molekulare Materialien kennen, deren Kristalle den elektrischen Strom leiten. Weil die Herstellung von LB-Filmen im wesentlichen dem schichtweisen Aufbau von Kristallschichten ähnelt, hat es Mutmaßungen gegeben, ob

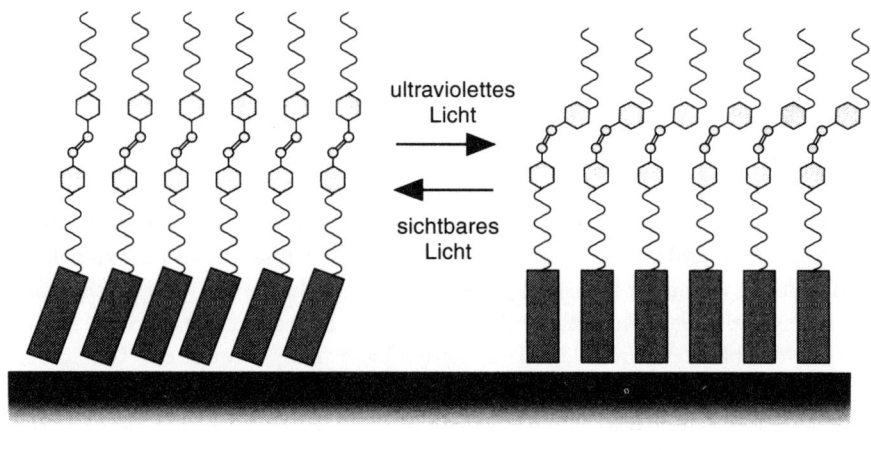

ultraviolettes Licht

sichtbares Licht

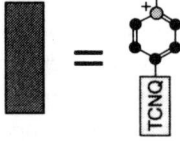

Abbildung 7.25 *Optische Speicher und Schalter könnten sich aus LB-Filmen herstellen lassen, die ihre Eigenschaften in Wechselwirkung mit Licht ändern. In diesem Beispiel kontrolliert Licht die elektrische Leitfähigkeit eines LB-Films. Er enthält TCNQ-Gruppen, an die lange Kohlenwasserstoffschwänze gebunden sind, um die Moleküle amphiphil zu machen. In die Ketten sind Azobenzoleinheiten eingebaut. Zwischen den beiden Isomeren läßt sich mit sichtbarem und ultraviolettem Licht hin- und herschalten. Durch die Photoisomerisation ändert sich die Stapelung der TCNQ-Gruppen, was die Leitfähigkeit des Films beeinflußt. Dieser Ansatz zur Entwicklung molekularer Apparaturen geht auf M. Matsumoto und Mitarbeiter vom National Chemical Laboratory in Tsukuba, Japan, zurück.*

elektrisch leitfähige LB-Filme auf Basis von Charge-Transfer-Verbindungen wie TCNQ-TTF (siehe Seite 220) herstellbar sind. Um LB-Filme aus diesen Charge-Transfer-Molekülen zu erhalten, müssen sie durch Anfügen eines Kohlenwasserstoffschwanzes amphiphil gemacht werden. M. Matsumoto und seine Mitarbeiter vom National Chemical Laboratory in Tsukuba, Japan, haben LB-Filme synthetisiert, die aus Azobenzol- und TCNQ-Einheiten bestehen, die also sowohl auf Licht ansprechen als auch elektrisch leitfähige Gruppierungen enthalten. Die Leitfähigkeit dieser Filme läßt sich mit Licht steuern (Abbildung 7.25).

Halbleitende und leitende LB-Filme könnten sich einmal als wertvolle Materialien zur Konstruktion von „sandwichartigen" elektronischen Bauelementen, beispielsweise Metall-Isolator-Halbleiter-Anordnungen (MIS), erweisen, die die Elektronikingenieure momentan noch aus herkömmlichen anorganischen Materialien herstellen. Allerdings sind die Leitfähigkeiten von LB-Filmen aus Charge-Transfer-Verbindungen noch nicht sonderlich beeindruckend, zum Teil deswegen, weil es äußerst schwierig ist, Filme zu synthetisieren, die über größere Bereiche hinweg eine perfekte Ordnung aufweisen: Denn Defekte erniedrigen die Leitfähigkeit.

Einige der für LB-Filme ins Auge gefaßten Anwendungen sind insofern „passiver " Natur, als die Filme allein die Funktion einer Oberflächenbeschichtung übernehmen sollen. Beispielsweise könnten sie Oberflächen vor Korrosion schützen oder als eine Maske bei Ätzprozessen dienen. So wie man Schablonen einsetzt, um durch das Sandblasen Muster auf Glas aufzutragen, könnten LB-Filme bestimmte Bereiche von Halbleitermaterialien während des Einätzens von elektronischen Schaltkreisen verdekken. Allerdings übernehmen in diesem Fall Röntgen-, Elektronen- oder Ionenstrahlen die Aufgabe des Sandstrahls. Die Hersteller von Magnetbändern setzen große Hoffnungen auf LB-Filme. Als strapazierfähige Beschichtungen sollen sie sowohl die magnetischen Partikel auf den Bändern vor dem Zerfall schützen als auch zwischen Band und Tonkopf als eine Art Schmiermittel wirken. Filme aus Verbindungen wie Bariumstearat, die nur wenige Schichten dick sind, verringern die Reibung zwischen dem laufenden Band und dem Tonkopf beträchtlich. Langmuir wiederum hatte daran gedacht, LB-Filme als Schmiermittel für die Lager seiner Meßgeräte einzusetzen.

Kristalle, die fließen

Eine paradoxe Flüssigkeit

Bevor sich Langmuir-Blodgett-Filme auf eine feste Oberfläche aufziehen lassen, müssen die Amphiphile im Langmuir-Trog genügend zusammengedrückt werden. Erst dann liegen echte zweidimensionale Kristalle vor. Die Moleküle in den Doppelschichten von Vesikeln sind dagegen weitaus mobiler und weniger geordnet gepackt – sie ähneln mehr den Amphiphilen in der flüssigkondensierten Phase eines Langmuir-Films. Die Doppelschichten stellen Vertreter von molekularen Strukturen dar, die man als flüssigkristallin bezeichnet. Weil uns flüssigkristalline Anzeigen (LCDs) in Uhren, Anzeigen oder

HiFi-Geräten täglich begegnen, haben wir uns an den Begriff „Flüssigkristall" gewöhnt. Wir sehen über das Widersprüchliche dieses Ausdrucks hinweg. Es lohnt sich, ihn unter die Lupe zu nehmen: Definitionsgemäß sind in einer kristallinen Substanz die Moleküle über weite Strecken höchst regelmäßig angeordnet. Eine Flüssigkeit dagegen *fließt*, was bedeutet, daß sich die Moleküle frei bewegen können und deshalb eher regellos verteilt sind. Wie kann eine Substanz dann Flüssigkeit und Kristall zugleich sein?

Vor genau diesem Rätsel standen die Entdecker der Flüssigkristalle, der österreichische Botaniker Friedrich Reinitzer und der deutsche Physiker Otto Lehmann. Im Jahre 1888 stellte Reinitzer eine neue organische Substanz namens Cholesterylbenzoat her, die sich höchst eigenartig verhielt. Die Verbindung leitet sich vom Cholesterol ab, das uns bereits als Bestandteil einiger Zellmembranen begegnete. Reinitzer kristallisierte das Benzoesäurederivat und machte sich daran, es mit den Standardmethoden der organischen Chemie seiner Zeit ordnungsgemäß zu charakterisieren (heute geht man nicht viel anders vor). Er bestimmte den Schmelzpunkt der Kristalle. Was ihn verblüffte, war, daß das Schmelzen des Cholesterylbenzoats in zwei Stufen ablief. Bei 145.5 Grad Celsius schmolzen die Kristalle zu einer trüben Flüssigkeit, die sich dann bei 178.5 Grad klärte. Es schienen zwei flüssige Zustände vorzuliegen – ein Phänomen, dem Reinitzer noch nie begegnet war.

In seiner Ratlosigkeit schickte der Botaniker eine Probe der Verbindung an Lehmann, der als Experte für die mikroskopische Untersuchung der Kristallisation galt. Lehmann beobachtete, daß die trübe Flüssigkeit eine Eigenschaft zeigt, die auch für viele Kristalle charakteristisch ist: die Doppelbrechung (siehe Seite 96). Sie tritt auf, wenn die Geschwindigkeit, mit der sich Licht in einem Stoff ausbreitet, je nach Richtung unterschiedlich groß ist. Solche Materialien drehen die Ebene polarisierten Lichts – ein Verhalten, das auf die Doppelbrechung zurückzuführen ist.

Es setzte Lehmann in Erstaunen, daß der erste flüssige Zustand des Cholesterylbenzoats doppelbrechend war. In Kristallen ist dies eine Folge der geordneten Struktur. Diese bringt mit sich, daß sich die Kristalleigenschaften in verschiedenen Richtungen unterscheiden. In einer Flüssigkeit dagegen schwimmen die Moleküle ungeordnet und ziellos umher, so daß im Mittel keine Richtungsabhängigkeit von Eigenschaften resultiert. Die einzige Erklärung für das Verhalten von Reinitzers Verbindung schien zu sein, daß es in der Schmelze in gewissem Ausmaß zur Ausbildung einer geordneten Struktur kam. Offensichtlich lag ein neuer, vierter Aggregatzustand vor: weder ein Gas, eine Flüssigkeit oder ein Feststoff, sondern ein „weicher" oder „flüssiger" Kristall. Bringt man Flüssigkristalle unter ein Polarisationsmikroskop (in dem die Probe mit polarisiertem Licht beleuchtet wird), ist wegen der Doppelbrechung eine Vielfalt an schönen Farbmustern zu sehen (Bild 12).

Eine Frage der Orientierung

Im Jahre 1924 konnte der deutsche Wissenschaftler Daniel Vorländer nachweisen, daß flüssigkristalline Materialien aus langen, stäbchenförmigen Molekülen bestehen. Bald erkannte man, daß die molekulare Ordnung in Flüssigkristallen auf der Orientierung dieser Stäbchen beruht. Stoffe aus sphärischen Partikeln können nur eine Art von Ordnung aufbauen: eine Regelmäßigkeit, die sich in den Positionen der Partikel ausdrückt. Bei Stäbchenstrukturen dagegen kommt eine Ordnung schon durch eine einheitliche Stäbchenorientierung zustande. Die Regelmäßigkeit in der Position der Moleküle und die in ihrer Orientierung sind insofern voneinander unabhängig, als die eine die andere nicht zwangsläufig bedingt. In der einfachsten periodischen Anordnung von stäbchenförmigen Molekülen in einem Kristall sind die Moleküle nebeneinander aufgereiht und in eine Richtung ausgerichtet – es resultiert eine Ordnung, die sowohl auf den Positionen der Moleküle als auch auf deren Orientierung beruht (Abbildung 7.26). Oberhalb des Schmelzpunktes können die Stäbchen so drängeln und schieben, daß sich ihre positionale Ordnung auflöst. Sie behalten aber eine gewisse einheitliche Orientierung, denn sie zeigen im Durchschnitt alle in dieselbe Richtung. Die Nähe zum nächsten Nachbarn verhindert, daß ein Molekül allzusehr aus der Reihe tanzt. Eine solche Phase ist flüssigkristallin: Die Moleküle sind nicht mehr gleichmäßig und regelmäßig gepackt, doch ordnen sie sich im Durchschnitt noch in eine bestimmte Vorzugsrichtung an.

Wird ein flüssigkristallines Material geschmolzen, nimmt die Ordnung über mehrere Stufen ab. Knapp über dem Schmelzpunkt ist die thermische Bewegung der Moleküle nicht stark genug, um die Schichtstruktur des Kristalls aufzubrechen. Die Stäbchen bleiben in den Schichten, doch geht in jeder Schicht die positionale Ordnung verloren. Senkrecht zu den Schichten bleibt also eine gewisse Regelmäßigkeit der Packung erhalten. Man spricht dann von einer smektischen Phase. Sie tritt in zwei Formen auf. Orientieren sich die Stäbchen senkrecht zur Schichtebene, liegt eine smektische Phase A vor. Sind sie aber im Schnitt leicht geneigt, spricht man von einer smektischen Phase C (Abbildung 7.26). Heute kennt man sieben Typen von smektischen Phasen.

Nimmt die thermische Bewegung der Stäbchen weiter zu, brechen die Schichten der smektischen Phase auf, und die letzten Reste an positionaler Ordnung lösen sich auf. Allerdings bleibt eine einheitliche Orientierung der Stäbchen in eine bevorzugte Richtung erhalten. Diese Phase bezeichnet man als nematisch. Bei höheren Temperaturen wackeln und tanzen die Moleküle so heftig, daß auch die Regelmäßigkeit in der Orientierung verloren geht – die Stäbchen rotieren und zeigen im statistischen Mittel in alle Richtungen. Das Material ist dann nicht mehr flüssigkristallin, sondern es liegt eine echte (isotrope) Flüssigkeit vor. Die flüssigkristallinen Phasen, die ein Stoff beim Übergang vom kristallinen in den flüssigen Zustand durchläuft (Abbildung 7.26), werden Mesophasen – „Mittel"phasen – genannt.

Bei der von Reinitzer und Lehmann beobachteten klaren Schmelze vom Cholesterylbenzoat handelte es sich eindeutig um eine flüssige Phase; doch die trübe Schmelze war flüssigkristallin. Es lag aber weder eine smektische noch die einfachere nematische Phase vor. Die Struktur dieser Phase ist komplizierter, weil die Moleküle des Cholesterylbenzoats optisch aktiv sind – sie sind chiral. Bei chiralen Molekülen kann sich die freie Energie der nematischen Phase dadurch erniedrigen, daß die Vorzugsrichtungen, in der

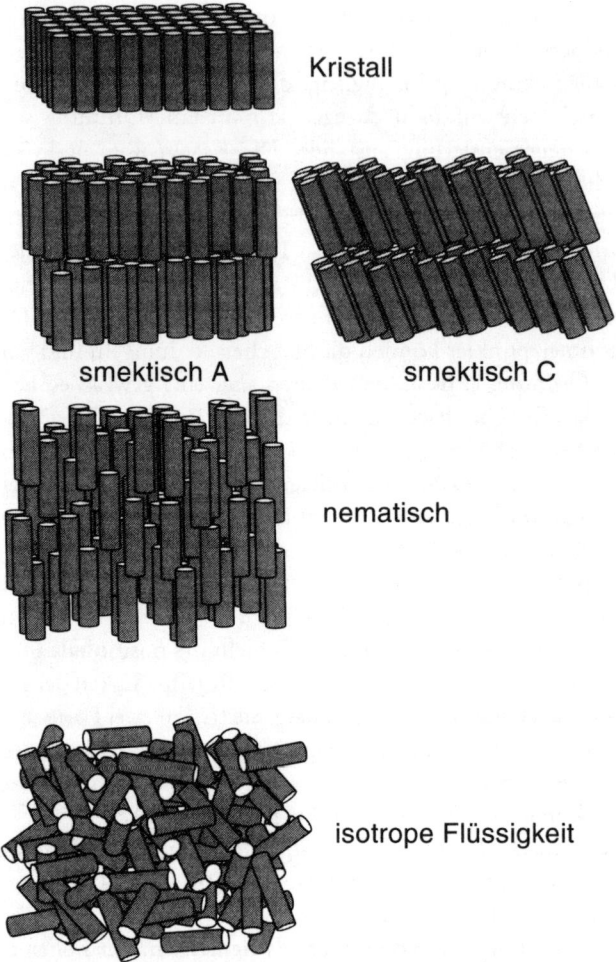

Kristall

smektisch A   smektisch C

nematisch

isotrope Flüssigkeit

Abbildung 7.26   *Die Strukturen, die von stäbchenförmigen Molekülen in der festen, flüssigen und flüssigkristallinen Phase ausgebildet werden: kristallin, smektisch A, smektisch C, nematisch und isotrop flüssig. Man beachte, daß in der Zeichnung zur Veranschaulichung alle Moleküle der flüssigkristallinen Phasen gleich geneigt sind. In Wirklichkeit gibt es aber merkliche Abweichungen von einem genau definierten mittleren Neigungswinkel.*

sich die Moleküle anordnen, schraubenförmig verdrillt sind. Diese Verdrillung rührt daher, daß sich die Moleküle in einem leichten Winkel zu ihren Nachbarn anordnen und nicht wie in der nematischen Phase parallel nebeneinanderliegen. Im Flüssigkristall kommt es dadurch zu einer helikalen Rotation der Molekülorientierung (Abbildung 7.27). Diese „verdrillte" flüssigkristalline Phase hat ihren Namen von der Verbindung

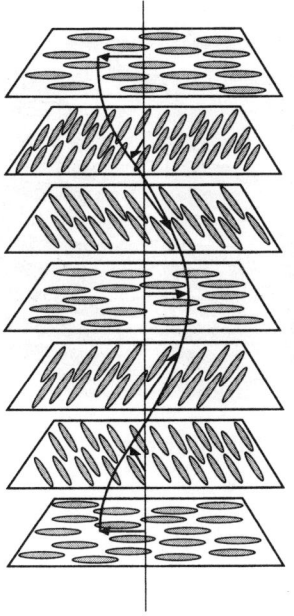

Abbildung 7.27 *Die cholesterische Phase. In ihr kommt es zu einer helikalen Rotation der Richtungen, in denen die Moleküle orientiert sind. Weil cholesterische Phasen das Licht stark streuen, leuchten sie in schillernden Farben. Die Farbenpracht bestimmter Schmetterlingsflügel und Insektenpanzer geht auf cholesterische Phasen zurück.*

bekommen, an der das Phänomen zuerst entdeckt wurde – man spricht von cholesterischen Phasen.

Die Abstände zwischen den einzelnen Wendeln der Helix sind in derselben Größenordnung wie die Wellenlängen des sichtbaren Lichtes, weshalb diese Phasen das Licht ungefähr so reflektieren, wie Kristalle Röntgenstrahlen beugen (siehe viertes Kapitel). Diese wellenlängenabhängige Lichtreflektion macht sich in buntschillernden Farben bemerkbar. Das schillernde Strahlen der Panzer einiger Käfer und der Flügel mancher Schmetterlinge geht auf cholesterische Phasen zurück, die im Gewebe enthalten sind.

Nicht nur stäbchenförmige Moleküle können flüssigkristalline Phasen ausbilden. Im Prinzip sollten eigentlich alle Moleküle, die nicht eine ausgeprägte sphärische Form haben, in der Lage sein, sich in bestimmten Orientierungen anzuordnen. In Kristallen ist das bei vielen Molekülen auch der Fall. Doch in der flüssigen Phase können nur Moleküle mit einer ausgesprochen „unsphärischen" Form ein gewisses Maß dieser Ordnung beibehalten. Das extreme Gegenstück zu einem stäbchenförmigen Molekül ist beispielsweise ein zu einer runden Scheibe abgeflachtes Molekül. In bestimmten Orientierungen geordnete scheibenförmige Körper sind etwas sehr Alltägliches – man denke nur an Teller- oder Schallplattenstapel.

Der indische Physiker Sivaramakrishna Chandrasekhar vom Raman Research Institute sagte in den siebziger Jahren voraus, daß sich scheibenförmige Moleküle stapeln und diskusförmige (sogenannte diskotische) flüssigkristalline Phasen ausbilden könnten. Im Jahre 1977 entdeckte Chandrasekhar die erste diskotische Phase (Abbildung 7.28).

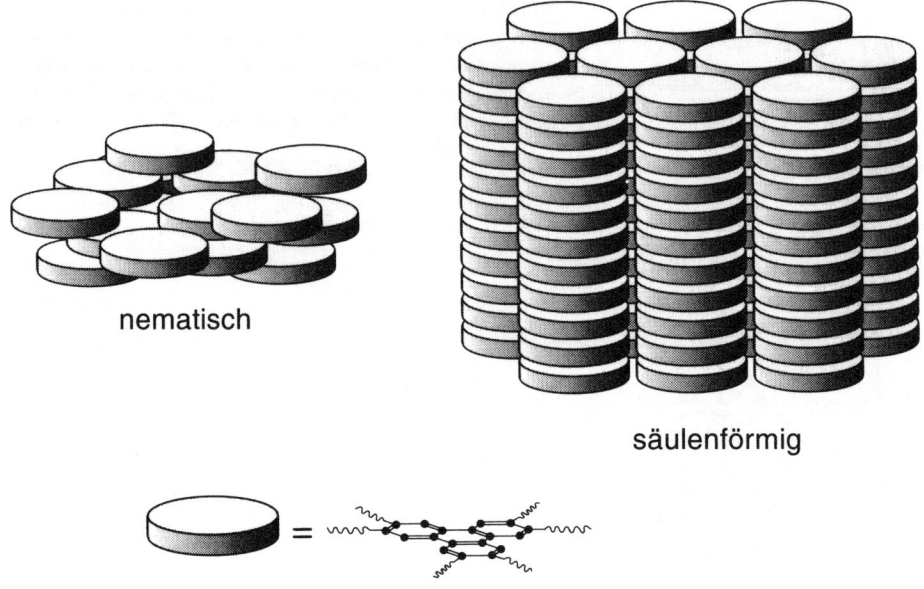

nematisch

säulenförmig

Abbildung 7.28   *Diskotische Flüssigkristalle. In der flüssigkristallinen säulenförmigen (sogenannten columnaren) Phase sind die scheibenförmigen Moleküle wie Teller aufeinandergestapelt. In der nematischen Phase dagegen haben sie annähernd die gleiche Orientierung, nehmen aber keine festen Positionen ein.*

Wissenschaftler gehen davon aus, daß sich solche Stapel, wenn sie aus Elektronendonor- und -acceptorverbindungen aufgebaut werden, wie „molekulare Drähte" verhalten. Man glaubt, daß Elektronen an ihnen entlanglaufen können. An diskotischen Phasen aus Porphyrinmolekülen, die in ihrer Mitte Metall-Ionen komplex binden, hat man bereits einen Anstieg der elektrischen Leitfähigkeit beobachtet.

Wie ein Display funktioniert

Stäbchenförmige Flüssigkristalle besitzen einen elektrischen Dipol – eine ungleiche Ladungsverteilung zwischen den beiden Enden. In einem elektrischen Feld richten sie sich deshalb zum Feld hin aus. Die flüssigkristalline Phase läßt sich mit einem elektrischen Feld schalten und wirkt als sogenannter Richtdipol. Wegen des Effekts, den diese Ausrichtung auf die optischen Eigenschaften und das Lichtbrechungsverhalten des Materials ausübt, wurde schon in den dreißiger Jahren daran gedacht, elektrisch schaltbare Flüssigkristalle zum Bau von elektronischen Anzeigen einzusetzen. Erst in den sechziger Jahren konnten aber Verbindungen hergestellt werden, die für diese Anwendung genügend licht- und wärmestabil waren.

In Flüssigkristall-Anzeigen nutzt man das Phänomen der Doppelbrechung. Ein flüssigkristallines System, das sich zwischen zwei gekreuzt zueinander stehenden Polarisationsfiltern befindet, kann die Polarisationsebene des durch den ersten Filter fallenden Lichts so drehen, daß es auch durch den zweiten Filter hindurchgeht. Der richtige Drehbetrag läßt sich mit Hilfe eines Tricks einstellen. Man schickt das Licht durch eine nematische Phase, in der sich die Orientierung der Moleküle von einem Filter zum anderen kontinuierlich um 90 Grad dreht (Abbildung 7.29). In den ersten flüssigkristallinen Anzeigen wurde dieser Orientierungswechsel mit Hilfe von Beschichtungen auf den Zellwänden erreicht. Die dünnen Schichten bestanden aus einem Polymer namens Polyimid. Sie waren gerichtet poliert, was bewirkte, daß sich die Flüssigkristallmoleküle in Richtung der Polierung anordneten. Eine gewundene nematische Struktur entsteht, wenn man die Ober- und Unterseite der Zelle jeweils mit Polyimid beschichtet und so poliert, daß die Polierrichtung oben zu derjenigen unten im rechten Winkel steht. Polarisiertes Licht kann dann die gekreuzt stehenden Polarisationsfilter passieren.

Die Zelle bleibt lichtundurchlässig oder dunkel, wenn der Richtdipol der nematischen Phase mit einem elektrischen Feld, an dem sich die Moleküle ausrichten, in eine andere

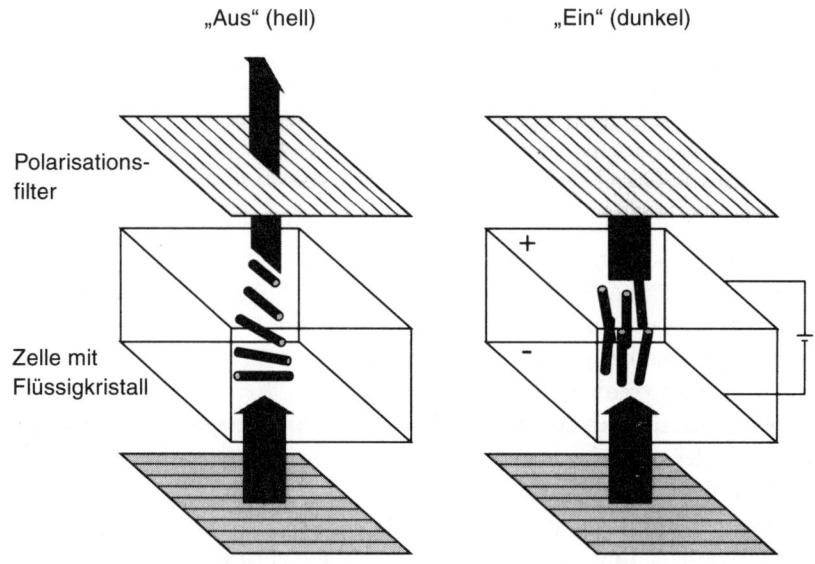

Abbildung 7.29 *In nematisch flüssigkristallinen Displays macht man sich zunutze, daß ausgerichtete Moleküle die Ebene polarisierten Lichtes drehen. Ausrichtende Materialien an den Oberflächen der Ober- und Unterseite der Zellen sorgen dafür, daß die Moleküle die Polarisationsebene des Lichtes genau um den Winkelbetrag drehen, daß es den zweiten Polarisationsfilter passieren kann. Wenn man aber an die Zelle ein elektrisches Feld anlegt, ordnen sich die Moleküle in eine andere Richtung an, und das Licht wird nicht mehr durchgelassen – die Zelle bleibt dunkel.*

Stellung umgeschaltet wird. In der Praxis beschichtet man die einzelnen Zellen, die das Bild der Anzeige aufbauen, auf der Ober- und Unterseite mit einer dünnen Schicht eines transparenten leitfähigen Materials, meist Indium- oder Zinnoxid. Legt man an diese Elektroden ein elektrisches Feld an, wird der orientierende Einfluß der gerichtet polierten Polyimidschichten unterdrückt, weil die Moleküle sofort herumschwingen und sich parallel zum Feld ausrichten (Abbildung 7.29). Die Polarisationsebene des durch den ersten Filter fallenden Lichts wird dann nicht mehr gedreht, weshalb das Licht vom zweiten Filter nicht durchgelassen wird. Das Bildelement bleibt schwarz.

Einer der großen Vorteile von Flüssigkristall-Anzeigen ist ihre Kompaktheit – sie lassen sich in der Dicke von Kreditkarten fertigen. Wenn die Fläche der Anzeigen größer wird, nimmt ihre Brauchbarkeit aber ab. Denn es erwies sich als ein äußerst kompliziertes und hartnäckiges Problem, eine große Zahl von Bildelementen zu verbinden und dabei sicherzustellen, daß sie sich nicht gegenseitig beeinflußen. Der Fernseher mit flüssigkristallinem Bildschirm, den man wie ein Bild einfach an die Wand hängt, ließ sich deshalb bisher nicht verwirklichen. Fortschritte konnten allerdings mit den in den siebziger und achtziger Jahren entwickelten sogenannten chiralen ferroelektrischen Flüssigkristallen erreicht werden. Anzeigen, die diese Verbindungen enthalten, funktionieren nach ähnlichen Prinzipien wie die zuvor entwickelten, mit „verdrillten nematischen" Flüssigkristallen arbeitenden Displays. Sie lassen sich aber schneller schalten und problemlos dichter packen, ohne daß es zu Interferenzen zwischen einzelnen Bildelementen kommt. Bildschirme, die auf diesen neuen Materialien basieren, können mittlerweile in der Größe einer Zeitschriftenseite gefertigt werden.

Fließende Farben

Bei aller Raffinesse von Flüssigkristall-Displays wäre es eigentlich ein wenig enttäuschend, wenn man diesen „vierten Aggregatzustand" für nichts anderes als Armbanduhren oder Fernseher nutzen könnte. Das ist aber nicht der Fall. Flüssigkristalle eröffnen heute der Materialwissenschaft eine ganze Palette aufregender neuer Perspektiven.

Viele Flüssigkristalle zeigen wie LB-Filme nichtlineare optische Eigenschaften, weshalb sie sich zur Frequenzverdopplung bei Lasern anbieten. Weil sich ihre optischen Eigenschaften elektrisch schalten lassen, sind Flüssigkristalle vielversprechende Materialien für den Bau „optoelektronischer" Computer, in denen zur Signalverarbeitung sowohl Licht als auch Elektrizität zum Einsatz kommt.

Kunststoffe können völlig neue und nützliche Eigenschaften besitzen, wenn die polymeren Bausteine flüssigkristalline Phasen ausbilden. In konventionellen Kunststoffen liegen die Molekülketten meist ungeordnet und ineinander verschlungen vor. Im flüssigkristallinen Zustand kann es in hohem Maße zu einer Ausrichtung der Ketten kommen. Diese Ordnung läßt sich einfrieren, wenn man das Polymer unter die Temperatur abkühlt, bei der es sich verfestigt. Kunststoffe aus flüssigkristallinen Polymeren zeigen infolge dieser hochregelmäßigen Molekülorientierung eine große Festigkeit. Die E. I. du Pont de Nemours Company aus Delaware hat Materialien dieser Art entwickelt. Die als aromatische Polyamide oder „Aramide" bezeichneten Polymere werden zu Fasern verarbeitet, die eine höhere Zugfestigkeit als Stahl aufweisen.

Einige flüssigkristalline Polymere lassen sich wegen ihrer optoelektronischen Eigenschaften als Medium für optische Speicher verwenden. Mit einem Laserstrahl kann man Informationen in das Material eintragen. Das Löschen der gespeicherten Daten erfolgt auch mit einem Laserstrahl, aber in Gegenwart eines elektrischen Feldes. Polymere dieser Art haben gute Chancen, bei der Produktion löschbarer und damit mehrfach bespielbarer Compact Discs eingesetzt zu werden.

Mit Flüssigkristallen lassen sich eindrucksvolle Farbeffekte erzielen. Deshalb gehört das Studium dieser Verbindungen zu den eher selten wissenschaftlichen Abenteuern, bei denen die Grenzen zwischen Wissenschaft, Kunst und Design aufgehoben sind. Das künstlerische Interesse rührt daher, daß die Farben von Flüssigkristallen nicht fixiert werden müssen, sondern auf verschiedene Weise variiert werden können. Der künstlerische Ausdruck gewinnt neue Dimensionen, weil sich in die Farbgebung ein unbeständiges, „kinetisches" Element einbringen läßt. Die Farben des schillernden Materials ändern sich mit dem Blickwinkel des Betrachters. Dadurch ist es möglich, die Bewegung des Betrachters in das Kunstwerk mit einzubeziehen. Vielleicht noch faszinierender sind die Möglichkeiten, die sich bei cholesterischen Phasen durch die je nach Temperatur variierenden Farben ergeben. Die Ganghöhe der Helix in diesen Phasen ist temperaturabhängig, gleichzeitig bestimmt sie aber auch die Wellenlänge des stark gestreuten Lichts. Deshalb sind solche Materialien thermochrom, sie ändern mit der Temperatur ihre Farbe. Daraus ist bereits eine Anwendung entwickelt worden: Stoffe, die je nach Körpertemperatur verschiedene Farben zeigen. Das Chemieunternehmen Merck UK vermarktet thermochrome Druckfarben auf Basis von Flüssigkristallen, die über den Siebdruck auf Gewebe aufgebracht werden können. Es entstehen wärmeempfindliche, in Regenbogenfarben schillernde Textilien. Ist es vielleicht nun möglich, stets die Farben der Saison zu tragen, ohne daß man sich überhaupt mit neuen Kleidern ausstatten muß?

Teil III

Chemie als komplexes Geschehen

8

Die chemischen Anfänge

Wie die Chemie lebendig wurde

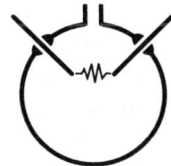

It is a long way from granite to the oyster ...

Ralph Waldo Emerson

Der amerikanische Chemiker Julius Rebek meinte einmal: „Am Anfang standen die Physik und die Chemie. Die Biologie aber gab es nicht." Mit anderen Worten, man kommt wohl nicht um die Einsicht herum, daß die beiden ersten Disziplinen die Biologie erst ins Leben riefen – es sei denn, man neigt zu einer eher biblisch orientierten Weltsicht. Während die Evolution vom primitiven zum komplexen Leben mehr den Biologen angeht, sind die ersten Erscheinungsformen von Leben auf der Erde ein Rätsel, das die Physik lösen muß. In früheren Zeiten lautete die grundlegende Frage: Kann Leben allein durch chemische Prozesse entstehen? Heute wissen wir ziemlich genau, wie die Replikation der DNA und die Produktion von Proteinen abläuft. Wir kennen die chemischen Grundlagen der Photosynthese, verstehen den Zellstoffwechsel, die Immunantwort und eine große Zahl anderer molekularer Prozesse, von denen das Leben abhängt. Nur wenige Wissenschaftler würden deshalb bezweifeln, daß diese Frage nicht eindeutig geklärt ist. Statt dessen hat sich das Interesse heute einem anderen Rätsel zugewandt: *Wie* konnten diese fein abgestimmten (bio)chemischen Systeme spontan auf einem Planeten entstehen, der aus nichts anderem als Gestein, Wasser und einer Mischung einfacher Gase bestand? Noch kennen wir längst nicht alle Antworten. Aber in diesem Kapitel werden wir sehen, wie weit wir mittlerweile gekommen sind und wie weit wir noch davon entfernt sind, eine wissenschaftlich korrekte Beschreibung des Ursprungs allen Lebens auf der Erde geben zu können.

Viele Menschen verabscheuen diese Versuche, selbst die, die keine Vorliebe für ein theologisches Weltbild haben. Sie befürchten vielleicht, daß wir unsere Existenz jeden spirituellen Inhalts berauben, wenn wir eine rein wissenschaftliche Erklärung für das Leben und seinen Ursprung finden. Kurios an diesem Standpunkt ist, daß er ein umfassendes Verstehen grundsätzlich für möglich hält – nur sollten wir nicht zu sehr in die Tiefe gehen, sondern einige Geheimnisse des Lebens bewußt unerforscht lassen, selbst wenn sie einer wissenschaftlichen Untersuchung zugänglich sind. Nichts scheint mir zerstörerischer für den menschlichen Geist zu sein, als ihm Grenzen aufzuerlegen. Solange wir sensibel und verantwortungsvoll vorgehen, dürfen wir Fragen stellen und uns neugierig der Forschung widmen. Meiner Ansicht nach verrät diese Haltung einen völligen Mangel an Vorstellungskraft. Wir brauchen uns vor einer wissenschaftlichen Erklärung zum Ursprung allen Lebens nicht zu fürchten. Wir verlieren durch sie nicht unsere Würde, allenfalls werden wir bescheidener. Warum wir lachen oder weinen, wird auch weiterhin rätselhaft bleiben; genausowenig ist erklärbar, was einige von uns antreibt, vor allem solchen Fragen nachzugehen. Die Welt wird nicht an Geheimnissen, an Spannung und Romantik verarmen. Falls wir unser Leben religiös ausgerichtet haben, werden auch die Grundfesten unserer religiösen Anschauungen keine Risse bekommen. Leben an sich ist aller Wahrscheinlichkeit nach ein chemischer Prozeß; aber was es bedeutet zu leben, das wird sich wissenschaftlichem Forschungsdrang wohl nie erschließen.

Vor dem neunzehnten Jahrhundert befand man sich nicht in diesem Zwiespalt. Damals war das Weltbild der Wissenschaftler simpler. Sie unterschieden zwei Arten von Stoffen, nämlich anorganische und organische. Zu den anorganischen Stoffen zählten beispielsweise Steine, die organischen leiteten sich von lebenden Dingen ab. Es war ein anerkannter Lehrsatz, daß es möglich sei, organische Materialien „inert" zu machen, d. h. in anorganische zu überführen. Der umgekehrte Vorgang, die Herstellung organischer Verbindungen aus anorganischen Substanzen, war nach dieser Lehre nicht möglich. So meinte der bedeutende deutsche Chemiker Baron Justus von Liebig einmal sinngemäß: „Man sollte bedenken, daß die Reaktionen einfacher Substanzen und mineralischer Verbindungen... auf keinen Fall bei der Untersuchung lebender Organismen Anwendung finden können." Damit war natürlich nicht die heikle Frage angesprochen, woher die ersten organischen Substanzen stammten. Aber in diesen vordarwinistischen Zeiten stand die helfende Hand Gottes bei so schwierigen Fragen allzeit bereit.

So wurden die Biologie und Chemie als eigenständige Disziplinen angesehen. Zur gleichen Zeit erkannte man aber auch, daß es auffällige Ähnlichkeiten zwischen beiden gab: Wie die Chemie beschäftigte sich die Biologie hauptsächlich mit der Umwandlung von Stoffen von einer Form in eine andere. Lebende Organismen nehmen organische Substanzen als Nahrung auf und bauen einen Teil davon in das körpereigene Gewebe ein. Die Überreste scheiden sie als Abfall aus. Die Wissenschaftler kamen aber nicht auf die Idee, daß diese biologischen Umwandlungen von den Gesetzen der Chemie bestimmt werden. Man glaubte, daß organische Substanzen von einer „Lebenskraft" erfüllt sind, die sie von der unbelebten Materie unterscheidet. Anorganische und tote Materialien, die in den Körper gelangen, nehmen nach dieser Vorstellung vitale Eigenschaften an und werden Teil des lebenden Organismus. Ebenso glaubte man, daß die vitalen Reserven der lebenden Materie „aufgezehrt" werden, was zum Tode führt. Man war sicher, daß nur lebende Organismen auch die Kraft haben, Leben zu spenden. Von allein kann Leben nicht in leblosem Material entstehen. Weithin ging man davon aus, daß chemische und vitale Kräfte *gegeneinander* wirken: die ersteren sorgen für den Abbau von organischem Material zu unbelebten Stoffen, die vitalen Kräfte dagegen treiben den Organismus zu Wachstum und Vermehrung an.

Im Laufe des neunzehnten Jahrhunderts wurde es immer schwieriger, die Trennung zwischen anorganischer und organischer Chemie aufrechtzuerhalten. Chemische Analysen von organischem Material zeigten, daß es Kohlenstoff und Wasserstoff, meist auch Sauerstoff und Stickstoff und häufig Schwefel und Phosphor enthielt. Alle diese Elemente fand man auch in anorganischen Stoffen, beispielsweise in Mineralien. Die Chemiker entdeckten, daß sich gemeinhin als organisch angesehene Verbindungen aus anorganischem Ausgangsmaterial herstellen ließen: Im Jahre 1828 synthetisierte der deutsche Chemiker Friedrich Wöhler aus Ammoniumcyanat, einem kristallinen Salz, Harnstoff. Einige Jahrzehnte später stellte der französische Chemiker Marcellin Berthelot aus Kohlenstoff und Wasserstoff Acetylen her. Inzwischen war die Thermodynamik geboren. Durch sie rückten die organische und anorganische Chemie noch näher zusammen. Denn sie zeigte deutlich, daß es nicht notwendig war, zwischen einer mysteriösen Lebenskraft und den Energieumwandlungen, die anorganische Reaktionen antreiben, zu unterscheiden. Die Atmung zum Beispiel ließ sich als ein Energie (oder Wärme) liefernder Prozeß verstehen, bei dem Nahrung durch atmosphärischen Sauerstoff verbrannt wird. Natürlich bestanden zwischen biochemischen Reaktionen und denen der anorganischen Chemie unübersehbare Unterschiede. Die letzteren schienen beispielsweise kontrollierter, organisierter und konzertierter abzulaufen. Doch mußten die Chemiker und Biologen letztlich akzeptieren, daß auf molekularer Ebene keine Grenzen zwischen beiden Disziplinen bestehen. Dieselben Stoffe können sowohl in der belebten als auch in der anorganischen Materie vorkommen. Die Chemie des Lebens gehorcht den gleichen Gesetzen wie die Chemie der Gase, Mineralien und Metalle.

All dies verbirgt sich hinter den Worten von Julius Rebek und seinem Schluß, daß irgendwann in früher Zeit die Chemie der Biologie den Weg bereitete. Wir müssen weder einen geheimnisvollen „Funken des Lebens" beschwören, um Lebewesen auf unserem Planeten entstehen zu lassen, noch müssen wir an Materie durchdringende Lebenskräfte glauben, die von Gott oder von Göttern gesandt wurden. Leben entstand spontan aus toter Materie. Was wir über das „Wie" herausgefunden haben, ist Gegenstand dieses Kapitels. Mit dem „Wo" und „Wann" wird sich das zehnte Kapitel beschäftigen. Die Frage nach dem „Warum" ist (noch) kein Thema der Wissenschaft, obwohl sie zweifellos die interessanteste Frage ist.

Die irdischen Anfänge

Ein Rezept für die Ursuppe

Im fünften Kapitel haben wir erfahren, daß Proteine die Bausteine des Lebens sind. Das Gewebe der Organismen besteht größtenteils aus Proteinen. Bestimmte hochspezialisierte

Proteine – die Enzyme – spielen eine zentrale Rolle bei den chemischen Prozessen, die das Leben erhalten. Bei den ersten Versuchen, die chemischen Prozesse des Lebens zu verstehen, ging man der Frage nach, wie Proteine ohne die Beteiligung lebender Organismen hergestellt werden können. Doch sollten wir nicht vergessen, daß es auch viele nicht-proteinartige Biomoleküle gibt, ohne die wir nicht auskommen können, wozu nicht zuletzt die DNA gehört. Ich komme darauf an passender Stelle zurück.

Die Grundbausteine der Proteine sind die Aminosäuren. Proteine entstehen durch die Verknüpfung von Aminosäuren über Peptidbindungen. Wenn wir uns mit der Entstehung von Proteinen auf der leblosen (präbiotischen) Erde befassen, müssen wir zuerst der Frage nachgehen, wie die Aminosäuren entstanden sind. Dies ist eine vergleichsweise einfache Frage. Während die Struktur von Proteinen außerordentlich kompliziert sein kann, stellen Aminosäuren relativ kleine organische Moleküle dar, von denen es in lebenden Organismen gerade einmal zwanzig verschiedene Varianten gibt.

Fossile Funde legen nahe, daß Leben auf der Erde nicht früher als vor 3.5 Milliarden Jahren, das heißt, nicht eher als ungefähr eine Milliarde Jahre nach der Entstehung des Planeten, entstand. Die Analyse der chemischen Zusammensetzung von altem Gestein führte den russischen Biologen Alexander Oparin in den zwanziger Jahren unseres Jahrhunderts zu dem Schluß, daß die elementaren Bestandteile der Aminosäuren – Kohlenstoff, Wasserstoff, Sauerstoff und Stickstoff – auf der jungen Erde in anderen molekularen Formen vorkamen als in unserer heutigen Welt. Stickstoff zum Beispiel liegt heute in der Atmosphäre hauptsächlich in Form des Moleküls N_2 vor, damals dagegen als Ammoniak, NH_3. Kohlenstoff war in der Atmosphäre größtenteils als Methan (CH_4) gebunden. Heute liegt er überwiegend als Kohlendioxid vor. Oparin meinte, daß einfache organische Moleküle in einer Uratmosphäre aus Methan, Ammoniak, Wasserstoff und Wasserdampf entstanden sein könnten, und zwar in Reaktionen, die durch die ultraviolette Strahlung der Sonne oder durch Blitze ausgelöst wurden.

Ohne die Arbeiten Oparins zu kennen, formulierte der britische Biologe J. B. S. Haldane ähnliche Ideen. Die Theorie, daß das Leben aus der chemischen Synthese von organischen Verbindungen in der Atmosphäre, die sich dann in den Ozeanen zur „Ursuppe" anreicherten, hervorging, wird heute oft als Oparin-Haldane-Szenario bezeichnet.

In den fünfziger Jahren machten sich an der University of Chicago der amerikanische Chemiker Harold Urey und sein Student Stanley Miller daran, diese Hypothese zu überprüfen. Um herauszufinden, ob organische Verbindungen tatsächlich in der Uratmosphäre entstanden sein könnten, entschied sich Miller für ein Experiment, das die Bedingungen auf der frühen Erde (so weit diese bekannt waren) nachahmte. Urey und Miller ließen eine Mischung aus Methan, Ammoniak, Wasser und Wasserstoff (von der sie annahmen, daß sie der Zusammensetzung der frühen Atmosphäre nahekam) durch eine Reaktionsapparatur zirkulieren. Sie erhitzten den Mix und setzten anschließend die entstehenden Gase einer elektrischen Entladung, die einen Blitzschlag simulierte, aus. In einem nachgeschalteten Teil der Apparatur wurde die Reaktionsmischung dann abge-

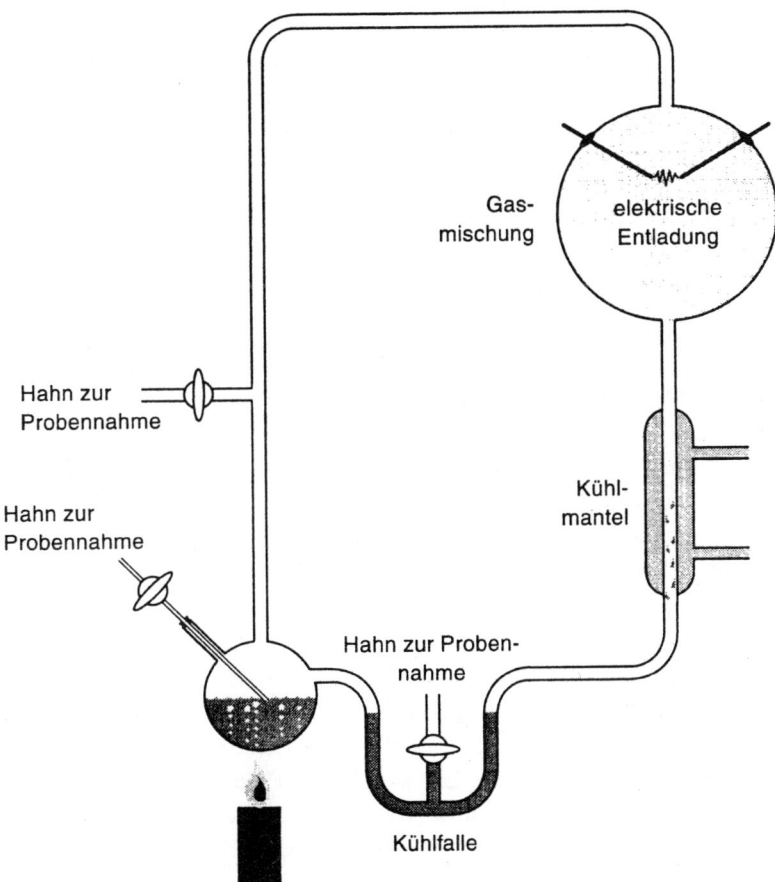

Hahn zur
Probennahme

Hahn zur
Probennahme

Gas-
mischung

elektrische
Entladung

Kühl-
mantel

Hahn zur Proben-
nahme

Kühlfalle

Abbildung 8.1 *Die Apparatur, mit der Harold Urey und Stanley Miller die Entstehung organischer Verbindungen in der frühen Erdatmosphäre nachahmten. Eine Mischung aus Wasserstoff, Ammoniak, Methan und Wasser zirkuliert durch das System. In einer Kammer induziert eine elektrische Entladung chemische Reaktionen, in denen organische Verbindungen, darunter auch einfache Aminosäuren, entstehen. In einem anderen Teil der Apparatur werden die Reaktionsprodukte abgekühlt. Es kondensiert Wasser, worin sich die neu gebildeten organischen Verbindungen lösen und ansammeln.*

kühlt und kondensiert (siehe Abbildung 8.1). Nachdem das Experiment eine Woche lang gelaufen war, fanden Urey und Miller eine Mischung aus organischen Verbindungen vor, gelöst in dem Wasser, das in dem gekühlten Teil des Kreislaufs kondensiert war. Darunter befanden sich beträchtliche Mengen einfacher Aminosäuren wie Glycin und Alanin.

Andere Wissenschaftler stellten dieses bahnbrechende Experiment nach und kamen zu ähnlichen Ergebnissen. Sie setzten andere Energiequellen ein, beispielsweise Elektronenstrahlen oder einfach nur Wärme. Das Urey-Miller-Experiment war deshalb so wichtig, weil es vorführte, daß die organischen Moleküle, die entscheidend an der Entstehung des Lebens beteiligt gewesen sein sollen, unter groben, unspezifischen Bedingungen aus einfachen Ausgangsverbindungen produziert werden können. In dieser Hinsicht ist seine Bedeutung für die Suche nach dem Ursprung des Lebens bahnbrechend. Anfänglich neigte man allerdings dazu, die Ergebnisse überzubewerten. Sie wurden manchmal so dargestellt, als hätte man in den Reaktionsgefäßen Leben erschaffen.

Mittlerweile gibt es beträchtliche Zweifel daran, daß die Mischung der Chemikalien im Urey-Miller-Experiment der tatsächlichen chemischen Zusammensetzung der frühen Erdatmosphäre nahe kommt. Anstelle von Verbindungen, die hauptsächlich Wasserstoff enthielten (eine Mischung, die Chemiker als „reduzierend" bezeichnen), könnten in der Atmosphäre auch große Mengen an sauerstoffhaltigen Verbindungen wie Kohlenstoff- und Stickstoffoxide vorgelegen haben. Eine derartige Zusammensetzung ist der Bildung von Aminosäuren weitaus weniger dienlich. Denn wenn viele sauerstoffhaltige Verbindungen zugegen sind, bedeutet dies, daß die organischen Verbindungen Gefahr laufen, direkt nach ihrer Bildung zu „verbrennen".

Heiße Quellen und Katzengold

Damit anorganische Gase zu organischen Molekülen reagieren, muß Energie zugeführt werden, die die Reaktionen antreibt – beispielsweise Gewitter, Vulkane oder ultraviolettes Licht. Diese Energiequellen sind aber gleichermaßen in der Lage, die empfindlichen organischen Moleküle zu zerstören. Ein ganz anderer Vorschlag für die präbiotische Synthese von Aminosäuren geht deshalb von Energiequellen aus, die in großen Tiefen auf dem Meeresgrund liegen. Denn dort sind die organischen Reaktionsprodukte vor den rauhen Bedingungen auf der Erdoberfläche geschützt.

In den siebziger Jahren entdeckte man mit Tiefseemeßgeräten auf dem Grund des Pazifischen Ozeans heiße Quellen, die Wasser sehr hoher Temperatur, manchmal über 300 Grad Celsius heiß, ausstoßen (wegen der extrem hohen Drücke in diesen Tiefen erhöht sich der Siedepunkt des Wassers, es bleibt dann trotz der hohen Temperaturen flüssig). Diese als hydrothermale Schlote bezeichneten Quellen entstehen dadurch, daß Meerwasser durch Risse und Poren in die Erdkruste absinkt und vom Magma im Erdinnern erhitzt und zum Meeresgrund zurückgedrückt wird. Die Schlote sind häufig in Regionen anzutreffen, in denen es sehr aktive unterseeische Vulkane gibt, beipielsweise an den mittelozeanischen Rücken. Dort türmt sich geschmolzenes Gestein aus der Tiefe des Erdmantels auf und bildet eine neue ozeanische Kruste. Das aus den Schloten herausschießende heiße Wasser ist meist reich an Mineralien. Diese setzen sich ab und bilden lange, kaminähnliche Strukturen aus (Bild 13). Die Flüssigkeit aus den Schloten ist trüb und undurchsichtig wie Rauch, weil sie kleine mineralische Partikel mit sich führt.

John Corliss vom Goddard Space Flight Center der NASA in Maryland gehörte zu dem Team, das die hydrothermalen Schlote entdeckte. Er und seine Kollegen fanden heraus, daß die Kamine der Schlote mit ganzen Gesellschaften von Lebewesen übersät waren, zum Beispiel mit Muscheln, marinen Würmern und Bakterien. Die Bakterien beziehen ihre Energie und Nahrung zumindest teilweise aus den schwefelhaltigen Verbindungen, die in der vulkanischen Umgebung entstehen und von den Schloten ausgestoßen werden. Sie gehören zu einer sehr ursprünglichen Klasse, den Archebakterien. Sie aalen sich glücklich in der heißen Umgebung und kommen gänzlich ohne Sauerstoff aus – dies sind Fähigkeiten, die auch die ersten Organismen beherrschen mußten.

An den hydrothermalen Schloten scheint es keineswegs übermäßig heiß zu sein, denn sie stellen für die Lebewesen offenbar ein angenehmes Zuhause dar. Nach Ansicht von Corliss boten die Schlote ideale Voraussetzungen, um Leben entstehen zu lassen. Die vulkanischen Gase, die mit dem heißen, ausströmenden Wasser der Schlote vermischt sind, enthalten hauptsächlich einfache chemische Verbindungen, wie H_2, N_2, Schwefelwasserstoff, Kohlenmonoxid und Kohlendioxid, aus denen komplexere organische Verbindungen entstehen können. Ebenso ist eine Energiequelle (das heiße Schlotwasser) zugegen, um die präbiotische Chemie anzutreiben. Und es gibt Nährstoffe im Überfluß in Form von Mineralien, von denen sich die einfachen Organismen hätten ernähren können (anorganische Nährstoffe sind auch heute noch ein wichtiger Bestandteil der Nahrung mariner Mikroorganismen). Falls wirklich einst Lebewesen das Innere der Schlote besiedelt haben, glaubt Corliss, daß sie vor den schlimmsten Naturkatastrophen auf der jungen Erde, beispielsweise den gigantischen Meteoriteneinschlägen, geschützt waren. Die Schlot-Hypothese von Corliss setzt die Worte des Griechen Archelaus aus dem fünften Jahrhundert vor Christus in ein seltsam prophetisches Licht, der sinngemäß meinte: „Als die Erde allmählich erwärmt wurde, kamen in ihrem unteren Teil, dort wo sich das Warme und Kalte vermischten, viele Wesen zum Vorschein, die sich von Schlamm ernährten."

Einige Wissenschaftler, darunter Stanley Miller, halten die Schlot-Hypothese nicht für schlüssig. Nach Ansicht von Miller sind die Temperaturen des Wassers in den meisten Schloten so hoch, daß organische Moleküle eher zerstört als erzeugt werden. Weil etwa alle acht bis zehn Millionen Jahre eine Wassermenge durch die Schlote und mittelozeanischen Rücken zirkuliert, die der Gesamtwassermenge der Weltmeere entspricht, folgert Miller, daß der Meeresvulkanismus die Entstehung von Leben eher unterdrückt hat. Denn durch den Vulkanismus werden selbst die organischen Verbindungen verbrannt, die an anderer Stelle im Meer entstanden sind. Es ist nur schwer vorstellbar, daß die Chemie, die zu lebenden Organismen geführt haben soll, bei Temperaturen von mehreren hundert Grad Celsius abgelaufen ist. Jede Aminosäure und jeder Zucker, der in dieser Umgebung entsteht, würde nicht einmal eine Minute lang überleben, sondern sofort wieder zerstört werden.

Anhänger der Schlottheorie halten dagegen, daß in größerer Entfernung von der Wasseraustrittsstelle die Temperaturen milder werden, das Wasser aber immer noch reich an vulkanischen Gasen und Nährstoffen ist. Geologen der Universität Glasgow in Schottland berichteten über „Minischlote" aus Eisenpyrit, die Wasser mit Temperaturen unter 150 Grad Celsius ausstoßen. Sie bilden sich auf dem Meeresgrund in der Nähe der Schlotsysteme aus. Die Forscher glauben, daß die chemische Umgebung in diesen mineralischen Strukturen ideal für die Bildung und Verknüpfung einfacher organischer Moleküle ist. Die Theorie von der Entstehung des Lebens in hydrothermalen Schloten wird wohl auch weiterhin lebhaft diskutiert werden. Aber man kann über den spekulativen Charakter dieses Modells nicht hinwegsehen. Denn es fehlen präzise Erklärungen, wie es im Detail funktionieren soll.

Einer der Hauptbefürworter des Schlotmodells ist der Chemiker A. G. Cairns-Smith aus Glasgow. In mehrjähriger Arbeit hat er eine alternative Theorie zum Ursprung des Lebens entwickelt, die bizarr anmutet. Er vertritt die Ansicht, daß sich die ersten selbstreplizierenden „Organismen" vielleicht nicht aus organischen Molekülen aufbauten, sondern aus anorganischen Kristallen bestanden. Die Idee ist recht eigentümlich, doch geht sie von Gesetzen aus, die denen bei der Replikation von DNA-Molekülen ähneln. Das Modell war so faszinierend, daß es ernsthafte Beachtung fand. Cairns-Smith wies darauf hin, daß Kristalle in einer Art matrizengesteuertem Prozeß wachsen. Die Kristalloberfläche stellt dabei ein dirigierendes Gerüst dar, das den Aufbau einer neuen Kristallschicht steuert. Auf ähnliche Weise dient ein DNA-Einzelstrang als Vorlage beim Aufbau eines neuen Stranges. Viele Kristalle lassen sich relativ leicht parallel zu den Netzebenen der Atome spalten. Das Wachstum und die anschließende Spaltung eines Kristalls, so Cairns-Smith, läßt sich als eine Art Replikation ansehen, ähnlich dem Zellwachstum und der Zellteilung. Darüber hinaus ist bekannt, daß Kristalloberflächen mit unterschiedlicher Geschwindigkeit wachsen. Dabei wird die Wachstumsgeschwindigkeit von Unregelmäßigkeiten und Fehlern in der sonst perfekten Kristallstruktur beeinflußt. Auf diese Weise könnte es, meint Cairns-Smith, unter den leicht unterschiedlichen Kristallformen zu Mutationen und zu einem Wettbewerb im Sinne der Evolution gekommen sein.

Cairns-Smith glaubt, daß sich Tonmineralien besonders gut als einfache, anorganische Replikatoren eignen. Bei ihnen handelt es sich um viellagige Sandwiches aus negativ geladenen Alumosilicatschichten, die mit Wasser und Metall-Ionen angefüllt sind (siehe Abbildung 8.2). Die Metallionen zwischen den Schichten sind relativ leicht austauschbar. So nutzt man den Ionenaustausch in Tonmaterialien beispielsweise bei der Wasseraufbereitung, um giftige Metalle auszusieben. Cairns-Smith glaubt, daß sich verschiedene Metallsequenzen zwischen den Alumosilicatschichten wie primitive „Genbanken" verhalten und vorteilhafte Merkmale an neu heranwachsende Kristalle weitergeben.

Zweifellos wirkt die Idee von den Replikatoren aus Ton recht konstruiert, doch behauptet Cairns-Smith nicht, daß diese Systeme in irgendeiner Hinsicht als lebende Organismen (oder gar „Anorganismen") angesehen werden können. Vielmehr glaubt er,

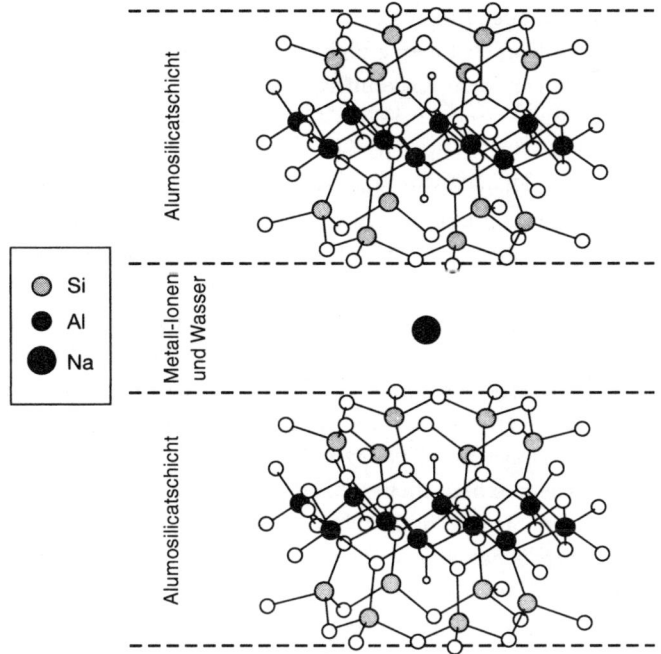

Abbildung 8.2 *Die Kristallstruktur von Natriummontmorillonit ist typisch für viele Tonarten. Es besteht aus negativ geladenen Alumosilicatschichten, die durch positiv geladene Natrium-Ionen voneinander getrennt sind. Meist enthalten die Räume zwischen den Schichten eine beträchtliche Menge Wasser.*

daß sie sich so weit entwickelten, daß sie die Bildung organischer Moleküle erleichtert haben. Anfänglich waren seinen Vorstellungen zufolge die organischen Moleküle nur Sklaven, geschaffen, um den Kristallen bei der Replikation zu helfen. Später aber sind sie selbst Meister der Replikation geworden. Für die Theorie spricht, daß Tonmineralien manchmal recht gute Katalysatoren bei Reaktionen von organischen Verbindungen sind. Wegen ihrer variablen Schichtdicke legen sie zuweilen eine katalytische Spezifität an den Tag, die an die der Zeolithe heranreicht (siehe zweites Kapitel). Darüber hinaus ist von einigen organischen Molekülen bekannt, daß sie als Wachstumshemmer oder -förderer das gerichtete Wachsen bestimmter Kristallflächen steuern. Diese Form der Kontrolle des Mineralwachstums ist von entscheidender Bedeutung für den Aufbau von Biomineralien, beipielsweise in den Zähnen oder in den Knochen. Sie wird von Proteinen sehr geschickt orchestriert.

Mineralien stehen auch im Mittelpunkt eines neueren Beitrags, der sich mit dem Ursprung des Lebens befaßt. Er stammt von dem deutschen Patentanwalt und ehemaligen Chemiker Günter Wächtershäuser. Seine Theorie konzentriert sich vor allem auf die Energiequelle, die die präbiotische Chemie angetrieben haben könnte, und geht weniger detailliert auf die entstehenden Moleküle ein. Bei den meisten biochemischen Reaktionen stehen hinter der antreibenden Energie Elektronen: Bei den Reaktionen assistieren oft Enzyme, die es verstehen, den Reaktanten Elektronen zu liefern oder von ihnen abzuziehen. Dies ist in der anorganischen Chemie nicht viel anders. Als potentielle Elektronenquelle hat Wächtershäuser dabei insbesondere die Eisenpyrite - Katzengold oder FeS_2 - ausgemacht. Diese Verbindung ist Hauptbestandteil der „Minischlote", die die Geologen aus Glasgow entdeckten. Wächtershäuser vermutet, daß die Eisenpyrite als eine Art Batterie gewirkt haben, die den Stoffwechsel einfacher präzellulärer Organismen antrieb. Die Organismen könnten aus Schichten organischer Moleküle bestanden haben, die an der positiv geladenen Oberfläche des Minerals hafteten. Elementares Eisen und dessen anderes Sulfid, das FeS, sind möglicherweise, so Wächtershäuser, von diesen „Oberflächen-Stoffwechslern" abgesondert und in FeS_2 umgewandelt worden. Dabei kam es zur Freisetzung von Elektronen für den Stoffwechselprozeß.

Wächtershäuser gibt ohne Umschweife zu, daß seine Theorie sehr spekulativ ist. Doch hat sie durch die Existenz einer seltenen Bakterienart, die tatsächlich winzige Partikel aus Eisenpyrit in ihren Stoffwechsel einbinden, beträchtlich an Ansehen gewonnen. Wächtershäusers „Oberflächen-Stoffwechsler" müßten es dann noch geschafft haben, sich von der Oberfläche der Mineralien zu lösen, ihre organische, membranähnliche Hülle zu einem sackartigen Gebilde zu verschließen und dabei ein winziges Bröckchen Eisenpyrit einzulagern. Dann ließen sie sich als eine sehr grobe Art von Organismus ansehen - als Protozellen, die eigene Batterien enthalten.

Außerirdische Ursprünge

Panspermie - Leben von den Sternen

Es mangelt nicht an Theorien zur Entstehung organischer Moleküle auf der frühen Erde, doch vertreten einige Forscher die Ansicht, daß die Bausteine des Lebens fix und fertig aus dem Weltall zu uns kamen.

Im Jahre 1908 äußerte der schwedische Chemiker Svante Arrhenius die Vermutung, daß die Saat des Lebens aus tiefgefrorenen Sporen aufgegangen sein könnte, die durch den Strahlungsdruck der Sterne aus einer anderen Welt auf die Erde geweht wurden. Arrhenius prägte im Zusammenhang mit dieser Hypothese den Begriff „Panspermie". Es war ein recht versponnener und noch dazu unwissenschaftlicher Ansatz, weil es kaum Möglichkeiten gibt, ihn zu überprüfen. Francis Crick schreckte dies aber nicht ab, denn er ließ die Idee in seinem Buch *Life itself* von 1981 wiederauferstehen. Crick spekuliert darin über die Existenz „gesendeter Panspermien". So könnte eine Rasse von Wesen aus einem anderen Sonnensystem Lebenskeime in den Weltraum ausgesandt haben, um die Entstehung bewohnbarer Planeten zu fördern. An dieser Stelle geraten wir nun wirklich ins Reich der Science-Fiction, was Crick selbst auch erkannte: Sein Vorschlag sei nichts weiter als eine spielerische Exploration der Panspermie-Hypothese (obgleich sich seine

Frau eine Zeitlang fragen mußte, ob der Nobelpreis ihren Mann um den Verstand gebracht hatte).

Angesichts dieser wilden Spekulationen fragen Sie sich vielleicht, welche Gründe es überhaupt gibt, einen außerirdischen Ursprung des Lebens als eine ernsthafte Alternative zu den vorhin vorgestellten, rein irdischen Entstehungsmodellen zu diskutieren. Wir haben keinen trifftigen Grund zu der Annahme, daß außerhalb unserer Atmosphäre Leben existiert (es sei denn, wir bringen es dorthin). Doch wurde auch eindeutig bewiesen, daß die Rohstoffe des Lebens, nämlich organische Moleküle, im Weltraum entstehen können. Astronomen haben in den Spektren der interstellaren Gaswolken die Signaturen einfacher organischer Substanzen wie Methanol, Formaldehyd und Cyanwasserstoff nachgewiesen. Vor allem die zuletzt genannte Verbindung ist ein ideales Ausgangsmaterial zur Synthese einer Vielzahl komplexerer organischer Moleküle, einschließlich der Aminosäuren. Die Bedingungen im interstellaren Raum erscheinen kaum geeignet, eine präbiotische Chemie zu fördern. Es gibt aber zwingende Beweise, daß im Weltraum entstandene organische Moleküle auf die Erde herabfallen können.

Das Bombardement der Erde

Den größten Teil unseres Wissens über die extraterrestrische organische Chemie haben wir aus der Analyse von Gesteinen gewonnen, die als Meteoriten auf der Erde einschlugen. Diese kosmischen Trümmerklumpen sind unterschiedlicher Herkunft. Viele von ihnen stammen aus dem Asteroidengürtel, einem Ring aus steinigen Himmelskörpern, die aus der Entstehungszeit unseres Planetensystems übrig geblieben sind. Der Ring liegt zwischen Mars und Jupiter. Einige der Asteroiden wandern über den Orbit des Mars hinaus weiter in das Innere des Sonnensystems. Ab und zu, allerdings sehr selten, gelangt ein streunender Asteroid in die Nähe der Erde oder kollidiert sogar mit ihr. Über dem Tunguska, einem Fluß in Sibirien, kam es im Jahre 1908 zu einer Explosion in der Atmosphäre, bei der Bäume im Umkreis von Hunderten von Quadratkilometern umgeknickt wurden (siehe Abbildung 8.3). Heute geht man davon aus, daß die hinter der Explosion steckende, gewaltige Energiemenge von einem Asteroiden mit einem Durchmesser von ungefähr zehn Metern herrührte, der über dem Gebiet zerplatzte. Ereignisse in der Größenordnung von Tunguska kommen schätzungsweise alle 250 Jahre vor. Doch sinkt die Wahrscheinlichkeit für einen größeren Einschlag rapide mit der Größe des einfallenden Himmelskörpers ab. Auf jeden Fall hätte der Einschlag eines noch größeren Asteroiden auf der Erde katastrophale Folgen: Bei einem Zusammenstoß mit einem Asteroiden von zehn Kilometern Durchmesser würde mehr Energie freigesetzt als bei der Zündung von einhundert Millionen Kernsprengköpfen mit jeweils einer Megatonne Sprengkraft – eine Zerstörungskraft, die um vieles größer ist als die des gesamten weltweiten Kernwaffenarsenals. Die Auswirkungen einer solchen Explosion könnten die gesamte Menschheit auslöschen.

Die zweite potentielle Quelle für Meteoriten sind Kometen. Diese sind wie die Asteroiden Trümmer, die sich nie richtig zu Planeten zusammengeballt haben. Sie

Abbildung 8.3 *Im Jahre 1908 knickte eine Explosion in der Atmosphäre über dem Tunguska in Sibirien Bäume auf einer Fläche von Hunderten von Quadratkilometern um. Heute glaubt man, daß die Explosion durch das Zerbersten eines riesigen Meteoriten von vielleicht 10 Metern Durchmesser hervorgerufen wurde. (Mit freundlicher Genehmigung des American Museum of Natural History, New York)*

kommen aus viel weiter entfernten Bereichen des Weltalls. Hinter Pluto erstreckt sich mit einem Radius von ungefähr zwei Lichtjahren – auf halbem Weg zum nächstgelegenen Stern – eine kugelschalenförmige Wolke aus Kometen, die sogenannte Oort-Wolke, die von der dort nur schwach wirkenden Gravitationskraft der Sonne zusammengehalten wird. Wegen der großen Entfernung zur Sonne können die Himmelskörper der Oort-Wolke aber auch unter den Einfluß der Gravitationskräfte anderer Sterne geraten. Der „Schubs" eines benachbarten Sterns führt dann dazu, daß ein Objekt abgelenkt wird und als Komet durch das Sonnensystem rast.

Einige Kometen, wie der Halleysche Komet, fliegen auf Umlaufbahnen, die sie in regelmäßigen Intervallen in das Sonnensystem hinein- und wieder herausführen. Es kommt aber nur sehr selten vor, daß ein Komet mit einem Planeten kollidiert. Als dieses Buch geschrieben wurde, befand sich der Komet Shoemaker-Levy 9 auf Kollisionskurs mit Jupiter und sollte dort im Juli 1994 aufschlagen. Kosmische Ereignisse wie diese sind von einer unvorstellbaren Größenordnung. Einige kleinere Meteoriten hält man für Bruchstücke von zerfallenen Kometen, die an der Erde vorbeizogen.

Abbildung 8.4 *Meteor Crater in Arizona zeugt von den gigantischen Einschlägen, denen unser Planet in seiner früheren Geschichte ausgesetzt war. (Mit freundlicher Genehmigung von David Roddy, U. S. Geological Survey, Flagstaff, Arizona)*

In den frühen Tagen der Erde war die Zahl der Trümmer, die durch das Sonnensystem drifteten, viel größer als heute. Dieses Material wurde, als das Sonnensystem entstand, bei der Planetenbildung nicht mit aufgesogen. Deshalb kam es damals zu einem viel heftigeren Bombardement der Erde mit großen Meteoriten. Anzeichen für diesen schweren Beschuß sind noch immer auf der Mondoberfläche zu sehen, die wegen der großen Einschlagskrater pockennarbig aussieht. Die Spuren der meisten Einschlaglöcher auf der Erde sind von der Deformation, Zerstörung und Erneuerung der Erdkruste – ausgelöst durch die Bewegung der Erdplatten – ausgelöscht worden; diejenigen aber, die übrigblieben, zeugen von den ungeheuerlichen Schlägen, die den jungen Planeten damals schüttelten. Meteor Crater in Arizona hat zum Beispiel einen Durchmesser von 1.4 Kilometern (siehe Abbildung 8.4). Ebenso scheint eine Vertiefung von vierzig Kilometern Breite unter der Barentsee von einem riesigen Einschlag vor ungefähr 40 Millionen Jahren herzurühren.

Dieses heftige Bombardement hörte vor rund 3.5 Milliarden Jahren auf, zu einem Zeitpunkt also, als bereits Leben aufgetreten sein dürfte. Schon seit längerem vermutet man, daß schwere Einschläge tiefgreifende Konsequenzen für die Evolution des Lebens gehabt haben könnten. Im Moment wird darüber gestritten, ob die Folgen positiv oder negativ waren.

In Anbetracht der Energiemengen, die bei einem Einschlag freigesetzt werden, könnte man spontan folgern, daß Meteoriteneinschläge nur Zerstörung mit sich bringen. Fossile Funde belegen, daß die Dinosaurier, die den Planeten vor 150 bis 200 Millionen Jahren bevölkerten, am Ende der Kreidezeit vor 65 Millionen Jahren recht plötzlich ausstarben. Im Jahre 1980 behaupteten Walter Alvarez und Mitarbeiter von der University of California in Berkeley, daß das Aussterben die Folge eines riesigen Meteoriteneinschlags war. Sie stützten ihre These vor allem mit der Entdeckung, daß Sedimente aus dieser Zeit reich an Iridium sind. Dieses Element kommt auf der Erde recht selten vor, in Kometen dagegen trifft man es viel häufiger an. Alvarez und seine Kollegen glauben, daß durch den Einschlag eines Kometen mit einem Durchmesser von vielleicht zehn Kilometern iridiumreiche Stäube in der Atmosphäre verteilt wurden. Dies löste größere Klimaveränderungen aus, die innerhalb von Jahrzehnten zum Aussterben der Dinosaurier führten. Mittlerweile gibt es überzeugende geologische Hinweise auf dieses katastrophale Ereignis. Die Einschlagstelle liegt vermutlich in Chicxulub in Mexiko.

Fossile Funde lassen darauf schließen, daß es lange vor der Zeit der Dinosaurier weltweit mehrfach zu einer Auslöschung des Lebens kam. Einige Wissenschaftler nehmen an, daß die Evolution durch Einschläge riesiger Meteoriten mehrfach zurückgeworfen wurde. Es könnte sogar sein, daß der Ursprung des Lebens kein einmaliges Ereignis war, sondern daß das Leben einige Male von vorn beginnen mußte. Bei all den Beschreibungen der zerstörerischen Wirkung von Meteoriten klingt es vielleicht überraschend, wenn andererseits auch behauptet wird, daß sie die Entwicklung des Lebens gefördert haben könnten. Der Gedanke, daß sie vielleicht sogar die *Quelle* des Lebens waren, scheint denkbar absurd – er ist es aber nicht.

Organische Moleküle aus Meteoriten

In den 60er Jahren entdeckte man, daß einige Meteoriten, die zur Klasse der kohlenstoffhaltigen Chondriten zählen und reich an Kohlenstoffverbindungen sind, auch organische Verbindungen enthalten. Angeblich wurden in einigen Meteoriten sogar fossile Pflanzen gefunden, und im Jahre 1966 behauptete Harold Urey, daß er *noch lebende* Mikroben in Meteoritenmaterie entdeckt habe. Diese phantastischen Behauptungen hielten aber einer weiteren Überprüfung nicht stand: So ließ sich beispielsweise nachweisen, daß Ureys Ergebnisse von Verunreinigungen seiner Proben mit terrestrischen Mikroben herrührten.

Die Ergebnisse des Chemikers Cyril Ponnamperuma aus Sri Lanka und seiner Mitarbeiter vom Ames Research Center der NASA in Kalifornien waren dagegen nicht so leicht zu entkräften. Die Wissenschaftler hatten Materialproben von einem Meteor, der 1969 über der Stadt Murchison in Australien explodiert war, analysiert und darin kleine Mengen von Aminosäuren entdeckt. Dem Einwand, es könne sich nur um terrestrische Verunreinigungen handeln, stand entgegen, daß die Aminosäuren aus Murchison Merkmale aufweisen, die sie von den Aminosäuren lebender Organismen auf der Erde unterscheiden. Im zweiten Kapitel haben wir gesehen, daß mit Ausnahme von Glycin alle in lebenden Organismen auf der Erde vorkommenden Aminosäuren chiral sind. Sie können theoretisch in zwei spiegelbildlichen Formen (Enantiomere) auftreten. Doch ist in der Natur jeweils immer nur eines der beiden Enantiomere zu finden (nämlich die linkshändige oder L-Form). Ponnamperumas Untersuchungen der Aminosäuren aus Murchison zeigten, daß sie gleiche Mengen der links- und der rechtshändigen D-Form enthalten. Des weiteren war der Anteil des schweren Isotops Kohlenstoff

13 in den Aminosäuren des Meteoritenmaterials größer als in terrestrischer organischer Materie. Und es zeigte sich, daß viele der in den Murchison-Bruchstücken gefundenen Aminosäuren nach heutigen Kenntnissen nicht in lebenden Organismen produziert werden: Während in der Natur gerade einmal zwanzig Aminosäuren vorkommen, konnten in den Murchison-Chondriten bis zu 74 Varianten isoliert werden.

Ponnamperumas Ergebnisse ließen den Schluß zu, daß die Aminosäuren auf extraterrestrischen Körpern wie Asteroiden oder Kometen gebildet und als Meteoriten auf die Erde gelangt sein könnten. Dies stellt eine Alternative zu der Oparin-Haldane-Hypothese und anderen Theorien dar, die die Entstehung der Bausteine des Lebens auf der Erde ansiedeln. Aber konnten große Mengen von Aminosäuren tatsächlich so auf die junge Erde gekommen sein? Meteoritenbruchstücke in der Größe von Kieselsteinen schlagen mit einem leichten „Bums", größere Objekte dagegen mit einer unglaublichen Wucht auf die Erde auf. Mit Sicherheit verschmort dabei jedes brennbare Material, zum Beispiel auch die organischen Verbindungen, zu Asche. Es ist aber auch denkbar, daß einige tief im Inneren des Meteoriten versteckte Verbindungen den Einschlag überlebten. Ebenso ist es möglich, daß große Meteoriten vor dem Einschlag auseinanderbrachen wie im Falle von Tunguska.

Eine faszinierende Entdeckung aus dem Jahr 1989 von Meixun Zhao und Jeffrey Bada von der University of California in San Diego stützt die Idee, daß bedeutende Mengen extraterrestrischer organischer Materie durch Kometen auf die Erde gelangt sein könnten. Die beiden Geologen untersuchten sedimentäre Tonmaterialien in Stevns Klint in Dänemark. Dort war durch geologische Vorgänge eine Sedimentschicht freigelegt worden, die sich am Ende der Kreidezeit und zu Beginn des folgenden Zeitalters, dem Tertiär, abgelagert hatte.

Vor den Arbeiten von Zhao und Bada war bereits bekannt, daß die Tone von Stevns Klint, wie andere Grenzschichten aus der Übergangsphase zwischen Tertiär und Kreidezeit, viel Iridium enthalten. Dies deutete auf einen Meteoriteneinschlag in dieser Zeit hin. Aber Zhao und Bada entdeckten in diesen Tonen auch beträchtliche Mengen an Aminosäuren, und zwar viel mehr als in den Sedimenten, die weiter entfernt von der Grenzschicht liegen. Zudem kommen die von ihnen identifizierten Aminosäuren extrem selten in Lebewesen vor, sind aber in den kohlenstoffreichen Chondriten recht häufig anzutreffen. Daraus schlossen die beiden Wissenschaftler, daß die Aminosäuren mit demselben, riesigen Meteoriten auf die Erde gekommen sein mußten, der auch die Dinosaurier auslöschte.

Mittlerweile vertreten viele Geologen die Ansicht, daß Meteoriten die junge Erde mit beträchtlichen Mengen an organischem Material versorgten. Diese Quelle versiegte, als das heftige Bombardement nachließ. Zu diesem Zeitpunkt scheint das Leben auf dem Planeten aber längst Fuß gefaßt zu haben. Meteoriteneinschläge könnten indirekt Einfluß auf den Bestand an organischen Verbindungen auf der jungen Erde gehabt haben, indem sie die Energie für atmosphärische Reaktionen vom Urey-Miller-Typ lieferten (Experimente haben gezeigt, daß Aminosäuren auch in einer durch Stoßwellen ausgelösten

Explosion von geeigneten Mischungen einfacher Gase entstehen können). Christopher Chyba und Carl Sagan von der Cornell University nehmen an, daß wahrscheinlich sowohl terrestrische als auch extraterrestrische Quellen für organisches Material den Molekülbestand auf der Erde, von dem das Leben ausging, beträchtlich bereichert haben. Doch sind solche Überlegungen mit großen Unsicherheiten behaftet. Vielleicht ist überhaupt nur eines sicher: An Ideen, wie organische Verbindungen auf der Erde entstanden sein könnten und wie die Saat des Lebens aufging, wird es nie mangeln.

Warum ist Leben nicht beidhändig?

Handverlesene Chiralität

Es gibt einen rätselhaften Aspekt im chemischen Ursprung des Lebens, den keines der besprochenen Szenarien zu erklären vermag: Warum sind in Proteinen alle Aminosäuren „linkshändig"? Und warum sind alle Zucker in den Kohlenhydraten rechtshändig? Wie hat das Leben diese „Händigkeit", auch Chiralität genannt, entwickelt?

Die Chiralität oder optische Aktivität bestimmter natürlicher Substanzen zeigt sich darin, daß sie die Polarisationsebene von Licht drehen. Das Phänomen wurde Anfang des neunzehnten Jahrhunderts von Chemikern an bestimmten natürlichen Substanzen entdeckt. Insbesondere von Quarzkristallen war dieses Verhalten bekannt. Einem verblüffenden Rätsel kam 1844 der Holländer Eilhard Mitscherlich auf die Spur. Er berichtete, daß die chemischen und physikalischen Eigenschaften der Natriumammoniumsalze der Wein- und der Traubensäure (beides Nebenprodukte der Weinvergärung) eindeutig darauf schließen ließen, daß es sich bei beiden Salzen um die gleiche chemische Verbindung handelte. Verwirrend war, daß das Salz der Weinsäure die Polarisationsebene von Licht drehte, das der Traubensäure dagegen nicht.

Der französische Biochemiker Louis Pasteur machte sich daran, dieses Rätsel zu lösen. Pasteur beobachtete die Kristalle, die er aus Lösungen der beiden Salze wachsen ließ, unter dem Mikroskop und fand dabei heraus, daß sie unterschiedliche Formen zeigten. Beide Kristalle waren asymmetrisch, aber das Salz der Traubensäure enthielt zwei Formen, die sich wie Bild und Spiegelbild verhielten. Dagegen enthielt die Weinsäure nur eine Form (siehe Abbildung 8.5). Pasteur vollbrachte nun eine Meisterleistung: Er nahm eine feine Pinzette und sortierte, durch eine Lupe blinzelnd, die beiden Kristallarten aus dem Salz der Traubensäure heraus. Als er dann von jeder Kristallart eine Lösung herstellte, entdeckte er, daß jede für sich optisch aktiv war wie eine Lösung aus dem Salz der Weinsäure. Obwohl ihm das heutige Wissen über die chemische Bindung und den Aufbau der Moleküle fehlte, kam er zu dem richtigen Schluß, daß die Traubensäure zwei spiegelbildliche Formen der gleichen Verbindung enthielt. Sie werden heute als Enantiomere bezeichnet (siehe Seite 86). In der optisch aktiven Weinsäure ist nur eines dieser Enantiomere vorhanden.

Weiterhin konnte Pasteur zeigen, daß Organismen ein hohes Maß an Selektivität gegenüber „optisch aktiven" (d. h. chiralen) Molekülen an den Tag legen. Als er die beiden

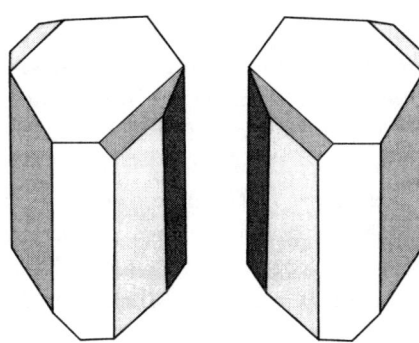

Abbildung 8.5 *Das Natriumammonium-Salz der Traubensäure bildet zwei Arten von Kristallen aus, die sich zueinander wie Bild und Spiegelbild verhalten. Im neunzehnten Jahrhundert gelang es Louis Pasteur, sie von Hand zu trennen. Dadurch konnte er zeigen, daß sie aus Molekülen mit entgegengesetzter optischer Aktivität bestehen. Man bezeichnet die beiden Formen als Enantiomere.*

getrennten Enantiomere der Traubensäure jeweils an eine bestimmte Schimmelpilzart verfütterte, setzte diese nur ein Enantiomeres um. Die andere Form konnte der Schimmelpilz nicht verarbeiten. Pasteur folgerte richtig, daß diese Bevorzugung eine Asymmetrie in der Biochemie des Pilzes selbst widerspiegelte. Als nächstes zog er den Schluß, daß die chirale Diskriminierung grundsätzlich ein Merkmal des Lebendigen ist, während die unbelebte Welt diese Unterscheidung nicht kennt. Daraus schloß er, daß sich die chemischen Produkte von Lebewesen gerade durch ihre optische Aktivität auszeichnen. Er kam zu der Überzeugung, daß sich hinter einer Erklärung für die „Chiralität" der lebenden Welt der Schlüssel zum Verständnis des Lebens an sich verbirgt.

Heute wissen wir jedoch, daß enantioselektive Reaktionen auch ohne die Mithilfe lebender Organismen möglich sind. Benötigt wird nur eine chirale Umgebung, beispielsweise ein chiraler Katalysator (siehe zweites Kapitel). Doch lüftet diese Erkenntnis noch längst nicht das Geheimnis, das sich hinter der Enantioselektivität der natürlichen Welt verbirgt. Vielmehr verdrängen wir mit ihr die eigentlich viel entscheidendere Frage nach dem chemischen Ursprung des Lebens.

Der Ursprung der Chiralität

Chiralität erzeugt Chiralität. Die optische Aktivität der helikalen Strukturen von Proteinen beispielsweise ist eine Konsequenz aus der Chiralität der Aminosäuren, aus denen sie sich zusammensetzen. Diese liegen alle als L-Enantiomere vor. Die Wechselwirkungen von Enzymen mit D-Zuckern unterscheiden sich deutlich von denjenigen mit L-Zuckern (die von Organismen im allgemeinen nicht abgebaut werden). Weil Enantioselektivität bereits ein Merkmal einfacher Replikationssysteme ist, fällt es nicht schwer zu verstehen, wie sie sich ausbreitete. Angesichts der zentralen Rolle, die Aminosäuren bei der Enstehung des Lebens spielen, suchte man zur Erklärung der chiralen Vorlieben der Natur vor allem nach einem Mechanismus, durch den die L-Aminosäuren die absolute Vorherrschaft in der präbiotischen Chemie erlangten. Wie wir bald sehen werden, basierten jedoch die ersten Replikationssysteme wahrscheinlich nicht auf Proteinen. Dennoch können die meisten der vorgeschlagenen Szenarien für den Ursprung der Enantioselektivität von Aminosäuren ohne weiteres auf andere chirale Moleküle übertragen werden.

Die Urey-Miller-Synthese nutzt Methan, Ammoniak, Wasser und Wasserstoff als Ausgangsmaterial für die Synthese der Aminosäuren. Was die Entstehung von Aminosäuren auf Himmelskörpern betrifft, wird mittlerweile eine Variante der sogenannten Strecker-Synthese favorisiert. An dieser Reaktion sind Cyanwasserstoff und Ammoniak beteiligt (beide Verbindungen kommen im Weltraum vor). Denkbar ist, daß die Reaktionen auf den steinigen Oberflächen der Himmelskörper in Gegenwart von Wasser ablaufen, angetrieben durch die ultraviolette Strahlung der Sonne. Bei keinem der Bildungsprozesse – terrestrisch oder extraterrestrisch – scheint in der unmittelbaren Reaktionsumgebung Chiralität vorhanden zu sein, weshalb racemische Mischungen der Aminosäuren entstehen sollten.

Wie Sie sich vielleicht erinnern, war es die racemische Natur der in den Meteoriten von Murchinson gefundenen Aminosäuren, die als entscheidendes Beweisstück für ihren extraterrestrischen Ursprung galt. Aber im Jahre 1990 berichteten M. H. Engel und Mitarbeiter von der University of Oklahoma nach einer sorgfältigen Neuuntersuchung der Aminosäuren von Murchinson, daß der Extrakt der Aminosäure Alanin nicht racemisch war: Das L-Enantiomer lag in einem Überschuß von ungefähr acht Prozent vor. Dieses Ergebnis wurde sehr kontrovers diskutiert. Denn in der Vergangenheit hatten terrestrische Verunreinigungen von Proben schon einmal falsche Spuren gelegt. Einige Wissenschaftler wollten einfach nicht wahr haben, daß dies in diesem Fall nicht eingetreten war. Zumal der Überschuß an L-Alanin genau dem entsprach, was man von einer Kontamination erwartet hätte. Aber selbst wenn die Ergebnisse von Engel und seinen Mitarbeitern standhalten, liefern sie keine grundlegende Erklärung für die Bevorzugung der L-Formen auf der Erde. Mit anderen Worten, der Ursprung der chiralen Selektivität wird lediglich in das Weltall verlagert.

Wir haben das klassische Huhn-Ei-Problem vor uns: Die chirale Unterscheidung scheint nur möglich zu sein, wenn bereits Chiralität vorliegt. Die verschiedenen Vorschläge, die gemacht wurden, um aus dieser Sackgasse herauszukommen, gehen in zwei Richtungen. Entweder fiel die Entscheidung zwischen links- und rechtshändigen Molekülen zufällig, oder das Gleichgewicht wurde durch irgendeinen äußeren Anstoß (der nicht chemischer Natur gewesen sein muß) auf die Seite verschoben, auf der es sich heute befindet. Wenn der Zufall der Auslöser war, wird vielleicht die Chemie selbst einmal eine befriedigende Erklärung des Phänomens liefern können.

Charles Frank von Universität Bristol beschrieb 1953 ein hypothetisches Reaktionsschema für die Bildung einer racemischen Mischung aus chiralen Molekülen. In dem Modell kann das Gleichgewicht durch kleine, zufällige Schwankungen irreversibel verschoben werden, so daß nur das eine oder das andere Enantiomer entsteht. Den einzelnen Enantiomeren werden autokatalytische Fähigkeiten zugeschrieben. Das heißt, sie steigern die Geschwindigkeit, mit der ihresgleichen entsteht. Gleichzeitig verhindern sie aktiv die Bildung des spiegelbildlichen Enantiomeren. Unter bestimmten Bedingungen verhält sich dieses System instabil gegenüber kleinen, zufälligen Schwankungen. Bildet sich zufällig ein geringer Überschuß des einen oder des anderen Enantiomeren aus, vergrößert sich dieser Überschuß dramatisch durch die gleichzeitig ablaufende Autokatalyse und Inhibition. Wenn sich die beiden Enantiomere in ihrer Stabilität nicht unterscheiden, hängt es vom Zufall ab, in welche Richtung die Gleichgewichtsstörung kippt. Die D-Form kann dann mit der gleichen Wahrscheinlichkeit wie die L-Form zum dominierenden Enantiomeren im System werden.

Falls das Leben auf diese Art gleichzeitig an verschiedenen Orten zur ungefähr gleichen Zeit begonnen hat, muß man die Möglichkeit in Betracht ziehen, daß Kolonien von primitiven Organismen mit unterschiedlicher Händigkeit entstanden und eventuell aufeinandergetroffen sind, wobei es zu einem Kampf um die Vorherrschaft kam. Diese Situation gibt vielleicht ein gutes Szenario für eine Science-fiction-Geschichte ab, doch fällt es schwer, ihr Glaubwürdigkeit zuzusprechen.

War die Entscheidung zwischen links und rechts in der präbiotischen Chemie vielleicht nicht willkürlich? Ein Vorschlag in diese Richtung geht von der Erdrotation aus, die einen „Drall", die sogenannte Coriolis-Kraft, auf die Ozeane und die Atmosphäre ausübt. Diese Drehkraft wirkt auf der nördlichen und der südlichen Hemisphäre in entgegengesetzter Richtung. Sie könnte nach dieser Theorie ausgereicht haben, daß entstehende Leben auf eine Links- oder Rechtshändigkeit festzulegen, je nachdem, auf welcher Hemisphäre es entstanden ist. Wie sich die Coriolis-Kraft tatsächlich auf molekularer Ebene auswirkt, ist noch nicht geklärt. Die Theorie hat nur wenige Fürsprecher gefunden. Modelle, nach denen Chiralität durch kreisförmige „Rührbewegungen" erzeugt werden kann, sind da schon glaubwürdiger. So haben Dilip Kondepudi und Mitarbeiter von der Wake Forest University in North Carolina beobachtet, daß sich die optische Aktivität von chiralen Kristallen des Natriumchlorats, die in einer gerührten Lösung heranwachsen, über die Rührrichtung steuern läßt (die Chiralität resultiert aus einer spiralartigen Packung der Ionen im Kristall, wobei sich die Spirale links- oder rechtsgängig wendeln kann).

Ein anderer Vorschlag für eine nicht zufällige Entstehung der optischen Aktivität fußt auf der Asymmetrie des Sonnenlichtes. Zu bestimmten Tageszeiten zeigen die Sonnenstrahlen eine Art helikaler oder „zirkularer" Polarisation (im Unterschied zu einer linearen Polarisation, der wir bereits an anderer Stelle begegneten). Das Licht ist bei Sonnenaufgang und bei Sonnenuntergang schwach zirkular polarisiert, allerdings jeweils in eine andere Richtung. Nach Ansicht einiger Wissenschaftler hat diese schwache Polarisierung ausgereicht, um das Gleichgewicht über photochemische Wechselwirkungen mit den chiralen Molekülen zugunsten eines Enantiomeren zu kippen. Berechnungen zeigen jedoch, daß dieser Effekt extrem schwach ist. Eine ähnliche Idee basiert auf der Wechselwirkung von chiralen Molekülen mit zirkular polarisierten, energiereichen Teilchen, beispielsweise mit denen der kosmischen Strahlung oder mit den durch natürliche Radioaktivität entstehenden Betateilchen. Genügend energiereiche Betateilchen können Moleküle zerschlagen. Bei chiralen Molekülen hängt die Stärke dieser Wechselwirkung sehr schwach davon ab, welche Händigkeit das Betateilchen und das

Molekül jeweils haben. Jedoch ist auch hierbei nicht klar, ob dieser winzige energetische Unterschied in der Wechselwirkung groß genug ist, um sich signifikant auszuwirken.

Das linkshändige Universum

Eine der reizvollsten Erklärungen für den Ursprung der Chiralität des Lebens verknüpft die bevorzugte Bildung linkshändiger Aminosäuren mit einer Entdeckung aus dem Jahre 1950, nach der das Universum selbst ein gewisse Art von Linkshändigkeit zeigt. Für die Physiker war diese Entdeckung ein großer Schock. Denn sie waren intuitiv immer davon ausgegangen, daß die grundlegenden Naturgesetze eine solche Bevorzugung nicht kennen. Bis dahin galt die Festlegung von links und rechts als etwas völlig Willkürliches. Man sah es als unmöglich an, die beiden Richtungen über ein Experiment zu definieren.

Diese Unmöglichkeit einer Unterscheidung zwischen links und rechts – von der man bisher ausgegangen war – kam in einem fundamentalen physikalischen „Gesetz", dem Gesetz von der Erhaltung der Parität, zum Ausdruck. Man kann die Parität eines subatomaren Teilchens grob als ein Maß seiner Händigkeit verstehen; eigentlich ist sie eine Eigenschaft der quantenmechanischen Gleichungen, die das Teilchen beschreiben. Nach dem Gesetz von der Paritätserhaltung muß in jedem physikalischen Prozeß die Summe der Paritäten aller Bestandteile des Systems vor und nach dem Prozeß immer gleich sein. Damit ist einfach ausgesagt, daß das Spiegelbild jeder physikalischen Erscheinung ebenfalls eine reale Erscheinung ist.

In den fünfziger Jahren tat Wolfgang Pauli, einer der Väter der Quantenmechanik kund, daß er bereit sei, eine große Summe Geld auf die Unverletzbarkeit des Gesetzes der Paritätserhaltung zu wetten. Im Jahre 1956 erklärten die chinesischen Physiker Chen Ning Yang und Tsung Dao Lee, daß es auch Situationen geben könne, in denen die Parität nicht erhalten bleibt. Um diese Ideen experimentell zu überprüfen, entwarf die ebenfalls in China geborene Physikerin Chien-Shiung Wu, die damals an der Columbia University in New York lehrte, ein Experiment. Sie untersuchte den Zerfall des radioaktiven Elements Cobalt 60, das unter Aussendung von Betateilchen zerfällt. Der Betazerfall ist das Ergebnis von Wechselwirkungen zwischen Teilchen im Kern, die auf die sogenannten „schwachen" Kräfte, eine der vier fundamentalen Kräfte der Natur, zurückgehen. (Bei den anderen drei handelt es sich um die elektromagnetische Kraft, die Gravitationskraft und die sogenannten „starken" Kräfte, die Protonen und Neutronen im Atomkern zusammenhalten.)

Cobalt-60-Kerne besitzen ähnlich wie kleine Magnete einen Nord- und einen Südpol. Es war bekannt, daß beim Zerfall von Cobalt-60-Kernen, die Betateilchen bevorzugt in die Richtung der magnetischen Pole ausgesendet werden. Wenn die Wechselwirkungen, an denen die schwachen Kräfte beteiligt sind, der Erhaltung der Parität folgen, dann sollten die Betateilchen mit gleicher Wahrscheinlichkeit aus dem einen und aus dem anderen Pol ausgestoßen werden. Dies wollte Wu überprüfen. Sie kühlte ein Stück Cobalt fast auf den absoluten Nullpunkt ab und plazierte die Probe in ein elektromagnetisches Feld. Dadurch stellte Wu sicher, daß sich alle Kernmagnete in eine Richtung aufreihten und ihre Pole sich an dem angelegten Feld ausrichteten. Außerdem konnte bei diesen tiefen Temperaturen die Ausrichtung nicht durch statistische thermische Bewegungen, die bei höheren Temperaturen auftreten, gestört werden. Sie zählte dann die Anzahl der von jedem Ende der Probe ausgesendeten Betateilchen. Das Ergebnis zeigte deutlich, daß an einem Pol mehr Teilchen austraten als an dem anderen. Die beiden Pole des Cobalt-60-Magneten waren also nicht gleichwertig. Folglich ist die Festlegung von magnetischen Nord- und Südpolen nicht willkürlich, und die Parität bleibt nicht immer erhalten.

Wie kann uns dies, wenn überhaupt, helfen, das Rätsel der Enantioselektivität bei der Entstehung des Lebens zu lösen? Selbst wenn in der Teilchenphysik links und rechts nicht immer äquivalent sind, gibt es eine Möglichkeit, diese Unterscheidung auf chemische Prozesse zu übertragen? Die Schwierigkeit dabei ist, daß die die Parität verletzenden schwachen Kräfte trotz ihres Namens zwar stärker sind als die letztlich für chemische Wechselwirkungen verantwortlichen elektromagnetischen Kräfte, aber nur eine sehr kurze Reichweite haben. Obwohl sie eine entscheidende Rolle bei der Wechselwirkung von Teilchen im Atomkern spielen, zeigen die schwachen Kräfte so gut wie keinen Einfluß außerhalb dieser Grenzen; der Betazerfall ist fast das einzige Phänomen, über das sich diese Kräfte außerhalb des Kerns bemerkbar machen. Der Einfluß, den sie vielleicht auf chemische Reaktionen ausüben, wird deshalb verschwindend gering sein.

Dennoch ist ein solcher Einfluß vorhanden, und seine Größe läßt sich berechnen. Weil die schwachen Kräfte eine Linkshändigkeit bevorzugen, gibt es einen winzigen Unterschied in der relativen Stabilität der beiden Enantiomere eines chiralen Moleküls. Bei Aminosäuren ist das L-Enantiomer um einen Hauch stabiler als das D-Enantiomer (bei Raumtemperatur um einen Faktor von etwa 1.00000000000000001). Für einige Wissenschaftler ist dieser Unterschied viel zu klein, als daß er die absolute Vorherrschaft der L-Aminosäuren in der Natur erklären könnte. Trotzdem haben Dilip Kondepudi und sein Mitarbeiter George Nelson das Modell von Charles Frank über die Entstehung von Ungleichgewichten bei der autokatalytischen Synthese von chiralen Molekülen neu überdacht. Sie konnten zeigen, daß die leichte Bevorzugung der L-Aminosäuren aufgrund der elektroschwachen Asymmetrie ausreicht, um zu einer Differenzierung zu führen, weshalb ein System wie dieses das L-Enantiomer mit 98prozentiger Wahrscheinlichkeit liefern wird.

Ein weiteres, recht spektakuläres Modell stammt von Vitalii Goldanski und Mitarbeitern vom Institut für chemische Physik in Moskau. Sie vermuten, daß in den eisigen Weiten des Weltalls ein plötzlicher „Umschlag" der Händigkeit während der Synthese von organischen Molekülen stattgefunden hat. Die Moleküle könnten dann über Meteoriten auf die Erde gelangt sein. Goldanski und sein Team halten es für denkbar, daß der Umschlag vielleicht nach dem Frankschen Modell, das von dem sowjetischen Chemiker Leonid Morozov 1978 auf eine allgemeinere Grundlage gestellt wurde, abgelaufen ist.

Nach der klassischen Thermodynamik ist es im Weltraum, ausgenommen in der Nähe von Sternen, zu kalt für chemische Reaktionen. Die eisige Kälte – nur wenige Grad über dem absoluten Nullpunkt – führt dazu, daß die Moleküle zu wenig Energie besitzen, um den Energieberg zu Beginn einer Reaktion (siehe Seite 66) zu überwinden. Nach Goldanski gestattet es die Quantenmechanik den Molekülen zu „mogeln", indem sie den Berg durchtunneln und nicht überqueren. Goldanskis Arbeitskreis konnte mit verschiedenen Experimenten zeigen, daß sogar bei Temperaturen des flüssigen Heliums (rund vier Grad über dem absoluten Nullpunkt) Formaldehydmoleküle polymere Ketten aufbauen, die mehrere tausend Moleküle lang sind. Nach klassischen Theorien sollten die Moleküle bei den Temperaturen extrem langsam reagieren. Nach der Quantenmechanik dagegen können diese Reaktionen mit beachtlicher Geschwindigkeit ablaufen. Goldanski arbeitete Modelle aus, in denen die „Quantenchemie" in der bitteren Kälte des Weltraums zusammen mit einem enantiospezifischen „Umschlag" zugunsten der L-Aminosäuren, die wegen der Nichteinhaltung der Parität minimal bevorzugt sind, zu einem extraterrestrischen „kalten Ursprung des Lebens" geführt haben könnte.

Ob irgendeine der hier angesprochenen Vorstellungen zu einer zufriedenstellenden Erklärung für die Chiralität des Lebens führen kann, ist noch nicht abzusehen. Eine Antwort darauf würde es uns sicherlich erleichtern, das Wo und Wie des Lebensursprungs exakt zu bestimmen. Wahrscheinlich wird aber niemals eine unanfechtbare Erklärung gefunden werden. Denn die meisten Vorschläge lassen sich, wenn überhaupt, nur sehr schwer überprüfen. Wir werden vielleicht niemals erfahren, ob die Proteinchemie unseres Körpers zufällig oder nach einem großartigen Plan linkshändig wurde.

Das Puzzle des Lebens

Der Ursprung der Genbanken

Soviel zu den Aminosäuren, den Bausteinen der Proteine. Welchen Ursprung aber haben die beiden anderen wichtigen Bestandteile lebender Organismen: die Nucleinsäuren DNA und RNA? An anderer Stelle haben wir bereits erfahren, daß sich diese Polymere aus sogenannten Nucleotiden aufbauen. Sowohl in der DNA als auch in der RNA treten die Nucleotide in vier Varianten auf. Jedes Nucleotid enthält eine Purin- oder eine Pyrimidinbase, einen Zucker und eine Phosphatgruppe (siehe Abbildung 5.3; Seite 165).

Bereits auf den ersten Blick sehen Nucleotide viel komplizierter gebaut aus als Aminosäuren. Ihre Synthese aus einfachen Vorstufen ist auch eine beachtliche Herausforderung. Trotzdem haben Chemiker überzeugende Modelle ausgearbeitet, um zu erklären, wie diese Verbindungen auf der jungen Erde entstanden sein könnten. In vielen Fällen haben sie experimentell belegt, daß ihre Modelle tatsächlich funktionieren. Der Baustein für die Purin- und Pyrimidinbasen ist Cyanwasserstoff (HCN), der in kompakter Form alle drei in den Nucleotidbasen vorkommenden Elemente enthält. Adenin läßt sich allein aus HCN herstellen. Aus fünf Molekülen HCN entsteht in mehreren Schritten die Verbindung mit dem Doppelring (siehe Abbildung 8.6). Die korrekte Verknüpfung

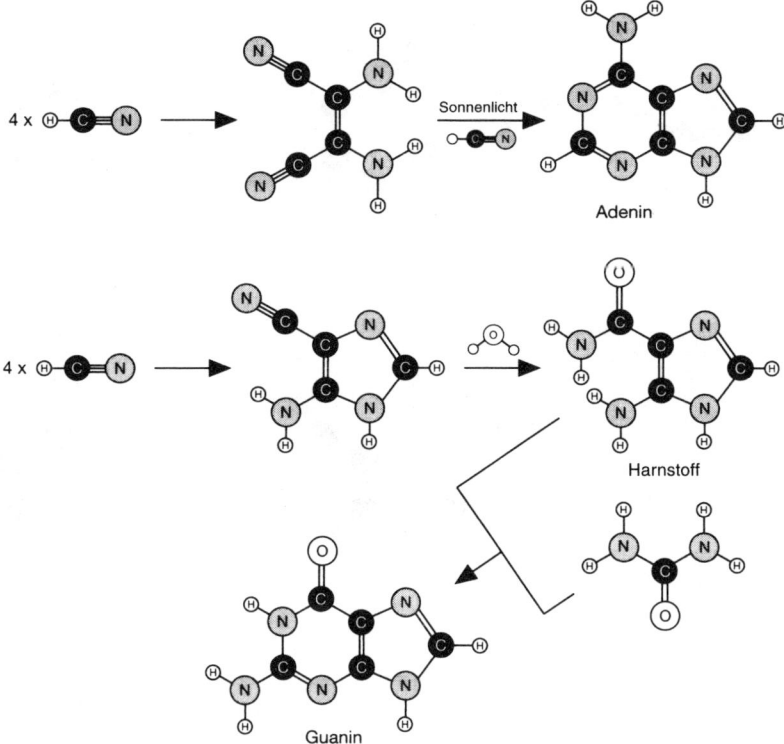

Abbildung 8.6 *Adenin und Guanin, die Purinbasen in den Nucleinsäuren, können aus einfachen organischen Molekülen synthetisiert werden. Adenin entsteht in einer simplen Reaktion aus fünf Molekülen Cyanwasserstoff (HCN). Am letzten Reaktionsschritt ist Sonnenlicht beteiligt. Guanin geht aus der Verknüpfung von vier HCN-Molekülen hervor. Es entsteht zunächst ein monocyclischer Vorläufer, der mit Harnstoff dann zu der Base reagiert.*

der fünf Moleküle erscheint vielleicht recht diffizil, doch konnte John Oró von der University of Houston 1960 zeigen, daß allein durch das bloße Erhitzen einer wässerigen Lösung von Ammoniak und HCN geringe Mengen Adenin entstehen. 1963 fand Cyril Ponnamperuma Adenin in einer Urey-Miller-Mixtur aus Methan, Ammoniak, Wasser und Wasserstoff, die er einem Elektronenstrahl ausgesetzt hatte.

Guanin dagegen ist schon ein unangenehmerer Geselle; man kann es aus HCN und Harnstoff synthetisieren. Letzterer läßt sich relativ problemlos aus einfachen Vorstufen herstellen (siehe Abbildung 8.6). Harnstoff gehört zu den Reagenzien, von denen man annimmt, daß sie an der präbiotischen Synthese von Pyrimidinen beteiligt waren. Zuerst entsteht Cytosin, das dann mit anderen einfachen organischen Molekülen zu Uracil und Thymin reagiert. Cyanat-Ionen können in diesem Schema den Harnstoff ersetzen (siehe Abbildung 8.7).

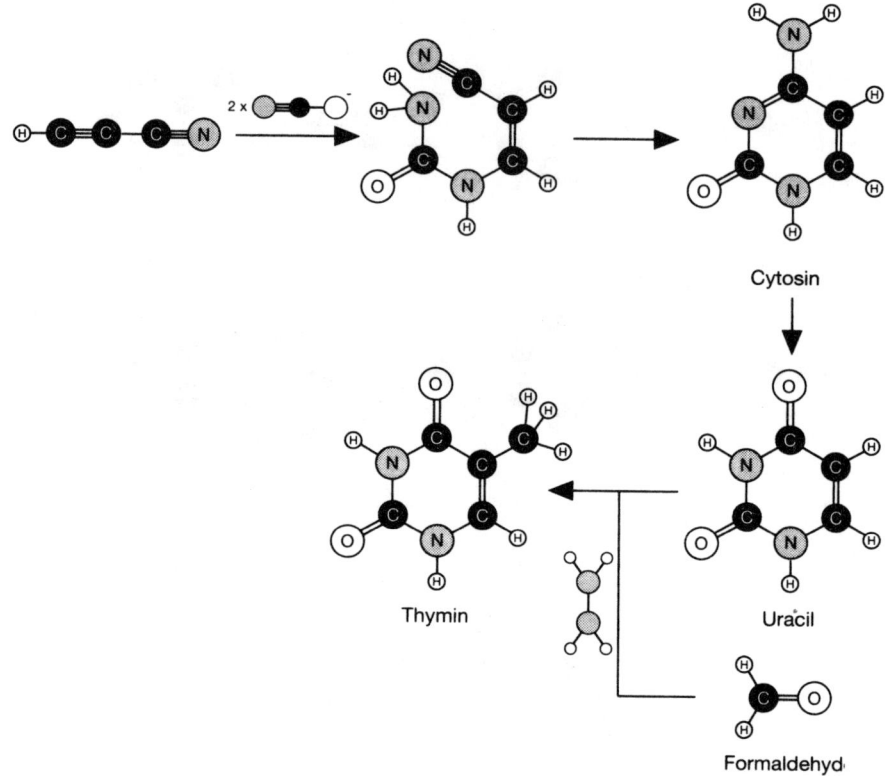

Abbildung 8.7 *Die Pyrimidinbasen Cytosin und Uracil entstehen bei der Reaktion von Cyanoacetylen mit Cyanat-Ionen (wie hier gezeigt) oder mit Harnstoff. Uracil selbst reagiert mit Formaldehyd in Gegenwart von Hydrazin (N_2H_4) zu Thymin.*

Diese Reaktionen mögen vielleicht kompliziert erscheinen, doch sollte man bedenken, daß es hier nicht um saubere Laborsynthesen geht, die die gewünschten Produkte in hoher Ausbeute liefern. Wir wollen lediglich ergründen, ob es *möglich* ist, diese Basen aus einer Mixtur einfacher organischer Substanzen herzustellen. Mit anderen Worten: Wir wollen demonstrieren, daß es *im Prinzip* keinen Grund zu der Annahme gibt, daß sie nicht auf der präbiotischen Erde hätten entstehen können. Alle oben dargestellten Prozesse laufen mit Reagenzien und unter Bedingungen ab, von denen wir mit gutem Grund annehmen können, daß sie auf der frühen Erde vorlagen.

Die Zuckermoleküle in der RNA (Ribose) und der DNA (Desoxyribose) sind ebenfalls vergleichsweise leicht entstehende Produkte simpler Synthesen mit einfachen Reagenzien. Beide Zucker enthalten fünfgliedrige Ringe aus Kohlenstoff- und Sauerstoffatomen (Abbildung 5.2; Seite 164). Sie können allein aus Formaldehyd (HCHO) aufgebaut

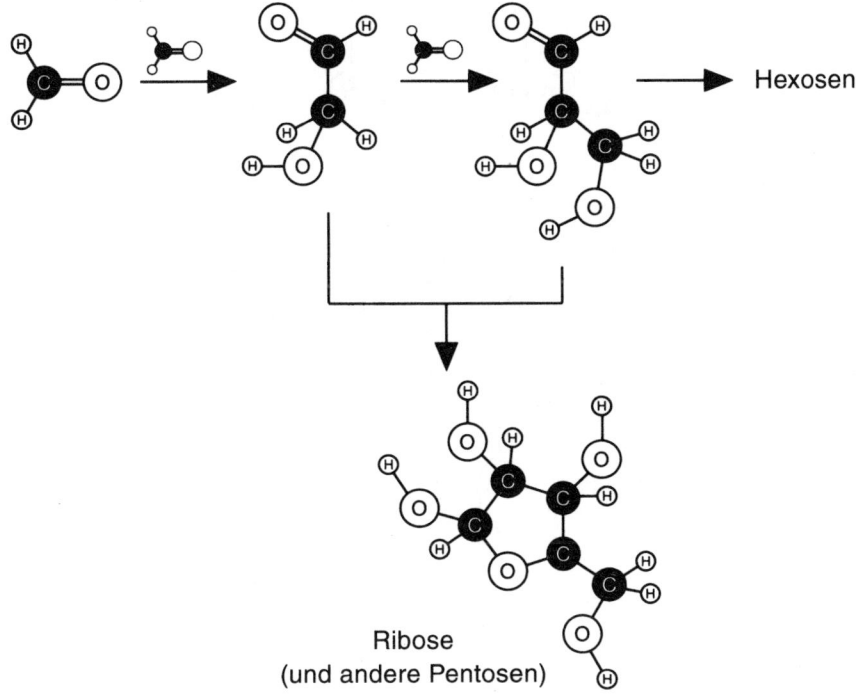

Ribose
(und andere Pentosen)

Abbildung 8.8 *Zucker wie Ribose entstehen bei der Polymerisation von Formaldehyd. Bei der Reaktion bilden sich auch andere Pentose- und Hexosezucker.*

werden, das in alkalischer Lösung zu fünf- und sechsgliedrigen Ringen (Pentosen und Hexosen) polymerisiert (siehe Abbildung 8.8). Aber so einfach kann es nicht gewesen sein. Denn die Ribose überlebt nicht lange unter alkalischen Bedingungen, weil sie relativ schnell in saure Bestandteile zerfällt. Wie sich die Ribose trotzdem in der präbiotischen Umgebung anreichern konnte, bleibt ein Rätsel. Genauso verwunderlich ist, daß nur die Ribose und die Desoxyribose selektiv in Nucleinsäuren eingebaut werden. Denn bei der Polymerisation von Formaldehyd entstehen mindestens noch fünfzig andere Pentosen und Hexosen.

Man möchte annehmen, daß die Synthese der Phosphatkomponenten verglichen mit den anderen Bausteinen der Nucleinsäuren eher unproblematisch ist. Denn diese Gruppen sind nicht organisch, sondern stellen einfache anorganische Ionen dar, die häufig in Mineralien wie Apatit vorkommen. Aber Phosphatminerale sind in der Regel extrem unlöslich. Dies führt zu der alten Frage: Wie konnten sich Phosphat-Ionen an den chemischen Reaktionen beteiligen, die sich vermutlich zwischen gelösten organischen Substanzen im Ozean abspielten? Es *gibt* aber lösliche Formen von Phosphat, sie bestehen aus Ketten und Ringen von PO_4-Einheiten (Abbildung 8.9). Diese polymeren

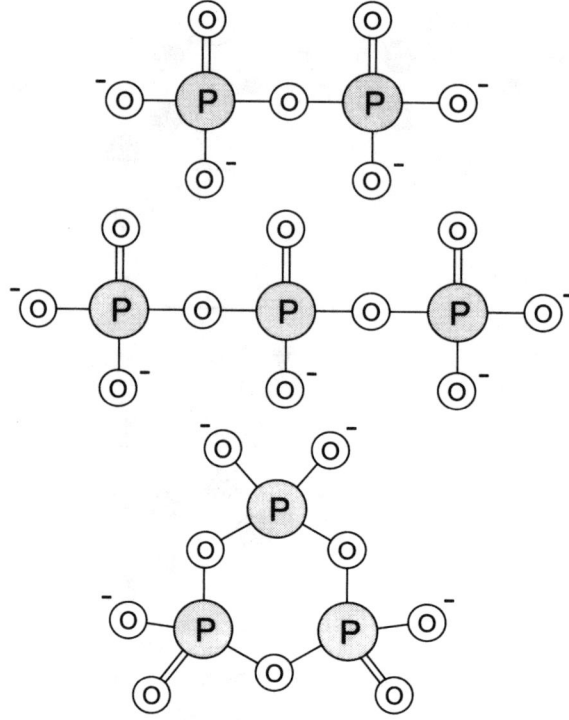

Abbildung 8.9 *Polyphosphate - polymere Formen des Phosphat-Ions (PO)$_4^{3-}$) - sind in Wasser relativ gut löslich. Sie stellten bei der präbiotischen Synthese von Vorläufern der Nucleinsäuren vielleicht eine Art Phosphorquelle dar.*

Strukturen, sogenannte Polyphosphate, können unter Bedingungen, wie sie in Vulkanen vorherrschen, aus phosphathaltigen Gesteinen entstehen.

Obwohl Phosphate anorganische Verbindungen sind, spielten sie eine entscheidende Rolle bei der Entstehung von komplexeren präbiotischen Molekülen. Einige organische Moleküle verbinden sich leichter zu langen Ketten, wenn an sie Phosphatgruppen angehängt sind. Phosphate fördern zum Beispiel die Ausbildung von Peptidbindungen zwischen Aminosäuren. Außerdem sind die Bindungen zwischen den Phosphateinheiten im Polyphosphat sehr energiereich, weil sich die einzelnen Einheiten wegen ihrer negativen Ladungen gegenseitig abstoßen. Polyphosphate stellen daher eine Art chemische Batterie dar, mit der sich Energie speichern läßt. Diese Energie kann später genutzt werden, um chemische Reaktionen anzutreiben. Lebende Zellen speichern Energie in Form von Adenosintriphosphat (ATP). Hierbei handelt es sich um ein Adenosinnucleotid, an dem eine Kette aus drei Phosphatgruppen hängt. ATP oder verwandte Verbindungen könnten vielleicht einst den ersten lebenden Organismen als Energiequellen gedient haben.

Die ersten Zellen

Bis jetzt haben wir uns damit befaßt, wie die grundlegenden Bausteine der lebenden Organismen entstanden sein können. Nun bleibt noch die eher abschreckende Aufgabe, die Bausteine in so hochorganisierter Art und Weise zusammenzufügen, wie es für Proteine und Nucleinsäuren charakteristisch ist. Es fällt schon schwer, sich vorzustellen, wie dieser heikle und raffinierte Aufbauvorgang, allein von den Gesetzen der Chemie gesteuert, ablaufen konnte. Doch noch viel schwerer ist es, sich auszumalen, daß dies in den sturmgepeitschten Wassern der Urmeere stattgefunden haben soll, in denen die organischen Moleküle eher verdünnt und weit verteilt wurden, als daß sie die Gelegenheit bekamen, miteinander zu reagieren. Die in unseren Zellen stattfindenden biologischen Reaktionen hätten in dieser Umgebung keine Chance gehabt. Sie laufen vielmehr in einem sicheren, behaglichen und isolierten Mikrokosmos ab - in der von der Zellmembran umschlossenen Zelle. Offensichtlich kommen chemische Systeme, die komplexer sind als die, die wir bisher betrachtet haben, nicht ohne eine ähnliche Schutzhülle aus. Wie mögen solche Hüllen entstanden sein?

Im siebten Kapitel haben wir erfahren, daß amphiphile Moleküle, beispielsweise Phospholipide, spontan hohle Vesikeln aus Doppelschichtmembranen ausbilden können. Alexander Oparin entdeckte in den zwanziger Jahren dieses Jahrhunderts, daß sich auch bestimmte ölartige organische Moleküle ähnlich verhielten. Seine „Protozellen" bildeten sich jedoch nicht aus Amphiphilen, sondern aus einer Kombination von natürlichen Polymeren, in der Regel Gummiarabicum und Proteinen, beispielsweise Gelatine. Bringt man die beiden Komponenten zusammen in Lösung, verbinden sie sich und bilden eine unlösliche Verbindung, die zu kleinen Tropfen verschmilzt. Diese nannte Oparin Koazervate. Im Gegensatz zu den doppelschichtigen Vesikeln sind Koazervate keine hohlen Körper, sondern ölige Kügelchen, die den mikroskopisch kleinen Tröpfchen in einem gut durchgerührten French Dressing nicht unähnlich sind. So gesehen stellen Koazervate kein gutes Modell für Zellen dar. Es mutet deshalb vielleicht eigentümlich an, warum sich Oparin so brennend für sie interessierte. Sie zeigen aber einige sehr spannende Eigenschaften.

Genauer gesagt, Oparin war in der Lage, Koazervate mit einer groben Art von Stoffwechsel zu erzeugen, der es ihnen gestattete, zu wachsen und sich zu teilen. In Koazervate, die aus Gummiarabicum und dem Protein Histon hergestellt waren, baute Oparin ein Enzym ein, das Glucosemoleküle zu Stärke, einem polymeren Kohlenhydrat, verknüpft. Stärke ist ein pflanzlicher Reservestoff – sie läßt sich bei Bedarf leicht wieder in die Glucosebausteine spalten. Wenn Oparin Glucose zu der Suspension eines enzymhaltigen Koazervates gab, nahmen die Tröpfchen die Glucose auf und bauten daraus Stärke auf. Bei diesem Vorgang schwollen die Tröpfchen an und teilten sich schließlich. Auch die kleineren Nachkommen fuhren mit der Aufnahme von Glucose fort und wuchsen zu großen Tröpfchen heran. Es gibt offensichtlich eine gewisse Ähnlichkeit zwischen diesem Vorgang und den Zellprozessen, die mit dem Stoffwechsel, dem Wachstum und der Teilung einer Zelle verknüpft sind. Doch sind diese Ähnlichkeiten nur oberflächlicher Natur. Die Koazervate geben keine genetische Information an ihre Nachkommen weiter. Sie sind nicht in der Lage, das entscheidende Enzym selbst zu produzieren (es muß fix und fertig als Extrakt aus lebenden Zellen zugefügt werden). Die Koazervate können nicht einmal ihre Grundbausteine, die Histone und das Gummiarabicum, selbst herstellen. Oparin ging davon aus, daß einige Millionen Jahre Evolution ausreichen würden, bis die Koazervate Proteine bauen könnten. Ihm fehlten aber zu seiner Zeit präzise Kenntnisse darüber, wie genetische Information gespeichert und weitergegeben werden. So konnte er noch nicht einschätzen, was gegen eine Entstehung des Lebens aus Koazervaten spricht.

Oparins Arbeit inspirierte jedoch den Biologen Sidney Fox von der University of Miami. Er entwickelte eine neue Variante des „Protozellen"-Modells. Die Protozellen von Fox sind winzige Kügelchen aus statistisch polymerisierten Aminosäuren. Sie entstehen beim Erhitzen eines trockenen Aminosäuregemischs. Fox bezeichnet diese Polymere als Protenoide. Wenn man versucht, Aminosäuren durch Erhitzen zu polymerisieren, entsteht meist ein schwarzer, unbrauchbarer Teer. Eine bestimmte Aminosäure aber, die Asparaginsäure, polymerisiert auf diesem Weg zu einem Polypeptid. Fox fand heraus, daß in Gegenwart von Asparaginsäure auch andere Aminosäuren Polymere bilden. Besser gesagt: sie *co*polymerisieren und bilden Polypeptide aus, die etwas Asparaginsäure enthalten. Glutaminsäure, eine andere Aminosäure, vermag ebenfalls die Polymerisation zu Protenoiden auszulösen.

Wenn sie in Wasser gelöst werden, bilden Protenoide spontan sphärische Strukturen aus, typischerweise mit einem Durchmesser von einigen tausendstel Millimetern. Anders als Oparins Koazervate sind diese Mikrokugeln keine Tröpfchen, sondern hohle Vesikeln (siehe Abbildung 8.10). Überdies haben sie alle die gleiche Größe und können miteinander verschmelzen oder Knospen ausbilden, die sich zu neuen Mikrokügelchen ablösen. Sie sind damit echten Zellen viel ähnlicher. Die Protozellen von Fox legen bei einigen biochemischen Reaktionen sogar ein gewisses Maß an katalytischer Aktivität an den Tag, die vage an das Verhalten von Enzymen erinnert, aber nicht an deren Spezifität herankommt. Aus diesem Verhalten läßt sich der Schluß ziehen, daß Protenoide möglicherweise eine wichtige Rolle in der präbiotischen Evolution spielten, nämlich als schützende Gefäße für chemische Reaktionen. Als Fox aber weiterging und vorschlug, daß sich die protenoiden Mikrokügelchen zu primitiven Systemen entwickelt haben könnten, die einige Charakteristika des Lebens zeigten, zog er sich viele Gegner zu. Diese Vermutung ist nur schwer zu stützen. Denn Protozellen bestehen zwar aus proteinähnlichem Material, sind aber wie die Koazervate nicht in der Lage, sich zu replizieren und genetische Informationen weiterzugeben.

Wesentlich attraktivere Kandidaten für präbiotische Protozellen scheinen die sich selbst replizierenden Mizellen zu sein, die von Pier Luigi Luisi und seinen Mitarbeitern

Abbildung 8.10   *Die protenoiden Mikrokügelchen von Sidney Fox, die bei der Polymerisation von Aminosäuren entstehen. Sie können wachsen, sich reproduzieren und zeigen primitive Formen eines Stoffwechsels. Fox meint, daß man sie als lebende „Protozellen" betrachten kann. (Photographie von Steven Brooke und Sidney Fox, mit freundlicher Genehmigung von Sidney Fox, University of Southern Illinois)*

entwickelt wurden (siehe Seite 254). Denn sie sind nicht nur wie echte Zellmembranen aus amphiphilen Molekülen aufgebaut, sondern lassen sich auch in doppelschichtige Vesikeln verwandeln. Sie zeigen dann eine gewisse Ähnlichkeit mit den Hüllen lebender Zellen. Luisi benötigt für seine Experimente allerdings spezielle Ausgangsmaterialien, und es ist nur schwer vorstellbar, wie sich diese spontan auf der jungen Erde gebildet haben könnten.

DNA oder Proteine: Was kam zuerst?

Die präbiotische Synthese sowohl von Aminosäuren als auch von Nucleotiden zu ihren polymeren Formen ist im Prinzip möglich, aber in der Praxis nur schwer umzusetzen. Die Polymerisation von Aminosäuren in wässeriger Umgebung ist nicht leicht. Die Ausbildung einer Peptidbindung zwischen zwei Aminosäuren erfordert die Abspaltung eines Wassermoleküls. Diese Bindung wird durch Wasser aber auch wieder gespalten (ein Prozeß, der als Hydrolyse bezeichnet wird). In Gegenwart größerer Wassermengen ist die Hydrolyse gegenüber der Ausbildung von Peptidbindungen bevorzugt. Es ist denkbar, daß sich Aminosäuren zu Polypeptiden verbanden, als sie sich in austrock-

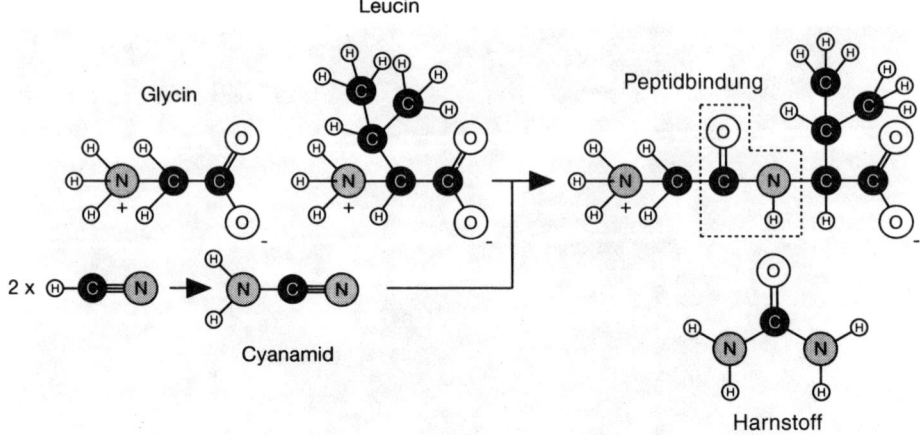

Abbildung 8.11 *Die Aminosäuren Glycin und Leucin können zu Dipeptiden verknüpft werden, wenn man Cyanamid als „Kondensationsmittel" benutzt.*

nenden Tümpeln oder in der heißen, trockenen Umgebung nahe bei Vulkanen anreicherten. Versuche, in denen diese Bedingungen nachgestellt waren, haben aber ergeben, daß nur winzige Mengen an Polypeptiden entstehen. Die Verknüpfung von Aminosäuren wird jedoch durch bestimmte reaktive Moleküle gefördert. Diese sogenannten Kondensationsmittel „saugen" das abgespaltene Wasser auf. Die Verbindung Cyanamid beispielsweise kann die Verknüpfung der Aminosäuren Glycin und Leucin (siehe Abbildung 8.11) herbeiführen. Cyanamid selbst entsteht unter präbiotischen Bedingungen aus Cyanwasserstoff.

John Oró, Cyril Ponnamperuma und andere konnten zeigen, daß Kondensationsmittel wie Cyanamid auch die Verknüpfung von Basen, Zuckern und Phosphat zu Nucleotiden unterstützen. Leslie Orgel vom Salk Institute in Kalifornien hat wiederum herausgefunden, daß Metall-Ionen wie Zink die Bildung von Oligonucleotiden (kurze Polymere, die nur einige Nucleotide enthalten) aus Nucleotiden fördern. Gerüstet mit polymerisierten Nucleotiden und mit Polypeptiden scheinen wir uns einer Welt zu nähern, in der die Nucleinsäuren und Proteine primitiver lebender Organismen vorkommen. Ist damit unsere Suche nach dem chemischen Ursprung des Lebens beendet? Nicht im geringsten. Wir stehen erst vor einer der schwierigsten Hürden überhaupt.

Bisher haben wir uns bequem auf den Zufall verlassen. Anders ausgedrückt, wir sind davon ausgegangen, daß unsere Ausgangsstoffe zusammen mit einer Unzahl anderer Verbindungen in sehr unspezifischen, einfachen Reaktionen entstanden sind. Und wir haben gesehen, daß sich diese Ausgangsmaterialien in einer zufälligen Art und Weise zu Polymeren verknüpfen können. Wir müssen nun aber der Tatsache ins Auge sehen, daß das Leben alles andere als ein vom Zufall geprägter Prozeß ist. Vielmehr stellt es das eindruckvollste Meisterwerk der molekularen Organisation dar, das wir kennen. Im fünften Kapitel haben wir eine schlüssige Definition von Lebens kennengelernt. Nach ihr müssen drei Kriterien erfüllt sein: Replikation, Regeneration und Metabolismus. Überdies herrscht Übereinstimmung, daß lebende Systeme geschlossen sein müssen – sie müssen auf irgendeine Art abgegrenzt sein. Alle diese Merkmale erfordern ein hohes Maß an Organisation und Koordination auf molekularer Ebene. Wie kommt es zu dieser Organisation? Ist sie nicht aus der leblosen, vom Zufall geprägten Welt der präbiotischen Chemie, die bisher beschrieben wurde, hervorgegangen?

Es muß natürlich so gewesen sein. Es sei denn, wir wenden uns achselzuckend ab und überlassen göttlicher Schöpfungskraft das Feld. Da wir nun schon so weit gekommen sind, meine ich, sind wir gut beraten, diese Option so lange zurückzustellen, bis wir wirklich nicht mehr weiterwissen und verzweifeln!

Die Organisation innerhalb eines Organismus geht letztlich auf dessen genetisches Profil – sein Genom – zurück, das die Information zur Konstruktion der molekularen Maschinerie codiert. Ein Großteil dieser Maschinerie liegt in Form von Proteinen vor. Die Information selbst befindet sich verschlüsselt auf der Nucleinsäure DNA und wird über den Vermittler RNA in Proteine translatiert. Hier stoßen wir auf ein Rätsel, das die nach dem Ursprung des Lebens suchenden Wissenschaftler fast drei Jahrzehnte nach den bahnbrechenden Experimenten von Miller und Urey gegen Wände anrennen ließ. Wenn sich Nucleotide statistisch zu DNA-artigen Oligonucleotiden zusammenfügen, ist die Chance verschwindend gering, daß etwas entsteht, das dem Bauplan eines Organismus ähnelt. Genauer gesagt, es ist äußerst unwahrscheinlich, daß die Baupläne der für das Leben unentbehrlichen Proteinenzyme entstehen. Ebenso aussichtslos ist es, leistungsfähige Enzyme durch ein willkürliches Aneinanderreihen von Aminosäuren herzustellen. Sowohl die DNA als auch die Proteine sind überreich mit *sinnvoller* Information ausgestattet. Sie sind für spezifische Aufgaben vorprogrammiert. Wie aber werden sie vorprogrammiert?

Man kann das Problem auch aus einem anderen Blickwinkel betrachten. Proteine benötigen zu ihrer Bildung DNA. Der Bauplan für die Proteine liegt in dem aus vier Buchstaben bestehenden DNA-Alphabet verschlüsselt vor. Die DNA läßt sich im Unterschied zu statistisch aufgebauten Polynucleotidketten nicht ohne die Hilfe von Proteinenzymen synthetisieren. Die Enzyme assistieren beim Aufbau der neuen Nucleinsäurestränge, wobei die schon existierenden Stränge als Vorlage dienen. Wenn man von einem Ursystem ausgeht, das allein aus DNA besteht, könnte man sich vorstellen, daß die Proteine mit Hilfe der auf der DNA verschlüsselten Information aufgebaut werden. Liegt umgekehrt ein nur aus Proteinenzymen bestehendes Ursystem vor, ist es denkbar, daß die Enzyme aus präbiotischen Nucleotiden Nucleinsäuren synthetisieren. Solange wir aber das eine nicht haben, kommen wir auch nicht an das andere heran – und umgekehrt. Wieder einmal haben wir das Problem mit dem Huhn und dem Ei vor uns, das keineswegs ein triviales philosophisches Paradoxon ist. Der Vergleich stellt eine sehr gut passende Metapher für den Ursprung des Lebens dar.

Die RNA-Welt

Anfang der achziger Jahre entdeckte man einen möglichen Weg, um aus der Protein-DNA-Sackgasse herauszukommen. In der bisherigen Diskussion wurde der Vermittler in dem gesamten Prozeß – das bescheidene RNA-Molekül – vernachlässigt. Es sorgt für die Translation der DNA in Proteine. Gerade wegen der Funktion als Mittelsmann ist die RNA in vielerlei Hinsicht ein idealer Kandidat bei der Suche nach sich selbst replizierenden Molekülen. Die RNA vermag sowohl genetische Information zu speichern (erinnern wir uns, daß die Boten-RNA oder mRNA die in den Genen verschlüsselte Information trägt) als auch als Matrize bei der Produktion von Proteinen zu dienen. Mit anderen Worten, sie agiert sowohl als Träger des genetischen Bauplans (Genotyp) eines Organismus als auch als ein Werkzeug, das die externe Expression (Phänotyp) dieser genetischen Information zu Proteinen steuert.

Der Vorschlag, daß die RNA vielleicht der erste molekulare Replikator war, stammt aus den sechziger Jahren. Doch kamen diese ersten Mutmaßungen über einen entscheidenden Punkt nicht hinaus: Die Replikation der RNA schien den gleichen Einschränkungen zu unterliegen wie die der DNA. Auch sie benötigt die Hilfe von Enzymen. In den achziger Jahren entdeckten die Molekularbiologen Sidney Altman und Thomas Cech, daß dies nicht immer der Fall ist. Sie fanden, daß einige RNA-Moleküle den Aufbau von anderen RNA-Molekülen katalysieren können und dabei als „Nichtproteinenzyme" wirken. Dies läßt den Schluß zu, daß die katalytischen RNA-Moleküle vielleicht ihre *eigene* Replikation fördern können. Cech und Altman nannten diese katalytischen RNA-Moleküle Ribozyme.

Die Entdeckung der katalytischen RNA, für die Altman und Cech 1989 den Nobelpreis für Chemie erhielten, lenkte das Interesse wieder auf die präbiotische Welt. Man nahm an, daß diese Welt von sich selbst replizierenden RNA-Molekülen besiedelt war – die nicht lebende Systeme darstellten, aber diesen schon ein gutes Stück nahekamen. Der Biologe Walter Gilbert von der Harvard University führte für das Modell die Bezeichnung „RNA-Welt" ein. Man vermutete, daß die ersten Bewohner der RNA-Welt einfache RNA-ähnliche Oligonucleotide waren, die irgendwie ihre Vermehrung katalysieren konnten. Mutationen der Nucleotidsequenzen kamen durch gelegentlich auftretende Fehler bei der Replikation auf der RNA-Matrize zustande. Mutante Formen, die bei der Replikation geschickter waren, dominierten dann gemäß der Darwinschen Selektion über andere Formen. Die RNA-Replikatoren wurden immer effizienter und lernten schließlich, Proteine zusammenzubauen – vielleicht ähnelte dieser Vorgang bereits in primitiver Form dem codongestützten Translationsprozeß, der in unseren Zellen abläuft (siehe Kapitel 5). Vielleicht vermochten einige Proteine bei der RNA-Replikation zu assistieren, was sie zu primitiven Enzymen machte. RNA-Moleküle, die ihre eigenen Enzyme produzieren konnten, besaßen dann gegenüber den weniger fähigen Konkurrenten einen enormen evolutionären Vorteil. Jeder weitere Fortschritt in diese Richtung erzeugte einen neuen dominanten Stamm. Erst gegen Ende dieser langen Entwicklung erschien die DNA – eine doppelsträngige Version der RNA, in der die Base Uracil durch Thymin ausgetauscht war. Da letztere ein wesentlich stabilerer Träger genetischer Infomation ist, entwickelte sich die DNA Schritt für Schritt zur zentralen Komponente des Replikationssystems und verdrängte die RNA, die nur noch als Vermittler bei der Proteinsynthese fungierte.

Entscheidend für die Schlüssigkeit dieses Modells sind die katalytischen Fähigkeiten der RNA. Aber es sprechen noch andere gute Gründe für die Annahme, daß das Leben in seiner frühesten Manifestation aus einer RNA-Welt entstand. Während die DNA im allgemeinen ein passiver Träger genetischer Information ist, sind die verschiedenen RNA-Formen auf sehr unterschiedliche Weise aktiv an den biochemischen Vorgängen in der Zelle beteiligt. Vor allem spielen sie eine zentrale Rolle bei Prozessen, die vermutlich frühesten Ursprungs sind. Viele Coenzyme – dies sind Moleküle, die die Enzyme bei ihren verschiedenen Aufgaben unterstützen – leiten sich entweder von RNA-Nucleotiden oder von verwandten Verbindungen ab. Dies deutet darauf hin, daß RNA-ähnliche Spezies wahrscheinlich vielseitig talentiert sein mußten, bevor sich schließlich die Proteine als biochemische Katalysatoren durchsetzten.

Das Modell der RNA-Welt ist allerdings nicht unproblematisch, nicht zuletzt wegen der Frage, wie sich RNA-artige Moleküle entwickeln konnten. Wie wir gesehen haben, lassen sich die Grundbausteine der Nucleotide – wenn auch mit Hilfe einiger Kunstgriffe – aus einfachen organischen Molekülen herstellen. Die Nucleotide reihen sich in Gegenwart von Kondensationsmitteln wahllos aneinander. Die dabei entstehenden Oligonucleotide sind aber bei weitem nicht mit echten RNA-Molekülen vergleichbar. Denn sie sind nicht mit sinnvoller Information beladen, sondern mit einem genetischen Kauderwelsch. Vieles spricht dafür, daß das Leben überhaupt nicht mit der RNA begann, sondern mit ähnlich gebauten, aber einfacheren Molekülen, die sowohl eine gewisse Fähigkeit zur Replikation zeigten als auch simple genetische Informationen tragen konnten. Vielleicht waren andere Zucker als D-Ribose in diese Prä-RNA-Replikatoren eingebaut. Die RNA-artigen Moleküle setzten sich dann in diesem Durcheinander nach und nach kraft ihrer besonderen Fähigkeit, sich selbst zuverlässig zu reproduzieren, durch. Falls dies alles so geschah, fragt man sich, wie wohl das erste sich replizierende Molekül ausgesehen haben mag.

Die ersten Replikatoren

Wir haben bereits einige echte oder hypothetische molekulare Systeme kennengelernt, die viel primitiver sind als die RNA, aber dennoch in gewissem Ausmaß zur Selbstreplikation fähig sind. Die Tonmineralien von Cairns-Smith zählen dazu, aber auch Luisis autokatalytische Mizellen. Gerald Joyce, Molekularbiologe am Research Institute der Scripps Clinic in La Jolla in Kalifornien, nimmt an, daß Systeme wie diese der RNA oder verwandten Vorläufern den Weg ebneten, indem sie die Umgebung so veränderten, daß die Evolution komplexerer Replikatoren leichter ablief. Außerdem vermutet Joyce, daß sie die Fähigkeit entwickelten, die Synthese von RNA-ähnlichen Molekülen zu katalysieren.

Ein im Detail untersuchter, mutmaßlicher RNA-Vorläufer ist ein „Pseudonucleosid", das aus Glycerin und einer Purin-Base besteht (ein Nucleosid ist eine Nucleinsäure-Base, die an Ribose oder Desoxyribose gebunden ist – ein Nucleotid ohne Phosphat, wenn man so will). Im Gegensatz zu den Zuckern in Nucleinsäuren ist das Glycerin nicht cyclisch und das nucleosidähnliche Molekül, das es mit Purin ausbildet, nicht chiral. Während Ribose-Purin-Verbindungen eine verwirrende Zahl von möglichen Isomeren und Enantiomeren ausbilden können, ist dagegen die Zahl der Glycerin-Analoga begrenzt und ihre Chemie viel einfacher. Moleküle dieser Art können sich zu Oligomeren (kurze polymere Ketten) verbinden und als Matrizen zur Verknüpfung echter RNA-ähnlicher Nucleotide dienen.

Der deutsche Chemiker Günter von Kiedrowski stellte Replikationsvorgänge mit synthetischen Molekülen vor, die einer DNA-typischen Chemie schon recht nahe kamen. Er zeigte 1986, daß sich kurze Sequenzen DNA-ähnlicher Oligonucleotide als Matrizen für den Aufbau von Kopien ihrer selbst eignen. Auf einem Molekül aus sechs verbundenen Nucleotiden, die die komplementären Basen Cytosin und Guanin enthielten, brachte Kiedrowsky zwei Fragmente aus je drei Nucleotiden dieser Sequenz zusammen. Die beiden Fragmente ließen sich dann zu einer Kopie der Sechser-Matrize verknüpfen (siehe Abbildung 8.12*a*). Dieser matrizengesteuerte Bildungsprozeß stellt das Beispiel einer Replikation dar, weil die entstandene Sechser-Einheit *selbst*komplementär ist – sie bindet sich auf dem Kopf stehend an ein identisches Molekül.

Das Team um Leslie Orgel ging einen Schritt weiter und zeigte, daß Oligonucleotide als Matrizen für den nucleotidweisen Aufbau eines komplementären Stranges dienen können, im Gegensatz zu den vorgeformten Fragmenten in den Experimenten von Kiedrowsky (siehe Abbildung 8.12*b*). Dies ist eine Meisterleistung, weil der neue Strang komplementär zur Matrize und nicht nur mit ihr identisch ist.

Eine der Schwierigkeiten, diese Ansätze auch auf längere Stränge auszudehnen, liegt darin, daß eine fertige Kopie eher dazu neigt, auf der Matrize zu bleiben. Sie bildet mit ihr eine stabile Doppelhelix aus, so daß die Moleküle eine weitere Replikation nicht mehr katalysieren. In den Experimenten beispielsweise von Orgel nimmt die Wiedergabetreue des Kopierprozesses ab, sobald sich die Oligonucleotide aus mehr als ungefähr einem Dutzend Einheiten aufbauen. Andererseits zeigen diese Ergebnisse, daß eine begrenzte Menge an Information, die verschlüsselt in nucleinsäureartigen Ketten gespeichert ist, auch ohne die komplexe Enzymmaschinerie der DNA reproduziert werden kann.

Die wenigen Untersuchungen, die an den beschriebenen Verbindungen durchgeführt wurden, haben allenfalls vage Hinweise darauf geliefert, wie aus RNA-ähnlichen Molekülen vielleicht eine echte RNA-Welt entstand. Wenn es die ersten Replikatoren waren, die die Biologie aus der Chemie hervorgehen ließen, müssen sie sich auf irgendeine Weise *weiterentwickelt* haben. Sie müssen nicht nur gelernt haben, Information zu speichern und weiterzugeben, sondern auch zu mutieren. Dies brachte evolutionäre Vorteile mit sich, die sie besser für das Überleben wappneten. Evolution und natürliche Selektion auf

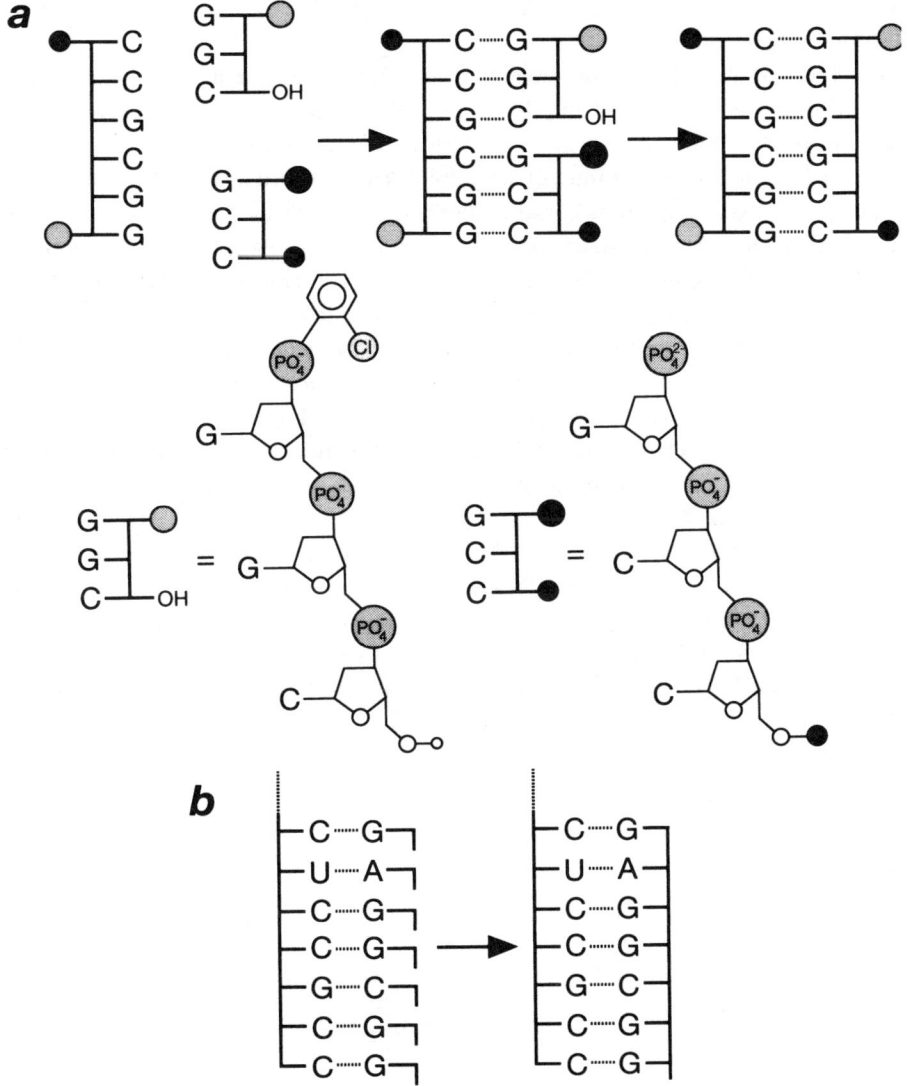

Abbildung 8.12 *Synthetische Stränge aus DNA-ähnlichen Nucleotiden können als Matrizen beim Aufbau von Kopien oder von komplementären Strängen dienen. Günter von Kiedrowski fand heraus, daß der aus sechs Nucleotiden bestehende Strang in (a) die Bildung von Kopien aus seinen beiden Dreier-Nucleotid-Fragmenten katalysiert. Leslie Orgel zeigte, daß längere Stränge Schritt für Schritt aus einzelnen Nucleotideinheiten auf einer komplementären Matrize aufgebaut werden können (b). Mit der Länge der Stränge steigt jedoch die Wahrscheinlichkeit, daß „Kopierfehler" auftreten. Bei der DNA-Replikation werden diese Fehler von Korrektur lesenden Enzymen erkannt und beseitigt.*

molekularer Ebene waren vielleicht dafür verantwortlich, daß die sich replizierenden Moleküle *cleverer* wurden.

Die Tatsache aber, daß es nun möglich ist, mit Experimenten diesen Problemen und Ungewißheiten auf den Grund zu gehen, ist ungeheuer spannend. Wie ich bereits gegen Ende des fünften Kapitels andeutete, können sich Wissenschaftler jetzt endlich unter dem Gesichtspunkt der Evolution mit der präbiotischen Chemie auseinandersetzen – d. h. sie können die von Darwin aus Studien über hochentwickelte Lebewesen abgeleiteten Gesetzmäßigkeiten beispielsweise zur Mutation und zur natürlichen Selektion auf Moleküle übertragen. Das Modell der RNA-Welt hat den eindeutigen Vorteil, daß sich die aus ihm entwickelten Ideen experimentell überprüfen lassen. Zudem zeigt sich an ihm noch ein anderer positiver Aspekt, der Studien über den chemischen Ursprung des Lebens mittlerweile auszeichnet: Niemand muß mehr bei Null anfangen, hartnäckig Steinchen auf Steinchen zusammenfügen und den weiten Bogen von der anorganischen Chemie zur Biologie schlagen. Denn das Rätsel des Lebens ähnelt mehr und mehr einem halbfertigen Puzzle. Einige Bereiche nehmen Gestalt an, andere liegen als größere, leere Flächen dazwischen. Wir wissen noch nicht genau, wie wir uns die RNA-Welt erschließen können, wie wir von dort aus in die DNA-Welt gelangen; genausowenig vermögen wir das Rätsel der Enantioselektivität zu lösen oder klar zu beantworten, wie die verschiedenen Vorschläge zur Entstehung der ersten Aminosäuren zu werten sind. Doch insgesamt schließt sich das Bild. Wir können uns auf die Rätsel konzentrieren, die lösbar sind, wohl wissend, daß sich bestehende Lücken später schließen lassen. Wir stehen einem der größten Geheimnisse unserer Welt nicht länger hilflos gegenüber: nämlich der Frage, woher wir kommen.

9
Fernab vom Gleichgewicht

Fraktale, Chaos und komplexe Strukturen in der Chemie

... the physical phenomena which meet us by the way have their forms not less beautiful and scarce less varied than those which move us to admiration among living things.

D'Arcy Wentworth Thompson

Im Laufe des siebzehnten Jahrhunderts fand die Sprache der Mathematik immer mehr Eingang in die Naturwissenschaften. Diese Entwicklung gipfelte darin, daß die Mathematik zur „königlichen" Disziplin gekürt wurde. Für die bedeutendsten Verfechter des aufkeimenden modernen Rationalismus, zu denen Isaac Newton, Rene Descartes und Gottfried Leibniz zählen, waren mathematische Formeln der einzig akzeptable Weg, ihre Ideen und Erkenntnisse inmitten der Wirrnisse der sie umgebenden Welt festzuhalten und zu übermitteln. Besonders Leibniz bemühte sich, die Mathematik zu einer universalen formalen Zeichensprache weiterzuentwickeln, mit deren Hilfe er hoffte, jegliche menschliche Gedanken ausdrücken zu können - sei es auf dem Gebiet der Naturwissenschaften, der Geschichte, der Philosophie oder der Wirtschaftswissenschaften. Auch wenn dieser Ansatz der Mathematik vielleicht zu viel abverlangt, so sind mathematische Formeln bis heute die universellen Hilfsmittel, um fundamentale naturwissenschaftliche Zusammenhänge zu beschreiben. Ob Newtons Gravitationsgesetz oder Einsteins Formel $E = mc^2$: Die internationale Sprache der Mathematik überwindet nationale Grenzen und vereint die Wissenschaftler rund um den Globus. In manchen wissenschaftlichen Veröffentlichungen interessieren die Worte nur am Rande: Die Gleichungen genügen, um zu sagen, was zu sagen ist.

Eine solche Konvention kann sich natürlich nur dann durchsetzen, wenn sie hilfreich und breit anwendbar ist. Wie sich gezeigt hat, beschreibt die Mathematik unsere Welt sogar bis in jene Bereiche, für die der amerikanisch-ungarische Physiker Eugene Wigner das Verhalten der Natur nur noch als „unsinnig" bezeichnen kann. Wie kann das sein? Einige Wissenschaftler sehen in der Mathematik eine menschliche Erfindung – einen willkürlich gewählten Formalismus, der sich lediglich dadurch auszeichnet, daß er zweckdienlich ist. Andere kommen nicht umhin, die Mathematik – ebenbürtig den subatomaren Teichen oder den fundamentalen Kräften, denen sich die Materie nicht entziehen kann – als integralen Bestandteil der Natur anzuerkennen.

Die Mathematik ist eine sehr formelle Sprache. Dem Laien erscheint eine mathematische Abhandlung so unverständlich, als wäre sie in altem Sanskrit geschrieben. Doch jeder, der sich mit der Geometrie beschäftigt hat, kann bestätigen, daß diese ein Musterbeispiel für perfekte Regelmäßigkeit und Vorhersagbarkeit darstellt. Die Welt der Mathematik scheint ausschließlich von Formen bevölkert zu sein, die sich durch schlichte, doch perfekte Symmetrie auszeichnen, wie Kreise, Quadrate und Geraden. Die Ästhetik perfekter geometrischer Figuren ist seit der Antike bekannt; die alten Griechen sahen darin einen Ausdruck göttlicher Vollkommenheit. So sagte Plato: »Die Geometrie führt die Seele hin zur Wahrheit und schafft Raum für den Geist der Philosophie.« Nach Platos Vorstellungen besaßen die Grundbausteine der vier griechischen Elemente Erde, Luft, Feuer und Wasser Formen, die den von Euklid eingeführten perfekten dreidimensionalen Körpern entsprachen. Für Pythagoras und seine Schüler waren Zahlen viel mehr als nur Hilfsmittel, um die Natur zu beschreiben – nach ihrer Lehre baute sich die Welt letztlich aus Zahlen auf.

Dieser mystische Ansatz, die Vollkommenheit der Mathematik als grundlegendes Prinzip der Natur anzuerkennen, findet sich auch in den Werken von Johannes Kepler, dem bedeutendsten Astronomen des sechzehnten Jahrhunderts. Unter anderem versuchte er, die Bahnen der bis dato bekannten sechs Planeten mit Hilfe der euklidischen Körper zu beschreiben. Einer der grundlegenden Einwände, die gegenüber Galileis heliozentrischem (sonnenzentrierten) Sonnensystem erhoben wurde, wandte sich gegen die Tatsache, daß die Planeten nicht Kreisbahnen, sondern elliptischen Bahnen folgen mußten, bei denen sich die Sonne in einem der beiden Brennpunkte befindet. Wie kann – so wurde damals argumentiert – ein Himmelskörper im Universum einer anderen Bahn als einem perfekten Kreis folgen?

Seit dem neunzehnten Jahrhundert keimte jedoch bei Wissenschaftlern aller philosophischen Schulen der beunruhigende Verdacht, daß an dem Beharren auf der Ansicht, der Natur lägen geometrisch perfekte Formen zugrunde, etwas nicht ganz stimmen konnte. Wieviele der natürlichen Objekte lassen sich schließlich durch perfekte Kreise, Kugeln, Würfel, Sechsecke oder Tetraeder beschreiben? Ganz im Gegenteil – es hat den Anschein, daß sich die Baumeister der Natur keine Spur um geometrische Formen kümmern! Bäume, Wolken, Blumen, Berge und Lebewesen zeigen alle nur denkbaren Unregelmäßigkeiten in ihrer Gestalt und Form. Wieso können also – vorausgesetzt, die Mathematik sei die Sprache der Wissenschaft – die Wissenschaftler hoffen, diese verwirrende Vielfalt komplexer Formen erklären zu können?

Diese Fragestellung führt uns zu einem der wichtigsten Themen in diesem Kapitel. Sie zu beantworten, fällt zum Großteil den Chemikern zu, da es ihre Aufgabe ist, auf der Grundlage der gegenseitigen Anlagerung von Molekülen das Entstehen der uns umgebenden Gestalten und Formen zu erklären. D'Arcy Thompson – der unkonventionelle Gelehrte, dessen Worte dieses Kapitel einleiteten – sagt uns: »Von der Chemie seiner Zeit behauptete Kant, sie sei zwar eine Wissenschaft, jedoch keine Wissenschaft ... für die das Kriterium einer wahren Wissenschaft – die enge Verbindung zur Mathematik – erfüllt sei.« Thompson folgt in seinem exzentrischen, doch weithin beachteten Werk *On Growth And Form* dem versponnenen Ansatz, die Vielfalt der natürlichen Formen durch eine gelehrte, doch manchmal unverträgliche Mischung aus Physik, Mathematik und Mechanik zu erklären; schließlich gelingt es ihm sogar, anzudeuten, daß die Geometrie und die uns umgebenden natürlichen Formen sich gegenseitig ausschließen müssen.

Die heutige Chemie kann man so mathematisch betrachten, wie immer man möchte (was manchen nur recht ist). Wendet man auf Vielteilchensysteme einen „reduktionistischen" Ansatz an, indem man versucht, mit Hilfe von nur wenigen einfachen Gleichungen die Wechselwirkungen der Moleküle zu beschreiben, werden die Gleichungssysteme sehr schnell schwer handhabbar, wenn man die Zahl der betrachteten Moleküle erhöht. Die Welt ist jedoch voller Systeme dieser Art, und lange Zeit war man der Meinung, daß sie viel zu komplex sind, um ihr Verhalten mathematisch exakt beschreiben zu können. Eine der verblüffendsten Entdeckungen der letzten Jahrzehnte ist die Tatsache, daß Komplexität nicht unbedingt mit Unordnung, Regellosigkeit oder Unberechenbarkeit einhergeht. Ganz im Gegenteil – es wurde immer deutlicher, daß die Komplexität selbst eine plötzliche Ordnung hervorrufen kann, die sich häufig in *Mustern* von aufsehenerregender Schönheit zeigt – völlig anders als die sterile Geometrie, die vielfach die einfachen Systeme kennzeichnet. Besonders überrascht dabei die Tatsache, daß die fundamentalen Elemente der Mathematik keinerlei Hinweis auf das Erscheinen dieser Strukturen geben dürften. Ein „Reduktionist" erkennt bei seiner Betrachtungsweise nur die schlichten Interaktionen der einzelnen Systemkomponenten, wohingegen der Betrachter, der einen „ganzheitlichen" Ansatz wählt, die ungeahnte Fähigkeit eines Systems zur Entwicklung kompliziert geordneter Strukturen entdecken kann.

Viele der Muster, die komplexe Systeme hervorbringen, erinnern an die feinen und häufig wunderschönen „organischen" Formen unserer natürlichen Umgebung; ja, diese Strukturen tauchen sogar in Systemen auf, die mit natürlichen Systemen angeblich in keiner Beziehung stehen. Und doch gibt es eine Verbindung: Solche Systeme tendieren dazu, ihren Zustand plötzlich zu verändern oder instabil zu werden. Diese Beobachtung läßt darauf hoffen, zu einer universellen Beschreibung der Musterbildung bei Systemen zu gelangen, die weit entfernt von ihrem Gleichgewichtszustand existieren.

Die Geburt der Kristalle

Ein unbekannter Mikrokosmos

Ein Großteil der Schönheit, die wir bei der Betrachtung natürlicher Minerale empfinden, und der Faszination, die von ihnen ausgeht, liegt in der Symmetrie der Kristalle begründet. Nun kann man diese prismatischen Strukturen schwerlich als komplex bezeichnen. Wie in Kapitel 4 beschrieben wurde, sind die Kristalle gleichmäßig aus Schichten aus Molekülen oder Atomen aufgebaut, wobei jedes Atom von einer regelmäßigen, symmetrischen Anordnung von Nachbaratomen umgeben ist. Diese Art des Stapelns von Teilchen erzeugt glatte, ebene Flächen und scharfe, winklige Kanten – eben jene Formen, die der makroskopische Kristall zeigt.

Wenn man bedenkt, daß diese gleichmäßige Anordnung sich während des Kristallwachstums bilden muß, kann man darauf schließen, daß jedes Atom, das sich dem Kristall nähert, die Gelegenheit haben muß, sich den passenden Platz zu suchen. Es kann sich dagegen keine Kristallstruktur ausbilden, wenn die Atome gerade eben an der Stelle, an der sie mit dem Kristall das erste Mal in Berührung kommen, einfach haften blieben – zur Formung eines Kristalls müssen also die Atome in der Lage sein, auf der Oberfläche herumzuhüpfen, bis sie einen freien Platz in dem regelmäßigen Gitter gefunden haben. Daher ist es im allgemeinen notwendig, daß Kristalle sehr langsam wachsen. Was geschieht jedoch, wenn wir das Kristallwachstum so stark beschleunigen, daß für die „falsch" angelagerten Atome keine Zeit mehr bleibt, sich auf die beschriebene Weise umzulagern? Wenn also jedes Atom gerade dort gebunden wird, wo es den Kristall das erste Mal berührt – egal, ob diese Bindungsstelle ein regulärer oder ein beliebiger anderer Ort auf der Kristalloberfläche darstellt? Diese Art des Kristallwachstums kann man zum Beispiel beobachten, wenn man die Temperatur einer Flüssigkeit plötzlich bis tief unter ihren Gefrierpunkt erniedrigt und so eine „unterkühlte" Schmelze herstellt. In diesem Fall ist die Kristallisation kein Gleichgewichtsprozeß mehr. Ein Kristallwachstum fernab vom Gleichgewicht kann auch, neben dem beschriebenen Fall einer unterkühlten Schmelze, in einer Lösung erfolgen, wenn man eine mit dem gelösten Stoff gesättigte Lösung schnell abkühlt. Als „gesättigt" bezeichnet man eine Lösung, die keinen weiteren Feststoff mehr lösen kann (einige Leute sättigen ihren Kaffee mit Zucker, was daran zu erkennen ist, daß ein Rest Zucker auf dem Boden der Tasse ungelöst zurückbleibt). Die Menge an gelöster Substanz, die eine gesättigte Lösung aufnehmen kann, nimmt gewöhnlich mit sinkender Temperatur ab. Daher führt das schnelle Abkühlen einer gesättigten Lösung dazu, daß ein Teil des gelösten Stoffes ausfällt.

Die Kristallformen, die sich bei einem Wachstum unter Nichtgleichgewichtsbedingungen bilden, haben häufig nichts mit den gleichmäßigen, geometrischen Prismen gemein, die typisch für langsam gewachsene Kristalle sind. Die Abbildung 9.1 zeigt einige der filigranen, häufig organisch anmutenden Formen, die sich bei der schnellen Kristallisation einer Legierung aus Eisen, Chrom und Silicium im Niederschlag ihres Dampfes auf einer kalten Oberfläche bilden. Die elektronenmikroskopischen Aufnahmen lassen

Abbildung 9.1 *Schlagen sich Atome aus der Gasphase auf einer kalten Oberfläche nieder, kristallisieren Metallsilicide wie (Cr,Fe)$_5$Si$_3$ in einer Vielzahl bizarrer und eindrucksvoller Formen. (Die Aufnahmen wurden von Seiji Motojima, Universität von Gifu, Japan, zur Verfügung gestellt.)*

alle nur denkbaren bizarren Formen erkennen – vergleichbar der Landschaft eines fremden Planeten in einem Science-fiction-Film. Und doch sind diese Strukturen nicht so zufällig angeordnet wie in einer Landschaft, noch sind sie gar ohne jedes Ordnungsprinzip – sie sind komplex, sicherlich, zeigen aber doch eine gewisse Symmetrie, ein bestimmtes Muster. Irgend etwas in diesem Prozeß, der weit entfernt vom Gleichgewicht abläuft, ruft – wenn auch nur zu einem gewissen Grad – eine imponierende Ordnung hervor.

Filigrane Geschichten

Um die Vorgänge bei der Kristallisation, die weit entfernt vom Gleichgewicht stattfindet, zu erhellen, haben die Wissenschaftler ihre Aufmerksamkeit auf einen Prozeß gerichtet, den man Aggregation oder Anlagerung nennt. Bei diesem Prozeß wächst eine Ansammlung von Teilchen (ein Cluster) durch zufälliges Zusammenstoßen mit weiteren Partikeln, die jeweils an der Stelle haften bleiben, an der sie den wachsenden Cluster das erste Mal berühren. Der Prozeß ahmt somit das schnelle Kristallwachstum nach, bei dem den Atomen keine Zeit bleibt, sich auf der Kristalloberfläche umzulagern. In der Natur ist eine solche Anlagerung von Teilchen häufig zu beobachten: Man begegnet ihr zum Beispiel bei der Bildung größerer Rußpartikel, die im Rauch durch das Zusammenklumpen kleinerer Fragmente entstehen; auch das „Ausflocken" der winzigen organischen Partikel in Flüssen, das sich in einer Trübung des Wassers äußert, verläuft nach einem solchen Prozeß.

Abbildung 9.2 *Ein Cluster, der durch diffusionsbegrenzte Anlagerung (diffusion-limited aggregation) von Partikeln entsteht, zeigt eine filigrane, verästelte Struktur. Dieser Cluster wurde mit einem Computer modelliert, indem den Teilchen erlaubt wurde, sich solange zufällig zu bewegen, bis sie auf ein weiteres Teilchen treffen, an dem sie dann haften bleiben. (Dieses Bild wurde freundlicherweise von Thomas Rage und Paul Meakin, Universität von Oslo, zur Verfügung gestellt.)*

Bei den meisten dieser Anlagerungsprozesse hängt die Wachstumsgeschwindigkeit des Clusters von der Zeitspanne ab, die ein Partikel benötigt, um sich durch das umgebende Medium hin zu der Oberfläche des Clusters zu bewegen. Die zufällige Bewegung der Partikel durch das Medium nennt man Diffusion, und den Wachstumsprozeß, der auf dieser zufälligen Bewegung der Teilchen beruht, nennt man diffusionsbegrenzte Anlagerung (*diffusion-limited aggregation*). Cluster, deren Wachstum auf diesen Prozeß zurückzuführen ist, zeigen eine filigrane, stark verästelte Struktur (Abbildung 9.2). Hat sich an einem Ast einmal eine Knospe gebildet, heften sich die meisten der ankommenden Partikel, bevor sie ins Innere des Clusters vordringen können, an diese an und führen zum Wachstum eines neuen Zweiges – so wird verständlich, warum die Hohlräume im Zentrum des Clusters niemals aufgefüllt werden.

Betrachtet man die durch diffusionsbegrenztes Wachstum entstehenden Gebilde näher, stellt man fest, daß sie einige erstaunliche Eigenarten zeigen. Stellen wir uns vor, wir betrachten einen großen Cluster unter dem Mikroskop: Wir erkennen ein irreguläres Objekt mit einer stark verzweigten Struktur. Nun verändern wir die Vergrößerung und betrachten eine bestimmte Region des Clusters näher: Die Knospen, Zweiglein und Äste, die wir zu Beginn gesehen haben, sind jetzt deutlicher zu unterscheiden, doch wir stellen fest, daß diese Zweige weitere Verästelungen und Knospen tragen. Mehr noch: Der vergrößerte Ausschnitt ist dem zuerst betrachteten Bild verblüffend ähnlich (Abbildung 9.3)! Erhöhen wir den Vergrößerungsfaktor um eine weitere Stufe, erhalten wir dasselbe Resultat: Die unregelmäßige Oberfläche zeigt weitere kleine und kleinste Verästelungen, die zuvor noch nicht sichtbar waren, und das Bild ist wieder ähnlich der ursprünglich betrachteten Region.

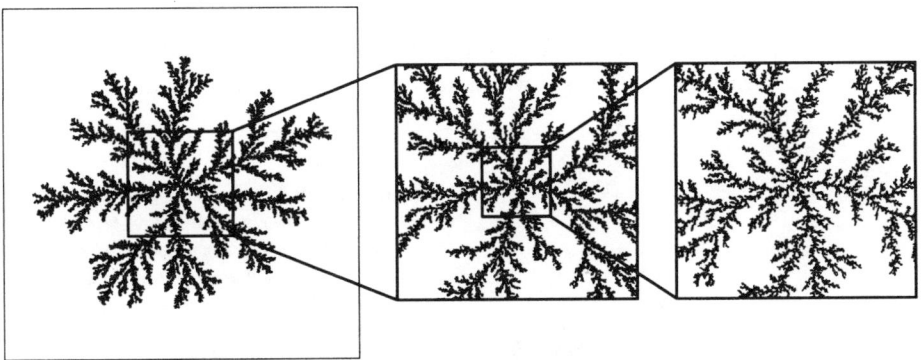

Abbildung 9.3 *Betrachtet man den durch diffusionsbegrenzte Anlagerung entstehenden Cluster genauer, werden immer feinere Strukturen sichtbar. Das Muster wiederholt sich bei zunehmender Vergrößerung – man spricht bei diesem Phänomen von „Selbstähnlichkeit". (Dieses Bild wurde freundlicherweise von Thomas Rage und Paul Meakin, Universität von Oslo, zur Verfügung gestellt.)*

Ein Objekt, dessen Struktur sich nicht verändert, wenn man es bei verschiedenen Vergrößerungen betrachtet, nennt man „selbstähnlich". Es ist unmöglich, für diese selbstähnlichen Strukturen einen vernünftigen Maßstab festzulegen. In Kapitel 4 haben wir festgestellt, daß ein „Häuserblock" eine sinnvolle Maßeinheit darstellt, wenn man die Entfernungen in New York angeben will, da die Stadt durch ein rechtwinkliges Straßennetz in Einheiten unterteilt ist, die eine ähnliche Größe besitzen. Dasselbe trifft auch für die regulären Kristalle zu: Hier können die Abmessungen als Vielfache einer Einheitszelle angegeben werden. Bei selbstähnlichen Strukturen ist es jedoch unmöglich, eine Einheit zu wählen, mit deren Hilfe man die Abmessungen des Objekts bemessen könnte - die grundlegende Eigenschaft der „Selbstähnlichkeit" ist ja gerade die Wiederholung immer gleicher Einheiten in unterschiedlichen Maßstäben. Zerlegt man die Struktur in kleinere Blöcke, kommt man zu jeweils identischen Mustern, und die Ausgangsstruktur selbst ist wiederum nur ein Ausschnitt aus einem größeren, jedoch gleich strukturierten Objekt. Ein natürlicher Maßstab ist also nicht vorhanden - selbstähnliche Strukturen sind „skaleninvariant".

Die Zweige der bei diffusionsbegrenzter Anlagerung entstehenden Cluster bestehen aus dünnen Ketten aneinandergereihter Teilchen - quasi fadenförmigen, eindimensionalen Wesen. Wachsen diese Zweige weiter, entwickelt sich letztlich ein filigranes Gewirr von Ästen und Zweigen, das (wie in Abbildung 9.2 gezeigt) einen Großteil eines zweidimensionalen Raumes ausfüllt. (Die in der Natur beobachteten Cluster, wie etwa die Rußpartikel, senden ihre Äste in alle drei Raumrichtungen aus. Die computergenerierten, „flachen" Cluster, wie der in Abbildung 9.2 gezeigte, haben den Vorteil, daß man sie leichter darstellen kann.) Ist ein „flacher", durch diffusionsbegrenzte Anlagerung entstandener Cluster nun ein- oder zweidimensional?

Es gibt einen einfachen Weg, die Dimension eines Objekts zu bestimmen: Man beobachtet die Massenzunahme während des Wachstums. Bei linienartigen, eindimensionalen Objekten nimmt die Masse - zum Beispiel die Menge an Tinte, die man zum Zeichnen benötigt - in direktem Verhältnis zur Länge der Linie zu. Wächst der Radius eines feinen, sternförmigen Objekts (wie in Abbildung 9.4*a* gezeigt), so nimmt die Masse

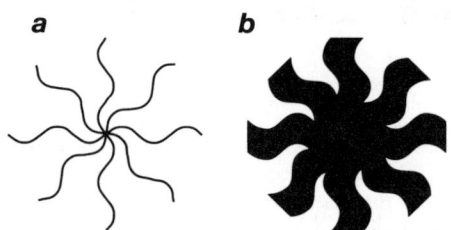

Abbildung 9.4 *Die Dimension eines Objekts kann man ermitteln, indem man betrachtet, wie sich seine Masse mit zunehmender Größe verändert. Bei einem eindimensionalen Objekt (a) ist die Masse dem Radius direkt proportional; bei einem zweidimensionalen Objekt (b) nimmt die Masse mit dem Quadrat des Radius zu. Die Dimension eines „flachen" Clusters, wie der in Abbildung 9.2, liegt irgendwo zwischen diesen beiden Extremen - ein solcher Cluster hat eine gebrochene Dimension zwischen 1 und 2. Solch ein Verhalten ist typisch für Fraktale.*

im selben Verhältnis zu. Mathematisch ausgedrückt heißt das: Die Masse des Objekts ist proportional zu seinem Radius. Ein Objekt, für das diese Aussage zutrifft, ist eindimensional. Die Substanzmenge (und somit die Masse) des Objekts in Abbildung 9.4*b* hängt von der Fläche ab, die es bedeckt. Diese Fläche kann man über das Quadrat des Radius darstellen, also Radius × Radius oder (Radius)^2. Dieses Verhalten ist charakteristisch für ein zweidimensionales Objekt. Bei einem dreidimensionalen Objekt, etwa einer Kugel, hängt die Masse vom Volumen ab, das wiederum mit der dritten Potenz des Radius zunimmt: Radius × Radius × Radius oder (Radius)^3.

Der grundlegende Zusammenhang zwischen der Dimension, dem Radius (oder der Ausdehnung) und der Masse wird nun deutlich: Die Massenzunahme errechnet sich aus dem Radius, der so oft mit sich selbst multipliziert wird, wie es der Dimension des Objekts entspricht. Wir können also die Dimension eines Clusters bestimmen, indem wir messen, wie seine Masse in Abhängigkeit von seiner Ausdehnung zunimmt. Dies ist am einfachsten möglich, indem man den Prozeß der diffusionsbegrenzten Anlagerung auf einem Computer simuliert.

Das Ergebnis dieses Computerexperiments scheint unser Vorstellungsvermögen zu überfordern. Die Masse nimmt weder direkt proportional zum Radius, noch proportional zum Quadrat des Radius zu. Die Dimension liegt irgendwo zwischen diesen Werten: bei (Radius)$^{1.7}$, was bedeutet, daß der Radius 1.7mal mit sich selbst multipliziert werden muß. (Was damit gemeint ist, einen Wert 1.7mal mit sich selbst zu multiplizieren, ist nicht leicht nachzuvollziehen; es gibt jedoch mathematische Vorschriften, die uns sagen, wie wir zum Ergebnis gelangen – man benötigt lediglich Logarithmentafeln.) Über den Daumen gepeilt, können wir feststellen, daß unser Cluster 1.7-dimensional ist. Doch was bedeutet das? Wir sind gewohnt, nur in ganzzahligen Dimensionen zu denken. Ein Objekt, das mit einer Linie verwandt ist, kann sich nur in einer Dimension ausbreiten; ein flächiges Objekt ist auf zwei Dimensionen beschränkt, und unser Alltag spielt sich in drei Dimensionen ab. Was bedeutet es nun, wenn ein Objekt auf 1.7 Dimensionen beschränkt ist?

Die Geometrie der Natur?

Der Mathematiker Benoit Mandelbrot taufte die von ihm entdeckten Objekte mit gebrochenen Dimensionen Fraktale. Seine private Meinung war hingegen eine andere: Er nannte sie „Monster", da sie den allgemeingültigen und anerkannten Regeln der Geometrie nicht gehorchen wollten. Inzwischen weiß man, daß die Fraktale nicht nur als groteske Geburten in der abstrakten Welt der Mathematik existieren – überall um uns herum finden sich Objekte, die fraktale Strukturen zeigen. Pflanzenwurzeln und Bäume haben fraktalen Charakter, verzweigen sich immer wieder bis hinab in kleinste Dimensionen (Abbildung 9.5). Auch Wolken bilden häufig fraktale Strukturen, ebenso wie die natürliche Oberflächengestalt gebirgiger Landschaften und die Muster der Flußsysteme (Abbildung 9.6). Auch Küstenlinien zeigen fraktale Formen: Von der Satellitenaufnahme der Küstenlinie eines Kontinents bis hin zu den Detailkarten bestimmter Buchten und

Abbildung 9.5 *Viele natürliche Formen, wie etwa Wurzeln oder Bäume, zeigen selbstähnliche Strukturen. Auf der Insel Sokotra, südlich von Jemen, findet man diese besonders eindrucksvollen Exemplare der Drachenblutbäume. Interessant ist der Vergleich der Aststruktur mit dem in Abbildung 9.7 dargestellten Muster. (Wiedergegeben mit freundlicher Genehmigung von J. E. D. Milner/ Acacia)*

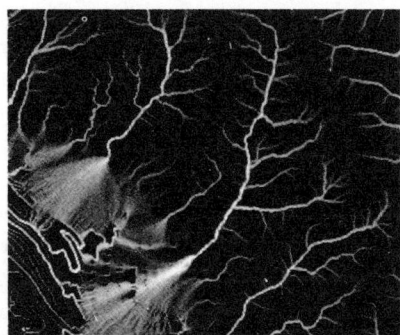

Abbildung 9.6 *Viele der natürlichen Landschaftsformen sind fraktal und zeigen selbstähnliche Strukturen. Gebirgsketten schwingen sich in verschiedenen Maßstäben immer wieder auf und nieder, und Flußsysteme zeigen üblicherweise eine komplexe, verzweigte Struktur, wie hier am Beispiel der Flüsse (weiß) im Nordosten von Nevada dargestellt. (Wiedergegeben mit freundlicher Genehmigung von Colin Stark, University of Oxford)*

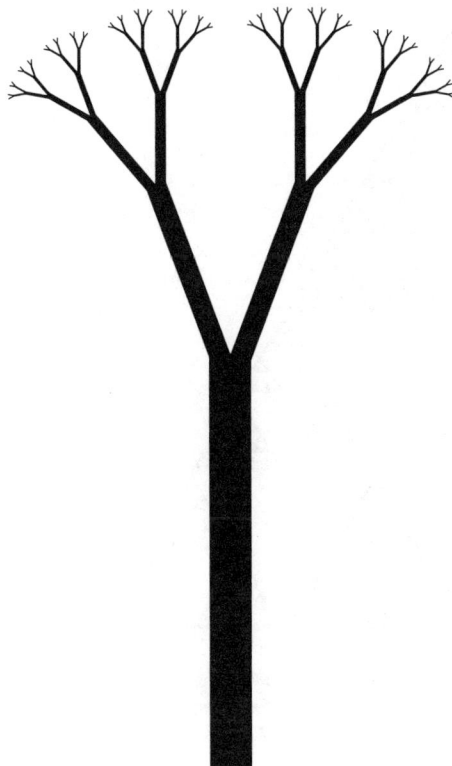

Abbildung 9.7 *Ein einfacher Algorithmus gibt vor, daß sich die Äste in einer bestimmten, sich wiederholenden Art und Weise verzweigen und läßt schließlich einen fraktalen „Baum" entstehen. (Der Stamm- und Astdurchmesser wurde ebenfalls verändert, um die Selbstähnlichkeit zu gewährleisten.) Eine Vielzahl natürlich anmutender Formen kann mit Hilfe solch einfacher Regeln wie den hier verwendeten erzeugt werden.*

Fjorde scheint sich die Grenzlinie zwischen Festland und dem Meer mosaikartig in immer kleineren Maßstäben zu wiederholen.

Fraktale scheinen in unserer natürlichen Umgebung tatsächlich so massiv aufzutauchen, daß man nicht umhinkommt, sich zu fragen, wie sie so lange übersehen werden konnten. Vielleicht wurden sie in der Vergangenheit deshalb so vernachlässigt, weil der Umgang mit Fraktalen ein völlig neues Denken in bezug auf Formen erfordert. Wir sind daran gewöhnt, Objekte in Form von geometrischen Umrissen zu beschreiben: ein quadratisches Haus, ein runder Apfel und so fort. Fraktale können dagegen nicht so einfach mit diesen Mitteln beschrieben werden. Ihre Umrisse sind sehr komplex, und die Skaleninvarianz bedingt, daß keine einfachen Struktureinheiten als Maßstäbe dienen können. Der natürliche Weg, fraktale Strukturen zu charakterisieren, ist die Angabe von „Algorithmen" anstelle der Verwendung geometrischer Figuren. Statt eine bildhafte Umschreibung der Struktur vorzunehmen, kann ein fraktales Objekt dadurch beschrieben werden, daß man die Regeln angibt, die zur Bildung des Fraktals führen. Um ein baumartiges Fraktal zu beschreiben, könnte man sagen: „Beginne mit einer Linie; bei einer bestimmten Strecke d vom Ausgangspunkt entfernt, spalte die Linie unter einem charak-

Abbildung 9.8 *Das Sierpinski-Dreieck entsteht, wenn man wiederholt ein gleichseitiges Dreieck in vier gleichseitige Dreiecke unterteilt und das zentrale Dreieck entfernt. Das Endresultat ist ein filigranes, schwammartiges Objekt mit einer fraktalen Dimension von etwa 1.58.*

teristischen Winkel in zwei Äste; lasse jeden dieser Äste sich nach der Entfernung ½ *d* erneut verzweigen, wiederhole dasselbe nach der Strecke ½ × ½ *d* (also ¼ *d*), ½ × ½ × ½ *d* und so weiter." Das Muster, das man nach dieser Vorschrift erhält, ist in Abbildung 9.7 dargestellt. Die Grundregel dabei lautet: Zeichne jede Linie halb so lang und halb so dick wie die Linie, aus der sie durch Verzweigen entstanden ist; verzweige erneut in zwei Linien. Ein Satz nacheinander auszuführender Anweisungen wie die hier gegebenen nennt man einen Algorithmus. Diese Bezeichnung findet sich auch in der Informatik: Hier beschreibt sie eine Sequenz aus Programmschritten, die immer wieder durchlaufen werden, um ein Problem zu lösen. Letztlich stellt ein Algorithmus nichts anderes als eine Stategie dar, die zur Erfüllung einer bestimmten Aufgabe angewendet wird.

In Abbildung 9.8 ist ein weiteres Beispiel eines fraktalen Objekts dargestellt, das Sierpinski-Dreieck. Der Algorithmus, der diese Struktur entstehen läßt, lautet wie folgt: „Unterteile jedes Dreieck in vier kleinere Dreiecke und entferne dasjenige im Zentrum." Jedesmal, wenn man diese Operation durchführt, erhält man drei neue Dreiecke, von dem jedes ein Viertel der Fläche des ursprünglichen Dreiecks einnimmt. Bei jedem dieser neu entstandenen Dreiecke wird die Operation abermals ausgeführt. Um ein perfektes fraktales Objekt zu erhalten, muß man den zugrundeliegenden Algorithmus unendlich oft anwenden. Daher werden die schwarzen Dreiecke immer kleiner und kleiner, und man könnte dem Gedanken verfallen, daß nach einer unendlichen Anzahl von Schritten die schwarzen Dreiecke schließlich alle verschwinden und lediglich ein weißes Blatt Papier zurückbleibt. Man sollte jedoch bedenken, daß wir nach jedem Anwenden des Algorithmus dreimal soviel schwarze Fläche zurücklassen, als wir entfernt haben – daher können wir niemals die schwarze Fläche komplett entfernen. Das ideale Sierpinski-Dreieck ist aus diesen Gründen ein hochfiligranes, schwammartiges Gebilde. Während wir mit einem schwarzen Dreieck begonnen haben, das den zweidimensionalen Raum, den es umschließt, vollständig ausfüllt, besitzt das Objekt, das wir nach einer unendlichen Anzahl wiederholter Anwendungen des Algorithmus erhalten, offensichtlich eine gebrochene (also fraktale) Dimension – in diesem Fall ist es 1.58-dimensional.

Die Abbildung 9.8 zeigt kein perfekt fraktales Sierpinski-Dreieck. Der Algorithmus wurde nur sechsmal angewendet, weil die sonst entstehenden, noch feineren Strukturen nur noch schwer auf dem Papier wiedergegeben werden können. Auch in der Natur zeigen die fraktalen Objekte nur über eine begrenzte Anzahl von Vergrößerungsstufen ihre selbstähnliches Verhalten; ab einem gewissen Maßstab bestimmen neue Faktoren (etwa die zellulären oder molekularen Strukturen) das Erscheinungsbild.

Fraktale sind in der natürlichen Welt so häufig anzutreffen, daß Mandelbrot die fraktale Selbstähnlichkeit die „Geometrie der Natur" genannt hat. Ungeachtet der Tatsache, ob diese fundamentale These ihre Berechtigung hat, ist festzustellen, daß die fraktale Geometrie uns die Richtung weist und erkennen läßt, welche Grundprinzipien hinter einigen der komplexen Muster, die uns die Natur liefert, verborgen liegen. Das Beispiel der Cluster, die durch diffusionsbegrenzte Anlagerung entstehen, führt uns zu einer weiteren wichtigen Schlußfolgerung: Die fraktale Geometrie basiert üblicherweise auf Vorgängen, die weit entfernt vom Gleichgewicht stattfinden.

Finger und Flocken

Fraktale Cluster kann man durch einen Wachstumsprozeß erzeugen, der bei der Elektrolyse von Metallsalzlösungen abläuft: An der in die Lösung eintauchende Elektrode wird eine Spannung angelegt, die zum Niederschlag der gelösten Metall-Ionen auf die Elektrode führt. Ist die angelegte Spannung relativ niedrig, erfolgt der Niederschlag auf die Elektrode gemächlich, und man erhält einen dünnen, glatten Metallfilm – dieser Vorgang, das „Elektroplattieren", wird technisch genutzt. Legt man nun eine deutlich höhere Spannung an, findet der Prozeß nicht mehr unter Bedingungen statt, die nahe beim Gleichgewicht liegen. In diesem Fall zeigen die metallischen Ablagerungen höchst unreguläre Strukturen (Abbildung 9.9). Robin Ball und Robert Brady von der University of Cambridge haben 1984 darauf hingewiesen, daß sich der bei der elektrolytischen Abscheidung stattfindende Prozeß nach mehreren Gesichtspunkten zur experimentellen Überprüfung der Theorie der diffusionsbegrenzten Anlagerung eignet. Tatsächlich besitzt der in Abbildung 9.9 gezeigte Metallcluster eine fraktale Dimension von ungefähr

Abbildung 9.9 *Die Ablagerung von Metallen in einer elektrolytischen Zelle kann auch zu fraktalen Clustern führen. Die Dimension der hier gezeigten Struktur liegt bei ungefähr 1.7, ist also sehr ähnlich dem Cluster von Abbildung 9.2, der durch den Prozeß der diffusionsbegrenzten Anlagerung entstand. (Die Aufnahme wurde freundlicherweise von John Melrose, University of Cambridge, zur Verfügung gestellt.)*

1.7, die mehr oder weniger der Dimension des computergenerierten Clusters der Abbildung 9.2 entspricht.

Indem man die Elektrodenspannung variiert, kann man auf bequeme Art und Weise den Abscheidungsprozeß näher oder weiter entfernt vom Gleichgewicht ablaufen lassen. Bei dieserart Experimenten hat man herausgefunden, daß die durch diffusionsbegrenzte Anlagerung entstehende fraktale Struktur nicht die einzige Alternative zur gleichmäßigen, nahe dem Gleichgewicht stattfindenden Ablagerung darstellt. Bei bestimmten Spannungen wechselt die Art des Wachstums, und man erhält Ablagerungen in einer Vielzahl von Formen (oder „Morphologien"). In Abbildung 9.10 sind zwei Ablagerungsmuster dargestellt, die nicht durch diffusionsbegrenzte Anlagerung entstanden sind. Die Figur in Abbildung 9.10*a* zeigt eine „dichtverzweigte" Morphologie; die Äste besitzen nicht mehr die feine, fadenförmige Struktur, sondern bilden dickere „Finger" aus, die an der Spitze einreißen und sich so verzweigen. Das Wachstumsmuster in Abbildung 9.10*b* ist viel regelmäßiger; die wachsenden „Finger" verzweigen sich auf fast symmetrische Art und Weise, und die Hauptäste selbst spalten sich nicht an der Spitze, sondern bilden Seitenzweige aus. Diese Art der Ablagerung bezeichnet man als dendritisches Wachstumsmuster.

Diese beiden Morphologien finden sich auch in anderen Bereichen. Die dichtverzweigte Morphologie kann zum Beispiel beobachtet werden, wenn man unter Druck eine Flüssigkeit in eine viskosere (dichtere) flüssige Phase injiziert. Voraussetzung dabei ist,

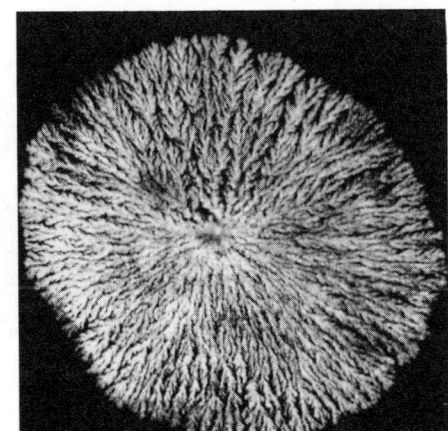

Abbildung 9.10 *Verschiedene Wachstumsarten können bei Abscheidung in einer Elektrolysezelle auf einfache Art erhalten werden, indem man die Wachstumsbedingungen, etwa die an die Elektrode angelegte Spannung, variiert. Hier ist ein dicht-verzweigtes (a) und ein dendritisches (b) Wachstumsmuster gezeigt. (Die Aufnahmen wurden freundlicherweise von John Melrose, University of Cambridge (a), und Peter Garik, Boston University (b), zur Verfügung gestellt.)*

daß sich die beiden Flüssigkeiten nicht durchmischen – Wasser und Öl kommen zum Beispiel in Frage. Das Phänomen (die entstehenden Verästelungen oder „Finger"), die dabei an der Grenzfläche der beiden Flüssigkeiten zu beobachten sind, nennt man anschaulich „viskoses Verästeln" (*viscous fingering*). Das Einpressen von Wasser in ein Ölfeld ist eine häufig angewandte Methode, um Erdöl aus porösen Speichergesteinen

Abbildung 9.11 *Das klassische Beispiel für dendritisches Wachstum stellen die wunderschönen symmetrischen Formen der Schneeflocken dar. Diese zart
gemusterten Eiskristalle spiegeln die sechszählige
Symmetrie wider, die den Eiskristallen zugrunde-
liegt.*

auszutreiben. Bei diesem Vorgehen stört das viskose Verästeln, da es den gewünschten
Effekt abschwächt. Anstatt daß das Öl mit Hilfe einer gleichmäßigen, sich vergrößernden
Wasserblase gefördert wird, durchdringt das Wasser das Öl durch den Prozeß des viskosen
Verästelns, auch wenn es nicht zu einer echten Vermischung kommt. Kennt man die
Bedingungen, die zum viskosen Verästeln führen, kann man diese Methode der Ölför-
derung optimieren.

Das viskose Verästeln kann mit Hilfe einer Apparatur untersucht werden, die im
neunzehnten Jahrhundert von dem britischen Schiffsbauingenieur Henry Hele-Shaw
entwickelt wurde. Die Hele-Shaw-Zelle besteht aus zwei flachen Platten (wobei die eine
durchsichtig ist), zwischen denen sich eine Schicht der viskoseren Flüssigkeit befindet.
Die weniger viskose Flüssigkeit wird durch ein Loch in der Mitte einer der beiden Platten
injiziert; dabei wird die viskosere Flüssigkeit nach außen gedrückt. Der Druck, mit der
die Flüssigkeit eingepreßt wird, spielt dieselbe Rolle wie die Spannung bei der Ablagerung
von Metallen in einer Elektrolysezelle: je größer der Druck, desto weiter entfernt sich das
System vom Gleichgewicht. Indem man den Injektionsdruck variiert, kann man eine
Änderung der Wachstumsmuster der sich ausdehnenden „Blase" erzwingen – genauso,
wie das Wachstum eines Clusters in der Elektrolysezelle beeinflußt werden kann. Die

verschiedenen Wachstumsmuster, die wir bei der Besprechung der elektrolytischen Abscheidung vorgestellt haben – das dichtverästelte, das dendritische und das fraktale Wachstum – können auch mit Hilfe der Hele-Shaw-Zelle erzeugt werden (Bild 14).

Um symmetrische, dendritische Muster in der Zelle zu erzeugen (Bild 14c), ist es jedoch notwendig, dem Wachstum der Blase eine Vorzugsrichtung zu geben. Dies erreicht man normalerweise durch Einritzen eines regelmäßigen Gitters in die Grundplatte. Die erhaltenen dendritischen Muster kommen uns bekannt vor – sie erinnern an die Eisblumen, die man an frostigen Wintermorgen an den Fensterscheiben beobachten kann. Wachsen Eiskristalle, ausgehend von einem zentralen „Keim", ungestört in alle drei Raumrichtungen, bilden sich Schneeflocken (Abbildung 9.11).

Die Richtungsvorgabe beim Wachstum solcher dendritischen Kristalle erfolgt durch die zugrundeliegende mikroskopische Struktur – also letztlich durch die Anordnung ihrer Atome und Moleküle. Weil es energieaufwendiger ist, auf der einen Kristallfläche eine Ausbuchtung zu erzeugen als auf einer anderen Fläche, erfolgen Wachstum und Verzweigung in bestimmten Richtungen leichter als in anderen. Die am stärksten favorisierten Wachstumsrichtungen spiegeln die Symmetrie der Kristallstruktur wider: In einem Eiskristall sind die Wassermoleküle so aneinander gebunden, daß eine hexagonale (sechszählige) Symmetrie entsteht. Diese Symmetrie bestimmt also auch das Wachstum der Schneeflocken. Die Kristallstruktur von festem Kohlendioxid zeigt dagegen eine „quadratische" (vierzählige) Symmetrie, und Schneeflocken aus Kohlendioxid (die man zum Beispiel auf dem Mars beobachten könnte) würden eben diese Symmetrie widerspiegeln – sie könnten also dem in Bild 14c dargestellten Muster ähnlich sein.

Wellen und Muster bei chemischen Reaktionen

Flüsse und Umwandlungen

Die wissenschaftliche Untersuchung von Prozessen, die fern vom Gleichgewicht stattfinden, ist zwar eine relativ junge Disziplin, und doch ist jetzt schon klar, daß dabei nichts Ungewöhnliches oder Unnatürliches auftaucht. Ganz im Gegenteil: Wir sind umgeben von solchen Phänomenen! Der Himmel befindet sich in einem dauernden Fluß: Wolken, Winde und Stürme kommen und gehen, angetrieben durch eine immerwährende atmosphärische Zirkulation, die niemals zur Ruhe kommt. Die Ozeane unterliegen Ebbe und Flut, und auf ihrer Oberfläche entstehen Wellen, deren Ausmaß von fast unsichtbar klein bis erschreckend groß reicht. Das unverhüllte Antlitz unseres Planeten – die Anordnung der Ozeane und Kontinente – verändert sich durch die Kontinentaldrift ständig, seitdem zum ersten Mal festes Land auftauchte. Landmassen stoßen zusammen und brechen auseinander, Meere treten hervor oder werden verschlungen.

Wie seltsam wäre uns zumute, wenn all diese Aktivitäten mit einem Mal aufhörten, die Ozeane zu ruhigen, glatten Spiegeln würden oder das Wetter ein Muster entwickelte, das sich Tag für Tag wiederholt? Doch genau so haben Chemiker lange Zeit den Prozeß chemischer Umwandlungen betrachtet. Daß Umwandlungen stattfinden, wollten sie wohl zugestehen, doch sie wurden nur als flüchtige, kurzlebige Erscheinungen angesehen. Zwei Verbindungen kommen in Kontakt, vielleicht reagieren sie in einer dramatischen Reaktion, Rauchwolken steigen auf, ein Lichtblitz zuckt, sie detonieren – aber schließlich wird ein neues Gleichgewicht erreicht. Der Rauch legt sich und gibt den Blick frei auf die Endprodukte: Da liegen sie, träge und selbstzufrieden mit ihrem neuen Zustand. Man ging davon aus, daß Situationen fernab vom Gleichgewicht niemals über merkliche Zeiträume fortbestehen konnten.

Heute wissen wir, daß es einige chemische Reaktionen gibt, bei denen es nie aufhört zu „sprudeln" – bei denen, um präziser zu werden, die chemischen Komponenten sich nicht in einem neuen Gleichgewicht zur Ruhe begeben, sondern es statt dessen scheint, als könnten sie sich nie entscheiden, welchen Zustand sie bevorzugen sollen. Vorausgesetzt, wir versorgen diese sonderbaren Reaktionen ständig mit frischen Reaktanten, werden sie nicht einfach ein bestimmtes Produkt auswerfen, sondern sie werden zwischen dem einen und dem anderen Zustand hin- und herschwanken, wobei häufig zudem komplexe räumliche Muster entstehen.

Das klassische Beispiel für oszillierende Reaktionen wurde 1951 von dem sowjetischen Chemiker Boris P. Belousov entdeckt. Belousov machte harte Zeiten durch, bis er die Welt davon überzeugt hatte, daß seine Oszillationen echt waren und nicht ein Artefakt darstellten, das auf das unvollständige Mischen der Reaktanten zurückzuführen war. Die Kritiker merkten zudem an, daß eine Reaktion, die sich spontan in verschiedene Richtungen entwickeln konnte, im Wiederspruch zum Zweiten Hauptsatz der Thermodynamik stünde (Kapitel 2), der eine Vorzugsrichtung für alle Umwandlungsprozesse vorgibt. Erst durch die mit Fleiß in den sechziger Jahren durchgeführten Studien von Anatol Zhabotinsky von der Moskauer Staatsuniversität wurde das oszillierende Verhalten von Belousovs chemischem System als intrinsische (dem System eigene) Eigenschaft akzeptiert. Dem Zweiten Hauptsatz droht auch keine Gefahr durch diese neu entdeckte Reaktion – die Freie Enthalpie sinkt ständig, nur die Konzentrationen der Komponenten sind von dem zeitabhängigen Auf und Ab betroffen.

Die Oszillationen der Belousov-Zhabotinsky(BZ)-Reaktion sind unter anderem auch deshalb so eindrucksvoll, weil die beiden Zustände, zwischen denen die Reaktion pendelt, durch Zugabe chemischer Indikatoren in leuchtendem Rot beziehungsweise in kräftigem Blau erscheinen. Anfänglich bildet das Gebräu der BZ-Ingredenzien eine rote Lösung. Vorausgesetzt, man rührt die Mischung kräftig, schlägt beim Fortschreiten der Reaktion die Farbe abrupt nach blau um. Doch die chemische Umsetzung ist noch nicht beendet: Einen Moment später erscheint wiederum die rote Farbe. Im Laufe der Zeit ändert das System erneut seine Absicht und wechselt abermals nach blau. Diese Schwankungen setzen sich fort – die Lösung oszilliert von rot nach blau und von blau nach rot und erinnert dabei an eine exotische Verkehrsampel. Läßt man das System in Ruhe, kommen die Oszillationen nach einigen Stunden zum Erliegen.

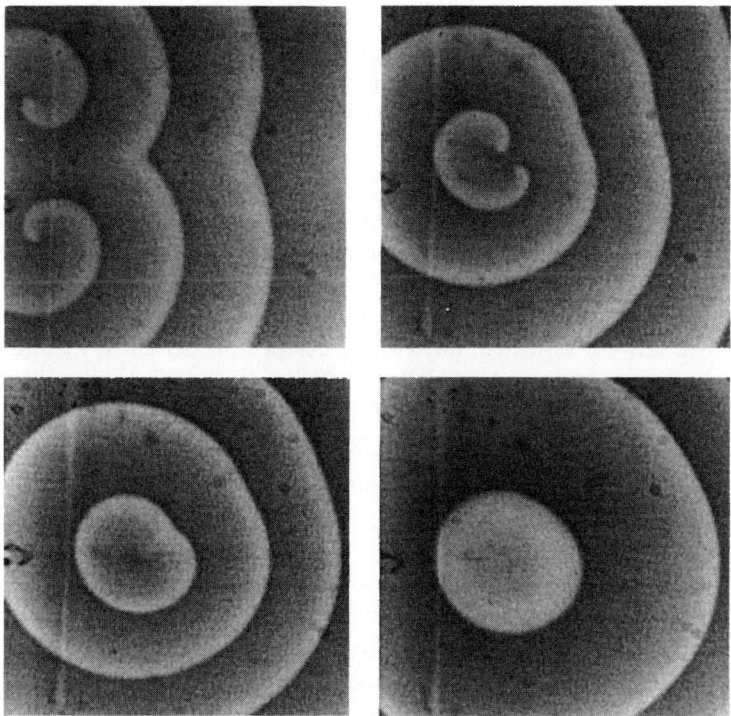

Abbildung 9.12 *Kollidierende spiralförmige Wellen in der BZ-Reaktion. Zeigen die Spiralen entgegengesetzten Drehsinn, löschen sie sich gegenseitig aus. (Wiedergabe mit freundlicher Genehmigung von Stefan C. Müller, Max-Planck-Institut für Molekulare Physiologie, Dortmund)*

Gießt man die Reaktionsmischung in eine flache Schale und rührt diesmal nicht, führt die Umwandlung von rot nach blau zu einem bemerkenswerten Ergebnis: Die Lösung in der Schale ändert ihre Farbe nicht auf einen Schlag, sondern die neue Farbe erscheint an einzelnen, isolierten Punkten, an denen die Zusammensetzung der Mischung vom Durchschnitt abweicht oder Verunreinigungen, etwa Staubpartikel, vorhanden sind. Die blaue Färbung wandert vom Ausgangspunkt nach außen, während das Zentrum in periodischen Abständen immer neue blaue Pulse produziert. Das Resultat sind Serien sich ausbreitender, konzentrischer Wellen – vergleichbar den kreisförmigen Wellen auf einem ruhigen Teich (Bild 15).

In bestimmten Fällen kann das Ausgangsmuster so gestört werden, daß sich Spiralen bilden, die sich in das umgebende Medium fortpflanzen. Kollidieren die Arme dieser Spiralen miteinander, können sie verschmelzen oder aber sich gegenseitig auslöschen (Abbildung 9.12). Die kreisförmigen und spiralförmigen Muster sind als „chemische Wellen" bekannt geworden – chemische Reaktionsfronten, die durch das Reaktionsmedium wandern, genau wie die Kämme der Wogen auf dem Ozean oder die Frontensysteme, die uns von den Wetterkarten her bekannt sind. Die verwirbelten Muster ähneln stark den Satellitenbildern eines Sturmtiefs oder den Strudeln, die sich in schnell strömendem Wasser bilden. Sind wir hier vielleicht einem weiteren Beispiel eines „universalen" Musters auf der Spur, das sich in Nichtgleichgewichtssystemen bildet?

Rückkopplungen und Oszillationen

Wie wir in Kapitel 2 festgestellt haben, sind chemische Reaktionen Prozesse, die „den Hügel hinabrollen". Bringt man die Reaktanten zusammen, werden Bindungen gebrochen und neue gebildet, bis schließlich das Produkt entsteht, dessen Freie Enthalpie niedriger als die der Reaktanten ist. Daher scheinen alle chemischen Reaktionen in „Einbahnstraßen" zu verlaufen: Ein Prozeß, der sich bei der einen Richtung den Berg hinunter bewegt, muß zwangsläufig bei einer Richtungsumkehr den Berg hinauf! Wollen wir eine chemische Reaktion den Berg hinaufschieben, müssen wir Freie Energie zur Verfügung haben – ansonsten geht nichts. Wie kann es nun einer Reaktion möglich sein, sich in beide Richtungen zu bewegen, und das dazu noch in einem regulären, sich wiederholenden Zyklus?

In Kapitel 2 haben wir zudem gelernt, daß eine chemische Reaktion durch einen Katalysator – eine Substanz, die den Potentialwall im Reaktionsverlauf erniedrigt – beschleunigt werden kann. Die Katalyse bietet uns den Schlüssel zum Verständnis der BZ-Reaktion. Was die Reaktion jedoch außergewöhnlich erscheinen läßt, ist die Tatsache, daß einer der Katalysatoren von der Reaktion selbst produziert wird. Die Menge des vorhandenen Katalysators schwankt daher mit dem Fortschreiten der Reaktion.

Dieses sonderbare Verhalten – Autokatalyse genannt – tritt auf, wenn eines der entstehenden Produkte die Reaktionsgeschwindigkeit beeinflußt. Anders ausgedrückt reagiert dieses Produkt, anstatt sich nach seiner Bildung passiv zu verhalten, mit den noch nicht umgesetzten Ausgangsstoffen – und zwar so, daß diese in die Lage versetzt werden, noch mehr Produkt zu bilden. Durch diese Eigenschaft beschleunigt die Produktbildung in einer Rückkopplungsschleife die Reaktion, so daß die Reaktanten immer schneller verbraucht werden.

Eine Rückkopplung, bei der ein Effekt die Ursache verstärkt, wird „positive" Rückkopplung genannt. Positive Rückkopplung tendiert dazu, ein System außer Kontrolle geraten zu lassen. Die negative Rückkopplung zeigt den entgegengesetzten Effekt: Sie bringt Systeme wieder unter Kontrolle und führt zur Entstehung eines „Fließgleichgewichts". Bei einer negativen Rückkopplungsschleife dämpft der Effekt die Ursache, so daß die Unruhe nach und nach abklingt.

Rückkopplung bedeutet nichts anderes, als daß das Verhalten eines Systems von seiner Vergangenheit abhängt: Das *Ergebnis* seines Verhaltens ist die *Ursache* seines weiteren Verhaltens. Mathematiker sprechen in diesen Fällen von „nichtlinearem Verhalten". Sowohl die positive als auch die negative Rückkopplung ist charakteristisch für Systeme, die unstetes oder unvorhersehbares Verhalten zeigen – Systeme, die inzwischen allgemein als „chaotisch" bezeichnet werden. Wir werden später nochmals auf das Chaos zu sprechen kommen; an dieser Stelle wollen wir festhalten, daß die kreis- und spiralförmigen Muster der BZ-Reaktion selbst kein chaotisches Verhalten an den Tag legen: Sie sind zwar komplex, doch sie zeigen Regelmäßigkeiten, wie etwa ihre Periodizität.

Positive Rückkopplung kann grundsätzlich dazu führen, daß kleine Schwankungen zu großen Effekten verstärkt werden. Somit können wir uns prinzipiell vorstellen, daß sich ein chemisches System durch die positive Rückkopplung der Autokatalyse weit vom Gleichgewicht entfernen kann. Die Oszillationen lassen sich erklären, wenn ein weiterer Mechanismus berücksichtigt wird, der dem autokatalytischen Prozeß Paroli bietet. Um diesen Prozeß aufzuzeigen, wollen wir uns zuerst mit einer autokatalytischen Reaktion beschäftigen, die viel weniger komplex ist als die BZ-Reaktion. Das Produkt (wir wollen diese Verbindung mit B bezeichnen) wird spontan aus einem Ausgangsstoff (Verbindung A) gebildet. Das Produkt B reagiert jedoch auch mit dem Ausgangsstoff A, um noch mehr Produkt zu erzeugen. Entsprechend der in Kapitel 2 eingeführten Schreibweise können wir für den ersten Schritt, die spontane Bildung von B, formulieren:

$$A \rightarrow B \qquad (1)$$

In dem entscheidenden autokatalytischen Schritt reagiert Molekül B mit dem Ausgangsstoff A, wobei noch mehr Produkt gebildet wird. Wir beginnen bei diesem Schritt mit je einem Molekül A und B, erhalten jedoch zwei Moleküle B, wovon das eine das ursprüngliche Molekül B darstellt (das hier als Katalysator dient) und das zweite aus dem Ausgangsmolekül A gebildet wurde:

$$A + B \rightarrow 2\,B \qquad (2)$$

In gewisser Weise unterscheidet sich dieser zweite Schritt nicht von Schritt (1), da letztlich auch dabei ein Molekül A in ein Molekül B überführt wird. Der Unterschied besteht jedoch darin, daß in Schritt (2) ein Molekül B die Reaktion erst ermöglicht. Genau das ist der entscheidende Punkt: Wenn wir nun annehmen, daß die Anwesenheit von Molekül B auf der linken Seite der Gleichung die Umwandlung von A in B katalysiert (also die Reaktionsgeschwindigkeit erhöht), verläuft Schritt (2) schneller als Schritt (1).

Um nun die Reaktion zu Oszillationen anzuregen, müssen wir einen dritten Schritt addieren, in dem das Molekül B in ein Molekül C umgewandelt wird. Wir wollen annehmen, daß in Schritt (3) bereits etwas von der Komponente C vorhanden sein muß, damit die Umwandlung von B in C stattfinden kann. Dieser Schritt ähnelt somit Schritt (2), mit dem Unterschied, daß B den Platz von A und C den Platz von B einnimmt:

$$B + C \rightarrow 2\,C \qquad (3)$$

Dieser dritte Schritt ist daher ebenfalls autokatalytisch: Je mehr C produziert wird, desto schneller verläuft die Umwandlung von B in C, da diese ja durch die Anwesenheit von C unterstützt wird. Gäbe es den Schritt (3) nicht, würden die Schritte (1) und (2) lediglich immer mehr B hervorbringen, und das – wegen der positiven Rückkopplung – mit ständig steigender Geschwindigkeit, bis schließlich die Ausgangsverbindung A vollständig aufgebraucht ist. Schritt (3) ist der entscheidende gegenläufige Prozeß, der dies verhindert.

Was geschieht nun, wenn wir die Reaktion mit der Verbindung A und einer geringen Menge von C starten? Zuerst wird über Schritt (1) B gebildet. Die so entstandenen Moleküle von B können entweder Schritt (2) beschreiten und mit A reagieren, wodurch noch mehr B entsteht, oder sie verbinden sich mit dem vorhandenen C in Schritt (3), was zur Abnahme von B führt. Da zu Beginn mehr A als C vorhanden ist, dominiert Schritt (2); da dieser Schritt autokatalytisch ist, erhöht sich im Laufe der Zeit die Geschwindigkeit, so daß B in großem Überschuß vorliegt. Trotzdem dürfen wir Schritt (3) nicht aus dem Auge verlieren, denn auch er ist autokatalytisch. Auch wenn anfangs nur wenige Moleküle von B diesen Weg einschlagen, führt das zur Bildung von etwas mehr C; die dabei gebildeten Moleküle von C reagieren mit den in großer Menge vorhandenen Molekülen von B, die in Schritt (2) gebildet wurden, zu weiterem C. Daher folgt nach dem Überschuß von B eine starke Produktion von C, wenn Schritt (3) immer mehr an Bedeutung gewinnt. In Schritt (3) wird jedoch auch B verbraucht. Somit nimmt C zu, während die Konzentration von B sinkt. Wenn wir den Reaktionsverlauf sichtbar machen, indem wir einen Indikator zusetzen, der sich in Anwesenheit von B rot und in Verbindung mit C blau verfärbt, können wir beobachten, wie die anfänglich rote Lösung nach blau umschlägt.

Kann nun die Reaktion erneut zur roten Färbung zurückkehren? Um dies zu erreichen, müßten wir in der Lage sein, die Menge an B zu verringern und die an C zu vergrößern. Die einfachste Art, zu dem gewünschten Ergebnis zu gelangen, besteht darin, unserem hypothetischen Reaktionsschema einen weiteren Schritt hinzuzufügen, in welchem C spontan in eine weitere Verbindung, zum Beispiel D, umgewandelt wird - genauso, wie sich in Schritt (1) B spontan aus A bildet. Wir wollen jedoch vereinbaren, daß D nicht weiter an der Reaktion teilnimmt:

$$C \rightarrow D \qquad\qquad (4)$$

In Schritt (3) wird C gebildet, in Schritt (4) wird es verbraucht. Der Vorrat an C kann durch Schritt (3) aber nur dann wieder aufgefüllt werden, wenn auch B vorhanden ist; Schritt (4) wird dagegen von B nicht beeinflußt. Die Zunahme von C auf Kosten von B, die den Indikator nach blau umschlagen läßt, ist jedoch begrenzt: Ist nur noch wenig B vorhanden, kann der durch Schritt (4) verursachte Verlust von C nicht mehr durch Schritt (3) ausgeglichen werden, und die Konzentration von C wird wieder sinken. Jetzt kann Schritt (2) abermals die Kontrolle übernehmen, und B nimmt erneut zu - die Reaktionsmischung färbt sich rot.

Im Laufe der Zeit wird es notwendig, der Mischung frisches A zuzuführen, da dieses die einzige Quelle für B darstellt. Ebenso müssen wir D loswerden, damit es nicht die Reaktion behindert (es reagiert zwar nicht, aber reichert sich durch seine ständige Bildung immer stärker an). Wir müssen daher ein Reaktionsgefäß ersinnen, das uns erlaubt, ständig A zuzugeben und D zu entfernen. Nur dann können die Konzentrationen von B und C, die den Farbumschlag bewirken, sich deutlich sichtbar im Verlauf der Reaktion ändern. Das typische Reaktionsgefäß, das diese Bedingungen erfüllt, nennt man Durchflußreaktor.

Unsere Reaktionsmischung hat nun ihre Farbe von rot nach blau und zurück nach rot verändert. Übernimmt Schritt (2) erneut die Regie, kehrt das System zu dem Status zurück, den es zuvor schon einmal eingenommen hatte: C ist in hohen Konzentrationen vorhanden, während nur wenig B vorliegt. Der gesamte Zyklus wird nun immer wieder durchlaufen: Einem Überschuß von B folgt ein Überschuß von C und so weiter. Die Farbe der Mischung oszilliert zwischen rot und blau, solange wir A nachliefern und D entfernen. Wir sollten im Auge behalten, daß das System nur durch das Nachliefern und Entfernen von Komponenten in einem Zustand fern vom Gleichgewicht gehalten werden kann.

Dieses einfache Schema aus vier Reaktionsschritten führt also zu Oszillationen, die durch zwei autokatalytische, aber konkurrierende Schritte hervorgerufen werden. Wie wir bereits gezeigt haben, kann die BZ-Reaktion jedoch neben der beschriebenen zeitlich oszillierenden Mischung auch *räumliche* Farbmuster bilden – die Zusammensetzung der Reaktionsmischung ist also von Ort zu Ort verschieden. Um räumliche Muster zu erzeugen, müssen wir lediglich sicherstellen, daß die Mischung nicht vollständig gleichmäßig durchmischt ist. Aufgrund der Rückkopplungsschleifen reagiert die Mischung sehr empfindlich auf kleine, zufällige, ortsabhängige Konzentrationsschwankungen, die in einer Mischung, die nicht gerührt wird, mit großer Wahrscheinlichkeit auftreten. Diese Schwankungen führen zu einem lokalen Überschuß an B oder C, dem nach dem besprochenen Schema ein Überschuß der jeweils anderen Komponente folgt. Diese Reaktionen wandern von ihrem Entstehungsort in Form von farbigen chemischen Wellen durch das Medium.

Belousovs Oszillator

Die ursprünglich betrachtete BZ-Reaktion ist wesentlich komplizierter als der soeben diskutierte, idealisierte Zyklus aus vier Schritten. Das Grundprinzip ist jedoch dasselbe: Mehrere autokatalytische Reaktionen bilden Rückkopplungsschleifen, wodurch die Reaktionsmischung zwischen zwei Zuständen hin- und herpendelt. Die bei der BZ-Resäure ($HOOC–CH_2–COOH$) und zum anderen Salze, die Bromat- (BrO_3^-) und Bromid-Ionen (Br^-) enthalten. Im Verlauf der Reaktion wird die Malonsäure in Brommalonsäure ($HOOC–CHBr–COOH$) umgewandelt. Zusätzlich muß die Reaktion katalysiert werden, was üblicherweise durch den Zusatz von Cer-Ionen geschieht. Die entscheidende Eigenschaft dieser Ionen ist ihr Vermögen, leicht zwischen zwei Zuständen (Ce^{3+} und Ce^{4+}), die sich in ihrer Ladung unterscheiden, hin- und herzuspringen. Die Zahl der Ladungen, die ein Ion trägt, bestimmt seine Oxidationsstufe. Wechselt ein Ion seine Oxidationsstufe, ist damit die Übertragung von Elektronen verbunden. Die Farben, die im Bild 15 zu sehen sind, werden durch einen Indikator namens Ferroin erzeugt, der bei einem Überschuß von Ce^{3+} rot ist und sich bei einem Überschuß von Ce^{4+} blau verfärbt.

Die Bromierung der Malonsäure scheint zwar auf den ersten Blick eine einfache Reaktion zu sein, tatsächlich beinhaltet diese Umwandlung jedoch eine große Anzahl von Schritten, bei denen die verschiedensten chemischen Zwischenprodukte entstehen und wieder verbraucht werden. Die Reaktionssequenz wurde 1972 von Richard Field, Richard Noyes und Endre Körös an der University of Oregon aufgeklärt. Die wichtigsten Schritte umfassen die Umwandlung der Bromat-Ionen in eine Menge anderer brom- und sauerstoffhaltiger Verbindungen wie $HBrO_2$, BrO_2 und $HOBr$. Einige dieser Reaktionen werden durch Cer-Ionen katalysiert, die Elektronen aufnehmen oder abgeben und dabei zwischen ihren beiden Oxidationsstufen hin- und herwechseln.

Die gesamte Reaktionssequenz kann man als zwei zyklische Prozesse (Reaktion A und B) betrachten, die durch die Umwandlung von Ce^{3+} in Ce^{4+} gekoppelt sind. Die Ausgangssubstanzen, Bromat- und Bromid-Ionen, reagieren miteinander und bilden $HBrO_2$ und $HOBr$. In Reaktion A verbindet sich $HOBr_2$ mit den Bromat-Ionen, was letztlich zur Bildung von zwei Molekülen BrO_2 führt, die mit Hilfe von Ce^{3+} in $HBrO_2$ umgewandelt werden; die Metall-Ionen werden dabei in Ce^{4+} überführt, was eine Blaufärbung des Indikators nach sich zieht. Weil in die Reaktion ein Molekül $HBrO_2$ eingeht, jedoch zwei Moleküle dieser Verbindung gebildet werden, ist die Reaktion autokatalytisch, genau wie der Reaktionsschritt (2) auf Seite 341. Die Reaktion B ist auch bis heute nicht in allen Einzelheiten verstanden worden, es ist jedoch bekannt, daß im ersten Teil dieses Zyklus $HBrO_2$ und Bromid-Ionen sich zusammenfinden, um schließlich Brommalonsäure zu erzeugen. Die Reaktion der Brommalonsäure (im Schema als BrMS bezeichnet) mit Ce^{4+} führt wiederum zu Bromid-Ionen und Ce^{3+}, wodurch sich die Reaktionsmischung rot färbt. In beiden Reaktionen A und B sind somit

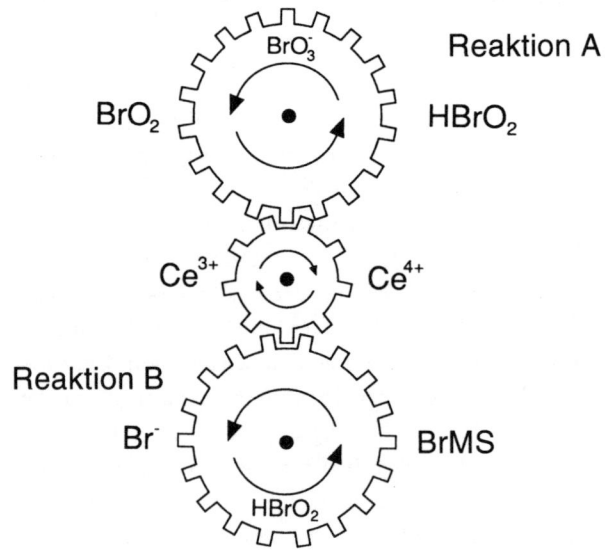

die Produkte zugleich Reaktanten – die entscheidende Voraussetzung für die Autokatalyse. Das gesamte Schema kann als ein System sich drehender Zahnräder dargestellt werden, wobei die Umwandlung von Ce^{3+} in Ce^{4+} die beiden Reaktionen A und B verbindet (siehe Seite 344):

Die Oszillationen sind auf das periodische Umschlagen von Reaktion A zurückzuführen. Zu Beginn reagiert $HBrO_2$ hauptsächlich mit den Bromid-Ionen und bildet HOBr. Sind nur noch wenige Bromid-Ionen vorhanden, verlangsamt sich dieser Prozeß, und Reaktion A bestimmt das Geschehen: Nun reagiert das $HOBr_2$ statt mit den Bromid- mit den Bromat-Ionen. Diese Reaktion führt nun dazu, daß Ce^{3+} verbraucht und in Ce^{4+} umgewandelt wird; daher kommt diese Reaktion schließlich zum Erliegen. Reaktion B jedoch liefert sowohl neue Bromid- als auch Ce^{3+}-Ionen. Werden dabei nicht *zu viele* Bromid-Ionen gebildet, wird dieser Prozeß wiederum Reaktion A in Gang setzen, und eine neue blaue Welle entsteht.

Strudel im Leben und anderswo

Unsere ursprüngliche Fragestellung zu Beginn dieses Kapitels lautete, ob es bei der Musterbildung Anzeichen für „universelle" Regeln gibt – ob wir also identische Muster in Systemen finden können, die scheinbar nichts miteinander zu tun haben. Die zielscheibenartigen Muster und die Spiralen der BZ-Reaktion stellen einen solchen Fall dar. In Abbildung 9.13 werden Momentaufnahmen einer Reaktion zwischen zwei Gasen – Kohlenmonoxid (CO) und Sauerstoff (O_2) – gezeigt, die an der Oberfläche eines Platinkatalysators abläuft. Die hellen Zonen kennzeichnen Flächen, die von O_2-Molekülen bedeckt sind. Diese Reaktion, bei der CO in Kohlendioxid (CO_2) umgewandelt wird, wurde bereits in Kapitel 2 als der grundlegende Prozeß bei der katalytischen Abgasreinigung vorgestellt. Doch offensichtlich scheint die Reaktion eine ungeahnte Komplexität aufzuweisen! Die Notwendigkeit, das Entstehen dieser Muster zu untersuchen, liegt nicht nur in akademischem Interesse, denn diese Musterbildung könnte die Effizienz der katalytischen Reaktion entscheidend beeinflussen.

Abbildung 9.13 *Muster, die an Zielscheiben erinnern, werden bei Betrachtung der Verteilung von Kohlenmonoxid und Sauerstoff (helle Bereiche) bei der katalytischen Reaktion auf einer Platinoberfläche deutlich. (Wiedergegeben mit freundlicher Genehmigung von G. Ertl, Fritz-Haber-Institut, Berlin)*

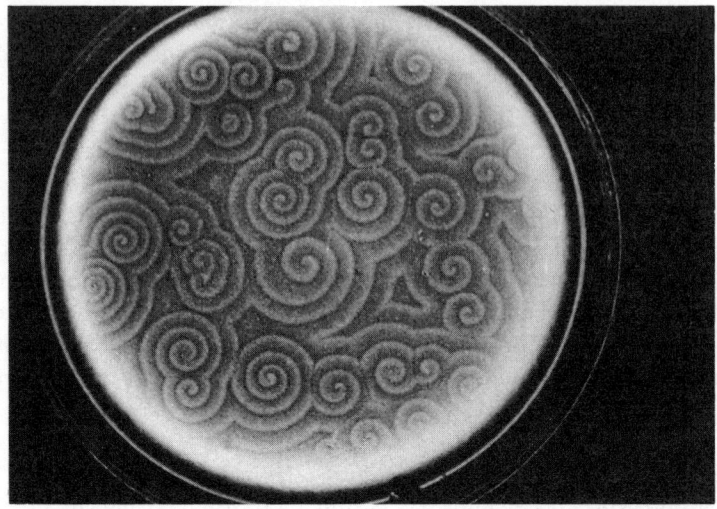

Abbildung 9.14 *Spiralförmige Muster aus Kolonien des Schleimpilzes Dictyostelium discoideum. Diese Muster entstehen, wenn sich die Pilze als Reaktion auf externe Streßfaktoren, wie Nährstoff- oder Wassermangel, zusammenlagern. (Wiedergabe mit freundlicher Genehmigung von P. C. Newell, University of Oxford)*

Die spiralförmigen Wellen der BZ-Reaktion finden sich auch in den Mustern wieder, die von Kolonien der Amöben von *Dictyostelium discoideum*, einem Schleimpilz (Abbildung 9.14), gebildet werden. Diese Muster tauchen auf, wenn der Schleimpilz „leidet" (zum Beispiel unter Hitze oder Hunger). Auf diese Streßfaktoren reagieren die Amöben durch Bildung eines multizellulären Gebildes, das in der Lage ist, zu wandern, um Orte mit besseren Wachstumsbedingungen aufzusuchen. Die Aggregation wird durch das Freisetzen einer organischen Verbindung, des cyclischen Adenosinmonophosphats (cAMP), aus einigen der Zellen („Pionierzellen" genannt) ausgelöst. Die Pionierzellen synthetisieren cAMP in einer autokatalytischen Reaktion, was dazu führt, daß die Freisetzung pulsartig und periodisch erfolgt. Erreicht das cAMP andere Zellen, wandern diese in Regionen mit höherer cAMP-Konzentration – also in Richtung der Pionierzellen. Dieses Phänomen ist als Chemotaxis bekannt. Der periodische Ausstoß von cAMP ist die Ursache für die Entstehung hoch organisierter kreis- und spiralförmiger Muster bei der Zellaggregation. Chemotaxis kann in anderen biologischen Systemen eine außerordentliche Vielzahl feiner Aggregationsstrukturen hervorrufen (Abbildung 9.15), wobei die zugrundeliegenden Mechanismen bis heute jedoch erst teilweise verstanden werden.

Ortsfeste Muster und die Flecken des Leoparden

Die chemischen Muster, die wir bisher untersucht haben, zählen zu den „dynamischen" Strukturen – sie verändern sich im Laufe der Zeit. Andere Muster dagegen, die wir in

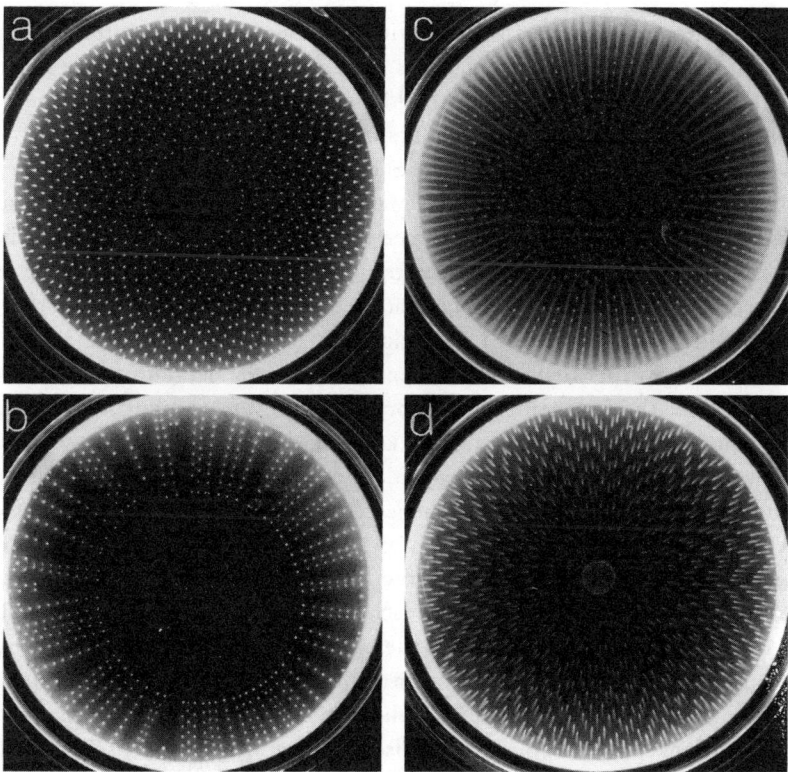

Abbildung 9.15 *Kolonien des Bakteriums Escherichia coli können sich in Agar zu phantastischen ortsfesten Mustern anordnen. Diese Musterbildung basiert auf dem Austausch „chemotaktischer" Signale zwischen den Bakterien, die chemische Botenstoffe aussenden und so die benachbarten Zellen anlocken. Die Chemotaxis bildet die Grundlage für die häufig komplexe Selbstorganisation von Bakterienkolonien. Auch fraktale und dendritische Muster, wie die in den Abbildungen 9.9 und 9.10 gezeigten, wurden dabei beobachtet. (Wiedergegeben mit freundlicher Genehmigung von Elena Budrene und Howard Berg, Harvard University)*

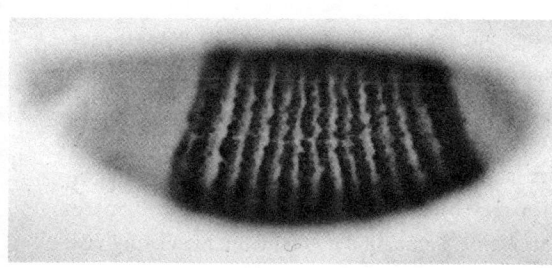

Abbildung 9.16 *In den frühen Entwicklungsstadien bilden sich in den Larven der Fruchtfliege streifenförmige Muster. Die unterschiedlich schattierten Regionen weisen auf Teile des Embryos hin, die unterschiedlichen Entwicklungslinien folgen. Eine stufenweise Variation der Konzentration eines Morphogens (bicoid protein) vom einen zum anderen Ende des Embryos stellt das chemische Signal dar, das diese Musterbildung hervorruft. (Wiedergabe mit freundlicher Genehmigung von Peter Lawrence, Laboratory of Molecular Biology, Cambridge)*

natürlichen Systemen beobachten können, sind langlebig oder sogar ortsfest. Ein Beispiel stellt das sehr frühe Larvenstadium dar, das am besten bei der Fruchtfliege untersucht ist. Die Embryos bilden Streifen aus (Abbildung 9.16), wobei jeder Streifen einen Teil des Körpers kennzeichnet, der sich auf bestimmte Weise differenzieren wird – zum Beispiel zum Kopf oder zum oberen Teil des Brustkorbs. Das Auftreten dieser Segmentierung bei den Fruchtfliegenlarven führt man auf ein Protein – das Bicoid – zurück, dessen Konzentration sich schrittweise von einem Ende des sich entwickelnden Eis zum anderen erhöht. Die verschiedenen Konzentrationen des Bicoid-Proteins stellen Signale dar, die bestimmte Gene entlang der Hauptachse des sich entwickelnden Embryos „an-" und „ausschalten", was zu einer Unterteilung in Segmente führt, die letztlich die unterschiedlichen Körperpartien ausformen. Den Prozeß der Differenzierung eines ursprünglich einheitlich erscheinenden Embryos in Segmente nennt man Morphogenese (was man mit „Gestaltbildung" übersetzen könnte); das Bicoid-Protein ist ein Beispiel für ein Morphogen (also ein ausschlaggebender Faktor für den Körperbau). Wie sich die Streifenmuster nun exakt aus einem einfachen Konzentrationsgradienten herausbilden, ist ein Vorgang, der in seinen Details noch nicht enträtselt ist.

In den fünfziger Jahren schlug der Mathematiker Alan Turing einen Mechanismus vor, der erklären sollte, wie sich in chemischen Systemen ortsfeste Muster ausbilden können. Turing ist einer der herausragendsten Charaktere der modernen Wissenschaft. Zu seiner Berühmtheit trug unter anderem bei, daß ihm als genialem Mathematiker gelang, im Zweiten Weltkrieg deutsche Geheimcodes zu entschlüsseln. Das von ihm entwickelte Gedankenmodell eines archetypischen Computers, heute als Turing-Maschine bekannt, hilft den Mathematikern zu entscheiden, welche Probleme grundsätzlich durch mathematische Analyse lösbar sind (und welche nicht). Auch heute noch ist die Turing-Maschine einer der Eckpfeiler der modernen Theorie der Informatik und der Computertechnik. Der Beitrag Turings zum Verständnis der Morphogenese wurde, auch wenn er inzwischen von vielen Entwicklungsbiologen aufgegriffen wurde, lange Zeit kaum beachtet, da niemand in der Lage war, die von Turing postulierten ortsfesten Muster – die Turing-Strukturen – in einem real existierenden chemischen System nachzuweisen.

Turing konnte die Entstehung ortsfester Muster in autokatalytischen Reaktionen erklären, indem er annahm, daß die reagierenden Moleküle mit unterschiedlichen Geschwindigkeiten durch das umgebende Medium diffundieren – dieser Ansatz ist als Reaktions-Diffusions-Modell bekannt. Besonders wenn die schneller diffundierende Substanz die Reaktion hemmt, während die langsamere die Umsetzung katalysiert, kann – bei bestimmten Verhältnissen der Diffusionsgeschwindigkeiten – ein zuvor einförmiges System Muster ausbilden, bei denen die Zusammensetzung der Reaktionsmischung von Ort zu Ort variiert. Tatsächlich wird ein solches System zu einer Art „Kristall", denn es besitzt eine periodische Struktur. Es ist jedoch ein sehr seltsamer „Kristall", der sich da bildet, denn keines der Moleküle, die er enthält, ist in seiner Bewegungsfreiheit einge-

Abbildung 9.17 *Turing-Strukturen – stationäre Muster, die Regionen unterschiedlicher chemischer Zusammensetzung entsprechen – können mit Hilfe der oszillierenden Chlorit-Iodid-Malonsäure-Reaktion erzeugt werden. (Wiedergegeben mit freundlicher Genehmigung von Patrik de Kepper, Universität von Bordeaux, Frankreich)*

schränkt – und doch bleibt das ausgebildete Muster erhalten. Bei einem normalen Kristall würde diese Bewegungsfreiheit zur Zerstörung der periodischen Struktur führen.

Die Entdeckung autokatalytischer chemischer Reaktionen, die oszillierende Muster hervorbringen konnten, stiftete Verwirrung unter den Wissenschaftlern: Sie wunderten sich, warum es dabei nicht auch zur Ausbildung der Turing-Strukturen kam. Normalerweise führen autokatalytische Reaktionen wie die BZ-Reaktion zu wandernden chemischen Wellen und nicht zu stationären Mustern. Erst 1990 – also annähernd vierzig Jahre, nachdem Turing seine Theorie veröffentlicht hatte – gelang es Patrik de Kepper und Mitarbeitern an der Universität von Bordeaux das erste Mal, Turing-Figuren zu identifizieren. Der Arbeitskreis um de Kepper untersuchte eine Variante des BZ-Prozesses, die Chlorit-Iodid-Malonsäure-Reaktion. Sie mischten dabei die Reaktanten mit einem Gel, um die Diffusionsgeschwindigkeit zu senken; erst unter diesen Bedingungen konnten sich die ortsfesten Muster ausbilden. Die Forscher setzten einen Indikator auf Stärkebasis ein, um die Änderungen in der Zusammensetzung des Gemischs sichtbar zu machen: Der Indikator wechselte in Abhängigkeit von der I_3^--Konzentration – einem bei der Reaktion gebildeten Zwischenprodukt – seine Farbe zwischen gelb und blau. Bei ihrem Experiment beobachteten die Forscher einige Reihen gelber Punkte in einem ansonsten blauen Gel, die sie als Turing-Strukturen identifizieren konnten (Abbildung 9.17). Harry

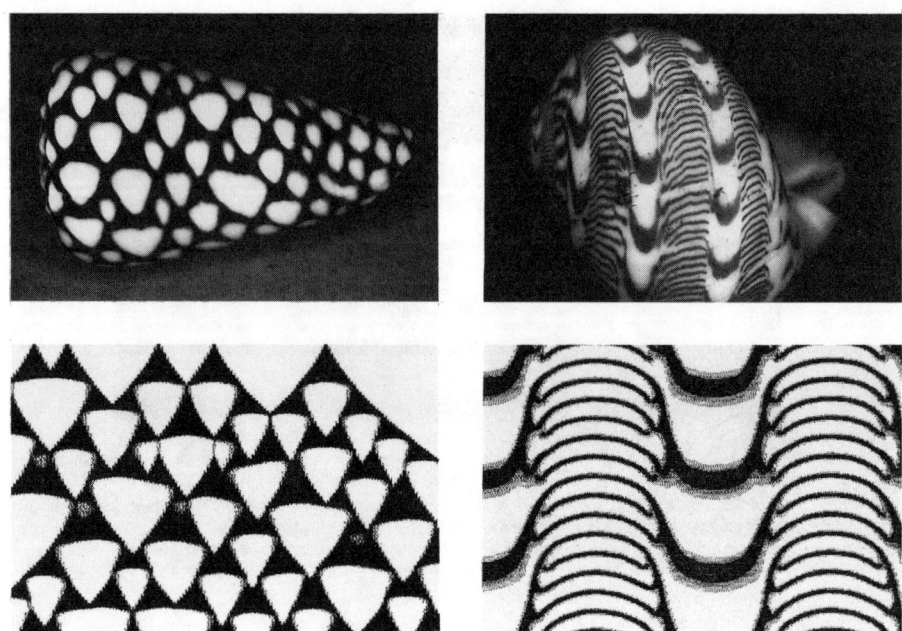

Abbildung 9.18   *Die komplexen Muster dieser Schneckengehäuse können mit Hilfe eines mathematischen Modells, des Reaktions-Diffusions-Mechanismus, nachgeahmt werden. Das oben gezeigte Originalmuster weist eine verblüffende Ähnlichkeit zu den darunter abgebildeten theoretischen Reaktionsschemata auf. (Wiedergabe mit freundlicher Genehmigung von Hans Meinhardt, Max-Planck-Institut für Entwicklungsbiologie, Tübingen)*

Swinney und Qi Ouyang von der University of Texas gelang es später, große Flecken dieser Turing-Strukturen zu „züchten". Zuerst bildete die Reaktion zielscheibenartige Muster aus, wie sie uns von der BZ-Reaktion her bekannt sind, doch nach einer Stunde verwandelten sich die ursprünglichen Muster in hexagonale Bereiche gelber Punkte, die immer langsamer wanderten, bis sie schließlich zum Stillstand kamen (Bild 16). Indem sie die Temperatur variierten, waren Ouyang und Swinney in der Lage, ihre Punktmuster in Streifen umzuwandeln – auch dieser Übergang von einem Muster zum anderen war von Turing vorausgesagt worden.

Turings Prophezeiung hat dazu geführt, daß man nach Strukturen suchte, die mit der Entwicklungsbiologie in enger Beziehung stehen. Man ging davon aus, daß ein solcher Turing-Prozeß für die Musterbildung bei gestreiften und gefleckten Tierfellen verantwortlich sein könnte. Diese Fellzeichnungen werden auf zellulärer Ebene durch pigmentproduzierende Zellen – den Melanocyten der Epidermis – kontrolliert, indem diese lichtabsorbierende Moleküle abgeben, die dann in den Haaren der entsprechenden Fellregion eingelagert werden. Die Aktivität der Melanocyten wird wiederum durch „signalgebende" Stoffe gesteuert, die in der Epidermis in komplexen Mustern verteilt sind. Die Entstehung der Muster auf Schneckengehäusen (Abbildung 9.18) ist ebenfalls chemisch kontrolliert.

Die Gehäuse bestehen hauptsächlich aus Mineralstoffen, die in einer Matrix aus organischem Material auskristallisieren. Die Bildung der organischen Matrix wird über biochemische Prozesse wiederum von dem Bewohner des Gehäuses gesteuert. Man kann nun theoretische Diffusions-Reaktions-Modelle entwerfen, die zur Ausbildung komplexer stationärer Muster in der Reaktionsmischung führen. Die so erhaltenen theoretischen Muster ähneln auf verblüffende Weise den natürlichen Zeichnungen der Gehäuse. Unser Verständnis von der Biochemie der Gehäusebildung ist jedoch so gering, daß wir nicht viel mehr bieten können als einen qualitativen Vergleich zwischen dem theoretischen Modell und den ornamentartigen Schöpfungen der Natur.

Chemisches Chaos

Hinein in den Malstrom

Die Turing-Strukturen führen uns auf elegante Weise vor Augen, wie regelmäßige, symmetrische Muster plötzlich und unerwartet in Systemen auftauchen können, die sich fernab vom Gleichgewicht befinden. Ich möchte nun in die andere Richtung führen und zeigen, wie diese Systeme sich jeglicher Kontrolle entziehen können, so daß wir grundsätzlich nicht mehr in der Lage sind, ihr Verhalten vorherzusagen. Man könnte hier einwenden, daß sich ein solches System womöglich jeglicher wissenschaftlicher Untersuchung entzieht – tatsächlich wurde dieser Standpunkt von den meisten Forschern noch vor wenigen Jahrzehnten vertreten. Die Untersuchung unvorhersagbarer Systeme hat sich jedoch inzwischen zu einer der größten Wachstumsbranchen der Forschung gemausert, wobei Wissenschaftler aus erstaunlich vielen unterschiedlichen Gebieten zusammenarbeiten. Sie alle haben ein gemeinsames Ziel: die Untersuchung des Chaos.

Chaos ist sicherlich zu einem der beliebtesten wissenschaftlichen Schlagworte der letzten Jahre zu zählen. Chaotisches Verhalten finden wir in einer schier unglaublichen Bandbreite von physikalischen Systemen, unter anderem in dem globalen Wettergeschehen, bei strömenden Flüssigkeiten, bei Lasern, elektronischen Schaltkreisen, beim Herzgewebe, bei der Entwicklung von Tierpopulationen und von Wirtschaftsmärkten. Knapp formuliert kann man sagen, daß das Auftauchen von Chaos in all diesen Fällen durch das vollständig unvorhersagbare Verhalten gekennzeichnet ist. Präziser ausgedrückt zeigt sich das Chaos in der extremen Empfindlichkeit eines Systems gegenüber Störungen oder gegenüber einer geringen Veränderung der Ausgangsbedingungen. Verhalten sich Systeme chaotisch, entwickeln sich zwei ansonsten identische Systeme, bei denen die Ausgangsbedingungen auch nur ein wenig voneinander abweichen, mit der Zeit immer schneller in zwei vollständig unterschiedliche Richtungen. Die kleinste Störung kann ein chaotisches System vollständig aus der Bahn werfen: Die Größe des Effekts steht in keinem Zusammenhang mit der Größe der Ursache. Dieses Grundprinzip wird durch den inzwischen fast zum Klischee verkommenen „Schmetterlingseffekt" verkörpert, der besagt, daß das Schlagen eines Schmetterlingsflügels zum Beispiel in Tokio das Wettergeschehen in Oklahoma beeinflussen kann.

Wenn ein System chaotisches Verhalten entwickelt, wird es uns unmöglich, vorherzusagen, wie es sich in Zukunft verhalten oder welche Formen es annehmen wird. Die
Entdeckung des Meteorologen Edward Lorenz vom Massachusetts Institute of Technology, daß unser Wettergeschehen chaotisches Verhalten zeigt, scheint das Schicksal aller
Vorhaben, das Wettergeschehen langfristig vorherzusagen, besiegelt zu haben. Wir
müssen jedoch genau unterscheiden zwischen Chaos und Zufall: Zufällige Prozesse
resultieren auf unvorhersagbaren Ereignissen, die nur eine statistische Betrachtung
erlauben, während man für ein chaotisches System häufig mathematische Beziehungen
angeben kann, die seine zeitabhängige Entwicklung absolut genau beschreiben. In diesen
Systemen spielen zufällige Ereignisse überhaupt keine Rolle – alles ist exakt mathematisch
festgelegt. Wir können jedoch nicht aus den mathematischen Formeln eine Aussage über
das zukünftige Verhalten des Systems ableiten – es sei denn, wir stellen numerische
Berechnungen an, um diese Entwicklung zu simulieren. Diese Charakteristik, ein
chaotisches System mathematisch exakt beschreiben zu können, prägte den Ausdruck
„deterministisches Chaos". Dieser Begriff mag einem als Oxymoron erscheinen, doch
tatsächlich beschreibt er nichts anderes als die Tatsache, daß Chaos auf wohldefinierte
Art (also nicht zufällig) durch die dem System eigenen Rückkopplungsschleifen hervor-
gebracht wird.

Der Weg zum Chaos: die Teufelstreppe

Die BZ-Reaktion bietet uns ein ideales Testfeld, um zu untersuchen, wie sich chaotisches
Verhalten in chemischen Systemen äußert. Solange wir einen kontinuierlichen Zufluß
an Reaktanten und einen Abfluß der Produkte der BZ-Reaktion durch Verwendung eines
Durchflußreaktors sicherstellen, wird das System periodisch oszillieren. Verändern wir
nun die Durchflußgeschwindigkeit, tauchen neue Phänomene auf. Wir wollen im
folgenden den zeitlichen Reaktionsverlauf in dem intensiv gerührten Reaktionsgefäß
über die Messung der Konzentration der Bromid-Ionen verfolgen. Bei niedrigen Durchflußgeschwindigkeiten werden wir regelmäßige, periodische Konzentrationsänderungen
beobachten, weil das System auf die auf Seite 344 beschriebene Art zwischen den
Reaktionen A und B hin- und herpendelt. Wenn wir die Durchflußgeschwindigkeit
jedoch nach und nach erhöhen, werden die Oszillationen plötzlich ein anderes Muster
annehmen: Durch eine sogenannte „Bifurkation" kommt es zu dem Phänomen der
Periodenverdopplung, die sich dadurch äußert, daß die Bromidkonzentration während
jedes Zyklus zweimal fällt und zweimal steigt. Erhöhen wir die Durchflußgeschwindigkeit
weiterhin, wird das Verhalten des Systems zunehmend komplizierter, bis schließlich die
regelmäßigen Oszillationen in ein Muster umschlagen, das völlig unvorhersagbar erscheint (Abbildung 9.19): Die BZ-Reaktion ist ins Chaos gestürzt!
   Eine Reihe von Periodenverdopplungen (oder Bifurkationen) ist ein typisches Zeichen
auf dem Weg zum Chaos: Die periodische Oszillation verdoppelt sich innerhalb eines
Zyklus wieder und wieder, bis schließlich der Einbruch des Chaos kurz bevorsteht.
Weitere Vorzeichen des hereinbrechenden Chaos wurden bei anderen Systemen gefun-

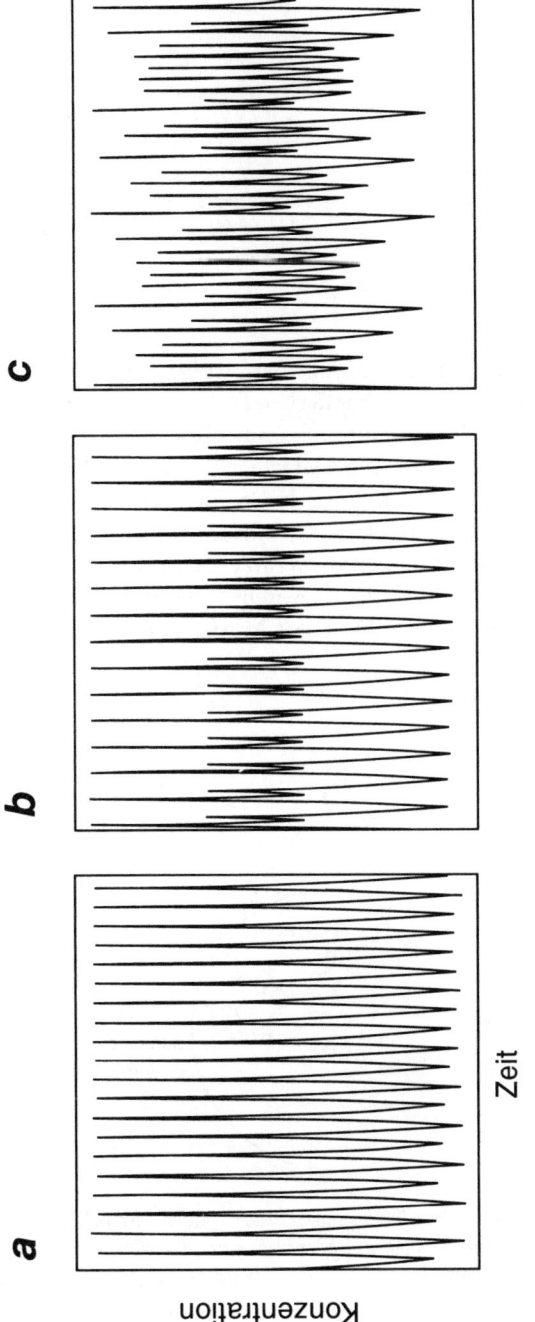

Abbildung 9.19 *Die Oszillationen der Bromid-Konzentration in der BZ-Reaktion verändern sich vom normalen Muster (a) über eine Periodenverdopplung (b) hin zu chaotischen Schwankungen (c), wenn man die Geschwindigkeit, mit der die Reaktanten den Durchflußreaktor durchströmen, variiert.*

Zeit

Konzentration

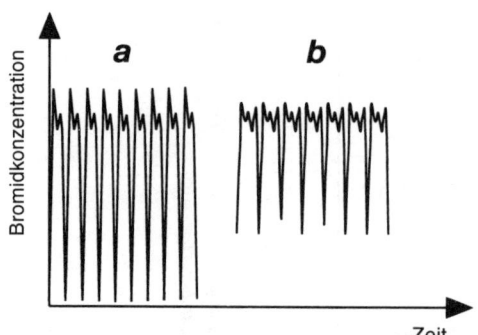

Abbildung 9.20 *Liegen die Durchflußraten durch den Reaktor bei der BZ-Reaktion in einem bestimmten Bereich, werden Oszillationen mit abwechselnd großen und kleinen Amplituden beobachtet. Jeder Zyklus ist durch eine sich wiederholende Sequenz aus aufeinanderfolgenden großen Amplituden gekennzeichnet, zwischen denen kleinere Amplituden zu beobachten sind. Das Muster (a) entspricht der 1^2-Mode, das in (b) der 1^3-Mode.*

den: Die Strömung von Flüssigkeiten zeigt zum Beispiel bei zunehmender Strömungsgeschwindigkeit schon kurze Einbrüche chaotischer Turbulenz, bevor die Geschwindigkeit den Punkt erreicht, an dem die Strömung zusammenbricht und in total chaotisches, turbulentes Verhalten übergeht. Neben der einfachen Periodenverdopplung kann die BZ-Reaktion auch andere, kompliziertere Wege hin zum Chaos beschreiten, bei denen sogenannte „gemischte" Schwingungsmoden eine Rolle spielen. Diese zeigen eine wesentlich subtilere Art von Periodizität: Die sich wiederholenden Zyklen sind durch Oszillationen mit großer Amplitude gekennzeichnet, zwischen die eine Reihe kleinerer Oszillationen eingeschoben ist (Abbildung 9.20). Diese Muster werden „gemischte" Moden

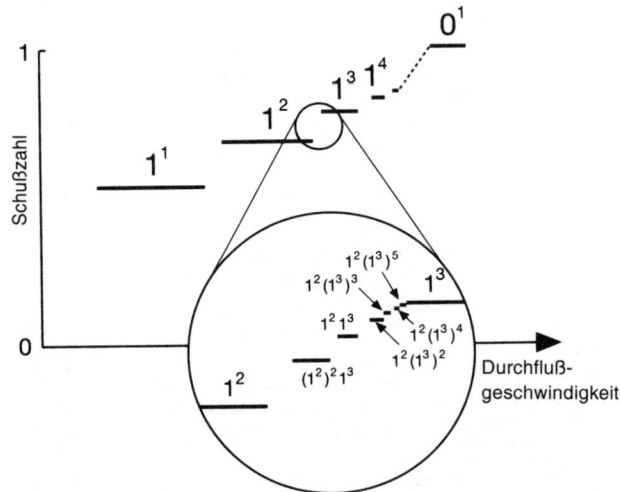

Abbildung 9.21 *Übergänge zwischen den einzelnen „gemischten" Moden der BZ-Reaktion, aufgetragen in Abhängigkeit von der Durchflußgeschwindigkeit – es entsteht eine „Teufelstreppe" mit unterschiedlicher Stufenhöhe. Betrachtet man die Stufen genauer, stellt man fest, daß jeder Sprung wiederum über eine Abfolge noch komplexerer „gemischter" Moden erfolgt und daß selbst diese Struktur sich in noch feinere Muster auflösen läßt. Die Treppe ist also tatsächlich ein Fraktal.*

genannt, weil sie sowohl Ausschläge mit kleiner als auch mit großer Amplitude aufweisen. Das Verhalten einer jeden Mode kann durch eine „Schußzahl" charakterisiert werden, die angibt, wie häufig das System während eines Zyklus eine Ozsillation mit großer Amplitude „abfeuert". Das Verhalten der BZ-Reaktion bei unterschiedlichen Durchfluß-geschwindigkeiten kann man darstellen, indem man die Durchflußgeschwindigkeit gegen die Schußzahl aufträgt.

Durch diese Art der Auftragung erhält man ein treppenartiges Gebilde, bei dem die Stufen zwischen einer Schußzahl von null für niedrige Durchflußgeschwindigkeiten und eins für hohe Geschwindigkeiten liegen (Abbildung 9.21). Die Tiefe der Stufen dieser Treppe ändert sich, ebenso wie die Stufenhöhe, auf höchst unregelmäßige (tatsächlich auf chaotische) Weise. Eine solche Treppe zu erklimmen, scheint ein sehr gefährliches Unterfangen zu sein – man kann daher leicht nachvollziehen, warum man diese Gebilde „Teufelstreppe" getauft hat.

Bei näherer Untersuchung der Bereiche, in denen eine „gemischte" Mode in eine andere übergeht, stellt man fest, daß zwischen jeder Stufe eine Vielzahl kleinerer Stufen eingebettet ist, so daß der Anschein erweckt wird, das System könnte sich nicht entscheiden, endlich in die andere Mode überzugehen. Dabei erscheinen periodische Strukturen, von denen jeder einzelne Zyklus eine unterschiedliche Zahl anderer Zyklen beinhaltet, die jeweils den beiden „reinen" benachbarten Moden ähnlich sind. Untersuchen wir den Übergang zwischen diesen komplexen Moden noch näher, fällt auf, daß in der Teufelstreppe noch weitere, höchst komplexe Strukturen verborgen sind (Abbildung 9.21). In dem ganzen System scheint es keinen scharfen Übergang zu geben, sondern sein Verhalten schwankt in den Übergangsbereichen auf komplexe Art zwischen zwei Zuständen hin und her. Die Tatsache, daß bei zunehmender Vergrößerung immer mehr Details sichtbar werden, hat dieselbe Ursache wie das Verhalten, das wir bei den fraktalen Strukturen kennengelernt haben. Manchmal verlieren die Oszillationen jegliche Regelmäßigkeit und verhalten sich schlicht chaotisch. Bei der Teufelstreppe der BZ-Reaktion lauert das Chaos hinter jeder Ecke.

Wie eingangs festgestellt, kann man sich nur schwerlich vorstellen, wie chaotisches Verhalten sinnvoll zu beschreiben sein könnte. Wählt man jedoch den richtigen Ansatz, offenbart sich doch eine den chaotischen Systemen zugrundeliegende Struktur. Trägt man bei der BZ-Reaktion statt der zeitabhängigen Konzentrationsänderung (wie in Abbildung 9.19 geschehen) die Konzentrationsänderung einer Komponente (zum Beispiel der Bromid-Ionen) gegen die Konzentrationsänderung einer anderen Komponente (wie $HBrO_2$) auf, erhält man neue Informationen: Bei periodischen Oszillationen ergibt diese Auftragung eine geschlossene Schleife, die man Grenzzyklus nennt (Abbildung 9.22). Im Laufe der Zeit bewegen sich die Konzentrationen der betrachteten Komponenten auf einer Bahn (der Trajektorie) entlang dieser Schleife. Steigert man die Durchflußgeschwindigkeit des Systems bis zu dem Punkt, an dem eine Periodenverdopplung auftritt, wird ein neuer Grenzzyklus beschritten, der nun aus zwei Schleifen besteht (Abbildung 9.22); das System muß nun während jeder Periode beide Schleifen durchlaufen. Weitere

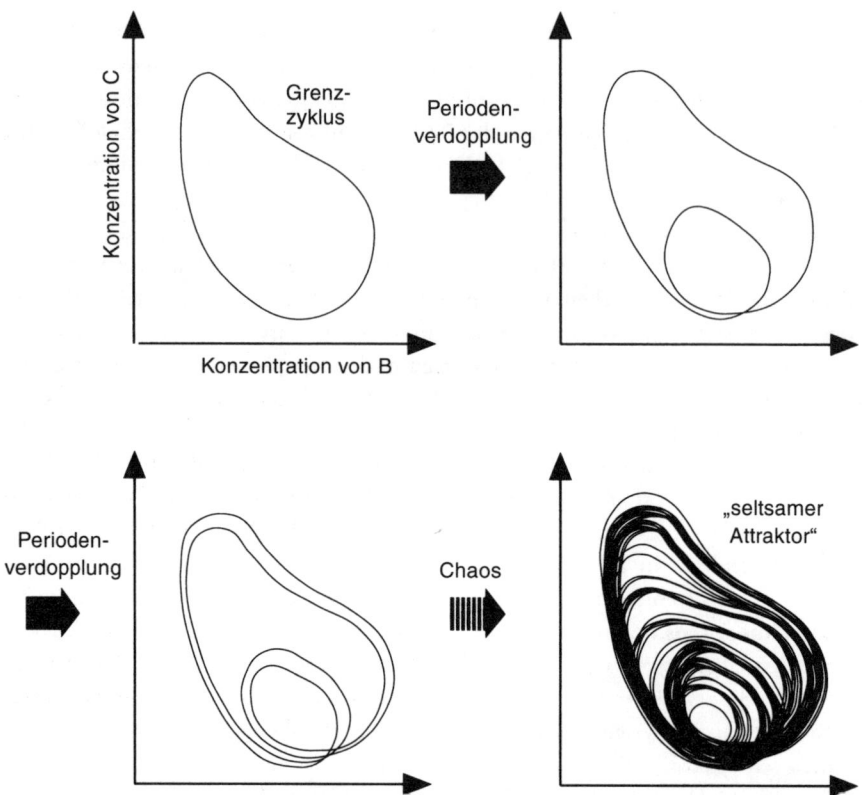

Abbildung 9.22 *Die gleichmäßigen Konzentrationsschwankungen, die bei oszillierenden Reaktionen zu beobachten sind, können bei einer Auftragung der Konzentration der einen Komponente gegen die Konzentration einer anderen durch eine geschlossene Bahn (einen „Grenzzyklus") dargestellt werden. Wird die Reaktion an einem Punkt gestartet, der außerhalb des Grenzzyklus liegt, werden die Konzentrationen schnell Werte annehmen, die dem Grenzzyklus entsprechen. Bei einer Bifurkation, die zur Periodenverdopplung führt, zerfällt der einfache Grenzzyklus in zwei Schleifen. Finden weitere Periodenverdopplungen statt, kann das System schließlich chaotisches Verhalten zeigen. In diesem Stadium besitzt der Attraktor eine unendlich fein gegliederte Struktur, so daß das Verhalten des Systems sich nie exakt wiederholt. Und trotzdem zerfällt die Abbildung nicht in eine Unzahl zufälliger Bahnen – insgesamt bleibt eine charakteristische Form erhalten. Diese dicht gepackte Überlagerung chaotischer Bahnen nennt man „seltsamen Attraktor".*

Periodenverdopplungen führen zur Bildung zusätzlicher Schleifen, so daß das Diagramm letztlich an einen Wollknäuel erinnert. Erreicht die Durchflußgeschwindigkeit des Systems schließlich den Bereich, in dem chaotisches Verhalten auftritt, verliert das System sämtliche Regelmäßigkeit – was jedoch nicht bedeutet, daß der Wollknäuel seine Form verliert. Er behält sein charakteristisches Aussehen, ist dabei aber unendlich fein strukturiert, so daß die Konzentrationen bei verschiedenen Zyklen niemals demselben Pfad folgen.

Grenzzyklen sind ein Beispiel für Gebilde, die von den Chaosforschern „Attraktoren" genannt werden. Sie erhielten ihren Namen aus der Erkenntnis, daß das Verhalten eines Systems unwiederbringlich von ihnen bestimmt wird – egal, von welchem Punkt aus wir ein System starten: Es wird von dem Attraktor angezogen und auf die vorgegebene Bahn gezwungen. Liegen die Startkonzentrationen der beiden Komponenten außerhalb des Grenzzyklus, wird sich das System schnell anpassen, bis die Konzentrationen auf dem Grenzzyklus liegen. Ist das System erst einmal eingefangen, wird es weiterhin exakt dieser Bahn folgen. Sogar ein chaotisches System bleibt seinem Attraktor treu, der mehr oder weniger scharf definierte Grenzen vorgibt, in denen sich das Chaos austoben kann. Dieser Attraktor ist natürlich keine einfache Schleife mehr; ganz im Gegenteil: Niemand kann die Anzahl der Schleifen zählen, aus denen er besteht. Ein chaotischer Attraktor besitzt eine unendlich feine Struktur – je näher man ihn untersucht, desto mehr neue Pfade kommen zum Vorschein. Dieser Attraktor ist – anders formuliert – ein Fraktal. Aufgrund ihrer merkwürdigen Eigenschaften bezeichnet man diese fraktalen Strukturen als „seltsame Attraktoren". Diese Gebilde demonstrieren uns eindrucksvoll, daß Chaos und Fraktale zwei Seiten derselben Medaille sind – der neuen und bemerkenswerten Wissenschaft komplexer Strukturen.

Das fertige Mosaik

Ich hoffe nun, ich konnte davon überzeugen, daß komplexes Verhalten und die komplizierten Strukturen vieler natürlicher Prozesse, ob chemischer oder anderer Systeme, gemeinsame Eigenschaften aufweisen. Bestimmte Strukturen begegnen uns wieder und wieder; unvorhersehbares, chaotisches Verhalten kann auch bei einfachen, deterministischen Gefügen entstehen; zwischen dynamischen chaotischen Systemen und fraktalen Strukturen besteht eine enge Beziehung; schließlich vermag Komplexität manchmal auch zu Ordnung und Regelmäßigkeit zu führen statt zu völliger Verwirrung. Komplexität, Chaos und das Entstehen hochstrukturierter Muster sind schließlich und endlich ein gemeinsames Charakteristikum von Prozessen, die weit entfernt vom Gleichgewicht ablaufen.

Der erste ernsthafte Versuch, die bei der Untersuchung von Nichtgleichgewichtsprozessen gewonnenen Erkenntnisse in einer übergreifenden Theorie zu vereinigen, wurde in den sechziger uund siebziger Jahren von Ilya Prigogine vom Institut für Physikalische Chemie in Brüssel unternommen. Für sein Werk wurde er 1977 mit dem Nobelpreis für Chemie ausgezeichnet. Im Zentrum seiner Forschung stand die Frage, wie räumliche Strukturen, die manchmal eine bemerkenswerte Komplexität entwickeln, aus Systemen entstehen können, die nicht in einem Gleichgewichtszustand „eingefroren" sind, sondern sich ständig weiterentwickeln.

Eine der fundamentalen Eigenschaften vieler Nichtgleichgewichtssysteme ist ihre Fähigkeit zur Selbstorganisation. Darunter versteht man die Ausbildung von übergreifenden Strukturen, die nicht von den mikroskopischen Eigenschaften der Systeme vorgegeben werden. Wie in Kapitel 4 dargestellt wurde, ist die kubische Gestalt von Salzkristallen, die unter Gleichgewichtsbedingungen gewachsen sind, eine Folge der kubischen Packung der einzelnen Ionen. In den Wechselwirkungen der Moleküle und Ionen bei der Chlorit-Iodid-Malonsäure-Reaktion liegt jedoch *kein* Rezept zur Ausbildung der hexagonal angeordneten Turing-Figuren verborgen. Das spontane Auftreten dieser regulären Muster in dem zuvor gleichförmigen System ist ein Beispiel für einen Prozeß, den die Physiker „Symmetrieeinbruch" nennen. Das System, das ursprünglich in allen Richtungen identische Eigenschaften aufweist, geht dabei plötzlich in einen Zustand über, bei dem die verschiedenen Richtungen nicht länger äquivalent sind – mit anderen Worten: Die Symmetrie des Systems verringert sich.

Eine weitere charakteristische Eigenschaft dieser Nichtgleichgewichtsstrukturen ist die auffallende Stabilität, die sie gegenüber Störungen zeigen. Ein chaotisches System reagiert extrem empfindlich auf Störungen – der kleinste Stoß kann die weitere Entwicklung deutlich beeinflussen. Ist das System dagegen in einem Grenzzyklus gefangen, wirkt dieser als Attraktor, und die Entwicklung des Systems wird nach einer Störung sich bald wieder auf den vorgegebenen Bahnen bewegen. Dynamische Strukturen, die auf solche Art gegenüber äußeren Einflüssen stabilisiert sind, bezeichnet man als *dissipativ* – sie sind in der Lage, sich der aus der Störung stammenden zusätzlichen Energie wieder zu entledigen. Diese Fähigkeit steht in deutlichem Kontrast zum Verhalten eines sogenannten *konservativen* Schwingungssystems, wie es zum Beispiel ein einfaches Pendel darstellt. Stoßen wir ein schwingendes Pendel an, schwingt es mit größerer Amplitude weiter; ein dissipatives Schwingungsgebilde würde dagegen nur kurz in Unruhe geraten (einer sogenannten Transition unterliegen), wenn man es „anstößt", um schließlich zu genau derselben periodischen Schwingung zurückzukehren, die es zuvor ausgeführt hat. In gewissem Sinn (wobei ich nachdrücklich betonen möchte, daß dies nur bildlich gemeint ist) scheint ein dissipatives System einen eigenen Willen zu besitzen, der sich in einem bestimmten Verhaltensmuster ausdrückt, das von dem System dickköpfig verteidigt wird. Ändert man die Bedingungen, bei denen das System einen bestimmten Schwingungszustand einnimmt, kann es über verschiedene Übergangszustände (wie zum Beipiel die Periodenverdopplungen) zu neuen Bewegungsmustern gelangen.

Worauf ist nun diese Fähigkeit zur Selbstorganisation fernab vom Gleichgewicht zurückzuführen? Um diese Frage zu beantworten, unternahmen Prigogine und seine Mitarbeiter den Versuch, ein System thermodynamischer Beziehungen für Nichtgleichgewichtssysteme zu erarbeiten – ähnlich der Gleichgewichtsthermodynamik, die von Gibbs, Helmholtz und anderen im neunzehnten Jahrhundert eingeführt wurde. Die „Brüsseler Schule" suchte nach Analogien zwischen Phasenübergängen, die in Gleichgewichtssystemen stattfinden, und den Strukturänderungen, der Entstehung von Mustern oder den Übergängen von einer Art des Wachstums zu einer anderen, die für Nichtgleichgewichtssysteme typisch sind.

Viele Arten von Phasenübergängen bei Gleichgewichtsbedingungen werden von einer Erniedrigung der Symmetrie begleitet. In einem System, das einem solchen Phasenübergang unterliegt, entstehen häufig weitreichende Wechselwirkungen, was nicht anderes heißt, als daß ein Teil des Systems gegenüber weit entfernt stattfindenden Änderungen sensibilisiert wird. Dadurch reagiert das ganze System empfindlicher auf kleine, zufällige Schwankungen. Wie wir erfahren haben, kennzeichnet ein solches Verhalten auch die in Nichtgleichgewichtssystemen wie der BZ-Reaktion herrschenden Verhältnisse. Es konnte gezeigt werden, daß analoge weitreichende Wechselwirkungen bei Nichtgleichgewichtsprozessen auftreten, wenn ein Bifurkationspunkt erreicht wird; in diesen Fällen treten weit entfernte Bereiche des Systems in Kontakt. Dies bietet die Erklärung für die Beobachtung, daß in solchen Fällen das Phänomen der Selbstorganisation auftritt, wenn auch die Wechselwirkungen zwischen den einzelnen Komponenten des Systems nur über sehr kurze Entfernungen wirksam sind. Der wichtigste Unterschied zu Gleichgewichtssystemen besteht darin, daß diese durch Änderungen einer thermodynamischen Größe wie der Temperatur angetrieben werden, wohingegen Übergänge in Nichtgleichgewichtssystemen durch Kräfte hervorgerufen werden, die das System immer weiter vom Gleichgewicht entfernen: das Ausmaß der Übersättigung oder der Unterkühlung einer Schmelze beim Kristallwachstum, die Elektrodenspannung bei der elektrolytischen Abscheidung, die Durchflußgeschwindigkeit der Reaktanten in einer oszillierenden chemischen Reaktion.

Auch wenn die Arbeiten von Prigogine und die später entwickelte Chaostheorie dazu beitrugen, die große Zahl der in Nichtgleichgewichtssystemen stattfindenden, häufig bizarren Vorgänge zu ordnen und zu verstehen, sind wir noch weit entfernt von dem Verständnis, das die im neunzehnten Jahrhundert entwickelte klassische Thermodynamik in bezug auf Gleichgewichtsprozesse ermöglicht hat. Es steht jedoch außer Frage, daß die Schönheit der fraktalen Strukturen und der durch Selbstorganisation entstehenden Muster sowie ihre Bedeutung in Physik, Chemie und Biologie für eine Vielzahl natürlicher Systeme die weitere Suche nach Antworten vorantreibt, die uns einem Verständnis näherbringen.

10
Die Verwandlung der Erde

Die Atmosphärenchemie und ihre Krisen

It is not impractical to consider seriously changing the rules of the game when the game is clearly killing you.

M. Scott Peck

Noch vor nicht allzu langer Zeit wäre es sehr unwahrscheinlich gewesen, in einem Lehrbuch über Chemie deren Einfluß auf unsere Umwelt erwähnt zu finden. Heute jedoch gilt die Chemie der Atmosphäre und der Umwelt nicht mehr als abgelegenes naturwissenschaftliches Forschungsgebiet, sondern als ein Fach mit unmittelbarer globaler Bedeutung. Die Atmosphärenwissenschaftler stehen plötzlich im Rampenlicht der Öffentlichkeit und der Medien, und oft bestimmen ihre Forschungsergebnisse die Politik der Regierungen. Denn weltweit hat man erkannt, was die Wissenschaftler schon längst wußten: Die chemische Zusammensetzung der Atmosphäre hat einen tiefgreifenden Einfluß auf unsere Umwelt, und eine Störung ihres sensiblen Gleichgewichts bringt ernste Konsequenzen für den ganzen Planeten mit sich.

Die drängendsten Probleme, denen sich die Atmosphärenwissenschaftler heute stellen müssen, sind die drohende globale Erwärmung (der sogenannte Treibhauseffekt), die Zerstörung der Ozonschicht, die schädlichen Auswirkungen des sauren Regens und die weltweit steigenden Konzentrationen von Luftverunreinigungen wie Blei, Quecksilber und radioaktive Substanzen. Diese Bedrohungen haben eine heftige und manchmal auch erbittert geführte Kontroverse ausgelöst, vor allem, weil Folgen und Konsequenzen über das rein Wissenschaftliche weit hinausgehen. Industrieunternehmen müssen sich mit den möglichen Umweltschäden durch die Chemikalien auseinandersetzen, die einen Teil ihres Profits erbringen. Der steigende Energiebedarf muß in Zusammenhang mit den schädlichen Auswirkungen der Abgase und gefährlichen Substanzen gesehen werden, die bei der Energieerzeugung entstehen.

In diesem Kapitel möchte ich zeigen, welche Rolle die Atmosphärenchemie bei einigen der angesprochenen Probleme spielt. Vor einer derartigen Diskussion muß zu einem wirklichen Verständnis der Zusammenhänge zunächst erläutert werden, auf welchen Wegen unsere Atmosphäre zu dem geworden ist, was sie heute ist – soweit wir darüber etwas aussagen können. Wie ich im achten Kapitel andeutete, war die Erde nicht immer mit einer lebenserhaltenden Hülle gesegnet. Es war keineswegs so, daß unsere gegenwärtige Atmosphäre das Leben erzeugt hat. Im Gegenteil, das Leben hat unsere heutige Atmosphäre erzeugt. Der Atmosphärenwissenschaftler James Lovelock meinte, es sei an der Zeit, das Leben, die feste Erde, die Ozeane und die Atmosphäre nicht mehr länger als unabhängige Systeme zu verstehen, sondern als in sich vernetzte Teile unseres ganzen Planeten. Dieser für Lovelocks Gaia-Hypothese zentrale Ausgangspunkt sollte in uns die Einsicht stärken, daß wir unser Handeln nicht von den Folgen für die Umwelt trennen können. Wir dürfen nicht davon ausgehen, daß die Aufnahmefähigkeit der Umwelt für unseren Schmutz schier unerschöpflich ist. Unsere Atmosphäre ist ein kostbares Gut und keine Selbstverständlichkeit.

Die Steuerung des Klimas durch die Chemie

Luft zum Atmen

Angenommen, es wäre möglich, ein außergewöhnlich leistungsfähiges astronomisches Instrument zu erfinden, mit dem wir die sicherlich auch um andere Sterne kreisenden Planeten und die chemische Zusammensetzung ihrer Atmosphären untersuchen könnten. Würden wir auf einen Planeten mit einer erdähnlichen Atmosphäre stoßen, müßten wir wohl davon ausgehen, daß sich auf diesem Planeten Leben entwickelt hat. Und zwar nicht entwickelt haben *könnte*, sondern definitiv entwickelt *hat*. Unsere Atmosphäre ist ein leuchtendes Signal im All, das allen intelligenten Wesen, die es sehen können, unsere Existenz bezeugt.

Diese Eigenart der Erde rührt daher, daß sich ihre Atmosphäre im Gegensatz zu den anderen Planeten des Sonnensystems in einem extremen chemischen Ungleichgewicht befindet. In gewissem Sinne läßt sie sich mit einer Mischung aus verschiedenen Verbindungen in einem riesigen Reagenzglas vergleichen, deren Zustand weit entfernt vom Gleichgewicht gehalten wird – ähnlich jenen chemischen Systemen, denen wir im vorangegangenen Kapitel begegnet sind. Was aber hält die Atmosphäre von einem chemischen Gleichgewicht zurück? Letztlich sind es die Energie der Sonne und die Wärme aus dem Inneren der Erde. Die wichtigste Kraft aber, die diese Energien in ein chemisches Ungleichgewicht verwandelt, ist das Leben.

Es wäre also völlig falsch anzunehmen, daß unsere Umwelt wie durch ein Wunder harmonisch an unsere Bedürfnisse angepaßt ist. Die Atmosphäre eignet sich nicht rein zufällig für die Organismen, die in und unter ihr wohnen. Denn die Evolution des Lebens und die der Atmosphäre bis zu ihrer gegenwärtigen chemischen Zusammensetzung waren keine voneinander unabhängigen Vorgänge.

Vor etwa 4.6 Milliarden Jahren war die gerade entstandene Erde ein gewaltiger Ball aus geschmolzenem Magma, der sich Seite an Seite mit der Sonne und den anderen Planeten aus einem gasartigen Urnebel herauskondensiert hatte. Inmitten dieses geschmolzenen Erdkörpers begann die Separation der chemischen Elemente. Der Planet bestand aus großen Mengen an Eisen, die hinabsanken (zusammen mit kleineren Mengen von Nickel) und einen Kern aus Metall bildeten. Zurück blieb eine Art „Schmutzkruste" aus geschmolzenem Gestein, das aus Magnesium, Silicium, Sauerstoff, Eisenresten, Aluminium, Natrium, Kalium und Calcium bestand. Diese chemische „Differentiation" der Erde ähnelt den Abläufen bei der Eisengewinnung, wenn sich Eisen aus seinen Erzen abscheidet.

Vor etwa 3.9 Milliarden Jahren hatte der Planet bereits sehr viel von seiner Wärme in den Kosmos ausgestrahlt. Die Oberfläche war so weit abgekühlt, daß sie langsam erstarrte und eine dünne Gesteinskruste ausbildete. Zwei Prozesse trugen nun zur Bildung der Atmosphäre bei. Das geschmolzene Gestein unter der Kruste enthielt viele gelöste Gase, beispielsweise Wasser, Methan, Kohlendioxid, Stickstoff und Neon. Sie traten dort, wo Vulkane die Erdkruste durchstießen, aus dem Magma aus, ein Prozeß, der als Ausgasung bezeichnet wird. Außerdem kollidierten gelegentlich kosmische Körper, die im Sonnensystem umherschweiften und von der Planetenbildung übriggeblieben waren, mit der Erde. Dabei wurden beträchtliche Mengen an flüchtigen Gasen freigesetzt. Vermutungen zufolge sind etwa 85 Prozent des heute auf der Erde existierenden Wassers auf solche Einschläge extraterrestrischer Objekte zurückzuführen.

Vor ungefähr 3.8 Milliarden Jahren fielen die Temperaturen auf der Erdoberfläche unter die Grenze von 100 Grad Celsius, und der Wasserdampf in der Atmosphäre konnte kondensieren. Die Regenstürme, die damals auf der Erde tobten, sind nur schwer vorstellbar: Versuchen Sie sich vorzustellen, daß die gesamte Wassermenge der Ozeane in einer vielleicht 100 000 Jahre andauernden Sintflut vom Himmel fiel. Mit der Entstehung der Ozeane wurden sehr gut wasserlösliche Gase, zum Beispiel Chlorwasserstoff, Schwefeldioxid und Kohlendioxid, aus der Atmosphäre herausgezogen und im Wasser der Ozeane gebunden. Einige dieser Verbindungen haben sich dann nach Reaktionen mit Mineralien als nichtlösliche Salze abgelagert, beispielsweise als Carbonate und Sulfate.

Leichte Gase wie Wasserstoff, Helium und Neon, die im solaren Urnebel reichlich vorhanden waren, sind zu leicht, um im Schwerefeld der Erde zurückgehalten zu werden. Sie stiegen auf und verflüchtigten sich in den Weltraum. Daneben gab es in der frühen Atmosphäre auch Gase wie Methan, Wasserdampf, Distickstoffoxid (N_2O) und Kohlenmonoxid (CO). Unter diesem Himmel haben sich wohl erste Lebensformen herausgebildet.

Bemerkenswert ist, daß sich die komplexe Chemie des Lebens aus den ersten Ursubstanzen in einem Zeitraum von gerade einmal 300 Millionen Jahren entwickelt haben dürfte. Dies folgt aus dem Fund von 3.5 Milliarden Jahre alten Gesteinen, die S. M. Awramik und Mitarbeiter 1983 im Westen von Australien entdeckten. Sie enthielten versteinerte Formen von Bakterien. Diese Organismen zeigen große Ähnlichkeit mit einigen heute noch existierenden primitiven Arten, den soganannten Blaualgen oder Cyanobakterien.

Heute gewinnen die meisten Algen ihre Energie durch Spaltung von Wassermolekülen bei der Photosynthese. Der Stoffwechsel der frühesten Organismen griff jedoch – selbst im Vergleich zu den sogenannten Schwefelbakterien, der primitivsten Form des Lebens, die heute noch anzutreffen ist – auf viel simplere chemische Reaktionen zurück. Einige dieser Organismen spalteten organische Moleküle, z.B. Essigsäure, wobei freie Energie sowie Kohlendioxid und Methan entstanden. Andere wandelten Kohlendioxid in Methan oder Schwefel-Ionen in Schwefelwasserstoff um.

Diese findigen Bakterien lebten vollauf zufrieden unter dem damals sauerstofffreien Himmel; Sauerstoff war für sie sogar ein tödliches Gift. Eines Tages aber – so müssen wir annehmen – entdeckte eine spezielle Art von Bakterien, daß der sie umgebende Stoff – das Wasser – eine überreichlich fließende Energiequelle war, wenn sie es spalteten. Diese Bakterien verhielten sich damit sehr unsozial, denn als Nebenprodukt dieser Umsetzung entstand das tödlich giftige Gas Sauerstoff. Nach Lynn Margulis, Mikrobiologe an der Harvard University, kündigte das Auftreten der ersten zur Photosynthese fähigen Organismen eine „weltweite Umweltkrise" gigantischen Ausmaßes an. Im Vergleich dazu sind die heutigen industriellen Emissionen geradezu verschwindend klein. Die Evolution des Lebens verwandelte die Atmosphäre so sehr, daß sie nicht mehr wiederzuerkennen war.

Wann diese Krise den ganzen Planeten ergriff, ist noch umstritten, doch die meisten Forscher datieren sie auf eine Zeit vor etwa 1.9 bis 2.0 Milliarden Jahren. Die Sauerstoffproduktion nahm überhand, weil die Photosynthese gegenüber anderen Verfahren zur Energiegewinnung so überlegen war, daß sich die wasserspaltenden Bakterien rasend schnell ausbreiteten. Schließlich sprudelte über die ganze Welt hinweg Sauerstoff aus riesigen Algenkolonien. Diese Umweltverschmutzung führte zwangsläufig zum Aussterben einer Vielzahl von mikrobiellen Populationen. Zur selben Zeit jedoch entwickelte eine Reihe von Arten durch Mutationen die notwendige Widerstandskraft gegenüber dem neuen Gift. Einige dieser Arten legten sogar eine noch größere Anpassungsfähigkeit an den Tag: Anstatt sich der neuen, ungesunden Umwelt einfach nur stoisch zu überlassen, fanden sie einen Weg, wie sie in ihr gut gedeihen konnten. Die Stoffwechselsysteme dieser Organismen verfeinerten sich so weit, daß sie den Sauerstoff aus der Atmosphäre verwenden konnten. Die Organismen lernten, die Luft der neuen Welt zu atmen.

Diese einzelligen, Sauerstoff atmenden Organismen, die sogenannten Protozoen, waren die ersten tierischen Lebewesen auf der Erde. Sie erschienen vor ungefähr 800 Millionen Jahren, zu einem Zeitpunkt, als der Sauerstoffgehalt der Atmosphäre etwa fünf Prozent der gegenwärtigen Konzentrationen erreichte. Vor ungefähr 300 Millionen

Jahren hat sich wahrscheinlich der heutige Sauerstoffgehalt – er entspricht einem Fünftel der Atmosphärenmasse – eingependelt. Seitdem blieb die Sauerstoffmenge mehr oder weniger stabil. Allerdings gibt es deutliche Hinweise auf erhebliche Schwankungen vor dieser Zeit: Einmal dürfte die Luft sogar zu etwa 35 Prozent aus Sauerstoff bestanden haben.

In den höheren Schichten der Atmosphäre werden die zweiatomigen Sauerstoffmoleküle durch das Sonnenlicht in zwei einzelne Atome gespalten, die ihrerseits mit anderen O_2-Molekülen reagieren. Es entsteht eine Sauerstoffverbindung aus drei Atomen: das Ozon (O_3). Die Ozonmoleküle absorbieren in hohem Maße ultraviolettes Licht und filtern somit aus dem in die Atmosphäre eindringenden Sonnenlicht diesen Spektralbereich heraus. Ultraviolettes Licht hat eine stark schädigende Wirkung auf organische Stoffe, so daß die lebenden Wesen bis zur Entstehung der Ozonschicht vor ungefähr 400 Millionen Jahren überhaupt nicht auf die Idee kommen konnten, das schützende Meereswasser zu verlassen und sich auf das trockene Land zu wagen.

Wie unsere Welt recycelt

Heute hat die Luft einen Sauerstoffgehalt von ungefähr 21 Prozent; der größte Teil der restlichen 79 Prozent besteht aus reaktionsträgem, gasförmigem Stickstoff. Der Anteil an Kohlendioxid liegt bei etwa 0.05 Prozent. Dies reicht aus, um das pflanzliche Wachstum zu unterstützen. Reguliert wird diese chemische Zusammensetzung von der Biosphäre – der Gesamtheit aller Lebewesen der Erde –, aber auch von der Geosphäre – der Gesamtheit aller geologischen Prozesse, die an der Gestaltung der Landmassen, der Ozeane und des Planeteninneren beteiligt sind. Die Biosphäre umfaßt alle lebenden Dinge: Wälder und Graslandschaften, die Mikroben im Boden und die Lebensgemeinschaften der Ozeane: Phytoplankton und Zooplankton, mikroskopische Meerespflanzen und Meerestiere. Pflanzen, die über die Photosynthese Energie gewinnen, spalten vom Wasser die Wasserstoffatome ab und setzen sie zur Umwandlung von Kohlendioxid in energiereiche Kohlenhydrate ein, wobei Sauerstoff entsteht. Die Konsumenten (also die Tiere) atmen den Sauerstoff ein und benutzen ihn zur Verbrennung der aufgenommenen Kohlenhydrate. Die Kohlenstoffverbindungen werden in Kohlendioxid zurückverwandelt und wieder an die Luft abgegeben. Dieser Prozeß, auch Atmung genannt, setzt Energie frei, die die Konsumenten in der Regel in Form der Verbindung ATP für einen späteren Gebrauch speichern (siehe Seite 310). Ohne die pflanzliche Photosynthese, die den Sauerstoffverbrauch der Konsumenten regeneriert, würde der atmosphärische Sauerstoffgehalt langsam, aber stetig sinken.

Ein großer Teil des Kohlenstoffs, der durch die Photosynthese in organischen Stoffen „gebunden" ist, wird schließlich durch die Atmung der Konsumenten (hauptsächlich der Mikroben, die das abgestorbene Pflanzenmaterial zersetzen) in Form von Kohlendioxid wieder in die Atmosphäre zurückgeführt. Es gibt aber auch einen Kohlenstoffkreislauf durch die Atmosphäre hindurch, der von rein „anorganischen" geochemischen Prozessen aufrecht erhalten wird. Die Reaktion zwischen atmosphärischem CO_2 und den Gesteinsmineralien (auch Verwitterung genannt) bindet den Kohlenstoff in Carbonatverbindungen, während durch die Umwandlung carbonatreicher Gesteine (die „Metamorphose"), die beispielsweise durch die Deformationskräfte der Plattentektonik ausgelöst wird, wiederum CO_2 freigesetzt wird. Kohlendioxid löst sich auch in den Ozeanen, zum Beispiel in Form von Bicarbonat-Ionen. Und kohlenstoffreiche Sedimente, die sich auf dem Meeresgrund ablagern – Reste von abgestorbenen Organismen der oberen Gewässer –, driften ins Innere der Erde, wenn an einem ozeanischen Graben eine tektonische Platte unter die andere abtaucht. Der Kohlenstoff wird dann durch die Hitze im Erdmantel in neue Formen umgewandelt und kehrt über die Ausbrüche der Vulkane, die sich hinter den ozeanischen Gräben anschließen, in die Atmosphäre zurück (siehe Abbildung 10.1).

Es gibt auch einen Stickstoffkreislauf von der Biosphäre und Geosphäre in die Atmosphäre und wieder zurück. Verschiedene Formen von Bakterien wandeln die normalerweise reaktionsträgen Stickstoffmoleküle in Ammoniak und dann in andere stickstoffhaltige organische Verbindungen wie z. B. Aminosäuren um. Alle Organismen benötigen Aminosäuren; Pflanzen synthetisieren sie selbst, Tiere müssen sie sich über die Nahrung zuführen – entweder aus pflanzlichem Material oder aus tierischem Gewebe. Der Stickstoff in organischen Verbindungen wird letztlich wieder in anorganische Formen zurückverwandelt. Ein Teil wird in Harnstoff eingebaut und dann weiter zu Ammoniak umgesetzt; ein anderer Teil wird zu Nitrit (NO_2^-)- und Nitrat (NO_3^-) -Ionen „oxidiert". In einem als Denitrifikation bezeichneten Prozeß entfernen dann Bakterien die Sauerstoffatome von den Nitrat-Ionen und geben wieder Stickstoff in die Atmosphäre frei.

Diese zyklischen Umwandlungen von Sauerstoff, Kohlenstoff und Stickstoff und deren Wege durch die Atmosphäre, Biosphäre und Geosphäre werden allgemein als biogeochemische Stoffkreisläufe bezeichnet. Eine wunderbare Darstellung der Reise der Kohlenstoffatome durch Teile des Stoffkreislaufes gab Primo Levi in seinem Buch *Das periodische System*. Wenn sich die Prozesse, die die Elemente aus der Atmosphäre entfernen, mit denen, die diese Elemente wieder zurückführen, im Gleichgewicht befinden, bleibt die Atmosphäre in einem „stationären Gleichgewichtszustand" – sie erreicht niemals das thermodynamische Gleichgewicht und bleibt stets dieselbe.

In neunten Kapitel haben wir gesehen, daß das Verhalten der Systeme, die sich nicht im Gleichgewicht befinden, nur sehr schwer vorhersehbar ist – kleine Störungen können große Veränderungen hervorrufen. Wir wissen nicht, wie stabil der stationäre Gleichgewichtszustand der gegenwärtigen Atmosphäre ist. Aber wir wissen, daß es auch einmal Zeiten in der Geschichte unseres Planeten gab, in denen ein völlig anderer Gleichgewichtszustand mit einer anderen chemischen Zusammensetzung der Atmosphäre vorherrschte.

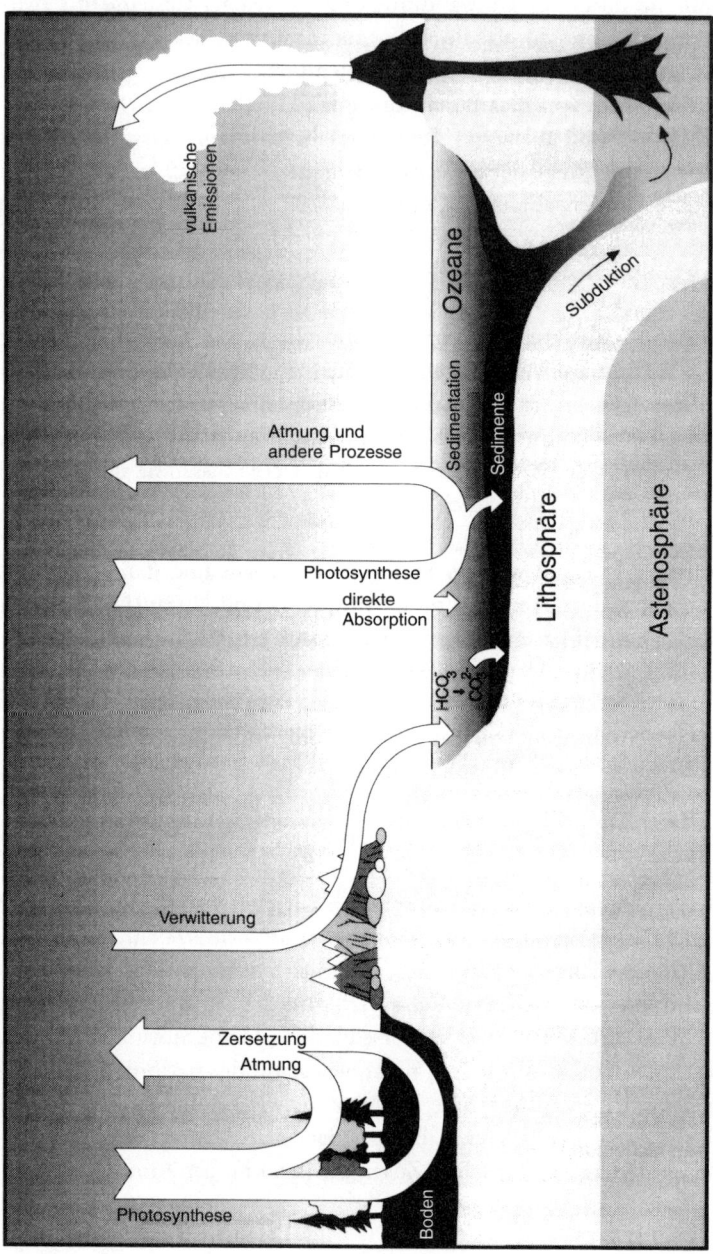

Abbildung 10.1 *Der größte Teil des natürlichen Kohlenstoffkreislaufs besteht aus Vorgängen, die Kohlendioxid in die Atmosphäre abgeben und wieder aus ihr entfernen. CO_2 wird über die Photosynthese in den pflanzlichen Stoffen des Festlandes und der Ozeane gebunden. Über die Atmung der Pflanzen (insbesondere während der Nacht) und durch die bakterielle Zersetzung von abgestorbenem Pflanzenmaterial gelangt CO_2 in die Atmosphäre zurück. Anorganische Reaktionen zwischen Silicatgesteinen und atmosphärischem CO_2 (Verwitterung) führen im Meer zur Freisetzung von Bicarbonat-Ionen (HCO_3), die zum Teil von marinen Organismen zum Aufbau von calciumcarbonathaltigem (CO_3^{2-}) Gehäusen verwendet werden. Totes organisches Material (pflanzliches und tierisches) und die Gehäuse toter Meeresbewohner sinken auf den Grund des Ozeans und häufen sich dort zu kohlenstoffreichen Sedimenten an. An den ozeanischen Tiefseegräben werden die Sedimente von den abtauchenden tektonischen Platten in das Erdinnere hineingezogen. Der Kohlenstoff wird dann in Kohlendioxid und andere kohlenstoffhaltige Gase zurückverwandelt und durch den Vulkanismus wieder in die Atmosphäre freigesetzt. Andere Elemente des natürlichen Kohlenstoffkreislaufs bestimmen die atmosphärischen Konzentrationen von Methan und Kohlenmonoxid.*

Eiszeiten: und ewig kehren sie wieder

Klimaänderungen sind nichts Neues. Die mittlere Temperatur der Erde unterlag einer Reihe von großen und langfristigen zyklischen Schwankungen, bevor sich der Homo sapiens entwickelte. Am deutlichsten zeigte sich dies in den unregelmäßig wiederkehrenden Eiszeiten. Sie lassen sich auf periodische Schwankungen in der Lage und der Orientierung der Erdumlaufbahn um die Sonne zurückführen. Die Abweichungen verursachen kleine, aber folgenreiche Veränderungen in der jahreszeitlichen und breitengradabhängigen Sonneneinstrahlung. Sie führen dazu, daß sich die kalten und warmen Gebiete auf der Erde verschieben. Die Auswirkungen der Schwankungen in der Erdumlaufbahn wurden zum ersten Mal im neunzehnten Jahrhundert von dem jugoslawischen Astronomen Milutin Milankovitch abgeschätzt. Milankovitch behauptete, daß die resultierenden Variationen der Sonneneinstrahlung genügend groß seien, um klimatische Veränderungen auf der Erde herbeizuführen und den Beginn und das Ende der Eiszeiten zu erklären. Periodische klimatische Variationen von etwa 100 000, 44 000, 23 000 und 19 000 Jahren, die sogenannten Milankovitch-Variationen, lassen sich über die geologischen Spuren der globalen Klimaänderungen identifizieren. In ihnen spiegeln sich die periodischen Schwankungen der Erdumlaufbahn wider.

Die Veränderungen in der globalen Verteilung der Sonneneinstrahlung, die aus den Milankovitch-Variationen der Erdumlaufbahn folgen, sind jedoch sehr gering – zu gering, als daß sie die Welt einfrieren oder andererseits die Eisdecken hätten schmelzen können. Darüber hinaus prognostiziert die Milankovitch-Theorie nur sehr langsame und allmähliche klimatische Veränderungen. Geologische Funde deuten dagegen auf viel raschere Veränderungen der globalen Temperatur hin, die von Konzentrationsschwankungen jener Gase begleitet waren, die nur in kleinsten Mengen in der Atmosphäre anzutreffen sind (den „Spurengasen"). Vermutlich haben die geringfügigen klimatischen Schwankungen, die von den Milankovitch-Variationen hervorgerufen wurden, die Prozesse beeinflußt, die das Klima naturgemäß bestimmen. Hierzu gehören z.B. die Strömungsmuster der ozeanischen Zirkulation und die – langfristig wahrscheinlich signifikanteren – biogeochemischen Stoffkreisläufe, die den natürlichen Gehalt an Spurengasen (vor allem an Kohlendioxid und Methan) in der Atmosphäre bestimmen. Diese Vorgänge verstärken und beschleunigen dann die Klimaänderungen.

Heute werden tiefe Bohrungen in alte Eisschilde abgeteuft, so zum Beispiel in der Antarktis. Die Wissenschaftler gewinnen dadurch Säulen aus altem Eis („Eisbohrkerne"), in denen Luftblasen aus der Entstehungszeit des Eises eingeschlossen sind (Bild 17). Mit Hilfe extrem empfindlicher chemischer Analysenmethoden läßt sich aus diesen Luftblasen die chemische Entwicklungsgeschichte unserer Atmosphäre entziffern. So zeigt die Kohlendioxidmenge in den Luftblasen eines Eiskernes, der einer Bohrung an der von der ehemaligen Sowjetunion betriebenen Station Wostok in der Antarktis entnommen wurde, daß die atmosphärischen CO_2-Konzentrationen seit den letzten 160 000 Jahren alles andere als konstant gewesen sind (Abbildung 10.2). Zeitweise stiegen sie auf Werte an, die mit den heutigen vergleichbar sind; zu anderen Zeiten fiel der CO_2-Gehalt auf

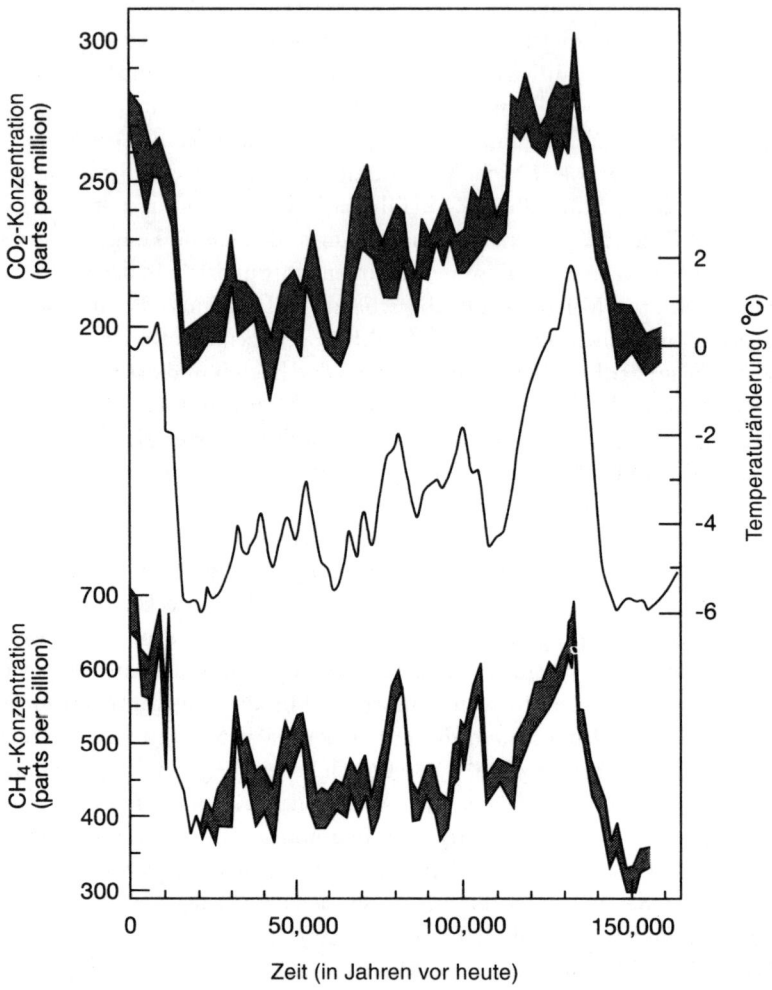

Abbildung 10.2   *Die Schwankungen des Kohlendioxid- (oben) und Methangehaltes (unten) in der Atmosphäre während der letzten 150 000 Jahre. Die Werte wurden durch die Analyse von Luftbläschen aus einer Eiskernbohrung nahe der Wostokstation in der Antarktis erhalten. Sie zeigen, daß die atmosphärischen Konzentrationen dieser Verbindungen in der Vergangenheit signifikant variierten (die grauen Flächen geben die Größe der Unsicherheiten in den Messungen an). Die Menge an schwerem Wasserstoff (Deuterium) im Eis beschreibt dagegen den Verlauf der Temperaturänderungen (Mitte). Die Konzentrationen von Kohlendioxid und auch von Methan variieren mehr oder weniger synchron mit den Temperaturänderungen, so daß anzunehmen ist, daß die Konzentrationsänderungen dieser beiden Gase das Klima des Planeten beeinflußt haben.*

weniger als zwei Drittel der Werte, die für die vorindustrielle, moderne Welt charakteristisch sind. Während des letzten Eiszeitalters, das vor etwa 120 000 Jahren begann und vor etwa 10 000 Jahren endete, lagen die Kohlendioxidkonzentrationen nur bei etwa 64 Prozent der „modernen" (vorindustriellen) Werte.

Die Menge an schwerem Wasserstoff (Deuterium) im Eis hängt von den lokalen Temperaturen zum Zeitpunkt der Eisbildung ab. Dies versetzt die Forscher in die Lage, die Temperaturschwankungen der Vergangenheit zu rekonstruieren und damit eine historische Aufzeichnung des globalen Klimas zu gewinnen. Im Eiskern von Wostok zeigt sich, daß es eine eindeutige Beziehung zwischen den Temperaturen und den Kohlendioxidkonzentrationen gibt: sind die einen hoch, so sind es auch die anderen.

Die Analyse des Eiskerns von Wostok zeigt ebenfalls, daß nicht nur die Kohlendioxid-, sondern auch die Methankonzentrationen den Temperaturveränderungen wie ein Schatten folgen (Abbildung 10.2). Auch dieses Gas muß folglich mit den klimatischen Schwankungen aufs engste verknüpft sein. Wie aber können diese Gase, die insgesamt weniger als ein Prozent der Atmosphärenmasse ausmachen, Änderungen von bis zu 10 Grad Celsius im mittleren globalen Temperaturverlauf verursachen?

Die Strahlungsbilanz

Die Erde hat ihre Erwärmung der Sonne zu verdanken, deren Strahlung nicht nur aus sichtbarem Sonnenlicht besteht, sondern auch aus Strahlungsanteilen außerhalb der sichtbaren Wellenlängen (insbesondere im infraroten und im ultravioletten Bereich). Etwa ein Drittel der einfallenden Sonnenstrahlung wird zurück in den Weltraum reflektiert, vorwiegend durch hell leuchtende Objekte wie z.B. Wolken und Eisschilde. Der exakte Anteil an reflektierter Strahlung hängt daher außerordentlich stark von der Ausdehnung und von der Helligkeit der globalen Wolkendecke ab. Als Maß hierfür dient die planetare „Albedo" - das Verhältnis von reflektierter zur gesamten eingefallenen Strahlung. Eine Vergrößerung der Wolkenbedeckung oder der Eisschilde vertärkt die Albedo und verringert den Anteil der Sonnenenergie, der an der Erdoberfläche absorbiert wird.

Die Atmosphäre, die Ozeane und die Landmassen, aber auch lebende Organismen wie Pflanzen und marines Plankton absorbieren die solare Strahlung, die nicht in den Weltraum reflektiert wird. Die aufgenommene Energie erwärmt die Absorptionsmedien, die daher selbst wiederum Energie abstrahlen. Die emittierte Strahlung unterscheidet sich jedoch erheblich von der absorbierten - was auch nicht verwundert, denn die absorbierenden Systeme leuchten natürlich nicht so hell wie die Sonne! Statt sichtbarem Licht strahlen sie unsichtbare Wärme aus - d.h. infrarote Strahlung (IR), die längerwellig ist als das sichtbare Licht.

Verschiedene atmosphärische Spurengase - die sogenannten Treibhausgase - lassen das sichtbare Licht ungehindert passieren, absorbieren aber in hohem Maße die Strahlung im infraroten Spektralbereich, weil die Frequenz ihrer Molekülschwingungen mit der der infraroten Strahlung übereinstimmt (siehes drittes Kapitel). Ein Teil der Energie, die

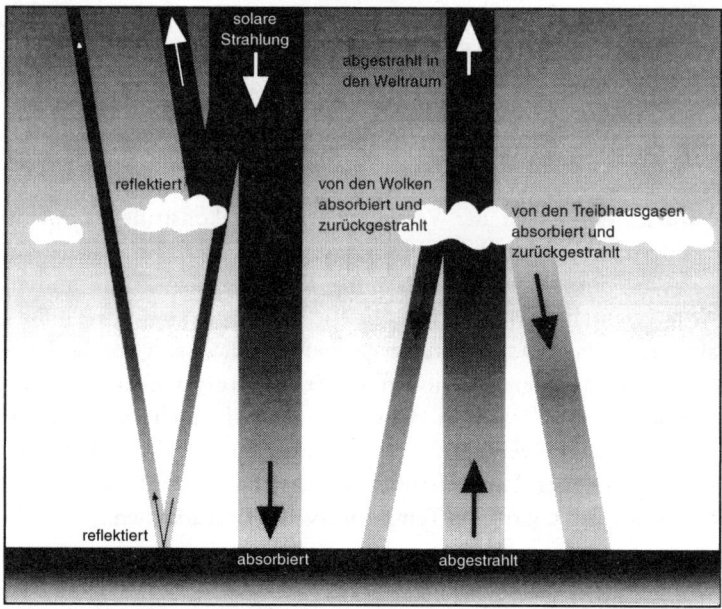

Abbildung 10.3   *Der Treibhauseffekt resultiert daraus, daß ein Teil der Sonnenwärme von den Treibhausgasen absorbiert und in der Atmosphäre zurückgehalten wird. Ungefähr 30 Prozent der einfallenden Sonnenenergie werden in den Weltraum reflektiert; den Rest absorbieren die Atmosphäre und die Planetenoberfläche, die sie wiederum als infrarote Strahlung emittieren. Ein Teil dieser Strahlungsemissionen wird von den Wolken und den Treibhausgasen eingefangen; der Rest entweicht in den Weltraum.*

von der Sonne stammt, wird also nicht zurück in den Weltraum gestrahlt – sie verläßt zwar die Erdoberfläche als Wärmestrahlung, wird aber dann von der Atmosphäre aborbiert und noch einmal zur Erdoberfläche zurückgestrahlt (siehe Abbildung 10.3). So funktioniert im Prinzip der Treibhauseffekt. (Natürlich gibt es einen Unterschied zu einem echten Treibhaus – in diesem verhindern die Gläswände einfach nur einen Austausch zwischen der warmen Innen- und der kalten Außenluft.)

Die wichtigsten Treibhausgase sind Kohlendioxid (CO_2), Methan (CH_4), Distickstoffoxid (N_2O) und die Fluorchlorkohlenwasserstoffe (FCKWs). Der atmosphärische Wasserdampf verursacht zwar eine weitaus größere Erwärmung als irgendein anderes Gas, weil er infrarote Strahlung besonders stark absorbiert, doch wird er nicht den klassischen Treibhausgasen zugeordnet. Denn es gibt keinen direkten Einfluß des Menschen auf die Wasserdampfkonzentrationen. Diese werden vielmehr einzig durch natürliche Prozesse bestimmt, beispielsweise durch die Verdunstung aus den Ozeanen und die Niederschläge aus der Atmosphäre in Form von Regen oder Schnee. Ähnlich wie der Kohlenstoff, der Sauerstoff und der Stickstoff zirkuliert auch das Wasser in der Atmosphäre – im sogenannten Wasserkreislauf. Die Klimaforscher haben den Wasserkreislauf als Teil des gesamten klimatischen Systems in Computermodelle integriert, die für die Berechnung des Treibhauseffektes entwickelt wurden.

Der Treibhauseffekt wird manchmal zu unrecht als eine unnatürliche Erscheinung bezeichnet, als eine Folge des menschlichen Fehlverhaltens. Wie ich aber schon andeutete, ist die Existenz aller Treibhausgase (außer den FCKWs) in der gegenwärtigen Atmosphäre zum Teil auf die Ausgasungen der ursprünglichen Erde zurückzuführen; menschliche Einflüsse erhöhen die Konzentrationen dieser Gase daher lediglich über das natürliche Maß hinaus. Wenn es in der heutigen O_2/N_2-Atmosphäre keine Treibhausgase gäbe, würde die mittlere Temperatur des Planeten frostige minus 18 Grad Celsius betragen. Der Planet böte wahrscheinlich keine lebenserhaltenden Bedingungen mehr, wenn ihn nicht ein *natürlicher* Treibhauseffekt (zurückzuführen hauptsächlich auf kleine Mengen an Wasserdampf, Kohlendioxid und Methan) durchschnittlich um weitere 33 Grad Celsius erwärmen würde.

Die globalen Aufheizer

Das wichtigste Treibhausgas ist das Kohlendioxid. Seit der industriellen Revolution haben menschliche Aktivitäten den atmosphärischen Kohlendioxidgehalt in der Atmosphäre um 26 Prozent vergrößert, hauptsächlich durch die Verbrennung fossiler Energieträger (Kohle, Erdöl und Erdgas). Aber auch die Zerstörungen großer Waldgebiete, insbesondere der Tropenwälder Südamerikas, beeinflussen die CO_2-Konzentrationen in der Atmosphäre: Wälder wirken wie ein natürlicher „Schwamm". Sie saugen dieses Gas aus der Atmosphäre heraus und binden den Kohlenstoff in pflanzlichem Material. Wenn die Bäume gefällt und dann verbrannt oder der zersetzenden Verwitterung übergeben werden, wird der gebundene Kohlenstoff in Form von CO_2 wieder freigesetzt. Natürliche Schwankungen im Kohlenstoffkreislauf können erhebliche Veränderungen der atmosphärischen CO_2-Konzentrationen hervorrufen, was die Bohrungen von Wostok zeigen; entscheidend ist, inwieweit die natürlichen Quellen und Senken (Abbaupfade) des CO_2 durch die anthropogenen (von den Menschen hervorgerufenen) Einflüsse verändert werden.

Obwohl es heute in der Atmosphäre ungefähr zweihundertmal weniger Methan als Kohlendioxid gibt, spielt Methan eine bedeutende Rolle bei der globalen Erwärmung. Ein CH_4-Molekül trägt mehr zum Treibhauseffekt bei als ein CO_2-Molekül, weil es sehr viel mehr infrarote Strahlung absorbiert. Seit der industriellen Revolution haben sich die Mengen an Methan in der Atmosphäre ungefähr verdoppelt. Ein breites Spektrum menschlicher Aktivitäten – hauptsächlich in der Landwirtschaft und bei der Bodennutzung – hat zu diesem Anstieg geführt. Der Anbau von Reis auf den großen Reisfeldern trug am meisten dazu bei: Reispflanzen produzieren Methan, wenn sie wachsen. Die Produktion von Reis, der fast ausschließlich in Asien angebaut wird, hat sich seit 1940 nahezu verdoppelt. Eine beträchtliche Menge Methan entsteht aber auch in den Verdauungssystemen von wiederkäuenden Tieren wie Rindern und Schafen. Die Massentierhaltung gilt als die zweitgrößte anthropogene Methanquelle. Methan wird bei der Verbrennung der Vegetation in den tropischen Regenwäldern und Savannen freigesetzt, aber auch bei der Gärung und Zersetzung organischer Abfälle auf Müllhalden und Deponien. Ebenso gelangt es als Bestandteil von Erdgas, das beim Kohleabbau, bei Erdgasbohrungen und während des Transports durch undichte Rohrleitungen ausströmt, in die Atmosphäre.

Es gibt aber auch bedeutende natürliche CH$_4$-Quellen. Durch mikrobiologische Prozesse entsteht in den Feuchtgebieten, also in den Mooren, Sümpfen und Tundren, fast genausoviel Methan wie durch den Reisanbau. Man nimmt an, daß Termiten genausoviel Methan emittieren, wie bei der Verbrennung der Vegetation freigesetzt wird. Biologische Prozesse in den Ozeanen, Seen und Flüssen produzieren ebenfalls kleine Mengen an Methan.

Die wichtigste Senke des atmosphärischen Methans ist sein chemischer Abbau in der Atmosphäre. Die Troposphäre – jener Teil der Atmosphäre, der vom Erdboden bis zu einer Höhe von 10 bis 15 Kilometern hinaufreicht – enthält beträchtliche Mengen des hochreaktiven Hydroxylradikals (OH). Dieses greift Methan an. Es entsteht eine Vielzahl von Reaktionsprodukten, unter anderem auch Kohlendioxid und Wasser (die selbst wiederum zur globalen Erwärmung beitragen).

Fluorchlorkohlenwasserstoffe sind vor allem deshalb eine Gefahr für die Umwelt, weil sie Ozon zerstören (was später näher erläutert wird). Ebenso absorbieren sie in hohem Maße infrarote Strahlung. Daher liefern sie einen kleinen, wenn auch signifikanten Beitrag zur globalen Erwärmung, obwohl sie in weitaus geringeren Konzentrationen in der Atmosphäre anzutreffen sind als Kohlendioxid oder Methan. Die Existenz der FCKWs ist ausschließlich auf menschliche Akivitäten zurückzuführen – es gibt keine natürlichen Quellen. Sie werden industriell hergestellt und dienen als Treibgase für Spraydosen, als Kühlmittel, als Lösungsmittel und als Aufschäummittel. Sie werden eingesetzt, weil sie chemisch inert sind. Dies hat zur Folge, daß sie, weil es keine wirksamen Abbaupfade in der Atmosphäre gibt, in die Stratosphäre aufsteigen und dort das Ozon zerstören können. Eine gute Nachricht ist allerdings, daß niemand mehr die Gefährlichkeit der FCKWs bestreitet und deshalb der Druck auf die Industrie gewachsen ist, weniger bedenkliche Ersatzstoffe einzusetzen. Es wurde bereits vereinbart, auf ihren Einsatz innerhalb der nächsten Jahrzehnte zu verzichten. In Zukunft dürfte deshalb die Bedeutung der FCKWs als Treibhausgase abnehmen. Ironischerweise wird der Beitrag der FCKWs zur globalen Erwärmung durch ihre ozonzerstörende Wirkung vermindert, weil Ozon ebenfalls ein Treibhausgas ist.

Distickstoffoxid stammt aus einer Vielzahl von biologischen Prozessen in den Ozeanen und im Boden. Die Einzelheiten dieser Prozesse und die genaue Größe der natürlichen Quellen und Senken werden jedoch noch nicht ausreichend gut verstanden. Seit den vorindustriellen Zeiten haben sich die atmosphärischen Distickstoffoxidkonzentrationen um acht Prozent erhöht, vor allem wegen der Verbrennung fossiler

Energieträger, der Brandrodung in Tropenwäldern und des Einsatzes stickstoffreicher Düngemittel (Nitrate und Ammoniumsalze).

Zu den weniger bedeutsamen Treibhausgasen gehören die weiteren Stickstoffoxide, Ozon und Kohlenmonoxid. Zwar kommt uns die UV-filternde Wirkung des Ozons in der Stratosphäre (10 bis 50 Kilometer über dem Erdboden) zugute, doch verhält es sich in Bodennähe überhaupt nicht umweltfreundlich – dort ist es ein gefährlicher, giftiger Luftschadstoff, schädlich für Augen und Lungen und von zerstörerischer Wirkung auf Pflanzen. Seit dem letzten Jahrhundert stiegen die Konzentrationen des troposphärischen Ozons durch die Verbrennung fossiler Energieträger und infolge der industriellen Entwicklung um das Zwei- bis Dreifache an.

Feedback-Effekte und Unsicherheiten

Die biogeochemischen Kreisläufe der natürlichen Treibhausgase (insbesondere von Kohlendioxid und Methan) sowie des Wassers beinhalten eine Reihe von Feedback-Mechanismen, die bei den globalen Klimaänderungen entscheidend mitwirken können. Hierzu gehören sowohl positive Feedback-Effekte, die den Prozeß der Veränderung beschleunigen, als auch negative, die ihn verzögern. So kann z. B. ein globaler Temperaturanstieg die ökologischen Systeme der Ozeane und des Festlandes so weit stören, daß sich der Gleichgewichtszustand zwischen Aufnahme und Emission von CO_2 und Methan verändert. In einem Bericht aus dem Jahre 1990, den ein internationales Team von Klimaforschern – die Arbeitsgruppe des Intergovernmental Panel on Climate Change (IPCC) – verfaßte, wird unheilverkündend erklärt, daß „die Möglichkeit unerwartet großer Veränderungen in den Mechanismen des Kohlenstoffkreislaufes aufgrund menschlich verursachter Klimaänderungen nicht ausgeschlossen werden kann".

Die Feedback-Effekte, die den Wasserkreislauf betreffen, sind in erster Linie abhängig von den klimatischen Einflüssen der Wolken. Diese entstehen bei der Kondensation des atmosphärischen Wasserdampfes zu winzigen flüssigen Tröpfchen. Wie die Wolken im einzelnen den Strahlungshaushalt der Erde beeinflussen, ist noch unklar; dies stellt einen der größten Unsicherheitsfaktoren in den Vorhersagen zur zukünftigen globalen Erwärmung dar. Es gibt nicht einmal einen Konsens darüber, ob die Wolken einen positiven oder negativen Feedback bewirken – d. h., ob sie im Endeffekt die globale Erwärmung verstärken oder vermindern. Einerseits vergrößern die Wolken die Albedo des Planeten, also die Reflexion der einfallenden Strahlung zurück in den Weltraum, weil eine größere Wolkendecke die bis zur Erdoberfläche vordringende Strahlungsmenge verringert. Andererseits absorbieren die Wolken aber auch die infrarote Strahlung, die von der Erdoberfläche ausgesandt wird, und geben sie – wie die Treibhausgase – zurück in die Atmosphäre. Heute scheinen die Wolken eher abkühlend auf unser globales Klima einzuwirken – d. h., was die Wolken an infraroter Strahlung in der Atmosphäre einfangen, wird durch die Verluste an solarer Strahlung, die von der Oberkante der Wolken zurück in den Weltraum reflektiert wird, mehr als kompensiert. Aus dieser Feststellung lassen sich allerdings nicht automatisch Schlüsse auf die Natur der Wolken-Feedback-Effekte im Falle eines wärmeren Klimas ziehen. Denn eine globale Erwärmung könnte eine Veränderung der Verteilung und der Struktur der Wolken und damit auch ihrer Strahlungseigenschaften hervorrufen.

Wie wir im neunten Kapitel gesehen haben, können Feedback-Effekte ein System außerordentlich stark für Störungen sensibilisieren, weil sie es zulassen, daß sich sehr kleine Schwankungen zu sehr großen aufschaukeln. Die Existenz klimatischer Feedback-Effekte läßt also die drohende globale Erwärmung noch um vieles ernsthafter erscheinen, da wir nicht eine langsam voranschreitende und proportional zum Anstieg der Treibhausgaskonzentrationen auch vorhersehbare Klimaänderung erwarten können. Es ist möglich, daß die von der Menschheit hervorgerufenen Temperaturänderungen das klimatische System gerade so weit aus dem Gleichgewicht bringen, daß eine Reihe *natürlicher* positiver Feedbackmechanismen in Gang gesetzt wird, die die Veränderungen weit über ein Maß hinausführen, das allein aus den menschlichen Aktivitäten folgen würde. Andererseits könnten negative Feedback-Effekte die Rolle von Thermostaten spielen, die die Erwärmung des Planeten begrenzen. Die genaue Identifizierung der positiven und negativen Feedback-Effekte sowie die Einschätzung ihrer relativen Wirkungen auf das Klima erweisen sich als eine ungemein schwierige Aufgabe. Unsere Möglichkeiten zur exakten Vorhersage des zukünftigen Klimas sind dadurch stark eingegrenzt.

Es liegt in der Natur der Feedback-Mechanismen, daß sie die Prognose und die Modellierung des klimatischen Systems erschweren. Sie lassen zu, daß sich aus kleinen Unsicherheiten eines Modells sehr große Unsicherheiten in den Modellprognosen entwickeln. Hier tut sich ein sehr großes Problem auf, nicht nur für die Wissenschaft, sondern auch für die Klimapolitik – die meisten Nichtwissenschaftler erwarten klar umrissene und präzise Aussagen von der Wissenschaft. Wenn sich die Forscher unsicher sind oder keine genauen Vorhersagen liefern können, wird dies des öfteren als ein Zeichen dafür angesehen, daß die Klimamodellierer ihr Fach nicht wirklich verstehen. Außerdem haben diejenigen, die – aus welchen Gründen auch immer – sehr extreme Ansichten über eine mögliche zukünftige Klimaänderung vertreten (gleichgültig, in welche Richtung diese gehen), keine Schwierigkeiten, gute Argumente zur Untermauerung ihrer Interpretationen zu finden. Die Industrie steht einer Reduzierung der Treibhausgasemissionen unwillig gegenüber. Immer wieder hört man von dieser Seite, daß entsprechende Maßnahmen angesichts der Unsicherheiten nicht zu rechtfertigen seien. Ich hingegen hoffe, daß man nun erkennt, daß gerade diese Unsicherheiten die überzeugendsten Argumente für eine Begrenzung der Emissionen liefern. Allerdings sind diese Unvorhersehbarkeiten auch Wasser auf den Mühlen der Unheilsverkünder und Propheten apokalyptischer Verhängnisse. Sie werden höchst dramatische und zerstörerische Szenarien zur Klimaveränderung konstruieren, die der Realität auch nicht im entferntesten nahekommen.

Die sozialen, ökonomischen und industriellen Umstrukturierungen, die die möglicherweise katastrophalen Folgen der globalen Erwärmung abwenden können, sind nur

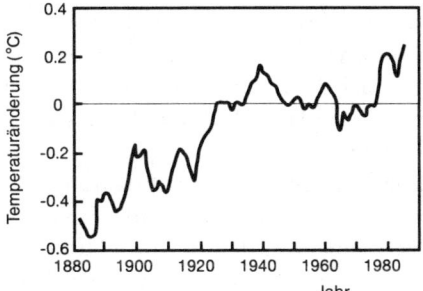

Abbildung 10.4 *Die globale mittlere Temperatur steigt seit dem Beginn unseres Jahrhunderts eindeutig (und statistisch signifikant) an, auch wenn dieser Trend gelegentlich unterbrochen wurde (wie beispielsweise zwischen 1940 und 1970). Diese Tendenz zu einem wärmeren Klima deutet wohl darauf hin, daß wir die Folgen des durch den Menschen verursachten Treibhauseffektes bereits erfahren - was sich aber nicht eindeutig beweisen läßt.*

sehr schwer umzusetzen und zudem extrem kostenintensiv. Deshalb verlangen diejenigen, die durch die Maßnahmen Nachteile befürchten, Beweise für die Notwendigkeit dieser Veränderungen. Angesichts all der Schwierigkeiten bei den Vorhersagen kommt man vielleicht auf die Idee, daß es viel einfacher wäre, vor die Tür zu gehen und zu messen, ob irgendeine Veränderung in der Atmosphäre erkennbar ist. Auch in dieser Hinsicht wird die wissenschaftliche Gemeinschaft gedrängt, definitive Antworten zu geben. Die Mehrheit der Wissenschaftler ist sich einig, daß die Bedrohung durch die globale Erwärmung eine Realität ist, aber sie können nicht mit Sicherheit sagen, daß die Anzeichen für eine globale Erwärmung bereits offensichtlich sind.

Wir wissen, daß sich die Konzentrationen der Treibhausgase seit der industriellen Revolution dramatisch erhöht haben und daß die globale mittlere Temperatur seit Anfang des Jahrhunderts gestiegen ist (bis auf eine Zeitspanne von 1940 bis 1970) (siehe Abbildung 10.4).

Außerdem hat sich der Meeresspiegel in den letzten hundert Jahren um etwa ein bis zwei Millimeter pro Jahr erhöht; ein solcher Anstieg ist als langzeitliche Folge der globalen Erwärmung zu erwarten, weil die höheren Temperaturen ein Schmelzen der polaren Eisschilde und Gebirgsgletscher verursachen dürften. Für eine strengere wissenschaftliche Beweisführung reichen diese Indizien allerdings nicht aus. Denn globale Mittelwerte geben nicht die ganze Wahrheit wieder. Vorhersagen über die Auswirkungen des Treibhauseffektes mittels Computermodellen zeigen, daß sich die Erwärmung nicht gleichmäßig über den gesamten Planeten ausbreitet und daß die Änderungen im Wettergeschehen lokal zu kurzfristigen *Abkühlungen* führen können. Wir gewinnen nur dann Gewißheit über die Erwärmung durch den Treibhauseffekt, wenn sich ein eindeutiger Zusammenhang (nicht nur zufällig zusammenpassende Indizien) zwischen den ansteigenden Konzentrationen der Treibhausgase und den Temperaturänderungen sowie eine eindeutige Übereinstimmung zwischen den Beobachtungen und den Klimamodellprognosen über die globale *Verteilung* der Temperaturänderungen feststellen läßt. Man spricht dabei vom sogenannten „Fingerabdruck des Treibhauseffektes". Bis heute konnte noch kein derartiger Zusammenhang nachgewiesen werden.

Vorhersagen über eine zukünftige Erwärmung kranken vor allem daran, daß unser Wissensstand Lücken aufweist. Sie sind aber auch davon abhängig, in welchem Umfang die Emissionen der Treibhausgase in den nächsten Jahrzehnten kontrolliert werden können. Falls keinerlei Beschränkungen der Emissionen festgesetzt werden, die Industriegesellschaften also weitermachen wie bisher, dürften sich die Temperaturen bis zum Jahre 2025 um ein bis 2.5 Grad Celsius erhöhen und bis zum Jahre 2100 um drei bis sechs Grad Celsius. Die zuletzt genannte obere Grenze repräsentiert eine Temperatur, die in den letzten 150 000 Jahren noch nie erreicht wurde. Wir haben zu wenig Erfahrung, um vorhersehen zu können, welche Konsequenzen eine solche Veränderung hätte. Ein etwas weniger dramatisches Bild ergäbe sich unter der Annahme, daß die Reduktion der Emissionen in den nächsten Jahrzehnten in einigen Bereichen forciert wird. Die meisten Szenarien gehen von Temperaturanstiegen von zwei bis drei Grad Celsius bis zum Jahre 2100 aus. Diese Änderungen erscheinen zwar nicht besonders groß, doch dürften die Konsequenzen für den Anstieg des Meeresspiegels, für die Schwankungen im Wettergeschehen, für die landwirtschaftliche Produktivität und für die Häufigkeit extremer klimatischer Ereignisse wie Stürme und Orkane schwerwiegend sein. Natürlich könnte sich auch herausstellen, daß wir uns völlig irren – so könnten beispielsweise einige negative Feedback-Mechanismen den Anstieg der Temperatur auf weniger als ein Grad Celsius begrenzen. Wegen der gegenwärtigen Unsicherheiten aber untätig zu bleiben wäre ein höchst unbesonnenes Wunschdenken. Wie einige Kritiker treffend bemerkten, verlangt jemand, der eine Versicherung abschließt, auch keinen Beweis dafür, daß bei ihm wirklich eingebrochen wird, daß er tatsächlich mit dem Auto verunglückt oder ernsthaft erkrankt. Falls also das denkbar Schlechteste eintritt, betrifft es uns alle; und es ist sicher, daß uns dann niemand aus der Klemme hilft.

Der planetare Sonnenschirm

Ein Loch im Himmel

Wie wir bereits erfahren haben, kam es parallel zur Entwicklung der sauerstoffhaltigen Atmosphäre in der Stratosphäre der Erde zu einer Anreicherung einer anderen Sauerstoffverbindung, nämlich des Ozons (O_3). Da dieses Gas sehr stark im ultravioletten Strahlungsbereich absorbiert, wirkt die stratosphärische Ozonschicht wie ein Filter, der den größten Teil der einfallenden UV-Strahlung der Sonne von der Erdoberfläche zurückhält. Die Strahlungspakete des ultravioletten Lichtes tragen bedeutend mehr Energie als diejenigen des sichtbaren Lichtes. In ihnen steckt genug Kraft, um die Strukturen der empfindlichen biologischen Moleküle aufzuknacken. Sie zerstören lebendes Gewebe, erhöhen die Häufigkeit von Hautkrebs und grauem Star und fügen den Landpflanzen und dem Plankton, einem wichtigen Glied der ozeanischen Nahrungskette, großen Schaden zu.

Die Forschungsergebnisse, die Joe Farman und Mitarbeiter vom British Antarctic Survey im Jahre 1985 veröffentlichten, wurden daher mit Bestürzung aufgenommen. Die Wissenschaftler hatten festgestellt, daß die Ozonkonzentrationen in der Stratosphäre über der Halley Bay in der Antarktis in den Jahren von 1977 bis 1984 gegenüber dem

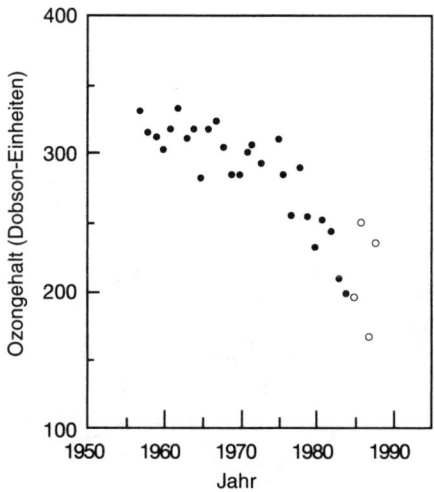

Abbildung 10.5 *Im Jahre 1985 berichteten Joe Farman und Mitarbeiter vom British Antarctic Survey, daß die Ozonkonzentrationen über der Halley Bay in der Antarktis in den vorangegangenen anderthalb Jahrzehnten jeweils zur Zeit des polaren Frühlings konstant abgenommen hatten. Die Meßpunkte von Farman sind hier schwarz eingezeichnet; die weißen Kreise beziehen sich auf spätere Messungen, die den Trend bestätigten. Ozonkonzentrationen sind in Dobson-Einheiten angegeben, nach dem britischen Wissenschaftler G. M. B. Dobson, der Anfang dieses Jahrhunderts bahnbrechende Pionierarbeiten zur Ozonmessung leistete.*

normalen Konzentrationsniveau um etwa 60 Prozent gesunken waren (Abbildung 10.5). Später sickerte durch, daß Atmosphärenwissenschaftler schon früher ähnliche Beobachtungen mit dem Total Ozone Mapping Spectrometer (TOMS) an Bord des Nimbus-Satelliten der NASA gemacht hatten; weil aber die Messungen auffällig niedrige Werte anzeigten, hatten sie die Ergebnisse als Resultat eines instrumentellen Defekts gedeutet. Die Messungen von Farman und seinem Team ließen jedoch keinen Zweifel zu, daß eine bedenkliche Zerstörung des stratosphärischen Ozons in einer Höhe zwischen 12 und 24 Kilometern über dem antarktischen Kontinent stattfand.

Weitere Messungen in den nachfolgenden Jahren haben gezeigt, daß die Abnahme der Ozonkonzentration in der südpolaren Stratosphäre immer während des antarktischen Frühlings (der etwa im September beginnt) einsetzt und bis zum späten Oktober oder November andauert. Dann stellen sich die atmosphärischen Zirkulationsstrukturen, die den Pol umschließen, um, und die ozonarme Luft vermischt sich mit der umgebenden Luft. Das Ausmaß dieser Ozonzerstörung – die „Tiefe" des Ozonlochs – variiert von Jahr zu Jahr (Abbildung 10.6).

Heute herrscht allgemein Konsens darüber, daß das Ozonloch vor allem durch Verbindungen verursacht wird, die in der Atmosphäre aus den anthropogenen Fluorchlorkohlenwasserstoffen entstehen. Bei FCKWs handelt es sich im Prinzip um Kohlenwasserstoffe, bei denen einige der Wasserstoffatome durch Chlor und/oder Fluor ersetzt sind. Seit Jahrzehnten werden sie in der bereits angesprochen, vielfältigen Weise kommerziell genutzt. Ihre Vielseitigkeit beruht auf der Tatsache, daß sie äußerst reaktionsträge und nicht giftig sind. Diese Eigenschaft führt dazu, daß sie gegenüber den chemischen Reaktionen, die viele andere Spurengase in den unteren Schichten der Atmosphäre zerstören oder entfernen, resistent sind. Sie breiten sich daher über den gesamten Planeten aus und gelangen schließlich in die Stratosphäre. In Höhen oberhalb

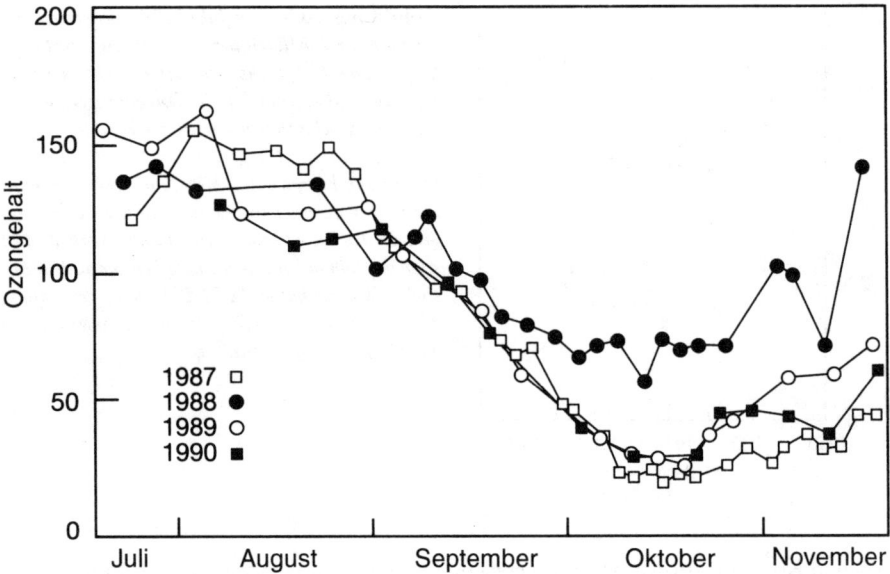

Abbildung 10.6 *Das „Ozonloch" über der Antarktis stellt sich regelmäßig zur Zeit des südlichen Frühlings ein. Es bildet sich im September und besteht bis November. Die Abbildung zeigt, wie sich der Ozongehalt (in Dobson-Einheiten) einer stratosphärischen Schicht in einer Höhe zwischen 12 und 20 Kilometern über dem Südpol während der Jahre 1987 bis 1990 entwickelte.*

von 25 Kilometern sind die FCKW-Moleküle dann der ultravioletten Strahlung ausgesetzt, die vom Ozon zurückgehalten wird. Die UV-Strahlung bricht die sonst stabilen Moleküle auf und spaltet einzelne Chloratome ab. Mario Molina und Sherwood Rowland von der University of California in Irvine haben bereits 1974 vor den möglichen Auswirkungen dieser Reaktionen gewarnt.

Einzelne Atome mit ungepaarten Elektronen sind meist sehr reaktiv (eine Ausnahme bilden die einatomigen Edelgase, z.B. Helium und Neon, weil bei ihnen alle Elektronen gepaart sind). Teilchen, die ungepaarte Elektronen besitzen, werden als freie Radikale bezeichnet. Chlorradikale sind besonders aggressiv, und Untersuchungen im Labor haben gezeigt, daß sie das Ozon ungewöhnlich schnell in Chlormonoxid (ClO) und molekularen Sauerstoff (O_2) umwandeln (Abbildung 10.7). Molina und Rowland wiesen darauf hin, daß diese Reaktion auch in der Stratosphäre stattfinden und die chemische Zerstörung der Ozonschicht verursachen könnte. Diese Erkenntnis führte in den späten siebziger Jahren in den Vereinigten Staaten zu einem Verbot von FCKWs in Spraydosen. Da es aber damals keine Beweise für schädliche Auswirkungen der FCKWs gab, widersetzten sich die Industriezweige, in denen diese Verbindungen extensiv zum Einsatz kamen, sehr energisch jeder Aufforderung, ihre Produktionsverfahren umzustellen.

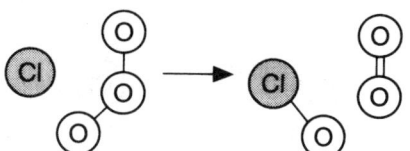

Abbildung 10.7 *Freie Chloratome (Radikale) reagieren mit Ozon und bilden Chlormonoxid und molekularen Sauerstoff.*

Während der siebziger und achtziger Jahre sorgte dann eine Vielzahl industrieller Quellen, die sich über die ganze Welt ausbreiteten, für eine kontinuierliche Anreicherung der FCKWs in der Atmosphäre.

Der Zyklus der Zerstörung

Wenn die Chlorradikale aus den FCKWs tatsächlich für die Ozonzerstörung verantwortlich sind, warum tritt sie dann nur über der Antarktis und nur während des Frühlings auf? Im antarktischen Winter formt sich eine riesige, wirbelähnliche Säule aus Luft über der Antarktis; die Luft innerhalb dieses Wirbels ist fast vollständig von der umgebenden Luft isoliert (siehe Abbildung 10.8). Diese Isolation und die Abwesenheit der Sonnenstrahlung während des polaren Winters lassen die stratosphärischen Lufttemperaturen innerhalb des Wirbels auf unterhalb von minus 80 Grad Celsius absinken. Diese

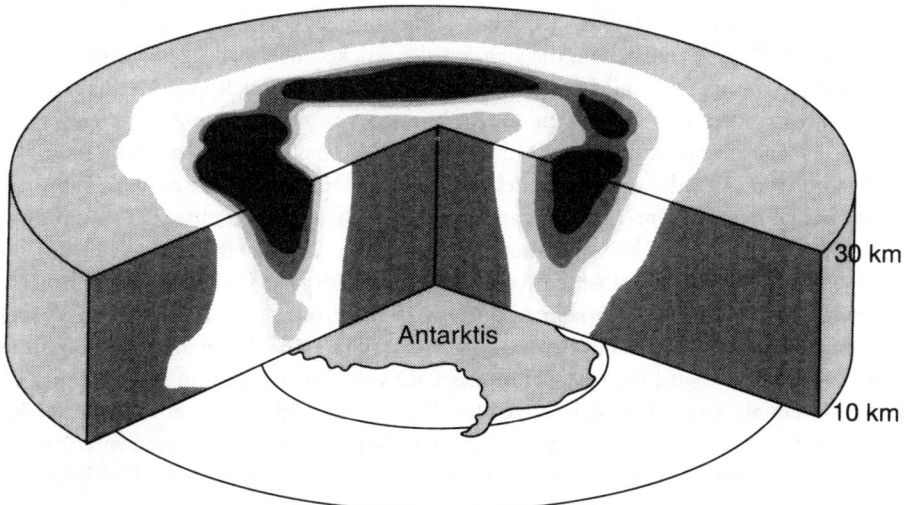

Abbildung 10.8 *Die atmosphärische Zirkulation rund um die Antarktis führt in jedem polaren Winter zur Bildung eines isolierten Wirbels mit sehr kalter Luft. Angegeben sind hier die Windgeschwindigkeiten rund um den Südpol, gemessen im Oktober 1990 in der Troposphäre und Stratosphäre in Höhen zwischen 10 und 30 Kilometern. Zunehmend dunklere Regionen innerhalb des weißen polaren Wirbels bedeuten steigende Windgeschwindigkeiten. (Das Bild entstand nach einer Photographie, die Mark Shoeberl, NASA Goddard Space Flight Center, Maryland, freundlicherweise zur Verfügung stellte.)*

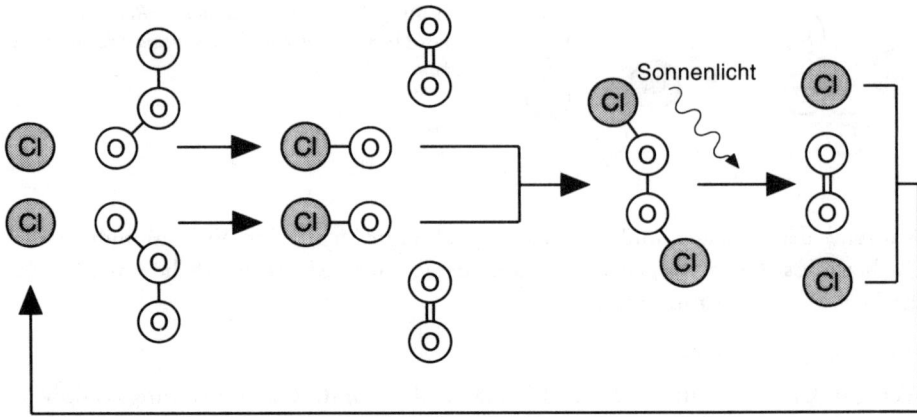

Abbildung 10.9 *Die Chlorradikale, die Ozon zerstören, werden über den katalytischen Chlorzyklus immer wieder regeneriert.*

extremen Bedingungen führen dazu, daß das Wasser in der Stratosphäre gefriert. Die entstandenen Eisteilchen formieren sich zu sogenannten polaren stratosphärischen Wolken (PSCs), die, weil sie Licht streuen, in der langen polaren Nacht gut zu sehen sind (siehe Bild 18). Die Eispartikel der PSCs können auch eine beträchtliche Menge an Salpetersäure (HNO_3) enthalten, die sich aus den Stickoxiden – allgegenwärtige Spurengase in der Atmosphäre – bildet. Heute nimmt man an, daß sich auf den Eispartikeln die entscheidenden ozonzerstörenden Reaktionen abspielen. In den letzten Jahren wurden in Laboratorien und mit Hilfe von boden-, ballon- und satellitengestützten Beobachtungen ausgedehnte Untersuchungen zur chemischen Zusammensetzung der antarktischen Atmosphäre durchgeführt. Man wollte die vielen miteinander verknüpften Prozesse und Reaktionen kennenlernen, die bei diesem Drama eine Rolle spielen.

Der entscheidende Schritt ist die Reaktion eines Chloratoms mit Ozon zu Chloroxid und molekularem Sauerstoff, wie in Abbildung 10.7 dargestellt. Chloroxid selbst ist auch ein äußerst reaktives Molekül und unterliegt daher weiteren Reaktionen (siehe Abbildung 10.9). Im Endeffekt wird ein Chloratom des ClO vom Sauerstoffatom getrennt und ein weiteres Mal als freies Radikal freigesetzt. Wenn das Chloratom ein Ozonmolekül zerstört hat, steht es sofort wieder bereit, um seine Arbeit an einem weiteren fortzusetzen. Mit anderen Worten: Chlorradikale agieren bei der Ozonzerstörung als Katalysatoren. Die Abfolge der hieran beteiligten Reaktionen wird als katalytischer Chlorzyklus bezeichnet.

Dieser unheilvolle Kreislauf kann allerdings durchbrochen werden, und zwar durch konkurrierende Reaktionen, die Chloroxid oder Chlorradikale aufzehren. Am wichtigsten ist die Reaktion zwischen Stickstoffdioxid (NO_2) und ClO, bei der das Molekül $ClONO_2$ entsteht. Sie läuft nur in Gegenwart einer katalytisch wirksamen Oberfläche ab. Ähnlichen Reaktionen sind wir im zweiten Kapitel begegnet. In der antarktischen

Stratosphäre werden solche Oberflächen durch die Eispartikel der polaren stratosphärischen Wolken bereitgestellt. $ClONO_2$ ist eine relativ stabile Verbindung, die Chloratome bindet und ihre Zerstörungskapazität neutralisiert. Das Stickstoffdioxid der polaren Stratosphäre mildert also das Ausmaß der Ozonzerstörung. Eine andere wichtige Reaktion findet zwischen Chlorradikalen und Methan statt. Es entsteht Chlorwasserstoff (HCl), eine ebenfalls vergleichsweise stabile und unschädliche Chlorverbindung. Licht oder Reaktionen mit anderen Molekülen können aber diese „inaktiven" Chlorverbindungen wieder aufspalten, wodurch die „aktiven" Chlorradikale erneut freigesetzt werden (siehe Abbildung 10.10*a*).

Polare stratosphärische Wolken spielen noch eine weitere Rolle in diesem Drama, weil sie eine Reaktion zwischen den beiden an sich inaktiven Chlorverbindungen HCl und $ClONO_2$ katalysieren. Bei dieser Reaktion entstehen Cl_2 und Salpetersäure (HNO_3): Cl_2 kann durch das Sonnenlicht aufgespalten werden, wodurch erneut Chlorradikale entstehen. HNO_3 verbleibt dagegen in den Eispartikeln. Auf diesem Wege wird das NO_2, das eigentlich zur Bindung von aktivem Chlor bereitsteht und die Ozonzerstörung abmildert, in die Salpetersäure/Eis-Kristalle der Wolken eingeschlossen. Und das aktive Chlor kann seine zerstörerische Kraft entfalten (Abbildung 10.10*b*).

Schlimmer noch, die anwachsenden Salpetersäure/Eis-Kristalle können zu schwer werden, um in der Luft zu schweben. Sie sinken dann durch die Stratosphäre hinab. Der den Ozonabbau lindernde Stickstoff wird dadurch kontinuierlich vom Schauplatz des Geschehens abgezogen. Eine weitere schlechte Perspektive für die Ozonschicht!

In den katalytischen Chlorzyklus greift eine Reihe von Bromverbindungen unterstützend ein. Einige von ihnen gelangen durch den Menschen in die Atmosphäre (sie finden z.B. als Desinfektionsmittel Verwendung). Die meisten Bromverbindungen stammen aber aus natürlichen Quellen, wie z.B. marinen Algen, von denen einige Methylbromid (CH_3Br) freisetzen. Auftreffendes Licht führt zur Aufspaltung dieser Bromverbindungen und zur Bildung von Bromoxid (BrO), das auf demselben Weg wie ClO das Ozon direkt zu zerstören vermag, aber auch Hilfestellung bei der Wiedergewinnung von Chlorradikalen aus Chloroxid gibt.

Damit haben wir die elementaren chemischen Prozesse zusammengestellt, die zur Ozonzerstörung führen. Die vielen Teile des Puzzles fügen sich zu einem Bild, das eine überzeugende Erklärung über die Art und Weise der Ozonzerstörung über der Antarktis gibt. Im dunklen, kalten polaren Winter formen die atmosphärischen Zirkulationsstrukturen den polaren Wirbel. Wenn die Temperaturen innerhalb des Wirbels sinken, kondensieren das Wasser und die Salpetersäure der Stratosphäre und bilden die PSCs. Chemische Reaktionen auf der Oberfläche der Eispartikel verwandeln inaktive Chlorverbindungen (beispielsweise HCl und $ClONO_2$) in aktive Verbindungen (ClO und Cl), so daß der Wirbel für die Ozonzerstörung „vorbereitet" ist. Wenn dann im polaren Frühling die Sonne aufgeht, löst die Energie des Sonnenlichtes den katalytischen Chlorzyklus aus. Die Ozonkonzentrationen fallen rasch ab und erreichen Anfang Oktober ein Minimum.

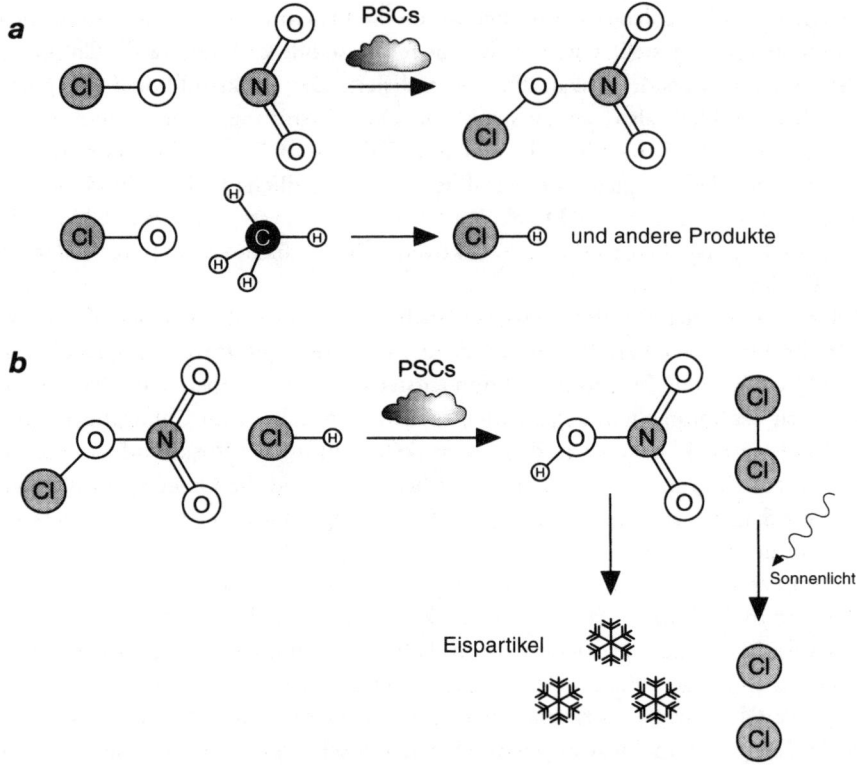

Abbildung 10.10 *„Aktive" Formen von Chlor, aus denen Chlorradikale entstehen können, werden durch verschiedene Reaktionen in „inaktive" Formen umgewandelt, z.B. durch Reaktionen mit Stickstoffdioxid (NO$_2$), Stickstoffmonoxid (NO) und Methan (a). Diese Reaktionen unterbrechen den katalytischen Chlorzyklus. Aktives Chlor kann allerdings regeneriert werden, und zwar durch die Reaktion zwischen den inaktiven Formen ClONO$_2$ und HCl auf den Eispartikeln der PSCs (b).*

Wenn der polaren Stratosphäre reaktive Stickstoffverbindungen entzogen werden - ein Prozeß, der als Denitrifikation bezeichnet wird -, können sie nicht mehr die Ozonzerstörung über die Bindung von „aktivem" Chlor verhindern. Die gefrierende Salpetersäure der polaren stratosphärischen Wolken schließt den Stickstoff ein und hält ihn von weiteren chemischen Reaktionen ab; wenn dann die Eispartikel sehr groß werden, sinken sie aus der Stratosphäre hinab nach unten. Sie werden so kontinuierlich dem Geschehen entzogen.

Wenn der antarktische Wirbel Ende Oktober aufbricht, wird die in ihm enthaltene ozonarme Luft mit der außen befindlichen „normalen" Luft durchmischt. Dies bedeutet, daß die Ozonkonzentrationen über der Antarktis wieder ansteigen, daß aber gleichermaßen die sich außerhalb des Wirbels anschließende Ozonschicht verdünnt wird. Die Auswirkungen dieser Verdünnung lassen sich weit außerhalb der Polargebiete, zum Beispiel in Australien, nachweisen. Im späten Frühjahr, wenn sich der Wirbel auflöst, vergrößert sich dort die Intensität der ultravioletten Strahlung, die bis zum Erdboden hinabreicht. Dies geschieht gerade dann, wenn die Badesaison beginnt. Die Gesundheits-risiken, die aus der intensiveren UV-Strahlung resultieren, geben beträchtlichen Anlaß zur Sorge. Mit Ausnahme von Australien sind diese höheren Breiten der südlichen Hemisphäre jedoch nur spärlich bevölkert. Was aber würde passieren, wenn sich ähnliche Phänomene über dem Nordpol ereigneten, der nicht weit von den sehr viel dichter bevölkerten Gebieten von Skandinavien, Nordeuropa und Kanada entfernt ist?

Heute gibt es Anzeichen dafür, daß sich über der Arktis ebenfalls ein Ozonloch öffnet, doch sind die Beweise nicht unumstritten. Es deutet sich an, daß das arktische Ozonloch – wenn es sich tatsächlich bildet – wahrscheinlich viel kleiner ist als das über der Antarktis. Gründe hierfür sind nicht schwer zu finden. Die Strukturen der atmosphärischen Zirkulation über der Arktis sind nicht dieselben wie über der Antarktis, teilweise deshalb, weil auf der nördlichen Hemisphäre sehr viel mehr trockene, kontinentale Landmassen existieren als auf der südlichen. Es erscheint zwar auch über dem Nordpol ein polarer Wirbel, doch ist dieser nicht so klar umrissen und abgeschlossen wie der über dem Südpol. Dies ist zum Teil darauf zurückzuführen, daß die winterlichen Lufttemperaturen in der Arktis nicht so stark sinken wie in der Antarktis (erstere liegen meist um 15 bis 20 Grad Celsius höher). Die niedrigen Temperaturen, die für die Bildung der für die Ozonzerstörung so unheilvollen polaren stratosphärischen Wolken Voraussetzung sind, werden in der Arktis in der Regel nicht erreicht. Jahreszeitliche Temperaturen variieren jedoch von Jahr zu Jahr, und es ist vorstellbar, daß ein besonders kalter arktischer Winter die Bedingungen für die Ozonzerstörung schaffen könnte.

Im Winter 1988/89 scheint dies der Fall gewesen zu sein. Im Januar 1989 war die Arktis kälter als zu jeder anderen Zeit im Januar der letzten 25 Jahre. Die stratosphäri-schen Temperaturen sanken auf unter minus 85 Grad Celsius ab. Innerhalb des arktischen Umkreises wurden polare stratosphärische Wolken gesichtet, und die Ozon-konzentrationen lagen im späten Januar in einigen Höhen um etwa 25 Prozent niedriger als die, die man in den vorangegangenen drei Jahren gemessen hatte. Die Frage, ob es ein arktisches Ozonloch gibt, bleibt allerdings umstritten, unter anderem deswegen, weil die Ozonzerstörung und die Bildung der PSCs nicht eindeutig zusammenfallen. Aller-dings wären heute auch nur wenige Forscher überrascht, wenn man einen unstrittigen Beweis für eine arktische Ozonzerstörung fände.

Den Schaden begrenzen

Im September 1987 wurde in Montreal von 24 Nationen ein internationales Abkommen zur Begrenzung der Produktion und des Einsatzes von FCKWs unterzeichnet. Dieses Abkommen, das sogenannte Montrealer Protokoll, trat im Januar 1989 in Kraft. Alle Unterzeichner verpflichteten sich, die Produktion von FCKWs ab 1990 auf den Stand von 1986 einzufrieren und bis 1999 auf 50 Prozent zu reduzieren. Um die Folgen dieser Vereinbarung für die ökonomische Situation der Entwicklungsländer zu mildern, schließt das Abkommen Kompromisse ein. Das Montrealer Protokoll wurde 1990 in London durch eine Konvention ergänzt, in der das Ziel revidiert und ein vollständiger

Verzicht auf die meisten FCKWs bis zum Jahre 2000 beschlossen wurde. Diese Abkommen zeigen zweifellos, daß man auf internationaler Ebene zunehmend die globalen Folgen menschlicher Aktivitäten erkennt und darauf reagiert. Wahrscheinlich dauert die Ozonzerstörung aber noch über Jahrzehnte hinweg an, auch wenn die Londoner Konvention eingehalten wird. FCKWs verweilen viele Jahre lang in der Atmosphäre, bevor sie durch chemische Prozesse wieder zurückgeführt werden. Auch wenn ab dem morgigen Tag niemand mehr diese Gase in die Atmosphäre ausstieße, sind bereits so große Mengen in der Luft, daß wir noch lange mit den Folgen zu kämpfen haben.

Darüber hinaus scheint sich die Ozonzerstörung nach heutigen Erkenntnissen nicht auf die Polargebiete zu begrenzen. Über einen Zeitraum von Ende 1982 bis weit in das Jahr 1983 fielen die Ozonkonzentrationen auch in sehr viel niederen Breiten signifikant auf ein niedrigeres Niveau als üblich. Seinerzeit gab es für diese Verluste noch keine schlüssige Erklärung, heute aber ermöglicht das Verständnis der Ozonchemie eine plausible Interpretation. Im Frühling 1983 ereignete sich der sehr massive Ausbruch des Vulkans El Chichón in Mexiko, der in diesem Jahrhundert nur noch von dem Ausbruch des Mount Pinatubo auf den Phillipinen im Jahre 1991 übertroffen wurde. El Chichón sprühte eine Zeitlang große Mengen an Schwefeldioxid in die Atmosphäre, die sich größtenteils in kleinste Schwebpartikel (Aerosole) aus Schwefelsäure umwandelten. Wissenschaftler glauben, daß die katalytischen chemischen Reaktionen, die in den polaren stratosphärischen Wolken ablaufen, ebenfalls auf solchen vulkanischen Aerosoltröpfchen stattfinden. Aus dieser Sicht scheint die Ozonzerstörung von 1982 bis 1983 in den mittleren Breiten das Resultat des gewaltigen Ausbruchs des El Chichón gewesen zu sein. Es gibt Hinweise, daß auch der Ausbruch des Pinatubo in den Jahren 1991 bis 1992 eine ähnliche Auswirkung gehabt hat. Vulkanische Eruptionen sind also ein weiteres unvorhersehbares Element, das die Ozonzerstörung mitbeeinflußt.

Dennoch gibt es Grund zur Hoffnung. Gegenwärtig müssen wir uns mit den unerwünschten Folgen der FCKW-Emissionen einfach abfinden, doch werden uns die FCKWs nicht bis in alle Ewigkeiten begleiten. Die Industrie entwickelt mittlerweile gleichwertige Ersatzstoffe, die entweder keine oder nur geringe Auswirkungen auf die Atmosphäre haben. Die bekanntesten dieser Ersatzstoffe, die sogenannten HFCKs, enthalten zwar immer noch Chlor, Fluor und/oder Brom, aber auch einen bedeutenden Anteil an Wasserstoff. Sie sind deshalb viel reaktiver, was ihre Verweilzeit in der Atmosphäre verkürzt. Es ist durchaus möglich, daß man in der ersten Hälfte des einundzwanzigsten Jahrhunderts die Ozonzerstörung als eine zeitlich begrenzte Krise ansieht, die man erfolgreich in den Griff bekam.

Schwefel und saure Tropfen

Tod in Skandinavien

Während der achtziger Jahre verschlechterte sich der Gesundheitszustand großer Nadelwaldgebiete in Skandinavien und im Nordosten der Vereinigten Staaten rapide. Tannen,

Abbildung 10.11 *Das „Waldsterben" wurde in den achtziger Jahren in den nördlichen Nadelwäldern zu einer weitverbreiteten Erscheinung (Mit freundlicher Genehmigung von Richard Wright, NIVA, Norwegen)*

Fichten und Kiefern starben in ungewöhnlich großer Zahl dahin (Abbildung 10.11). In dieser Zeit zeigten auch die Süßwasserfische in den Seen und Flüssen dieser Regionen deutliche Zeichen schwerer Erkrankungen. Besonders die Forellen- und Lachspopulationen hatten stark zu leiden, während andere Süßwasserarten bereits ausgestorben waren. In den Adirondack Mountains im Staate New York kam schon in der Hälfte aller Seen kein Fisch mehr vor, in den 30er Jahren waren es nur vier Prozent der Seen gewesen.

Wegen des Ausmaßes, das diese besorgniserregenden Veränderungen in der Wald- und Gewässerökologie annahmen, mußten die Umweltwissenschaftler davon ausgehen, daß es sich nicht um einen natürlichen Vorgang handelte. Weil diese Veränderungen in oder in der Nähe von großen Industriegebieten auftraten (beispielsweise im Osten Nordamerikas und in Nordeuropa), fiel der Verdacht auf menschlich verursachte Verschmutzungen.

Die Aufzeichnungen der chemischen Zusammensetzung des Regenwassers in den betroffenen Gebieten zeigten einen kontinuierlichen Anstieg des Säuregehalts seit der industriellen Revolution. Gewöhnliches Regenwasser ist zwar leicht sauer, da es gelöstes Kohlendioxid in Form von Kohlensäure enthält. So liegt der pH-Wert von neutralem Wasser bei 7, der von Regenwasser in der Regel bei etwa 5.6 (je saurer eine Lösung ist, um so niedriger ist ihr pH-Wert). Im Nordosten der Vereinigten Staaten aber beträgt der pH-Wert des Regens heute durchschnittlich 4. Gelegentlich wurden in den Vereinigten Staaten und in Europa sogar Extremwerte von 2.1 gemessen – vergleichbar mit dem Säuregehalt von Essig. Der Sturz des pH-Wertes in den Seen und Flüssen war demgegenüber weniger stark ausgeprägt – die „angesäuerten" Seen dieser Regionen zeigen in der Regel einen pH-Wert von weniger als 5. Dies liegt daran, daß viele natürliche Systeme in der Lage sind, eine gewisse Menge an saurem Regenwasser zu neutralisieren oder abzupuffern. Die Deposition von säurehaltigem Wasser geschieht nicht nur in Form von Regen, sondern auch in Form von Schnee, Tau oder Nebel. Die Verwendung des Begriffs „saurer Regen" schließt oft alle diese Formen der „nassen" Deposition ein. Die Säuren in der Atmosphäre können aber auch als Gase von den Flüssen, den Seen, den Böden und der Vegetation absorbiert werden – dies bezeichnet man als trockene Deposition.

Es wurde schnell klar, daß der Tod der Bäume und Fische eine Folge der nassen und trockenen sauren Deposition und der Übersäuerung der natürlichen Gewässer war. Über den schädlichen Einfluß auf die Ökosysteme hinaus ist die saure Deposition auch für die Korrosion von Mauerwerk, Zement und anderen Baustoffen verantwortlich – mit teilweise gefährlichen Folgen, weshalb höchst kostenintensive Maßnahmen zum Schutz und zur Restauration von Bauten ergriffen werden müssen.

Der faule Atem der Industrie

Heute führt man die saure Deposition vor allem auf zwei atmosphärische Spurengase zurück, auf Schwefeldioxid (SO_2) und auf Stickoxide (hauptsächlich NO und NO_2, die zusammen als NO_x bezeichnet werden). Sowohl SO_2 als auch NO_x entstehen in bedeutender Menge bei industriellen Prozessen, aber auch durch andere menschliche Aktivitäten. Sie bilden sich bei der Verbrennung von fossilen Energieträgern (insbesondere von Kohle, die einen großen Anteil an Schwefel- und Stickstoffverbindungen enthält; aber auch die Abgase von Autos liefern einen beachtlichen Beitrag). Stickoxide entstehen außerdem bei der Brandrodung von Wäldern und anderen Vegetationsformen. Obwohl der saure Regen hauptsächlich ein Problem der Industriegesellschaften der nördlichen Hemisphäre ist, wird bei der Brandrodung in tropischen Regionen so viel NO_x in die Atmosphäre emittiert, daß die Chemie der Böden und Gewässer dort ebenfalls Schaden nimmt.

Zwar werden die Luftschadstoffe über den Industriezentren in die Atmosphäre emittiert, doch können sie vor ihrer Auswaschung durch den Niederschlag noch Hunderte von Kilometern weit durch die Troposphäre transportiert werden. Dies bedeutet, daß die Regionen, die im Windschatten und etwas entfernter von den Produktionszentren liegen, die volle Last der Schadstoffe zu tragen haben. Skandinavien hat eine besonders unglückliche Lage, weil sich dort eine mehrfach geballte Ladung von Schwefel- und Stickoxiden aus Großbritannien, Deutschland und den osteuropäischen Ländern niederschlägt. Die Schwefelverbindungen in der Atmosphäre über Südschweden sind vermutlich zu 70 Prozent anthropogenen Ursprungs, wobei mehr als vier Fünftel der Schadstofffracht aus Quellen außerhalb von Schweden stammen. Das Problem verschlimmerte sich durch den Trend zum Bau höherer Schornsteine, die ironischerweise die *lokale* Verschmutzung verringern sollten – dies führt aber dazu, daß sich die schädlichen Gase sehr viel weiter ausbreiten. Schwefelschadstoffe aus Europa und Nordamerika lassen sich auch im grönländischen Eis nachweisen. Sie sind dort für den sogenannten arktischen Dunst mitverantwortlich, der sich manchmal als nebliger Schleier über die nördliche Polarregion legt.

SO_2 und NO_x werden in der Troposphäre über eine Reihe von chemischen Reaktionen, an denen Hydroxylradikale beteiligt sind, in Schwefelsäure und Salpetersäure umgewandelt. Hydroxylradikale entstehen, wenn ein Wassermolekül ultraviolettes Sonnenlicht absorbiert und dabei photochemisch gespalten wird. Sie spielen in der Chemie der unteren Atmosphäre eine sehr wichtige Rolle, da sie wegen ihrer extrem hohen Reaktivität mit fast allen Arten von Spurengasen reagieren können. So haben wir bereits an anderer Stelle gesehen, daß ihre Reaktion mit Methan den wichtigsten Reaktionspfad darstellt, auf dem dieses Treibhausgas wieder aus der Atmosphäre entfernt wird. Aufgrund dieser Fähigkeit, die Luft der Atmosphäre von Spurengasen zu reinigen, werden Hydroxylradikale oft als „Reinigungsmittel" der Troposphäre bezeichnet. Ihre Reaktionen mit SO_2 und NO_x sind weitere Beispiele für diesen Reinigungsprozeß. Unglücklicherweise entstehen als Folgeprodukte dieser Reaktionen Schwefelsäure und Salpetersäure. Beide Säuren sind sehr gut wasserlöslich, weshalb sie sich sehr rasch in den Wassertröpfchen des Nebels und der Wolken auflösen und saure Lösungen ausbilden.

Man könnte vermuten, daß der saure Regen unausweichlich zu einer Erhöhung des Säuregehalts in Seen, Flüssen und Böden führt, denn die Niederschläge sind in den letzten Jahrzehnten zunehmend saurer geworden. Doch wird zur Zeit noch heftig diskutiert, welchen Einfluß dies auf die Boden- und Gewässerchemie hat. Denn einige dieser natürlichen Systeme schaffen es, ein gewisses Maß an Einträgen von Säuren und Basen zu absorbieren. Böden sind in der Regel leicht basisch, sie enthalten „Basen" wie zum Beispiel Bicarbonat-Ionen (HCO_3^-) und Ammoniak. Diese können mit den Wasserstoff-Ionen, die im sauren Milieu entstehen, zu Kohlensäure (H_2CO_3, die wiederum zu Wasser und Kohlendioxid zerfällt) bzw. zu Ammonium-Ionen (NH_4^+) reagieren. Viele Böden enthalten kalkhaltige Tonminerale, die wie „Puffer" gegen die hohen Säurebelastungen wirken. Aus Reaktionen zwischen diesen Alumosilicat-Mineralien und dem Bodenwasser gehen Verbindungen hervor, die Aluminium und Hydroxid-Ionen enthalten, so z.B. das Mineral Gibbsit ($Al(OH)_3$). Die Einwirkung von Säuren auf diese Verbindungen führt zur Freisetzung von Aluminium-Ionen, die sich im Sickerwasser auflösen und mit ihm abtransportiert werden. Eine Konsequenz der Säuredeposition in tonhaltigen Böden dürfte daher nicht ein Anstieg des Säuregehalts, sondern ein Anstieg des Gehalts an gelösten Aluminium-Ionen sein, die dann in die Flüsse und Seen ausgewaschen werden. Aluminium ist aber für viele Fischarten sehr giftig. Deshalb konzentriert sich ein großer Teil der Sorgen um die biologischen und ökologischen Wirkungen des sauren Regens eher auf die Folgen der ansteigenden Aluminium-Konzentrationen als auf die sinkenden pH-Werte. In letzter Zeit kam es außerdem zu Befürchtungen, daß das gelöste Aluminium die menschliche Gesundheit gefährdet, weil es möglicherweise degenerative Nervenkrankheiten wie beispielsweise die Alzheimersche Krankheit auslöst.

Einige Gesteine, etwa reines Calciumcarbonat-Gestein (Kreidekalk), sind alkalisch. Sie reagieren daher mit der deponierten Säure und neutralisieren sie. Silicatgesteine aber, wie z.B. Granit und andere quarzhaltige Gesteine, können dies nicht, weil sie selbst schwach sauer sind. Die letztgenannten Gesteine kommen aber gerade in jenen Gebieten vor, die am stärksten dem sauren Regen ausgesetzt sind, so zum Beispiel in Skandinavien und Kanada, in den Rocky Mountains, den Appalachen und den Adirondacks. Die Flüsse und Seen dieser Regionen sind deshalb von Natur aus nur schlecht gegen die Übersäuerung gerüstet.

Die Chemie der Seen ist oft kompliziert, weil sie sowohl von dem Eintrag an Mineralien durch die Flüsse, von denen sie gefüllt werden, als auch von den biologischen Prozessen im Wasser und in den Seeablagerungen gesteuert wird. Wie Seen auf einen Säureeintrag reagieren, ist daher eine sehr komplexe Fragestellung und nur schwer zu prognostizieren. Einige Seen, insbesondere jene in den arktischen Regionen, sind aufgrund der natürlichen biologischen Prozesse alkalisch und können daher den Säureeinträgen bis zu einem gewissen Grade ohne wesentliche Änderungen des pH-Werts standhalten; andere aber werden sehr schnell sauer. Ein Anstieg des Säuregehalts wirkt sich im Geflecht der Nahrungsketten nicht unbedingt überall gleich aus, so daß einige Arten eher vom Aussterben bedroht sind als andere, wodurch eine Veränderung der Gewässerökologie eintreten kann. Die Zahl der Arten, die sich einer sauren Umgebung anpassen können, ist aber sehr klein, so daß die Übersäuerung zu einer Verminderung der Artenvielfalt in den Ökosystemen der Gewässer führt.

Sauber werden

Angesichts der bedrohlichen Folgen des sauren Regens bleibt ein schwacher Trost: Wir kennen die Ursachen und damit im Prinzip auch die Lösungen des Problems. Eine der Hauptursachen ist die Verbrennung fossiler Energieträger. Sie ist nicht nur mitverantwortlich für den sauren Regen, sondern auch für die globale Erwärmung. Dies unterstreicht, wie dringend es ist, Auflagen zur Reduzierung der Emissionen aus diesen Quellen durchzusetzen. Es gibt aber nur wenig Aussicht, daß der Einsatz von fossilen Energieträgern in naher Zukunft signifikant zurückgeht. Trotz aller Aufrufe zur Energieeinsparung werden die Emissionen höchstwahrscheinlich noch bis zum Ende des zwanzigsten Jahrhunderts ansteigen. Man muß also Wege finden, wie sich die schädlichen Gase vor dem Austritt in die Atmosphäre abfangen lassen.

Man kann den Schwefelgehalt von Brennstoffen vor der Verbrennung senken oder das SO_2 und das NO_x aus den Abgasen herausfiltern. Die Nutzung von Kohle- und Erdölvorkommen, die von Natur aus wenig Schwefel enthalten, bietet sich besonders an. Doch kann der Schwefelgehalt auch künstlich herabgesetzt werden (obgleich dies teurer ist). Es ist möglich, die Schwefel- und Stickstoffoxide aus den entweichenden Gasen herauszufiltern, indem man die sauren Gase in „Gaswaschanlagen" in harmlosere oder weniger flüchtige Verbindungen umwandelt. Einem unkonventionellen Vorschlag nach sollen die Abgase direkt ins Meer eingeleitet werden, wo sich das SO_2 lösen und schließlich zum Meeresboden gelangen würde. Ob so etwas ökonomisch sinnvoll ist, von der ökologischen Sicherheit ganz abgesehen, ist eine andere Frage.

Der Einsatz verfügbarer Techniken zur Abgasreinigung, beispielsweise die Installation verschiedener Gaswaschanlagen, verursacht hohe Kosten. Würde man die gegenwärtig anfallenden globalen Schwefelemissionen halbieren, entstünden jedes Jahr Kosten in Höhe von vielen Milliarden Dollar. Ein drastischer Anstieg der Strompreise wäre die Folge. Trotzdem hat die Umweltschutzbehörde der Vereinigten Staaten jüngstens verfügt, daß zwischen 70 und 90 Prozent der Schwefelverbindungen aus den Gasemissionen aller neugebauten Kohlekraftwerke herausgefiltert werden müssen (die Maßnahmen sollen sich jedoch nicht auf bereits arbeitende Kraftwerke erstrecken). Europa hat mittlerweile

Abbildung 10.12 *Gibt es Leben auf der Erde? Als die Raumsonde Galileo im Jahre 1990 an der Erde vorbeiflog, um sich „Gravitationsschwung" zu holen und Kurs auf den Jupiter zu nehmen, richtete sie ihre Instrumente auf den Planeten und suchte nach Anzeichen von Leben. Das extreme chemische Ungleichgewicht der Atmosphäre (insbesondere die außergewöhnlich hohen Konzentrationen an Sauerstoff und Methan) lieferte den eindrucksvollsten Hinweis auf die Existenz von Leben auf dem Planeten. Keine andere Welt in unserem Sonnensystem hat diese Eigenschaften. (Photo der NASA, angefertigt durch W. Reid Thompson und freundlicherweise zur Verfügung gestellt von Carl Sagan)*

seine Mitschuld an den Umweltproblemen Skandinaviens eingestanden und Maßnahmen zur Begrenzung der Schwefelemissionen ergriffen. Es wird den sauren Regen nur so lange geben, bis die Vorräte an fossilen Energieträgern erschöpft sind. In dieser Zeit aber wird er uns wohl als eine der weniger erfreulichen Begleiterscheinungen unserer Industriegesellschaft erhalten bleiben.

Eine einsame Oase

Nach unseren Kenntnissen ist die Erde der einzige Planet im Sonnensystem, auf dem Leben existiert oder immer schon existierte. Obwohl unsere beiden Nachbarplaneten – die Venus (auf der sonnenzugewandten Seite) und der Mars (der nächste Planet auf der sonnenabgewandten Seite) eine mit der Erde vergleichbare Größe haben, sind sie beide öd und unwirtlich: Mars zittert unter einer eisigen Kälte von minus 53 Grad Celsius, während die Oberfläche der Venus bei 400 Grad Hitze schmort. Mars hat keine Ozonschicht und ist so der Zerstörungskraft des ultravioletten Sonnenlichtes ungeschützt ausgeliefert. Der „Boden" des Mars ist deshalb mit einer ätzenden Schicht hochoxidierter Verbindungen bedeckt, die organisches Material sehr rasch verbrennen würden. Auf der Venus, so wird angenommen, hat ein „durchgegangener Treibhauseffekt" in der frühen Planetengeschichte alle flüchtigen Verbindungen zum Sieden gebracht und verdampft. Die Atmosphäre ist heute mit Wolken aus Schwefelsäure beladen. Für die Umweltprobleme, die wir gegenwärtig durch die Veränderung der Chemie unserer Atmosphäre herbeiführen, gibt es also an anderer Stelle des Sonnensystems dramatische Präzedenzfälle. Selbst die leidenschaftlichsten Umweltschützer können aber nicht ernsthaft behaupten, daß der Erde so extreme Verhältnisse drohen, wie sie auf den beiden anderen Planeten vorherrschen. Doch lehrt uns das Beispiel von Venus und Mars auch, daß die chemische Zusammensetzung der Atmosphäre das Schicksal eines Planeten bestimmt. Es wäre deshalb tollkühn zu glauben, daß wir uns nach Belieben an der empfindlichen blauen Haut, die uns vom Weltraum trennt, zu schaffen machen können, ohne die Konsequenzen unseres Handelns zu bedenken.

Wenn wir aus dem Weltraum auf die Erde schauen, sehen wir unseren Planeten mit anderen Augen. Wir lernen, daß das Leben das Gesicht unseres Planeten – so wie es die Sterne sehen – bestimmt. Der Blick von dort oben mahnt zur Bescheidenheit: Anzeichen von menschlichem Leben sind nicht erkennbar. Man schaut auf eine chemische Membran, die von lebenden Organismen in all ihrer Hülle und Fülle kündet (siehe Abbildung 10.12). Hier unten auf der Erde wird uns aber langsam bewußt, daß es in unserer Macht steht, das Gesicht unseres Planeten zu verändern. Hoffen wir, daß wir weise genug sind, diese Macht zu zügeln.

Literatur

Um meinen Lesern deutlich zu machen, welchen Schwierigkeitsgrad die aufgeführte Literatur jeweils hat, habe ich eine Skala von eins bis drei aufgestellt. (1) bedeutet, daß die Literaturstellen für wissenschaftlich nicht vorgebildete Leser geeignet sind. Ihr Niveau ist mit dem dieses Buchs vergleichbar. (2) klassifiziert Artikel, die für wissenschaftlich vorgebildete Leser ohne Spezialwissen geschrieben sind, oder einführende Lehrbücher, die sich für Hochschulveranstaltungen eignen. (3) kennzeichnet Artikel, die für interessierte Leser mit Spezialwissen verständlich sind. Leser ohne jede wissenschaftliche Vorbildung sollten sich jedoch nicht abschrecken lassen, auch mit Literatur der Kategorie drei ihren Wissensdurst zu stillen. Denn viele dieser Artikel sind nicht immer so schwer zu verstehen, wie man vielleicht befürchtet.

Allgemeine Chemie

General Chemistry, P. W. Atkins & J. A. Beran (Scientific American Books, W. H. Freeman & Co., 1992); dt.: *Chemie. Einfach alles* (VCH; Weinheim, 1996). (2)

The Extraordinary Chemistry of Ordinary Things, C. Snyder (John Wiley, 1992). (1)

Molecules, P. W. Atkins (Scientific American Books, W. H. Freeman & Co., 1987). (1)

Atoms, Electrons, and Change, P. W. Atkins (Scientific American Books, W. H. Freeman & Co., 1991). (1)

Chemical Evolution, S. F. Mason (Clarendon Press, Oxford, 1992). (2)

A Short History of Chemistry, I. Asimov (Heinemann, London, 1965). (1)

The World of Physical Chemistry, K. J. Laidler (Oxford University Press, 1993). (1)

General, Organic and Biological Chemistry, J. R. Amend, B. P. Mundy & M. T. Arnold (Sanders College Publishing, 1990). (2)

Chemistry Imagined, R. Hoffmann & V. Torrence (Smithsonian, Washington, 1993). (1)

Kapitel 1

Atomstruktur

Atom, Isaac Asimov (Dutton, New York, 1991). (1)

Taming The Atom, H. C. von Baeyer (Viking, 1992). (1)

Chemische Bindung

The Nature of The Chemical Bond (2. Auflage), Linus Pauling (Cornell University Press, 1940). (2)

Valence, C. A. Coulson (Oxford University Press, 1952). (2)

Physical Chemistry (4. Auflage), P. W. Atkins (Oxford University Press, 1990); dt.: *Physikalische Chemie* (VCH , Weinheim, 1996). (2)
The Chemical Bond, Hrsg.: A. H. Zewail (Academic Press, 1992). (2)

Kohlenstoffmoleküle

Organic Chemistry: The Name Game, A. Nickon & E. F. Silversmith (Pergamon, 1987). (2)
Fascinating Molecules in Organic Chemistry, F. Vögtle (John Wiley, 1992). (2)
Cyclophanes, F. Diederich (Royal Society of Chemistry, London, 1991). (3)

Dodecahedran

„Total synthesis of dodecahedrane", L. A. Paquette, R. J. Temansky, D. W. Balogh & G. J. Kentgen, *Journal of the American Chemical Society* **105**, 5446 (1983). (3)

Buckminsterfulleren

„C_{60}: Buckminsterfullerene", H. W. Kroto, J. R. Heath, S. C. O'Brien, R. F. Curl & R. E. Smalley, *Nature* **318**, 162 (1985). (3)
„Space, stars, C_{60} and soot", H. W. Kroto, *Science* **242**, 1139 (1988). (2)
„Probing C_{60}", R. E. Smalley & R. F. Curl, *Science* **242**, 1017 (1988). (2)
„Solid C_{60}: a new form of carbon", W. Krätschmer, L. D. Lamb, K. Fostiropoulos & D. W. Huffman, *Nature* **347**, 354 (1990). (3)
„Great balls of carbon", R. E. Smalley, *The Sciences* **31**(2), 22 (März/April 1991). (1)
„Great balls of carbon", J. Baggott, *New Scientist* **34** (6. Juli 1991). (1)
„Fullerenes", R. F. Curl & R. E. Smalley, *Scientific American* **256**, 54 (Oktober 1991). (1)
„C_{60}: Buckminsterfulleren, die Himmelssphäre, die zur Erde fiel", H. W. Kroto, *Angewandte Chemie* **104**, 113 (1992). (2)
Buckminsterfullerenes, Hrsg.: W. E. Billups & M. A. Ciufolini (VCH, Weinheim, 1993). (3)
The Fullerenes, Hrsg.: H. W. Kroto, J. E. Fischer & D. E. Cox (Pergamon, 1993). (3)
Perfect Symmetry: The Accidental Discovery of a New Form of Carbon, J. Baggott (Oxford University Press, 1994). (1)

Nanoröhren und Nanopartikel

„Helical microtubules of graphitic carbon", S. Iijima, *Nature* **354**, 58 (1991). (3)
„Down the straight and narrow", M. S. Dresselhaus, *Nature* **358**, 195 (1992). (2)
„Curling and closure of graphitic networks under electron-beam irradiation", D. Ugarte, *Nature* **359**, 707 (1992). (3)
„Carbon onions introduce new flavour to fullerene studies", H. W. Kroto, *Nature* **359**, 670 (1992). (2)
„Single metal crystals encapsulated in carbon nanoparticles", R. S. Ruoff, D. C. Lorents, B.Chan, R. Malhotra & S. Subramoney, *Science* **259**, 346 (1993). (3)

Kapitel 2

Thermodynamik

Basic Chemical Thermodynamics (4th Edition), E. B. Smith (Oxford University Press, 1990). (2)
Chemical Thermodynamics, M. L. McGlashan (Academic Press, 1979). (2)

Oberflächenkatalyse

Perspectives in Catalysis: A Chemistry For The 21st Century, Hrsg.: J. M. Thomas & K. I. Zamaraev (Blackwell Scientific Publications, 1992). (3)
Catalysis at Surfaces, I. M. Campbell (Chapman & Hall, 1988). (2)
„Catalysis on surfaces", C. M. Friend, *Scientific American* **268**, 42 (April 1993). (1)

Zeolithe

„Synthetic zeolites", G. T. Kerr, *Scientific American* **82** (Juli 1989). (1)
„Solid acid catalysts", J. M. Thomas, *Scientific American* **112** (April 1992). (1)

Engineering mit Zeolithen

„Catalytic aspects of inclusion in zeolites", N. Herron in *Inclusion Compounds*, Vol. 5, Hrsg.: J. L. Atwood, J. E. D. Davies & D. D. MacNicol (Oxford University Press, 1991). (3)

Enzymkatalyse

Understanding Enzymes (3. Auflage), T. Palmer (Ellis Horwood, 1991). (2)
Introduction to the Chemistry of Enzyme Action, A. Williams (McGraw-Hill, London, 1969).(2)
The Machinery of Life, D. S. Goodsell (Springer-Verlag, Berlin, 1993). (1)

Enzyme in der Industrie

„The greening of chemistry", S. Roberts & N. Turner, *New Scientist* **126**, 38 (21. April 1991). (1)

Biosensoren

Biosensors, E. A. H. Hall (Prentice Hall, 1991). (3)
Biosensors: Fundamentals and Applications, Hrsg.: A. P. F. Turner, I. Karube & G. S. Wilson (Oxford University Press, 1987). (3)
„Biosensors", J. S. Schultz, *Scientific American* **64** (August 1991). (1)

Kapitel 3

Licht

Light, R. W. Ditchburn (Dover, 1991). (2)

Spektroskopie

Introduction to Molecular Spectroscopy, G. M. Barrow (McGraw-Hill, 1962). (2)
Fundamentals of Molecular Spectroscopy, C. N. Banwell (McGraw-Hill, 1972). (2)
Physical Chemistry (4. Auflage), P. W. Atkins (Oxford University Press, 1990); dt.: *Physikalische Chemie* (VCH, Weinheim, 1996). (2)

Photochemie

Principles and Applications of Photochemistry, R. P. Wayne (Oxford University Press, 1988). (2)
Light, Chemical Change and Life, Hrsg.: J. D. Coyle, R. R. Hill & D. R. Roberts (Open University Press, 1982). (2)

Ultraschnelle Laserspektroskopie

„The birth of molecules", A. H. Zewail, *Scientific American* **263**, 76 (1990). (1)
„Laser femtochemistry", A. H. Zewail, *Science* **242**, 1645 (1988). (3)
„Ultrafast reaction dynamics", M. Gruebele & A. H. Zewail, *Physics Today* **43**(5), 24 (1990). (3)
„Real-time laser femtochemistry", A. H. Zewail & R. Bernstein in *The Chemical Bond*, Hrsg.: A. H. Zewail (Academic Press, 1992). (2)
„Femtosecond clocking of the chemical bond", M. J. Rosker, M. Dantus & A. H. Zewail, *Science* **241**, 1200 (1988). (3)
„Direct femtosecond mapping of trajectories in a chemical reaction", A. Mokhtari, P. Cong, J. L. Herek & A. H. Zewail, *Nature* **348**, 225 (1990). (3)

Bindungsselektive Photochemie

„State- and bond-selected unimolecular reactions", F. F. Crim, *Science* **249**, 1387 (1990). (3)

Kapitel 4

Kristallographie und Beugung

Crystallography and Its Applications, L. S. D. Glasser (Van Nostrand Reinhold Co., 1977). (2)
Inorganic Solids, D. M. Adams (John Wiley, 1974). (2)
Diffraction Methods, J. Wormald (Oxford University Press, 1973). (2)
„Architecture of the invisible", J. M. Thomas, *Nature* **364**, 478 (1993). (1)
Fearful Symmetry, I. Stewart & M. Golubitsky (Penguin, 1992). (1)

Quasikristalle

„Metallic phase with long-range orientational order and no translational symmetry", D. Schectman, I. Blech, D. Gratias & J. W. Cahn, *Physical Review Letters* **53**, 1951 (1984). (3)
Introduction To Quasicrystals, Hrsg.: M. V. Jaric (Academic Press, 1988). (2)
The Physics of Quasicrystals, Hrsg.: P. J. Steinhardt & S. Ostlund (World Scientific, Singapore, 1987). (3)
„Quasicrystals", D. Nelson, *Scientific American* **255**, 32 (August 1986). (1)
„The structure of quasicrystals", P. W. Stephens & A. I. Goldman, *Scientific American* **264**, 24 (April 1991). (1)

Kapitel 5

Biochemie und Genetik

The Chemistry of Life (3. Auflage), S. Rose (Penguin, 1991). (1)
Biochemistry (2. Auflage), J. D. Rawn (Carolina Biological Supply Co., 1989). (2)
Biochemistry, C. K. Mathews & K. E. van Holde (Benjamin/Cummings, 1990). (2)
Genetics (2. Auflage), P. J. Russell (Scott, Foresman & Co., 1990). (2)
Molecular Cell Biology (2. Auflage), Hrsg.: J. Darnell, H. Lodish & D. Baltimore (Scientific American Books Inc., Freeman, 1990). (2)

DNA

The Double Helix, J. D. Watson (Penguin, 1968). (1)

„Molecular structure of nucleic acids", J. D. Watson & F. H. C. Crick, *Nature* **171**, 737 (1953). (3)

Molekulare Erkennung und supramolekulare Chemie

The Chemistry of Macrocyclic Ligand Complexes, L. F. Lindoy (Cambridge University Press, 1989). (2)

Macrocyclic Chemistry, B. Dietrich, P. Viout & J.-M. Lehn (VCH, Weinheim, 1993). (3)

„Supramolekulare Chemie - Moleküle, Übermoleküle und molekulare Funktionseinheiten", J.-M. Lehn, *Angewandte Chemie* **100**, 92 (1988). (2)

Bioorganic Chemistry (2. Auflage), H. Dugas (Springer-Verlag, 1989). (2)

Host-Guest Molecular Interactions: From Chemistry to Biology (John Wiley, 1991). (3)

Inclusion Compounds Vol. 4, Hrsg.: J. Atwood, J. E. D. Davies & D. D. MacNicol (Oxford University Press, 1991). (3)

Kronenether

Crown Ethers and Cryptands, G. W. Gokel (Royal Society of Chemistry, London, 1991). (3)

Calixarene

Calixarenes, C. D. Gutsche (Royal Society of Chemistry, London, 1993). (3)

Carceranden

„Molecular container compounds", D. Cram, *Nature* **356**, 29 (1992). (3)

Rotaxane und Catenane

„Ein [2]-Catenan auf Bestellung", P. R. Ashton et al., *Angewandte Chemie* **101**, 1404 (1989). (3)

„Molekulare Eisenbahn: Selbstassoziation und dynamische Eigenschaften von zwei neuen Catenanen", P. R. Ashton et al., *Angewandte Chemie* **103**, 1058 (1991). (3)

„Polyrotaxanes: molecular composites derived by physical linkage of cyclic and linear species", H. W. Gibson & H. Marand, *Advanced Materials* **5**, 11 (1993). (3)

Molekulare Replikation

„A self-replicating system", T. Tjivikua, P. Ballester & J. Rebek, *Journal of the American Chemical Society* **112**, 1249 (1990). (3)

„Molekulare Erkennung mit konkaven Modellverbindungen", J. Rebek, *Angewandte Chemie* **102**, 261 (1990). (3)

„Crossover reactions between synthetic replicators yield active and inactive recombinations", Q. Feng, T. K. Park & J. Rebek, *Science* **254**, 1179 (1992). (3)

„Competition, cooperation, and mutation: improving a synthetic replicator by light irradiation", J.-I. Hong, Q. Feng, V. Rotello & J. Rebek, *Science* **255**, 848 (1992). (3)

„Life in a test tube", L. D. Hurst & R. Dawkins, *Nature* **357**, 198 (1992). (2)

„Molecular replication", L. E. Orgel, *Nature* **358**, 203 (1992). (3)

Kapitel 6

Festkörperphysik

Introduction to Solid-State Physics (6. Auflage), C. Kittel (John Wiley, 1986). (2)
The Solid State, A. Guinier & R. Jullien (Oxford University Press, 1989). (2)
The Electronic Structure and Chemistry of Solids, P. A. Cox (Oxford University Press, 1987). (2)

Molekulare Elektronik

„Molecular electronics", C. A. Mirkin & M. A. Ratner, *Annual Reviews of Physical Chemistry* **43**, 719 (1992). (3)

Leitfähige Polymere

„Plastics that conduct electricity", R. B. Kaner & A. G. MacDiarmid, *Scientific American* **258**, 60 (Februar 1988). (1)
„New semiconductor device physics in polymer diodes and transistors", J. H. Burroughes, C. A. Jones & R. H. Friend, *Nature* **335**, 137 (1988). (3)

Molekulare Leiter

„Linear-chain conductors", A. J. Epstein & J. S. Miller, *Scientific American* **241**, 48 (Oktober 1979). (1)

Supraleitfähigkeit

Superconductivity - The Next Revolution? G. F. Vidali (Cambridge University Press, 1993). (2)
The Path of No Resistance, B. Schechter (Simon & Schuster, New York, 1989). (1)

Organische und molekulare Supraleiter

„Organic superconductors", K. Bechgaard & D. Jerome, *Scientific American* **247**, 52 (Juli 1982). (1)
„Superconductors go organic", D. Carlson & J. M. Williams, *New Scientist* **26** (14. November 1992). (1)
Organic Superconductors (Including Fullerenes): Synthesis, Structure, Properties and Theory, J. M. Williams et al. (Prentice Hall, 1992). (3)
„Molecular inorganic superconductors", P. Cassoux & L. Valade in *Inorganic Materials*, Hrsg.: D. W. Bruce & D. O'Hare (John Wiley, 1992). (3)

Fulleren-Supraleiter

„Superconductivity at 18 K in potassium-doped fullerene (K_3C_{60})", A. F. Hebard et al., *Nature* **350**, 600 (1991). (3)
„Superconductivity at 28 K in Rb_xC_{60}", M. J. Rosseinsky et al., *Physical Review Letters* **66**, 2830 (1992). (3)
„Superconductivity in doped fullerenes", A. F. Hebard, *Physics Today* **45**, 26 (November 1992). (3)

Kapitel 7

Kolloidwissenschaft

Introduction to Modern Colloid Science, R. J. Hunter (Oxford University Press, 1993). (2)
Introduction to Colloid Science, W. J. Popiel (Exposition-University Press, New York, 1978). (2)

Gele

„Gels", T. Tanaka, *Scientific American* **244**, 110 (Januar 1981). (1)
„Phase transitions of gels", Y. Li & T. Tanaka, *Annual Reviews of Materials Science* **22**, 243
  (1992). (3)
„Environmentally sensitive polymers and hydrogels", A. S. Hoffman, *MRS Bulletin* **16**, 42 (Materials
  Research Society, September 1991). (2)

Oberflächenaktivität, Mizellen und Liposomen

The Science of Soap Films and Soap Bubbles, C. Isenberg (Dover, 1992). (1)
„Molekulare Architektur und Funktion von polymeren orientierten Systemen – Modelle für das
  Studium von Organisation, Oberflächenerkennung und Dynamik bei Biomembranen", H.
  Ringsdorf, B. Schlarb & J. Venzmer, *Angewandte Chemie* **100**, 117 (1988). (3)
„Micelles and microemulsions", D. Langevin, *Annual Reviews of Physical Chemistry* **43**, 341
  (1992) (3)
„Liposomes", M. J. Ostro, *Scientific American* **256**, 90 (Januar 1987). (1)
Liposomes: from Physics to Applications, D. D. Lasic (Elsevier, 1993). (2)

Selbstreplizierende Mizellen

„Self-replicating reverse micelles and chemical autopoiesis", P. A. Bachmann, P. Walde, P. L. Luisi
  & J. Lang, *Journal of the American Chemical Society* **112**, 8200 (1990). (3)

Langmuir-Filme

„Seeing phenomena in flatland: studies of monolayers by fluorescence microscopy", C. M. Knobler,
  Science **249**, 870 (1990). (3)
„Phase transitions in monolayers", C. M. Knobler & R. C. Desai, *Annual Reviews of Physical
  Chemistry* **43**, 207 (1992). (3)

Langmuir-Blodgett-Filme

Langmuir-Blodgett Films, Hrsg.: G. Roberts (Plenum, 1990). (2)

Flüssigkristalle

Liquid Crystals, P. J. Collings (Princeton University Press, 1990). (2)
Liquid Crystals (2. Auflage), S. Chandrasekhar (Cambridge University Press, 1992). (2)
„The world of liquid crystals", R. Templer & G. Attard, *New Scientist* 25 (4. Mai 1991). (1)

Kapitel 8

Die junge Erde

The Young Earth, E. G. Nisbet (Allen & Unwin, 1987). (2)
Chemical Evolution, S. F. Mason (Clarendon Press, Oxford, 1992). (2)
„The nature of the Earth prior to the oldest known rock record: the Hadean era", D. J. Stevenson in *Earths Earliest Biosphere*, Hrsg.: J. W. Schopf (Princeton University Press, 1983). (3)

Der chemische Ursprung des Lebens

The Origin of Life, M. G. Rutten (Elsevier, 1971). (2)
The Origin of Life, C. E. Folsome (W. H. Freeman, 1979). (2)
Origins of Life, F. Dyson (Cambridge University Press, 1985). (2)
Seven Clues to the Origin of Life, A. G. Cairns-Smith (Cambridge University Press, 1985). (1)
„Chemical evolution and the origin of life", R. E. Dickerson, *Scientific American* **239**, 62 (September 1978). (1)
„The origin and early evolution of life on Earth", J. Oró, S. L. Miller & A. Lazcano, *Annual Reviews of Earth & Planetary Science* **18**, 317 (1990). (3)

Der Ursprung der Chiralität

The Ambidextrous Universe, M. Gardner (Penguin, 1974). (1)
Chemical Evolution, S. F. Mason (Clarendon Press, Oxford, 1992). (2)
„Origins of biomolecular handedness", S. F. Mason, *Nature* **311**, 19 (1984). (3)

Die RNA-Welt und Ribozyme

„RNA evolution and the origins of life", G. Joyce, *Nature* **338**, 217 (1989). (3)
The RNA World, Hrsg.: R. F. Gesteland & J. F. Atkins (Cold Spring Harbor Laboratory Press, 1993). (2)
„RNA as an enzyme", T. R. Cech, *Scientific American* **255**, 76 (November 1986). (1)

Die frühe Evolution lebender Organismen

Earth's Earliest Biosphere, Hrsg.: J. W. Schopf (Princeton University Press, 1983). (3)
„The evolution of the earliest cells", J. W. Schopf, *Scientific American* **239**, 84 (September 1978). (1)
Microcosmos, L. Margulis & D. Sagan (Summit, New York, 1986). (1)
The Emergence Of Life, S. Fox (Basic Books, New York, 1988). (1)

Modelle zur ucleinsäurereplikation

„Molecular replication", L. E. Orgel, *Nature* **358**, 203 (1992). (3)
„Ein selbstreplizierendes Hexadesoxynucleotid", G. von Kiedrowski, *Angewandte Chemie* **98**, 932 (1986). (3)

Kapitel 9

Formen in Physik und Biologie

On Growth And Form, D'A. Thompson (Carnbridge University Press, 1992). (2)

Fraktale

The Fractal Geometry of Nature, B. B. Mandelbrot (W. H. Freeman, 1982). (1)
Fractals, J. Feder (Plenum Press, 1988). (2)
The Beauty of Fractals, H.-O. Peitgen & F. H. Richter (Springer-Verlag, Berlin, 1986). (1)
Fractals, H. Lauwerier (Princeton University Press, 1991). (2)
„Fractal phenomena in disordered systems", R. Orbach, *Annual Reviews of Materials Science* **19**, 497 (1989). (3)

Kristallwachstum und Musterentstehung

„Fractal growth", L. M. Sander, *Scientific American* **256**, 82 (Januar 1987). (1)
„The formation patterns in non-equilibrium growth", E. Ben-Jacob & P. Garik, *Nature* **343**, 523 (1990). (3)
„Pattern formation in materials science", J. P. Gollub & L. M. Sander, *MRS Bulletin*, **12**, 98 (Materials Research Society, August/September 1987). (2)

Oszillierende chemische Reaktionen

When Time Breaks Down, A. T. Winfree (Princeton University Press, 1987). (2)
Oscillations and Travelling Waves in Chemical Systems, Hrsg.: R. Field & M. Burger (John Wiley, 1985). (3)
„Chemical waves", J. Ross, S. C. Müller & C. Vidal, *Science* **240**, 460 (1988). (3)

Morphogenese

The Making of a Fly, P. A. Lawrence (Blackwell Scientific Publications, 1992). (2)
„The shape of things to come", L. Wolpert, *New Scientist* **38** (27. Juni 1992). (1)

Turing-Strukturen

„Experimental evidence of a sustained standing Turing-type nonequilibrium chemical pattern", V. Castets, E. Dulos, 1. Boissonade & P. De Kepper, *Physical Review Letters* **64**, 2953 (1990).(3)
„Transition from a uniform state to hexagonal and striped Turing patterns", O. Ouyang & H. L. Swinney, *Nature* **352**, 610 (1991). (3)
„Crystals from dreams", A. 'T. Winfree, *Nature* **352**, 568 (1991). (2)

Musterentstehung in Häuten und Schalen

„How the leopard gets its spots", J. D. Murray, *Scientific American* **258**, 80 (März 1988). (1)
Models of Biological Pattern Formation, H. Meinhardt (Academic Press, 1982). (2)

Chaos

Chaos, J. Gleick (Sphere, 1988). (1)
„Chaos", J. P. Crutchfield, J. D. Farmer, N. H. Packard & R. S. Shaw, *Scientific American* **255**, 38 (Dezember 1986). (1)
„What is chaos, that we should be mindful of it?", J. Ford in *The New Physics*, Hrsg.: P. Davies (Cambridge University Press, 1989). (2)
Exploring Chaos, Hrsg.:. N. Hall (W. W. Norton & Co., 1992). (1)

Chemisches Chaos

„Chemical chaos", S. K. Scott in *Exploring Chaos*, Hrsg.: N. Hall (W. W. Norton & Co., 1992). (1)
Chemical Chaos, S. K. Scott (Oxford University Press, 1991). (3)

Nichtgleichgewichts-Thermodynamik

From Being To Becoming, I. Prigogine (Freeman, 1980). (1)
Self-Organization in Nonequilibrium Systems, G. Nicolis & I. Prigogine (John Wiley, 1974). (2)
„Physics of far-from-equilibrium systems and self-organization", G. Nicolis in *The New Physics*, Hrsg.: P. Davies (Cambridge University Press, 1989). (2)
Exploring Complexity, G. Nicolis & I. Prigogine (Freeman, New York, 1989). (2)

Kapitel 10

Entstehung und Evolution der Atmosphäre

The Chemical Evolution of the Atmosphere and Oceans, H. D. Holland (Princeton University Press, 1984). (2)
„How climate evolved on the terrestrial planets", J. F. Kasting, O. B. Toon & J. B. Pollack, *Scientific American* **258**, 90 (Februar 1988). (1)

Chemie der Atmosphäre

Chemistry of Atmospheres (2. Auflage), R. P. Wayne (Oxford University Press, 1991). (2)
Atmospheric Change, T. E. Graedel & P. J. Crutzen (W. H. Freeman, 1993). (2)
Atmosphere, Weather and Climate (6. Auflage), R. G. Barry & R. J. Chorley (Routledge, 1992). (2)
„The changing atmosphere", T. E. Graedel & P. J. Crutzen, *Scientific American* **261**, 28 (1989). (1)
Gaia, J. Lovelock (Oxford University Press, 1979). (1)
The Ages Of Gaia, J. Lovelock (Oxford University Press, 1988). (1)

Biogeochemische Kreisläufe

Biogeochemistry, W. H. Schlesinger (Academic Press, 1991). (2)
Global Biogeochemical Cycles, Hrsg.: S. S. Butcher, R. J. Charlson, G. H. Orians & G. V. Wolfe (Academic Press, 1992). (2)

Klimaaufzeichnungen und Paläoklima

Ice Ages, J. Imbrie & K. P. Imbrie (Macmillan, London, 1979). (1)
„The ice-core record: climate sensitivity and future greenhouse warming", C. Lorius, J. Jouzel, D. Raynaud, J. Hansen & H. Le Treut, *Nature* **347**, 139 (1990). (3)

Globale Erwärmung

Global Climate Change, Hrsg.: S. F. Singer (Paragon House, New York, 1989). (2)
Hothouse Earth, J. Gribbin (Bantam Press, London, 1990). (1)
„The changing climate", S. H. Schneider, *Scientific American* **261**, 38 (September 1989). (1)
Climate Change. The IPCC Scientific Assessment, Hrsg.: J. T. Houghton, G. J. Jenkins & J. J. Ephraums (Cambridge University Press, 1990). (2)

Ozonzerstörung

„Large losses of total ozone reveal seasonal ClO_x/NO_x interaction", J. C. Farman, B. G. Gardiner & J. D. Shanklin, *Nature* **315**, 207 (1985). (3)

„The Antarctic ozone hole", R. S. Stolarski, *Scientific American* **258**, 20 (1988). (1)

„Progress towards a quantitative understanding of Antarctic ozone depletion", S. Solomon, *Nature* **347**, 347 (1990). (3)

„Stratospheric ozone depletion", F. S. Rowland, *Annual Reviews of Physical Chemistry* **42**, 731 (1991). (3)

„Polar stratospheric clouds", R. Turco & O. B. Toon, *Scientific American* **264**. 40 (Juni 1991). (1)

Saurer Regen

„Acid rain", G. E. Likens, R. F. Wright, J. N. Galloway & T. J. Butler, *Scientific American* **241**, 39 (Oktober 1979). (1)

Acid Rain, B. J. Mason (Clarendon Press, Oxford, 1992). (2)

Andere Themen

Advanced Inorganic Chemistry (3. Auflage), F. A. Cotton & G. Wilkinson (John Wiley, 1972); dt.: *Anorganische Chemie* (VCH, Weinheim, 1985). (2)

Organic Chemistry (3. Auflage), R. T. Morrison & R. N. Boyd (Allyn & Bacon, 1973). (2)

Introduction to Polymers, R. J. Young (Chapman & Hall, 1981). (2)

Polymer Chemistry, M. P. Stevens (Oxford University Press, 1990). (2)

Electrochemistry, C. M. A. Brett & A. M. Oliveira Brett (Oxford University Press, 1993). (2)

Organometallics (2. Auflage), C. Elschenbroich & A. Salzer (VCH, Weinheim, 1992). (2)

Quellen und Bildnachweise

Zitat auf Seite 1 aus Geoffrey Willans & Ronald Searle, *Nieder mit der Schule*, © Geoffrey Willans & Ronald Searle, 1958.

Zitat auf Seite 321 aus D'Arcy Wentworth Thompson, *On Growth and Form*, Nachdruck genehmigt von Cambridge University Press.

Abbildung 9.1 aus S. Motojima & H. Iwanaga, *Journal of Chemical Vapour Deposition* **1**, 87 (1992).

Abbildung 9.12 aus J. Schütze, O. Steinbock & S. C. Müller, *Nature* **356**, 45 (1992).

Abbildung 9.15 aus E. O. Budrene & H. C. Berg, *Nature* **349**, 630 (1991).

Abbildung 9.18 aus H. Meinhardt & M. Klingler, *Journal of Theoretical Biology* **126**, 63 (1978).

Abbildung 10.2 nachgezeichnet aus C. Lorius, J. Jouzel, D. Raynaud, J. Hansen & H. Le Treut, *Nature* **347**, 139 (1990).

Abbildung 10.12 aus C. Sagan, W. R. Thompson, R. Carlson, D. Gurnett & C. Hord, *Nature* **365**, 715 (1993).

Register